住房城乡建设部土建类学科专业“十三五”规划教材
“十二五”普通高等教育本科国家级规划教材

高校土木工程专业指导委员会规划推荐教材
（经典精品系列教材）

基 础 工 程

（第四版）

华南理工大学　浙江大学　湖南大学　编

中国建筑工业出版社

图书在版编目(CIP)数据

基础工程/华南理工大学，浙江大学，湖南大学编；莫海鸿，杨小平主编. —4版. —北京：中国建筑工业出版社，2019.7（2024.6重印）
住房城乡建设部土建类学科专业“十三五”规划教材 “十二五”普通高等教育本科国家级规划教材 高校土木工程专业指导委员会规划推荐教材（经典精品系列教材）
ISBN 978-7-112-23674-9

Ⅰ.①基… Ⅱ.①华… ②浙… ③湖… ④莫… ⑤杨… Ⅲ.①基础(工程)-高等学校-教材 Ⅳ.①TU47

中国版本图书馆CIP数据核字（2019）第082029号

本书第四版全面参照国家最新的规范和标准对第三版内容进行了梳理和充实，重点反映了近年来在基础工程领域涌现的部分新概念、新方法、新技术，使本书概念陈述更加准确，行文遣字更加简洁流畅。本书主要内容包括：绪论、浅基础、连续基础、桩基础、地基处理、土工合成材料、挡土墙、基坑工程、特殊土地基、动力机器基础与地基基础抗震等。

本书可作为高校土木工程专业的教材，也可供相关的工程设计、施工等技术人员参考使用。

为配合本课程教学，我社出版了与教材配套的《土力学及基础工程学习指导》（第二版），此外，我社向选用本教材的任课教师提供课件，有需要者可与出版社联系，索取方式如下：建工书院 http：//edu.cabplink.com，邮箱 jckj@cabp.com.cn，电话 010-58337285。

责任编辑：吉万旺　王　跃
责任校对：李美娜

住房城乡建设部土建类学科专业“十三五”规划教材
“十二五”普通高等教育本科国家级规划教材
高校土木工程专业指导委员会规划推荐教材
（经典精品系列教材）
基　础　工　程
（第四版）
华南理工大学　浙江大学　湖南大学　编
*
中国建筑工业出版社出版、发行（北京海淀三里河路9号）
各地新华书店、建筑书店经销
北京红光制版公司制版
北京云浩印刷有限责任公司印刷
*
开本：787×1092毫米　1/16　印张：22½　字数：560千字
2019年8月第四版　2024年6月第四十四次印刷
定价：**58.00**元（赠教师课件）
ISBN 978-7-112-23674-9
（33980）

出 版 说 明

为规范我国土木工程专业教学，指导各学校土木工程专业人才培养，高等学校土木工程学科专业指导委员会组织我国土木工程专业教育领域的优秀专家编写了《高校土木工程专业指导委员会规划推荐教材》。本系列教材自2002年起陆续出版，共40余册，十余年来多次修订，在土木工程专业教学中起到了积极的指导作用。

本系列教材从宽口径、大土木的概念出发，根据教育部有关高等教育土木工程专业课程设置的教学要求编写，经过多年的建设和发展，逐步形成了自己的特色。本系列教材曾被教育部评为面向21世纪课程教材，其中大多数曾被评为普通高等教育"十一五"国家级规划教材和普通高等教育土建学科专业"十五"、"十一五"、"十二五"规划教材，并有11种入选教育部普通高等教育精品教材。2012年，本系列教材全部入选第一批"十二五"普通高等教育本科国家级规划教材。

2011年，高等学校土木工程学科专业指导委员会根据国家教育行政主管部门的要求以及我国土木工程专业教学现状，编制了《高等学校土木工程本科指导性专业规范》。在此基础上，高等学校土木工程学科专业指导委员会及时规划出版了高等学校土木工程本科指导性专业规范配套教材。为区分两套教材，特在原系列教材丛书名《高校土木工程专业指导委员会规划推荐教材》后加上经典精品系列教材。2016年，本套教材整体被评为《住房城乡建设部土建类学科专业"十三五"规划教材》，请各位主编及有关单位根据《住房城乡建设部关于印发高等教育 职业教育土建类学科专业"十三五"规划教材选题的通知》要求，高度重视土建类学科专业教材建设工作，做好规划教材的编写、出版和使用，为提高土建类高等教育教学质量和人才培养质量做出贡献。

高等学校土木工程学科专业指导委员会
中国建筑工业出版社

第四版前言

本次修订是在2014年出版的第三版的基础上进行的。本教材第三版是面向21世纪课程教材、“十二五”普通高等教育本科国家级规划教材、普通高等教育土建学科专业“十二五”规划教材和高校土木工程专业指导委员会规划推荐教材（经典精品系列教材）。2016年，本书被评为《住房城乡建设部土建类学科专业“十三五”规划教材》。

本次修订重点是反映近年来在基础工程领域涌现的部分新概念、新方法和新技术，并梳理和充实原有内容，使之表达更加准确，行文遣字更加简洁流畅。主要修订内容有：第1章：更新了国际土力学及岩土工程学术会议的届数。第2章：补充强调了弱透水性土层的短期承载力概念；强调了在使用弱透水性土层和欠固结土层的载荷试验资料时要注意的问题；将基础垫层从基础边缘外伸的尺寸由50mm改为100mm；完善柱下钢筋混凝土独立基础有关抗剪验算的内容。第4章：在桩的类型一节中补充介绍了PRC桩和旋挖桩；对短桩的竖向承载力做了补充说明。第5章：增加了“微生物注浆加固法”一节。第6章：对文中表达欠妥之处和排版错误进行了修改更正；完善了“加筋挡墙及其设计原理”一节；补充了部分习题的参考答案。第7章：删除“加筋土挡土墙”一节。

本教材自第一版发行以来，许多专家学者和师生提供了宝贵的修订意见，在此一并表示感谢。

本教材第四版参编单位、人员和分工如下：

华南理工大学——第1章（莫海鸿）、第2、3章（杨小平）、第4章（刘叔灼）、第7、8章（莫海鸿）、第9章（温耀霖）

浙江大学——第5、6章（王铁儒、王立忠、李玲玲、洪义）

湖南大学——第10章（王贻荪）

本教材由华南理工大学莫海鸿、杨小平主编。

第三版前言

本教材第二版于2008年9月出版发行，是面向21世纪教材、普通高等教育土建学科专业“十二五”规划教材、高校土木工程专业指导委员会规划推荐教材，并于2012年11月被教育部评为“‘十二五’普通高等教育本科国家级规划教材”。

本次修订重点是参照新颁规范和标准，对第二版的相关内容进行修改和补充，并适当补充成熟内容，反映最新成果。主要修订内容有：第2章：对地基基础设计等级划分作了补充；增加了钢筋混凝土扩展基础最小配筋率要求；对柱下钢筋混凝土独立基础的受冲切和受剪切承载力验算规定作了修改；补充了独立柱基的配筋内容。第3章：修改了砂土基床系数按载荷试验确定的计算公式；删除了筏形和箱形基础横向整体倾斜计算值要求；修改了筏形基础和箱形基础的配筋规定；修改了箱形基础整体弯曲计算方法。第4章：修改了单桩水平承载力计算公式；调整了桩的最小中心距规定；修改了承台构造的有关规定；补充了两桩承台的计算要求。第5章：重写了概述部分；对复合地基承载力和沉降计算方法作了修改。第6章：增加了部分概念。第7章：按相关规范要求对例题作了修改；增加了“加筋土挡土墙”一节。第10章：对液化判别标准贯入锤击数临界值计算公式及相关规定作了修改。

本教材自第一版发行以来，许多专家学者和师生提供了宝贵的修订意见，在此一并表示十分感谢。

本教材第三版参编单位、人员和分工如下：

华南理工大学——第1章（莫海鸿）、第2、3章（杨小平）、第4章（刘叔灼）、第7、8章（莫海鸿）、第9章（温耀霖）

浙江大学——第5、6章（王铁儒、王立忠、李玲玲）

湖南大学——第10章（王贻荪）

本教材由华南理工大学莫海鸿、杨小平主编。

第二版前言

本教材第一版于2003年7月出版，是面向21世纪课程教材、普通高等教育土建学科专业“十五”规划教材、高校土木工程专业指导委员会规划推荐教材，并于2007年3月被建设部评定为普通高等教育土建学科专业“十一五”规划教材。

本次修订，全体参编人员字斟句酌校勘全书，力求概念陈述准确明晰、行文遣字简练畅达、算例习题适量精选。此外，第9章增加了“软土地基”一节，并按《湿陷性黄土地区建筑规范》GB 50025—2004对“湿陷性黄土地基”一节作了修订。

本教材第一版发行以来，得到了广大读者的厚爱和支持，在此表示十分感谢，并衷心欢迎广大读者和同行们提出宝贵意见。

本教材参编单位、人员和分工如下：

华南理工大学——第1章（莫海鸿）、第2、3章（杨小平）、第4章（刘叔灼）、第7、8章（莫海鸿）、第9章（温耀霖）

浙江大学——第5、6章（王铁儒、王立忠）

湖南大学——第10章（王贻荪）

本教材由华南理工大学莫海鸿教授、杨小平副教授主编。

第一版前言

由华南理工大学、东南大学、浙江大学和湖南大学合编的《地基及基础》第一版于1981年6月发行以来已在全国范围内试用多年，并几经改版、再版，成为一本影响较大的教材。该教材第一版（1981年版）曾获建设部优秀教材二等奖，第二版（1991年版）被审定为高等学校教学用书，第三版（1998年版）被审定为高等学校推荐教材。1997年该教材经建设部批准列入“普通高等教育建设部‘九五’重点立项教材”。为了适应土木工程专业课程的需要，按高等学校土木工程专业指导委员会的有关决议，把《地基及基础》课程与教材分为《土力学》和《基础工程》两门课程和两本教材，参编单位和人员也相应作了调整。

《基础工程》是《土力学》的后续课程。本教材《基础工程》既是一门独立的课程，又与《土力学》教材的内容密切结合。我国改革开放以来，大规模现代化建设的需要以及国际上科学的发展和技术进步，基础工程领域内取得许多新的成就，在设计与施工领域涌现出许多新概念、新方法、新技术。本教材力图考虑学科发展的新水平，反映基础工程的成熟成果与观点。此外，本教材强调了按变形控制设计基础的概念，并把此观点贯穿于全书之中。本教材基本继承了原教材的特色和体系，但在内容上作了一些调整，强化了有关“挡土墙”设计方面的内容，并增加了“土工合成材料”和“基坑工程”两章，其余的章节也都作了相当大的修改，以便适应土木工程专业的教学和工程设计的需要。教材中的一些术语和概念参照了新的国家规范。

各章作者在写法上充分考虑了教学的要求，尽可能讲清基本概念，力求深入浅出，着重阐明基本原理和基本方法，不包罗万象，不拘泥细节；与有关工程技术规范的精神保持一致，取材方面以房屋建筑为主，但又兼顾水利、交通、铁道等方面的基础问题。

本教材参编单位、人员和分工如下：

华南理工大学—第1章（莫海鸿）、第2、3章（杨小平）、第4章（刘叔灼）、第7、8章（莫海鸿）、第9章（温耀霖）

浙江大学—第5、6章（王铁儒，王立忠）

湖南大学—第10章（王贻荪）

本教材由华南理工大学莫海鸿教授、杨小平副教授主编。

目　　录

第1章 绪论

1.1 概述

任何建筑物都建在地层上，因此，建筑物的全部荷载都由它下面的地层来承担，受建筑物影响的那一部分地层称为地基；建筑物向地基传递荷载的下部结构称为基础。地基基础是保证建筑物安全和满足使用要求的关键之一。

太沙基（Terzaghi）曾指出："土力学（指）是一门实用的科学，是土木工程的一个分支，它主要研究土的工程性状解决工程问题。"这一论述阐明了学科的性质是实用科学，是土木工程的分支，同时也指出了土力学和基础工程的任务。据此，在第一届国际土力学会议定名为土力学及基础工程（Soil Mechanics & Foundation Engineering），基础工程是指与土有关的工程问题。后来欧洲国家（法、英、德）用拉丁语表达为 Geotechnique 土工学，在苏联则为俄文 ОСНОВАНИЯ И ФУНДАМЕНТЫ，称为地基及基础。20 世纪 70 年代后，国际会议把 Soil Mechanics & Foundation Engineering 改为 Geotechnique。因此，可以这样理解：土力学是学科的理论基础，作为工程载体岩土的特性及其应力应变、强度、渗流的基本规律；基础工程则为在岩土地基上进行工程的技术问题，两者互为理论与应用的整体，所以"基础工程"就是岩土地层中建筑工程的技术问题。对于某一建筑结构而言，在岩土地层上的工程为上部结构工程，而基础工程则为下部结构工程。英语称之为"Foundation Engineering"，其意义是指包括地基及基础在内的下部结构工程。"基础工程"就是研究下部结构物与岩土相互作用共同承担上部结构物所产生各种变形与稳定问题。

一般说来，基础可分为两类。通常把埋置深度不大（小于或相当于基础底面宽度，一般认为小于 5m）的基础称为浅基础。对于浅层土质不良，需要利用深处良好地层，采用专门的施工方法和机具建造的基础称为深基础。开挖基坑后可以直接修筑基础的地基，称为天然地基。那些不能满足要求而需要事先进行人工处理的地基，称为人工地基。

基础的设计和施工，不仅要考虑上部结构的具体情况和要求，还要注意地层的具体条件。基础和地基相互关联，基础的设计与施工必须考虑土层原有状态的变化以及可能产生的影响。

1.2 基础工程内容

基础工程包括地基与基础的设计、施工和监测。基础工程中的一些内容，例如柱下单独基础的承载力和配筋计算、浅基础的施工方法与技术等，在混凝土结构学和土木工程施工课程中都已涉及。那些与岩土工程紧密相关的内容，如基础埋置深度、地基承载力、地基变形验算、基坑和基础的稳定分析、基坑支护结构、地基基础相互作用和地基处理等，本课程都将进行讨论。本课程主要介绍地基和基础的设计原理，同时也简要介绍一些必要的施工知识。

基础工程设计包括基础设计和地基设计两大部分。基础设计包括基础形式的选择、基础埋置深度及基底面积大小、基础内力和断面计算等。如果地下部分是多层的结构，基础设计还包括地下结构的计算。地基设计包括地基土的承载力确定、地基变形计算、地基稳定性计算等。当地基承载力不足或压缩性很大而不能满足设计要求时，需要进行地基处理。

基础结构的形式很多。设计时应选择能适应上部结构、符合使用要求、满足地基基础设计两项基本要求以及技术上合理的基础结构方案。一般而言，基础常置于地面以下。但诸如半地下室箱形基础、桥梁基础和码头桩基础等均有部分置于地表之上。

基础的功能决定了基础设计必须满足以下三个基本要求：

（1）强度要求　通过基础而作用在地基上的荷载不能超过地基的承载能力，保证地基不因地基土中的剪应力超过地基土的强度而破坏，并且应有足够的安全储备；

（2）变形要求　基础的设计还应保证基础沉降或其他特征变形不超过建筑物的允许值，保证上部结构不因沉降或其他特征变形过大而受损或影响正常使用；

（3）上部结构的其他要求　基础除满足以上要求外，还应满足上部结构对基础结构的强度、刚度和耐久性要求。

下面是几个未满足基本设计要求而导致工程发生事故的实例。

建于1941年的加拿大特朗斯康谷仓（Transcona Grain Elevator）由65个圆柱形筒仓组成，高31m，宽23m，其下为筏形基础。建成后初次贮存谷物，谷仓西侧突然陷入土中8.8m，东侧抬高1.5m，仓身倾斜27°。事后发现基础下埋藏有厚达16m的软黏土层，贮存谷物后使基底平均压力超过了地基的极限承载能力，地基发生整体滑移。这是一个典型的强度问题的例子。

上海展览中心馆位于上海市延安东路北侧，中央大厅为框架结构，采用箱形基础，两翼展览馆采用条形基础。箱基顶面至中央大厅顶部塔尖的高度为93.63m，基础埋深7.27m。地基为高压缩性淤泥质黏土。展览馆于1954年开工，当年年底实测地基平均沉降量为60cm。1957年中央大厅四周的沉降量最大处达到146.55cm。1979年9月中央大厅的平均沉降量达到160cm。由于沉降差过大，导致中央大厅与两翼展览馆连接，室内外连接的水、暖、电管道断裂，严重影响展览馆的正常使用。分析发现，虽然根据有关规范和现场载荷试验确定了地基承载力，但没有进行变形计算，仅仅保证了强度要求而忽略了变形要求。这是一个典型的变形过大而影响正常使用的工程实例。

某火车站服务楼建于淤泥层厚薄不均的软土地基上。在上部混合结构的柱下和墙下分别设置了一般的扩展基础和毛石条形基础。中间四层的隔墙多，采用钢筋混凝土楼面，整体刚度和重量较两翼大。而与之相连的两翼，内部空旷，三层木楼面通过钢筋混凝土梁支撑在外墙和中柱上，明显重量轻而刚度不足。由于建筑物各部分的荷载和刚度悬殊，建成不久便出现不均匀沉降。两翼墙基向中部倾斜，致使墙体、窗台和钢筋混凝土楼面都出现相当严重的裂缝，影响使用和安全。这是一个典型的设计时未从地基-基础-上部结构相互作用的整体概念出发进行综合考虑，以致结构布局不当的工程实例。

基础属于地下隐蔽工程，是建筑物的根本。基础的设计和质量直接关系着建筑物的安危。大量例子表明，建筑物发生事故，很多与基础问题有关。基础一旦发生事故，补救并非易事。此外，基础工程费用与建筑物总造价的比例，视其复杂程度和设计、施工的合理与否，可以变动百分之几到百分之几十之间。因此，基础工程在整个建筑工程中的重要性是显而易见的。

设计基础时必须掌握足够的资料，这些资料包括两大部分，一部分是地质资料，另一部分是有关上部结构资料。对这些资料的要求可根据需要而有所区别。对复杂的建筑物如大型工厂或者高层建筑可能要求比较多的资料；对一般中、小型建筑物只需要少量的资料，设计人员应根据实际情况提出要求。在分析地质资料时应注意对地基类型进行判别并考虑可能发生的问题，还要研究土层的分布，查明地下水及地面水的活动规律，还应调查拟建建筑物周围及地下的情况。在分析上部结构时应特别注意建筑物的重要性、建筑物体型的复杂程度和结构类型及其传力体系。

任何一个成功的基础工程都必须能满足以下各项稳定性及变形要求：

（1）埋深应足以防止基础底面下的物质向侧面挤出，对单独基础及筏形基础尤其重要；

（2）埋深应在冻融及植物生长引起的季节性体积变化区以下；

（3）体系在抗倾覆、转动、滑动或防止土破坏（抗剪强度破坏）方面必须是安全的；

（4）体系对土中的有害物质所引起的锈蚀或腐蚀方面必须是安全的，在利用垃圾堆筑地时及对有些海洋基础，这点尤其重要；

（5）体系应足以对付以后在场地或施工几何尺寸方面出现的某些变化，并在万一出现重大变化时能便于变更；

（6）从设置方法的角度看，基础应是经济的；

（7）地基总沉降量及沉降差应既为基础构件也为上部结构构件所允许；

（8）基础及其施工应符合环境保护标准的要求。

1.3 基础工程的发展概况

基础工程既是一项古老的工程技术，又是一门年轻的应用科学。

追本溯源，世界文化古国的先民，在史前的建筑活动中，就已经创造了自己的基础工艺。两千多年来在世界各地建造的宫殿楼宇、寺院教堂、高塔亭台、长城运河、古道石桥、码头、堤岸等工程，无论是至今完好，还是不复存在，都凝聚着佚名者和杰出人物的智慧。采用石料修筑基础、木材做成桩基础、石灰拌土夯成垫层或浅基础、砂土水撼加密、填土击实等修筑地基基础的传统方法，目前在某些范围内还在应用。18 世纪到 19 世纪，人们在大规模建设中遇到了许多与岩土工程相关的问题，促进了岩土力学的发展。例如法国科学家 C. A. 库仑(Coulomb)在 1773 年提出了砂土抗剪强度公式和挡土墙土压力的滑楔理论；英国学者 W. J. M. 朗金（Rankine）又从另一途径建立了土压力理论；法国工程师 H. 达西（Darcy）在 1856 年提出了层流运动的达西定律；捷克工程师 E. 文克勒(Winkler)在 1867 年提出了铁轨下任一点的接触压力与该点土的沉降成正比的假设；法国学者 J. 布辛奈斯克（Boussinesq）在 1885 年提出了竖向集中荷载作用下半无限弹性体应力和位移的理论解答。这些先驱者的工作为土力学的建立奠定了基础。然而，作为一个完整的工程学科的建立，则以太沙基 1925 年发表第一本比较系统完整的著作《土力学》

为标志。太沙基与R. 佩克（Peck）在1948年发表的《工程实用土力学》中，将理论、测试和工程经验密切结合，推动了土力学和基础工程学科的发展。

"工程实用土力学"的出现，标志着"土力学及基础工程"真正成为一门工程科学；1936年在美国哈佛召开了第一届国际土力学及基础工程（1997年更名为国际土力学及岩土工程）学术会议，至今已21届，特别是在20世纪70年代以来，把学科推向现代化。在理论上，从以饱和砂土的有效应力原理和线弹性力学为基础的土力学，逐渐发展至今的考虑土的结构影响的黏弹塑性体的应力、应变、强度的数学模型，从以饱和土为主的理论，发展到非饱和土理论，还发展了土的动力特性理论等。在1990年以来，基础设计引入了可靠度理论，使基础设计从定值法转向概率法。此外，变形控制概念的引入，使基础工程的设计理论更趋合理。在基础工程应用技术上，数百米高的超高层建筑物，地下有百余米深地下多层基础工程，大型钢厂的深基础，海洋石油平台基础，海上大型混凝土储油罐，人工岛（关西机场、港珠澳大桥），条件复杂的高速公路路基，跨海大桥的桥梁基础等工程技术，使桩基、墩基、地基处理，不断革新，走向现代。我国改革开放以来，大规模的现代化建设，深圳、广州、上海浦东以及沿海的中等城市，数以万计的高层建筑，三峡水利工程，南水北调工程，青藏铁路，全国各省市高速公路等成功实践，有效地促进了我国基础工程现代化的发展。

自人工挖孔桩于100年前在美国问世以来，灌注桩基础得到了极大的发展，出现了很多新的桩型。单桩承载力可达数千千牛，最大的灌注桩直径可达数米，深度已超过100m。上海金茂大厦的桩基础入土深度达到80m以上。钢管桩、大型钢桩、预应力混凝土管桩、劲性水泥土搅拌桩等新老桩型也在大量采用，桩基础的设计理论也得到较大的发展。特别是近年来，考虑桩和土共同承担荷载的复合桩基础设计理论在多高层建筑中得到较为广泛的应用。

高层和超高层建筑地下室的修建、地铁车站的建造以及城市地下空间的开发利用等，提出了与深基础相关的深、大基坑的开挖和支护问题。在20世纪30年代，太沙基等人就已开始研究基坑工程中的岩土工程问题。随着我国建设的发展，特别是进入20世纪90年代以来，深基坑的数量和深度都很大，基坑开挖深度达30m以上。基坑围护体系的种类、各种围护体系的设计计算方法、施工技术、监测手段以及基坑工程的研究取得了很大的进展。由于基坑围护系统大多为临时性结构，使得基坑工程具有安全储备小、风险大的特点。基坑工程具有很强的地域性，不同地区采取的支护形式会有不同的特点和习惯做法。基坑工程还具有很强的个性，即使在同一地区的同样深度的基坑，由于基坑周围环境条件如建筑物、道路、地下管线的情况不同，支护方案也可能完全不同；甚至由于施工单位的物料储备也会对造价有影响，因而影响支护形式。

以天然植物作为岩土工程材料虽然已有几千年的历史，但合成材料在基础工程中的大量应用还是近30年来的事。土工合成材料是指人工合成的聚合物，如塑料、化纤、合成橡胶等为原料，制成各种类型的产品，置于土体内部、表面或各层土体之间，发挥加强或保护土体的作用。土工合成材料埋在土体之中，可以扩散土体的应力，增加土体的模量，传递拉应力，限制土体的侧向位移；还可以增加土体与其他材料之间的摩阻力，提高土体及相关建筑物的稳定性。土工合成材料还在地基处理方面得到广泛的应用。

国内外历史上有名的多次大地震导致了大量建筑物的破坏，其中有不少是因基础抗震设计不当所致。经过大量地震震害调查和理论研究，人们逐渐总结发展出基础抗震设计的理论和方法。近年的几次地震又引起了人们对建筑物抗震更加重视，对地震区的基础抗震设计提供了更为丰富的资料。

1.4 本课程的特点和学习要求

本教材共有 10 章。主要介绍浅基础、连续基础、桩基础、地基处理、土工合成材料、挡土墙、基坑工程、特殊土地基以及动力机器基础与地基基础抗震等内容。

本课程是一门工程学科，专门研究建造在岩土地层上建筑物基础及有关结构物的设计与建造技术的工程学科，是岩土工程学的组成部分。本课程建立在土力学的基础之上，涉及工程地质学、土力学、弹性力学、塑性力学、动力学、结构设计和施工等学科领域。它的内容广泛，综合性强，学习时应该突出重点，兼顾全面。

本课程的工作特点是根据建筑物对基础功能的特殊要求，首先通过勘探、试验、原位测试等，了解岩土地层的工程性质，然后结合工程实际，运用土力学及工程结构的基本原理，分析岩土地层与基础工程结构物的相互作用及其变形与稳定的规律，做出合理的基础工程方案和建造技术措施，确保建筑物的安全与稳定。原则上，是以工程要求和勘探试验为依据，以岩土与基础共同作用和变形与稳定分析为核心，以优化基础方案与建筑技术为灵魂，以解决工程问题确保建筑物安全与稳定为目的。

读者应在学习土力学的课程当中掌握主要土工试验的基本原理和操作技术，了解为确定地基承载力和解决某些土工问题需要做哪些室内和现场土工试验；并且掌握一般建筑物设计中有关土力学内容的设计计算方法，例如地基承载力、土坡稳定和挡土墙土压力计算等；同时还应了解在建筑物设计之前需要进行勘察工作的内容，掌握地基土野外鉴别能力，学会使用工程地质勘察报告书。正确合理地解决基础设计和施工问题，要依赖土力学基本原理的运用和实践经验的借鉴。由于地基土性质的复杂性以及建筑物类型、荷载情况可能又各不相同，因而在基础工程中不易找到完全相同的实例。希望读者充分认识本课程的特点，采用理论联系实际，紧密联系工程实际的方法，注意掌握岩土地层工程性质的识别与应用；充分利用勘探与试验资料；重视基础工程结构物与岩土地层共同作用的机理及其工程性状，认真掌握其变形与稳定性的分析方法以及各项基础工程和地基处理的技术措施，注重实际效果的检验及工程经验。学习基础工程重在实践，通过实践，才能理解理论知识，才能学到基础工程的真义。

我国地域辽阔，由于自然地理环境不同，分布着多种多样的土类。某些土类（如湿陷性黄土、软土、膨胀土、红黏土和多年冻土等）还具有不同于一般土类的特殊性质。作为地基，必须针对其特性采取适当的工程措施。因此，地基基础问题的发生和解决具有明显的区域性特征。考虑到所在地区和具体要求不同，建议教学中可以按照需要对本教程的内容进行取舍。

第2章 浅 基 础

2.1 概 述

进行地基基础设计时，必须根据建筑物的用途和设计等级、建筑布置和上部结构类型，充分考虑建筑场地和地基岩土条件，结合施工条件以及工期、造价等各方面的要求，合理选择地基基础方案。常见的地基基础方案有：天然地基或人工地基上的浅基础、深基础、深浅结合的基础（如桩-筏、桩-箱基础等）。上述每种方案中各有多种基础类型和做法，可以根据实际情况加以选择。一般而言，天然地基上的浅基础便于施工、工期短、造价低，如能满足地基的强度和变形要求，宜优先选用。

本章主要讨论天然地基上浅基础的设计原理和计算方法，这些原理和方法也基本适用于人工地基上的浅基础。

2.1.1 浅基础设计内容

天然地基上浅基础的设计，包括下列各项内容：

（1）选择基础的材料、类型，进行基础平面布置；

（2）确定地基持力层和基础埋置深度；

（3）确定地基承载力；

（4）确定基础的底面尺寸，必要时进行地基变形与稳定性验算；

（5）进行基础结构设计（对基础进行内力分析、截面计算并满足构造要求）；

（6）绘制基础施工图，提出施工说明。

设计浅基础时要充分掌握拟建场地的工程地质条件和地基勘察资料，例如：不良地质现象和发震断层的存在及其危害性、地基土层分布的不均匀性和软弱下卧层情况、各层土的类别及其工程特性指标。地基勘察的详细程度应与地基基础设计等级（表 2-1）和场地的工程地质条件相适应。

在仔细研究地基勘察资料的基础上，结合考虑上部结构的类型、荷载的性质及大小和分布、建筑布置和使用要求以及拟建基础对周围环境的影响，即可选择基础类型和进行基础平面布置，并确定地基持力层和基础埋置深度。

上述浅基础设计的各项内容是互相关联的。设计时可按上述顺序逐项进行设计与计算，如发现前面的选择不妥，则须修改设计，直至各项计算均符合要求且各数据前后一致为止。对规模较大的基础工程，还宜对若干可能的方案作出技术经济比较，然后择优采用。

如果地基软弱，为了减轻不均匀沉降的危害，在进行基础设计的同时，尚需从整体上对建筑设计和结构设计采取相应的措施，并对施工提出具体（或特殊）要求（见 2.8 节）。

2.1.2 浅基础设计方法

在工程设计中，通常把上部结构、基础和地基三者分离开来，分别对三者进行计算。以图 2-1（a）中柱下条形基础上的框架结构设计为例：先视框架柱底端为固定支座，将框架分离出来，然后按图 2-1（b）所示的计算简图计算荷载作用下的框架内力。再把求得的柱脚支座反力作为基础荷载反方向作用于条形基础上（图 2-1c），并按直线分布假设计算基底反力(式 2-17)，这样就可以求得基础的截面内力。进行地基计算时，则将基底压力（与基底反力大小相等、方向相反）施加于地基上（图 2-1d），并作为柔性荷载（不考虑基础刚度）来验算地基承载力和地基沉降。

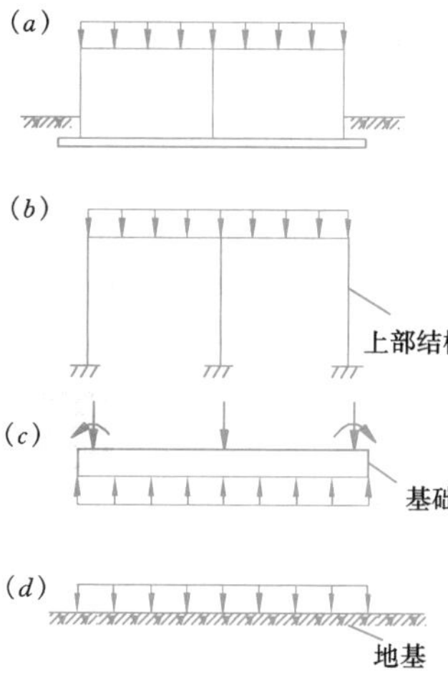

图 2-1 常规设计法计算简图

上述设计方法可称之为常规设计法。这种设计方法虽然满足了静力平衡条件，但却忽略了地基、基础和上部结构三者之间受荷前后的变形连续性。事实上，地基、基础和上部结构三者是相互联系成整体来承担荷载而发生变形的，它们原来互相连接或接触的部位，在受荷后一般仍然保持连接或接触，即墙柱底端的位移、该处基础的变位和地基表面的沉降应相一致，满足变形协调条件。显然，地基越软弱，按常规方法计算的结果与实际情况的差别就越大。

由此可见，合理的分析方法，原则上应该以地基、基础、上部结构之间必须同时满足静力平衡和变形协调两个条件为前提。只有这样，才能揭示它们在外荷载作用下相互制约、彼此影响的内在联系，从而达到安全、经济的设计目的。鉴于这种从整体上进行相互作用分析难度较大，于是对于一般的基础设计仍然采用常规设计法，而对于复杂的或大型的基础，则宜在常规设计的基础上，区别情况，采用目前可行的方法考虑地基-基础-上部结构的相互作用（见第 3 章）。

常规设计法在满足下列条件时可认为是可行的：

（1）地基沉降较小或较均匀。若地基不均匀沉降较大，就会在上部结构中引起很大的附加内力，导致结构设计不安全。

（2）基础刚度较大。基底反力一般并非呈直线分布，它与土的类别及性质、基础尺寸和刚度以及荷载大小等因素有关。一般而言，当基础刚度较大时，可认为基底反力近似呈直线分布（见 3.3.1 节）。对连续基础（指柱下条形基础、柱下交叉条形基础、筏形基础和箱形基础），通常还要求地基、荷载分布及柱距较均匀。

2.1.3 地基基础设计原则

1. 对地基计算的要求

根据地基复杂程度、建筑物规模和功能特征以及由于地基问题可能造成建筑物破坏或影响正常使用的程度，《建筑地基基础设计规范》GB 50007 将地基基础设计分为三个设计等级（表 2-1）。

地基基础设计等级　　表 2-1

设计等级	建筑和地基类型
甲　级	重要的工业与民用建筑物 30层以上的高层建筑 体型复杂，层数相差超过10层的高低层连成一体的建筑物 大面积的多层地下建筑物（如地下车库、商场、运动场等） 对地基变形有特殊要求的建筑物 复杂地质条件下的坡上建筑物（包括高边坡） 对原有工程影响较大的新建建筑物 场地和地基条件复杂的一般建筑物 位于复杂地质条件及软土地区的二层及二层以上地下室的基坑工程 开挖深度大于15m的基坑工程 周边环境条件复杂、环境保护要求高的基坑工程
乙　级	除甲级、丙级以外的工业与民用建筑物 除甲级、丙级以外的基坑工程
丙　级	场地和地基条件简单、荷载分布均匀的七层及七层以下民用建筑及一般工业建筑；次要的轻型建筑物 非软土地区且场地地质条件简单、基坑周边环境条件简单、环境保护要求不高且开挖深度小于5.0m的基坑工程

根据建筑物地基基础设计等级及长期荷载作用下地基变形对上部结构的影响程度，地基基础设计应符合下列规定：

（1）所有建筑物的地基计算均应满足承载力计算的有关规定；

（2）设计等级为甲、乙级的建筑物，均应按地基变形设计（即应验算地基变形）；

（3）表2-2所列范围内设计等级为丙级的建筑物可不作地基变形验算，如有下列情况之一时，仍应作地基变形验算：

1）地基承载力特征值小于130kPa，且体型复杂的建筑；

2）在基础上及其附近有地面堆载或相邻基础荷载差异较大，可能引起地基产生过大的不均匀沉降时；

3）软弱地基上的建筑物存在偏心荷载时；

4）相邻建筑距离过近，可能发生倾斜时；

可不作地基变形验算设计等级为丙级的建筑物范围　　表 2-2

<table>
<tr><td rowspan="2">地基主要受力层情况</td><td colspan="3">地基承载力特征值 f_{ak}（kPa）</td><td>$80\leqslant f_{ak}<100$</td><td>$100\leqslant f_{ak}<130$</td><td>$130\leqslant f_{ak}<160$</td><td>$160\leqslant f_{ak}<200$</td><td>$200\leqslant f_{ak}<300$</td></tr>
<tr><td colspan="3">各土层坡度（%）</td><td>≤5</td><td>≤10</td><td>≤10</td><td>≤10</td><td>≤10</td></tr>
<tr><td rowspan="5">建筑类型</td><td colspan="3">砌体承重结构、框架结构（层数）</td><td>≤5</td><td>≤5</td><td>≤6</td><td>≤6</td><td>≤7</td></tr>
<tr><td rowspan="4">单层排架结构（6m柱距）</td><td rowspan="2">单跨</td><td>吊车额定起重量（t）</td><td>10～15</td><td>15～20</td><td>20～30</td><td>30～50</td><td>50～100</td></tr>
<tr><td>厂房跨度（m）</td><td>≤18</td><td>≤24</td><td>≤30</td><td>≤30</td><td>≤30</td></tr>
<tr><td rowspan="2">多跨</td><td>吊车额定起重量（t）</td><td>5～10</td><td>10～15</td><td>15～20</td><td>20～30</td><td>30～75</td></tr>
<tr><td>厂房跨度（m）</td><td>≤18</td><td>≤24</td><td>≤30</td><td>≤30</td><td>≤30</td></tr>
</table>

续表

建筑类型	烟囱	高度（m）	≤40	≤50	≤75		≤100
	水塔	高度（m）	≤20	≤30	≤30		≤30
		容积（m^3）	50～100	100～200	200～300	300～500	500～1000

注：1. 地基主要受力层系指条形基础底面下深度为 $3b$（b 为基础底面宽度），独立基础下为 $1.5b$，且厚度均不小于5m的范围（二层以下一般的民用建筑除外）；

2. 地基主要受力层中如有承载力特征值小于130kPa的土层时，表中砌体承重结构的设计，应符合《建筑地基基础设计规范》GB 50007第7章的有关要求；

3. 表中砌体承重结构和框架结构均指民用建筑，对于工业建筑可按厂房高度、荷载情况折合成与其相当的民用建筑层数；

4. 表中吊车额定起重量、烟囱高度和水塔容积的数值系指最大值。

5）地基内有厚度较大或厚薄不匀的填土，其自重固结未完成时；

（4）对经常受水平荷载作用的高层建筑、高耸结构和挡土墙等，以及建造在斜坡上或边坡附近的建筑物和构筑物，尚应验算其稳定性；

（5）基坑工程应进行稳定性验算；

（6）建筑地下室或地下构筑物存在上浮问题时，尚应进行抗浮验算。

2. 关于荷载取值的规定

地基基础设计时，所采用的作用效应与相应的抗力限值应按下列规定采用：

（1）按地基承载力确定基础底面积及埋深时，传至基础底面上的作用效应应按正常使用极限状态下作用的标准组合；相应的抗力应采用地基承载力特征值。

（2）计算地基变形时，传至基础底面上的作用效应应按正常使用极限状态下作用的准永久组合，不应计入风荷载和地震作用；相应的限值应为地基变形允许值。

（3）计算挡土墙、地基或滑坡稳定以及基础抗浮稳定时，作用效应应按承载能力极限状态下作用的基本组合，但其分项系数均为1.0。

（4）在确定基础高度、支挡结构截面、计算基础或支挡结构内力、确定配筋和验算材料强度时，上部结构传来的作用效应和相应的基底反力、挡土墙土压力以及滑坡推力，应按承载能力极限状态下作用的基本组合，采用相应的分项系数。

当需要验算基础裂缝宽度时，应按正常使用极限状态下作用的标准组合。

（5）由永久作用控制的基本组合值可取标准组合值的1.35倍。

2.2 浅基础的类型

浅基础根据结构形式可分为扩展基础、联合基础、柱下条形基础、柱下交叉条形基础、筏形基础、箱形基础和壳体基础等。根据基础所用材料的性能可分为无筋基础（刚性基础）和钢筋混凝土基础。

2.2.1 扩展基础

墙下条形基础和柱下独立基础（单独基础）统称为扩展基础。扩展基础的作用是把墙或柱的荷载侧向扩展到土中，使之满足地基承载力和变形的要求。扩展基础包括无筋扩展基础和钢筋混凝土扩展基础。

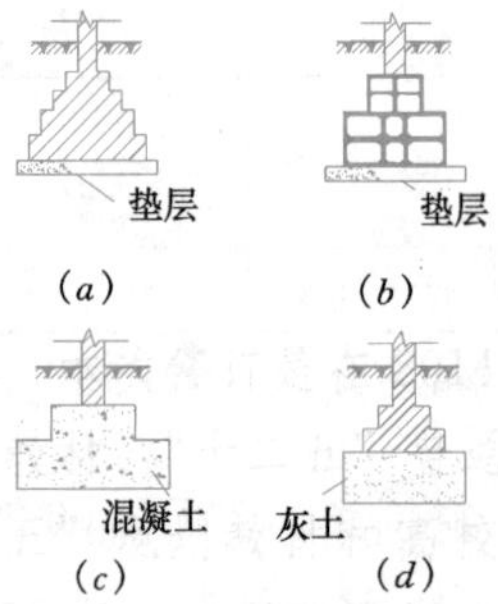

图 2-2　无筋扩展基础
(a) 砖基础；(b) 毛石基础；
(c) 混凝土或毛石混凝土基础；
(d) 灰土或三合土基础

1. 无筋扩展基础

无筋扩展基础系指由砖、毛石、混凝土或毛石混凝土、灰土和三合土等材料组成的无须配置钢筋的墙下条形基础或柱下独立基础（图 2-2）。无筋基础的材料都具有较好的抗压性能，但抗拉、抗剪强度都不高，为了使基础内产生的拉应力和剪应力不超过相应的材料强度设计值，设计时需要加大基础的高度。因此，这种基础几乎不发生挠曲变形，故习惯上把无筋基础称为刚性基础。无筋扩展基础适用于多层民用建筑和轻型厂房。

采用砖或毛石砌筑无筋基础时，在地下水位以上可用混合砂浆，在水下或地基土潮湿时则应用水泥砂浆。当荷载较大或要减小基础高度时，可采用混凝土基础，也可以在混凝土中掺入体积占 25%～30%的毛石（石块尺寸不宜超过 300mm），即做成毛石混凝土基础，以节约水泥。灰土基础宜在比较干燥的土层中使用，多用于我国华北和西北地区。灰土由石灰和土料配制而成，石灰以块状为宜，经熟化 1～2 天后过 5mm 筛立即使用；土料用塑性指数较低的粉土和黏性土，土料团粒应过筛，粒径不得大于 15mm。石灰和土料按体积比为 3∶7 或 2∶8 拌合均匀，在基槽内分层夯实（每层虚铺 220～250mm，夯实至 150mm）。在我国南方则常用三合土基础。三合土是由石灰、砂和骨料（矿渣、碎砖或碎石）加水混合而成的。

2. 钢筋混凝土扩展基础

钢筋混凝土扩展基础常简称为扩展基础，系指墙下钢筋混凝土条形基础和柱下钢筋混凝土独立基础。这类基础的抗弯和抗剪性能良好，可在竖向荷载较大、地基承载力不高以及承受水平力和力矩荷载等情况下使用。与无筋基础相比，其基础高度较小，因此更适宜在基础埋置深度较小时使用。

(1) 墙下钢筋混凝土条形基础

墙下钢筋混凝土条形基础的构造如图 2-3 所示。一般情况下可采用无肋的墙基础，如地基不均匀，为了增强基础的整体性和抗弯能力，可以采用有肋的墙基础（图 2-3*b*），肋部配置足够的纵向钢筋和箍筋，以承受由不均匀沉降引起的弯曲应力。

(2) 柱下钢筋混凝土独立基础

柱下钢筋混凝土独立基础的构造如图 2-4 所示。现浇柱的独立基础可做成锥形或阶梯形；预制柱则采用杯口基础。杯口基础常用于装配式单层工业厂房。

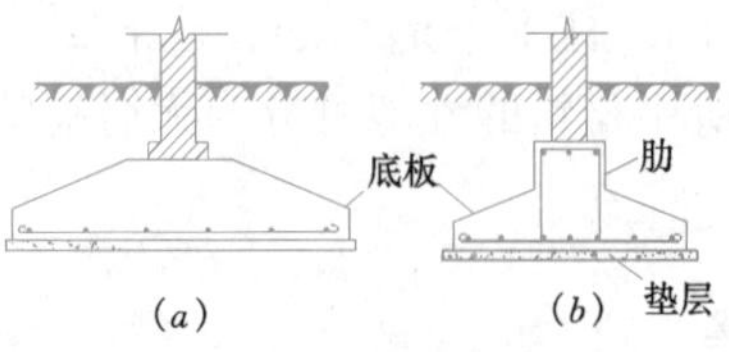

图 2-3　墙下钢筋混凝土条形基础
(a) 无肋的；(b) 有肋的

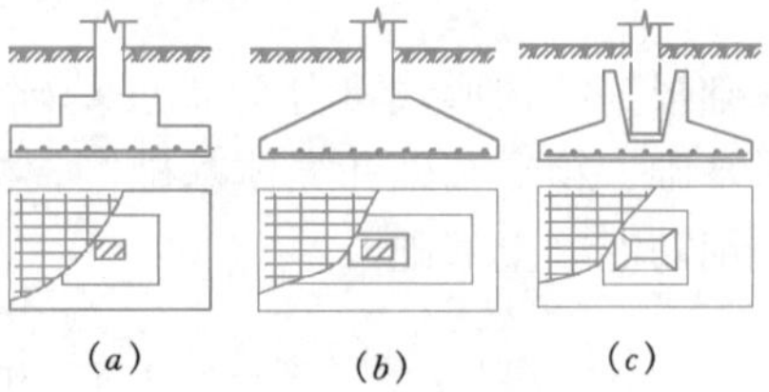

图 2-4　柱下钢筋混凝土独立基础
(a) 阶梯形基础；(b) 锥形基础；
(c) 杯口基础

砖基础、毛石基础和钢筋混凝土基础在施工前常在基坑底面铺设强度等级为 C15 的混凝土垫层，其厚度一般为 100mm。垫层的作用在于保护坑底土体不被人为扰动和雨水浸泡，同时改善基础的施工条件。

2.2.2　联合基础

联合基础主要指同列相邻两柱公共的钢筋混凝土基础，即双柱联合基础（图 2-5），但其设计原则，可供其他形式的联合基础参考。

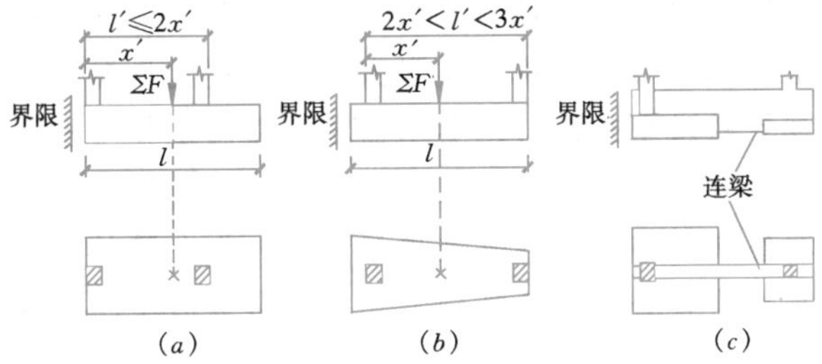

图 2-5　典型的双柱联合基础

(a) 矩形联合基础；(b) 梯形联合基础；(c) 连梁式联合基础

在为相邻两柱分别配置独立基础时，常因其中一柱靠近建筑界线，或因两柱间距较小，而出现基底面积不足或荷载偏心过大等情况，此时可考虑采用联合基础。联合基础也可用于调整相邻两柱的沉降差或防止两者之间的相向倾斜等。

2.2.3　柱下条形基础

当地基较为软弱、柱荷载或地基压缩性分布不均匀，以至于采用扩展基础可能产生较大的不均匀沉降时，常将同一方向（或同一轴线）上若干柱子的基础连成一体而形成柱下条形基础（图 2-6）。这种基础的抗弯刚度较大，因而具有调整不均匀沉降的能力，并能将所承受的集中柱荷载较均匀地分布到整个基底面积上。柱下条形基础是常用于软弱地基上框架或排架结构的一种基础形式。

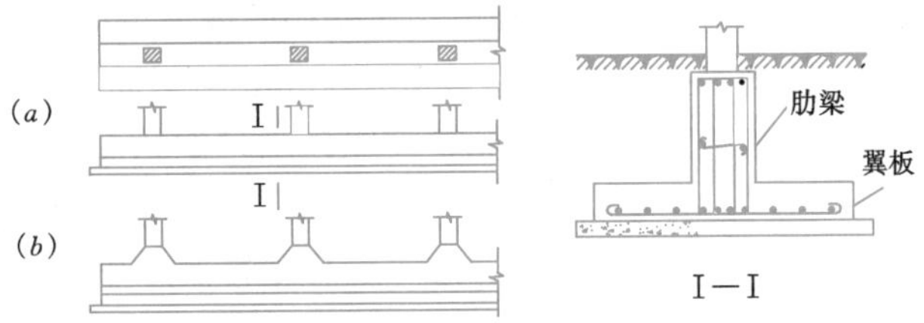

图 2-6　柱下条形基础

(a) 等截面的；(b) 柱位处加腋的

2.2.4　柱下交叉条形基础

如果地基软弱且在两个方向分布不均，需要基础在两方向都具有一定的刚度来调整不均匀沉降，则可在柱网下沿纵横两向分别设置钢筋混凝土条形基础，从而形成柱下交叉条形基础（图2-7）。

如果单向条形基础的底面积已能满足地基承载力的要求，则为了减少基础之间的沉降差，可在另一方向加设连梁，组成如图2-8所示的连梁式交叉条形基础。为了使基础受力明确，连梁不宜着地。这样，交叉条形基础的设计就可按单向条形基础来考虑。连梁的配置通常是带经验性的，但需要有一定的承载力和刚度，否则作用不大。

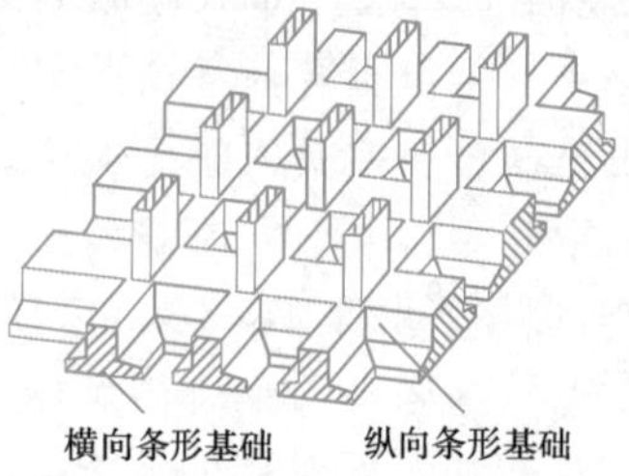

图2-7　柱下交叉条形基础

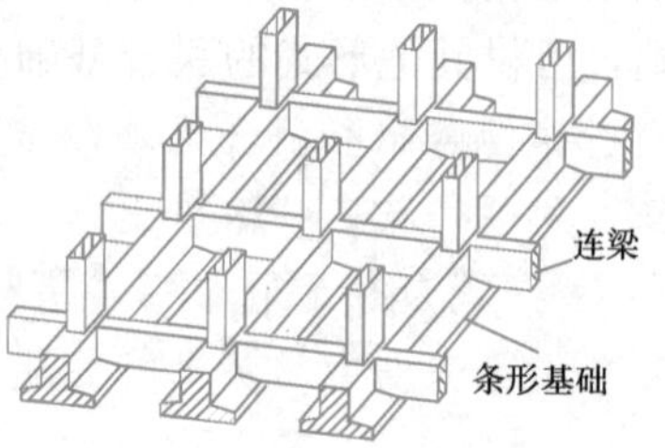

图2-8　连梁式交叉条形基础

2.2.5 筏形基础

当柱下交叉条形基础底面积占建筑物平面面积的比例较大，或者建筑物在使用上有要求时，可以在建筑物的柱、墙下方做成一块满堂的基础，即筏形（片筏）基础。筏形基础由于其底面积大，故可减小基底压力，同时也可提高地基土的承载力，并能更有效地增强基础的整体性，调整不均匀沉降。此外，筏形基础还具有前述各类基础所不完全具备的良好功能，例如：能跨越地下浅层小洞穴和局部软弱层；提供比较宽敞的地下使用空间；作为地下室、水池、油库等的防渗底板；增强建筑物的整体抗震性能；满足自动化程度较高的工艺设备对不允许有差异沉降的要求，以及工艺连续作业和设备重新布置的要求等。

但是，当地基有显著的软硬不均情况，例如地基中岩石与软土同时出现时，应首先对地基进行处理，单纯依靠筏形基础来解决这类问题是不经济的，甚至是不可行的。筏形基础的板面与板底均配置有受力钢筋，因此经济指标较高。

按所支承的上部结构类型分，有用于砌体承重结构的墙下筏形基础和用于框架、剪力墙结构的柱下筏形基础。前者是一块厚度约200～300mm的钢筋混凝土平板，埋深较浅，适用于具有硬壳持力层（包括人工处理形成的）、比较均匀的软弱地基上六层及六层以下承重横墙较密的民用建筑。

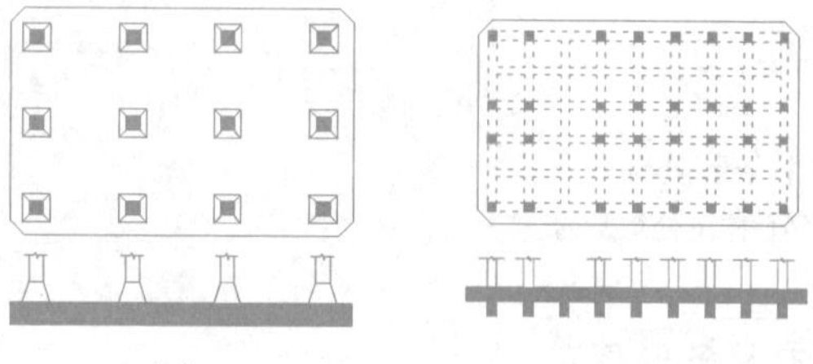

图2-9　柱下筏形基础
(*a*) 平板式；(*b*) 梁板式

柱下筏形基础分为平板式和梁板式两种类型（图2-9）。平板式筏形基础的厚度不应小于500mm，一般为0.5～2.5m。其特点是施工方便、建造快，但混凝土用量大。建于新加坡的杜那士大厦（Tunas Building）是高96.62m、29层的钢筋混凝土框架-剪力墙体系，其基础即为厚2.44m的平板式筏形基础。当柱荷载较大时，可将柱位下板厚局部加大或设柱墩(图 2-9*a*)，以防止基础发生冲切破坏。若柱距较大，为了减小板厚，可在柱轴两个方向设置肋梁，形成梁板式筏形基础（图 2-9*b*)。

2.2.6 箱 形 基 础

箱形基础是由钢筋混凝土的底板、顶板、外墙和内隔墙组成的有一定高度的整体空间结构（图 2-10)，适用于软弱地基上的高层、重型或对不均匀沉降有严格要求的建筑物。与筏形基础相比，箱形基础具有更大的抗弯刚度，只能产生大致均匀的沉降或整体倾斜，从而基本上消除了因地基变形而使建筑物开裂的可能性。箱形基础埋深较大，基础中空，从而使开挖卸去的土重部分抵偿了上部结构传来的荷载（补偿效应)，因此，与一般实体基础相比，它能显著减小基底压力、降低基础沉降量。此外，箱形基础的抗震性能较好。

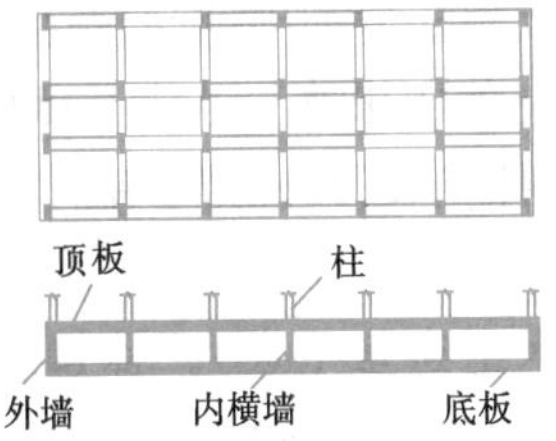

图 2-10 箱形基础

高层建筑的箱形基础往往与地下室结合考虑，其地下空间可作人防、设备间、库房、商店以及污水处理等。冷藏库和高温炉体下的箱形基础有隔断热传导的作用，以防地基土产生冻胀或干缩。但由于内墙分隔，箱形基础地下室的用途不如筏形基础地下室广泛，例如不能用作地下停车场等。

箱形基础的钢筋水泥用量很大，工期长，造价高，施工技术比较复杂，在进行深基坑开挖时，还需考虑降低地下水位、坑壁支护及对周边环境的影响等问题。因此，箱形基础的采用与否，应在与其他可能的地基基础方案作技术经济比较之后再确定。

2.2.7 壳 体 基 础

为了发挥混凝土抗压性能好的特性，可以将基础的形式做成壳体。常见的壳体基础形式有三种，即正圆锥壳、M 形组合壳和内球外锥组合壳（图 2-11)。壳体基础可用作柱基础和筒形构筑物（如烟囱、水塔、料仓、中小型高炉等）的基础。

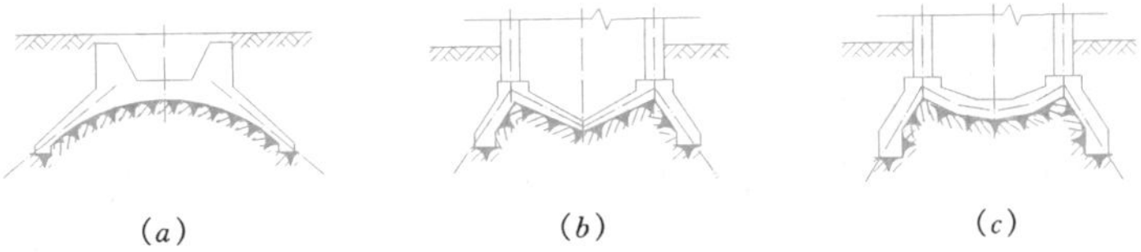

图 2-11 壳体基础的结构形式

(*a*) 正圆锥壳；(*b*) M 形组合壳；(*c*) 内球外锥组合壳

壳体基础的优点是材料省、造价低。根据统计，中小型筒形构筑物的壳体基础，可比一般梁、板式的钢筋混凝土基础少用混凝土 30%～50%，节约钢筋 30%以上。此外，一般情况下施工时不必支模，土方挖运量也较少。不过，由于较难实行机械化施工，因此施工工期长，同时施工工作量大，技术要求高。

除了上述各种类型外，还有折板基础等形式，这里不再详细说明。

2.3　基础埋置深度的选择

基础埋置深度（简称埋深）是指基础底面至天然地面的距离。选择基础的埋置深度是基础设计工作的重要一环，因为它关系到地基基础方案的优劣、施工的难易和造价的高低。影响基础埋深选择的主要因素可归纳为如下五个方面，对于一项具体的工程来说，往往只是其中一二种因素起决定作用。一般来说，在满足地基稳定和变形要求及有关条件的前提下，基础应尽量浅埋。

2.3.1　与建筑物有关的条件

确定基础的埋深时，首先要考虑的是建筑物在使用功能和用途方面的要求，例如必须设置地下室、带有地下设施、属于半埋式结构物等。

对位于土质地基上的高层建筑，基础埋深应满足地基承载力、变形和稳定性要求。为了满足稳定性要求，其基础埋深应随建筑物高度适当增大。在抗震设防区，筏形和箱形基础的埋深不宜小于建筑物高度的1/15；桩筏或桩箱基础的埋深（不计桩长）不宜小于建筑物高度的1/18。对位于岩石地基上的高层建筑，基础埋深应满足抗滑要求。受有上拔力的基础如输电塔基础，也要求有较大的埋深以满足抗拔要求。烟囱、水塔等高耸结构均应满足抗倾覆稳定性的要求。

确定冷藏库或高温炉窑这类建筑物的基础埋深时，应考虑热传导引起地基土因低温而冻胀或因高温而干缩的效应。

2.3.2　工 程 地 质 条 件

直接支承基础的土层称为持力层，其下的各土层称为下卧层。为了满足建筑物对地基承载力和地基变形的要求，基础应尽可能埋置在良好的持力层上。当地基受力层（或沉降计算深度）范围内存在软弱下卧层时，软弱下卧层的承载力和地基变形也应满足要求。

在选择持力层和基础埋深时，应通过工程地质勘察报告详细了解拟建场地的地层分布、各土层的物理力学性质和地基承载力等资料。为了便于讨论，对于中小型建筑物，不妨把处于坚硬、硬塑或可塑状态的黏性土层，密实或中密状态的砂土层和碎石土层，以及属于低、中压缩性的其他土层视作良好土层；而把处于软塑、流塑状态的黏性土层，处于松散状态的砂土层，未经处理的填土和其他高压缩性土层视作软弱土层。下面针对工程中常遇到的四种土层分布情况，说明基础埋深的确定原则。

（1）在地基受力层范围内，自上而下都是良好土层。这时基础埋深由其他条件和最小埋深确定。

（2）自上而下都是软弱土层。对于轻型建筑，仍可考虑按情况（1）处理。如果地基承载力或地基变形不能满足要求，则应考虑采用连续基础、人工地基或深基础方案。哪一种方案较好，需要从安全可靠、施工难易、造价高低等方面综合确定。

（3）上部为软弱土层而下部为良好土层。这时，持力层的选择取决于上部软弱土层的厚度。一般来说，软弱土层厚度小于2m者，应选取下部良好土层作为持力层；若软弱土层较厚，可按情况（2）处理。

（4）上部为良好土层而下部为软弱土层。这种情况在我国沿海地区较为常见，地表普遍存在一层厚度为 2～3m 的所谓"硬壳层"，硬壳层以下为孔隙比大、压缩性高、强度低的软土层。对于一般中小型建筑物或 6 层以下的住宅，宜选择这一硬壳层作为持力层，基础尽量浅埋，即采用"宽基浅埋"方案，以便加大基底至软弱土层的距离。此时，最好采用钢筋混凝土基础（基础截面高度较小）。

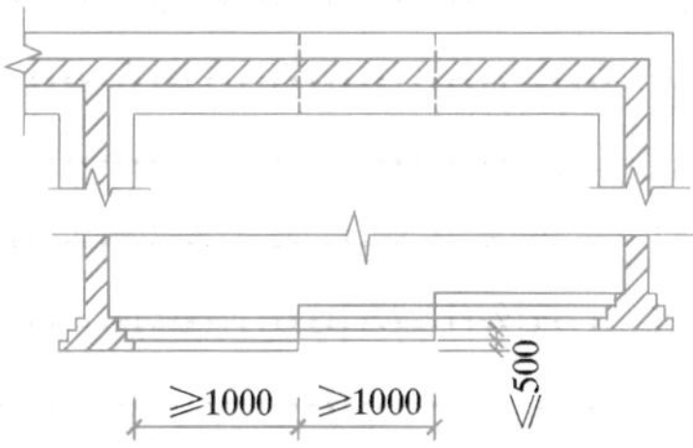

图 2-12 墙基础埋深变化时台阶做法

当地基持力层顶面倾斜时，同一建筑物的基础可以采用不同的埋深。为保证基础的整体性，墙下无筋基础应沿倾斜方向做成台阶形，并由深到浅逐渐过渡。台阶的做法见图 2-12。

2.3.3 水文地质条件

有地下水存在时，基础应尽量埋置在地下水位以上，以避免地下水对基坑开挖、基础施工和使用期间的影响。对底面低于地下水位的基础，应考虑施工期间的基坑降水、坑壁围护、是否可能产生流砂或涌土等问题，并采取保护地基土不受扰动的措施。对于具有侵蚀性的地下水，应采用抗侵蚀的水泥品种和相应的措施（详见有关勘察规范）。此外，设计时还应该考虑由于地下水的浮托力而引起的基础底板内力的变化、地下室或地下贮罐上浮的可能性以及地下室的防渗问题。

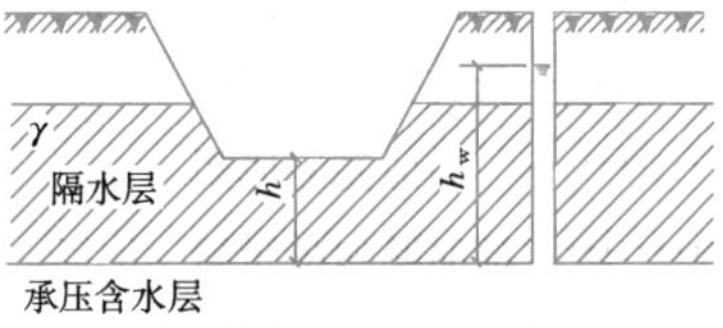

图 2-13 基坑下埋藏有承压含水层的情况

当持力层下埋藏有承压含水层时，为防止坑底土被承压水冲破（即流土），要求坑底土的总覆盖压力大于承压含水层顶部的静水压力（图 2-13），即

$$\gamma h > \gamma_w h_w \tag{2-1}$$

式中 γ——土的重度，对潜水位以下的土取饱和重度；

γ_w——水的重度；

h——基坑底面至承压含水层顶面的距离；

h_w——承压水位。

如式（2-1）无法得到满足，则应设法降低承压水头或减小基础埋深。对于平面尺寸较大的基础，在满足式（2-1）的要求时，还应有不小于 1.1 的安全系数。

2.3.4 地基冻融条件

当地基土的温度低于 0℃时，土中部分孔隙水将冻结而形成冻土。冻土可分为季节性冻土和多年冻土两类。季节性冻土在冬季冻结而夏季融化，每年冻融交替一次。我国东北、华北和西北地区的季节性冻土层厚度在 0.5m 以上，最大的可近 3m。

如果季节性冻土由细粒土（粉砂、粉土、黏性土）组成，冻结前的含水量较高且冻结期间的地下水位低于冻结深度不足 1.5～2.0m，那么不仅处于冻结深度范围内的土中水将被冻结形成冰晶体，而且未冻结区的自由水和部分结合水会不断地向冻结区迁移、聚集，使冰晶体逐渐扩大，引起土体发生膨胀和隆起，形成冻胀现象。位于冻胀区的基础所受到的冻胀力如大于基底压力，基础就有被抬起的可能。到了夏季，土体因温度升高而解冻，造成含水量增加，使土体处于饱和及软化状态，承载力降低，建筑物下陷，这种现象称为融陷。地基土的冻胀与融陷一般是不均匀的，容易导致建筑物开裂损坏。

土冻结后是否会产生冻胀现象，主要与土的粒径大小、含水量的多少及地下水位高低等条件有关。对于结合水含量极少的粗粒土，因不发生水分迁移，故一般不存在冻胀问题。处于坚硬状态的黏性土，因为结合水的含量很少，冻胀作用也很微弱。此外，若地下水位高或通过毛细水能使水分向冻结区补充，则冻胀会较严重。《建筑地基基础设计规范》GB 50007 根据冻胀对建筑物的危害程度，把地基土的冻胀性分为不冻胀、弱冻胀、冻胀、强冻胀和特强冻胀五类。

不冻胀土的基础埋深可不考虑冻结深度。对于埋置于可冻胀土中的基础，其最小埋深 $d_{\min}$ 可按下式确定：

$$d_{\min} = z_{\mathrm{d}} - h_{\max} \tag{2-2}$$

式中 z_{d}（场地冻结深度）和 $h_{\max}$（基底下允许冻土层最大厚度）可按《建筑地基基础设计规范》GB 50007 的有关规定确定。对于冻胀、强冻胀和特强冻胀地基上的建筑物，尚应采取相应的防冻害措施。

2.3.5　场地环境条件

气候变化、树木生长及生物活动会对基础带来不利影响，因此，基础应埋置于地表以下，其埋深不宜小于 0.5m（岩石地基除外）；基础顶面一般应至少低于设计地面 0.1m。

靠近原有建筑物修建新基础时，如基坑深度超过原有基础的埋深，则可能引起原有基础下沉或倾斜。因此，新基础的埋深不宜超过原有基础的底面，否则新、旧基础间应保持一定的净距，其值不宜小于两基础底面高差的 1～2 倍（土质好时可取低值），如图 2-14 所示。如不能满足这一要求，则在基础施工期间应采取有效措施以保证邻近原有建筑物的安全。例如：新建条形基础分段开挖修筑；基坑壁设置临时加固支撑；事先打入板桩或设置其他挡土结构；对原有建筑物地基进行加固等。

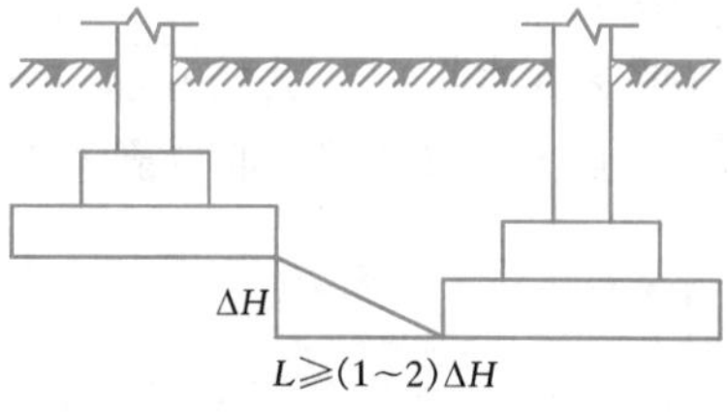

图 2-14　不同埋深的相邻基础

如果在基础影响范围内有管道或沟、坑等地下设施通过时，基础底面一般应低于这些设施的底面，否则应采取有效措施，消除基础对地下设施的不利影响。

在河流、湖泊等水体旁建造的建筑物基础，如可能受到流水或波浪冲刷的影响，其底面应位于冲刷线之下。

2.4　浅基础的地基承载力

2.4.1　地基承载力概念

地基承载力是指地基承受荷载的能力。在保证地基稳定的条件下，使建筑物的沉降量不超过允许值的地基承载力称为地基承载力特征值，以 f_a 表示。由其定义可知，f_a 的确定取决于两个条件：第一，地基要有一定的强度安全储备，确保不出现失稳现象，即 $f_a=p_u/K$，式中 p_u 为地基极限承载力，K 为安全系数；第二，地基沉降不应大于相应的允许值。

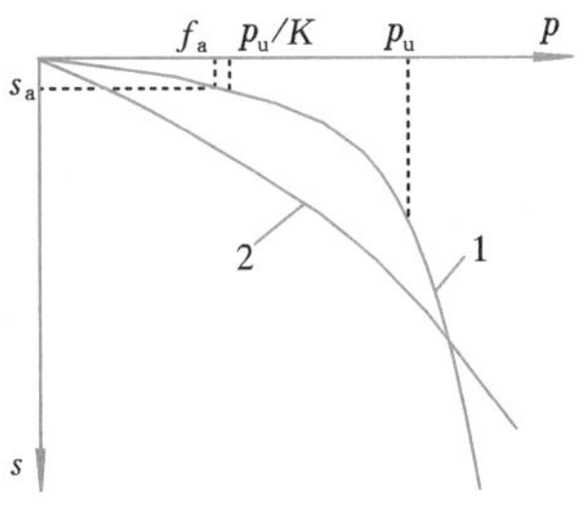

图 2-15　荷载-沉降关系曲线

有人认为地基承载力是一定值，这种概念是错误的。由图 2-15 所示的荷载-沉降关系曲线（p-s 曲线）可知，在保证有一定强度安全储备的前提下，地基承载力特征值 f_a 是允许沉降 s_a 的函数。s_a 愈大，f_a 就愈大；如果不允许地基产生沉降（$s_a=0$），那么地基承载力将为零。可以说，在许多情况下，地基承载力的大小是由地基沉降允许值控制的。对高压缩性的地基而言（图 2-15 中的曲线 2），情况更是如此。因此，地基承载力特征值可以表达为：

$$f_a=\alpha\frac{p_u}{K} \tag{2-3}$$

式中 α 为由地基沉降允许值控制的系数，$0<\alpha\leqslant 1$。地基沉降控制愈严，α 值愈小；对于允许产生较大地基沉降的建筑物，可取 $\alpha=1$。

此外，对于弱透水性土层，其地基承载力还与加荷速率密切相关。如果加荷速率很快，土体来不及排水固结，地基承载力将表现为短期承载力，其数值要比长期承载力低很多。这点在工程实践中要特别引起重视。

2.4.2　地基承载力特征值的确定

确定地基承载力特征值的方法主要有四类：①根据土的抗剪强度指标以理论公式计算；②由现场载荷试验的 p-s 曲线确定；③按规范提供的承载力表确定；④在土质基本相同的情况下，参照邻近建筑物的工程经验确定。在具体工程中，应根据地基基础的设计等级、地基岩土条件并结合当地工程经验选择确定地基承载力的适当方法，必要时可以按多种方法综合确定。

1. 按土的抗剪强度指标确定

(1) 地基极限承载力理论公式

根据地基极限承载力计算地基承载力特征值的公式如下：

$$f_a=p_u/K \tag{2-4}$$

式中　p_u——地基极限承载力；

K——安全系数，其取值与地基基础设计等级、荷载的性质、土的抗剪强度指标的可靠程度以及地基条件等因素有关，对长期承载力一般取 $K=2\sim3$。

确定地基极限承载力的理论公式有多种，如斯肯普顿公式、太沙基公式、魏锡克公式和汉森公式等，其中魏锡克公式（或汉森公式）可以考虑的影响因素最多，如基础底面的形状、偏心和倾斜荷载、基础两侧覆盖层的抗剪强度、基底和地面倾斜、土的压缩性影响等。

(2) 规范推荐的理论公式

当荷载偏心距 $e\leqslant l/30$（l 为偏心方向基础边长）时，可以采用《建筑地基基础设计规范》GB 50007 推荐的、以地基临界荷载 $p_{1/4}$ 为基础的理论公式来计算地基承载力特征值，计算公式如下：

$$f_a = M_b \gamma b + M_d \gamma_m d + M_c c_k \tag{2-5}$$

式中 M_b、M_d、M_c——承载力系数，按 φ_k 值查表 2-3；

γ——基底以下土的重度，地下水位以下取有效重度（浮重度）；

b——基础底面宽度，大于 6m 时按 6m 取值；对于砂土，小于 3m 时按 3m 取值；

γ_m——基础底面以上土的加权平均重度，位于地下水位以下的土层取有效重度；

d——基础埋置深度，取值方法与式（2-14）同，见后；

φ_k、c_k——基底下一倍基础宽度的深度范围内土的内摩擦角、黏聚力标准值。

上式与 $p_{1/4}$ 公式稍有差别。根据砂土地基的载荷试验资料，按 $p_{1/4}$ 公式计算的结果偏小较多，所以对砂土地基，当 b 小于 3m 时按 3m 计算，此外，当 $\varphi_k \geqslant 24°$ 时，采用比 M_b 的理论值大的经验值。

若建筑物施工速度较快，而地基持力层的透水性和排水条件不良时（例如厚度较大的饱和软黏土），地基土可能在施工期间或施工完工后不久因未充分排水固结而破坏，此时应采用土的不排水抗剪强度计算短期承载力。取不排水内摩擦角 $\varphi_u = 0$，由表 2-3 知 $M_b = 0$，$M_d = 1$，$M_c = 3.14$，将 c_k 改为 c_u（c_u 为土的不排水抗剪强度），由式（2-5）得短期承载力计算公式为：

$$f_a = 3.14 c_u + \gamma_m d \tag{2-6}$$

承载力系数 M_b、M_d、M_c　　表 2-3

土的内摩擦角标准值 φ_k（°）	M_b	M_d	M_c
0	0	1.00	3.14
2	0.03	1.12	3.32
4	0.06	1.25	3.51
6	0.10	1.39	3.71
8	0.14	1.55	3.93
10	0.18	1.73	4.17
12	0.23	1.94	4.42
14	0.29	2.17	4.69
16	0.36	2.43	5.00
18	0.43	2.72	5.31
20	0.51	3.06	5.66
22	0.61	3.44	6.04
24	0.80	3.87	6.45
26	1.10	4.37	6.90
28	1.40	4.93	7.40
30	1.90	5.59	7.95
32	2.60	6.35	8.55
34	3.40	7.21	9.22
36	4.20	8.25	9.97
38	5.00	9.44	10.80
40	5.80	10.84	11.73

（3）几点说明

1）按理论公式计算地基承载力时，对计算结果影响最大的是土的抗剪强度指标的取值。一般应采取质量最好的原状土样以三轴压缩试验测定，且每层土的试验数量不得少于6组。

2）地基承载力不仅与土的性质有关，还与基础的大小、形状、埋深以及荷载情况等有关，而这些因素对承载力的影响程度又随着土质的不同而不同。例如对饱和软土（$\varphi_u=0$，$M_b=0$），增大基底尺寸不可能提高地基承载力，但对 $\varphi_k>0$ 的土，增大基底宽度将使承载力随着 φ_k 的提高而显著增加（为避免沉降过大，规定基底宽度 b 大于 6m 时按 6m 取值）。

3）由式（2-5）可知，地基承载力随埋深 d 线性增加，但对实体基础（如扩展基础），增加的承载力将被基础和回填土重量的相应增加所部分抵偿。特别是对于饱和软土，由于 $M_d=1$，这两方面几乎相抵而收不到明显的效益。

4）按土的抗剪强度确定的地基承载力特征值没有考虑建筑物对地基变形的要求，因此在基础底面尺寸确定后，还应进行地基变形验算。

5）内摩擦角标准值 φ_k 和黏聚力标准值 c_k 可按下列方法计算：

将 n 组试验所得的 φ_i 和 c_i 代入下述式（2-7）、式（2-8）和式（2-9），分别计算出平均值 φ_m、c_m，标准差 σ_φ、σ_c 和变异系数 δ_φ、δ_c。

$$\mu=\frac{\sum_{i=1}^{n}\mu_i}{n} \tag{2-7}$$

$$\sigma=\sqrt{\frac{\sum_{i=1}^{n}\mu_i^2-n\mu^2}{n-1}} \tag{2-8}$$

$$\delta=\sigma/\mu \tag{2-9}$$

式中 μ——某一土性指标试验平均值；

σ——标准差；

δ——变异系数。

按下述两式分别计算 n 组试验的内摩擦角和黏聚力的统计修正系数 ψ_φ、ψ_c：

$$\psi_\varphi=1-\left(\frac{1.704}{\sqrt{n}}+\frac{4.678}{n^2}\right)\delta_\varphi \tag{2-10}$$

$$\psi_c=1-\left(\frac{1.704}{\sqrt{n}}+\frac{4.678}{n^2}\right)\delta_c \tag{2-11}$$

最后按下述两式计算抗剪强度指标标准值 φ_k、c_k：

$$\varphi_k=\psi_\varphi\varphi_m \tag{2-12}$$

$$c_k=\psi_c c_m \tag{2-13}$$

2. 按地基载荷试验确定

载荷试验包括浅层平板载荷试验、深层平板试验及螺旋板载荷试验。前者适用于浅层地基，后两者适用于深层地基。

载荷试验的优点是压力的影响深度可达 1.5～2 倍承压板宽度，故能较好地反映天然土体的压缩性。对于成分或结构很不均匀的土层，如杂填土、裂隙土、风化岩等，它则显出用别的方法所难以代替的作用。其缺点是试验工作量和费用较大，时间较长。

下面讨论根据载荷试验成果 p-s 曲线确定地基承载力特征值的方法。

对于密实砂土、硬塑黏土等低压缩性土，其 p-s 曲线通常有比较明显的起始直线段和极限值，即呈急进破坏的"陡降型"，如图2-16（a）所示。考虑到低压缩性土的承载力特征值一般由强度安全控制，故规范规定以直线段末点所对应的压力 p_1（比例界限荷载）作为承载力特征值。此时，地基的沉降量很小，强度安全贮备也足够。但是对于少数呈"脆性"破坏的土，p_1 与极限荷载 p_u 很接近，故当 $p_u < 2p_1$ 时，取 $p_u/2$ 作为承载力特征值。

对于松砂、填土、可塑黏土等中、高压缩性土，其 p-s 曲线往往无明显的转折点，呈现渐进破坏的"缓变型"，如图2-16（b）所示。由于中、高压缩性土的沉降量较大，故其承载力特征值一般受允许沉降量控制。因此，当压板面积为0.25～0.50m^2 时，规范规定可取沉降 $s=(0.01 \sim 0.015)b$（b 为承压板宽度或直径）所对应的荷载（此值不应大于最大加载量的一半）作为承载力特征值。

对于弱透水性土（例如饱和软黏土），要达到充分固结所需的时间往往很长，因此载荷试验测得的沉降值一般偏小。如果进行载荷试验的土层为欠固结土，设计时还须考虑欠固结土层在其自重作用下的固结沉降。

对同一土层，应选择三个以上的试验点，当试验实测值的极差（最大值与最小值之差）不超过其平均值的30%时，取其平均值作为该土层的地基承载力特征值 f_{ak}。

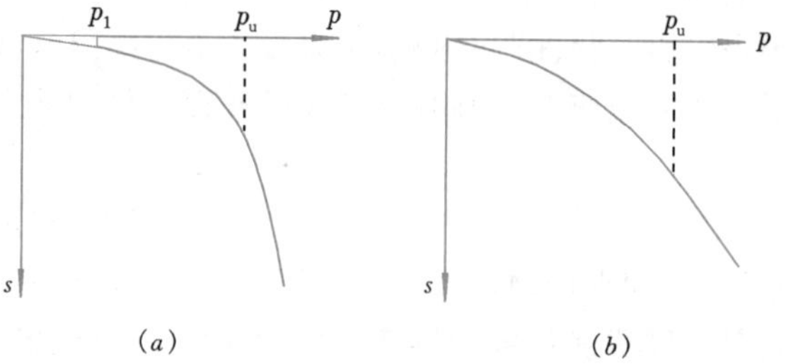

图2-16　按载荷试验成果确定地基承载力特征值

（a）低压缩性土；（b）高压缩性土

3. 按规范承载力表确定

我国各地区规范给出了按野外鉴别结果，室内物理、力学指标，或现场动力触探试验锤击数查取地基承载力特征值 f_{ak} 的表格，这些表格是将各地区载荷试验资料经回归分析并结合经验编制的。表2-4给出的是砂土按标准贯入试验锤击数 N 值（修正后）查取承载力特征值的表格。

砂土承载力特征值 f_{ak}（kPa）　　表2-4

土类 \ N	10	15	30	50
中砂、粗砂	180	250	340	500
粉砂、细砂	140	180	250	340

当基础宽度大于 3m 或埋置深度大于 0.5m 时，从载荷试验或其他原位测试、规范表格等方法确定的地基承载力特征值，应按下式进行修正：

$$f_a = f_{ak} + \eta_b \gamma (b-3) + \eta_d \gamma_m (d-0.5) \tag{2-14}$$

式中 f_a——修正后的地基承载力特征值；

f_{ak}——地基承载力特征值；

η_b、η_d——基础宽度和埋深的地基承载力修正系数，按基底下土的类别查表 2-5；

γ——基础底面以下土的重度，地下水位以下取有效重度；

b——基础底面宽度，当基底宽度小于 3m 时按 3m 取值，大于 6m 时按 6m 取值；

γ_m——基础底面以上土的加权平均重度，位于地下水位以下的土层取有效重度；

d——基础埋置深度，一般自室外地面标高算起。在填方整平地区，可自填土地面标高算起，但填土在上部结构施工后完成时，应从天然地面标高算起。对于地下室，如采用箱形基础或筏形基础时，基础埋置深度自室外地面标高算起；当采用独立基础或条形基础时，应从室内地面标高算起。对于主裙楼一体的主体结构基础，可将裙楼荷载视为基础两侧的超载，当超载宽度大于基础宽度两倍时，可将超载折算成土层厚度作为基础的附加埋深。

承载力修正系数　表 2-5

土的类别		η_b	η_d
淤泥和淤泥质土		0	1.0
人工填土 e 或 I_L 大于等于 0.85 的黏性土		0	1.0
红黏土	含水比 $a_w > 0.8$	0	1.2
	含水比 $a_w \leqslant 0.8$	0.15	1.4
大面积压实填土	压实系数大于 0.95、黏粒含量 $\rho_c \geqslant 10\%$ 的粉土	0	1.5
	最大干密度大于 2.1t/m^3 的级配砂石	0	2.0
粉土	黏粒含量 $\rho_c \geqslant 10\%$ 的粉土	0.3	1.5
	黏粒含量 $\rho_c < 10\%$ 的粉土	0.5	2.0
e 或 I_L 均小于 0.85 的黏性土		0.3	1.6
粉砂、细砂（不包括很湿与饱和时的稍密状态）		2.0	3.0
中砂、粗砂、砾砂和碎石土		3.0	4.4

注：1. 强风化和全风化的岩石，可参照所风化成的相应土类取值，其他状态下的岩石不修正；
2. 地基承载力特征值按深层平板载荷试验确定时，η_d 取 0。

4. 按建筑经验确定

在拟建场地附近，常有不同时期建造的各类建筑物。调查这些建筑物的结构类型、基础形式、地基条件和使用现状，对于确定拟建场地的地基承载力具有一定的参考价值。

在按建筑经验确定承载力时，需要了解拟建场地是否存在人工填土、暗浜或暗沟、土洞、软弱夹层等不利情况。对于地基持力层，可以通过现场开挖，根据土的名称和所处的状态估计地基承载力。这些工作还需在基坑开挖验槽时进行验证。

【例2-1】某场地地表土层为中砂，厚度2m，$\gamma=18.7\text{kN/m}^3$，标准贯入试验锤击数$N=13$；中砂层之下为粉质黏土，$\gamma=18.2\text{kN/m}^3$，$\gamma_{sat}=19.1\text{kN/m}^3$，抗剪强度指标标准值$\varphi_k=21°$、$c_k=10\text{kPa}$，地下水位在地表下2.1m处。若修建的基础底面尺寸为2m×2.8m，试确定基础埋深分别为1m和2.1m时持力层的承载力特征值。

【解】(1) 基础埋深为1m

这时地基持力层为中砂，根据标贯击数$N=13$查表2-4，得

$$f_{ak}=180+\frac{13-10}{15-10}(250-180)=222\text{kPa}$$

因为埋深$d=1\text{m}>0.5\text{m}$，故还需对f_{ak}进行修正。查表2-5，得承载力修正系数$\eta_b=3.0$，$\eta_d=4.4$，代入式(2-14)，得修正后的地基承载力特征值为：

$$\begin{aligned}f_a&=f_{ak}+\eta_b\gamma(b-3)+\eta_d\gamma_m(d-0.5)\\&=222+3.0\times18.7\times(3-3)+4.4\times18.7\times(1-0.5)\\&=263\text{kPa}\end{aligned}$$

(2) 基础埋深为2.1m

这时地基持力层为粉质黏土，根据题给条件，可以采用规范推荐的理论公式来确定地基承载力特征值。由$\varphi_k=21°$查表2-3，得$M_b=0.56$，$M_d=3.25$，$M_c=5.85$。因基底与地下水位平齐，故γ取有效重度γ'，即

$$\gamma'=\gamma_{sat}-\gamma_w=19.1-10=9.1\text{kPa}$$

此外

$$\gamma_m=(18.7\times2+18.2\times0.1)/2.1=18.7\text{kN/m}^3$$

按式(2-5)，地基持力层的承载力特征值为：

$$\begin{aligned}f_a&=M_b\gamma b+M_d\gamma_m d+M_c c_k\\&=0.56\times9.1\times2+3.25\times18.7\times2.1+5.85\times10\\&=196\text{kPa}\end{aligned}$$

2.4.3 地基变形验算

按前述方法确定的地基承载力特征值虽然已可保证建筑物在防止地基剪切破坏方面具有足够的安全度，但却不一定能保证地基变形满足要求。在常规设计中，一般的步骤是先确定持力层的承载力特征值，然后按要求选定基础底面尺寸，最后（必要时）验算地基变形。地基变形验算的要求是：建筑物的地基变形计算值Δ应不大于地基变形允许值$[\Delta]$，即要求满足下列条件：

$$\Delta\leqslant[\Delta] \tag{2-15}$$

地基变形按其特征可分为四种：

沉降量——独立基础中心点的沉降值或整幢建筑物基础的平均沉降值；

沉降差——相邻两个柱基的沉降量之差；

倾斜——基础倾斜方向两端点的沉降差与其距离的比值；

局部倾斜——砌体承重结构沿纵向6～10m内基础两点的沉降差与其距离的比值。

地基变形允许值的确定涉及许多因素，如建筑物的结构特点和具体使用要求、对地基不均匀沉降的敏感程度以及结构强度储备等。《建筑地基基础设计规范》GB 50007综合分

析了国内外各类建筑物的有关资料，提出了表 2-6 所列的建筑物地基变形允许值。对表中未包括的其他建筑物的地基变形允许值，可根据上部结构对地基变形特征的适应能力和使用上的要求确定。

建筑物的地基变形允许值 表 2-6

<table>
<tr><th rowspan="2">变 形 特 征</th><th colspan="2">地 基 土 类 别</th></tr>
<tr><th>中、低压缩性土</th><th>高压缩性土</th></tr>
<tr><td>砌体承重结构基础的局部倾斜</td><td>0.002</td><td>0.003</td></tr>
<tr><td>工业与民用建筑相邻柱基的沉降差
(1) 框架结构
(2) 砌体墙填充的边排柱
(3) 当基础不均匀沉降时不产生附加应力的结构</td><td>
$0.002l$
$0.0007l$
$0.005l$</td><td>
$0.003l$
$0.001l$
$0.005l$</td></tr>
<tr><td>单层排架结构（柱距为 6m）柱基的沉降量（mm）</td><td>(120)</td><td>200</td></tr>
<tr><td>桥式吊车轨面的倾斜（按不调整轨道考虑）
纵 向
横 向</td><td colspan="2">
0.004
0.003</td></tr>
<tr><td>多层和高层建筑的整体倾斜 $H_g \leqslant 24$
$24 < H_g \leqslant 60$
$60 < H_g \leqslant 100$
$H_g > 100$</td><td colspan="2">0.004
0.003
0.0025
0.002</td></tr>
<tr><td>体型简单的高层建筑基础的平均沉降量（mm）</td><td colspan="2">200</td></tr>
<tr><td>高耸结构基础的倾斜 $H_g \leqslant 20$
$20 < H_g \leqslant 50$
$50 < H_g \leqslant 100$
$100 < H_g \leqslant 150$
$150 < H_g \leqslant 200$
$200 < H_g \leqslant 250$</td><td colspan="2">0.008
0.006
0.005
0.004
0.003
0.002</td></tr>
<tr><td>高耸结构基础的沉降量（mm） $H_g \leqslant 100$
$100 < H_g \leqslant 200$
$200 < H_g \leqslant 250$</td><td colspan="2">400
300
200</td></tr>
</table>

注：1. 本表数值为建筑物地基实际最终变形允许值；
2. 有括号者仅适用于中压缩性土；
3. l 为相邻柱基的中心距离（mm）；H_g 为自室外地面起算的建筑物高度（m）。

一般来说，如果建筑物均匀下沉，那么即使沉降量较大，也不会对结构本身造成损坏，但可能会影响到建筑物的正常使用，或使邻近建筑物倾斜，或导致与建筑物有联系的其他设施损坏。例如，单层排架结构的沉降量过大会造成桥式吊车净空不够而影响使用；高耸结构（如烟囱、水塔等）沉降量过大会将烟道（或管道）拉裂。

砌体承重结构对地基的不均匀沉降是很敏感的，其损坏主要是由于墙体挠曲引起局部出现斜裂缝，故砌体承重结构的地基变形由局部倾斜控制。

框架结构和单层排架结构主要因相邻柱基的沉降差使构件受剪扭曲而损坏，因此其地基变形由沉降差控制。

高耸结构和高层建筑的整体刚度很大，可近似视为刚性结构，其地基变形应由建筑物的整体倾斜控制，必要时应控制平均沉降量。

地基土层的不均匀分布以及邻近建筑物的影响是高耸结构和高层建筑产生倾斜的重要原因。这类结构物的重心高，基础倾斜使重心侧向移动引起的偏心力矩荷载，不仅使基底边缘压力增加而影响倾覆稳定性，还会产生附加弯矩。因此，倾斜允许值应随结构高度的增加而递减。

高层建筑横向整体倾斜允许值主要取决于人们视觉的敏感程度，倾斜值达到明显可见的程度时大致为1/250（0.004），而结构损坏则大致当倾斜达到1/150时开始。

必须指出，目前的地基沉降计算方法还比较粗糙，因此，对于重要的或体型复杂的建筑物，或使用上对不均匀沉降有严格要求的建筑物，应进行系统的地基沉降观测。通过对观测结果的分析，一方面可以对计算方法进行验证，修正土的参数取值；另一方面可以预测沉降发展的趋势，如果最终沉降可能超出允许范围，则应及时采取处理措施。

在必要情况下，需要分别预估建筑物在施工期间和使用期间的地基变形值，以便预留建筑物有关部分之间的净空，考虑连接方法和施工顺序。此时，一般多层建筑物在施工期间完成的沉降量，对于砂土可认为其最终沉降量已完成80%以上；对于其他低压缩性土可认为已完成最终沉降量的50%～80%；对于中压缩性土可认为已完成20%～50%；对于高压缩性土可认为已完成5%～20%。

如果地基变形计算值Δ大于地基变形允许值$[\Delta]$，一般可以先考虑适当调整基础底面尺寸（如增大基底面积或调整基底形心位置）或埋深，如仍未满足要求，再考虑是否可从建筑、结构、施工诸方面采取有效措施以防止不均匀沉降对建筑物的损害，或改用其他地基基础设计方案。

不同结构形式的基础，其沉降量往往相差较大。因此，建筑物同一结构单元内的基础结构形式宜一致，以避免不均匀沉降过大。

2.5 基础底面尺寸的确定

在初步选择基础类型和埋置深度后，就可以根据持力层的承载力特征值计算基础底面尺寸。如果地基受力层范围内存在着承载力明显低于持力层的下卧层，则所选择的基底尺寸尚须满足对软弱下卧层验算的要求。此外，必要时还应对地基变形或地基稳定性（见2.5.4节）进行验算。

2.5.1 按地基持力层承载力计算基底尺寸

除烟囱等圆形结构物常采用圆形（或环形）基础外，一般柱、墙的基础通常为矩形基础或条形基础，且采用对称布置。按荷载对基底形心的偏心情况，上部结构作用在基础顶面处的荷载可以分为轴心荷载和偏心荷载两种。

1. 轴心荷载作用

在轴心荷载作用下，按地基持力层承载力计算基底尺寸时，要求基础底面压力满足下式要求：

$$p_k \leqslant f_a \tag{2-16}$$

式中 f_a——修正后的地基持力层承载力特征值；

p_k——相应于作用的标准组合时，基础底面处的平均压力值，按下式计算：

$$p_k = \frac{(F_k + G_k)}{A} \tag{2-17}$$

A——基础底面面积；

F_k——相应于作用的标准组合时，上部结构传至基础顶面的竖向力值；

G_k——基础自重和基础上的土重，对一般实体基础，可近似地取 $G_k=\gamma_G Ad$（γ_G 为基础及回填土的平均重度，可取 $\gamma_G=20\text{kN/m}^3$，d 为基础平均埋深），但在地下水位以下部分应扣去浮托力，即 $G_k=\gamma_G Ad-\gamma_w Ah_w$（$h_w$ 为地下水位至基础底面的距离）。

将式（2-17）代入式（2-16），得基础底面积计算公式如下：

$$A \geqslant \frac{F_k}{(f_a - \gamma_G d + \gamma_w h_w)} \tag{2-18}$$

在轴心荷载作用下，柱下独立基础一般采用方形，其边长为：

$$b \geqslant \sqrt{\frac{F_k}{f_a - \gamma_G d + \gamma_w h_w}} \tag{2-19}$$

对于墙下条形基础，可沿基础长方向取单位长度 1m 进行计算，荷载也为相应的线荷载（kN/m），则条形基础宽度为：

$$b \geqslant \frac{F_k}{(f_a - \gamma_G d + \gamma_w h_w)} \tag{2-20}$$

在上面的计算中，一般先要对地基承载力特征值 f_{ak} 进行深度修正，然后按计算得到的基底宽度 b，考虑是否需要对 f_{ak} 进行宽度修正。如需要，修正后重新计算基底宽度，如此反复计算一两次即可。最后确定的基底尺寸 b 和 l 均应为 100mm 的整数倍。

【例 2-2】 某黏性土重度 γ_m 为 18.2kN/m^3，孔隙比 $e=0.7$，液性指数 $I_L=0.75$，地基承载力特征值 f_{ak} 为 220kPa。现修建一外柱基础，作用在基础顶面的轴心荷载 $F_k=830\text{kN}$，基础埋深（自室外地面起算）为 1.0m，室内地面高出室外地面 0.3m，试确定方形基础底面宽度。

【解】 先进行地基承载力深度修正。自室外地面起算的基础埋深 $d=1.0\text{m}$，查表 2-5，得 $\eta_d=1.6$，由式（2-14）得修正后的地基承载力特征值为：

$$\begin{aligned} f_a &= f_{ak} + \eta_d \gamma_m (d-0.5) \\ &= 220 + 1.6 \times 18.2 \times (1.0 - 0.5) \\ &= 235\text{kPa} \end{aligned}$$

计算基础及其上土的重力 G_k 时的基础埋深为：$d=(1.0+1.3)/2=1.15\text{m}$。由于埋深范围内没有地下水，$h_w=0$。由式（2-19）得基础底面宽度为：

$$b \geqslant \sqrt{\frac{F_k}{f_a - \gamma_G d}} = \sqrt{\frac{830}{235 - 20 \times 1.15}} = 1.98\text{m}$$

取 $b=2\text{m}$。因 $b<3\text{m}$，不必进行承载力宽度修正。

2. 偏心荷载作用

对偏心荷载作用下的基础，如果是采用魏锡克或汉森一类公式计算地基承载力特征值 f_a，则在 f_a 中已经考虑了荷载偏心和倾斜引起地基承载力的折减，此时基底压力只须满足条件（式 2-16）的要求即可。但是如果 f_a 是按载荷试验或规范表格确定的，则除应满足式（2-16）的要求外，尚应满足以下附加条件：

$$p_{kmax} \leqslant 1.2f_a \tag{2-21}$$

式中　p_{kmax}——相应于作用的标准组合时，按直线分布假设计算的基底边缘处的最大压力值；

f_a——修正后的地基承载力特征值。

对常见的单向偏心矩形基础，当偏心距 $e \leqslant l/6$ 时，基底最大压力可按下式计算：

$$p_{kmax} = \frac{F_k}{bl} + \gamma_G d - \gamma_w h_w + \frac{6M_k}{bl^2} \tag{2-22}$$

或

$$p_{kmax} = p_k\left(1 + \frac{6e}{l}\right) \tag{2-23}$$

式中　l——偏心方向的基础边长，一般为基础长边边长；

b——垂直于偏心方向的基础边长，一般为基础短边边长；

M_k——相应于作用的标准组合时，基础所有荷载对基底形心的合力矩；

e——偏心距，$e = M_k/(F_k + G_k)$；

其余符号意义同前。

为了保证基础不致过分倾斜，通常还要求偏心距 e 宜满足下列条件：

$$e \leqslant l/6 \tag{2-24}$$

一般认为，在中、高压缩性地基上的基础，或有吊车的厂房柱基础，e 不宜大于 $l/6$；对低压缩性地基上的基础，当考虑短暂作用的偏心荷载时，e 可放宽至 $l/4$。

确定矩形基础底面尺寸时，为了同时满足式（2-16）、式（2-21）和式（2-24）的条件，一般可按下述步骤进行：

（1）进行深度修正，初步确定修正后的地基承载力特征值。

（2）根据荷载偏心情况，将按轴心荷载作用计算得到的基底面积增大10%～40%，即取

$$A = (1.1 \sim 1.4)\frac{F_k}{f_a - \gamma_G d + \gamma_w h_w} \tag{2-25}$$

（3）选取基底长边 l 与短边 b 的比值 n（一般取 $n \leqslant 2$），于是有

$$b = \sqrt{A/n} \tag{2-26}$$

$$l = nb \tag{2-27}$$

（4）考虑是否应对地基承载力进行宽度修正。如需要，在承载力修正后，重复上述（2）、（3）两个步骤，使所取宽度前后一致。

（5）计算偏心距 e 和基底最大压力 p_{kmax}，并验算是否满足式（2-21）和式（2-24）的要求。

（6）若 b、l 取值不适当（太大或太小），可调整尺寸再行验算，如此反复一两次，便可定出合适的尺寸。

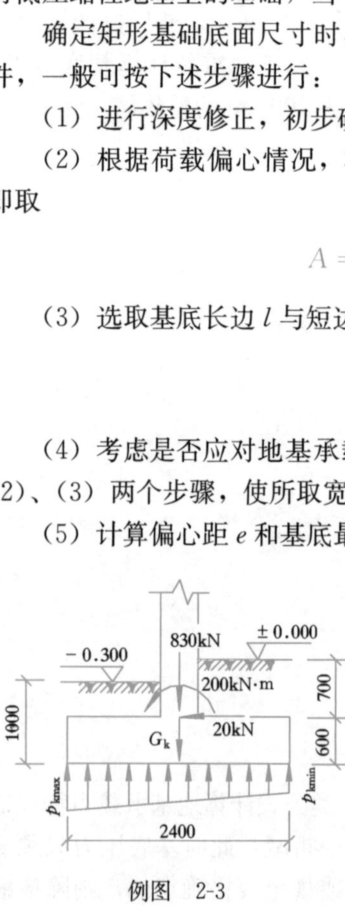

例图　2-3

【例 2-3】同例 2-2，但作用在基础顶面处的荷载还有力矩 200kN·m 和水平荷载 20kN（见例图 2-3），试确定矩形基础底面尺寸。

【解】（1）初步确定基础底面尺寸

考虑荷载偏心，将基底面积初步增大20%，由式

(2-25) 得

$$A = 1.2F_k/(f_a - \gamma_G d) = 1.2 \times 830/(235 - 20 \times 1.15) = 4.5\text{m}^2$$

取基底长短边之比 $n=l/b=2$，于是

$$b = \sqrt{A/n} = \sqrt{4.5/2} = 1.5\text{m}$$
$$l = nb = 2 \times 1.5 = 3.0\text{m}$$

因 $b=1.5\text{m}<3\text{m}$，故 f_a 无需作宽度修正。

(2) 验算荷载偏心距 e

基底处的总竖向力： $F_k+G_k= 830+20\times1.5\times3.0\times1.15= 933.5$ kN

基底处的总力矩： $M_k=200+20\times0.6=212$ kN·m

偏心距： $e=M_k/(F_k+G_k)=212/933.5=0.227\text{m}<l/6=0.5\text{m}$（可以）

(3) 验算基底最大压力 p_{kmax}

$$p_{kmax}=\frac{F_k+G_k}{bl}\left(1+\frac{6e}{l}\right)=\frac{933.5}{1.5\times3}\left(1+\frac{6\times0.227}{3}\right)$$
$$=301.6\text{kPa}>1.2f_a=282\text{kPa}(\text{不行})$$

(4) 调整底面尺寸再验算

取 $b=1.6\text{m}$，$l=3.2\text{m}$，则

$$F_k+G_k=830+20\times1.6\times3.2\times1.15=947.8\text{kN}$$

$$e=212/947.8=0.224\text{m}$$

$$p_{kmax}=\frac{947.8}{1.6\times3.2}\left(1+\frac{6\times0.224}{3.2}\right)=262.9\text{kPa}<1.2f_a(\text{可以})$$

所以基底尺寸为 1.6m×3.2m。

【例 2-4】 试确定例图 2-4 中带壁柱的墙基础的底面尺寸。取图中长度等于壁柱间距(3m) 的 T 形基底面积为计算单元。作用于基础顶面的竖向力 $F_k=315$kN，作用位置距墙中线 0.15m（偏向壁柱一侧），修正后的持力层承载力特征值 $f_a=130$kPa。

【解】 带壁柱墙基础的设计一般是先按经验方法初步确定其底面尺寸，然后以材料力学偏心受压公式验算基底压力是否满足地基持力层承载力的要求。

(1) 初步确定基础底面尺寸

按轴心荷载考虑，初步确定基底宽度：

$$b \geq \frac{F_k}{l(f_a - \gamma_G d)}$$
$$=\frac{315}{3\times(130-20\times0.8)}=0.92\text{m}$$

取 $b=1$m。壁柱基础的宽度取与墙基同宽，即为 1m；壁柱基础突出墙基础的尺寸，可近似取壁柱突出墙面的距离，现取 0.4m。基础底面积：

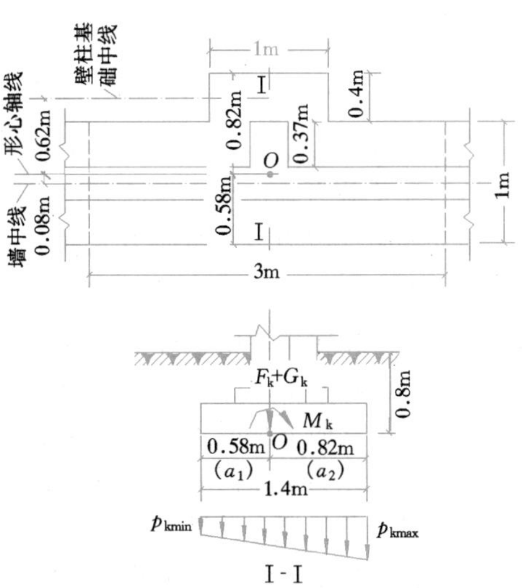

例图 2-4

$$A = 1\times 3 + 1\times 0.4 = 3.4\text{m}^2$$

（2）确定T形基础底面的形心 O 的位置

基底面积形心轴线至基础外缘和壁柱基础边缘的距离 a_1 和 a_2 分别计算如下：

$$a_1 = \frac{3\times 1\times (0.5\times 1) + 1\times 0.4\times (1+0.5\times 0.4)}{3.4} = 0.58\text{m}$$

$$a_2 = 1.4 - a_1 = 0.82\text{m}$$

形心轴线至墙中线的距离：0.58－0.5＝0.08m

形心轴线至壁柱基础中线的距离：0.5＋0.2－0.08＝0.62m

（3）验算基底压力

基底平均压力 p_k 在确定基底宽度时已满足了承载力的要求，此处仅需验算 p_{kmax} 和 p_{kmin}。

基础底面对形心轴线的惯性矩为：

$$I = \left(\frac{3\times 1^3}{12} + 1\times 3\times 0.08^2\right) + \left(\frac{1\times 0.4^3}{12} + 1\times 0.4\times 0.62^2\right) = 0.428\text{m}^4$$

荷载对基底形心 O 的总力矩：

$$M_k = F_k\times (0.15 - 0.08) = 315\times 0.07 = 22.05\text{kN}\cdot\text{m}$$

基底最大压力：

$$p_{kmax} = \frac{F_k}{A} + \gamma_G d + \frac{M_k}{I}a_2 = \frac{315}{3.4} + 20\times 0.8 + \frac{22.05}{0.428}\times 0.82$$

$$= 150.9\text{kPa} < 1.2f_a = 12\times 130 = 156\text{kPa}\quad（可以）$$

基底最小压力：

$$p_{kmin} = \frac{F_k}{A} + \gamma_G d - \frac{M_k}{I}a_1 = \frac{315}{3.4} + 20\times 0.8 - \frac{22.05}{0.428}\times 0.58$$

$$= 78.8\text{kPa} > 0\quad（偏心受压公式适用）$$

以上验算说明所取基底尺寸合适。

2.5.2　地基软弱下卧层承载力验算

当地基受力层范围内存在软弱下卧层（承载力显著低于持力层的高压缩性土层）时，除按持力层承载力确定基底尺寸外，还必须对软弱下卧层进行验算，要求作用在软弱下卧层顶面处的附加应力与自重应力之和不超过它的承载力特征值，即

$$p_z + p_{cz} \leqslant f_{az} \tag{2-28}$$

式中　p_z——相应于作用的标准组合时，软弱下卧层顶面处的附加压力值；

p_{cz}——软弱下卧层顶面处土的自重压力值；

f_{az}——软弱下卧层顶面处经深度修正后的地基承载力特征值。

计算附加压力 p_z 时，一般采用简化方法，即参照双层地基中附加应力分布的理论解答按压力扩散角的概念计算（图2-17）。假设基底处的附加压力（$p_0 = p_k - p_c$）往下传递时按压力扩散角 θ 向外扩散至软弱下卧层表面，根据基底与扩散面积上的总附加压力相等的条件，可得附加压力 p_z 的计算公式如下：

条形基础 $$p_z=\frac{b(p_k-p_c)}{b+2z\tan\theta} \qquad (2\text{-}29)$$

矩形基础 $$p_z=\frac{lb(p_k-p_c)}{(l+2z\tan\theta)(b+2z\tan\theta)} \qquad (2\text{-}30)$$

式中 b——条形基础或矩形基础的底面宽度；

l——矩形基础的底面长度；

p_k——相应于作用的标准组合时的基底平均压力值；

p_c——基底处土的自重压力值；

z——基底至软弱下卧层顶面的距离；

θ——地基压力扩散角，可按表 2-7 采用。

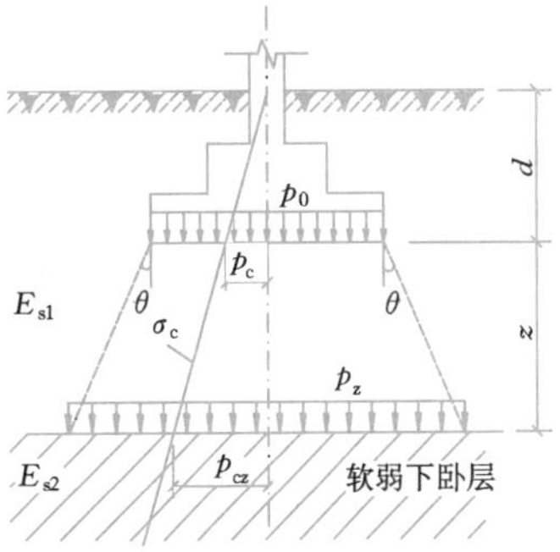

图 2-17 软弱下卧层验算

由式（2-30）可知，如要减小作用于软弱下卧层表面的附加压力 p_z，可以采取加大基底面积（使扩散面积加大）或减小基础埋深（使 z 值加大）的措施。前一措施虽然可以有效地减小 p_z，但却可能使基础的沉降量增加。因为附加压力的影响深度会随着基底面积的增加而加大，从而可能使软弱下卧层的沉降量明显增加。反之，减小基础埋深可以使基底到软弱下卧层的距离增加，使附加压力在软弱下卧层中的影响减小，因而基础沉降随之减小。因此，当存在软弱下卧层时，基础宜浅埋，这样不仅使“硬壳层”充分发挥应力扩散作用，同时也减小了基础沉降。

地基压力扩散角 θ 值 表 2-7

E_{s1}/E_{s2}	$z=0.25b$	$z\geqslant 0.50b$
3	6°	23°
5	10°	25°
10	20°	30°

注：1. E_{s1} 为上层土的压缩模量；E_{s2} 为下层土的压缩模量；
2. $z<0.25b$ 时取 $\theta=0°$，必要时，宜由试验确定；$z\geqslant 0.50b$ 时 θ 值不变。

【例 2-5】例图2-5 中的柱下矩形基础底面尺寸为 5.4m×2.7m，试根据图中各项资料验算持力层和软弱下卧层的承载力是否满足要求。

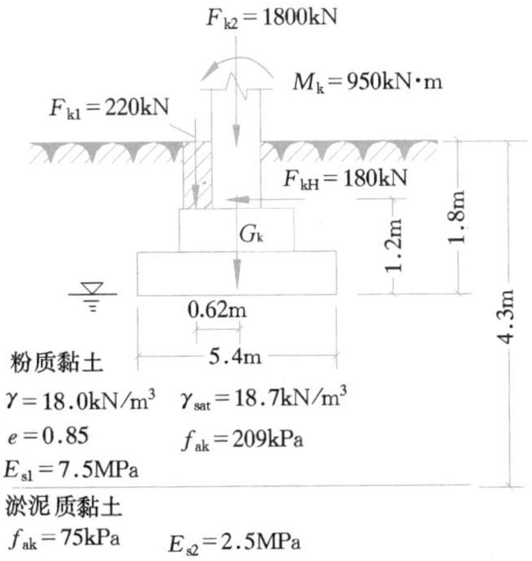

例图 2-5

【解】（1）持力层承载力验算

先对持力层承载力特征值 f_{ak} 进行修正。查表 2-5，得 $\eta_b=0$，$\eta_d=1.0$，由式(2-14)，得

$$f_a = 209 + 1.0 \times 18.0 \times (1.8 - 0.5) = 232.4\text{kPa}$$

基底处的总竖向力：$F_k + G_k = 1800 + 220 + 20 \times 2.7 \times 5.4 \times 1.8 = 2545\text{kN}$

基底处的总力矩：$M_k = 950 + 180 \times 1.2 + 220 \times 0.62 = 1302\text{kN} \cdot \text{m}$

基底平均压力：

$$p_k = \frac{F_k + G_k}{A} = \frac{2545}{2.7 \times 5.4} = 174.6\text{kPa} < f_a = 232.4\text{kPa} \quad \text{（可以）}$$

偏心距：

$$e = \frac{M_k}{F_k + G_k} = \frac{1302}{2545} = 0.512\text{m} < \frac{l}{6} = 0.9\text{m} \quad \text{（可以）}$$

基底最大压力：

$$p_{kmax} = p_k\left(1 + \frac{6e}{l}\right) = 174.6 \times \left(1 + \frac{6 \times 0.512}{5.4}\right)$$

$$= 273.9\text{kPa} < 1.2f_a = 278.9\text{kPa} \quad \text{（可以）}$$

（2）软弱下卧层承载力验算

由 $E_{s1}/E_{s2} = 7.5/2.5 = 3$，$z/b = 2.5/2.7 > 0.50$，查表 2-7 得 $\theta = 23°$，$\tan\theta = 0.424$。下卧层顶面处的附加压力：

$$p_z = \frac{lb(p_k - p_c)}{(l + 2z\tan\theta)(b + 2z\tan\theta)}$$

$$= \frac{5.4 \times 2.7 \times (174.6 - 18.0 \times 1.8)}{(5.4 + 2 \times 2.5 \times 0.424)(2.7 + 2 \times 2.5 \times 0.424)} = 57.2\text{kPa}$$

下卧层顶面处的自重压力：$p_{cz} = 18.0 \times 1.8 + (18.7 - 10) \times 2.5 = 54.2\text{kPa}$

下卧层承载力特征值：

$$\gamma_m = \frac{p_{cz}}{d + z} = \frac{54.2}{4.3} = 12.6\text{kN/m}^3$$

$$f_{az} = 75 + 1.0 \times 12.6 \times (4.3 - 0.5) = 122.9\text{kPa}$$

验算：　$p_{cz} + p_z = 54.2 + 57.2 = 111.4\text{kPa} < f_{az}$　（可以）

经验算，基础底面尺寸及埋深满足要求。

2.5.3　按允许沉降差调整基础底面尺寸

1. 基本概念

同一建筑物下荷载不同的柱基础，如果只按一个统一的地基承载力特征值 f_a 来确定底面尺寸，即取 $p = f_a$（为便于叙述，此处不考虑作用效应组合，下同），则各基础的沉降是不相同的，因而未必能满足地基变形允许值（主要是沉降量和沉降差）的要求。尤其当地基的压缩性高，各基础荷载大小相差悬殊时，矛盾会更加突出。为了说明这一概念，下面给出计算地基沉降的弹性力学公式：

$$s = \frac{1 - \mu^2}{E_0}\omega b p_0 \tag{2-31}$$

式中　s——圆形或矩形荷载（基础）下的地基沉降；

E_0、μ——地基土的变形模量和泊松比；

ω——沉降影响系数，按基础的刚度、底面形状及计算点位置而定，由表 2-8 查得，表中系数 ω_c、ω_0 和 ω_m 分别为柔性基础角点、中点和平均沉降影响系数；

b——圆形荷载的直径或矩形荷载的宽度；

p_0——基底附加压力。

沉降影响系数 ω 值　表 2-8

计算点位置＼荷载面形状		圆形	方形	矩形（l/b）1.5	2.0	3.0	4.0	5.0	6.0	7.0	8.0	9.0	10.0	100.0
柔性基础	ω_c	0.64	0.56	0.68	0.77	0.89	0.98	1.05	1.11	1.16	1.20	1.24	1.27	2.00
	ω_0	1.00	1.12	1.36	1.53	1.78	1.96	2.10	2.22	2.32	2.40	2.48	2.54	4.01
	ω_m	0.85	0.95	1.15	1.30	1.52	1.70	1.83	1.96	2.04	2.12	2.19	2.25	3.70
刚性基础	ω_r	0.79	0.88	1.08	1.22	1.44	1.61	1.72	—	—	—	—	2.12	3.40

对于按条件 $p=f_a$ 设计的各基础，设具有相同的埋深 d 和沉降影响系数 ω，则基底附加压力均为 $p_0=p-\gamma_m d$，故由式（2-31）可知，底面尺寸愈大的基础（即柱荷载 F 越大），沉降量也愈大。

为了减小基础的沉降量，可以考虑适当增大基础的底面尺寸。现用基底平均净反力 $p_j=F/A=F/lb$ 来近似地代替式（2-31）中的 p_0（因重度 γ_m 与 γ_G 相差不大，故 $p_0=F/A+\gamma_G d-\gamma_m d\approx F/A$），得

$$s=\frac{(1-\mu^2)\omega}{E_0}\frac{F}{l}\tag{2-32}$$

就一个柱基而言，由于柱荷载 F 值是固定不变的，根据式（2-32），基础沉降量与基础底面尺寸成反比，即增大底面尺寸可以减少沉降量，因为此时基底附加应力 p_0 已随着底面积的增大而减小了（注意前后两个结论的前提：前者是比较柱荷载 F 不同但基底压力 p 相同的两个基础，后者是针对同一个基础）。

对于相邻的两个基础 j 和 k，若都是以相同的地基承载力 f_a 确定其底面积，设柱荷载 $F_k>F_j$，则底面积 $A_k>A_j$，因此沉降 $s_k>s_j$。如沉降差 $\Delta_{kj}=s_k-s_j$ 超过允许值[Δ]时，就只能通过增大 k 基础的底面积来减小 s_k，从而使沉降差满足要求。

当然，如能确保地基强度储备足够，亦可通过减小 j 基础的底面积（即提高其地基承载力特征值，相关概念见 2.4.1 节）来增大 s_j。改变基础的边长比 n 亦可在一定程度上调整基础的沉降，边长比愈大，基础沉降愈小。对上述的基础 j 和 k，j 基础的边长比宜小，而 k 基础的边长比宜大。

但是，正如前面指出的，当地基存在压缩性大的软弱下卧层时，扩大基底面积不仅可能无法有效地减小沉降量，反而可能适得其反（底面积愈大，附加应力影响深度就愈大，软弱下卧层的变形就会相应增加）。此时，可以考虑通过减小基础埋深或采取其他方面的措施（详见 2.8 节）来解决。

2. 基础底面尺寸的调整

上述 j、k 两基础的沉降可分别表达为：

$$s_j = \delta_{jj}F_j + \delta_{jk}F_k \tag{2-33a}$$

$$s_k = \delta_{kk}F_k + \delta_{kj}F_j \tag{2-33b}$$

式中 δ 称为沉降系数（或称地基柔度系数），δ_{jk} 表示 k 基础承受单位竖向柱荷载 $F_k=1$ 时，在 j 基础中心处引起的沉降；其余系数 δ_{kj}、δ_{jj} 和 δ_{kk} 的意义可照此类推。如不考虑邻近基础的影响（当地基压缩性较低且柱距较大时），则可取 $\delta_{jk}=\delta_{kj}=0$。

对于均质地基，可用弹性力学公式计算 δ。由式（2-32）可得 $\delta_{jj}=(1-\mu_j^2)\,\omega_j/E_jl_j$ 及 $\delta_{kk}=(1-\mu_k^2)\omega_k/E_kl_k$。当 j、k 两基础稍远时，$\delta_{jk}=(1-\mu_j^2)/\pi E_jr$，$\delta_{kj}=(1-\mu_k^2)/\pi E_kr$（$r$ 为两基础的中心距）。如两基础的地基条件相同，则有 $\delta_{jk}=\delta_{kj}$。对非均质地基，可按分层总和法计算 δ（参见第3章）。

设 k 基础的沉降较大，利用式（2-33），k、j 两基础的沉降差可表达为：

$$\Delta_{kj} = s_k - s_j = (\delta_{kk} - \delta_{jk})F_k - (\delta_{jj} - \delta_{kj})F_j \tag{2-34}$$

如 $\Delta_{kj}>[\Delta]$，且按相同的 f_a 值选定了 A_j 和 A_k，则只能将 A_k 增大为 A_k^*，以便使沉降差由 Δ_{kj} 减小到 $[\Delta]$。此时，k 基础的基底附加压力减小为 $p_k^*=F_k/A_k{}^*$，与其底面尺寸有关的沉降系数 δ_{kk} 和 δ_{jk} 相应改变为 $\delta_{kk}{}^*$ 和 $\delta_{jk}{}^*$，仿照式（2-34），有

$$[\Delta] = (\delta_{kk}{}^* - \delta_{jk}{}^*)F_k - (\delta_{jj} - \delta_{kj})F_j \tag{2-35}$$

鉴于沉降计算具有粗略估计的性质，笔算时可近似取 $\delta_{jk}{}^*=\delta_{jk}$，于是上式成为：

$$[\Delta] = (\delta_{kk}{}^* - \delta_{jk})F_k - (\delta_{jj} - \delta_{kj})\,F_j \tag{2-36}$$

从而有

$$\delta_{kk}^* = \delta_{jk} + \frac{[\Delta] + (\delta_{jj} - \delta_{kj})F_j}{F_k} \tag{2-37}$$

相应的调整后的基础底面尺寸为：

$$l_k^* = \frac{1-\mu_k^2}{E_k\delta_{kk}^*}\omega_k \tag{2-38}$$

$$b_k^* = l_k^*/n \tag{2-39}$$

柱网下的扩展基础群按允许沉降差调整基础底面尺寸时，应首先选取沉降差与柱距之比为最大的一对基础（j 和 k）来计算。由于对 j 或 k 有影响的邻近基础 i 可能不止一个，故 j 和 k 基础的沉降应分别表达如下（设 $s_k>s_j$）：

$$s_j = \delta_{jk}F_k + \Big(\sum_{i=1}^{m}\delta_{ji}F_i\Big)_{i\neq k} \tag{2-40a}$$

$$s_k = \delta_{kk}F_k + \Big(\sum_{i=1}^{m}\delta_{ki}F_i\Big)_{i\neq k} \tag{2-40b}$$

式（2-37）亦应改为下式：

$$\delta_{kk}^* = \delta_{jk} + \frac{[\Delta] + \Big(\sum_{i=1}^{m}\delta_{ji}F_i - \sum_{i=1}^{m}\delta_{ki}F_i\Big)_{i\neq k}}{F_k} \tag{2-41}$$

在求得 $A_k{}^*$ 之后，可以研究其余基础（$i\neq k$）是否也需要调整，因为此时已可参照 j、k 两基础的情况大致作出判断，从而相应增大需要减少沉降的基础的底面积，而并不一定要逐一详细计算。

【例 2-6】已知匀质地基$[(1-\mu^2)/E_0=865.8\text{mm}^2/\text{kN}]$上$j$、$k$两基础中心距$r=6\text{m}$，$F_j=365\text{kN}$、$F_k=745\text{kN}$，按相同的地基承载力特征值$f_a$确定的基础底面积分别为$A_j=1.4\times2.1=2.94\text{m}^2$，$A_k=2.0\times3.0=6.0\text{m}^2$。试分别按下列条件调整基底尺寸：(1) $s_k^*-s_j^*=20\text{mm}$；(2) $s_k^*=s_j^*=180\text{mm}$。(注：*号表示调整后的值)

【解】先计算沉降系数δ。两基础的边长比均为$n=1.5$，查表 2-8 得$\omega_r=1.08$，于是

$$\delta_{jj}=\frac{1-\mu^2}{E_0 l_j}\omega_r=\frac{865.8}{2100}\times1.08=0.4453\text{mm/kN}$$

$$\delta_{kk}=\frac{1-\mu^2}{E_0 l_k}\omega_r=\frac{865.8}{3000}\times1.08=0.3117\text{mm/kN}$$

$$\delta_{jk}=\delta_{kj}=\frac{1-\mu^2}{\pi E_0 r}=\frac{865.8}{3.14\times6000}=0.0460\text{mm/kN}$$

两基础的沉降量和沉降差：

$$s_j=\delta_{jj}F_j+\delta_{jk}F_k=0.4453\times365+0.046\times745=197\text{mm}$$

$$s_k=\delta_{kk}F_k+\delta_{kj}F_j=0.3117\times745+0.046\times365=249\text{mm}$$

$$\Delta_{kj}=s_k-s_j=249-197=52\text{mm}$$

按条件 (1) 调整：

取$[\Delta]=20\text{mm}$，由式 (2-37) ～式 (2-39)，得

$$\delta_{kk}^*=0.046+\frac{20+(0.4453-0.046)\times365}{745}=0.2685\text{mm/kN}$$

$$l_k^*=\frac{1-\mu^2}{E_0\delta_{kk}^*}\omega_r=\frac{865.8\times10^{-3}}{0.2685}\times1.08=3.48\text{m}\quad(\text{取 }3.5\text{m})$$

$$b_k^*=3.5/1.5=2.33\text{m}\quad(\text{取 }2.3\text{m})$$

A_k应增大为$A_k^*=2.3\times3.5=8.05\text{m}^2$。

按条件 (2) 调整：

因两基础的沉降量都大于 180mm，故需同时增大它们的底面尺寸。依题意，有

$$\delta_{jj}^*F_j+\delta_{jk}F_k=\delta_{kk}^*F_k+\delta_{kj}F_j=180\text{mm}$$

于是

$$\delta_{jj}^*=\frac{180-\delta_{jk}F_k}{F_j}=\frac{180-0.046\times745}{365}=0.3993\text{mm/kN}$$

$$\delta_{kk}^*=\frac{180-\delta_{kj}F_j}{F_k}=\frac{180-0.046\times365}{745}=0.2191\text{mm/kN}$$

$$l_j^*=\frac{1-\mu^2}{E_0\delta_{jj}^*}\omega_r=\frac{865.8\times10^{-3}}{0.3993}\times1.08=2.33\text{m}\quad(\text{取 }2.4\text{m})$$

$$b_j^*=2.4/1.5=1.6\text{m}$$

A_j应增大为$A_j^*=1.6\times2.4=3.84\text{m}^2$。

$$l_k^*=\frac{865.8\times10^{-3}}{0.2191}\times1.08=4.27\text{m}\quad(\text{取 }4.3\text{m})$$

$$b_k^*=4.3/1.5=2.87\text{m}\quad(\text{取 }2.9\text{m})$$

A_k应增大为$A_k^*=2.9\times4.3=12.47\text{m}^2$。

2.5.4 地基稳定性验算

对于经常承受水平荷载作用的高层建筑、高耸结构，以及建造在斜坡上或边坡附近的建筑物和构筑物，应对地基进行稳定性验算。

在水平荷载和竖向荷载的共同作用下，基础可能和深层土层一起发生整体滑动破坏。

这种地基破坏通常采用圆弧滑动面法进行验算，要求最危险的滑动面上诸力对滑动圆弧的圆心所产生的抗滑力矩 M_R 与滑动力矩 M_S 之比应符合下式要求：

$$K = M_R / M_S \geqslant 1.2 \tag{2-42}$$

式中 K 为地基稳定安全系数。

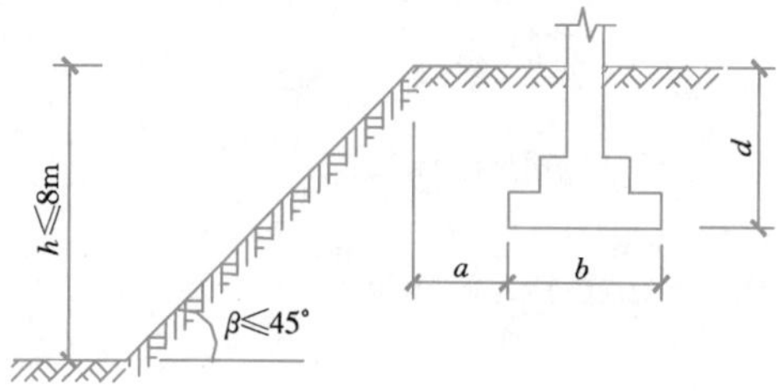

图 2-18 基础底面外缘至坡顶边缘的水平距离示意图

对修建于坡高和坡角不太大的稳定土坡坡顶的基础（图 2-18），当垂直于坡顶边缘线的基础底面边长 $b \leqslant 3$m 时，如基础底面外缘至坡顶边缘的水平距离 a 不小于 2.5m，且符合下式要求：

$$a \geqslant \xi b - d/\tan\beta \tag{2-43}$$

则土坡坡面附近由基础所引起的附加压力不影响土坡的稳定性。式中 β 为土坡坡角，d 为基础埋深，系数 ξ 取 3.5（对条形基础）或 2.5（对矩形基础和圆形基础）。

当式（2-43）的要求不能得到满足时，可以根据基底平均压力按圆弧滑动面法进行土坡稳定验算，以确定基础距坡顶边缘的距离和基础埋深。

2.6 扩展基础设计

2.6.1 无筋扩展基础设计

无筋扩展基础的抗拉强度和抗剪强度较低，因此必须控制基础内的拉应力和剪应力。结构设计时可以通过控制材料强度等级和台阶宽高比（台阶的宽度与其高度之比）来确定基础的截面尺寸，而无需进行内力分析和截面强度计算。图2-19所示为无筋扩展基础构造示意图，要求基础每个台阶的宽高比（b_2 ∶ h）都不得超过表 2-9 所列的台阶宽高比的允许值（可用图中角度 α 的正切 $\tan\alpha$ 表示）。设计时一般先选择适当的基础埋深和基础底面尺寸，设基底宽度为 b，则按上述要求，基础高度应满足下列条件：

$$h \geqslant \frac{b - b_0}{2\tan\alpha} \tag{2-44}$$

式中 b_0 为基础顶面处的墙体宽度或柱脚宽度；α 为基础的刚性角。

由于台阶宽高比的限制，无筋扩展基础的高度一般都较大，但不应大于基础埋深，否

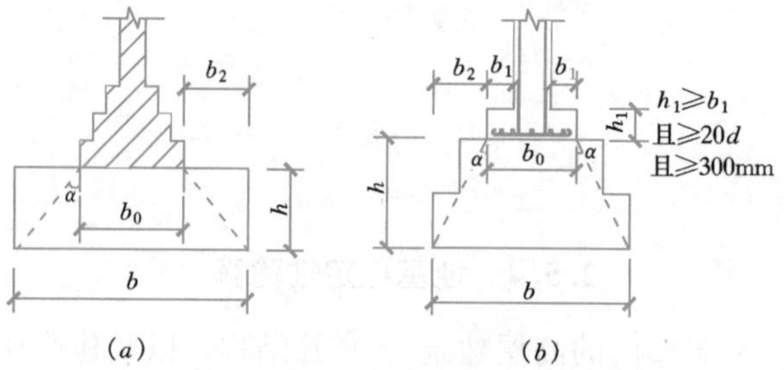

图 2-19 无筋扩展基础构造示意图

d—柱中纵向钢筋直径

则，应加大基础埋深或选择刚性角较大的基础类型（如混凝土基础），如仍不满足，可采用钢筋混凝土基础。

为节约材料和施工方便，基础常做成阶梯形。分阶时，每一台阶除应满足台阶宽高比的要求外，还需符合有关的构造规定。

无筋扩展基础台阶宽高比的允许值 表 2-9

基础材料	质量要求	台阶宽高比的允许值（$\tan\alpha$）		
		$p_k \leqslant 100$	$100 < p_k \leqslant 200$	$200 < p_k \leqslant 300$
混凝土基础	C15 混凝土	1∶1.00	1∶1.00	1∶1.25
毛石混凝土基础	C15 混凝土	1∶1.00	1∶1.25	1∶1.50
砖基础	砖不低于 MU10，砂浆不低于 M5	1∶1.50	1∶1.50	1∶1.50
毛石基础	砂浆不低于 M5	1∶1.25	1∶1.50	—
灰土基础	体积比为 3∶7 或 2∶8 的灰土，其最小干密度： 粉土 1.55t/m^3 粉质黏土 1.50t/m^3 黏土 1.45t/m^3	1∶1.25	1∶1.50	—
三合土基础	石灰∶砂∶骨料的体积比 1∶2∶4～1∶3∶6 每层约虚铺 220mm，夯至 150mm	1∶1.50	1∶2.00	—

注：1. p_k 为作用的标准组合时基础底面处的平均压力值（kPa）；
2. 阶梯形毛石基础的每阶伸出宽度不宜大于 200mm；
3. 当基础由不同材料叠合组成时，应对接触部分作抗压验算；
4. 混凝土基础单侧扩展范围内基础底面处的平均压力值超过 300kPa 时，尚应进行抗剪验算；对基底反力集中于立柱附近的岩石地基，应进行局部受压承载力验算。

砖基础俗称大放脚，其各部分的尺寸应符合砖的模数。砌筑方式有两皮一收和二一间隔收（又称两皮一收与一皮一收相间）两种（图 2-20）。两皮一收是每砌两皮砖，即 120mm，收进 1/4 砖长，即 60mm；二一间隔收是从底层开始，先砌两皮砖，收进 1/4 砖长，再砌一皮砖，收进 1/4 砖长，如此反复。

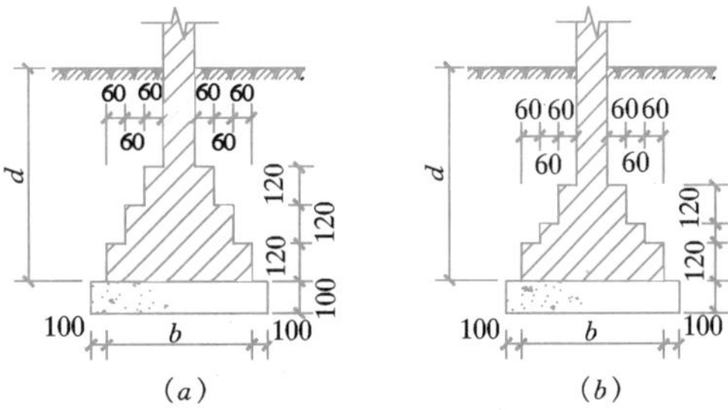

图 2-20 砖基础剖面图

（a）两皮一收砌法；（b）二一间隔收砌法

毛石基础的每阶伸出宽度不宜大于 200mm，每阶高度通常取 400～600mm，并由两层毛石错缝砌成。混凝土基础每阶高度不应小于 200mm，毛石混凝土基础每阶高度不应小于 300mm。

灰土基础施工时每层虚铺灰土 220～250mm，夯实至 150mm，称为“一步灰土”。根据需要可设计成二步灰土或三步灰土，即厚度为 300mm 或 450mm，三合土基础厚度不应小于 300mm。

无筋扩展基础也可由两种材料叠合组成，例如，上层用砖砌体，下层用混凝土。

2.6.2　墙下钢筋混凝土条形基础设计

墙下钢筋混凝土条形基础的截面设计包括确定基础高度和基础底板配筋。在这些计算中，可不考虑基础及其上面土的重力，因为由这些重力所产生的那部分地基反力将与重力相抵消。仅由基础顶面的荷载所产生的地基反力，称为地基净反力，并以 p_j 表示。计算时，通常沿墙长度方向取1m作为计算单元。

1. 构造要求

（1）梯形截面基础的边缘高度，一般不宜小于200mm，且两个方向的坡度不宜大于1∶3；基础高度小于等于250mm时，可做成等厚度板。

（2）基础下的垫层厚度一般为100mm，每边伸出基础50～100mm，垫层混凝土强度等级不宜低于C10。

（3）底板受力钢筋的最小直径不应小于10mm，间距不应大于200mm和小于100mm，最小配筋率不应小于0.15%。纵向分布筋直径不小于8mm，间距不大于300mm，每延米分布钢筋的面积应不小于受力钢筋面积的15%。当有垫层时，钢筋的保护层净厚度不应小于40mm，无垫层时不应小于70mm。

（4）混凝土强度等级不应低于C20。

（5）当基础宽度大于或等于2.5m时，底板受力钢筋的长度可取边长或宽度的0.9倍，并交错布置。

（6）基础底板在T形及十字形交接处，底板横向受力钢筋仅沿一个主要受力方向通长布置，另一方向的横向受力钢筋可布置到主要受力方向底板宽度1/4处（图2-21*a*）。在拐角处底板横向受力钢筋应沿两个方向布置（图2-21*b*）。

（7）当地基软弱时，为了减少不均匀沉降的影响，基础截面可采用带肋的板，肋的纵向钢筋按经验确定。

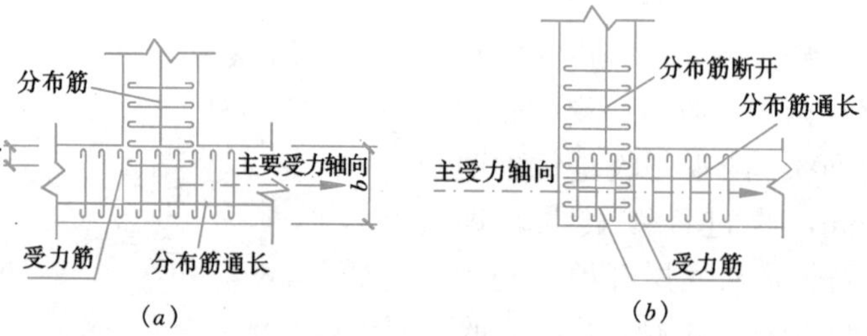

图2-21　墙下条形基础底板配筋构造

（*a*）T形交接处；（*b*）L形拐角处

2. 轴心荷载作用

（1）基础高度

基础内不配箍筋和弯起筋，故基础高度由混凝土的受剪承载力确定：

$$V \leqslant 0.7\beta_{hs} f_t A_0 \tag{2-45}$$

$$\beta_{hs} = (800/h_0)^{1/4} \tag{2-46}$$

式中 V——相应于作用的基本组合时，基础计算截面处的剪力设计值；

β_{hs}——受剪切承载力截面高度影响系数，当 $h_0<800$mm 时，取 $h_0=800$mm；当 $h_0>2000$mm 时，取 $h_0=2000$mm；

f_t——混凝土轴心抗拉强度设计值；

A_0——计算截面处基础的有效截面面积；

h_0——基础有效高度。

对墙下条形基础，通常沿长度方向取单位长度计算，即取 $l=1$m，则式（2-45）成为：

$$p_j b_1 \leqslant 0.7\beta_{hs} f_t h_0$$

于是

$$h_0 \geqslant \frac{p_j b_1}{0.7\beta_{hs} f_t} \tag{2-47}$$

式中 p_j——相应于作用的基本组合时的地基净反力设计值，可按下式计算：

$$p_j = \frac{F}{b} \tag{2-48}$$

F——相应于作用的基本组合时上部结构传至基础顶面的竖向力设计值；

b——基础宽度；

b_1——基础悬臂部分计算截面的挑出长度，如图 2-22；当墙体材料为混凝土时，b_1 为基础边缘至墙脚的距离；当为砖墙且放脚不大于 1/4 砖长时，b_1 为基础边缘至墙脚距离加上 1/4 砖长。

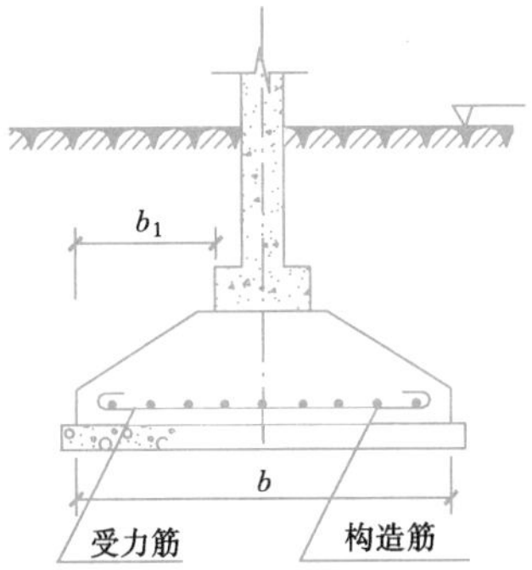

图 2-22 墙下条形基础

（2）基础底板配筋

悬臂根部的最大弯矩设计值 M 为：

$$M = \frac{1}{2} p_j b_1^2 \tag{2-49}$$

符号意义与式（2-47）同。

基础每延米长度的受力钢筋截面面积：

$$A_s = \frac{M}{0.9 f_y h_0} \tag{2-50}$$

式中 A_s——钢筋面积；

f_y——钢筋抗拉强度设计值；

h_0——基础有效高度，$0.9h_0$ 为截面内力臂的近似值。

将各个数值代入式（2-50）计算时，单位宜统一换为 N 和 mm。

3. 偏心荷载作用

在偏心荷载作用下，基础边缘处的最大和最小净反力设计值为：

$$\left.\begin{matrix} p_{jmax} \\ p_{jmin} \end{matrix}\right\} = \frac{F}{b} \pm \frac{6M}{b^2} \tag{2-51}$$

或

$$\left.\begin{matrix} p_{jmax} \\ p_{jmin} \end{matrix}\right\} = \frac{F}{b}\left(1 \pm \frac{6e_0}{b}\right) \tag{2-52}$$

式中　M——相应于作用的基本组合时作用于基础底面的力矩设计值；

e_0——荷载的净偏心距，$e_0=M/F$。

基础的高度和配筋仍按式（2-47）和式（2-50）计算，但式中的剪力和弯矩设计值应改按下列公式计算：

$$V=\frac{1}{2}(p_{j\max}+p_{j\mathrm{I}})b_1 \tag{2-53}$$

$$M=\frac{1}{6}(2p_{j\max}+p_{j\mathrm{I}})b_1{}^2 \tag{2-54}$$

式中 $p_{j\mathrm{I}}$ 为计算截面处的净反力设计值，按下式计算：

$$p_{j\mathrm{I}}=p_{j\min}+\frac{b-b_1}{b}(p_{j\max}-p_{j\min})$$

【例 2-7】 某砖墙厚240mm，相应于作用的标准组合及基本组合时作用在基础顶面的轴心荷载分别为144kN/m和190kN/m，基础埋深为0.5m，地基承载力特征值为 $f_{\mathrm{ak}}=106\mathrm{kPa}$，试设计此基础。

【解】 因基础埋深为0.5m，故采用钢筋混凝土条形基础。混凝土强度等级采用C20，$f_t=1.10\mathrm{N/mm^2}$，钢筋用HPB300级，$f_y=270\mathrm{N/mm^2}$。

先计算基础底面宽度（$f_a=f_{\mathrm{ak}}=106\mathrm{kPa}$）：

$$b=\frac{F_k}{f_a-\gamma_G d}=\frac{144}{106-20\times0.5}=1.5\mathrm{m}$$

地基净反力

$$p_j=\frac{F}{b}=\frac{190}{1.5}=126.7\ \mathrm{kPa}$$

基础边缘至砖墙计算截面的距离

$$b_1=\frac{1}{2}\times(1.50-0.24)=0.63\mathrm{m}$$

基础有效高度

$$h_0\geqslant\frac{p_j b_1}{0.7\beta_{hs}f_t}=\frac{126.7\times0.63}{0.7\times1\times1100}=0.104\mathrm{m}=104\mathrm{mm}$$

取基础高度 $h=300\mathrm{mm}$，$h_0=300-40-5=255\mathrm{mm}$（$>104\mathrm{mm}$）

$$M=\frac{1}{2}p_j b_1^2=\frac{1}{2}\times126.7\times0.63^2=25.1\mathrm{kN\cdot m}$$

$$A_s=\frac{M}{0.9f_y h_0}=\frac{25.1\times10^6}{0.9\times270\times255}=405\mathrm{mm^2}$$

配钢筋 $\phi12@200$，$A_s=565\mathrm{mm^2}>405\mathrm{mm^2}$ 并满足最小配筋率要求。

以上受力筋沿垂直于砖墙长度的方向配置，纵向分布筋取 $\phi8@250$（例图2-7），垫层用C15混凝土。

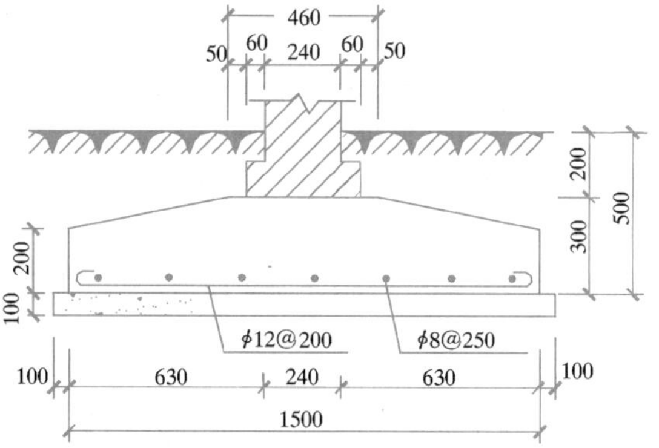

例图 2-7

2.6.3 柱下钢筋混凝土独立基础设计

1. 构造要求

柱下钢筋混凝土独立基础，除应满足上述墙下钢筋混凝土条形基础的要求外，尚应满足其他一些要求（参见图 2-23）。阶梯形基础每阶高度一般为 300～500mm ，当基础高度大于等于 600mm 而小于 900mm 时，阶梯形基础分两级；当基础高度大于等于 900mm 时，则分三级。当采用锥形基础时，其边缘高度不宜小于 200mm，顶部每边应沿柱边放出 50mm 。

柱下钢筋混凝土基础的受力筋应双向配置。现浇柱的纵向钢筋可通过插筋锚入基础中。插筋的数量、直径以及钢筋种类应与柱内纵向钢筋相同。插入基础的钢筋，上下至少应有两道箍筋固定。插筋与柱的纵向受力钢筋的连接方法，应按现行的《混凝土结构设计规范》GB 50010 规定执行。插筋的下端宜做成直钩放在基础底板钢筋网上。当符合下列条件之一时，可仅将四角的插筋伸至底板钢筋网上，其余插筋伸入基础的长度按锚固长度确定：①柱为轴心受压或小偏心受压，基础高度大于等于 1200mm；②柱为大偏心受压，基础高度大于等于 1400mm。

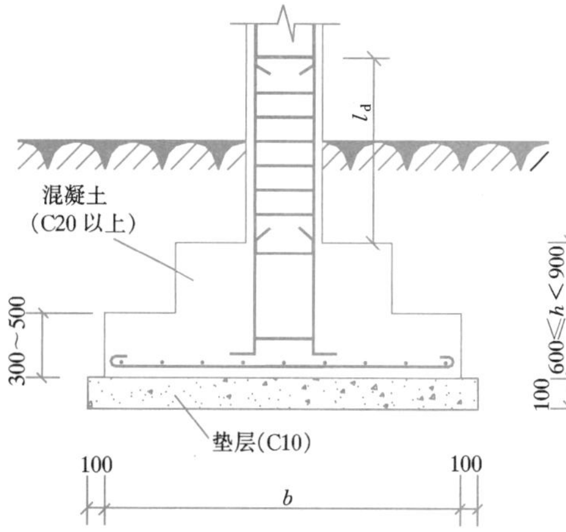

图 2-23 柱下钢筋混凝土独立基础的构造

有关杯口基础的构造详见《建筑地基基础设计规范》GB 50007。

2. 轴心荷载作用

(1) 基础高度

当基础宽度小于或等于柱宽加两倍基础有效高度（即 $b\leqslant b_c+2h_0$）时，基础高度由混凝土的受剪承载力确定，应按式（2-45）验算柱与基础交接处及基础变阶处基础截面的受剪切承载力。

当冲切破坏锥体落在基础底面以内（即$b>b_c+2h_0$）时，基础高度由混凝土受冲切承载力确定。在柱荷载作用下，如果基础高度（或阶梯高度）不足，则将沿柱周边（或阶梯高度变化处）产生冲切破坏，形成45°斜裂面的角锥体（图2-24）。因此，由冲切破坏锥体以外的地基净反力所产生的冲切力应小于冲切面处混凝土的抗冲切能力。矩形基础一般沿柱短边一侧先产生冲切破坏，所以只需根据短边一侧的冲切破坏条件确定基础高度，即要求：

$$F_l \leqslant 0.7\beta_{hp} f_t b_m h_0 \tag{2-55}$$

上式右边部分为混凝土抗冲切能力，左边部分为冲切力：

$$F_l = p_j A_l \tag{2-56}$$

式中 p_j——相应于作用的基本组合时的地基净反力设计值，$p_j=F/bl$；

A_l——冲切力的作用面积（图2-26*b*中的斜线面积），具体计算方法见后述；

β_{hp}——受冲切承载力截面高度影响系数，当基础高度h不大于800mm时，β_{hp}取1.0；当h大于等于2000mm时，β_{hp}取0.9，其间按线性内插法取用；

f_t——混凝土轴心抗拉强度设计值；

b_m——冲切破坏锥体斜裂面上、下（顶、底）边长b_t、b_b的平均值（图2-25）；

h_0——基础有效高度，取两个方向配筋的有效高度平均值。

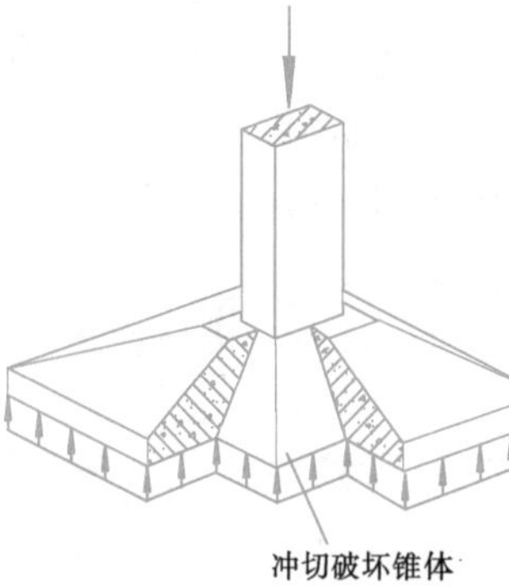

图2-24 基础冲切破坏

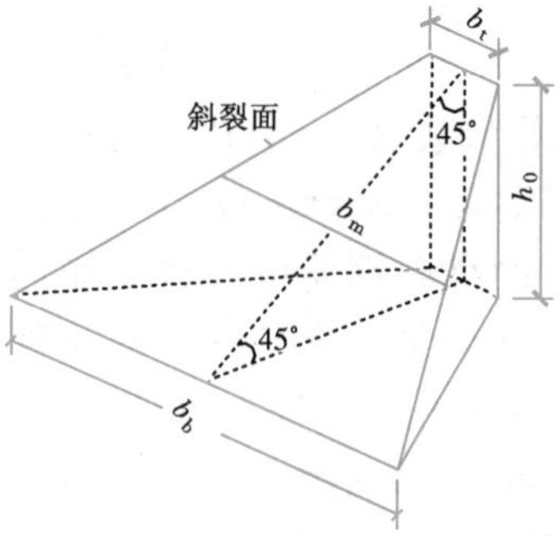

图2-25 冲切斜裂面边长

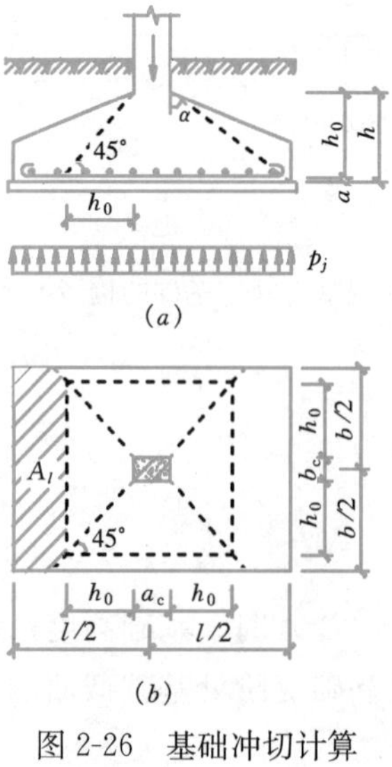

图2-26 基础冲切计算

设计时一般先按经验假定基础高度，得出h_0，再代入式(2-55)进行验算，直至抗冲切力（该式右边）稍大于冲切力（该式左边）为止。

如柱截面长边、短边分别用a_c、b_c表示，则沿柱边产生冲切时，有

$$b_t = b_c$$

$$b_b = b_c + 2h_0$$

于是

$$b_m = (b_t + b_b)/2 = b_c + h_0$$

$$b_m h_0 = (b_c + h_0)\,h_0$$

$$A_l = \left(\frac{l}{2}-\frac{a_c}{2}-h_0\right)b-\left(\frac{b}{2}-\frac{b_c}{2}-h_0\right)^2$$

而式（2-55）成为：

$$p_j\left[\left(\frac{l}{2}-\frac{a_c}{2}-h_0\right)b-\left(\frac{b}{2}-\frac{b_c}{2}-h_0\right)^2\right]\leqslant 0.7\beta_{hp}f_t(b_c+h_0)h_0 \tag{2-57}$$

对于阶梯形基础，例如分成二级的阶梯形，除了对柱边进行冲切验算外，还应对上一阶底边变阶处进行下阶的冲切验算。验算方法与上面柱边冲切验算相同，只是在使用式（2-57）时，a_c、b_c 分别换为上阶的长边 l_1 和短边 b_1（参考图 2-27），h_0 换为下阶的有效高度 h_{01}（参考图 2-28）便可。

当基础底面全部落在 45°冲切破坏锥体底边以内时，则成为刚性基础，无需进行冲切验算；但当基底压力较大时，尚应进行抗剪验算。

（2）底板配筋

在地基净反力作用下，基础沿柱的周边向上弯曲。一般矩形基础的长宽比小于 2，故为双向受弯。当弯曲应力超过了基础的抗弯强度时，就发生弯曲破坏。其破坏特征是裂缝沿柱角至基础角将基础底面分裂成四块梯形面积。故配筋计算时，将基础板看成四块固定在柱边的梯形悬臂板（图 2-27）。

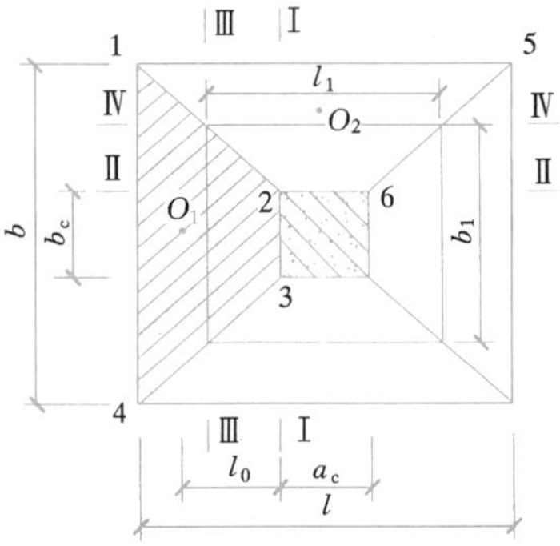

图 2-27　产生弯矩的地基净反力作用面积

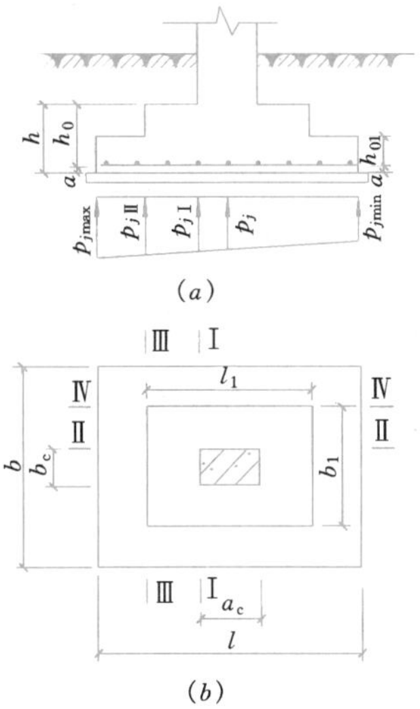

图 2-28　偏心荷载作用下的独立基础

（a）基底净反力；（b）平面图

当基础台阶宽高比 $\tan\alpha\leqslant 2.5$ 时（参见图 2-26a），可认为基底反力呈线性分布，底板弯矩设计值可按下述方法计算：

地基净反力 p_j 对柱边Ⅰ-Ⅰ截面产生的弯矩为（图 2-27）：

$$M_1=p_jA_{1234}l_0$$

式中　A_{1234}——梯形 1234 的面积：

$$A_{1234}=\frac{1}{4}(b+b_c)(l-a_c)$$

l_0——梯形 1234 的形心 O_1 至柱边的距离：

$$l_0 = \frac{(l-a_c)(b_c+2b)}{6(b_c+b)} \tag{2-58}$$

于是

$$M_{\mathrm{I}} = \frac{1}{24} p_j (l-a_c)^2 (2b+b_c) \tag{2-59}$$

平行于 l 方向（垂直于Ⅰ-Ⅰ截面）的受力筋面积可按下式计算：

$$A_{s\mathrm{I}} = \frac{M_{\mathrm{I}}}{0.9 f_y h_0} \tag{2-60}$$

同理，由面积 1265 上的净反力可得柱边Ⅱ-Ⅱ截面的弯矩为：

$$M_{\mathrm{II}} = \frac{1}{24} p_j (b-b_c)^2 (2l+a_c) \tag{2-61}$$

钢筋面积为：

$$A_{s\mathrm{II}} = \frac{M_{\mathrm{II}}}{0.9 f_y h_0} \tag{2-62}$$

阶梯形基础在变阶处也是抗弯的危险截面，按式（2-59）～式（2-62）可以分别计算上阶底边Ⅲ-Ⅲ和Ⅳ-Ⅳ截面的弯矩 M_{III}、钢筋面积 $A_{s\mathrm{III}}$ 和 M_{IV}、$A_{s\mathrm{IV}}$，只要把各式中的 a_c、b_c 换成上阶的长边 l_1 和短边 b_1，把 h_0 换为下阶的有效高度 h_{01} 便可。然后按 $A_{s\mathrm{I}}$ 和 $A_{s\mathrm{III}}$ 中的大值配置平行于 l 边方向的钢筋，并放置在下层；按 $A_{s\mathrm{II}}$ 和 $A_{s\mathrm{IV}}$ 中的大值配置平行于 b 边方向的钢筋，并放置在上排。

当基底和柱截面均为正方形时，$M_{\mathrm{I}}=M_{\mathrm{II}}$，$M_{\mathrm{III}}=M_{\mathrm{IV}}$，这时只需计算一个方向即可。

对于基底长短边之比 $2 \leqslant n \leqslant 3$ 的独立柱基，基础底板短向钢筋应按下述方法布置：将短向全部钢筋面积乘以（$1-n/6$）后求得的钢筋，均匀分布在与柱中心线重合的宽度等于基础短边的中间带宽范围内，其余的短向钢筋则均匀分布在中间带宽的两侧。长向钢筋应均匀分布在基础全宽范围内。

当基础的混凝土强度等级小于柱的混凝土强度等级时，尚应验算柱下基础顶面的局部受压承载力。

3. 偏心荷载作用

如果只在矩形基础长边方向产生偏心，则当荷载偏心距 $e \leqslant l/6$ 时，基底净反力设计值的最大和最小值为（图 2-28）：

$$\left.\begin{matrix} p_{j\max} \\ p_{j\min} \end{matrix}\right\} = \frac{F}{lb}\left(1 \pm \frac{6e_0}{l}\right) \tag{2-63}$$

或

$$\left.\begin{matrix} p_{j\max} \\ p_{j\min} \end{matrix}\right\} = \frac{F}{lb} \pm \frac{6M}{bl^2} \tag{2-64}$$

（1）基础高度

可按式（2-57）或式（2-45）计算，但应以 $p_{j\max}$ 代替式中的 p_j。

（2）底板配筋

仍可按式（2-60）和式（2-62）计算钢筋面积，但式（2-60）中的M_{I}应按下式计算：

$$M_{\mathrm{I}}=\frac{1}{48}[(p_{j\max}+p_{j\mathrm{I}})(2b+b_{c})+(p_{j\max}-p_{j\mathrm{I}})b](l-a_{c})^{2} \tag{2-65}$$

$$p_{j\mathrm{I}}=p_{j\min}+\frac{l+a_{c}}{2l}(p_{j\max}-p_{j\min}) \tag{2-66}$$

式中 $p_{j\mathrm{I}}$——Ⅰ-Ⅰ截面处的净反力设计值，按式（2-66）计算。

符合构造要求的杯口基础，在与预制柱结合形成整体后，其性能与现浇柱基础相同，故其高度和底板配筋仍按柱边和高度变化处的截面进行计算。

【例 2-8】 设计例图 2-8 所示的柱下独立基础。已知相应于作用的基本组合时的柱荷载$F=700\text{kN}$，$M=87.8\text{kN}\cdot\text{m}$，柱截面尺寸为300mm×400mm，基础底面尺寸为1.6m×2.4m 。

【解】 采用 C20 混凝土，HPB300 级钢筋，查得$f_t=1.10\text{N/mm}^2$，$f_y=270\text{N/mm}^2$。垫层采用 C10 混凝土。

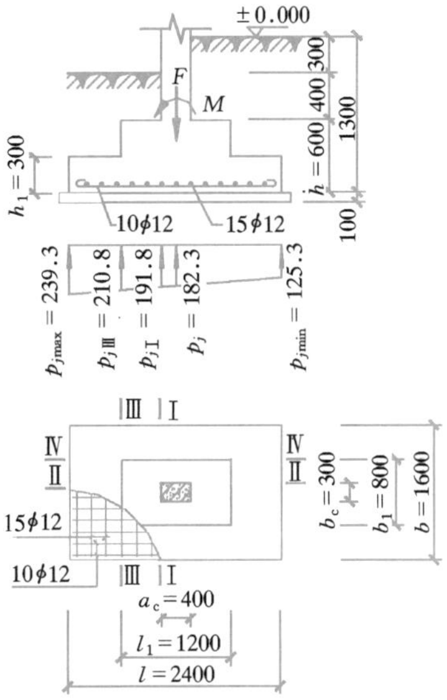

例图 2-8

（1）计算基底净反力设计值

$$p_j=\frac{F}{bl}=\frac{700}{1.6\times2.4}=182.3\text{kPa}$$

净偏心距

$$e_0=M/F=87.8/700=0.125\text{m}$$

基底最大和最小净反力设计值

$$\left.\begin{matrix}p_{j\max}\\p_{j\min}\end{matrix}\right\}=\frac{F}{lb}\left(1\pm\frac{6e_0}{l}\right)=182.3\times\left(1\pm\frac{6\times0.125}{2.4}\right)=\begin{matrix}239.3\\125.3\end{matrix}\text{kPa}$$

（2）基础高度

① 柱边截面

取$h=600\text{mm}$，$h_0=600-40-10=550\text{mm}$（取两个方向的有效高度平均值），则

$$b_c+2h_0=0.3+2\times0.55=1.4\text{mm}<b=1.6\text{m}$$

应按式（2-57）验算受冲切承载力。因偏心受压，计算时p_j取$p_{j\max}$。

该式左边：

$$p_{j\max}\left[\left(\frac{l}{2}-\frac{a_c}{2}-h_0\right)b-\left(\frac{b}{2}-\frac{b_c}{2}-h_0\right)^2\right]$$
$$=239.3\times\left[\left(\frac{2.4}{2}-\frac{0.4}{2}-0.55\right)\times1.6-\left(\frac{1.6}{2}-\frac{0.3}{2}-0.55\right)^2\right]$$
$$=169.9\text{kN}$$

该式右边：

$$0.7\beta_{hp}f_t(b_c+h_0)h_0 = 0.7\times1.0\times1100\times(0.3+0.55)\times0.55$$
$$=360kN>169.9kN\quad（可以）$$

基础分两级，下阶 $h_1=300mm$，$h_{01}=250mm$，取 $l_1=1.2m$，$b_1=0.8m$。

②变阶处截面

$$b_1+2h_{01}=0.8+2\times0.25=1.3m<1.60m$$

冲切力

$$p_{jmax}\left[\left(\frac{l}{2}-\frac{l_1}{2}-h_{01}\right)b-\left(\frac{b}{2}-\frac{b_1}{2}-h_{01}\right)^2\right]$$
$$=239.3\times\left[\left(\frac{2.4}{2}-\frac{1.2}{2}-0.25\right)\times1.6-\left(\frac{1.6}{2}-\frac{0.8}{2}-0.25\right)^2\right]$$
$$=128.6kN$$

抗冲切力

$$0.7\beta_{hp}f_t(b_1+h_{01})h_{01}=0.7\times1.0\times1100\times(0.8+0.25)\times0.25$$
$$=202.1kN>128.6kN$$

符合要求。

(3) 配筋计算

计算基础长边方向的弯矩设计值，取Ⅰ-Ⅰ截面（例图2-8）：

$$p_{jⅠ}=p_{jmin}+\frac{l+a_c}{2l}(p_{jmax}-p_{jmin})$$
$$=125.3+\frac{2.4+0.4}{2\times2.4}\times(239.3-125.3)=191.8kPa$$

$$M_Ⅰ=\frac{1}{48}[(p_{jmax}+p_{jⅠ})(2b+b_c)+(p_{jmax}-p_{jⅠ})b](l-a_c)^2$$
$$=\frac{1}{48}[(239.3+191.8)(2\times1.6+0.3)+(239.3-191.8)\times1.6]\times(2.4-0.4)^2$$
$$=132.1kN\cdot m$$

$$h_0=600-40-5=555mm$$

$$A_{sⅠ}=\frac{M_Ⅰ}{0.9f_yh_0}=\frac{132.1\times10^6}{0.9\times270\times555}=979mm^2$$

Ⅲ-Ⅲ截面：

$$p_{jⅢ}=125.3+\frac{2.4+1.2}{2\times2.4}\times(239.3-125.3)=210.8kPa$$

$$M_Ⅲ=\frac{1}{48}[(p_{jmax}+p_{jⅢ})(2b+b_1)+(p_{jmax}-p_{jⅢ})b](l-l_1)^2$$
$$=\frac{1}{48}[(239.3+210.8)(2\times1.6+0.8)+(239.3-210.8)\times1.6](2.4-1.2)^2$$
$$=55.4kN\cdot m$$

$$A_{sⅢ}=\frac{M_Ⅲ}{0.9f_yh_{01}}=\frac{55.4\times10^6}{0.9\times270\times255}=894mm^2$$

比较 $A_{sⅠ}$ 和 $A_{sⅢ}$ 及最小配筋率要求，应按最小配筋率配筋，现于1.6m宽度范围内配10ϕ12，$A_s=1131mm^2>$（$1600\times300+800\times300$）$\times0.15\%=1080mm^2$，满足要求。

计算基础短边方向的弯矩，取Ⅱ-Ⅱ截面。前已算得 $p_j=182.3\text{kPa}$，按式(2-61)：

$$M_{\text{Ⅱ}}=\frac{1}{24}p_j(b-b_c)^2(2l+a_c)$$
$$=\frac{1}{24}\times182.3\times(1.6-0.3)^2\times(2\times2.4+0.4)$$
$$=66.8\text{kN}\cdot\text{m}$$

$$A_{s\text{Ⅱ}}=\frac{M_{\text{Ⅱ}}}{0.9f_yh_0}=\frac{66.8\times10^6}{0.9\times270\times(555-12)}=506\text{mm}^2$$

Ⅳ-Ⅳ截面：

$$M_{\text{Ⅳ}}=\frac{1}{24}p_j(b-b_1)^2(2l+l_1)$$
$$=\frac{1}{24}\times182.3\times(1.6-0.8)^2\times(2\times2.4+1.2)$$
$$=29.2\text{kN}\cdot\text{m}$$
$$A_{s\text{Ⅳ}}=\frac{M_{\text{Ⅳ}}}{0.9f_yh_{01}}=\frac{29.2\times10^6}{0.9\times270\times(255-12)}=495\text{mm}^2$$

按最小配筋率要求配 15ϕ12，$A_s=1696\text{mm}^2>(2400\times300+1200\times300)\times0.15\%=1620\text{mm}^2$，满足要求。基础配筋见例图 2-8。

2.7 联合基础设计

2.7.1 概 述

典型的双柱联合基础可以分为三种类型，即矩形联合基础、梯形联合基础和连梁式联合基础（图 2-5）。

矩形和梯形联合基础一般用于柱距较小时的情况，这样可以避免造成板的厚度及配筋过大。为使联合基础的基底压力分布较为均匀，应使基础底面形心尽可能接近柱主要荷载的合力作用点。因此，当 $x'\geqslant l'/2$ 时（x'、l'参见图 2-5），可以采用矩形联合基础；当 $l'/3<x'<l'/2$ 时，则宜采用梯形联合基础。如果柱距较大，可在两个扩展基础之间加设不着地的刚性连系梁形成连梁式联合基础（图 2-5c），使之达到阻止两个扩展基础转动、调整各自底面压力趋于均匀的目的。

联合基础的设计通常作如下的规定或假定：

（1）基础是刚性的。一般认为，当基础高度不小于柱距的 1/6 时，基础可视为是刚性的；

（2）基底压力为线性（平面）分布；

（3）地基主要受力层范围内土质均匀；

（4）不考虑上部结构刚度的影响。

2.7.2 矩形联合基础

矩形联合基础的设计步骤如下：

（1）计算柱荷载的合力作用点（荷载重心）位置；

（2）确定基础长度，使基础底面形心尽可能与柱荷载重心重合；

（3）按地基土承载力确定基础底面宽度；

（4）按反力线性分布假定计算基底净反力设计值，并用静定分析法计算基础内力，画出弯矩图和剪力图；

（5）根据受冲切和受剪承载力确定基础高度。一般可先假设基础高度，再代入式（2-67）和式（2-68）进行验算。

① 受冲切承载力验算。验算公式为：

$$F_l \leqslant 0.7\beta_{hp} f_t u_m h_0 \tag{2-67}$$

式中　F_l——相应于作用的基本组合时的冲切力设计值，取柱轴心荷载设计值减去冲切破坏锥体范围内的基底净反力（图2-29）；

u_m——临界截面的周长，取距离柱周边 $h_0/2$ 处板垂直截面的最不利周长；

其余符号与式（2-55）相同。

② 受剪承载力验算。由于基础高度较大，无需配置受剪钢筋。验算公式为：

$$V \leqslant 0.7\beta_{hs} f_t b h_0 \tag{2-68}$$

式中　V——验算截面处相应于作用的基本组合时的剪力设计值，验算截面按宽梁可取在冲切破坏锥体底面边缘处（图2-29）。

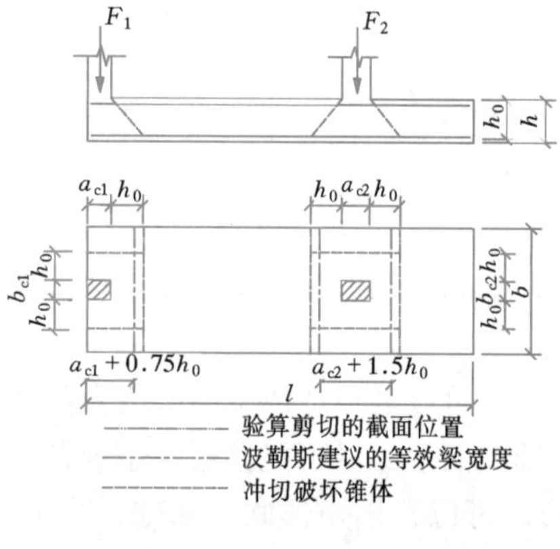

图2-29　矩形联合基础的抗剪切、抗冲切和横向配筋计算

其余符号意义同前。

（6）按弯矩图中的最大正负弯矩进行纵向配筋计算；

（7）按等效梁概念进行横向配筋计算。

由于矩形联合基础为一等厚度的平板，其在两柱间的受力方式如同一块单向板，而在靠近柱位的区段，基础的横向刚度很大。因此，根据J.E.波勒斯（Bowles）的建议，认为可在柱边以外各取等于 $0.75h_0$ 的宽度（图2-29）与柱宽合计作为“等效梁”宽度。基础的横向受力钢筋按横向等效梁的柱边截面弯矩计算并配置于该截面内，等效梁以外区段按构造要求配置。各横向等效梁底面的基底净反力以相应等效梁上的柱荷载计算。

【例2-9】设计例图2-9的二柱矩形联合基础，图中柱荷载为相应于作用的基本组合时的设计值。基础材料是：C20混凝土，HRB335级钢筋。已知柱1、柱2截面均为300mm×300mm，要求基础左端与柱1侧面对齐。已确定基础埋深为1.20m，地基承载力特征值为 $f_a=140\text{kPa}$。

【解】（1）计算基底形心位置及基础长度

对柱1的中心取矩，由 $\sum M_1=0$，得：

$$x_0=\frac{F_2 l_1+M_2-M_1}{F_1+F_2}=\frac{340\times3.0+10-45}{340+240}=1.70\text{m}$$

$$l=2(0.15+x_0)=2\times(0.15+1.70)=3.7\text{m}$$

(2) 计算基础底面宽度（荷载采用标准组合值）

柱荷载标准组合值可近似取基本组合值除以 1.35，于是：

$$b=\frac{F_{k1}+F_{k2}}{l(f_a-\gamma_G d)}=\frac{(240+340)/1.35}{3.7\times(140-20\times1.2)}=1.0\text{m}$$

(3) 计算基础内力

净反力设计值

$$p_j=\frac{F_1+F_2}{lb}=\frac{240+340}{3.7\times1}=156.8\text{kPa}$$

$$bp_j=156.8\text{kN/m}$$

由剪力和弯矩的计算结果绘出 V、M 图（例图 2-9）。

(4) 基础高度计算

取 $h=l_1/6=3000/6=500\text{mm}$，$h_0=455\text{mm}$。

由例图 2-9 中的柱冲切破坏锥体落在基础底面以外可知，基础高度应按受剪承载力确定。

取柱 2 冲切破坏锥体底面边缘处截面（截面Ⅰ-Ⅰ）为计算截面，该截面的剪力设计值为：

$$V=253.8-156.8\times(0.15+0.455)=158.9\text{kN}$$

$$0.7\beta_{hs}f_t bh_0=0.7\times1.0\times1100\times1\times0.455=350.1\text{kN}>V\text{（可以）}$$

(5) 配筋计算

① 纵向配筋（采用 HRB335 级钢筋）

柱间负弯矩 $M_{max}=192.6\text{kN}\cdot\text{m}$，所需钢筋面积为：

$$A_s=\frac{M_{max}}{0.9f_y h_0}=\frac{192.6\times10^6}{0.9\times300\times455}=1568\text{mm}^2$$

最大正弯矩取 $M=23.7\text{kN}\cdot\text{m}$，所需钢筋面积为：

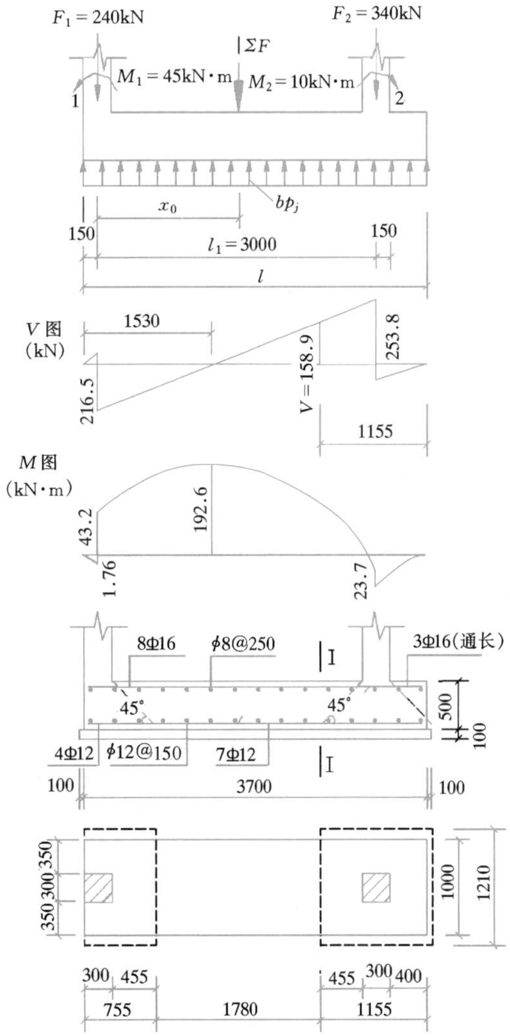

例图 2-9

$$A_s = \frac{23.7 \times 10^6}{0.9 \times 300 \times 455} = 193\text{mm}^2$$

基础顶面配8Φ16（A_s=1608mm²），其中1/3（3根）通长布置；基础底面（柱2下方）配7Φ12（A_s=791mm²），其中1/2（4根）通长布置。

②横向钢筋（采用HPB300级钢筋）

柱1处等效梁宽为：

$$a_{c1} + 0.75h_0 = 0.3 + 0.75 \times 0.455 = 0.64\text{m}$$

$$M = \frac{1}{2} \times \frac{F_1}{b}\left(\frac{b - b_{c1}}{2}\right)^2 = \frac{1}{2} \times \frac{240}{1} \times \left(\frac{1 - 0.3}{2}\right)^2 = 14.7\text{kN} \cdot \text{m}$$

$$A_s = \frac{14.7 \times 10^6}{0.9 \times 270 \times (455 - 12)} = 137\text{mm}^2$$

折成每米板宽内的配筋面积为：137/0.64=214mm²/m 。

柱2处等效梁宽为：

$$a_{c2} + 1.5h_0 = 0.3 + 1.5 \times 0.455 = 0.98\text{m}$$

$$M = \frac{1}{2} \frac{F_2}{b}\left(\frac{b - b_{c2}}{2}\right)^2 = \frac{1}{2} \times \frac{340}{1} \times \left(\frac{1 - 0.3}{2}\right)^2 = 20.8\text{kN} \cdot \text{m}$$

$$A_s = \frac{20.8 \times 10^6}{0.9 \times 270 \times (455 - 12)} = 193\text{mm}^2$$

折成每米板宽内的配筋面积为：193/0.98=197mm²/m。

由于等效梁的计算配筋面积均小于构造配筋面积，现沿基础全长按构造要求配ϕ12@150（A_s=754mm²/m），基础顶面配横向构造钢筋ϕ8@250。

2.7.3 梯形联合基础

当建筑界限靠近荷载较小的柱一侧时，采用矩形联合基础是合适的。对于荷载较大的柱一侧的空间受到约束的情况（图2-30），如仍采用矩形基础，则基底形心无法与荷载重心重合。为使基底压力均匀分布，这时只能采用梯形基础。

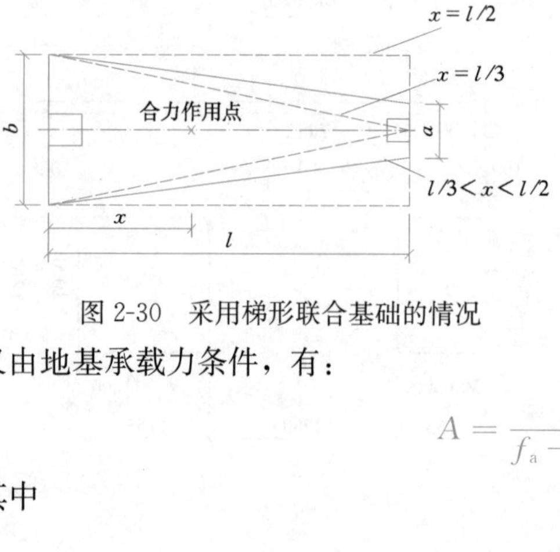

图2-30 采用梯形联合基础的情况

从图2-30可以看出，梯形基础的适用范围是$l/3<x<l/2$。当$x=l/2$时，梯形基础转化为矩形基础。

根据梯形面积形心与荷载重心重合的条件，可得：

$$x = \frac{l}{3}\frac{2a + b}{a + b} \tag{2-69}$$

又由地基承载力条件，有：

$$A = \frac{F_{k1} + F_{k2}}{f_a - \gamma_G d + \gamma_w h_w} \tag{2-70}$$

其中

$$A=\frac{a+b}{2}l \tag{2-71}$$

联立求解上述三式，即可求得 a 和 b。然后可参照矩形基础的计算方法进行内力分析和设计，但需注意基础宽度沿纵向是变化的，因此纵向线性净反力为梯形分布。在选取受剪承载力验算截面和纵向配筋计算截面时均应考虑板宽的变化（此时内力最大的截面不一定是最不利的截面）。等效梁沿横向的长度可取该段的平均长度。

与偏心受压的矩形基础相比，梯形基础虽然施工较为不便，但其基底面积较小，造价低，且沉降更为均匀。

【例 2-10】 在例 2-9 中，若基础右端只能与柱边缘平齐（例图 2-10），试确定梯形联合基础的底面尺寸。

【解】 由题意及例 2-9 的计算结果，可得：

$$l=l_1+0.3=3+0.3=3.3\text{m}$$

$$x=l-x_0-0.15=3.3-1.7-0.15=1.45\text{m}$$

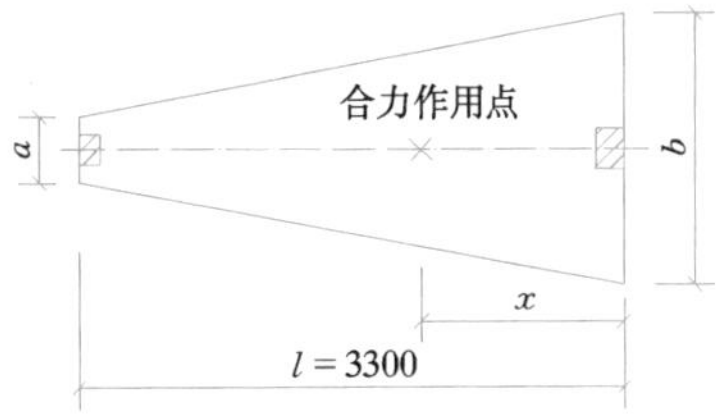

例图　2-10

因为 $l/3<x<l/2$，所以采用梯形基础是合适的。

由式（2-70）和式（2-71），得：

$$\frac{a+b}{2}l=\frac{F_{k1}+F_{k2}}{f_a-\gamma_G d}$$

$$a+b=\frac{2(F_{k1}+F_{k2})}{l(f_a-\gamma_G d)}=\frac{2\times(240+340)/1.35}{3.3\times(140-20\times1.2)}=2.24\text{m}$$

又由式（2-69），有：

$$\frac{2a+b}{a+b}=\frac{3x}{l}=\frac{3\times1.45}{3.3}=1.32$$

联解上述二式，得 $a=0.72\text{m}$，$b=1.52\text{m}$。

2.7.4　连梁式联合基础

如果两柱间的距离较大，联合基础就不宜采用矩形或梯形基础。因为随着柱距的增加，跨中的基底净反力会使跨中负弯矩急剧增大。此时采用连梁式联合基础是合适的，由于连梁的底面不着地，基底反力仅作用于两柱下的扩展基础，因而连梁中的弯矩较小。连梁的作用在于把偏心产生的弯矩传递给另一侧的柱基础，从而使分开的两基础都获得均匀的基底反力。当地基承载力较低时，两边的扩展基础可能会因面积的增加而靠得很近，这时可按第 3 章所述的柱下条形基础进行设计。

设计连梁式联合基础应注意的三个基本要点为：

（1）连梁必须为刚性，梁宽不应小于最小柱宽；

（2）两基础的底面尺寸应满足地基承载力计算的要求，并避免不均匀沉降过大；

（3）连梁底面不应着地，以免造成计算困难。连梁自重在设计中通常可忽略不计。

下面通过例 2-11 来说明连梁式联合基础的设计原理。

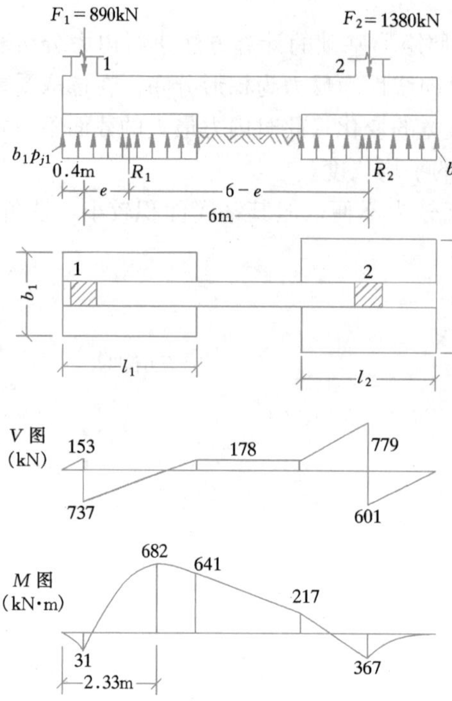

例图 2-11

【例 2-11】 在例图 2-11 所示的连梁式联合基础中，两柱截面均为 400mm×400mm，相应于作用的基本组合的柱荷载设计值 $F_1=890$kN，$F_2=1380$kN，柱距 6m，柱 1 基础允许挑出柱边缘 0.2m。已知基础埋深 $d=1.5$m，地基承载力特征值 $f_a=180$kPa，试确定基础底面尺寸，并画出连梁内力图。

【解】（1）根据静力平衡条件求基底净反力合力 R_1 和 R_2

初取 $e=1.0$m，对柱 2 取矩，由$\sum M=0$，得：

$$F_1\times 6-R_1\times(6-e)=0$$

$$R_1=\frac{F_1\times 6}{6-e}=\frac{890\times 6}{6-1}=1068\text{kN}$$

$$R_2=F_1+F_2-R_1$$

$$=890+1380-1068=1202\text{kN}$$

（2）确定基础底面尺寸（荷载用标准组合值）

基础 1 $\quad l_1=2\ (0.4+e)\ =2\ (0.4+1)\ =2.8$m

$$b_1=\frac{R_1}{l_1\ (f_a-\gamma_G d)}=\frac{1068/1.35}{2.8\ (180-20\times 1.5)}=1.89\text{m}$$

基础 2（采用方形基础）

$$b_2=l_2=\sqrt{\frac{R_2}{f_a-\gamma_G d}}=\sqrt{\frac{1202/1.35}{180-20\times 1.5}}=2.44\text{m}$$

（3）计算两基础的线性净反力

$$b_1p_{j1}=R_1/l_1=1068/2.8=381.4\text{kN/m}$$

$$b_2p_{j2}=R_2/l_2=1202/2.44=492.6\text{kN/m}$$

（4）绘制连梁的剪力图和弯矩图，如例图 2-11 所示。

扩展基础的设计可参照墙下条形基础进行。

在例 2-11 中，基础的尺寸没有唯一解，它取决于设计者所任意选定的 e 值。增大 e 值可以减小 b_1，但连梁内力会随之增大很多。

2.8 减轻不均匀沉降危害的措施

前面已指出，地基的过量变形将使建筑物损坏或影响其使用功能。特别是高压缩性土、膨胀土、湿陷性黄土以及软硬不均等不良地基上的建筑物，由于不均匀沉降较大，如果设计时考虑不周，就更易因不均匀沉降而开裂损坏。

不均匀沉降常引起砌体承重结构开裂，尤其是在墙体窗口门洞的角位处。裂缝的位置和方向与不均匀沉降的状况有关。图 2-31 表示不均匀沉降引起墙体开裂的一般规律：斜裂缝下的基础（或基础的一部分）沉降较大。如果墙体中间部分的沉降比两端部大（"碟形沉降"），则墙体两端部的斜裂缝将呈八字形，有时（墙体长度大）还在墙体中部下方出现近乎竖直的裂缝。如果墙体两端部的沉降大（"倒碟形沉降"），则斜裂缝将呈倒置八字形。当建筑物各部分的荷载或高度差别较大时，重、高部分的沉降也常较大，并导致轻、低部分产生斜裂缝。

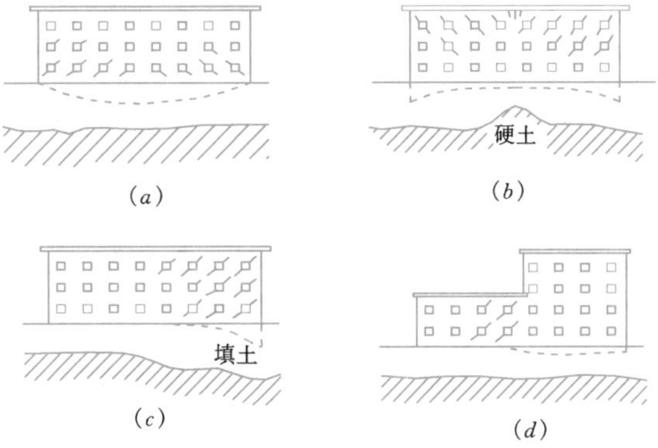

图 2-31　不均匀沉降引起墙体开裂
(a) 土层分布较均匀；(b) 中部硬土层凸起；
(c) 松散土层（如填土）厚度变化较大；
(d) 上部结构荷载差别较大

对于框架等超静定结构来说，各柱的沉降差必将在梁柱等构件中产生附加内力。当这些附加内力与设计荷载作用下的内力之和超过构件的承载能力时，梁、柱端和楼板将会出现裂缝。

了解上述这些规律，将有助于事前采取措施和事后分析裂缝产生的原因。

如何防止或减轻不均匀沉降造成的损害，是设计中必须认真考虑的问题。解决这一问题的途径有二：一是设法增强上部结构对不均匀沉降的适应能力；二是设法减少不均匀沉降或总沉降量。具体的措施有：①采用柱下条形基础、筏形基础和箱形基础等，以减少地基的不均匀沉降；②采用桩基础或其他深基础，以减少总沉降量（不均匀沉降相应减少）；③对地基某一深度范围或局部进行人工处理；④从地基、基础、上部结构相互作用的观点出发，在建筑、结构和施工方面采取本节介绍的某些措施，以增强上部结构对不均匀沉降的适应能力。前三种措施造价偏高，有的需具备一定的施工条件才能采用。对于采用地基处理方案的建筑物往往还需同时辅以某些建筑、结构和施工措施，才能取得预期的效果。因此，对于一般的中小型建筑物，应首先考虑在建筑、结构和施工方面采取减轻不均匀沉降危害的措施，必要时才采用其他的地基基础方案。

2.8.1 建筑措施

1. 建筑物的体型应力求简单

建筑物的体型指的是其在平面和立面上的轮廓形状。体型简单的建筑物，其整体刚度大，抵抗变形的能力强。因此，在满足使用要求的前提下，软弱地基上的建筑物应尽量采用简单的体型，如等高的"一"字形。

平面形状复杂的建筑物（如"L"、"T"、"H"形等），由于基础密集，地基附加应力互相重叠，在建筑物转折处的沉降必然比别处大。加之这类建筑物的整体性差，各部分的刚度不对称，因而很容易因地基不均匀沉降而开裂。图 2-32 是软土地基上一幢“L”形平面的建筑物开裂的实例。

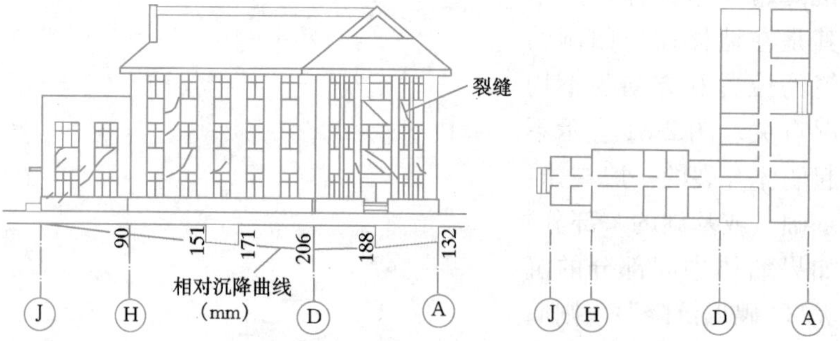

图 2-32　某“L”形建筑物一翼墙身开裂

建筑物高低（或轻重）变化太大，在高度突变的部位，常由于荷载轻重不一而产生过量的不均匀沉降。据调查，软土地基上紧接高差超过一层的砌体承重结构房屋，低者很容易开裂（图 2-33）。因此，当地基软弱时，建筑物的紧接高差以不超过一层为宜。

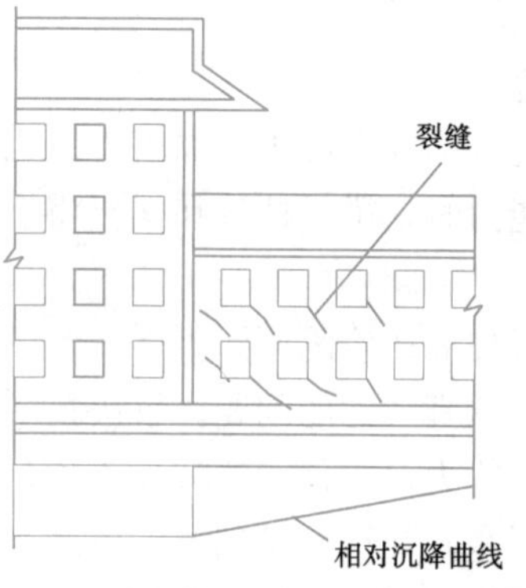

图 2-33　建筑物因高差太大而开裂

2. 控制建筑物的长高比及合理布置墙体

建筑物在平面上的长度和从基础底面起算的高度之比，称为建筑物的长高比。长高比大的砌体承重房屋，其整体刚度差，纵墙很容易因挠曲过度而开裂(图 2-34)。调查结果表明，当预估的最大沉降量超过 120mm 时，对三层和三层以上的房屋，长高比不宜大于 2.5；对于平面简单，内、外墙贯通，横墙间隔较小的房屋，长高比的控制可适当放宽，但一般不大于 3.0。不符合上述要求时，一般要设置沉降缝。

合理布置纵、横墙，是增强砌体承重结构房屋整体刚度的重要措施之一。因此，当地基不良时，应尽量使内、外纵墙不转折或少转折，内横墙间距不宜过大，且与纵墙之间的连接应牢靠，必要时还应增强基础的刚度和强度。

3. 设置沉降缝

当建筑物的体型复杂或长高比过大时，可以用沉降缝将建筑物（包括基础）分割成两个或多个独立的沉降单元。每个单元一般应体型简单、长高比小、结构类型相同以及地基比较均匀。这样的沉降单元具有较大的整体刚度，沉降比较均匀，一般不会再开裂。

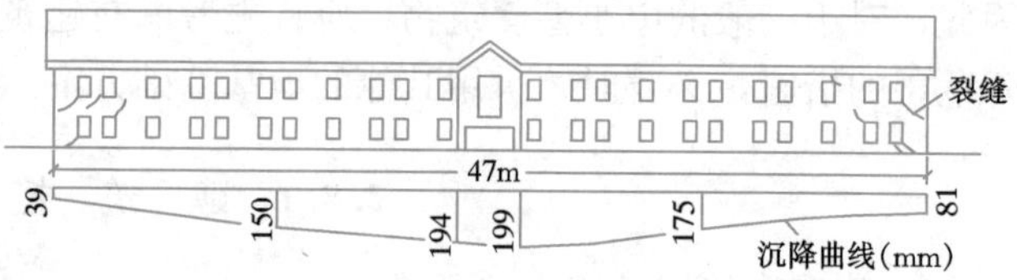

图 2-34　建筑物因长高比过大而开裂

为了使各沉降单元的沉降均匀，宜在建筑物的下列部位设置沉降缝：

（1）建筑物平面的转折处；

（2）建筑物高度或荷载有很大差别处；

（3）长高比不合要求的砌体承重结构以及钢筋混凝土框架结构的适当部位；

（4）地基土的压缩性有显著变化处；

（5）建筑结构或基础类型不同处；

（6）分期建造房屋的交界处；

（7）拟设置伸缩缝处（沉降缝可兼作伸缩缝）。

沉降缝的构造参见图 2-35。沉降缝应有足够的宽度，以防止缝两侧的结构相向倾斜而相互挤压。缝内一般不得填塞材料（寒冷地区需填松软材料）。沉降缝的宽度可参照表 2-10 确定。

房屋沉降缝宽度　　表 2-10

房屋层数	沉降缝宽度（mm）
二～三	50～80
四～五	80～120
五层以上	不小于 120

注：当沉降缝两侧单元层数不同时，缝宽按层数大者取用。

沉降缝的造价颇高，且要增加建筑及结构处理上的困难，所以不宜轻率多用。

如果沉降缝两侧的结构可能发生严重的相向倾斜，可以考虑将两者拉开一段距离，其间另外用能自由沉降的静定结构连接。对于框架结构，还可选取其中一跨（一个开间）改成简支或悬挑跨，使建筑物分为两个独立的沉降单元，例如图 2-36。

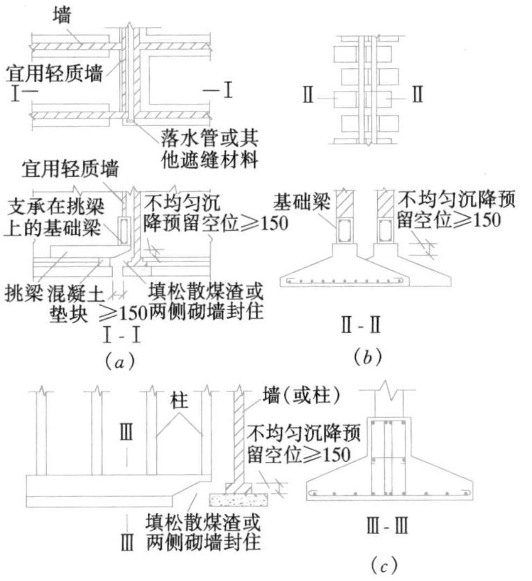

图 2-35　沉降缝构造示意图

（a）、（b）适用于砌体结构房屋；

（c）适用于框架结构房屋

有防渗要求的地下室一般不宜设置沉降缝。因此，对于具有地下室和裙房的高层建筑，为减少高层部分与裙房间的不均匀沉降，常在施工时采用后浇带将两者断开，待两者间的后期沉降差能满足设计要求时再连接成整体。

4. 相邻建筑物基础间应有一定的净距

当两基础相邻过近时，由于地基附加应力扩散和叠加的影响，会使两基础的沉降比各自单独存在时增大很多。因此，在软弱地基上，两建筑物的距离太近时，相邻影响产生的附加不均匀沉降可能造成建筑物的开裂或互倾。这种相邻影响主要表现为：

（1）同期建造的两相邻建筑物之间会彼此影响，特别是当两建筑物轻（低）重（高）差别较大时，轻者受重者的影响较大；

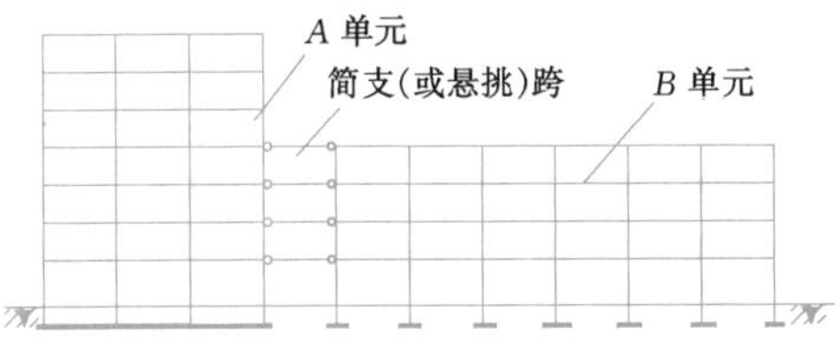

图 2-36　用简支（或悬挑）跨分割沉降单元示意图

（2）原有建筑物受邻近新建重型或高层建筑物的影响。

图 2-37 是原有的一幢二层房屋，在新建六层大楼影响下开裂的实例。

相邻建筑物基础之间所需的净距，可按表 2-11选用。从该表中可见，决定基础间净距的

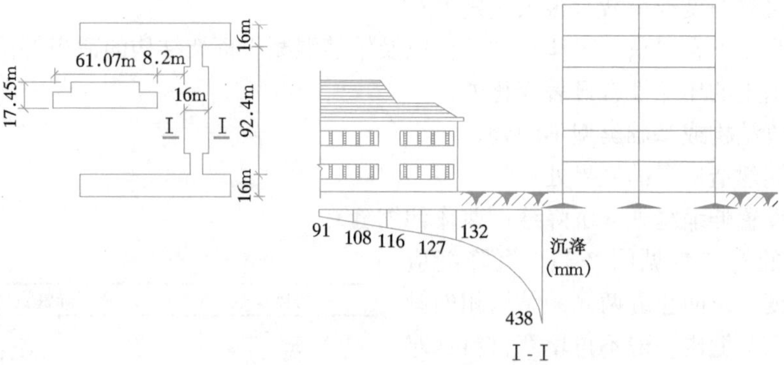

图2-37　相邻建筑影响实例

主要指标是受影响建筑（被影响者）的刚度（用长高比来衡量）和影响建筑（产生影响者）的预估平均沉降量，后者综合反映了地基的压缩性、影响建筑的规模和重量等因素的影响。

相邻高耸结构（或对倾斜要求严格的构筑物）的外墙间隔距离，可根据倾斜允许值计算确定。

相邻建筑物基础间的净距（m）　　表2-11

影响建筑的预估平均沉降量 s(mm)	被影响建筑的长高比	
	$2.0 \leqslant L/H_f < 3.0$	$3.0 \leqslant L/H_f < 5.0$
70～150	2～3	3～6
160～250	3～6	6～9
260～400	6～9	9～12
>400	9～12	≥12

注：1. 表中 L 为房屋长度或沉降缝分隔的单元长度(m)；H_f 为自基础底面标高算起的建筑物高度(m)；
2. 当被影响建筑的长高比为 $1.5 < L/H_f < 2.0$ 时，净距可适当缩小。

5. 调整某些设计标高

沉降改变了建筑物原有的标高，严重时将影响建筑物的使用功能，这时可采取下列措施进行调整：

（1）根据预估的沉降量，适当提高室内地坪或地下设施的标高；

（2）建筑物各部分（或设备之间）有联系时，可将沉降较大者的标高适当提高；

（3）在建筑物与设备之间，应留有足够的净空；

（4）有管道穿过建筑物时，应预留足够尺寸的孔洞，或采用柔性管道接头等。

2.8.2　结构措施

1. 减轻建筑物的自重

建筑物的自重（包括基础及覆土重）在基底压力中所占的比例很大，据估计，工业建筑为1/2左右，民用建筑可达3/5以上。因此，减轻建筑物自重可以有效地减少地基沉降量。具体的措施有：

（1）减少墙体的重量。如采用空心砌块、多孔砖或其他轻质墙。

（2）选用轻型结构。如采用预应力混凝土结构、轻钢结构及各种轻型空间结构。

（3）减少基础及其上回填土的重量。可以选用覆土少、自重轻的基础形式，如壳体基础、空心基础等。如室内地坪较高，可以采用架空地板代替室内厚填土。

2. 设置圈梁

圈梁的作用在于提高砌体结构抵抗弯曲的能力，即增强建筑物的抗弯刚度。它是防止砖墙出现裂缝和阻止裂缝开展的一项有效措施。当建筑物产生碟形沉降时，墙体产生正向挠曲，下层的圈梁将起作用；反之，墙体产生反向挠曲时，上层的圈梁则起作用。由于不容易正确估计墙体的挠曲方向，故通常在房屋的上、下方都设置圈梁。

圈梁的布置，多层房屋宜在基础面附近和顶层门窗顶处各设置一道，其他各层可隔层设置（必要时也可层层设置），位置在窗顶或楼板下面。对于单层工业厂房及仓库，可结合基础梁、连梁、过梁等酌情设置。

圈梁必须与砌体结合成整体，每道圈梁应尽量贯通全部外墙、承重内纵墙及主要内横墙，即在平面上形成封闭系统。当没法连通（如某些楼梯间的窗洞处）时，应按图 2-38 所示的要求利用搭接圈梁进行搭接。如果墙体因开洞过大而受到严重削弱，且地基又很软弱时，还可考虑在削弱部位适当配筋，或利用钢筋混凝土边框加强。

圈梁有两种，一种是钢筋混凝土圈梁（图 2-39*a*）。梁宽一般同墙厚，梁高不应小于 120mm，混凝土强度等级宜采用 C20，纵向钢筋不宜少于 4ϕ10，绑扎接头的搭接长度按受力钢筋考虑，箍筋间距不宜大于 300mm。兼作跨度较大的门窗过梁时按过梁计算另加钢筋。另一种是钢筋砖圈梁（图 2-39*b*），即在水平灰缝内夹筋形成钢筋砖带，高度为 4～6 皮砖，用 M5 砂浆砌筑，水平通长钢筋不宜少于 6ϕ6，水平间距不宜大于 120mm，分上、下两层设置。

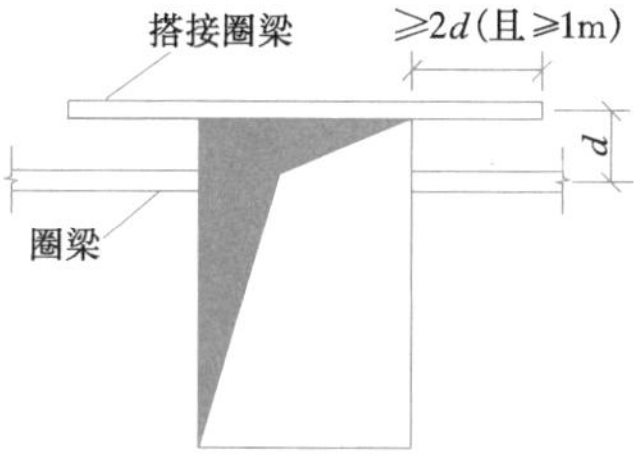

图 2-38　圈梁的搭接

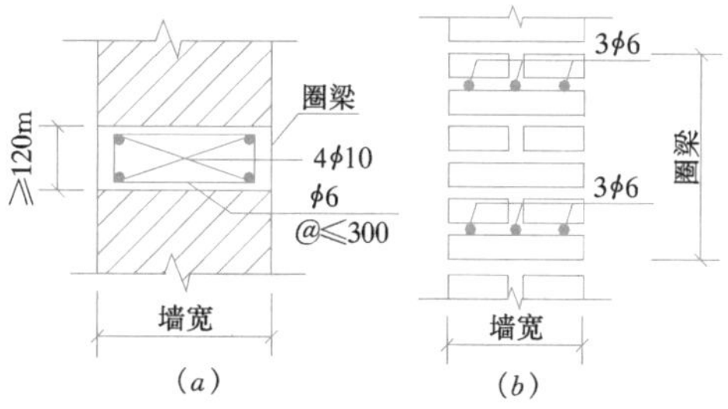

图 2-39　圈梁截面示意

（*a*）钢筋混凝土圈梁；（*b*）钢筋砖圈梁

3. 设置基础梁（地梁）

钢筋混凝土框架结构对不均匀沉降很敏感，很小的沉降差异就足以引起可观的附加应力。对于采用单独柱基础的框架结构，在基础间设置基础梁（图 2-40）是加大结构刚度、减少不均匀沉降的有效措施之一。基础梁的设置常带有一定的经验性（仅起承墙作用时例外），其底面一般置于基础表面（或略高些），过高则作用下降，过低则施工不便。基础梁的截面高度可取柱距的1/14～1/8，上下均匀通长配筋，每侧配筋率为 0.4%～1.0%。

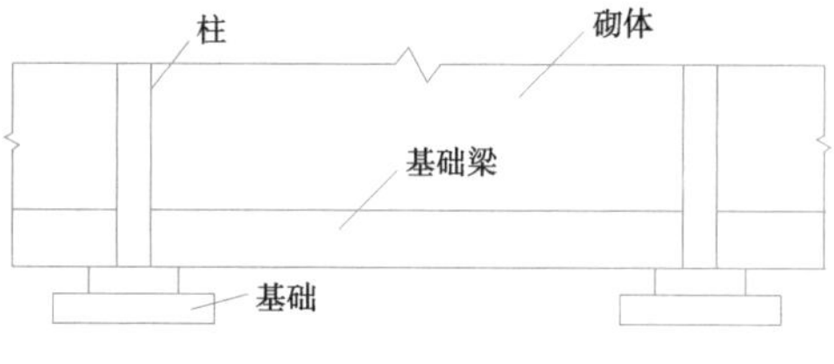

图 2-40　支承围护墙的基础梁

4. 减小或调整基底附加压力

(1) 设置地下室（或半地下室）。其作用之一是以挖除的土重去抵消（补偿）一部分甚至全部的建筑物重量，从而达到减小基底附加压力和沉降的目的，这一概念在3.8.3节中还将作进一步的阐明。地下室（或半地下室）还可只设置于建筑物荷载特别大的部位，通过这种方法可以使建筑物各部分的沉降趋于均匀。

(2) 调整基底尺寸。前面在2.5.3节中已指出，加大基础的底面积可以减小沉降量。因此，为了减小沉降差异，可以将荷载大的基础的底面积适当加大。例如对于图2-41 (*a*)，可以加大墙下条形基础的宽度。但是，对于图2-41 (*b*) 所示的情况，如果采用增大框架基础的尺寸来减小与廊柱基础之间的沉降差，显然并不经济合理。通常的解决办法是：将门廊和主体建筑分离，或取消廊柱（也可另设装饰柱）改用飘檐等。

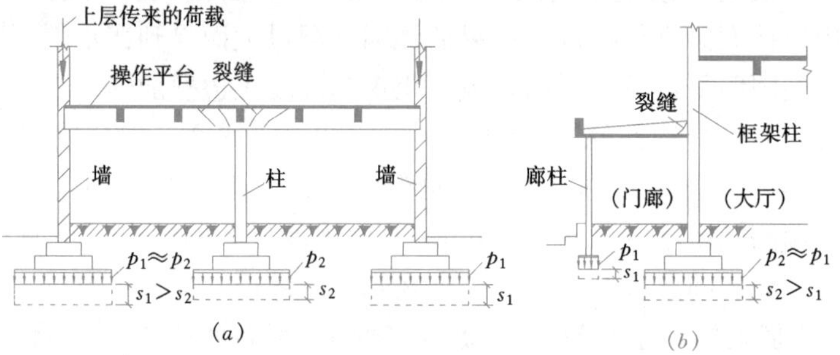

图2-41　基础尺寸不妥当引起的损坏

(*a*) 墙基础与柱基础；(*b*) 框架柱基础与廊柱基础

5. 采用对不均匀沉降欠敏感的结构形式

砌体承重结构、钢筋混凝土框架结构对不均匀沉降很敏感，而排架、三铰拱（架）等铰接结构则对不均匀沉降有很大的顺从性，支座发生相对位移时不会引起很大的附加应力，故可以避免不均匀沉降的危害。铰接结构的这类结构形式通常只适用于单层的工业厂房、仓库和某些公共建筑。必须注意的是，严重的不均匀沉降仍会对这类结构的屋盖系统、围护结构、吊车梁及各种纵、横联系构件造成损害，因此应采取相应的防范措施，例如避免用连续吊车梁及刚性屋面防水层，墙面加设圈梁等。

图2-42是建造在软土地基上的某仓库所用的三铰门架结构，使用效果良好。

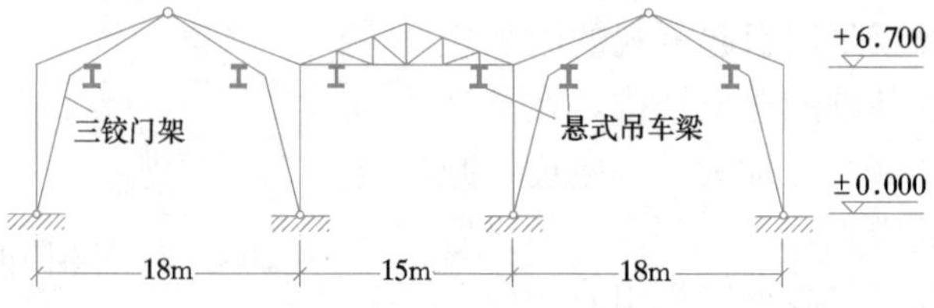

图2-42　某仓库三铰门架结构示意图

油罐、水池等的基础底板常采用柔性底板，以便更好地顺从、适应不均匀沉降。

2.8.3 施 工 措 施

在软弱地基上进行工程建设时，采用合理的施工顺序和施工方法至关重要，这是减小或调整不均匀沉降的有效措施之一。

1. 遵照先重（高）后轻（低）的施工程序

当拟建的相邻建筑物之间轻（低）重（高）悬殊时，一般应按照先重后轻的程序进行施工，必要时还应在重的建筑物竣工后间歇一段时间，再建造轻的邻近建筑物。如果重的主体建筑物与轻的附属部分相连时，也应按上述原则处理。

2. 注意堆载、沉桩和降水等对邻近建筑物的影响

在已建成的建筑物周围，不宜堆放大量的建筑材料或土方等重物，以免地面堆载引起建筑物产生附加沉降。

拟建的密集建筑群内如有采用桩基础的建筑物，桩的设置应首先进行，并应注意采用合理的沉桩顺序。

在进行降低地下水位及开挖深基坑时，应密切注意对邻近建筑物可能产生的不利影响，必要时可以采用设置截水帷幕、控制基坑变形量等措施。

3. 注意保护坑底土体

在淤泥及淤泥质土地基上开挖基坑时，要注意尽可能不扰动土的原状结构。在雨期施工时，要避免坑底土体受雨水浸泡。通常的做法是：在坑底保留大约 200mm 厚的原土层，待施工混凝土垫层时才用人工临时挖去。当基础埋置在易风化的岩层上，施工时应在基坑开挖后立即铺筑垫层。如发现坑底软土被扰动，可挖去扰动部分，用砂、碎石（砖）等回填处理。

习 题

2-1 某建筑物场地地表以下土层依次为：(1) 中砂，厚 2.0m，潜水面在地表下 1m 处，饱和重度 $\gamma_{sat}=20\text{kN/m}^3$；(2) 黏土隔水层，厚 2.0m，重度 $\gamma=19\text{kN/m}^3$；(3) 粗砂，含承压水，承压水位高出地表 2.0m（取 $\gamma_w=10\text{kN/m}^3$）。问基坑开挖深达 1m 时，坑底有无隆起的危险？若基础埋深 $d=1.5\text{m}$，施工时除将中砂层内地下水位降到坑底外，还须设法将粗砂层中的承压水位降低几米才行？

（答案：有危险，1.2m）

2-2 某条形基础底宽 $b=1.8\text{m}$，埋深 $d=1.2\text{m}$，地基土为黏土，内摩擦角标准值 $\varphi_k=20°$，黏聚力标准值 $c_k=12\text{kPa}$，地下水位与基底平齐，土的有效重度 $\gamma'=10\text{kN/m}^3$，基底以上土的重度 $\gamma_m=18.3\text{kN/m}^3$。试确定地基承载力特征值 f_a。

（答案：$f_a=144.3\text{kPa}$）

2-3 某基础宽度为 2m，埋深为 1m。地基土为中砂，其重度为 18kN/m^3，标准贯入试验锤击数 $N=21$。试确定地基承载力特征值 f_a。

（答案：$f_a=325.6\text{kPa}$）

2-4 某承重墙厚 240mm，作用于地面标高处的荷载 $F_k=180\text{kN/m}$，拟采用砖基础，埋深为 1.2m。地基土为粉质黏土，$\gamma=18\text{kN/m}^3$，$e_0=0.9$，$f_{ak}=170\text{kPa}$。试确定砖基础

的底面宽度，并按二皮一收砌法画出基础剖面示意图。

（答案：$b=1.2\text{m}$）

2-5　某柱基础承受的轴心荷载 $F_k=1.05\text{MN}$，基础埋深为1m，地基土为中砂，$\gamma=18\text{kN/m}^3$，$f_{ak}=280\text{kPa}$。试确定该基础的底面边长。

（答案：$b=1.9\text{m}$）

2-6　某承重砖墙厚240mm，传至条形基础顶面处的轴心荷载 $F_k=150\text{kN/m}$。该处土层自地表起依次分布如下：第一层为粉质黏土，厚度2.2m，$\gamma=17\text{kN/m}^3$，$e=0.91$，$f_{ak}=130\text{kPa}$，$E_{s1}=8.1\text{MPa}$；第二层为淤泥质土，厚度1.6m，$f_{ak}=65\text{kPa}$，$E_{s2}=2.6\text{MPa}$；第三层为中密中砂。地下水位在淤泥质土顶面处。建筑物对基础埋深没有特殊要求，且不必考虑土的冻胀问题。（1）试确定基础的底面宽度（须进行软弱下卧层验算）；（2）设计基础截面并配筋（可近似取作用的基本组合值为标准组合值的1.35倍）。

[答案：（1）$d=0.5\text{m}$，$b=1.3\text{m}$，$f_{az}=93.9\text{kPa}$]

2-7　一钢筋混凝土内柱截面尺寸为300mm×300mm，作用在基础顶面的轴心荷载 $F_k=400\text{kN}$。自地表起的土层情况为：素填土，松散，厚度1.0m，$\gamma=16.4\text{kN/m}^3$；细砂，厚度2.6m，$\gamma=18\text{kN/m}^3$，$\gamma_{sat}=20\text{kN/m}^3$，标准贯入试验锤击数 $N=10$；黏土，硬塑，厚度较大。地下水位在地表下1.6m处。试确定扩展基础的底面尺寸并设计基础截面及配筋。

（答案：$b=1.7\text{m}$）

2-8　同上题，但基础底面形心处还作用有弯矩 $M_k=110\text{kN}\cdot\text{m}$。取基底长宽比为1.5，试确定基础底面尺寸并设计基础截面及配筋。

（答案：$b=1.6\text{m}$，$l=2.4\text{m}$）

2-9　均质地基上埋深 d 相同的两个方形基础 j 及 k 所受的柱荷载 $F_j>F_k$，基底面积分别为 b_j^2 及 b_k^2。设两基础的地基承载力特征值为 f_a，且基础与其上土的平均重度 γ_G 与埋深范围内土的重度 γ_m 相等。如要求两基础的沉降量相等（不考虑两基础的相互影响），并取基础 k 的基底平均压力 $p_k=f_a$，试证

$$b_j=\frac{F_j}{\sqrt{F_k(f_a-\gamma_G d)}}\text{ 且 }p_j<f_a$$

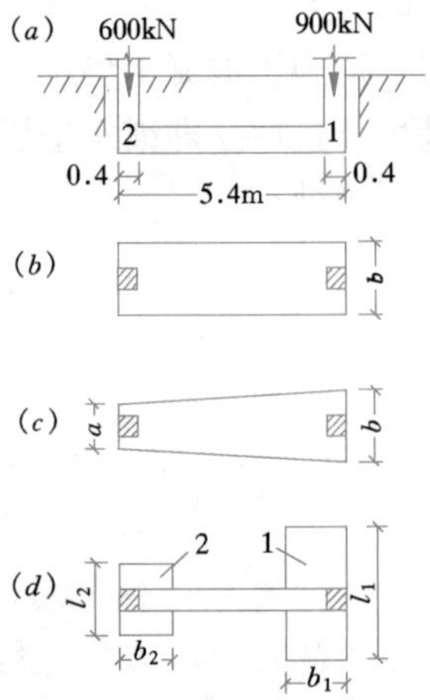

习图　2-10

2-10　习图2-10所示为双柱联合基础，基础两端与柱边平齐，基础埋深1m，地基承载力特征值 $f_a=239\text{kPa}$，图中柱荷载为作用的基本组合值。（1）按图（b）所示矩形联合基础设计，求基础宽度 b；（2）按图（c）所示梯形联合基础设计，求基础两端的宽度 a 和 b；（3）按图（d）所示连梁式联合基础设计，求基础1、2的底面尺寸及连梁的弯矩。（提示：可取基础1的净反力 R_1 等于柱1的荷载，即 $R_1=900\text{kN}$，且取 $b_1=1\text{m}$）

[答案：（1）$b=1.2\text{m}$；

（2）计算值 $a=0.42\text{m}$，$b=1.46\text{m}$；

（3）$b_1=1\text{m}$，$l_1=3\text{m}$，$b_2=1.3\text{m}$，$l_2=1.56\text{m}$，$M=270\text{kN}\cdot\text{m}$]

第3章 连续基础

3.1 概述

柱下条形基础、交叉条形基础、筏形基础和箱形基础统称为连续基础。连续基础具有如下的特点：

（1）具有较大的基础底面积，因此能承担较大的建筑物荷载，易于满足地基承载力的要求；

（2）连续基础的连续性可以大大加强建筑物的整体刚度，有利于减小不均匀沉降及提高建筑物的抗震性能；

（3）对于箱形基础和设置了地下室的筏形基础，可以有效地提高地基承载力，并能以挖去的土重补偿建筑物的部分（或全部）重量。

连续基础一般可看成是地基上的受弯构件——梁或板。它们的挠曲特征、基底反力和截面内力分布都与地基、基础以及上部结构的相对刚度特征有关。因此，应该从三者相互作用的观点出发，采用适当的方法进行地基上梁或板的分析与设计。在相互作用分析中，地基模型的选择是最为重要的。本章将重点介绍弹性地基模型及地基上梁的分析方法，然后分类阐述连续基础的构造要求和简化计算方法。

3.2 地基、基础与上部结构相互作用的概念

地基、基础与上部结构的相互作用一直是国内外的一项重要研究课题。诸如关于建筑物地基的允许变形值、梁板式基础的计算以及软弱地基上建筑物的设计与施工措施等问题，都要涉及有关相互作用的概念。地基基础问题的解决，不宜单纯着眼于地基基础本身，按常规设计法设计时，更应把地基、基础与上部结构视为一个统一的整体，从三者相互作用的概念出发来考虑地基基础方案。尤其是当地基比较复杂时，如果能从上部结构方面配合采取适当的建筑、结构、施工等不同措施，往往可以收到合理、经济的效果。

3.2.1 地基与基础的相互作用

1. 基底反力的分布规律

在常规设计法中，通常假设基底反力呈线性分布。但事实上，基底反力的分布是非常复杂的，除了与地基因素有关外，还受基础及上部结构的制约。为了便于分析，下面仅考虑基础本身刚度的作用而忽略上部结构的影响。

（1）柔性基础

抗弯刚度很小的基础可视为柔性基础。它就像一块放在地基上的柔软薄膜，可以随着地基的变形而任意弯曲。柔性基础不能扩散应力，因此基底反力分布与作用于基础上的荷载分布完全一致（图 3-1）。

按弹性半空间理论所得的计算结果以及工程实践经验都表明，均布荷载下柔性基础的沉降呈碟形，即中部大、边缘小（图 3-1*a*）。显然，若要使柔性基础的沉降趋于均匀，就必须增大基础边缘的荷载，并使中部的荷载相应减少，这样，荷载和反力就变成了图 3-1（*b*）所示的非均布的形状了。

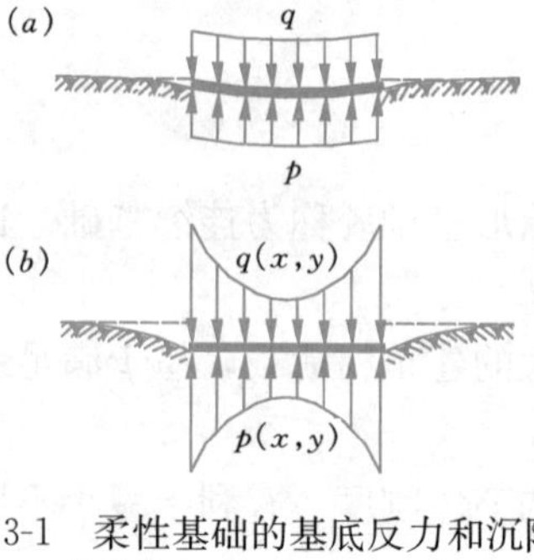

图 3-1 柔性基础的基底反力和沉降
（*a*）荷载均布时，$p(x, y)$＝常数；
（*b*）沉降均匀时，$p(x, y)\neq$常数

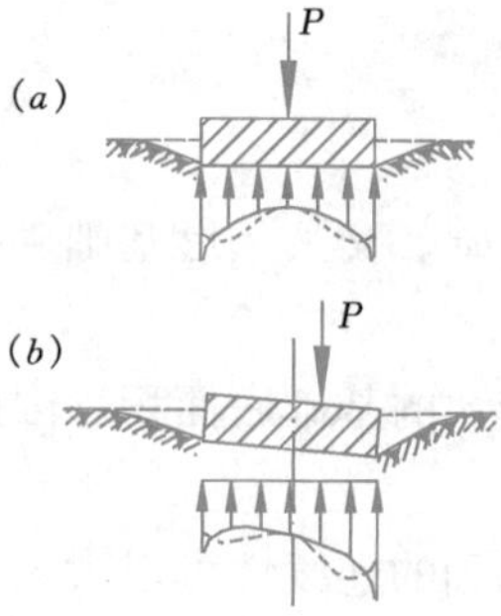

图 3-2 刚性基础
（*a*）中心荷载；（*b*）偏心荷载

（2）刚性基础

刚性基础的抗弯刚度极大，原来是平面的基底，沉降后依然保持平面。因此，在中心荷载作用下，基础将均匀下沉。根据上述柔性基础沉降均匀时基底反力不均匀的论述，可以推断，中心荷载下的刚性基础基底反力分布也应该是边缘大、中部小。图 3-2 中的实线反力图为按弹性半空间理论求得的刚性基础基底反力图，在基底边缘处，其值趋于无穷大。事实上，由于地基土的抗剪强度有限，基底边缘处的土体将首先发生剪切破坏，因此，此处的反力将被限制在一定的数值范围内，随着反力的重新分布，最终的反力图可呈如图 3-2 中虚线所示的马鞍形。由此可见，刚性基础能跨越基底中部，将所承担的荷载相对集中地传至基底边缘，这种现象称为基础的“架越作用”。

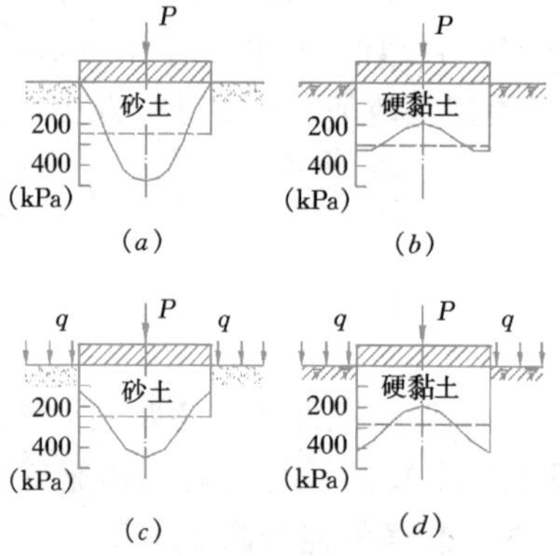

图 3-3 圆形刚性基础模型底面反力分布图
（*a*）无超载；（*b*）无超载；
（*c*）有超载；（*d*）有超载

图 3-3 是分别置于砂土和硬黏土上的圆形刚性基础模型底面的实测反力分布图。对于硬黏土上的刚性基础，基底反力均呈马鞍形分布（图 3-3*b*、*d*）；对于砂土，由于基底边缘处的砂粒极易朝侧向挤出，因此邻近基底边缘的塑性区随荷载的增加而迅速开展，所增加的荷载必须靠基底中部反力的增大来平衡，基底反力接近抛物线分布（图 3-3*a*、*c*）。

一般来说，无论黏性土或无黏性土地基，只要刚性基础埋深和基底面积足够大、而荷载又不太大时，基底反力均呈马鞍形分布。

（3）基础相对刚度的影响

图 3-4（*a*）表示黏性土地基上相对刚度很大的基础。当荷载不太大时，地基中的塑性区很小，基础的架越作用很明显；随着荷载的增加，塑性区不断扩大，基底反力将逐渐

趋于均匀。在接近液态的软土中，反力近乎呈直线分布。

图 3-4（c）表示岩石地基上相对刚度很小的基础，其扩散能力很低，基底出现反力集中的现象，此时基础的内力很小。

对于一般黏性土地基上相对刚度中等的基础（图 3-4b），其情况介于上述两者之间。

归纳以上的讨论，可以得出这样的结论：基础架越作用的强弱主要取决于基础的相对刚度、土的压缩性以及基底下塑性区的大小。一般来说，基础的相对刚度愈强，沉降就愈均匀，但基础的内力将相应增大，故当地基局部软硬变化较大时，可以考虑采用整体刚度较大的连续基础；而当地基为岩石或压缩性很低的土层时，宜优先考虑采用扩展基础，如采用连续基础，抗弯刚度不宜太大，这样可以取得较为经济的效果。

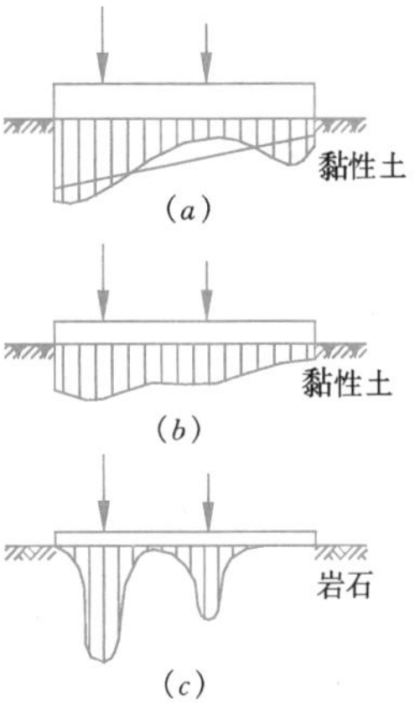

图 3-4 基础相对刚度与架越作用

（a）基础刚度大；（b）基础刚度适中；（c）基础刚度小

（4）邻近荷载的影响

上述有关基底反力分布的规律是在无邻近荷载影响的情况下得出的。如果基础受到相邻荷载影响，受影响一侧的沉降量会增大，从而引起反力卸载，并使反力向基础中部转移，此时基底反力分布会发生明显的变化。例如，上海市四平大楼的第三单元两端各有紧靠的同时建造的相邻单元，其箱形基础纵向基底反力分布呈现为中间大两端小的向下凸的双拱形，而显著地有别于无邻近荷载影响时的马鞍形分布。

2. 地基非均质性的影响

当地基压缩性显著不均匀时，按常规设计法求得的基础内力可能与实际情况相差很大。图 3-5 表示地基压缩性不均匀的两种相反情况，两基础的柱荷载相同，但其挠曲情况和弯矩图则截然不同。柱荷载分布情况的不同也会对基础内力造成不同的影响。在图 3-6 中，（a）和（b）的情况最为有利，而（c）和（d）则是最不利的。

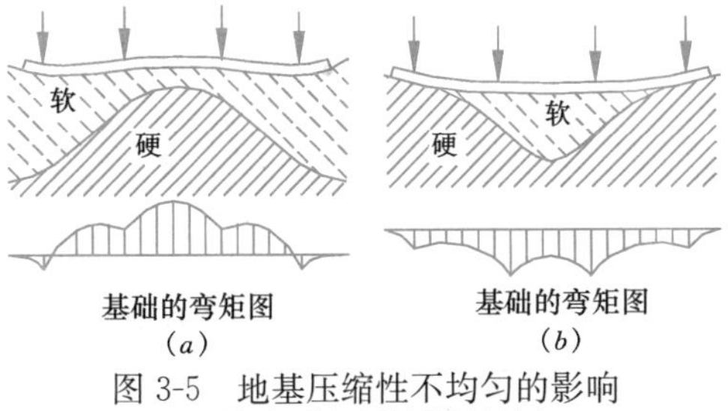

图 3-5 地基压缩性不均匀的影响

（a）基础两端地基压缩性较大；

（b）基础两端地基压缩性较小

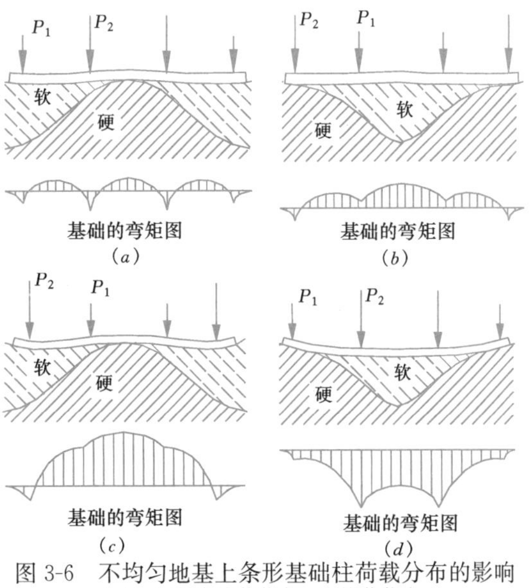

图 3-6 不均匀地基上条形基础柱荷载分布的影响

（a）、（d）内柱荷载大，边柱荷载小；

（b）、（c）内柱荷载小，边柱荷载大

3.2.2　地基变形对上部结构的影响

整个上部结构对基础不均匀沉降或挠曲的抵抗能力，称为上部结构刚度，或称为整体刚度。根据整体刚度的大小，可将上部结构分为柔性结构、敏感性结构和刚性结构三类。

以屋架-柱-基础为承重体系的木结构和排架结构是典型的柔性结构。由于屋架铰接于柱顶，这类结构对基础的不均匀沉降有很大的顺从性，故基础间的沉降差不会在主体结构中引起多少附加应力。但是，高压缩性地基上的排架结构会因柱基不均匀沉降而出现围护结构的开裂，以及其他结构上和使用功能上的问题（详见2.4.3节）。因此，对这类结构的地基变形虽然限制较宽，但仍然不允许基础出现过量的沉降或沉降差。

不均匀沉降会引起较大附加应力的结构，称为敏感性结构，例如砖石砌体承重结构和钢筋混凝土框架结构。敏感性结构对基础间的沉降差较敏感，很小的沉降差异就足以引起可观的附加应力，因此，若结构本身的强度储备不足，就很容易发生开裂现象。

上部结构的刚度愈大，其调整不均匀沉降的能力就愈强。因此，可以通过加大或加强结构的整体刚度以及在建筑、结构和施工等方面采取适当的措施（详见2.8节）来防止不均匀沉降对建筑物的损害。对于采用单独柱基础的框架结构，设置基础梁（地梁）是加大结构刚度、减少不均匀沉降的有效措施之一。

坐落在均质地基上的多层多跨框架结构，其沉降规律通常是中部大、端部小。这种不均匀沉降不仅会在框架中产生可观的附加弯矩，还会引起柱荷载重分配现象，这种现象随着上部结构刚度增大而加剧。对一8跨15层框架结构的相互作用分析表明，边柱荷载增加了40%，而内柱则普遍卸载，中柱卸载可达10%。由此可见，对于高压缩性地基上的框架结构，按不考虑相互作用的常规方法设计，结果常使上部结构偏于不安全。

基础刚度愈大，其挠曲愈小，则上部结构的次应力也愈小。因此，对高压缩性地基上的框架结构，基础刚度一般宜刚而不宜柔；而对柔性结构，在满足允许沉降值的前提下，基础刚度宜小不宜大，而且不一定需要采用连续基础。

刚性结构指的是烟囱、水塔、高炉、筒仓这类刚度很大的高耸结构物，其下常为整体配置的独立基础。当地基不均匀或在邻近建筑物荷载或地面大面积堆载的影响下，基础转动倾斜，但几乎不会发生相对挠曲。

3.2.3　上部结构刚度对基础受力状况的影响

目前，梁、板式基础的计算，还不能普遍考虑与上部结构的相互作用，然而，当上部结构具有较大的相对刚度（与基础刚度之比）时，对基础受力状况的影响是不小的，现用条形基础作例子来讨论。为了便于说明概念，以绝对刚性和完全柔性的两种上部结构对条形基础的影响进行对比。

如图3-7（*a*）中的上部结构假定是绝对刚性的，因而当地基变形时，各个柱子只能同时下沉，对条形基础的变形来说，相当于在柱位处提供了不动支座，在地基反力作用下，犹如倒置的连续梁（不计柱脚的抗角变能力）。图3-7（*b*）中的上部结构假想为完全柔性的，因此，它除了传递荷载外，对条形基础的变形毫无制约作用，即上部结构不参与相互作用。由图3-7中的对比可知，在上部结构为绝对刚性和完全柔性这两种极端情况下，条形基础的挠曲形式及相应的内力图形差别很大。必须指出，除了像烟囱、高炉等整体构筑物可以认为是绝对刚性者外，绝大多数建筑物的实际刚度介于绝对刚度和完全柔性之间，不过目前还难于定量计算，在实践中往往只能定性地判断其比较接近哪一种极端情况。例如，剪力墙体系和筒体结构的高层建筑是接近绝对刚性的；静定结构是接近完全柔性的。这些判断将有助于地基基础的设计工作。

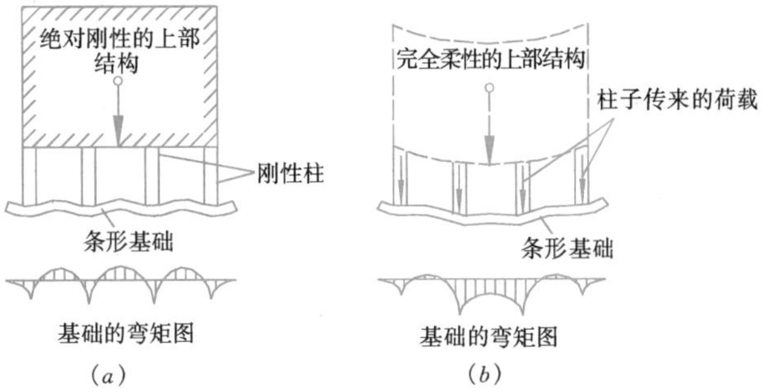

图 3-7 上部结构刚度对基础受力状况的影响
(*a*) 上部结构为绝对刚性时；(*b*) 上部结构为完全柔性时

增大上部结构刚度，将减小基础挠曲和内力。研究表明，框架结构的刚度随层数增加而增加，但增加的速度逐渐减缓，到达一定层数后便趋于稳定。例如，上部结构抵抗不均匀沉降的竖向刚度在层数超过 15 层后就基本上保持不变了。由此可见，在框架结构中下部一定数量的楼层结构明显起着调整不均匀沉降、削减基础整体弯曲的作用，同时自身也将出现较大的次应力，且层次位置愈低，其作用也愈大。

如果地基土的压缩性很低，基础的不均匀沉降很小，则考虑地基-基础-上部结构三者相互作用的意义就不大。因此，在相互作用中起主导作用的是地基，其次是基础，而上部结构则是在压缩性地基上基础整体刚度有限时起重要作用的因素。

3.3 地基计算模型

进行地基上梁和板的分析时，必须解决基底压力分布和地基沉降计算问题，这些问题都涉及土的应力与应变关系。表达这种关系的模式称为地基计算模型，简称为地基模型。每一种模型应尽可能准确地模拟地基与基础相互作用时所表现的主要力学性状，同时又要便于应用。至今已经提出了不少地基模型，然而由于问题的复杂性，不论哪一种模型都难以完全反映地基的实际工作性状，因而各具有一定的局限性。本节仅介绍最简单和最常用的三种线性弹性计算模型。

3.3.1 文克勒地基模型

早在 1867 年，捷克工程师 E. 文克勒（Winkler）就提出了如下的假设：地基上任一点所受的压力强度 p 与该点的地基沉降量 s 成正比，即

$$p = ks \tag{3-1}$$

式中比例系数 k 称为基床反力系数（或简称基床系数），其单位为“kN/m^3”。

根据这一假设，地基表面某点的沉降与其他点的压力无关，故可把地基土体划分成许多竖直的土柱（图 3-8*a*），每条土柱可用一根独立的弹簧来代替（图3-8*b*）。如果在这种弹簧体系上施加荷载，则每根弹簧所受的压力与该弹簧的变形成正比。这种模型的基底反力

图形与基础底面的竖向位移形状是相似的（图3-8*b*）。如果基础刚度非常大，受荷后基础底面仍保持为平面，则基底反力图按直线规律变化（图 3-8*c*）。这就是上一章在常规设计中所采用的基底反力简化算法所依据的计算图式。

按照图 3-8 所示的弹簧体系，每根弹簧与相邻弹簧的压力和变形毫无关系。这样，由弹簧所代表的土柱，在产生竖向变形的时候，与相邻土柱之间没有摩阻力，也即地基中只有正应力而没有剪应力。因此，地基变形只限于基础底面范围之内。

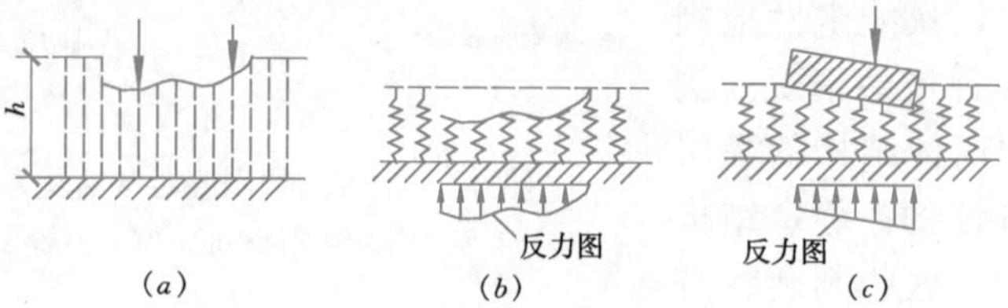

图 3-8　文克勒地基模型

(*a*) 侧面无摩阻力的土柱体系；(*b*) 弹簧模型；(*c*) 文克勒地基上的刚性基础

事实上，土柱之间（即地基中）存在着剪应力。正是由于剪应力的存在，才使基底压力在地基中产生应力扩散，并使基底以外的地表发生沉降。

尽管如此，文克勒地基模型由于参数少、便于应用，所以仍是目前最常用的地基模型之一。一般认为，凡力学性质与水相近的地基，采用文克勒模型就比较合适。在下述情况下，可以考虑采用文克勒地基模型：

(1) 地基主要受力层为软土。由于软土的抗剪强度低，因而能够承受的剪应力值很小。

(2) 厚度不超过基础底面宽度一半的薄压缩层地基。这时地基中产生附加应力集中现象，剪应力很小。

(3) 基底下塑性区相应较大时。

(4) 支承在桩上的连续基础，可以用弹簧体系来代替群桩。

3.3.2　弹性半空间地基模型

弹性半空间地基模型将地基视为均质的线性变形半空间，并用弹性力学公式求解地基中的附加应力或位移。此时，地基上任意点的沉降与整个基底反力以及邻近荷载的分布有关。

根据布辛奈斯克（Boussinesq）解，在弹性半空间表面上作用一个竖向集中力 P 时，半空间表面上离竖向集中力作用点距离为 r 处的地基表面沉降 s 为：

$$s=\frac{P(1-\mu^2)}{\pi E_0 r} \tag{3-2}$$

式中　E_0、μ——地基土的变形模量和泊松比。

对于均布矩形荷载 p_0 作用下矩形面积中心点的沉降，可以通过对式（3-2）积分求得：

$$s=\frac{2(1-\mu^2)}{\pi E_0}\left[l\ln\frac{b+\sqrt{l^2+b^2}}{l}+b\ln\frac{l+\sqrt{l^2+b^2}}{b}\right]p_0 \tag{3-3}$$

式中 l、b——矩形荷载面的长度和宽度。

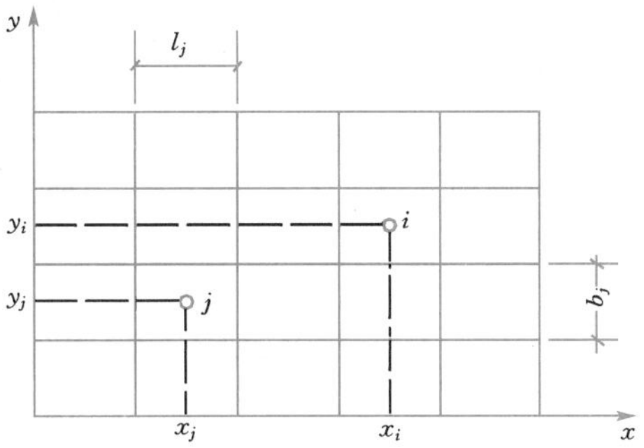

图 3-9 基底网格的划分

设地基表面作用着任意分布的荷载。把基底平面划分为 n 个矩形网格（图3-9），作用于各网格面积（f_1，f_2，…，f_n）上的基底压力（p_1，p_2，…，p_n）可以近似地认为是均布的。如果以沉降系数 δ_{ij} 表示网格 i 的中点由作用于网格 j 上的均布压力 $p_j=1/f_j$（此时面积 f_j 上的总压力 $R_j=1$，$R_j=p_jf_j$ 称为集中基底反力）引起的沉降，则按叠加原理，网格 i 中点的沉降应为所有 n 个网格上的基底压力分别引起的沉降之总和，即

$$s_i=\delta_{i1}p_1f_1+\delta_{i2}p_2f_2+\cdots\cdots+\delta_{in}p_nf_n=\sum_{j=1}^{n}\delta_{ij}R_j \qquad (i=1,2,\cdots,n)$$

对于整个基础，上式可用矩阵形式表示为：

$$\begin{Bmatrix} s_1 \\ s_2 \\ \vdots \\ s_n \end{Bmatrix}=\begin{bmatrix} \delta_{11} & \delta_{12} & \cdots & \delta_{1n} \\ \delta_{21} & \delta_{22} & \cdots & \delta_{2n} \\ \vdots & \vdots & & \vdots \\ \delta_{n1} & \delta_{n2} & \cdots & \delta_{nn} \end{bmatrix}\begin{Bmatrix} R_1 \\ R_2 \\ \vdots \\ R_n \end{Bmatrix}$$

简写为：

$$\{s\}=[\delta]\{R\} \tag{3-4}$$

式中 $[\delta]$称为地基柔度矩阵。

为了简化计算，可以只对 δ_{jj} 按作用于 j 网格上的均布荷载 $p_j=1/f_j$ 以式(3-3)计算，而对 δ_{ij}（$i\neq j$），则可近似地按作用于 j 点上的单位集中基底压力$R_j=1$以式（3-2）计算，即

$$\delta_{ij}=\frac{1-\mu^2}{\pi E_0}\begin{cases} 2\left(\dfrac{1}{b_j}\ln\dfrac{b_j+\sqrt{l_j^2+b_j^2}}{l_j}+\dfrac{1}{l_j}\ln\dfrac{l_j+\sqrt{l_j^2+b_j^2}}{b_j}\right) & (i=j) \\ \dfrac{1}{\sqrt{(x_i-x_j)^2+(y_i-y_j)^2}} & (i\neq j) \end{cases} \tag{3-5}$$

弹性半空间地基模型具有能够扩散应力和变形的优点，可以反映邻近荷载的影响，但它的扩散能力往往超过地基的实际情况，所以计算所得的沉降量和地表的沉降范围，常较实测结果为大，同时该模型未能考虑到地基的成层性、非均质性以及土体应力应变关系的非线性等重要因素。

3.3.3 有限压缩层地基模型

有限压缩层地基模型是把计算沉降的分层总和法应用于地基上梁和板的分析，地基沉

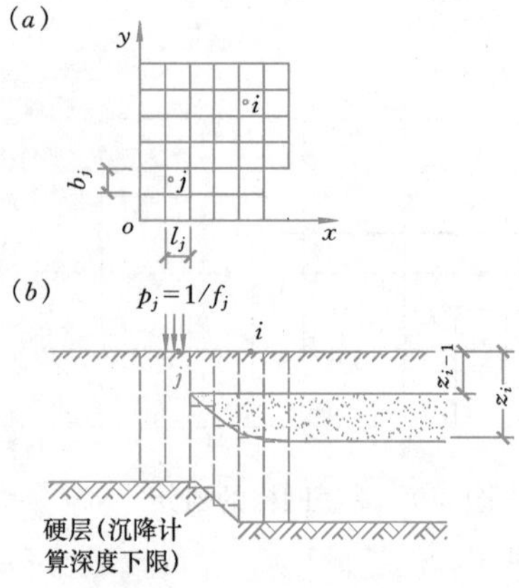

图 3-10　有限压缩层地基模型
(a) 基底网格；(b) 地基计算分层

降等于沉降计算深度范围内各计算分层在侧限条件下的压缩量之和。这种模型能够较好地反映地基土扩散应力和应变的能力，可以反映邻近荷载的影响，考虑到土层沿深度和水平方向的变化，但仍无法考虑土的非线性和基底反力的塑性重分布。

有限压缩层地基模型的表达式与式（3-4）相同，但式中的柔度矩阵 $[\delta]$ 需按分层总和法计算。如图 3-10 所示，将基底划分成 n 个矩形网格，并将其下面的地基分割成截面与网格相同的棱柱体，其下端到达硬层顶面或沉降计算深度。各棱柱体依照天然土层界面和计算精度要求分成若干计算层。于是，沉降系数 δ_{ij} 的计算公式可以写成：

$$\delta_{ij}=\sum_{t=1}^{n_c}\frac{\sigma_{tij}h_{ti}}{E_{sti}} \tag{3-6}$$

式中　h_{ti}、E_{sti}——第 i 个棱柱体中第 t 分层的厚度和压缩模量；

n_c——第 i 个棱柱体的分层数；

σ_{tij}——第 i 个棱柱体中第 t 分层由 $p_j=1/f_j$ 引起的竖向附加应力的平均值，可用该层中点处的附加应力值来代替。

3.3.4　相互作用分析的基本条件和常用方法

在地基上梁和板的分析中，地基模型的选用是关键所在，必须根据所分析问题的实际情况选择合适的地基模型。

不论选用了何种模型，在分析中都必须满足以下两个基本条件：

（1）静力平衡条件

基础在外荷载和基底反力的作用下必须满足静力平衡条件，即

$$\begin{cases}\Sigma F=0\\ \Sigma M=0\end{cases} \tag{3-7}$$

式中　ΣF——作用在基础上的竖向外荷载和基底反力之和；

ΣM——外荷载和基底反力对基础任一点的力矩之和。

（2）变形协调条件（接触条件）

计算前认为与地基接触的基础底面，计算后仍须保持接触，不得出现脱开的现象，即基础底面任一点的挠度 w_i 应等于该点的地基沉降 s_i：

$$w_i=s_i \tag{3-8}$$

根据这两个基本条件和地基计算模型，可以列出解答问题所需的微分方程式，然后结合必要的边界条件求解。然而，只有在简单的情况下才能获得微分方程的解析解（详见 3.4 节），在一般情况下，只能求得近似的数值解。目前常用有限单元法和有限差分法来进行地基上梁板的分析。前者是把梁或板分割成有限多个基本单元，并要求这些离散的单元在节点上满足静力平衡条件和变形协调条件；后者则是以函数的有限增量（即有限差

分）形式来近似地表示梁或板的微分方程中的导数。本章将在 3.5 节中介绍地基上梁的有限单元法。

3.4 文克勒地基上梁的计算

3.4.1 无限长梁的解答

1. 微分方程式

在材料力学中，由梁的纯弯曲得到的挠曲微分方程式为：

$$EI\frac{\mathrm{d}^2w}{\mathrm{d}x^2}=-M \tag{3-9}$$

式中 w——梁的挠度；

M——弯矩；

E——梁材料的弹性模量；

I——梁的截面惯性矩。

由梁的微单元（图 3-11b）的静力平衡条件$\sum M=0$、$\sum V=0$ 得到：

$$\frac{\mathrm{d}M}{\mathrm{d}x}=V$$

$$\frac{\mathrm{d}V}{\mathrm{d}x}=bp-q$$

式中 V——剪力；

q——梁上的分布荷载；

p——地基反力；

b——梁的宽度。

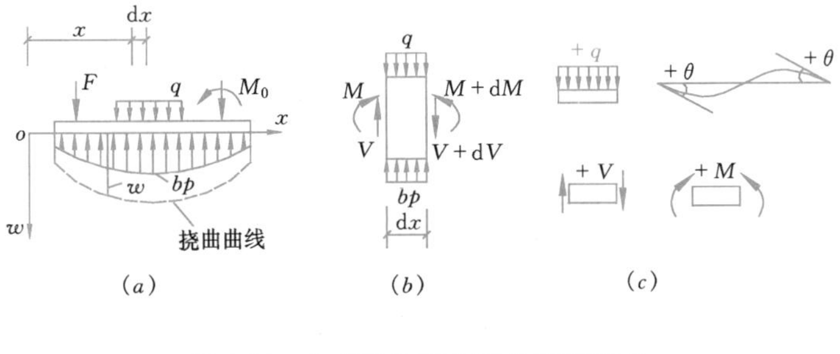

图 3-11 文克勒地基上梁的计算图式

（a）梁上荷载和挠曲；（b）梁的微单元；（c）符号规定

将式（3-9）连续对坐标 x 取两次导数，便得：

$$EI\frac{\mathrm{d}^4w}{\mathrm{d}x^4}=-\frac{\mathrm{d}^2M}{\mathrm{d}x^2}=-\frac{\mathrm{d}V}{\mathrm{d}x}=-bp+q$$

对于没有分布荷载作用（$q=0$）的梁段，上式成为：

$$EI\frac{d^4w}{dx^4}=-bp \tag{3-10}$$

式（3-10）是基础梁的挠曲微分方程，对哪一种地基模型都适用。采用文克勒地基模型时，按式（3-1）：

$$p=ks$$

根据变形协调条件，地基沉降等于梁的挠度：$s=w$，代入式（3-10）得：

$$EI\frac{d^4w}{dx^4}=-bkw$$

或

$$\frac{d^4w}{dx^4}+\frac{kb}{EI}w=0 \tag{3-11}$$

上式即为文克勒地基上梁的挠曲微分方程。为了求解的方便，令

$$\lambda=\sqrt[4]{\frac{kb}{4EI}} \tag{3-12}$$

λ 称为梁的柔度特征值，量纲为［1/长度］，其倒数 $1/\lambda$ 称为特征长度。λ 值与地基的基床系数和梁的抗弯刚度有关，λ 值愈小，则基础的相对刚度愈大。

将式（3-12）代入式（3-11）得到：

$$\frac{d^4w}{dx^4}+4\lambda^4w=0 \tag{3-13}$$

上式是四阶常系数线性常微分方程，可以用比较简便的方法得到它的通解：

$$w=e^{\lambda x}(C_1\cos\lambda x+C_2\sin\lambda x)+e^{-\lambda x}(C_3\cos\lambda x+C_4\sin\lambda x) \tag{3-14}$$

式中 C_1、C_2、C_3 和 C_4 为积分常数，可按荷载类型（集中力或集中力偶）由已知条件（某些截面的某项位移或内力为已知）来确定，e 为自然对数的底。

2. 集中荷载作用下的解答

（1）竖向集中力作用下

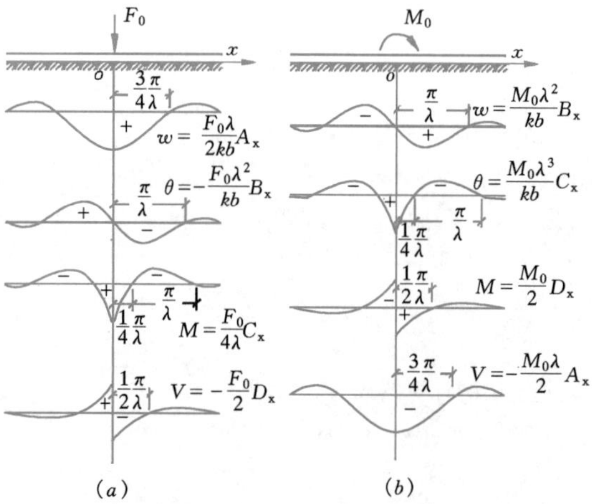

图 3-12　无限长梁的挠度 w、转角 θ、弯矩 M、剪力 V 分布图
（a）竖向集中力作用下；（b）集中力偶作用下

图 3-12（a）表示一个竖向集中力 F_0 作用于无限长梁时的情况。取 F_0 的作用点为坐标原点 O。离 O 点无限远处梁的挠度应为零，即当 $x\to\infty$时，$w\to0$。将此边界条件代入式（3-14），得 $C_1=C_2=0$。于是，对梁的右半部，式（3-14）成为：

$$w=e^{-\lambda x}(C_3\cos\lambda x+C_4\sin\lambda x) \tag{3-15}$$

在竖向集中力作用下，梁的挠曲曲线和弯矩图是关于原点对称的（图 3-12a），因此，在 $x=0$ 处，$dw/dx=0$，代入式（3-15）得 $C_3-C_4=0$。令 $C_3=C_4=C$，则式（3-15）成为：

$$w=e^{-\lambda x}C(\cos\lambda x+\sin\lambda x) \tag{3-16}$$

再在 O 点处紧靠 F_0 的左、右侧把梁切开，则作用于 O 点左右两侧截面上的剪力均等于 F_0 的一半，且指向上方。根据图 3-11（c）

中的符号规定，在右侧截面有 $V=-F_0/2$，由此得 $C=F_0\lambda/2kb$，代入式（3-16），则

$$w=\frac{F_0\lambda}{2kb}e^{-\lambda x}(\cos\lambda x+\sin\lambda x) \tag{3-17}$$

将上式对 x 依次取一阶、二阶和三阶导数，就可以求得梁截面的转角 $\theta\approx \mathrm{d}w/\mathrm{d}x$、弯矩 $M=-EI$（$\mathrm{d}^2w/\mathrm{d}x^2$）和剪力 $V=-EI$（$\mathrm{d}^3w/\mathrm{d}x^3$）。将所得公式归纳如下：

$$w=\frac{F_0\lambda}{2kb}A_x,\theta=-\frac{F_0\lambda^2}{kb}B_x,M=\frac{F_0}{4\lambda}C_x,V=-\frac{F_0}{2}D_x \tag{3-18}$$

式中

$$\left.\begin{aligned}A_x=e^{-\lambda x}(\cos\lambda x+\sin\lambda x),B_x=e^{-\lambda x}\sin\lambda x\\C_x=e^{-\lambda x}(\cos\lambda x-\sin\lambda x),D_x=e^{-\lambda x}\cos\lambda x\end{aligned}\right\} \tag{3-19}$$

这四个系数都是 λx 的函数，其值也可由表 3-1 查得。

由于式（3-18）是针对梁的右半部分（$x>0$）导出的，所以对 F_0 左边的截面（$x<0$），需用 x 的绝对值代入式（3-18）中计算，计算结果为 w 和 M 时正负号不变，但 θ 和 V 则取相反的符号。基底反力按 $p=kw$ 计算。w、θ、M、V 的分布图如图 3-12（a）所示。

（2）集中力偶作用下

如图 3-12（b）所示，当一个顺时针方向的集中力偶 M_0 作用于无限长梁时，同样取 M_0 作用点为坐标原点 O。当 $x\to\infty$时，$w\to0$，由此得式（3-14）中的$C_1=C_2=0$。在集中力偶作用下，θ 和 V 是关于O 点对称的，而 w 和 M 是反对称的，因此，当 $x=0$ 时，$w=0$，所以 $C_3=0$。再在紧靠 M_0 作用点的左、右两侧把梁切开，则作用于 O 点左右两侧截面上的弯矩均为 M_0 的一半，且为逆时针方向，即在右侧截面有 $M=M_0/2$。由此得 $C_4=M_0\lambda^2/kb$，于是

$$w=\frac{M_0\lambda^2}{kb}e^{-\lambda x}\sin\lambda x \tag{3-20}$$

求 w 对 x 的一、二和三阶导数后，所得的式子归纳如下：

$$w=\frac{M_0\lambda^2}{kb}B_x,\theta=\frac{M_0\lambda^3}{kb}C_x,M=\frac{M_0}{2}D_x,V=-\frac{M_0\lambda}{2}A_x \tag{3-21}$$

式中系数 A_x、B_x、C_x 和 D_x 与式（3-19）相同。当计算截面位于 M_0 的左边时，式（3-21）中的 x 取绝对值，w 和 M 取与计算结果相反的符号，而 θ 和 V 的符号不变。w、θ、M、V 的分布图如图 3-12（b）所示。

计算承受若干个集中荷载的无限长梁上任意截面的 w、θ、M 和 V 时，可以按式（3-18）或式（3-21）分别计算各荷载单独作用时在该截面引起的效应，然后叠加得到共同作用下的总效应。注意在每一次计算时，均需把坐标原点移到相应的集中荷载作用点处。例如图 3-13 所示的无限长梁上 A、B、C 三点的四个荷载 F_a、M_a、F_b、M_c 在截面 D 引起的弯矩 M_d 和剪力 V_d 分别为：

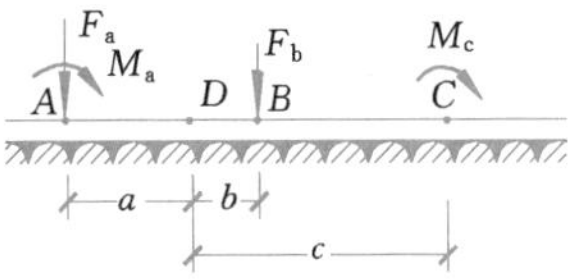

图 3-13 若干个集中荷载作用下的无限长梁

$$
\left.\begin{aligned}
M_{\mathrm{d}} &= \frac{F_{\mathrm{a}}}{4\lambda}C_{\mathrm{a}} + \frac{M_{\mathrm{a}}}{2}D_{\mathrm{a}} + \frac{F_{\mathrm{b}}}{4\lambda}C_{\mathrm{b}} - \frac{M_{\mathrm{c}}}{2}D_{\mathrm{c}} \\
V_{\mathrm{d}} &= -\frac{F_{\mathrm{a}}}{2}D_{\mathrm{a}} - \frac{M_{\mathrm{a}}\lambda}{2}A_{\mathrm{a}} + \frac{F_{\mathrm{b}}}{2}D_{\mathrm{b}} - \frac{M_{\mathrm{c}}\lambda}{2}A_{\mathrm{c}}
\end{aligned}\right\} \tag{3-22}
$$

式中系数 A_{a}、C_{b}、D_{c} 等的脚标表示其所对应的 λx 值分别为 λa、λb 和 λc 。

3.4.2　有限长梁的计算

真正的无限长梁是没有的。对于有限长梁，有多种方法求解。这里介绍的方法是以上面推导得到的无限长梁的计算公式为基础，利用叠加原理来求得满足有限长梁两自由端边界条件的解答，其原理如下。

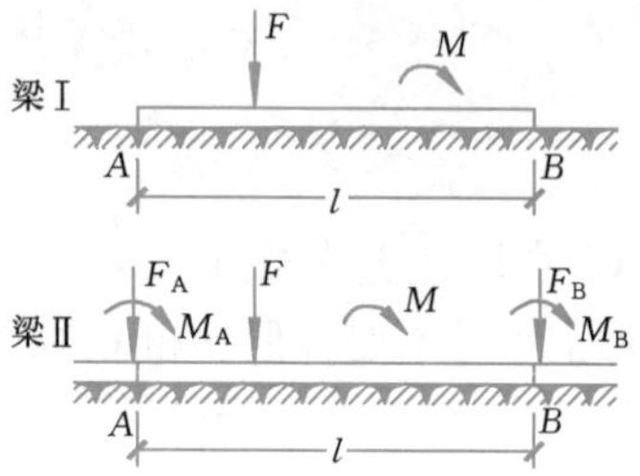

图 3-14　以叠加法计算文克勒地基上的有限长梁

设想将图 3-14 中的有限长梁（梁Ⅰ）用无限长梁（梁Ⅱ）来代替。显然，如能设法消除梁Ⅱ在 A、B 两截面处的弯矩和剪力，即满足梁Ⅰ两端为自由端的边界条件，则梁ⅡAB 段的内力与变形情况就完全等同于梁Ⅰ了。现在梁Ⅱ紧靠 A、B 两截面的外侧各施加一对附加荷载 F_{A}、M_{A} 和 F_{B}、M_{B}（称为梁端边界条件力，其正方向如图所示），要求在梁端边界条件力和已知荷载的共同作用下，A、B 两截面的弯矩和剪力为零，据此条件可求出 F_{A}、M_{A} 和 F_{B}、M_{B}。最后，以叠加法计算在已知荷载和边界条件力的共同作用下，梁Ⅱ上相应于梁Ⅰ所求截面处的 w、θ、M 和 V 值，这就是所要求的结果。

设外荷载在梁ⅡA、B 两截面上所产生的弯矩和剪力分别为 M_{a}、V_{a} 及 M_{b}、V_{b}，则要求两对梁端边界条件力在 A、B 两截面产生的弯矩和剪力分别为 $-M_{\mathrm{a}}$、$-V_{\mathrm{a}}$ 及 $-M_{\mathrm{b}}$、$-V_{\mathrm{b}}$，按此要求利用式（3-18）和式（3-21）列出方程组如下：

$$
\left.\begin{aligned}
\frac{F_{\mathrm{A}}}{4\lambda} + \frac{F_{\mathrm{B}}}{4\lambda}C_l + \frac{M_{\mathrm{A}}}{2} - \frac{M_{\mathrm{B}}}{2}D_l &= -M_{\mathrm{a}} \\
-\frac{F_{\mathrm{A}}}{2} + \frac{F_{\mathrm{B}}}{2}D_l - \frac{M_{\mathrm{A}}\lambda}{2} - \frac{M_{\mathrm{B}}\lambda}{2}A_l &= -V_{\mathrm{a}} \\
\frac{F_{\mathrm{A}}}{4\lambda}C_l + \frac{F_{\mathrm{B}}}{4\lambda} + \frac{M_{\mathrm{A}}}{2}D_l - \frac{M_{\mathrm{B}}}{2} &= -M_{\mathrm{b}} \\
-\frac{F_{\mathrm{A}}}{2}D_l + \frac{F_{\mathrm{B}}}{2} - \frac{M_{\mathrm{A}}\lambda}{2}A_l - \frac{M_{\mathrm{B}}\lambda}{2} &= -V_{\mathrm{b}}
\end{aligned}\right\} \tag{3-23}
$$

解上述方程组得：

$$
\left.\begin{aligned}
F_{\mathrm{A}} &= (E_l + F_lD_l)V_{\mathrm{a}} + \lambda(E_l - F_lA_l)M_{\mathrm{a}} \\
&\quad - (F_l + E_lD_l)V_{\mathrm{b}} + \lambda(F_l - E_lA_l)M_{\mathrm{b}} \\
M_{\mathrm{A}} &= -(E_l + F_lC_l)\frac{V_{\mathrm{a}}}{2\lambda} - (E_l - F_lD_l)M_{\mathrm{a}} \\
&\quad + (F_l + E_lC_l)\frac{V_{\mathrm{b}}}{2\lambda} - (F_l - E_lD_l)M_{\mathrm{b}} \\
F_{\mathrm{B}} &= (F_l + E_lD_l)V_{\mathrm{a}} + \lambda(F_l - E_lA_l)M_{\mathrm{a}} \\
&\quad - (E_l + F_lD_l)V_{\mathrm{b}} + \lambda(E_l - F_lA_l)M_{\mathrm{b}} \\
M_{\mathrm{B}} &= (F_l + E_lC_l)\frac{V_{\mathrm{a}}}{2\lambda} + (F_l - E_lD_l)M_{\mathrm{a}} \\
&\quad - (E_l + F_lC_l)\frac{V_{\mathrm{b}}}{2\lambda} + (E_l - F_lD_l)M_{\mathrm{b}}
\end{aligned}\right\} \tag{3-24}
$$

式中

$$E_l=\frac{2e^{\lambda l}\,\mathrm{sh}\lambda l}{\mathrm{sh}^2\lambda l-\sin^2\lambda l},F_l=\frac{2e^{\lambda l}\sin\lambda l}{\sin^2\lambda l-\mathrm{sh}^2\lambda l}$$

其中 sh 表示双曲线正弦函数；E_l 及 F_l 值按 λl 值由表 3-1 查得。

当作用于有限长梁上的外荷载对称时，$V_a=-V_b$，$M_a=M_b$，则式（3-24）可简化为：

$$\left.\begin{aligned}F_A=F_B&=(E_l+F_l)[(1+D_l)V_a+\lambda(1-A_l)M_a]\\M_A=-M_B&=-(E_l+F_l)\left[(1+C_l)\frac{V_a}{2\lambda}+(1-D_l)M_a\right]\end{aligned}\right\}\quad(3\text{-}25)$$

现将有限长梁的计算步骤归纳如下：

（1）按式（3-18）和式（3-21）以叠加法计算已知荷载在梁Ⅱ上相应于梁Ⅰ两端的 A 和 B 截面引起的弯矩和剪力 M_a、V_a 及 M_b、V_b；

（2）按式（3-24）或式（3-25）计算梁端边界条件力 F_A、M_A 和 F_B、M_B；

（3）再按式（3-18）和式（3-21）以叠加法计算在已知荷载和边界条件力的共同作用下，梁Ⅱ上相应于梁Ⅰ所求截面处的 w、θ、M 和 V 值。

3.4.3 地基上梁的柔度指数

在梁端边界条件力的计算公式（3-24）中，所有的系数都是 λl 的函数。λl 称为柔度指数，它是表征文克勒地基上梁的相对刚柔程度的一个无量纲值。当 $\lambda l\to 0$ 时，梁的刚度为无限大，可视为刚性梁；而当 $\lambda l\to\infty$ 时，梁是无限长的，可视为柔性梁。一般认为可按 λl 值的大小将梁分为下列三种：

$\lambda l\leqslant\pi/4$　　短梁（刚性梁）

$\pi/4<\lambda l<\pi$　　有限长梁（有限刚度梁）

$\lambda l\geqslant\pi$　　长梁（柔性梁）

A_x、B_x、C_x、D_x、E_x、F_x 函数表　　表 3-1

λx	A_x	B_x	C_x	D_x	E_x	F_x
0	1	0	1	1	∞	−∞
0.02	0.99961	0.01960	0.96040	0.98000	382156	−382105
0.04	0.99844	0.03842	0.92160	0.96002	48802.6	−48776.6
0.06	0.99654	0.05647	0.88360	0.94007	14851.3	−14738.0
0.08	0.99393	0.07377	0.84639	0.92016	6354.30	−6340.76
0.10	0.99065	0.09033	0.80998	0.90032	3321.06	−3310.01
0.12	0.98672	0.10618	0.77437	0.88054	1962.18	−1952.78
0.14	0.98217	0.12131	0.73954	0.68085	1261.70	−1253.48
0.16	0.97702	0.13576	0.70550	0.84126	863.174	−855.840
0.18	0.97131	0.14954	0.67224	0.82178	619.176	−612.524
0.20	0.96507	0.16266	0.63975	0.80241	461.078	−454.971

续表

λx	A_x	B_x	C_x	D_x	E_x	F_x
0.22	0.95831	0.17513	0.60804	0.78318	353.904	−348.240
0.24	0.95106	0.18698	0.57710	0.76408	278.526	−273.229
0.26	0.94336	0.19822	0.54691	0.74514	223.862	−218.874
0.28	0.93522	0.20887	0.51748	0.72635	183.183	−178.457
0.30	0.92666	0.21893	0.48880	0.70773	152.233	−147.733
0.35	0.90360	0.24164	0.42033	0.66196	101.318	−97.2646
0.40	0.87844	0.26103	0.35637	0.61740	71.7915	−68.0628
0.45	0.85150	0.27735	0.29680	0.57415	53.3711	−49.8871
0.50	0.82307	0.29079	0.24149	0.53228	41.2142	−37.9185
0.55	0.79343	0.30156	0.19030	0.49186	32.8243	−29.6754
0.60	0.76284	0.30988	0.14307	0.45295	26.8201	−23.7865
0.65	0.73153	0.31594	0.09966	0.41559	22.3922	−19.4496
0.70	0.69972	0.31991	0.05990	0.37981	19.0435	−16.1724
0.75	0.66761	0.32198	0.02364	0.34563	16.4562	−13.6409
$\pi/4$	0.64479	0.32240	0	0.32240	14.9672	−12.1834
0.80	0.63538	0.32233	−0.00928	0.31305	14.4202	−11.6477
0.85	0.60320	0.32111	−0.03902	0.28209	12.7924	−10.0518
0.90	0.57120	0.31848	−0.06574	0.25273	11.4729	−8.75491
0.95	0.53954	0.31458	−0.08962	0.22496	10.3905	−7.68705
1.00	0.50833	0.30956	−0.11079	0.19877	9.49305	−6.79724
1.05	0.47766	0.30354	−0.12943	0.17412	8.74207	−6.04780
1.10	0.44765	0.29666	−0.14567	0.15099	8.10850	−5.41038
1.15	0.41836	0.28901	−0.15967	0.12934	7.57013	−4.86335
1.20	0.38986	0.28072	−0.17158	0.10914	7.10976	−4.39002
1.25	0.36223	0.27189	−0.18155	0.09034	6.71390	−3.97735
1.30	0.33550	0.26260	−0.18970	0.07290	6.37186	−3.61500
1.35	0.30972	0.25295	−0.19617	0.05678	6.07508	−3.29477
1.40	0.28492	0.24301	−0.20110	0.04191	5.81664	−3.01003
1.45	0.26113	0.23286	−0.20459	0.02827	5.59088	−2.75541
1.50	0.23835	0.22257	−0.20679	0.01578	5.39317	−2.52652
1.55	0.21662	0.21220	−0.20779	0.00441	5.21965	−2.31974
$\pi/2$	0.20788	0.20788	−0.20788	0	5.15382	−2.23953
1.60	0.19592	0.20181	−0.20771	−0.00590	5.06711	−2.13210
1.65	0.17625	0.19144	−0.20664	−0.01520	4.93283	−1.96109
1.70	0.15762	0.18116	−0.20470	−0.02354	4.81454	−1.80464
1.75	0.14002	0.17099	−0.20197	−0.03097	4.71026	−1.66098
1.80	0.12342	0.16098	−0.19853	−0.03765	4.61834	−1.52865

续表

λx	A_x	B_x	C_x	D_x	E_x	F_x
1.85	0.10782	0.15115	−0.19448	−0.04333	4.53732	−1.40638
1.90	0.09318	0.14154	−0.18989	−0.04835	4.46596	−1.29312
1.95	0.07950	0.13217	−0.18483	−0.05267	4.40314	−1.18795
2.00	0.06674	0.12306	−0.17938	−0.05632	4.34792	1.09008
2.05	0.05488	0.11423	−0.17359	−0.05936	4.29946	−0.99885
2.10	0.04388	0.10571	−0.16753	−0.06182	4.25700	−0.91368
2.15	0.03373	0.09749	−0.16124	−0.06376	4.21988	−0.83407
2.20	0.02438	0.08958	−0.15479	−0.06521	4.18751	−0.75959
2.25	0.01580	0.08200	−0.14821	−0.06621	4.15936	−0.68987
2.30	0.00796	0.07476	−0.14156	−0.06680	4.13495	−0.62457
2.35	−0.00084	0.06785	−0.13487	−0.06702	4.11387	−0.56340
$3\pi/4$	−0	0.06702	−0.13404	−0.06702	4.11147	−0.55610
2.40	−0.00562	0.06128	−0.12817	−0.06689	4.09573	−0.50611
2.45	−0.01143	0.05503	−0.12150	−0.06647	4.08019	−0.45248
2.50	−0.01663	0.04913	−0.11489	−0.06576	4.06692	−0.40229
2.55	−0.02127	0.04354	−0.10836	−0.06481	4.05568	−0.35537
2.60	−0.02536	0.03829	−0.10193	−0.06364	4.04618	−0.31156
2.65	−0.02894	0.03335	−0.09563	−0.06228	4.03821	−0.27070
2.70	−0.03204	0.02872	−0.08948	−0.06076	4.03157	0.23264
2.75	−0.03469	0.02440	−0.08348	−0.05909	4.02608	−0.19727
2.80	−0.03693	0.02037	−0.07767	−0.05730	4.02157	−0.16445
2.85	−0.03877	0.01663	−0.07203	−0.05540	4.01790	−0.13408
2.90	−0.04026	0.01316	−0.06659	−0.05343	4.01495	−0.10603
2.95	−0.04142	0.00997	−0.06134	−0.05138	4.01259	−0.08020
3.00	−0.04226	0.00703	−0.05631	−0.04929	4.01074	−0.05650
3.10	−0.04314	0.00187	−0.04688	−0.04501	4.00819	−0.01505
π	−0.04321	0	−0.04321	−0.04321	4.00748	0
3.20	−0.04307	−0.00238	−0.03831	−0.04069	4.00675	0.01910
3.40	−0.04079	−0.00853	−0.02374	−0.03227	4.00563	0.06840
3.60	−0.03659	−0.01209	−0.01241	−0.02450	4.00533	0.09693
3.80	−0.03138	−0.01369	−0.00400	−0.01769	4.00501	0.10969
4.00	−0.02583	−0.01386	−0.00189	−0.01197	4.00442	0.11105
4.20	−0.02042	−0.01307	0.00572	−0.00735	4.00364	0.10468
4.40	−0.01546	−0.01168	0.00791	−0.00377	4.00279	0.09354
4.60	−0.01112	−0.00999	0.00886	−0.00113	4.00200	0.07996
$3\pi/2$	−0.00898	−0.00898	0.00898	0	4.00161	0.07190

续表

λx	A_x	B_x	C_x	D_x	E_x	F_x
4.80	−0.00748	−0.00820	0.00892	0.00072	4.00134	0.06561
5.00	−0.00455	−0.00646	0.00837	0.00191	4.00085	0.05170
5.50	0.00001	−0.00288	0.00578	0.00290	4.00020	0.02307
6.00	0.00169	−0.00069	0.00307	0.00238	4.00003	0.00554
2π	0.00187	0	0.00187	0.00187	4.00001	0
6.50	0.00179	0.00032	0.00114	0.00147	4.00001	−0.00259
7.00	0.00129	0.00060	0.00009	0.00069	4.00001	−0.00479
$9\pi/4$	0.00120	0.00060	0	0.00060	4.00001	−0.00482
7.50	0.00071	0.00052	−0.00033	0.00019	4.00001	−0.00415
$5\pi/2$	0.00039	0.00039	−0.00039	0	4.00000	−0.00311
8.00	0.00028	0.00033	−0.00038	−0.00005	4.00000	−0.00266

对短梁，可采用基底反力呈直线变化的简化方法计算；对长梁，可利用无限长梁或半无限长梁的解答计算。在选择计算方法时，除了按 λl 值划分梁的类型外，还需兼顾外荷载的大小和作用点位置。对于柔度较大的梁，有时可以直接按无限长梁进行简化计算。例如，当梁上的一个集中荷载（竖向力或力偶）与梁端的最小距离 $x>\pi/\lambda$ 时，按无限长梁计算 w、M、V 的误差将不超过4.3%；而对梁长为 π/λ，但荷载作用于梁中部的梁来说，只能按有限长梁计算。

3.4.4　基床系数的确定

根据式（3-1）的定义，基床系数 k 可以表示为：

$$k = p/s \tag{3-26}$$

由上式可知，基床系数 k 不是单纯表征土的力学性质的计算指标，其值取决于许多复杂的因素，例如基底压力的大小及分布、土的压缩性、土层厚度、邻近荷载影响等。因此，严格说来，在进行地基上梁或板的分析之前，基床系数的数值是难于准确预定的。尽管许多有关书籍都列有按土类名称及其状态给出的经验值，但此处不予推荐。下面介绍几种确定基床系数的方法以供参考。

（1）按基础的预估沉降量确定

对于某个特定的地基和基础条件，可用下式估算基床系数：

$$k = p_0/s_m \tag{3-27}$$

式中　p_0——基底平均附加压力；

s_m——基础的平均沉降量。

对于厚度为 h 的薄压缩层地基，基底平均沉降 $s_m=\sigma_z h/E_s\approx p_0 h/E_s$，代入式（3-27）得：

$$k = E_s/h \tag{3-28}$$

式中　E_s——土层的平均压缩模量。

如薄压缩层地基由若干分层组成，则上式可写成：

$$k=\frac{1}{\Sigma\frac{h_i}{E_{si}}}\tag{3-29}$$

式中 h_i、E_{si}——第 i 层土的厚度和压缩模量。

(2) 按载荷试验成果确定

如果地基压缩层范围内的土质均匀，则可利用载荷试验成果来估算基床系数，即在 p-s 曲线上取对应于基底平均反力 p 的刚性载荷板沉降值 s 来计算载荷板下的基床系数 $k_p=p/s$。对黏性土地基，实际基础下的基床系数按下式确定：

$$k=\frac{b_p}{b}k_p\tag{3-30}$$

式中 b_p、b——分别为载荷板和基础的宽度。

国外常按 K. 太沙基建议的方法，采用 1 英尺×1 英尺（305mm×305mm）的方形载荷板进行试验。对于砂土，考虑到砂土的变形模量随深度逐渐增大的影响，采用下式计算：

$$k=k_p\left(\frac{b+0.3}{2b}\right)^2\tag{3-31}$$

式中基础宽度的单位为 m；基础和载荷板下的基床系数 k 和 k_p 的单位均取 MN/m^3。对黏性土，考虑基础长宽比 $n=l/b$ 的影响，以下式计算：

$$k=k_p\frac{n+0.5}{1.5n}\cdot\frac{b_p}{b}\tag{3-32}$$

【例 3-1】 例图 3-1 中的条形基础抗弯刚度 $EI=4.3\times10^3\,MPa\cdot m^4$，长 $l=17m$，底面宽 $b=2.5m$，预估平均沉降 $s_m=39.7mm$。试计算基础中点 C 处的挠度、弯矩和基底净反力。

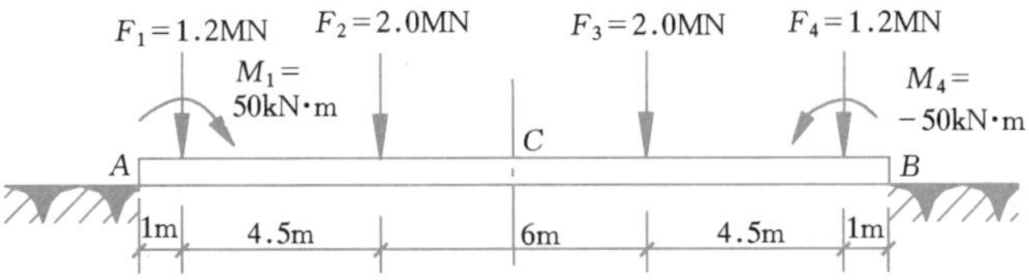

例图 3-1

【解】 (1) 确定基床系数 k 和梁的柔度指数 λl

设基底附加压力 p_0 约等于基底平均净反力 p_j：

$$p_0=\frac{\Sigma F}{lb}=\frac{(1200+2000)\times2}{17\times2.5}=150.6\text{kPa}$$

按式 (3-27)，得基床系数：

$$k=\frac{p_0}{s_m}=\frac{0.1506}{0.0397}=3.8\text{MN/m}^3$$

柔度指数：

$$\lambda=\sqrt[4]{\frac{kb}{4EI}}=\sqrt[4]{\frac{3.8\times2.5}{4\times4.3\times10^3}}=0.153\text{m}^{-1}$$

$$\lambda l=0.1533\times17=2.606$$

因为 $\pi/4<\lambda l<\pi$，所以该梁属有限长梁。

(2) 按式 (3-18) 和式 (3-21) 计算无限长梁上相应于基础右端 B 处由外荷载引起的

弯矩M_b和剪力V_b，计算结果列于例表3-1（1）中。注意，在每一次计算时，均需把坐标原点移到相应的集中荷载作用点处。由于存在对称性，故$M_a=M_b=374.3$kN·m，$V_a=-V_b=-719.1$kN。

例表3-1（1）

外荷载	x（m）	λx	A_x	C_x	D_x	M_b（kN·m）	V_b（kN）
$F_1=1200$kN	16.0	2.453	—	−0.1211	−0.0664	−237.0	39.8
$M_1=50$kN·m	16.0	2.453	−0.0117	—	−0.0664	−1.7	0.04
$F_2=2000$kN	11.5	1.763	—	−0.2011	−0.0327	−655.9	32.7
$F_3=2000$kN	5.5	0.843	—	−0.0349	0.2864	−113.8	−286.4
$F_4=1200$kN	1.0	0.153	—	0.7174	0.8481	1403.9	−508.9
$M_4=-50$kN·m	1.0	0.153	0.9769	—	0.8481	−21.2	3.7
总计						374.3	−719.1

例表3-1（2）

外荷载和边界条件力	x（m）	λx	A_x	B_x	C_x	D_x	$M_c/2$（kN·m）	$w_c/2$（mm）
$F_1=1200$kN	7.5	1.150	0.4184	—	−0.1597	—	−312.5	4.1
$M_1=50$kN·m	7.5	1.150	—	0.2890	—	0.1293	3.2	0.04
$F_2=2000$kN	3.0	0.460	0.8458	—	0.2857	—	931.8	13.6
$F_A=2737.8$kN	8.5	1.303	0.3340	—	−0.1910	—	−848.8	7.4
$M_A=-9369.5$kN·m	8.5	1.303	—	0.2620	—	0.0719	−336.8	−6.1
总计							−563.1	19.0

$M_c=2\times(-563.1)=-1126.2$kN·m

$w_c=2\times19.0=38.0$mm

$p_c=kw_c=3800\times0.038=144.4$kPa

（3）计算梁端边界条件力F_A、M_A和F_B、M_B

由$\lambda l=2.606$查表3-1得：$A_l=-0.02579$，$C_l=-0.10117$，$D_l=-0.06348$，$E_l=4.04522$，$F_l=-0.30666$。代入式（3-25）得：

$$\begin{aligned}F_A&=F_B\\&=(4.04522-0.30666)\\&\quad\times[(1-0.06348)\times719.1+0.1533\times(1+0.02579)\times374.3]\\&=2737.8\text{kN}\end{aligned}$$

$$\begin{aligned}M_A&=-M_B\\&=-(4.04522-0.30666)\\&\quad\times\left[(1-0.10117)\times\frac{719.1}{2\times0.1533}+(1+0.06348)\times374.3\right]\\&=-9369.5\text{kN}\cdot\text{m}\end{aligned}$$

（4）计算外荷载与梁端边界条件力同时作用于无限长梁时，基础中点C的弯矩M_c、

挠度 w_c 和基底净反力 p_c，计算结果列于例表 3-1（2）中。由于对称，只计算 C 点左半部分荷载的影响，然后将结果乘 2。

依法对其他各点进行计算后，可绘制基底净反力图、剪力图和弯矩图（略）。如按静定分析法计算基础中点 C 处的弯矩（设基底反力为线性分布），其值为－1348.9kN·m，此值比按文克勒地基模型计算的结果（－1126.2kN·m）大 19.8%。若将例中的基床系数减小一半，即取 k=1.9MN/m^3，则可算得 M_c=－1217.6kN·m、w_c=77.5mm、p_c=147.3kPa，这些数值分别比原结果增加了 8.1%、103.8%和 2%。由此可见，基床系数 k 的计算误差对弯矩影响不大，但对基础沉降影响很大。

【例 3-2】试推导例图 3-2 中外伸半无限长梁（梁Ⅰ）在集中力 F_0 作用下 O 点的挠度计算公式。

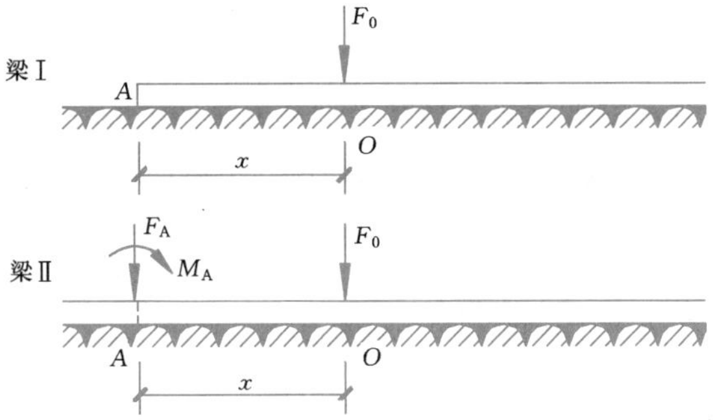

例图 3-2

【解】外伸半无限长梁 O 点的挠度可以按梁Ⅱ所示的无限长梁以叠加法求得，条件是在梁端边界条件力 F_A、M_A 和荷载 F_0 的共同作用下，梁Ⅱ A 点的弯矩和剪力为零。根据这一条件，由式（3-18）和式（3-21），有

$$\begin{cases} \dfrac{F_A S}{4}+\dfrac{M_A}{2}+\dfrac{F_0 S}{2}C_x=0 \\ -\dfrac{F_A}{2}-\dfrac{M_A}{2S}+\dfrac{F_0}{2}D_x=0 \end{cases}$$

式中 $S=\dfrac{1}{\lambda}=\sqrt[4]{\dfrac{4EI}{kb}}$。

解上述方程组，得：

$$F_A=F_0(C_x+2D_x)$$
$$M_A=-F_0 S(C_x+D_x)$$

故 O 点的挠度为：

$$\begin{aligned} w_0 &= \frac{F_0}{2kbS}+\frac{F_A}{2kbS}A_x+\frac{M_A}{kbS^2}B_x \\ &= \frac{F_0}{2kbS}[1+(C_x+2D_x)A_x-2(C_x+D_x)B_x] \\ &= \frac{F_0}{2kbS}[1+e^{-2\lambda x}(1+2\cos^2\lambda x-2\cos\lambda x\sin\lambda x)] \end{aligned}$$

令
$$Z_x=1+e^{-2\lambda x}(1+2\cos^2\lambda x-2\cos\lambda x\sin\lambda x) \tag{3-33}$$

则
$$w_0=\frac{F_0}{2kbS}Z_x \tag{3-34}$$

上述二式在推导交叉条形基础柱荷载分配公式时将被采用。注意在式(3-33)中，当 x=0 时（半无限长梁），Z_x=4；当 $x\to\infty$时（无限长梁），Z_x=1。

3.5　地基上梁的数值分析

3.5.1　基本概念

上一节给出了文克勒地基上梁的解析解，但如果基床系数沿梁长方向不是常量，或采用了非文克勒地基模型，那么就无法求得解析解，而只能寻求近似的数值解。

在表达地基上某点 i 的沉降 s_i 与基底压力 p_i 之间的关系时，仍可以采用式（3-26）的形式，即

$$k_i = p_i / s_i \tag{3-35}$$

式中 k_i 对非文克勒地基模型来说是待定的（如 k_i 为常量，就是文克勒地基模型），在数值分析时需预先选取假定的初值，然后通过迭代计算逐步逼近真值。由于这种基床系数不但沿基底平面是变化的，而且在各轮迭代计算中也不断变化，所以称之为“变基床系数”。

地基上梁的数值分析方法很多，常见的有有限差分法、有限单元法和链杆法等。这里仅介绍最常用的有限单元法。

3.5.2　有限单元法

1. 梁的刚度矩阵

将梁分成 m 段（图 3-15），每段长度可以不等。把每个分段作为一个梁单元，分段处和梁的变截面处都是节点位置。梁单元和节点编号如图 3-15 所示，节点总数 $n=m+1$。在每个节点下分别设置一根弹簧，其中第 j 根弹簧的弹簧力 R_j 代表基底面积 $f_j=(L_i b_i+L_{i+1} b_{i+1})/2$（式中 L_i、b_i 与 L_{i+1}、b_{i+1} 分别为 j 节点左右两边的单元长度和梁底宽度）上的基底总反力（设此反力在面积 f_j 上是均布的，并以 p_j 表示），弹簧的压缩变形代表此处的地基沉降 s_j。根据接触条件，地基沉降应等于梁上相应节点的竖向位移，即 $s_j=w_j$，于是，按变基床系数的定义（式 3-35），有

$$R_j = p_j f_j = k_j w_j f_j = K_j w_j \tag{3-36}$$

式中　$K_j=k_j f_j$ 称为面积 f_j 上的集中变基床系数。

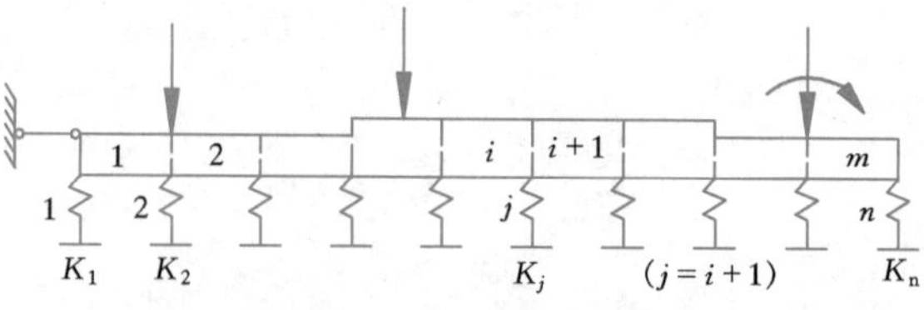

图 3-15　地基上梁的有限单元法计算图式

经过这样处理之后，地基上的梁就变成支承在 n 个不同刚度（K_1、K_2、…K_n）的弹簧支座上的梁（图 3-15），而连续的基底反力也就离散为 n 个集中反力（R_1、R_2、…R_n）了。

梁单元的单元刚度矩阵 $[k]_e$ 为：

$$[k]_e = \frac{EI}{L^3}\begin{bmatrix} 12 & 6L & -12L & 6L \\ 6L & 4L^2 & -6L & 2L^2 \\ -12 & -6L & 12 & -6L \\ 6L & 2L^2 & -6L & 4L^2 \end{bmatrix} \tag{3-37}$$

式中 E——梁单元材料的弹性模量；

I——梁单元的截面惯性矩；

L——梁单元长度。

设节点 j 的竖向位移和转角分别为 w_j 和 θ_j；节点力（竖向力和力矩）分别为 F_j 和 F_{mj}，则节点力与节点位移间的关系可以用矩阵形式表示为：

$$\{F\} = [K_b]\{w\} \tag{3-38}$$

式中 $\{F\}$——节点力列向量：$\{F\}=\{F_1, F_{m1}, F_2, F_{m2}, \cdots F_n, F_{mn}\}^T$；

$\{w\}$——节点位移列向量：$\{w\}=\{w_1, \theta_1, w_2, \theta_2, \cdots w_n, \theta_n\}^T$；

$[K_b]$——梁的刚度矩阵，按对号入座原则由单元刚度矩阵组合而成。

以两个相同单元的等截面梁为例，式（3-38）可以写成：

$$\begin{Bmatrix} F_1 \\ F_{m1} \\ F_2 \\ F_{m2} \\ F_3 \\ F_{m3} \end{Bmatrix} = \frac{EI}{L^3}\begin{bmatrix} 12 & 6L & -12 & 6L & & \\ 6L & 4L^2 & -6L & 2L^2 & 0 & \\ -12 & -6L & 24 & 0 & -12 & 6L \\ 6L & 2L^2 & 0 & 8L^2 & -6L & 2L^2 \\ 0 & & -12 & -6L & 12 & -6L \\ & & 6L & 2L^2 & -6L & 4L^2 \end{bmatrix}\begin{Bmatrix} w_1 \\ \theta_1 \\ w_2 \\ \theta_2 \\ w_3 \\ \theta_3 \end{Bmatrix} \tag{3-39}$$

2. 地基上梁的刚度矩阵

与梁节点的各个竖向位移和转角相对应，地基在任一节点 j 处也要考虑沉降 s_j 和基底倾斜 θ_j 两方面。由于地基（即弹簧）与梁底接触处只能承担竖向集中反力 $R_j = K_j s_j$，而不能抵抗转动，因此，基底反力偶 $R_{mj}=0$。基底反力列向量 $\{R\} = \{R_1, R_{m1}, R_2, R_{m2}, \cdots R_n, R_{mn}\}^T$ 和基底沉降列向量 $\{s\} = \{s_1, \theta_{s1}, s_2, \theta_{s2}, \cdots s_n, \theta_{sn}\}^T$ 之间存在如下关系：

$$\{R\} = [K_s]\{s\} \tag{3-40}$$

式中 $[K_s]$ 称为地基刚度矩阵：

$$[K_s] = \begin{bmatrix} K_1 & & & & & \\ & 0 & & 0 & & \\ & & K_2 & & & \\ & & & 0 & & \\ & & & & \ddots & \\ & 0 & & & K_n & \\ & & & & & 0 \end{bmatrix} \tag{3-41}$$

根据梁上各节点的静力平衡条件，作用于任一节点 j 的集中基底反力、节点力和节点荷载（竖向力 P_j 和集中力偶 M_j）之间应满足条件 $R_j+F_j=P_j$ 和 $R_{mj}+F_{mj}=M_j$，即

$$\{R\}+\{F\}=\{P\} \tag{3-42}$$

式中 $\{P\}$ 为节点荷载列向量：$\{P\}=\{P_1, M_1, P_2, M_2, \cdots P_n, M_n\}^T$。

再按接触条件，令式（3-40）中 $\{s\}=\{w\}$ 后，与式（3-38）一起代入上式，得

$$([K_b]+[K_s])\{w\}=\{P\} \tag{3-43}$$

令

$$[K]=[K_b]+[K_s] \tag{3-44}$$

则

$$[K]\{w\}=\{P\} \tag{3-45}$$

式中 $[K]$ 称为地基上梁的刚度矩阵。

对于文克勒地基上的梁，各节点下的集中基床系数 K_j 为已知，故由式(3-45)可解得 $\{w\}$，再按式（3-36）可求得基底反力。至于梁任意截面上的弯矩和剪力，可以利用各梁单元杆端力与杆端位移的关系求解，也可以按静定分析法计算。对于非文克勒地基上的梁，由于集中变基床系数在计算前无法预知，因此需采用迭代算法。

3.5.3 迭代计算步骤

采用迭代算法计算非文克勒地基上的梁时，可按如下步骤进行：

（1）初选一基床系数 k，计算集中变基床系数 $K_j=kf_j$；

（2）按式（3-45）计算梁节点位移 $\{w\}$；

（3）根据接触条件 $\{s\}=\{w\}$ 和式（3-36）计算基底反力 $\{p\}$ 和集中基底反力 $\{R\}$，其中 $p_j=k_jw_j$；

（4）按式（3-4）计算由 $\{p\}$（或 $\{R\}$）引起的基底沉降 $\{s\}$；

（5）计算集中变基床系数 $K_j=R_j/s_j$；

（6）重复以上（2）～（5）各个步骤，直至某轮计算中的基底反力与上一轮的基底反力的相对误差满足要求为止；

（7）根据最后一轮所得的基底反力，计算梁各截面的内力。

在以上迭代计算中，如果出现某点的基底反力 $p_j<0$，则表示该点计算所得的反力为拉力，该处的基底与地基脱开，接触条件在该点得不到满足。此时，可令相应的 $K_j=0$，然后再从步骤（2）开始下一轮计算。

3.5.4 地基柔度矩阵

在每轮迭代计算中，都要按式（3-4）以地基柔度矩阵 $[\delta]$ 计算基底沉降 $\{s\}$，因此应先建立 $[\delta]$ 矩阵以供各轮计算之用。

由于梁的横向刚度很大，因此在计算 $[\delta]$ 中的沉降系数 δ_{ij} 时，应考虑梁横向刚度的影响。可将基底沿梁宽等分成若干个小面积，分别求得 i 段各小面积中点由 $p_j=1/f_j$ 引起的沉降，取其平均值作为 δ_{ij}。

3.6 柱下条形基础

柱下条形基础是常用于软弱地基上框架或排架结构的一种基础类型。它具有刚度

大、调整不均匀沉降能力强的优点，但造价较高。因此，在一般情况下，柱下应优先考虑设置扩展基础，如遇下述特殊情况时可以考虑采用柱下条形基础：

（1）当地基较软弱，承载力较低，而荷载较大时，或地基压缩性不均匀（如地基中有局部软弱夹层、土洞等）时；

（2）当荷载分布不均匀，有可能导致较大的不均匀沉降时；

（3）当上部结构对基础沉降比较敏感，有可能产生较大的次应力或影响使用功能时。

3.6.1　构　造　要　求

柱下条形基础一般采用倒T形截面，由肋梁和翼板组成（图3-16）。为了具有较大的抗弯刚度以便调整不均匀沉降，肋梁高度不宜太小，一般为柱距的1/8～1/4，并应满足受剪承载力计算的要求。当柱荷载较大时，可在柱两侧局部增高（加腋），如图2-6（*b*）所示。一般肋梁沿纵向取等截面，梁每侧比柱至少宽出50mm。当柱垂直于肋梁轴线方向的截面边长大于400mm时，可仅在柱位处将肋部加宽（图3-17）。翼板厚度不应小于200mm。当翼板厚度为200～250mm时，宜用等厚度翼板；当翼板厚度大于250mm时，宜用变厚度翼板，其坡度小于或等于1∶3。

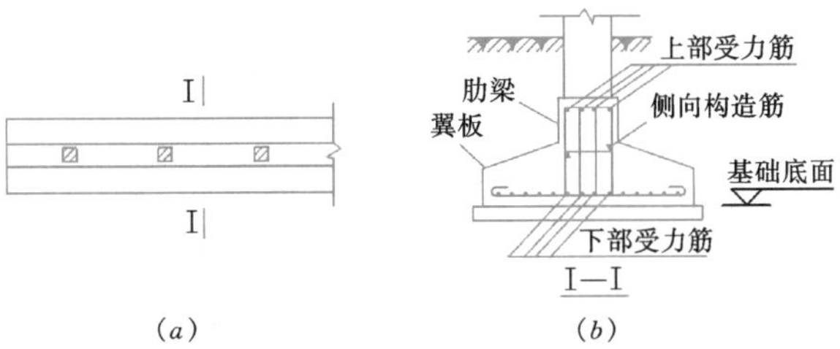

图3-16　柱下条形基础

（*a*）平面图；（*b*）横剖面图

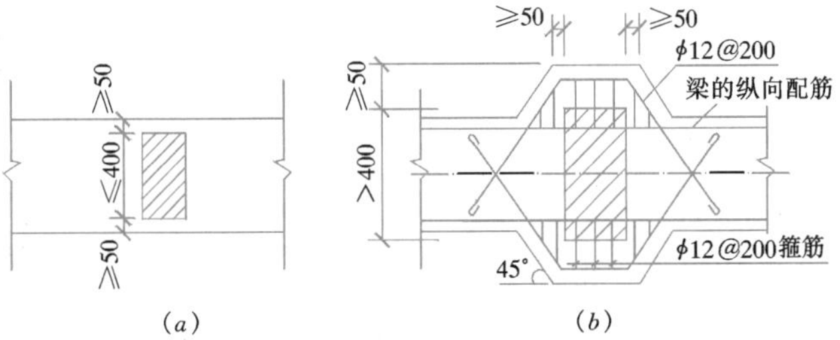

图3-17　现浇柱与肋梁的平面连接和构造配筋

（*a*）肋宽不变化；（*b*）肋宽变化

为了调整基底形心位置，使基底压力分布较为均匀，并使各柱下弯矩与跨中弯矩趋于均衡以利配筋，条形基础端部应沿纵向从两端边柱外伸，外伸长度宜为边跨跨距的0.25～0.30倍。当荷载不对称时，两端伸出长度可不相等，以使基底形心与荷载合力作用点重合。但也不宜伸出太多，以免基础梁在柱位处正弯矩太大。

基础肋梁的纵向受力钢筋、箍筋和弯起筋应按弯矩图和剪力图配置。柱位处的纵向受力钢筋布置在肋梁底面，而跨中则布置在顶面。底面纵向受力钢筋的搭接位置宜在跨中，顶面纵向受力钢筋则宜在柱位处，其搭接长度应满足要求。考虑到条形基础可能出现整体弯曲，且其内力分析往往不很准确，故顶面的纵向受力钢筋宜全部通长配置，底面通长钢筋的面积不应少于底面受力钢筋总面积的1/3。

当基础梁的腹板高度大于或等于450mm时，在梁的两侧面应沿高度配置纵向构造钢筋，每侧构造钢筋面积不应小于腹板截面面积的0.1%，且其间距不宜大于200mm。梁两侧的纵向构造钢筋，宜用拉筋连接，拉筋直径与箍筋相同，间距500～700mm，一般为两倍的箍筋间距。箍筋应采用封闭式，其直径一般为6～12mm，对梁高大于800mm的梁，其箍筋直径不宜小于8mm，箍筋间距按有关规定确定。当梁宽小于或等于350mm时，采用双肢箍筋；梁宽在350～800mm时，采用四肢箍筋；梁宽大于800mm时，采用六肢箍筋。

翼板的横向受力钢筋由计算确定，但直径不应小于10mm，间距100～200mm。非肋部分的纵向分布钢筋可用直径8～10mm，间距不大于300mm。其余构造要求可参照钢筋混凝土扩展基础的有关规定。

柱下条形基础的混凝土强度等级不应低于C20。

3.6.2 内 力 计 算

条形基础内力计算方法主要有简化计算法和弹性地基梁法两种。

1. 简化计算法

根据上部结构刚度的大小，简化计算法可分为静定分析法（静定梁法）和倒梁法两种。这两种方法均假设基底反力为直线（平面）分布。为满足这一假定，要求条形基础具有足够的相对刚度。当柱距相差不大时，通常要求基础上的平均柱距 l_m 应满足下列条件❶：

$$l_m \leqslant 1.75\left(\frac{1}{\lambda}\right) \tag{3-46}$$

式中　$1/\lambda$ 是文克勒地基上梁的特征长度，$\lambda=\sqrt[4]{kb/4EI}$（式3-12）。对一般柱距及中等压缩性的地基，按上述条件进行分析，条形基础的高度应不小于平均柱距的1/6。

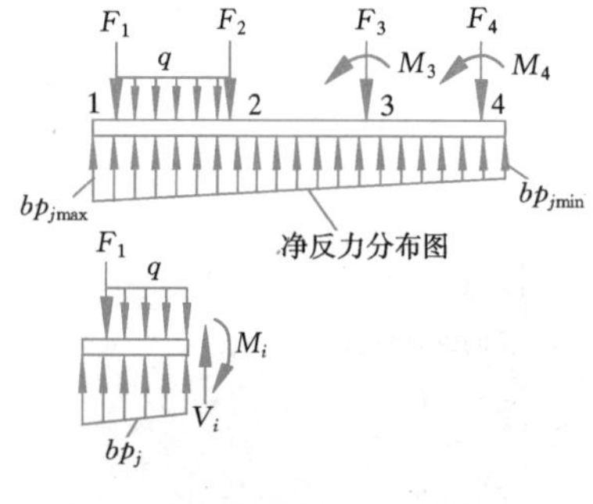

图3-18　按静力平衡条件计算条形基础的内力

若上部结构的刚度很小，宜采用静定分析法。计算时先按直线分布假定求出基底净反力，然后将柱荷载直接作用在基础梁上。这样，基础梁上所有的作用力都已确定，故可按静力平衡条件计算出任一截面 i 上的弯矩 M_i 和剪力 V_i（图3-18）。由于静定分析法假定上部结构为柔性结构，即不考虑上部结构刚度的有利影响，所以在荷载作用下基础梁将产生整体弯曲。与其他方法比较，这样计算所得的基础不利截面上的弯矩绝对值可能偏大很多。

倒梁法假定上部结构是绝对刚性的，各柱之间没有沉降差异，因而可以把柱脚视为条

❶ 本式是根据文克勒地基上无限长梁在等间距分布的、相等的集中柱荷载作用下，相应于柱下与柱间处的基底最大反力与最小反力之差不大于平均反力的10%的条件作出的，此时的基底反力接近均布。

形基础的铰支座，将基础梁按倒置的普通连续梁（采用弯矩分配法或弯矩系数法）计算，而荷载则为直线分布的基底净反力 bp_j（kN/m）以及除去柱的竖向集中力所余下的各种作用（包括柱传来的力矩）（图 3-19）。这种计算方法只考虑出现于柱间的局部弯曲，而略去沿基础全长发生的整体弯曲，因而所得的弯矩图正负弯矩最大值较为均衡，基础不利截面的弯矩最小。倒梁法适用于上部结构刚度很大的情况。

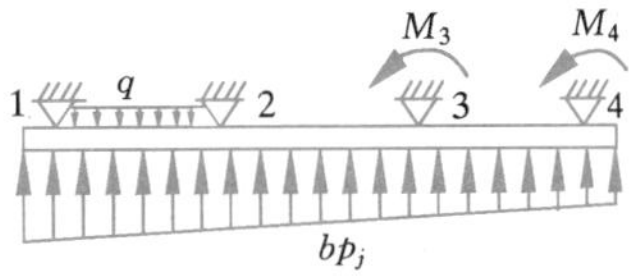

图 3-19 倒梁法计算简图

综上所述，在比较均匀的地基上，上部结构刚度较好，荷载分布和柱距较均匀（如相差不超过 20%），且条形基础梁的高度不小于 1/6 柱距时，基底反力可按直线分布，基础梁的内力可按倒梁法计算。

当条形基础的相对刚度较大时，由于基础的架越作用，其两端边跨的基底反力会有所增大，故两边跨的跨中弯矩及第一内支座的弯矩值宜乘以 1.2 的增大系数。需要指出，当荷载较大、土的压缩性较高或基础埋深较浅时，随着端部基底下塑性区的开展，架越作用将减弱、消失，甚至出现基底反力从端部向内转移的现象。

柱下条形基础的计算步骤如下：

（1）确定基础底面尺寸

将条形基础视为一狭长的矩形基础，其长度 l 主要按构造要求决定（只要决定伸出边柱的长度），并尽量使荷载的合力作用点与基础底面形心相重合。

当轴心荷载作用时，基底宽度 b 为：

$$b \geqslant \frac{\sum F_k + G_{wk}}{(f_a - 20d + 10h_w)l} \tag{3-47}$$

当偏心荷载作用时，先按上式初定基础宽度并适当增大，然后按下式验算基础边缘最大压力是否满足要求：

$$p_{kmax} \leqslant 1.2f_a \tag{3-48}$$

式中 $\sum F_k$——相应于作用的标准组合时，各柱传来的竖向力之和；

G_{wk}——作用在基础梁上墙的自重；

d——基础平均埋深；

h_w——当基础埋深范围内有地下水时，基础底面至地下水位的距离；无地下水时，$h_w=0$；

f_a——修正后的地基承载力特征值。

（2）基础底板计算

柱下条形基础底板的计算方法与墙下钢筋混凝土条形基础相同。在计算基底净反力设计值时，荷载沿纵向和横向的偏心都要予以考虑。当各跨的净反力相差较大时，可依次对各跨底板进行计算，净反力可取本跨内的最大值。

（3）基础梁内力计算

①计算基底净反力设计值

沿基础纵向分布的基底边缘最大和最小线性净反力设计值可按下式计算：

$$bp_{j\max \atop j\min}=\frac{\sum F+G_{w}}{l}\pm\frac{6\sum M}{l^{2}} \tag{3-49}$$

式中$\sum F$和$\sum M$分别为各柱传来的竖向力设计值之和及各荷载对基础梁中点的力矩设计值代数和；G_w为作用在基础梁上非均布的墙自重设计值。

②内力计算

当上部结构刚度很小时，可按静定分析法计算；若上部结构刚度较大，则按倒梁法计算。

采用倒梁法计算时，计算所得的支座反力一般不等于原有的柱子传来的轴力。这是因为反力呈直线分布及视柱脚为不动铰支座都可能与事实不符，另外上部结构的整体刚度对基础整体弯矩有抑制作用，使柱荷载的分布均匀化。若支座反力与相应的柱轴力相差较大(如相差20%以上)，可采用实践中提出的“基底反力局部调整法”加以调整。此法是将支座反力与柱子的轴力之差（正或负的）均匀分布在相应支座两侧各三分之一跨度范围内(对边支座的悬臂跨则取全部)，作为基底反力的调整值，然后再按反力调整值作用下的连续梁计算内力，最后与原算得的内力叠加。经调整后不平衡力将明显减小，一般调整1～2次即可。

肋梁的配筋计算与一般的钢筋混凝土T形截面梁相仿，即对跨中按T形、对支座按矩形截面计算。当柱荷载对单向条形基础有扭力作用时，应作抗扭计算。

需要特别指出的是，静定分析法和倒梁法实际上代表了两种极端情况，且有诸多前提条件。因此，在对条形基础进行截面设计时，切不可拘泥于计算结果，而应结合实际情况和设计经验，在配筋时作某些必要的调整。这一原则对下面将要讨论的其他梁板式基础也是适用的。

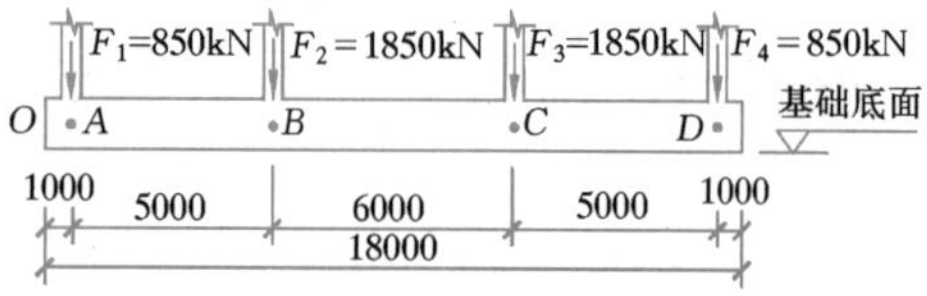

例图 3-3（1）

【例 3-3】 例图3-3（1）中的柱下条形基础，已选取基础埋深为1.5m，修正后的地基承载力特征值为126.5kPa，图中的柱荷载均为设计值，标准值可近似取为设计值的0.74倍。试确定基础底面尺寸，并用倒梁法计算基础梁的内力。

【解】(1)确定基础底面尺寸

设基础端部外伸长度为边跨跨距的0.2倍，即1.0m，则基础总长度$l=2\times(1+5)+6=18\text{m}$，于是基底宽度为：

$$b=\frac{\sum F_{k}}{l(f-20d)}=\frac{2\times(850+1850)\times0.74}{18\times(126.5-20\times1.5)}=2.3\text{m}$$

(2) 用弯矩分配法计算肋梁弯矩［例图3-3（2）］

沿基础纵向的地基净反力为：

$$bp_{j}=\frac{\sum F}{l}=\frac{5400}{18}=300\text{kN/m}$$

边跨固端弯矩为：

$$M_{BA}=\frac{1}{12}bp_{j}l_{1}^{2}=\frac{1}{12}\times300\times5^{2}=625\text{kN}\cdot\text{m}$$

中跨固端弯矩为：

$$M_{BC}=\frac{1}{12}bp_jl_2^2=\frac{1}{12}\times300\times6^2=900\text{kN}\cdot\text{m}$$

A 截面（左边）伸出端弯矩：

$$M_A^l=\frac{1}{2}bp_jl_0^2=\frac{1}{2}\times300\times1^2=150\text{kN}\cdot\text{m}$$

		A		*B*		*C*		*D*
分配系数	0	1.0	0.47	0.53	0.53	0.47	1.0	0
固端弯矩	150	-625	625	-900	900	-625	625	-150
传递与分配		475					-475	
			237.5			-237.5		
			17.6	19.9	-19.9	-17.6		
				-9.9	9.9			
			4.7	5.2	5.2	-4.7		
				-2.6	-2.6			
			1.2	1.4	-1.4	-1.2		
M(kN·m)	150	-150	886	-886	886	-886	150	-150

（3）肋梁剪力计算

A 截面左边的剪力为：

$$V_A^l=bp_jl_0=300\times1.0=300\text{kN}$$

取 OB 段作脱离体，计算 A 截面的支座反力［例图 3-3（3）a］：

$$R_A=\frac{1}{l_1}\left[\frac{1}{2}bp_j(l_0+l_1)^2-M_B\right]=\frac{1}{5}\left(\frac{1}{2}300\times6^2-886\right)=902.8\text{kN}$$

A 截面右边（上标 r）的剪力：

$$V_A^r=bp_jl_0-R_A=300\times1-902.8=-602.8\text{kN}$$

$$R'_B=bp_j(l_0+l_1)-R_A=300\times6-902.8=897.2\text{kN}$$

取 BC 段作脱离体［例图 3-3（3）b］：

$$R''_B=\frac{1}{l_2}\left(\frac{1}{2}bp_jl_2^2+M_B-M_C\right)=\frac{1}{6}\left(\frac{1}{2}\times300\times6^2+886-886\right)=900\text{kN}$$

$$R_B=R'_B+R''_B=897.2+900=1797.2\text{kN}$$

$$V_B^l=R'_B=897.2\text{kN}$$

$$V_B^r=-R''_B=-900\text{kN}$$

按跨中剪力为零的条件来求跨中最大负弯矩：

OB 段：

$$bp_jx-R_A=300x-902.8=0$$

$$x=\frac{902.8}{300}=3.0\text{m}$$

所以 $M_1=\frac{1}{2}bp_jx^2-R_A\times2=\frac{1}{2}\times300\times3^2-902.8\times2=-455.6\text{kN}\cdot\text{m}$

BC 段为对称，最大负弯矩在中间截面：

$$M_2 = -\frac{1}{8}bp_j l_2^2 + M_B = -\frac{1}{8} \times 300 \times 6^2 + 886 = -464\text{kN} \cdot \text{m}$$

由以上的计算结果可作出条形基础的弯矩图和剪力图［例图 3-3（2）］。

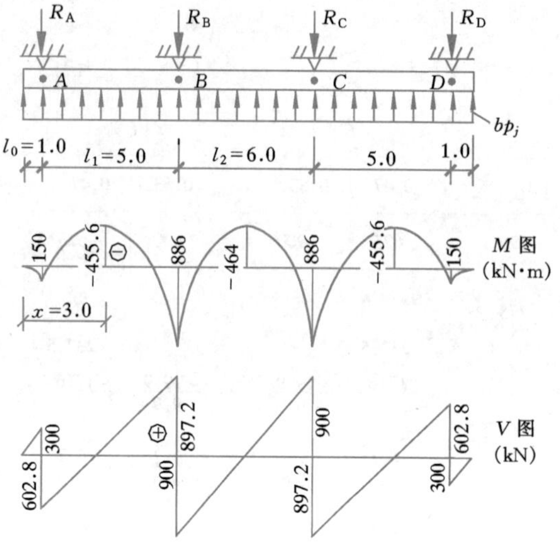

例图 3-3（2）

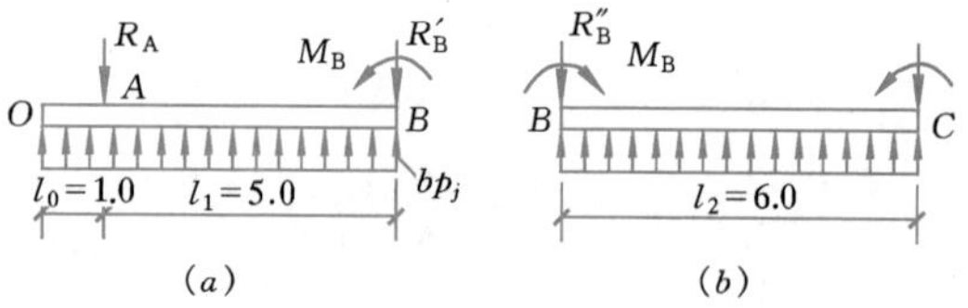

例图 3-3（3）

【例 3-4】 按静定分析法计算例 3-3 的柱下条形基础的内力。

【解】 先计算支座处剪力：

$$V_A^l = bp_j l_0 = 300 \times 1 = 300\text{kN}$$

$$V_A^r = V_A^l - F_1 = 300 - 850 = -500\text{kN}$$

$$V_B^l = bp_j(l_0 + l_1) - F_1$$

$$= 300 \times 6 - 850 = 950\text{kN}$$

$$V_B^r = V_B^l - F_2 = 950 - 1850 = -900\text{kN}$$

其次计算截面弯矩：

$$M_A = \frac{1}{2}bp_j l_0^2 = \frac{1}{2} \times 300 \times 1^2 = 150\text{kN} \cdot \text{m}$$

按剪力 $V=0$ 的条件，确定边跨跨中最大负弯矩的截面位置（至条形基础左端点的距离为 x）：

$$x = \frac{F_1}{bp_j} = \frac{850}{300} = 2.83\text{m}$$

于是

$$M_1 = \frac{1}{2}bp_j x^2 - F_1(x - l_0) = \frac{1}{2} \times 300 \times 2.83^2 - 850 \times 1.83 = -354.2\text{kN} \cdot \text{m}$$

$$M_B = \frac{1}{2}bp_j(l_0 + l_1)^2 - F_1 l_1 = \frac{1}{2} \times 300(1+5)^2 - 850 \times 5 = 1150\text{kN} \cdot \text{m}$$

中跨最大负弯矩在跨中央：

$$M_2 = \frac{1}{2}bp_j\left(l_0 + l_1 + \frac{l_2}{2}\right)^2 - F_1\left(l_1 + \frac{l_2}{2}\right) - F_2\left(\frac{l_2}{2}\right)$$

$$= \frac{1}{2} \times 300 \times 9^2 - 850 \times 8 - 1850 \times 3 = -200\text{kN} \cdot \text{m}$$

由计算结果可绘制弯矩图和剪力图（略）。

2. 弹性地基梁法

当不满足按简化计算法计算的条件时，宜按弹性地基梁法计算基础内力。一般可以根据地基条件的复杂程度，分下列三种情况选择计算方法：

（1）对基础宽度不小于可压缩土层厚度二倍的薄压缩层地基，如地基的压缩性均匀，则可按文克勒地基上梁的解析解（3.4 节）计算，基床系数 k 可按式（3-28）或式（3-29）确定。

（2）当基础宽度满足情况（1）的要求，但地基沿基础纵向的压缩性不均匀时，可沿纵向将地基划分成若干段（每段内的地基较为均匀），每段分别按式（3-29）计算基床系数，然后按文克勒地基上梁的数值分析法（3.5.2 节）计算。

（3）当基础宽度不满足情况（1）的要求，或应考虑邻近基础或地面堆载对所计算基础的沉降和内力的影响时，宜采用非文克勒地基上梁的数值分析法进行迭代计算。

3.7 柱下交叉条形基础

柱下交叉条形基础是由纵横两个方向的柱下条形基础所组成的一种空间结构，各柱位于两个方向基础梁的交叉节点处（图 2-7）。其作用除可以进一步扩大基础底面积外，主要是利用其巨大的空间刚度以调整不均匀沉降。交叉条形基础宜用于软弱地基上柱距较小的框架结构，其构造要求与柱下条形基础类同。

在初步选择交叉条形基础的底面积时，可假设地基反力为直线分布。如果所有荷载的合力对基底形心的偏心很小，则可认为基底反力是均布的。由此可求出基础底面的总面积，然后具体选择纵、横向各条形基础的长度和底面宽度。

要对交叉条形基础的内力进行比较仔细的分析是相当复杂的，目前常用的方法是简化计算法。

当上部结构具有很大的整体刚度时，可以像分析条形基础时那样，将交叉条形基础作为倒置的两组连续梁来对待，并以地基的净反力作为连续梁上的荷载。如果地基较软弱而均匀，基础刚度又较大，那么可以认为地基反力是直线分布的。

如果上部结构的刚度较小，则常采用比较简单的方法，把交叉节点处的柱荷载分配到纵横两个方向的基础梁上，待柱荷载分配后，把交叉条形基础分离为若干单独的柱下条形基础，并按照上节方法进行分析和设计。

确定交叉节点处柱荷载的分配值时，无论采用什么方法，都必须满足如下两个条件：

（1）静力平衡条件，各节点分配在纵、横基础梁上的荷载之和，应等于作用在该节点上的总荷载；

（2）变形协调条件，纵、横基础梁在交叉节点处的竖向位移应相等。

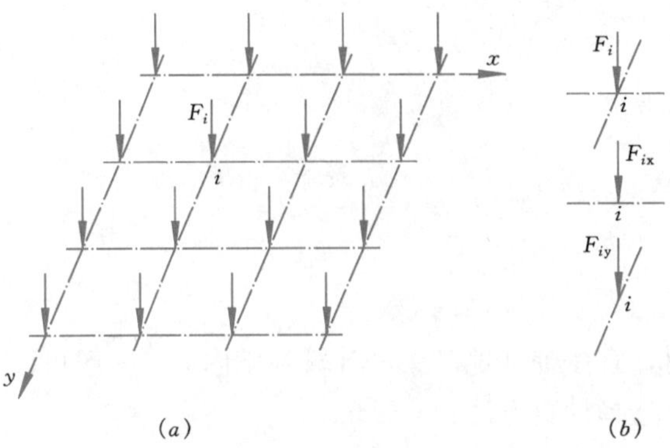

(a)　　(b)

图 3-20　交叉条形基础示意图

(a) 轴线及竖向荷载；(b) 节点荷载分配

为了简化计算，设交叉节点处纵、横梁之间为铰接。当一个方向的基础梁有转角时，另一个方向的基础梁内不产生扭矩；节点上两个方向的弯矩分别由同向的基础梁承担，一个方向的弯矩不致引起另一个方向基础梁的变形。这就忽略了纵、横基础梁的扭转。为了防止这种简化计算使工程出现问题，在构造上，于柱位的前后左右，基础梁都必须配置封闭型的抗扭箍筋（用 ϕ10～12），并适当增加基础梁的纵向配筋量。

图 3-20 为一交叉条形基础示意图。任一节点 i 上作用有竖向荷载 F_i，把 F_i 分解为作用于 x、y 方向基础梁上的 F_{ix}、F_{iy}。根据静力平衡条件：

$$F_i = F_{ix} + F_{iy} \tag{3-50}$$

对于变形协调条件，简化后，只要求 x、y 方向的基础梁在交叉节点处的竖向位移 w_{ix}、w_{iy} 相等：

$$w_{ix} = w_{iy} \tag{3-51}$$

如采用文克勒地基上梁的分析方法来计算 w_{ix} 和 w_{iy}，并忽略相邻荷载的影响，则节点荷载的分配计算就可大为简化。交叉条形基础的交叉节点类型可分为角柱、边柱和内柱三类。下面给出节点荷载的分配计算公式。

(1) 角柱节点

图 3-21 (a) 所示为最常见的角柱节点，即 x、y 方向基础梁均可视为外伸半无限长

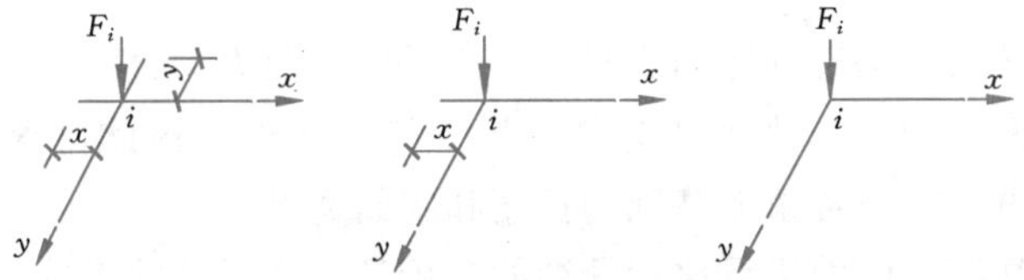

(a)　　(b)　　(c)

图 3-21　角柱节点

(a) 两方向有外伸；(b) x 方向有外伸；(c) 两方向无外伸

梁，外伸长度分别为 x、y，故节点 i 的竖向位移可按式 (3-34) 求得：

$$w_{ix} = \frac{F_{ix}}{2kb_x S_x} Z_x \tag{3-52a}$$

$$w_{iy} = \frac{F_{iy}}{2kb_y S_y} Z_y \tag{3-52b}$$

式中　b_x、b_y——分别为 x、y 方向基础的底面宽度；

S_x、S_y——分别为 x、y 方向基础梁的特征长度：

$$S_x = \frac{1}{\lambda_x} = \sqrt[4]{\frac{4EI_x}{kb_x}} \tag{3-53a}$$

$$S_y = \frac{1}{\lambda_y} = \sqrt[4]{\frac{4EI_y}{kb_y}} \tag{3-53b}$$

λ_x、λ_y——分别为 x、y 方向基础梁的柔度特征值；

k——地基的基床系数；

E——基础材料的弹性模量；

I_x、I_y——分别为 x、y 方向基础梁的截面惯性矩。

Z_x（或 Z_y）是 $\lambda_x x$（或 $\lambda_y y$）的函数，可查表 3-2 或按式（3-33）计算，即

$$Z_x = 1 + e^{-2\lambda_x x}(1 + 2\cos^2\lambda_x x - 2\cos\lambda_x x\sin\lambda_x x) \tag{3-54}$$

根据变形协调条件 $w_{ix} = w_{iy}$，有：

$$\frac{Z_x F_{ix}}{b_x S_x} = \frac{Z_y F_{iy}}{b_y S_y}$$

将静力平衡条件 $F_i = F_{ix} + F_{iy}$ 代入上式，可解得：

$$F_{ix} = \frac{Z_y b_x S_x}{Z_y b_x S_x + Z_x b_y S_y} F_i \tag{3-55a}$$

$$F_{iy} = \frac{Z_x b_y S_y}{Z_y b_x S_x + Z_x b_y S_y} F_i \tag{3-55b}$$

上两式即为所求的交叉节点柱荷载分配公式。

对图 3-21（b），$y=0$，$Z_y=4$，分配公式成为：

$$F_{ix} = \frac{4b_x S_x}{4b_x S_x + Z_x b_y S_y} F_i \tag{3-55c}$$

$$F_{iy} = \frac{Z_x b_y S_y}{4b_x S_x + Z_x b_y S_y} F_i \tag{3-55d}$$

对无外伸的角柱节点（图 3-21c），$Z_x=Z_y=4$，分配公式为：

$$F_{ix} = \frac{b_x S_x}{b_x S_x + b_y S_y} F_i \tag{5-55e}$$

$$F_{iy} = \frac{b_y S_y}{b_x S_x + b_y S_y} F_i \tag{3-55f}$$

（2）边柱节点

对图 3-22（a）所示的边柱节点，y 方向梁为无限长梁，即 $y=\infty$，$Z_y=1$，故得：

$$F_{ix} = \frac{b_x S_x}{b_x S_x + Z_x b_y S_y} F_i \tag{3-56a}$$

$$F_{iy}=\frac{Z_x b_y S_y}{b_x S_x + Z_x b_y S_y}F_i \tag{3-56b}$$

Z_x 函数表　　表 3-2

λx	Z_x	λx	Z_x	λx	Z_x
0	4.000	0.24	2.501	0.70	1.292
0.01	3.921	0.26	2.410	0.75	1.239
0.02	3.843	0.28	2.323	0.80	1.196
0.03	3.767	0.30	2.241	0.85	1.161
0.04	3.693	0.32	2.163	0.90	1.132
0.05	3.620	0.34	2.089	0.95	1.109
0.06	3.548	0.36	2.018	1.00	1.091
0.07	3.478	0.38	1.952	1.10	1.067
0.08	3.410	0.40	1.889	1.20	1.053
0.09	3.343	0.42	1.830	1.40	1.044
0.10	3.277	0.44	1.774	1.60	1.043
0.12	3.150	0.46	1.721	1.80	1.042
0.14	3.029	0.48	1.672	2.00	1.039
0.16	2.913	0.50	1.625	2.50	1.022
0.18	2.803	0.55	1.520	3.00	1.008
0.20	2.697	0.60	1.431	3.50	1.002
0.22	2.596	0.65	1.355	≥4.00	1.000

对图 3-22（b），$Z_y=1$，$Z_x=4$，从而：

$$F_{ix}=\frac{b_x S_x}{b_x S_x + 4b_y S_y}F_i \tag{3-56c}$$

$$F_{iy}=\frac{4b_y S_y}{b_x S_x + 4b_y S_y}F_i \tag{3-56d}$$

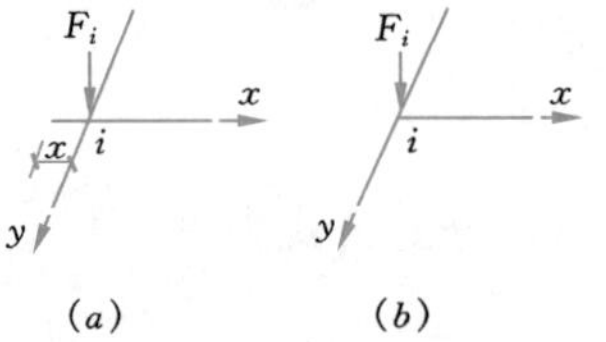

图 3-22　边柱节点

（a）x 方向有外伸；（b）x 方向无外伸

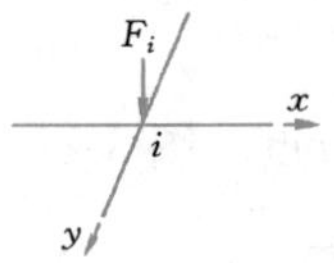

图 3-23　内柱节点

（3）内柱节点

对内柱节点（图 3-23），$Z_x=Z_y=1$，故得：

$$F_{ix}=\frac{b_x S_x}{b_x S_x + b_y S_y}F_i \tag{3-57a}$$

$$F_{iy}=\frac{b_y S_y}{b_x S_x + b_y S_y}F_i \tag{3-57b}$$

当交叉条形基础按纵、横向条形基础分别计算时，节点下的底板面积（重叠部分）被使用了两次。若各节点下重叠面积之和占基础总面积的比例较大，则设计可能偏于不安全。对此，可通过加大节点荷载的方法加以平衡。调整后的节点竖向荷载为：

$$F'_{ix} = F_{ix} + \Delta F_{ix} = F_{ix} + \frac{F_{ix}}{F_i}\Delta A_i p_j \tag{3-58a}$$

$$F'_{iy} = F_{iy} + \Delta F_{iy} = F_{iy} + \frac{F_{iy}}{F_i}\Delta A_i p_j \tag{3-58b}$$

式中 p_j——按交叉条形基础计算的基底净反力；

ΔF_{ix}、ΔF_{iy}——分别为 i 节点在 x、y 方向的荷载增量；

ΔA_i——i 节点下的重叠面积，按下述节点类型计算：

第Ⅰ类型（图 3-21a、图 3-22a、图 3-23）：$\Delta A_i = b_x b_y$

第Ⅱ类型（图 3-21b、图 3-22b）：$\Delta A_i = \frac{1}{2} b_x b_y$

第Ⅲ类型（图 3-21c）：$\Delta A_i = 0$

对于第Ⅱ类型的节点，认为横向梁只伸到纵向梁宽度的一半处，故重叠面积只取交叉面积的一半。

【例 3-5】在例图 3-5 所示交叉条形基础中，已知节点竖向集中荷载 $F_1 = 1300\text{kN}$，$F_2 = 2000\text{kN}$，$F_3 = 2200\text{kN}$，$F_4 = 1500\text{kN}$，地基基床系数 $k = 5000\text{kN/m}^3$，基础梁 L_1 和 L_2 的抗弯刚度分别为 $EI_1 = 7.40\times10^5\text{kN}\cdot\text{m}^2$、$EI_2 = 2.93\times10^5\text{kN}\cdot\text{m}^2$。试对各节点荷载进行分配。

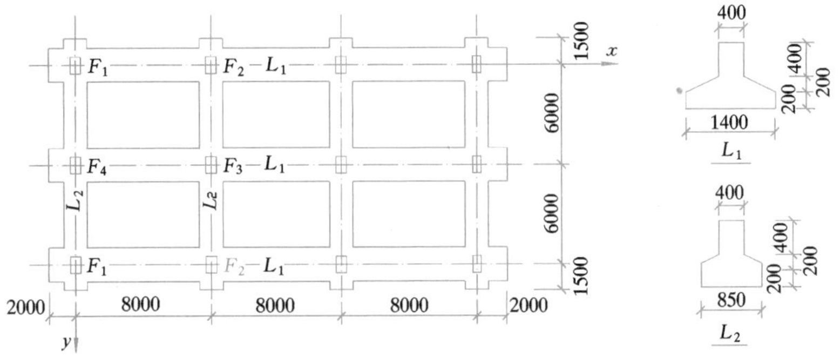

例图 3-5

【解】基础梁 L_1：$\lambda_1 = \sqrt[4]{\frac{kb_1}{4EI_1}} = \sqrt[4]{\frac{5000\times1.4}{4\times7.40\times10^5}} = 0.221\text{m}^{-1}$

$$S_1 = \frac{1}{\lambda_1} = \frac{1}{0.221} = 4.53\text{m}$$

基础梁 L_2：$\lambda_2 = \sqrt[4]{\frac{kb_2}{4EI_2}} = \sqrt[4]{\frac{5000\times0.85}{4\times2.93\times10^5}} = 0.245\text{m}^{-1}$

$$S_2 = \frac{1}{\lambda_2} = \frac{1}{0.245} = 4.08\text{m}$$

荷载分配：

（1）角柱节点

对 L_1：$\lambda_1 x=0.221\times2=0.442$，查表3-2，得 $Z_x=1.769$。

对 L_2：$\lambda_2 y=0.245\times1.5=0.368$，查表3-2，得 $Z_y=1.992$。

按式（3-55），得：

$$F_{1x}=\frac{Z_y b_1 S_1}{Z_y b_1 S_1+Z_x b_2 S_2}F_1$$

$$=\frac{1.992\times1.4\times4.53}{1.992\times1.4\times4.53+1.769\times0.85\times4.08}\times1300=875\text{kN}$$

$$F_{1y}=\frac{Z_x b_2 S_2}{Z_y b_1 S_1+Z_x b_2 S_2}F_1$$

$$=\frac{1.769\times0.85\times4.08}{1.992\times1.4\times4.53+1.769\times0.85\times4.08}\times1300=425\text{kN}$$

或
$$F_{1y}=F_1-F_{1x}=1300-875=425\text{kN}$$

（2）边柱节点

仍按式（3-55）计算。对 F_2：$Z_x=1$，$Z_y=1.992$；对 F_4：$Z_x=1.769$，$Z_y=1$，故得：

$$F_{2x}=\frac{1.992\times1.4\times4.53}{1.992\times1.4\times4.53+1\times0.85\times4.08}\times2000=1569\text{kN}$$

$$F_{2y}=\frac{1\times0.85\times4.08}{1.992\times1.4\times4.53+1\times0.85\times4.08}\times2000=431\text{kN}$$

$$F_{4x}=\frac{1\times1.4\times4.53}{1\times1.4\times4.53+1.769\times0.85\times4.08}\times1500=762\text{kN}$$

$$F_{4y}=\frac{1.769\times0.85\times4.08}{1\times1.4\times4.53+1.769\times0.85\times4.08}\times1500=738\text{kN}$$

（3）内柱节点

此时 $Z_x=Z_y=1$，故

$$F_{3x}=\frac{b_1 S_1}{b_1 S_1+b_2 S_2}F_3=\frac{1.4\times4.53}{1.4\times4.53+0.85\times4.08}\times2200=1422\text{kN}$$

$$F_{3y}=\frac{b_2 S_2}{b_1 S_1+b_2 S_2}F_3=\frac{0.85\times4.08}{1.4\times4.53+0.85\times4.08}\times2200=778\text{kN}$$

3.8 筏形基础与箱形基础

筏形基础与箱形基础常用于高层建筑，其设计计算包括地基计算、内力分析、强度计算以及构造要求等方面。

在确定筏形基础和箱形基础的平面尺寸时，应根据地基土的承载力、上部结构的布置及荷载分布等因素确定。如仅为满足地基承载力的要求而扩大底板面积，则扩大部位宜设在建筑物的宽度方向。为了不使建筑物产生过大的整体倾斜，在地基均匀的条件下，单幢建筑物的筏形或箱形基础的基底平面形心宜与结构竖向永久荷载重心重合。当不能重合时，在作用的准永久组合下，偏心距 e 宜符合下式要求：

$$e \leqslant 0.1\frac{W}{A} \tag{3-59}$$

式中 W——与偏心距方向一致的基础底面边缘抵抗矩；

A——基础底面积。

基础底面压力除应符合式（2-16）或式（2-21）的要求外，对于非抗震设防的高层建筑筏形和箱形基础，还要求基础底面边缘的最小压力标准值 p_{kmin} 满足下式要求：

$$p_{kmin} \geqslant 0 \tag{3-60}$$

对于抗震设防的建筑，尚应按式（10-62）和式（10-63）进行地基抗震承载力验算。当基础底面地震效应组合的边缘最小压力出现零应力时，零应力区的面积不应超过基础底面面积的 15%。对高宽比大于 4 的高层建筑，则不宜出现零应力区。

高层建筑筏形基础和箱形基础的埋深一般都较大，有的甚至设置了 3～4 层地下室，因此在计算地基最终沉降量时，应将地基的回弹再压缩变形考虑在内。

高层建筑筏形与箱形基础的地基变形允许值应按地区经验确定，当无地区经验时应符合现行国家标准《建筑地基基础设计规范》GB 50007 的规定。筏形与箱形基础的整体倾斜值可根据荷载偏心、地基的不均匀性、相邻荷载的影响和地区经验进行计算。

3.8.1 筏 形 基 础

1. 构造要求

筏形基础的板厚应按受冲切和受剪承载力计算确定。平板式筏形基础的最小板厚不应小于 500mm，当柱荷载较大时，可将柱位下筏板局部加厚或增设柱墩，也可采用设置抗冲切箍筋来提高受冲切承载能力。梁板式筏基的板厚不应小于 400mm，且板厚与最大双向板格的短边净跨之比不应小于 1/14。

梁板式筏基的肋梁除应满足正截面受弯及斜截面受剪承载力外，还须验算柱下肋梁顶面的局部受压承载力。肋梁与柱或剪力墙的连接构造见图 3-24。

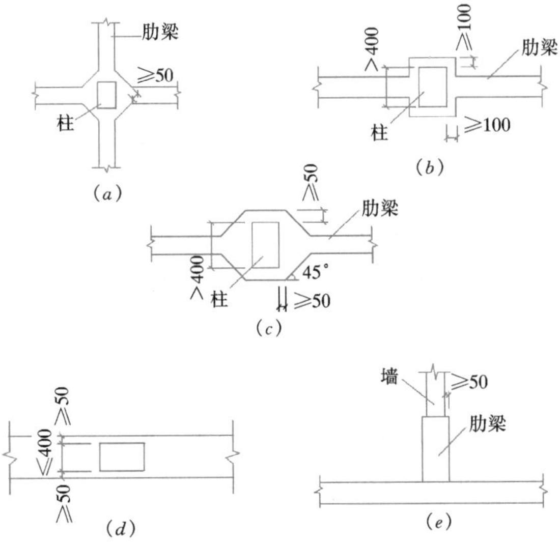

图 3-24 肋梁与柱或剪力墙连接的构造

在一般情况下，筏形基础底板边缘应伸出边柱和角柱外侧包线或侧墙以外，伸出长度宜不大于伸出方向边跨柱距的1/4，无外伸肋梁的底板，其伸出长度一般不宜大于1.5m。双向外伸部分的底板直角应削成钝角。

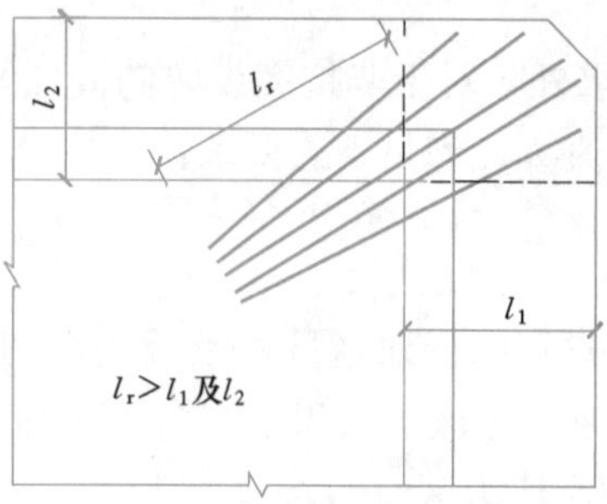

图3-25　筏板双向外伸部分的辐射状钢筋

考虑到整体弯曲的影响，筏形基础的配筋除满足计算要求外，对梁板式筏形基础，纵横方向的支座钢筋应有不少于1/3贯通全跨，跨中钢筋应按计算配筋全部连通；对平板式筏形基础，柱下板带和跨中板带的底部钢筋应有不少于1/3贯通全跨，顶部钢筋按计算配筋全部连通。筏形基础上下贯通钢筋的配筋率不应小于0.15%。

筏板边缘的外伸部分应上下配置钢筋。对无外伸肋梁的双向外伸部分，应在板底配置内锚长度为l_r（大于板的外伸长度l_1及l_2）的辐射状附加钢筋（图3-25），其直径与边跨板的受力钢筋相同，外端间距不大于200mm。

当筏板的厚度大于2000mm时，宜在板厚中间部位设置直径不小于12mm、间距不大于300mm的双向钢筋网。

高层建筑筏形基础的混凝土强度等级不应低于C30，当有地下室时应采用防水混凝土。对重要建筑，宜采用自防水并设置架空排水层。

2. 内力计算

（1）简化计算法

筏形基础的简化计算法分倒楼盖法和静定分析法两种。与柱下条形基础类似，计算筏形基础内力时假设基底净反力为直线分布，因此要求基础具有足够的相对刚度，并满足式(3-46)的条件。

当地基比较均匀、地基压缩层范围内无软弱土层或可液化土层、上部结构刚度较好、梁板式筏形基础梁的高跨比或平板式筏形基础板的厚跨比不小于1/6，且相邻柱荷载及柱距的变化不超过20%时，筏形基础可仅考虑局部弯曲作用，按倒楼盖法进行计算。对于平板式筏形基础，可按无梁楼盖考虑。对于梁板式筏形基础，底板按连续双向板（或单向板）计算；肋梁按连续梁分析，并宜将边跨跨中弯矩以及第一内支座的弯矩值乘以1.2的增大系数。

如上部结构刚度较差，可分别沿纵、横柱列方向截取宽度为相邻柱列间中线到中线的条形计算板带，并采用静定分析法对每个板带进行内力计算。为考虑相邻板带之间剪力的影响，当所计算的板带上的荷载F_i与两侧邻带的同列柱荷载F'_i及F''_i有明显差别时，宜取三者的加权平均值F_{im}来代替F_i：

$$F_{im}=(F'_i+2F_i+F''_i)/4 \tag{3-61}$$

式中F_i的权重为2，其余为1。由于板带下的净反力是按整个筏形基础计算得到的，因此其与板带上的柱荷载并不平衡，计算板带内力前需要将二者加以调整。

（2）弹性地基板法

当地基比较复杂，上部结构刚度较差，或柱荷载及柱距变化较大时，筏形基础内力宜按弹性地基板法进行分析。对于平板式筏形基础，可用有限差分法或有限单元法进行分析；对于梁板式筏形基础，则宜划分肋梁单元和薄板单元，而以有限单元法进行分析。

3.8.2 箱形基础

1. 构造要求

箱形基础的内、外墙应沿上部结构柱网和剪力墙纵横均匀布置，墙体水平截面总面积不宜小于箱形基础外墙外包尺寸的水平投影面积的 1/12。对基础平面长宽比大于 4 的箱形基础，其纵墙水平截面面积不得小于箱形基础外墙外包尺寸水平投影面积的 1/18。

箱形基础的高度应满足结构承载力、整体刚度和使用功能的要求，其值不宜小于箱形基础长度（不包括底板悬挑部分）的 1/20，并不宜小于 3m。

箱形基础的埋置深度应根据建筑物对地基承载力、基础倾覆及滑移稳定性、建筑物整体倾斜以及抗震设防烈度等的要求确定，一般可取等于箱形基础的高度，在抗震设防区不宜小于建筑物高度的 1/15。高层建筑同一结构单元内的箱形基础埋深宜一致，且不得局部采用箱形基础。

箱形基础顶、底板及墙身的厚度应根据受力情况、整体刚度及防水要求确定。一般底板厚度不应小于 400mm，外墙厚度不应小于 250mm，内墙厚度不应小于 200mm。顶、底板厚度应满足受剪承载力验算的要求，底板尚应满足受冲切承载力的要求。

墙体内应设置双面钢筋，竖向和水平钢筋的直径不应小于 10mm，间距不应大于 200mm。除上部为剪力墙外，内、外墙的墙顶处宜配置两根直径不小于 20mm 的通长构造钢筋。

门洞宜设在柱间居中部位，洞边至上层柱中心的水平距离不宜小于 1.2m，洞口上过梁的高度不宜小于层高的 1/5，洞口面积不宜大于柱距与箱形基础全高乘积的 1/6。墙体洞口四周应设置加强钢筋。

箱形基础的混凝土强度等级不应低于 C25。

2. 简化计算

箱形基础的内力分析实质上是一个求解地基、基础与上部结构相互作用的问题。由于箱形基础本身是一个复杂的空间体系，要严格分析仍有不少困难，因此，目前采用的分析方法是根据上部结构整体刚度的强弱选择不同的简化计算方法。

（1）当地基压缩层深度范围内的土层在竖向和水平方向较均匀，且上部结构为平立面布置较规则的剪力墙、框架、框架-剪力墙体系时，箱形基础的顶、底板可仅按局部弯曲计算。即顶板以实际荷载（包括板自重）按普通楼盖计算；底板以直线分布的基底净反力（计入箱形基础自重后扣除底板自重所余的反力）按倒楼盖计算。顶、底板钢筋配置量除满足局部弯曲的计算要求外，纵横方向的支座钢筋尚应有 1/4 贯通全跨，跨中钢筋应按实际配筋全部连通。贯通钢筋的配筋率不应小于 0.15%。

基底反力可按《高层建筑筏形与箱形基础技术规范》JGJ 6 推荐的地基反力系数表确定，该表是根据实测反力资料经研究整理编制的。对黏性土和砂土地基，基底反力分布呈现边缘大、中部小的规律；但对软土地基，沿箱形基础纵向的反力分布呈马鞍形，而沿横向则为抛物线形（图 3-26）。软土地基的这种反力分布特点当与其抗剪强度较低、塑性区开展范围较大且箱形基础的宽度比长度小得多有关。

（2）对不符合上述条件的箱形基础，应同时考虑局部弯曲及整体弯曲的作用。计算底板的局部弯矩时，考虑到底板周边与墙体连接产生的推力作用，以及实测结果表明基底反力有由纵、横墙所分出的板格中部向四周墙下转移的现象，底板局部弯曲产生的弯矩应乘以0.8的折减系数。

计算箱形基础的整体弯曲时，将上部框架简化为等代梁并通过结构的底层柱与箱形基础连接，按图3-27所示的计算模型进行计算。

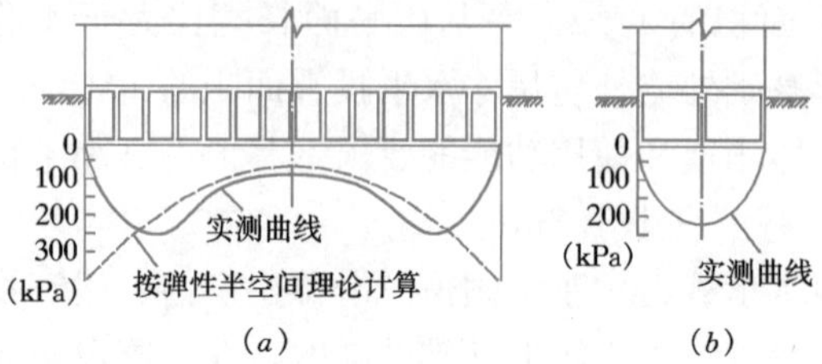

图3-26　某箱形基础基底反力实测分布图

（a）纵截面；（b）横截面

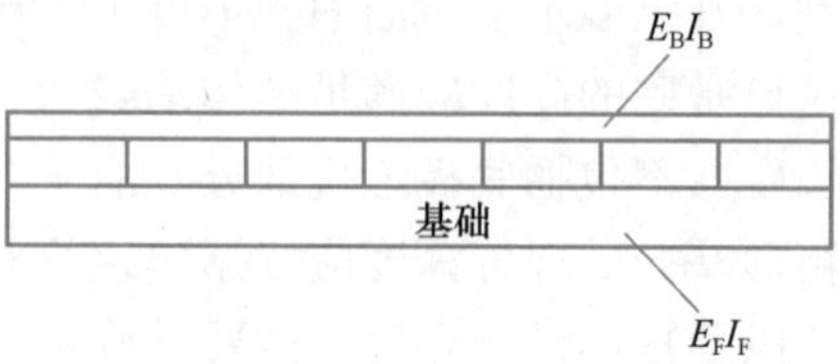

图3-27　箱形基础整体弯曲计算模型

在图3-27中，E_FI_F 为箱形基础的抗弯刚度，其中 E_F 为箱形基础混凝土的弹性模量，I_F 为按工字形截面计算的箱形基础截面惯性矩，工字形截面的上、下翼缘宽度分别为箱形基础顶、底板的全宽，腹板厚度为在弯曲方向的墙体厚度的总和。

E_BI_B 为框架结构等效刚度，可按下式计算（图3-28）：

$$E_BI_B=\sum_{i=1}^{n}\left[E_bI_{bi}\left(1+\frac{K_{ui}+K_{li}}{2K_{bi}+K_{ui}+K_{li}}m^2\right)\right] \tag{3-62}$$

式中　E_b——梁、柱的混凝土弹性模量；

K_{ui}、K_{li}、K_{bi}——第 i 层上柱、下柱和梁的线刚度，其值分别为 I_{ui}/h_{ui}、I_{li}/h_{li}、I_{bi}/l；

I_{ui}、I_{li}、I_{bi}——第 i 层上柱、下柱和梁的截面惯性矩；

h_{ui}、h_{li}——第 i 层上柱及下柱的高度；

l——上部结构弯曲方向的柱距；

m——在弯曲方向的节间数；

n——建筑物层数，不大于5层时，n 取实际楼层数；大于5层时，n 取5。

上式适用于等柱距的框架结构，对柱距相差不超过20%的框架结构也适用，此时，l 取柱距的平均值。

在箱形基础顶、底板配筋时，应综合考虑承受整体弯曲的钢筋与局部弯曲的钢筋的配置部位，使截面各部位的钢筋能充分发挥作用。

箱形基础内、外墙和墙体洞口过梁的计算和配筋详见上述有关规范。其中外墙除承受上部结构的荷载外，还承受周围土体的静止土压力和静水压力等水平荷载作用。

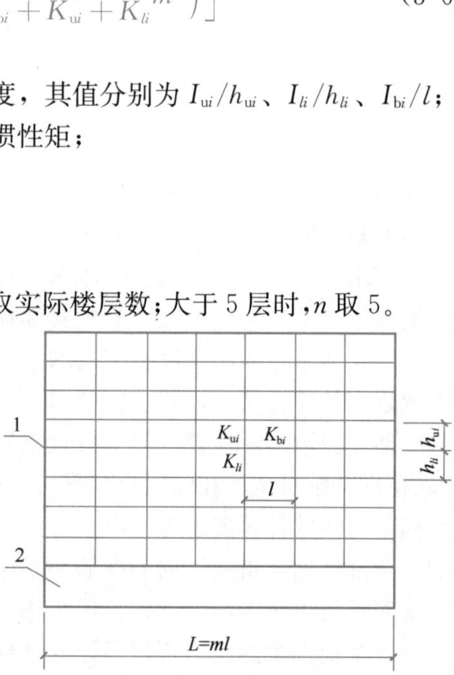

图3-28　式（3-62）中符号示意

3.8.3 地下室设计时应考虑的几个问题

1. 地基基础的补偿性设计概念

在软弱地基上建造采用浅基础的高层建筑时，常常会遇到地基承载力或地基沉降不满足要求的情况。采用补偿性基础设计是解决这一问题的有效途径之一。

不妨将一艘航空母舰看成是一幢建筑物，我们会惊讶地发现该建筑物竟然可以建造在毫无抗剪强度的海水之中。船体之所以不会沉没，是因为船甲板以下有足够的空间，船体的重量被其所排开的水的重量置换了。同样地，只要把建筑物的基础或地下部分做成中空、封闭的形式，那么被挖去的土重就可以用来补偿上部结构的部分甚至全部重量。这样，即使地基极其软弱，地基的稳定性和沉降也都很容易得到保证。

按照上述原理进行的地基基础设计，可称为补偿性基础设计，这样的基础，称为补偿性基础。当基底实际平均压力 p（已扣除水的浮力）等于基底平面处土的自重应力 σ_c 时，称全补偿性基础；小于 σ_c，称超补偿的；大于 σ_c 为欠补偿的。箱形基础和具有地下室的筏形基础是常见的补偿性基础类型。迄今为止，国外已成功地在深厚的软土地基上采用补偿性基础建造了不少高层建筑。例如美国纽约的 Albany 电话大楼，上部结构为 11 层，由于电话交换系统对沉降很敏感，要求建筑物不能有不均匀沉降。经过方案比较，最后采用了筏形基础上设置 3 层地下室的补偿性基础方案。

虽然补偿性基础设计使得基底附加压力 p_0 大为减小，由 p_0 产生的地基沉降自然也大大减小甚至可以不予考虑，但基础仍然存在沉降问题，因为在深基坑开挖过程中所产生的坑底回弹及随后修筑基础和上部结构的再加荷可能引起显著的沉降。可以说，任何补偿性基础，都不免有一定的沉降发生。

坑底的回弹是在开挖过程中连续、迅速发生的，因而无法完全避免，但如能减少应力的解除量，亦即减少膨胀，则再加荷时的随后沉降将显著减小，因为减小应力的解除，再压缩曲线的滞后程度也将相应减小（图 3-29）。

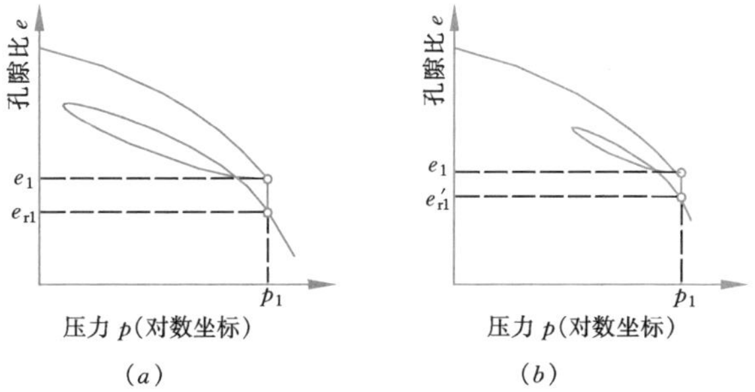

图 3-29 土的膨胀与再压缩曲线

(*a*) 应力解除得较多时；(*b*) 应力解除得较少时

为了尽量减少应力的解除，可以设法用建筑物的重量不断地替换被挖除的土体重量，以保持地基内的应力状态不变。L. 齐瓦特（Zeevaert）在墨西哥的著名高压缩性土地基上建造补偿性箱形基础时，运用了一种旨在尽可能减少应力解除的特殊施工方法。该法最大的特点是基坑的分阶段开挖和荷载的逐步替换。

在第一阶段，基坑只开挖到预定总深度的一半左右，这样可以减少坑底回弹，同时也有利于坑底土体的稳定。为了进一步减少应力解除，还可以在基坑内布置深井进行抽水，以便大幅度降低地下水位，使地基中的有效自重压力增加。

第二阶段的开挖，采用重量逐步置换法。即按照箱形基础隔墙的位置逐个开挖基槽，到达基底标高后，在槽内浇筑钢筋混凝土隔墙，让墙体的重量及时代替挖除的土重。接着建造一部分上部结构，然后按次序挖去墙间的土并浇捣底板，形成封闭空格后，立即充水加压。

基坑开挖时还需注意避免长时间浸水，开挖后应及时修建基础，因为应力的解除会导致土中黏土颗粒表面的结合水膜增厚，使土体体积膨胀、坑底隆起，结果将加剧基础的沉降。

2. 地下室的抗浮设计

上述有关筏形基础和箱形基础的计算都是针对建筑物的使用阶段进行的。在地下室底板（箱形基础底板或筏板）完工后、上部结构底下几层完工前这一期间，如果可能出现地下水位高出底板底标高很多的情况，那么就应对地下室的抗浮稳定性和底板强度进行验算。

(1) 地下室的抗浮稳定性验算

地下室的整体抗浮稳定安全系数 K_w 应符合下式要求：

$$K_w = G_k / F_w \geqslant 1.05 \tag{3-63}$$

式中　G_k——建筑物自重及压重之和；

F_w——地下水对地下室的浮托力，$F_w = \gamma_w h_w A$；

γ_w——水的重度；

h_w——地下水位至底板底面的距离，地下水位取施工期间可能出现的最高水位，必要时也可取室外地面标高；

A——地下室水平投影面积。

此外，还需考虑自重 G_k 与浮力 F_w 作用点是否基本重合。如果偏心过大，可能会出现地下室一侧上抬的情况。

当式（3-63）不能得到满足时，可以采用如下措施以提高地下室的抗浮稳定性：

①尽快施工上部结构，增大自重；

②在箱格内充水，在地下室底板上堆砂石等重物或在顶板上覆土，作为平衡浮力的临时措施；

③将底板沿地下室外墙向外延伸，利用其上的填土压力来平衡浮力；

④在底板下设置抗拔桩或抗拔锚杆，当基坑周围有支护桩（墙）时，可将其作为抗拔桩来加以利用；

⑤增大底板厚度。

(2) 底板强度验算

地下室在施工期间，须确保其底板在地下水浮力作用下具有足够的强度和刚度，并满足抗裂要求。

地下室底板（这里特指筏形基础）在使用期间通常是按倒楼盖法进行内力分析的，但在施工期间，由于上部结构尚未建造，或上部结构已建造但其刚度尚未形成，故底板的内力计算不能按倒楼盖法进行，应结合具体情况选择合适的计算简图。如果底板的截面尺寸过大或配筋过多，可考虑在底板下设置抗拔锚杆或抗拔桩以改变底板的受力状态。

3. 后浇带的设置

地下室一般均属于大体积钢筋混凝土结构。为避免大体积混凝土因收缩而开裂，当地下室长度超过40m时，宜设置贯通顶、底板和内、外墙的后浇施工缝，缝宽不宜小于

800mm。在该缝处，钢筋必须贯通。

为减少高层建筑主楼与裙房间差异沉降所带来的不利影响，施工时通常在裙房一侧设置后浇带，后浇带的位置可以设在距主楼边柱的第二跨内，这样可以加大主楼基础的底面积，减小基底压力，同时基底压力仍基本呈线性分布。后浇带混凝土宜根据实测沉降值并在计算后期沉降差能满足设计要求后方可进行浇筑。后浇带的处理方法与施工缝相同。

施工缝与后浇带的防水处理要与整片基础同时做好，并要采取必要的保护措施，以防止施工时损坏。

3.9 刚性基础基底反力、沉降和倾斜计算的数值分析法

对于刚度很大的基础，例如高压缩性地基上的箱形基础，其本身的挠曲变形远小于地基的变形，相对挠曲常为万分之几，故这类基础可以看成是刚性基础。

计算刚性基础的基底反力、沉降和倾斜时，把基底划分为 n 个平行于坐标轴 x 和 y 的矩形网格（图 3-30），其尺寸可以不等。由于刚性基础的底面在受荷沉降后仍为平面，故任一矩形网格中点 i 的竖向位移 w_i 可以表达为：

$$w_i = \theta_y x_i + \theta_x y_i + w_0 \quad (i = 1,2,\cdots, n) \tag{3-64}$$

式中 w_0——基础底面在坐标原点 O 处的竖向位移；

θ_x、θ_y——分别为基础绕 x 和 y 坐标轴的转角；

x_i、y_i——基底任一矩形网格中点 i 的坐标。

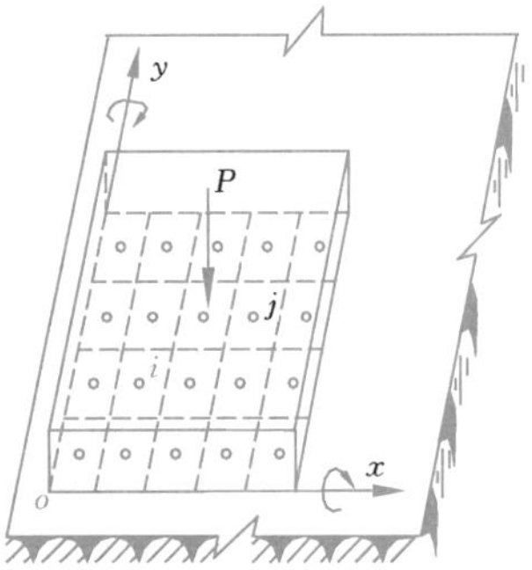

图 3-30 刚性基础基底网格的划分

将上式写成矩阵的形式：

$$\begin{Bmatrix} w_1 \\ w_2 \\ \vdots \\ w_n \end{Bmatrix} = \begin{bmatrix} x_1 & y_1 & 1 \\ x_2 & y_2 & 1 \\ \cdots & \cdots & \cdots \\ x_n & y_n & 1 \end{bmatrix} \begin{Bmatrix} \theta_y \\ \theta_x \\ w_0 \end{Bmatrix} \tag{3-65}$$

或

$$\{w\} = [X]\{\theta\} \tag{3-66}$$

设 i 网格面积 f_i 上的集中基床系数为 K_i，则该网格的集中基底反力 R_i 与基底沉降 s_i 的关系为：

$$R_i = K_i s_i \tag{3-67}$$

将上式写成矩阵的形式：

$$\begin{Bmatrix} R_1 \\ R_2 \\ \vdots \\ R_n \end{Bmatrix} = \begin{bmatrix} K_1 & & & \\ & K_2 & & 0 \\ & & \ddots & \\ & 0 & & K_n \end{bmatrix} \begin{Bmatrix} s_1 \\ s_2 \\ \vdots \\ s_n \end{Bmatrix} \tag{3-68}$$

或

$$\{R\} = [K_s]\{s\} \tag{3-69}$$

式中 $[K_s]$——基础刚度矩阵。

设作用于基底的荷载合力 P（包括基础自重）对 x 和 y 轴的力矩分别为 M_x 和 M_y（θ 和 M 的正方向如图 3-30 中旋转箭头所示）。根据基础的静力平衡条件，有：

$$\begin{bmatrix} x_1 & x_2 & \cdots & x_n \\ y_1 & y_2 & \cdots & y_n \\ 1 & 1 & \cdots & 1 \end{bmatrix} \begin{Bmatrix} R_1 \\ R_2 \\ \vdots \\ R_n \end{Bmatrix} = \begin{Bmatrix} M_y \\ M_x \\ P \end{Bmatrix} \tag{3-70}$$

或

$$[X]^{\mathrm{T}}\{R\} = \{M\} \tag{3-71}$$

式中 $[X]^{\mathrm{T}}$——$[X]$ 的转置矩阵；

$\{M\}$——荷载列向量。

根据接触条件 $\{s\} = \{w\}$，由式（3-66）及式（3-69）有

$$\{R\} = [K_s]\{w\} = [K_s][X]\{\theta\} \tag{3-72}$$

代入式（3-71），得：

$$[X]^{\mathrm{T}}[K_s][X]\{\theta\} = \{M\} \tag{3-73}$$

或

$$[C]\{\theta\} = \{M\} \tag{3-74}$$

式中 $[C]$——刚性基础的总刚度矩阵，

$$[C] = \begin{bmatrix} \sum_{i=1}^{n} K_i x_i^2 & \sum_{i=1}^{n} K_i x_i y_i & \sum_{i=1}^{n} K_i x_i \\ \text{对} & \sum_{i=1}^{n} K_i y_i^2 & \sum_{i=1}^{n} K_i y_i \\ & \text{称} & \sum_{i=1}^{n} K_i \end{bmatrix} \tag{3-75}$$

对文克勒地基上的刚性基础，由式（3-74）可直接解得刚性基础的倾斜和沉降 $\{\theta\}$，代入式（3-69）后可得 $\{R\}$，于是基底各网格的反力为 $\{p\} = \{R/f\}$。

对非文克勒地基上的刚性基础，可任选一个等于常数的基床系数 k 值，以集中变基床系数 $K_i = kf_i$ 代入式（3-74）求解，并以所得的 $\{p\}$ 作为逐次逼近首轮计算的基底反力起始值，然后参照 3.5.3 节的步骤（4）和（5）进行迭代计算。如不采用变基床系数和迭代算法，则一般要求解以基底反力 $\{p\}$ 和 θ_x、θ_y 及 w_0 为未知数的 $n+3$ 元的线性代数方程组。

若需考虑邻近荷载的影响，可将接触条件改成下式：

$$\{s\} = \{w\} - \{s_d\} \tag{3-76}$$

式中 $\{s_d\}$——由邻近荷载引起的基础各网格中点的附加沉降列向量：

$$\{s_d\} = \{s_{d1},\ s_{d2},\ \cdots,\ s_{dn}\}^{\mathrm{T}}$$

相应地，式（3-74）成为：

$$[C]\{\theta\} = \{M\} + [X]^{\mathrm{T}}[K]\{s_d\} \tag{3-77}$$

本节理论同样适用于桩基刚性承台中各桩荷载的计算。此时 K_i 为桩的刚度，R_i 为桩所受的荷载 Q_i。

习　题

3-1　对习图 3-1 中条形基础上的框架，当下列四项中其余条件相同时，绘出各个情况的基底反力分布和框架与基础弯矩分布对比示意图，并说明作用于基础上的柱荷载变动趋势：(*a*) 比较强柱弱梁、弱柱强梁两种情况；(*b*) 比较框架刚度较大和基础刚度较大两种情况；(*c*) 比较中柱下地基压缩性较大和边柱下地基压缩性较大两种情况；(*d*) 比较高压缩性地基和低压缩性地基两种情况。

3-2　某过江隧道底面宽度为 33m，隧道 *A*、*B* 段下的土层分布依次为：*A* 段，粉质黏土，软塑，厚度 2m，$E_s=4.2$MPa，其下为基岩；*B* 段，黏土，硬塑，厚度 12m，$E_s=18.4$MPa，其下为基岩。试分别计算 *A*、*B* 段的地基基床系数，并比较计算结果。

（答案：$k_A=2100\text{kN/m}^3$，$k_B=1533\text{kN/m}^3$）

3-3　习图 3-3 中承受集中荷载的钢筋混凝土条形基础的抗弯刚度 $EI=2\times10^6\text{kN}\cdot\text{m}^2$，梁长 $l=10$m，底面宽度 $b=2$m，基床系数 $k=4199\text{kN/m}^3$，试计算基础中点 *C* 的挠度、弯矩和基底净反力。

（答案：$w_C=13.4$mm，$M_C=1232.6\text{kN}\cdot\text{m}$，$p_C=56.3$kPa）

3-4　以倒梁法计算例 3-1 中的条形基础内力。

（答案：梁中点弯矩 $M_C=663.3\text{kN}\cdot\text{m}$）

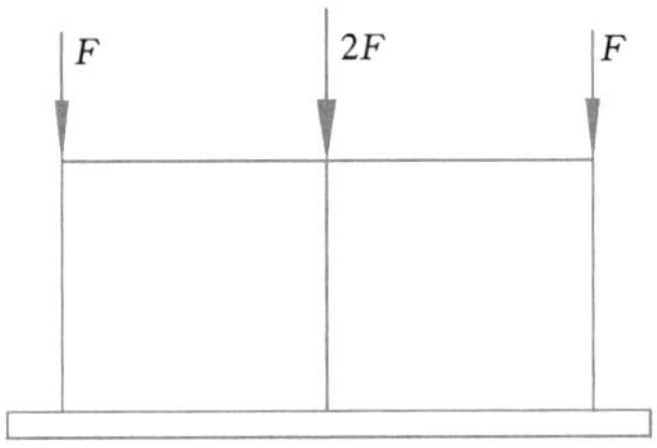

习图　3-1

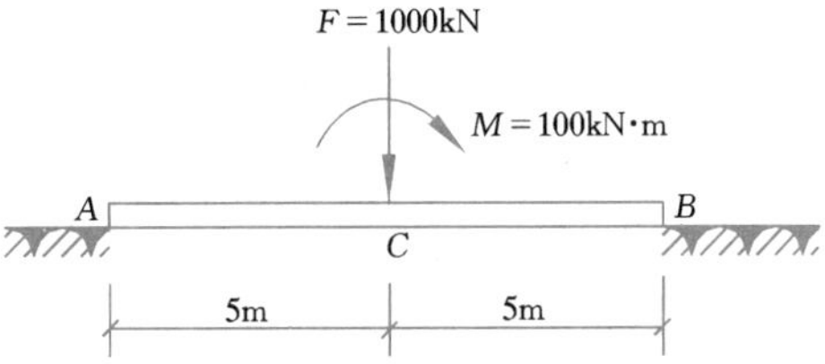

习图　3-3

第4章 桩 基 础

4.1 概 述

深基础是埋深较大、以下部坚实土层或岩层作为持力层的基础，其作用是把所承受的荷载相对集中地传递到地基的深层，而不像浅基础那样，是通过基础底面把所承受的荷载扩散分布于地基的浅层。因此，当建筑场地的浅层土质不能满足建筑物对地基承载力和变形的要求，而又不适宜采取地基处理措施时，就要考虑采用深基础方案了。深基础主要有桩基础、地下连续墙和沉井等几种类型，其中桩基础是一种最为古老且应用最为广泛的基础形式。本章着重讨论桩基础的理论与实践。

4.1.1 桩基础的使用

桩是设置于土中的竖直或倾斜的柱形基础构件，其横截面尺寸比长度小得多，它与连接桩顶和承接上部结构的承台组成深基础，简称桩基（图 4-1）。承台将各桩联成整体，把上部结构传来的荷载转换、调整分配于各桩，由穿过软弱土层或水的桩传递到深部较坚硬的、压缩性小的土层或岩层。桩所承受的轴向荷载是通过作用于桩周土层的桩侧摩阻力和桩端地层的桩端阻力来支承的；而水平荷载则依靠桩侧土层的侧向阻力来支承。

桩基础的使用有着悠久的历史，早在史前的建筑活动中，人类远祖就已经在湖泊和沼泽地带采用木桩来支承房屋。随着近代工业技术和科学技术的发展，桩的材料、种类和桩基础形式、桩的施工工艺和设备、桩基础设计计算理论和方法、桩的原型试验和检测方法等各方面都有了很大的发展。由于桩基础具有承载力高、稳定性好、沉降量小而均匀等特点，因此，桩基础已成为在土质不良地区修建各种建筑物所普遍采用的基础形式，在高层建筑、桥梁、港口和近海结构等工程中得到广泛应用。

一般说来，下列情况可考虑采用桩基础方案：

（1）天然地基承载力和变形不能满足要求的高重建筑物；

（2）天然地基承载力基本满足要求，但沉降量过大，需利用桩基础减少沉降的建筑物，如软土地基上的多层住宅建筑，或在使用上、生产上对沉降限制严格的建筑物；

（3）重型工业厂房和荷载很大的建筑物，如仓库、料仓等；

（4）软弱地基或某些特殊性土上的各类永久性建筑物；

（5）作用有较大水平力和力矩的高耸结构物（如烟囱、水塔等）的基础，或需以桩承受水平力或上拔力的其他情况；

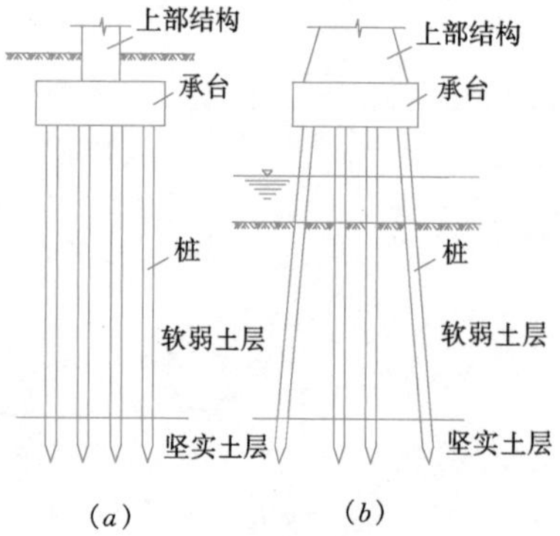

图 4-1 桩基础示意图

（a）低承台桩基础；（b）高承台桩基础

(6) 需要减弱其振动影响的动力机器基础，或以桩基础作为地震区建筑物的抗震措施；

(7) 地基土有可能被水流冲刷的桥梁基础；

(8) 需穿越水体和软弱土层的港湾与海洋构筑物基础，如栈桥、码头、海上采油平台及输油、输气管道支架等。

4.1.2 桩基础的类型

根据承台与地面相对位置的高低，桩基础可分为低承台桩基础和高承台桩基础两种。低承台桩基础的承台底面位于地面以下，而高承台桩基础的承台底面则高出地面以上，如图 4-1 所示。

在工业与民用建筑中，几乎都使用低承台桩基础，而且大量采用的是竖直桩，甚少采用斜桩；但在桥梁、港湾和海洋构筑物等工程中，则常常使用高承台桩基础，且较多采用斜桩，以承受较大的水平荷载。

4.1.3 桩基础的设计原则

桩基础是由桩、土和承台共同组成的基础，设计时应结合地区经验考虑桩、土、承台的共同作用。由于相应于地基破坏时的桩基础极限承载力甚高，同时桩基础承载力的取值在一定范围内取决于桩基础变形量控制值的大小，也就是说，大多数桩基础的首要问题是在于控制其沉降量，因此，桩基础设计应按变形控制设计。

桩基础设计时，上部结构传至承台上的荷载效应组合与浅基础相同，详见 2.1.3 节。

桩基础设计应满足下列基本条件：

(1) 单桩承受的竖向荷载不应超过单桩竖向承载力特征值；

(2) 桩基础的沉降不得超过建筑物的沉降允许值；

(3) 对位于坡地岸边的桩基础应进行稳定性验算。

此外，对于软土、湿陷性黄土、膨胀土、季节性冻土和岩溶等地区的桩基础，应按有关规范的规定考虑特殊性土对桩基础的影响，并在桩基础设计中采取有效措施。

对于软土地基上的多层建筑，如果邻近地表的土层是具有一定厚度的所谓“硬壳层”，那么，有时决定采用桩基础方案的出发点主要并不是因为地基的承载力不够，而是由于采用浅基础时的地基变形过大，因而需采用桩基础来限制沉降量。在这种情况下，桩是作为减少沉降的措施而设置的，一般所需的桩数较少、桩距较大，以使桩的承载力得以充分的发挥。这种当天然地基承载力基本满足建筑物荷载要求，而以减少沉降为目的设置的桩，特称为“减沉桩”。减沉桩的用桩数量是根据沉降控制条件（即允许沉降量）计算确定的。

4.1.4 桩基础的设计内容

桩基设计包括下列基本内容：

(1) 桩的类型和几何尺寸选择；

(2) 单桩竖向（和水平向）承载力的确定；

(3) 确定桩的数量、间距和平面布置；

(4) 桩基础承载力和沉降验算；

(5) 桩身结构设计；

(6) 承台设计；

(7) 绘制桩基础施工图。

4.2 桩的类型

4.2.1 桩的分类

1. 端承型桩和摩擦型桩

按桩的性状和竖向受力情况，可分为端承型桩和摩擦型桩两大类（图4-2）。

(1) 端承型桩

端承型桩是指桩顶竖向荷载由桩侧阻力和桩端阻力共同承受，但桩端阻力分担荷载较多的桩，其桩端一般进入中密以上的砂类、碎石类土层，或位于中等风化、微风化及新鲜基岩顶面。这类桩的侧摩阻力虽属次要，但不可忽略。

当桩的长径比较小（一般 $l/d \leqslant 10$），桩身穿越软弱土层，桩端设置在密实砂类、碎石类土层中或位于中等风化、微风化及未风化硬质岩石顶面（即入岩深度 $h_r \leqslant 0.5d$），桩顶竖向荷载绝大部分由桩端阻力承受，而桩侧阻力很小可以忽略不计时，称为端承桩。

当桩端嵌入完整和较完整的中等风化、微风化及未风化硬质岩石一定深度以上（$h_r > 0.5d$）时，称为嵌岩桩。嵌岩桩的桩侧与桩端荷载分担比与孔底沉渣及进入基岩深度有关，桩的长径比不是制约荷载分担的唯一因素。工程实践中，嵌岩桩一般按端承桩设计，即只计端阻、不计侧阻和嵌岩阻力，当然，这并不意味着嵌岩桩不存在侧阻和嵌岩阻力，而是考虑到硬质岩石强度超过桩身混凝土强度，嵌岩桩的设计是以桩身强度控制，不必要再计入侧阻和嵌岩阻力等不定因素。实践及研究表明，即使是桩端穿过覆盖层、嵌入新鲜基岩的钻孔灌注桩，只要新鲜岩面以上覆盖层内桩的长径比足够大，覆盖层便能良好地发挥桩侧阻力作用，同时，嵌岩段的侧阻力常是构成单桩承载力的主要分量，也就是说，侧阻和嵌岩阻力是嵌岩桩传递轴向荷载的主要途径，因此，嵌岩桩不宜划归端承桩这一类。

(2) 摩擦型桩

摩擦型桩是指桩顶竖向荷载由桩侧阻力和桩端阻力共同承受，但桩侧阻力分担荷载较多的桩。一般摩擦型桩的桩端持力层多为较坚实的黏性土、粉土和砂类土，且桩的长径比不很大。

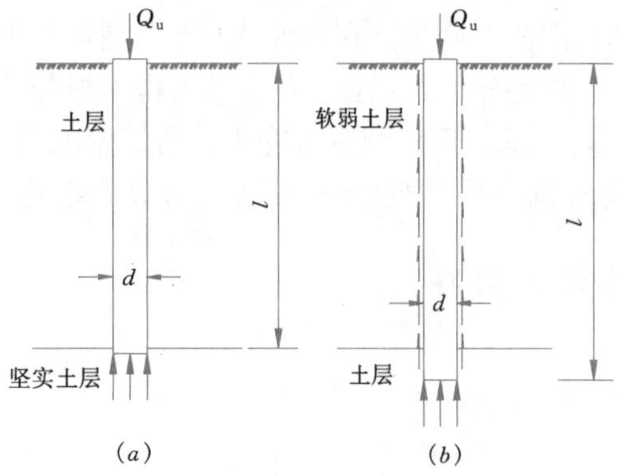

图4-2　桩按荷载传递方式分类
(a) 端承型桩；(b) 摩擦型桩

当桩顶竖向荷载绝大部分由桩侧阻力承受，而桩端阻力很小可以忽略不计时，称为摩擦桩。例如：①桩的长径比很大，桩顶荷载只通过桩身压缩产生的桩侧阻力传递给桩周土，因而桩端下土层无论坚实与否，其分担的荷载都很小；②桩端下无较坚实的持力层；③桩底残留虚土或残渣较厚的灌注桩；④打入邻桩使先前设置的桩上抬、甚至桩端脱空等情况。

2. 预制桩和灌注桩

根据施工方法的不同，可分为预制桩和灌注桩两大类。

(1) 预制桩

根据所用材料不同，预制桩可分为混凝土预制桩、钢桩和木桩三类。目前，木桩在工程中已甚少使用，这里主要介绍混凝土预制桩和钢桩。

1) 混凝土预制桩

混凝土预制桩的横截面有方、圆等各种形状，普通实心方桩的截面边长一般为300～500mm。混凝土预制桩可以在工厂生产，也可在现场预制。现场预制桩的长度一般在25～30m以内，工厂预制桩的分节长度一般不超过12m，沉桩时在现场连接到所需长度。分节预制桩的接头质量应保证满足桩身承受轴力、弯矩和剪力的要求，连接方法有焊接接桩、法兰接桩和硫磺胶泥锚接桩三种。前两种接桩方法可用于各种土层；硫磺胶泥锚接桩适用于软土层。

混凝土预制桩的配筋主要受起吊、运输、吊立和沉桩等各阶段的应力控制，因而用钢量较大。为减少混凝土预制桩的钢筋用量、提高桩的承载力和抗裂性，可采用预应力混凝土桩。

预应力混凝土管桩（图4-3）采用先张法预应力工艺和离心成型法制作。经高压蒸汽养护生产的为预应力高强混凝土管桩（代号为PHC桩），其桩身离心混凝土强度等级不低于C80；未经高压蒸汽养护生产的为预应力混凝土管桩（代号为PC桩），其桩身离心混凝土强度等级为C60～C80。建筑工程中常用的PHC、PC管桩的外径为300～600mm，分节长度为7～13m，沉桩时桩节处通过焊接端头板接长。桩的下端设置十字形桩尖、圆锥形桩尖或开口形桩尖（图4-4）。

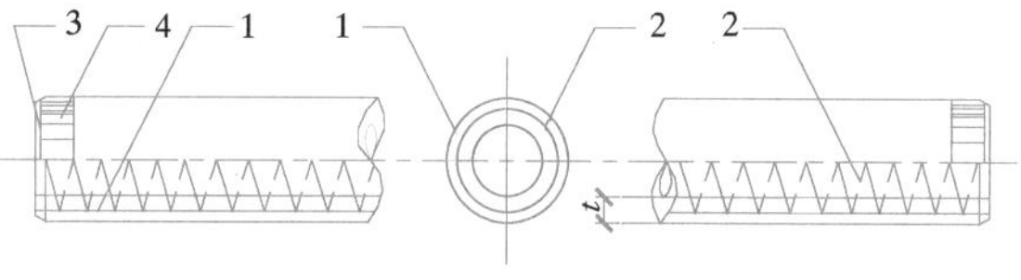

图4-3 预应力混凝土管桩

1—预应力钢筋；2—螺旋箍筋；3—端头板；4—钢套箍；t—壁厚

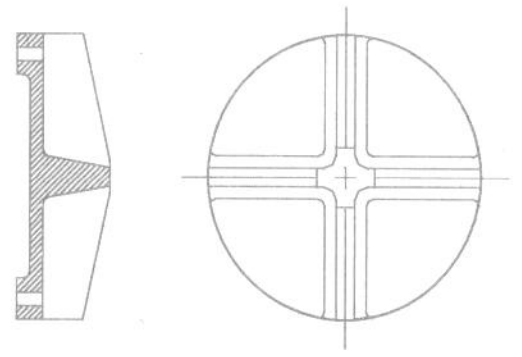

图4-4 预应力混凝土管桩的封口十字形钢桩尖

在普通预应力混凝土管桩的预应力钢筋骨架中加入一定数量的非预应力钢筋，形成一种新型混合配筋骨架的预应力管桩——PRC桩。与传统PHC、PC管桩相比，PRC桩采用混合配筋方式，提高了预应力混凝土管桩的桩身承载力，增强了管桩的延性及工程耐久性。

2) 钢桩

工程常用的钢桩有H型钢桩以及下端开口或闭口的钢管桩等。H型钢桩的横截面大都呈正方形，截面尺寸为200mm×200mm～360mm×410mm，翼缘和腹板的厚度为9～26mm。H型钢桩贯入各种土层的能力强，对桩周土的扰动亦较小。由于H型钢桩的横截面面积较小，因此能提供的端部承载力并不高。钢管桩的直径一般为400～3000mm，壁厚为6～50mm，国内工程中常用的大致为400～1200mm，壁厚为9～20mm。端部开口的钢管桩易于打入（沉桩困难时，可在管内取土以助沉），但端部承载力较闭口的钢管桩小。

钢桩的穿透能力强，自重轻、锤击沉桩的效果好，承载能力高，无论起吊、运输或是沉桩、接桩都很方便。但钢桩的耗钢量大，成本高，抗腐蚀性能较差，须做表面防腐蚀处理，目前我国只在少数重要工程中使用。

预制桩的沉桩方式主要有：锤击法、振动法和静压法等。

1）锤击法沉桩

锤击法沉桩是用桩锤（或辅以高压射水）将桩击入地基中的施工方法，适用于地基土为松散的碎石土（不含大卵石或漂石）、砂土、粉土以及可塑黏性土的情况。锤击法沉桩伴有噪声、振动和地层扰动等问题，在城市建设中应考虑其对环境的影响。

2）振动法沉桩

振动法沉桩是采用振动锤进行沉桩的施工方法，适用于可塑状的黏性土和砂土，对受振动时土的抗剪强度有较大降低的砂土地基和自重不大的钢桩，沉桩效果更好。

3）静压法沉桩

静压法沉桩是采用静力压桩机将预制桩压入地基中的施工方法。静压法沉桩具有无噪声、无振动、无冲击力、施工应力小、桩顶不易损坏和沉桩精度较高等特点。但较长桩分节压入时，接头较多会影响压桩的效率。

（2）灌注桩

灌注桩是直接在所设计桩位处成孔，然后在孔内加放钢筋笼（也有省去钢筋的）再浇灌混凝土而成。灌注桩的横截面呈圆形，可以做成大直径和扩底桩。通过选择适当的成孔设备和施工方法，灌注桩可适用于各种类型的地基土。与混凝土预制桩比较，灌注桩一般只根据使用期间可能出现的内力配置钢筋，用钢量较省；当持力层顶面起伏不平时，桩长可在施工过程中根据要求在某一范围内取定。但在成孔成桩过程中，应采取相应的措施和方法保证灌注桩桩身的成形和混凝土质量，这是保证灌注桩承载力的关键所在。

灌注桩有不下几十个品种，大体可归纳为沉管灌注桩、钻（冲、磨）孔灌注桩、挖孔灌注桩和爆扩孔灌注桩几大类。同一类桩还可按施工机械和施工方法以及直径的不同予以细分。

1）沉管灌注桩

沉管灌注桩是指采用锤击沉管打桩机或振动沉管打桩机，将套上预制钢筋混凝土桩尖或带有活瓣桩尖（沉管时桩尖闭合，拔管时活瓣张开以便浇灌混凝土）的钢管沉入土层中成孔，然后边灌注混凝土、边锤击或边振动边拔出钢管并安放钢筋笼而形成的灌注桩。锤击沉管灌注桩的常用直径（指预制桩尖的直径）为300～500mm，振动沉管灌注桩的直径一般为400～500mm。沉管灌注桩桩长常在20m以内，可打至硬塑黏土层或中、粗砂层。在黏性土中，振动沉管灌注桩的沉管穿透能力比锤击沉管灌注桩稍差，承载力也比锤击沉管灌注桩低些。这种桩的施工设备简单，沉桩进度快，成本低，但很易产生缩颈（桩身截面局部缩小）、断桩、局部夹土、混凝土离析和强度不足等质量问题。

2）钻（冲）孔或旋挖灌注桩

各种钻（冲）孔或旋挖桩在施工时都要把桩孔位置处的土排出地面，然后清除孔底残渣，安放钢筋笼，最后浇灌混凝土。

钻（冲）孔或旋挖灌注桩的成孔机械主要有正循环或反循环钻机、潜水钻机、冲击钻机、冲挖钻机、长（短）螺旋钻机、旋挖钻机等，通常采用泥浆护壁法或套管护壁成孔，对位于地下水位以上的桩可采用干作业法成孔。

目前，桩径为 600 或 650mm 的钻孔灌注桩，国内常用回转机具成孔，桩长 10～30m；1200mm 以下的钻（冲）孔灌注桩在钻进时不下钢套筒，而是采用泥浆保护孔壁以防塌孔，清孔（排走孔底沉渣）后，在水下浇灌混凝土。更大直径（1500～3000mm）的钻（冲）孔桩一般用钢套筒护壁。钻（冲）孔或旋挖灌注桩的成孔机械具有回旋钻进、冲击、磨头磨碎岩石和扩大桩底等多种功能，钻进速度快，深度可达 80m，能克服流砂、消除孤石等障碍物，并能进入微风化硬质岩石。其最大优点在于能进入岩层，刚度大，因此承载力高而桩身变形很小。

3）挖孔桩

挖孔桩可采用人工或机械挖掘成孔，每挖深 0.9～1.0m，就现浇或喷射一圈混凝土护壁（上、下圈之间用插筋连接），然后安放钢筋笼，灌注混凝土而成（图 4-5）。人工挖孔桩的桩身直径一般为 800～2000mm，最大可达 3500mm。当持力层承载力低于桩身混凝土受压承载力时，桩端可扩底，视扩底端部侧面和桩端持力层土性情况，扩底端直径与桩身直径之比 D/d 不应超过 3，最大扩底直径可达 4500mm。

扩底变径尺寸一般按 $b/h=1/3 \sim 1/2$（砂土取 1/3，粉土、黏性土和岩层取 1/2）的要求进行控制。扩底端可分为平底和弧底两种，平底加宽部分的直壁段高（h_1）宜为 300～500mm，且（$h+h_1$）>1000mm；弧底的矢高 h_1 取（0.1～0.15）D（图 4-6）。

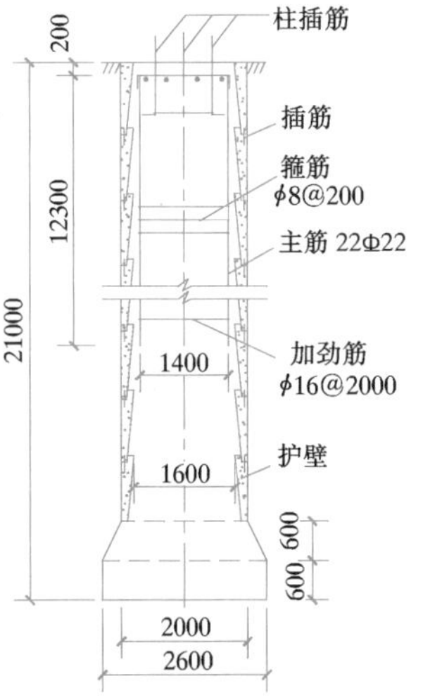

图 4-5 人工挖孔桩示例

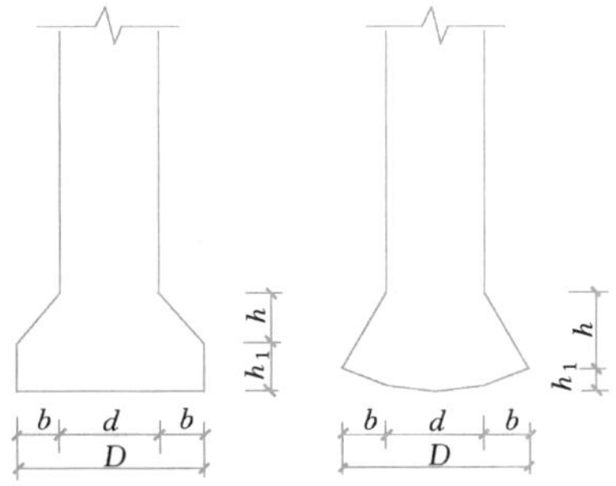

图 4-6 扩底端构造

挖孔桩的桩身长度宜限制在 30m 内。当桩长 $L \leqslant 8$m 时，桩身直径（不含护壁）不宜小于 0.8m；当 $8\text{m} < L \leqslant 15$m 时，桩身直径不宜小于 1.0m；当 $15\text{m} < L \leqslant 20$m 时，桩身直径不宜小于 1.2m；当桩长 $L > 20$m 时，桩身直径应适当加大。

挖孔桩的优点是，可直接观察地层情况，孔底易清除干净，设备简单，噪声小，场区各桩可同时施工，桩径大，适应性强，又较经济；缺点是桩孔内空间狭小、劳动条件差，可能遇到流砂、塌孔、有害气体、缺氧、触电和上面掉下重物等危险而造成伤亡事故，在松砂层（尤其是地下水位下的松砂层）、极软弱土层、地下水涌水量多且难以抽水的地层中难以施工或无法施工。鉴于人工挖孔灌注桩施工作业因塌方、毒气、高处坠物、触电而造成的人员伤亡重大安全事故时有发生，目前已有部分省市出台了逐步限制和淘汰人工挖孔灌注桩的规定。

4）爆扩灌注桩

爆扩灌注桩是指就地成孔后，在孔底放入炸药包并灌注适量混凝土后，用炸药爆炸扩大孔底，再安放钢筋笼，灌注桩身混凝土而成的桩。爆扩桩的桩身直径一般为 200～350mm，扩大头直径一般取桩身直径的 2～3 倍，桩长一般为 4～6m，最深不超过 10m。这种桩的适应性强，除软土和新填土外，其他各种地层均可用，最适宜在黏土中成型并支承在坚硬密实土层上的情况。

我国常用灌注桩的适用范围见表 4-1。

各种灌注桩适用范围　　表 4-1

<table>
<tr><th colspan="2">成孔方法</th><th>适用范围</th></tr>
<tr><td rowspan="3">泥浆护壁成孔</td><td>冲抓
冲击　600～1500mm
回转钻 400～3000mm</td><td>碎石类土、砂类土、粉土、黏性土及风化岩。冲击成孔的，进入中等风化和微风化岩层的速度比回转钻快，深度可达 50m</td></tr>
<tr><td>旋挖 800～2500mm</td><td>碎石类土、砂类土、粉土、黏性土及风化岩，深度可达 80m</td></tr>
<tr><td>潜水钻 450～3000mm</td><td>黏性土、淤泥、淤泥质土及砂土，深度可达 80m</td></tr>
<tr><td rowspan="4">干作业成　孔</td><td>螺旋钻 300～1500mm</td><td>地下水位以上的黏性土、粉土、砂类土及人工填土，深度可达 30m</td></tr>
<tr><td>钻孔扩底，底部直径可达 1200mm</td><td>地下水位以上的坚硬、硬塑的黏性土及中密以上的砂类土，深度在 15m 内</td></tr>
<tr><td>机动洛阳铲 270～500mm</td><td>地下水位以上的黏性土、黄土及人工填土，深度在 20m 内</td></tr>
<tr><td>人工挖孔 800～3500mm</td><td>地下水位以上的黏性土、黄土及人工填土，深度在 25m 内</td></tr>
<tr><td rowspan="2">沉管成孔</td><td>锤击 320～800mm</td><td>硬塑黏性土、粉土、砂类土，直径 600mm 以上的可达强风化岩，深度可达 20～30m</td></tr>
<tr><td>振动 300～500mm</td><td>可塑黏性土、中细砂，深度可达 20m</td></tr>
<tr><td colspan="2">爆扩成孔，底部直径可达 800mm</td><td>地下水位以上的黏性土、填土、黄土</td></tr>
</table>

4.2.2　桩的成型方式效应

桩的成型方式（打入或钻孔成桩等）不同，桩周土受到的挤土作用也很不相同。挤土作用会引起桩周土的天然结构、应力状态和性质产生变化，从而影响桩的承载力，这种变化与土的类别、性质特别是土的灵敏度、密实度和饱和度有密切关系。对摩擦型桩，成桩后的承载力还随时间呈一定程式的增长，一般来说，初期增长速度较快，随后逐级变缓，一段时间后则趋于某一极限值。

1. 挤土桩、部分挤土桩和非挤土桩

根据成桩方法对桩周土层的影响，桩可分为挤土桩、部分挤土桩和非挤土桩三类。

(1) 挤土桩

实心的预制桩、下端封闭的管桩、木桩以及沉管灌注桩等打入桩，在锤击、振动贯入或压入过程中，都将桩位处的土大量排挤开，因而使桩周土层受到严重扰动，土的原状结构遭到破坏，土的工程性质有很大变化。黏性土由于重塑作用而降低了抗剪强度（过一段时间可恢复部分强度）；而非密实的无黏性土则由于振动挤密而使抗剪强度提高。

（2）部分挤土桩

开口的钢管桩、H型钢桩和开口的预应力混凝土管桩，在成桩过程中，都对桩周土体稍有挤土作用，但土的原状结构和工程性质变化不大。因此，由原状土测得的物理力学性质指标一般可用于估算部分挤土桩的承载力和沉降。

（3）非挤土桩

先钻孔后再打入的预制桩和钻（冲或挖）孔桩，在成桩过程中，都将与桩体积相同的土体挖出，故设桩时桩周土不但没有受到排挤，相反可能因桩周土向桩孔内移动而产生应力松弛现象。因此，非挤土桩的桩侧摩阻力常有所减小。

2. 挤土桩的成桩效应

挤土桩成桩过程中产生的挤土作用，将使桩周土扰动重塑、侧向压应力增加，且桩端附近土也会受到挤密。非饱和土因受挤而增密，增密的幅度随密实度减小或黏性降低而增大。而饱和黏性土则因瞬时排水固结效应不显著、体积压缩变形小而引起超孔隙水压力，使土体产生横向位移和竖向隆起，致使桩密集设置时先打入的桩被推移或被抬起，或对邻近的结构物造成重大影响。因此，黏性土与非黏性土，饱和与非饱和状态，松散与密实状态，其挤土效应差别较大。一般来说，松散的非黏性土挤密效果最佳，密实或饱和黏性土的挤密效果较小。

（1）黏性土中挤土桩的成桩效应

饱和黏性土中挤土桩的成桩效应，集中表现在成桩过程使桩侧土受到挤压、扰动、重塑，产生超孔隙水压力及随后出现超孔隙水压力消散、产生再固结和触变恢复等方面。

桩侧土按沉桩过程中受到的扰动程度可分为三个区：重塑区Ⅰ，部分扰动区Ⅱ和非扰动区Ⅲ（Ⅰ区、Ⅱ区为塑性区，其半径一般为2.5～5倍桩径，Ⅲ区为弹性区），如图4-7所示。重塑区因受沉桩过程的竖向剪切、径向挤压作用而充分扰动重塑。

沉桩引起的超孔隙水压力在桩土界面附近最大，但当瞬时超孔隙水压力超过竖向或侧向有效应力时便会产生水力劈裂而消散，因此，成桩过程的超孔隙水压力一般稳定在土的有效自重压力范围内。沉桩后，超孔隙水压力消散初期较快，以后变缓。

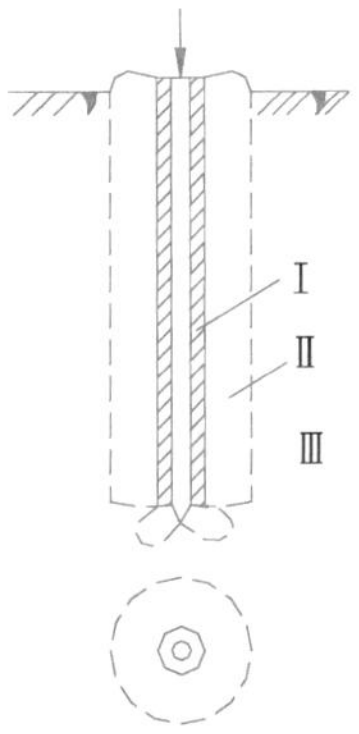

图4-7 桩周挤土分区

由于沉桩引起的挤压应力、超孔隙水压力在桩土界面最大，因此，在不断产生相对位移、黏聚力最小的桩土界面上将形成一“水膜”，该水膜既降低了沉桩贯入阻力（若打桩中途停歇、水膜消散，则沉桩阻力会大大增加），又在桩表面形成了排水通道，使靠近桩土界面的5～20mm土层快速固结、并随静置和固结时间的延长强度快速增长，逐步形成一紧贴于桩表面的硬壳层（图4-7Ⅰ区）。当桩受竖向荷载产生竖向位移时，其剪切面将发生在Ⅰ、Ⅱ区的交界面（相当于桩表面积增大了），因而桩侧阻力取决于Ⅱ区土的强度。由于Ⅱ区土体强度也因再固结、触变作用而最终超过天然状态，因此，黏性土中的挤土效应将使桩侧阻力提高。

值得一提的是，虽然挤土塑性区半径与桩径成正比增大，但桩土界面的最大挤土压力仅与土的强度、模量和泊松比有关。因此，桩周土的压缩增强效应是有限的，挤土量达到某一临界值后增强效应不再变化。

（2）砂土中挤土桩的成桩效应

非密实砂土中的挤土桩，桩周土因侧向挤压使部分颗粒被压碎及土颗粒重新排列而趋于密实。在松散至中密的砂土中设置挤土桩，桩周土受挤密的范围，桩侧可达 3～5.5 倍桩径，桩端下可达 2.5～4.5 倍桩径。对于桩群，桩周土的挤密效应更为显著。因此，非密实砂土中挤土桩的承载力增加是由打桩引起的相对密实度增加所造成的。

（3）饱和黏性土中挤土摩擦型桩承载力的时间效应

饱和黏性土中挤土摩擦型桩的承载力随时间而变化的主要原因在于：

① 沉桩引起的超孔隙水压力在沉桩挤压应力下消散，导致桩周土再固结，其强度随时间逐渐恢复（甚至超过原始强度）；

② 沉桩过程中受挤压扰动的桩周土，因土的触变作用使被损失的强度随时间逐步恢复。

研究表明，在土质相同的条件下，饱和黏性土中挤土摩擦型桩承载力随时间的增长幅度，无论是单桩还是群桩，均与桩径、桩长有关，桩径愈大、桩愈长，增幅愈大，且前期增长速率愈大，趋于稳定值所需的时间也愈长。与独立单桩相比，群桩由于沉桩所产生的挤土效应受桩群相互作用的影响而加强，土的扰动程度大、超孔隙水压力更大，因此，群桩中单桩的初始承载力及初期增长速率虽然都比独立单桩低，但其增长延续时间长、增长幅度大，且群桩中桩愈多，时效引起的承载力增量愈大。

3. 非挤土桩的成桩效应

非挤土桩在成孔过程中，随着孔壁侧向应力的解除，桩周土将出现侧向松弛变形而产生松弛效应，导致桩周土体强度削弱，桩侧阻力随之降低。桩侧阻力的降低幅度与土性、有无护壁、孔径大小等诸多因素有关。

（1）黏性土中非挤土桩的成桩效应

黏性土中的钻（挖）孔桩，在干作业无护壁条件下，孔壁土处于自由状态，将产生向孔内方向的径向位移，虽然浇筑混凝土后径向位移会有所恢复，但桩周土仍将产生一定程度的松弛效应；而在泥浆护壁条件下，孔壁土处于泥浆侧压平衡状态，侧向变形受到约束，松弛效应较小。尽管黏性土中钻（挖）孔桩成孔时的孔壁松弛效应并不明显，但桩、土之间的附着力却小于桩设置前的不排水黏聚力，这可能是由于成孔后黏性土体中的水分向孔壁周围的低应力区迁移以及孔壁土从潮湿混凝土中吸收水分等原因，引起孔壁周围黏性土软化所致；另一方面，在泥浆护壁条件下，桩侧阻力受泥浆稠度、混凝土浇筑等因素的影响而变化较大。因此，黏性土中钻（挖）孔桩的桩侧阻力或多或少会有所降低。

此外，桩端下的黏性土可能受到钻孔机具操作的扰动与软化，孔底残留有虚土或沉渣，这不但会使桩端阻力降低，还将导致沉降量增大。

（2）砂土中非挤土桩的成桩效应

砂土中的大直径钻（挖）孔桩一般需用钢套管或泥浆护壁。在钢套管护壁条件下由于套管沉拔时边摇动边压拔，将造成孔壁砂土产生松动。砂土中的成桩松弛效应对桩侧阻力的削弱有较大的影响，一般桩侧阻力随桩径增大而呈双曲线型减小。

（3）黏性土中非挤土摩擦型桩承载力的时间效应

黏性土中非挤土摩擦型桩的承载力随时间而变化的主要原因在于：

① 成孔过程中受扰动的孔壁土，因土的触变作用使被损失的强度随时间逐步恢复；

② 泥浆护壁成桩时附着于孔壁的泥浆随时间触变硬化。

一般来说，黏性土中非挤土摩擦型桩承载力的时效，泥浆护壁法成桩要比干作业法成桩明显，干作业法成桩因其孔壁土扰动范围小，承载力的时效一般可予忽略。与挤土桩相比，非挤土桩由于成桩过程不产生挤土效应，不引起超孔隙水压力，土的扰动范围较小，因此，非挤土摩擦型桩承载力的时间效应相对较小。

4.3 桩的竖向承载力

4.3.1 单桩轴向荷载的传递机理

在确定竖直单桩的轴向承载力时，有必要大致了解施加于桩顶的竖向荷载是如何通过桩—土相互作用传递给地基以及单桩是怎样到达承载力极限状态等基本概念。

1. 桩身轴力和截面位移

逐级增加单桩桩顶荷载时，桩身上部受到压缩而产生相对于土的向下位移，从而使桩侧表面受到土的向上摩阻力。随着荷载增加，桩身压缩和位移随之增大，遂使桩侧摩阻力从桩身上段向下渐次发挥；桩底持力层也因受压引起桩端反力，导致桩端下沉、桩身随之整体下移，这又加大了桩身各截面的位移，引发桩侧上下各处摩阻力的进一步发挥。当沿桩身全长的摩阻力都到达极限值之后，桩顶荷载增量就全归桩端阻力承担，直到桩底持力层破坏、无力支承更大的桩顶荷载为止。此时，桩顶所承受的荷载就是桩的极限承载力。

由此可见，单桩轴向荷载的传递过程就是桩侧阻力与桩端阻力的发挥过程。桩顶荷载通过发挥出来的侧阻力传递到桩周土层中去，从而使桩身轴力与桩身压缩变形随深度递减（图 4-8*e*、*c*）。一般说来，靠近桩身上部土层的侧阻力先于下部土层发挥，侧阻力先于端阻力发挥。

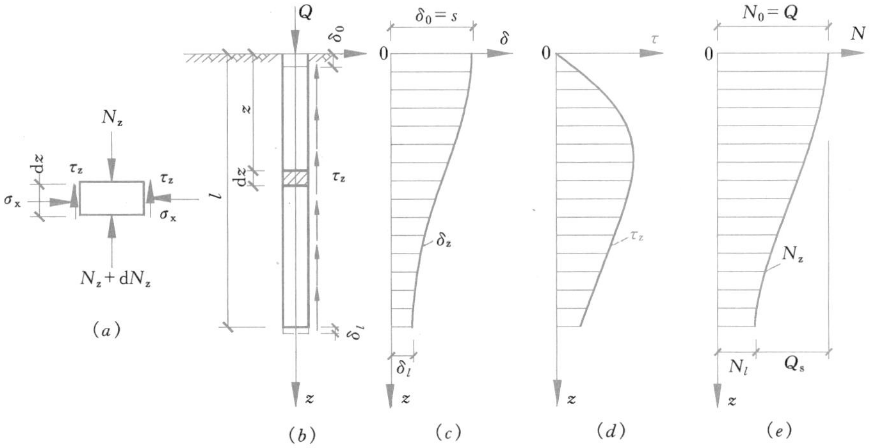

图 4-8 单桩轴向荷载传递

(*a*) 微桩段的作用力；(*b*) 轴向受压的单桩；(*c*) 截面位移曲线；

(*d*) 摩阻力分布曲线；(*e*) 轴力分布曲线

图4-8（a）表示长度为l的竖直单桩在桩顶轴向力$N_0=Q$作用下，于桩身任一深度z处横截面上所引起的轴力N_z将使截面下桩身压缩、桩端下沉δ_l，致使该截面向下位移了δ_z。从作用于深度z处、周长为u_p、厚度为dz的微小桩段上力的平衡条件：

$$N_z-\tau_z\cdot u_p\cdot dz-(N_z+dN_z)=0 \tag{4-1}$$

可得桩侧摩阻力τ_z与桩身轴力N_z的关系：

$$\tau_z=-\frac{1}{u_p}\cdot\frac{dN_z}{dz} \tag{4-2}$$

τ_z也就是桩侧单位面积上的荷载传递量。由于桩顶轴力Q沿桩身向下通过桩侧摩阻力逐步传给桩周土，因此轴力N_z就相应地随深度而递减（所以上式右端带负号）。桩底的轴力N_l即桩端总阻力$Q_p=N_l$，而桩侧总阻力$Q_s=Q-Q_p$。

根据桩段dz的桩身压缩变形$d\delta_z$与桩身轴力N_z之间的关系$d\delta_z=-N_z\times\frac{dz}{A_pE_p}$，可得：

$$N_z=-A_pE_p\frac{d\delta_z}{dz} \tag{4-3}$$

式中 A_p及E_p为桩身横截面面积和弹性模量。

将式（4-3）代入式（4-2）得：

$$\tau_z=\frac{A_pE_p}{u_p}\frac{d^2\delta_z}{dz^2} \tag{4-4}$$

式（4-4）是单桩轴向荷载传递的基本微分方程。它表明桩侧摩阻力τ是桩截面对桩周土的相对位移δ的函数［$\tau=f(\delta)$］，其大小制约着土对桩侧表面的向上作用的正摩阻力τ的发挥程度。

由图4-8（a）可知，任一深度z处的桩身轴力N_z应为桩顶荷载$N_0=Q$与z深度范围内的桩侧总阻力之差：

$$N_z=Q-\int_0^z u_p\tau_z dz \tag{4-5}$$

桩身截面位移δ_z则为桩顶位移$\delta_0=s$与z深度范围内的桩身压缩量之差：

$$\delta_z=s-\frac{1}{A_pE_p}\int_0^z N_z\cdot dz \tag{4-6}$$

上述二式中如取$z=l$，则式（4-5）变为桩底轴力N_l（即桩端总阻力Q_p）表达式；式（4-6）则变为桩端位移δ_l（即桩的刚体位移）表达式。

单桩静载荷试验时，除了测定桩顶荷载Q作用下的桩顶沉降s外，如还通过沿桩身若干截面预先埋设的应力或位移量测元件（钢筋应力计、应变片、应变杆等）获得桩身轴力N_z分布图，便可利用式（4-2）及式（4-6）作出摩阻力τ_z和截面位移δ_z分布图（图4-8e、d、c）了。

2. 影响荷载传递的因素

在任何情况下，桩的长径比l/d(桩长与桩径之比)对荷载传递都有较大的影响。根据l/d的大小，桩可分为短桩($l/d<10$)、中长桩($l/d>10$)、长桩($l/d>40$)和超长桩($l/d>100$)。

N. S. 马特斯—H. G. 波洛斯（Mattes-Poulos，1969，1971）通过线弹性理论分析，

得到影响单桩荷载传递的因素主要有：

（1）桩端土与桩周土的刚度比 E_b/E_s：E_b/E_s 愈小，桩身轴力沿深度衰减愈快，即传递到桩端的荷载愈小。对于中长桩，当 $E_b/E_s=1$（即均匀土层）时，桩侧摩阻力接近于均匀分布、几乎承担了全部荷载，桩端阻力仅占荷载的 5%左右，即属于摩擦桩；当 E_b/E_s 增大到 100 时，桩身轴力上段随深度减小，下段近乎沿深度不变，即桩侧摩阻力上段可得到发挥，下段则因桩土相对位移很小（桩端无位移）而无法发挥出来，桩端阻力分担了 60%以上荷载，即属于端承型桩；E_b/E_s 再继续增大，对桩端阻力分担荷载比的影响不大。

（2）桩土刚度比 E_p/E_s（桩身刚度与桩侧土刚度之比）：E_p/E_s 愈大，传递到桩端的荷载愈大，但当 E_p/E_s 超过 1000 后，对桩端阻力分担荷载比的影响不大。而对于 $E_p/E_s \leqslant 10$ 的中长桩，其桩端阻力分担的荷载几乎接近于零，这说明对于砂桩、碎石桩、灰土桩等低刚度桩组成的基础，应按复合地基工作原理进行设计。

（3）桩端扩底直径与桩身直径之比 D/d：D/d 愈大，桩端阻力分担的荷载比愈大。对于均匀土层中的中长桩，当 $D/d=3$ 时，桩端阻力分担的荷载比将由等直径桩（$D/d=1$）的约 5%增至约 35%。

（4）桩的长径比 l/d：随 l/d 的增大，传递到桩端的荷载减小，桩身下部侧阻力的发挥值相应降低。在均匀土层中的长桩，其桩端阻力分担的荷载比趋于零。对于超长桩，不论桩端土的刚度多大，其桩端阻力分担的荷载都小到可略而不计，即桩端土的性质对荷载传递不再有任何影响，且上述各影响因素均失去实际意义。可见，长径比很大的桩都属于摩擦桩，在设计这样的桩时，试图采用扩大桩端直径来提高承载力，实际上是徒劳无益的。

3. 桩侧摩阻力和桩端阻力

桩侧摩阻力 τ 与桩-土界面相对位移 δ 的函数关系，可用图 4-9 中曲线 OCD 表示，且常简化为折线 OAB。OA 段表示桩-土界面相对位移 δ 小于某一限值 δ_u 时，摩阻力 τ 随 δ 线性增大；AB 段则表示一旦桩-土界面相对滑移超过某一限值，摩阻力 τ 将保持极限值 τ_u 不变。按照传统经验，桩侧摩阻力达到极限值 τ_u 所需的桩-土相对滑移极限值 δ_u 基本上只与土的类别有关、而与桩径大小无关，根据试验资料为 4～6mm（对黏性土）或 6～10mm（对砂类土）。

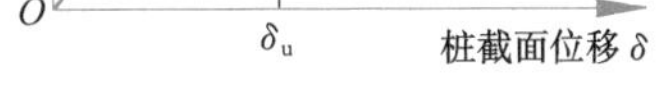

图 4-9 τ-δ 曲线

极限摩阻力 τ_u 可用类似于土的抗剪强度的库伦公式表达：

$$\tau_u = c_a + \sigma_x \tan\varphi_a \tag{4-7}$$

式中 c_a 和 φ_a 为桩侧表面与土之间的附着力和摩擦角，σ_x 为深度 z 处作用于桩侧表面的法向压力，它与桩侧土的竖向有效应力 σ'_v 成正比例，即

$$\sigma_x = K_s \sigma'_v \tag{4-8}$$

式中 K_s 为桩侧土的侧压力系数，对挤土桩 $K_0<K_s<K_p$；对非挤土桩，因桩孔中土被清除，而使 $K_a<K_s<K_0$。此处，K_a、K_0 和 K_p 分别为主动、静止和被动土压力系数。

以式（4-7）、式（4-8）的有效应力法计算深度 z 处的单位极限侧阻时，如取 $\sigma'_v=\gamma' z$，

则侧阻将随深度线性增大。然而砂土中的模型桩试验表明，当桩入土深度达到某一临界深度后，侧阻就不随深度增加了，这个现象称为侧阻的深度效应。A. S. 维西克（Vesic，1967）认为：它表明邻近桩周的竖向有效应力未必等于覆盖应力，而是线性增加到临界深度（z_c）时达到一个限值（σ'_{vc}），他将其归因于土的“拱作用”。据此，曾作出桩周土中竖向自重应力 σ'_v 的理想化分布图（图 4-13a）。

由此可见，桩侧极限摩阻力与所在的深度、土的类别和性质、成桩方法等诸多因素有关，即发挥极限桩侧摩阻力 τ_u 所需的桩-土相对滑移极限值 δ_u 不仅与土的类别有关，还与桩径大小、施工工艺、土层性质和分布位置有关。

按土体极限平衡理论导得的、用于计算桩端阻力的极限平衡理论公式有很多。可统一表达为：

$$q_{pu} = \zeta_c c N_c^* + \zeta_\gamma \gamma_1 b N_\gamma^* + \zeta_q \gamma h N_q^* \tag{4-9}$$

式中　c——土的黏聚力；

γ_1、γ——分别为桩端平面以下和桩端平面以上土的重度，地下水位以下取有效重度；

b、h——桩端宽度（直径）、桩的入土深度；

ζ_c、ζ_γ、ζ_q——桩端为方形、圆形时的形状系数；

N_c^*、N_γ^*、N_q^*——条形基础无量纲的承载力因数，仅与土的内摩擦角 φ 有关。

由于 N_γ 与 N_q 接近，而桩径 b 远小于桩深 h，故可略去式(4-9)中第二项，得：

$$q_{pu} = \zeta_c c N_c^* + \zeta_q \gamma h N_q^* \tag{4-10}$$

式中的形状系数 ζ_c、ζ_q 可按表 4-2 取值。

形　状　系　数　　　　表 4-2

φ	ζ_c	ζ_q
<22°	1.20	0.80
25°	1.21	0.79
30°	1.24	0.76
35°	1.32	0.68
40°	1.68	0.52

（引自 Arpad Kezdi，1975）

以式（4-10）计算单位极限端阻时，端阻将随桩端入土深度线性增大。然而，模型和原型桩试验研究都表明，与侧阻的深度效应类似，端阻也存在深度效应现象。当桩端入土深度小于某一临界值时，极限端阻随深度线性增加，而大于该深度后则保持恒值不变，这一深度称为端阻的临界深度，它随持力层密度的提高、上覆荷载的减小而增大。不同的资料给出侧阻与端阻的临界深度之比可变动于 0.3～1.0。关于侧阻和端阻的深度效应问题都有待进一步研究。此外，当桩端持力层下存在软弱下卧层且桩端与软弱下卧层的距离小于某一厚度时，桩端阻力将受软弱下卧层的影响而降低。这一厚度称为端阻的临界厚度，它随持力层密度的提高、桩径的增大而增大。

通常情况下，单桩受荷过程中桩端阻力的发挥不仅滞后于桩侧阻力，而且其充分发挥所需的桩底位移值比桩侧摩阻力到达极限所需的桩身截面位移值大得多。根据小型桩试验所得的桩底极限位移 δ_u 值，对砂类土为 $d/12 \sim d/10$，对黏性土为 $d/10 \sim d/4$（d 为桩径）；但对于粗短的支承于坚硬基岩上的桩，一般清底好且桩不太长，桩身压缩量小和桩端沉降小，在桩侧阻力尚未充分发挥时便因桩身材料强度的破坏而失效。因此，对工作状态下的单桩，除支承于坚硬基岩上的粗短桩外，桩端阻力的安全储备一般大于桩侧摩阻力的安全储备。

单桩静载荷试验所得的荷载-沉降（Q-s）关系曲线所呈现的沉降特征和破坏模式，是荷载作用下桩-土相互作用内在机制的宏观反映，大体分为陡降型（A）和缓变型（B）两类型态（图 4-10），它们随桩侧和桩端土层分布与性质、桩的形状和尺寸（桩径、桩长及其比值）、成桩工艺和成桩质量等诸多因素而变化。对桩底持力层不坚实、桩径不大、破坏时桩端刺入持力层的桩，其 Q-s 曲线多呈“急进破坏”的陡降型，相应于破坏时的特征点明显，据之可确定单桩极限承载力 Q_u。对桩底为非密实砂类土或粉土、清孔不净残留虚土、桩底面积大、桩底塑性区随荷载增长逐渐扩展的桩，则呈“渐进破坏”的缓变型，其 Q-s 曲线不具有表示变形性质突变的明显特征点，因而较难确定极限承载力。为了发挥这类桩的潜力，其极限承载力 Q'_u 宜按建筑物所能承受的最大沉降 s_u 确定。事实上，对于 Q-s 曲线呈缓变型的桩，在荷载达到极限承载力 Q'_u 后再继续施加荷载，也不会导致桩的整体失稳和沉降的显著增大，因此这类桩的极限承载力并不取决于桩的最大承载能力或整体失稳，而受“不适于继续承载的变形”制约。

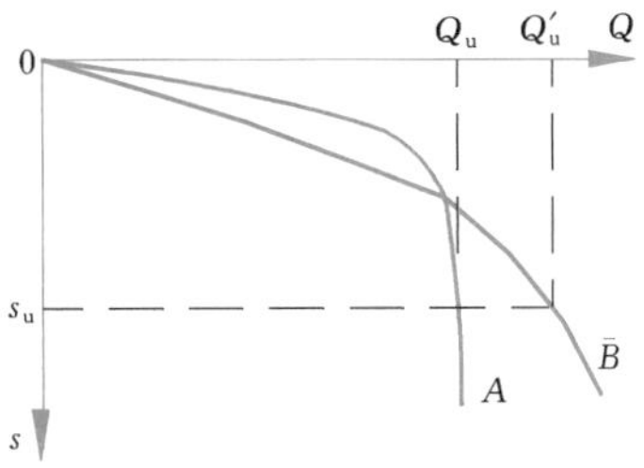

图 4-10　单桩荷载-沉降曲线
A—陡降型；B—缓变型

4.3.2　单桩竖向承载力的确定

单桩竖向承载力的确定，取决于两方面：其一，桩身的材料强度；其二，地层的支承力。设计时分别按这两方面确定后取其中的小值。如按桩的载荷试验确定，则已兼顾到这两方面。

按材料强度计算低承台桩基的单桩承载力时，可把桩视作轴心受压杆件，而且不考虑纵向压屈的影响（取纵向弯曲系数为 1），这是由于桩周存在土的约束作用之故。对于通过很厚的软黏土层而支承在岩层上的端承型桩或承台底面以下存在可液化土层的桩以及高承台桩基，则应考虑压屈影响。

单桩竖向极限承载力 Q_u 由桩侧总极限摩阻力 Q_{su} 和桩端总极限阻力 Q_{bu} 组成，若忽略二者间的相互影响，可表示为：

$$Q_u = Q_{su} + Q_{bu} \tag{4-11}$$

以单桩竖向极限承载力 Q_u 除以安全系数 K 即得单桩竖向承载力特征值 R_a：

$$R_a = \frac{Q_u}{K} = \frac{Q_{su}}{K_s} + \frac{Q_{bu}}{K_p} \tag{4-12}$$

通常取安全系数 $K=2$。前已提及，由于侧阻与端阻呈异步发挥，工作荷载（相当于允许承载力）下，侧阻可能已发挥出大部分，而端阻只发挥了很小一部分。因此，一般情况下 $K_s<K_p$，对于短粗的支承于基岩的桩，$K_s>K_p$。分项安全系数 K_s、K_p 的大小同桩型、桩侧与桩端土的性质、桩的长径比、成桩工艺与质量等诸多种因素有关。虽然采用分项安全系数确定单桩允许承载力要比采用单一安全系数更符合桩的实际工作性状，但要付诸应用，还有待于积累更多的资料。因此，现行国家标准《建筑地基基础设计规范》GB 50007 仍采用单一安全系数 K 来确定单桩竖向承载力。

1. 静载荷试验

静载荷试验是评价单桩承载力诸法中可靠性较高的一种方法。

挤土桩在设置后须隔一段时间才开始载荷试验。这是由于打桩时土中产生的孔隙水压力有待消散，且土体因打桩扰动而降低的强度也有待随时间而部分恢复。所需的间歇时间：预制桩在砂类土中不得少于 7 天；粉土和黏性土不得少于 15 天；饱和软黏土不得少于 25 天。灌注桩应在桩身混凝土达到设计强度后才能进行。

在同一条件下，进行静载荷试验的桩数不宜少于总桩数的 1%，且不应少于 3 根。

试验装置主要包括加荷稳压部分、提供反力部分和沉降观测部分。静荷载一般由安装在桩顶的油压千斤顶提供。千斤顶的反力可通过锚桩承担（图 4-11*a*），或借压重平台上的重物来平衡（图 4-11*b*）。量测桩顶沉降的仪表主要有百分表或电子位移计等。根据试验记录，可绘制各种试验曲线，如荷载-桩顶沉降（*Q*-*s*）曲线（图 4-12*a*）和沉降-时间（对数）（*s*-lg*t*）曲线（图 4-12*b*），并由这些曲线的特征判断桩的极限承载力。

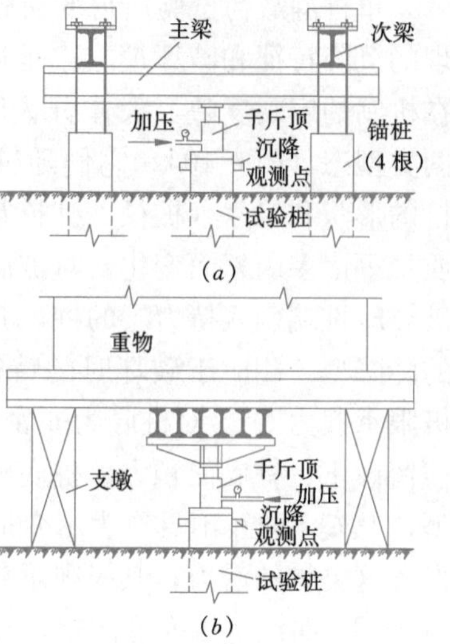

图 4-11　单桩静载荷试验的加荷装置

（*a*）锚桩横梁反力装置；

（*b*）压重平台反力装置

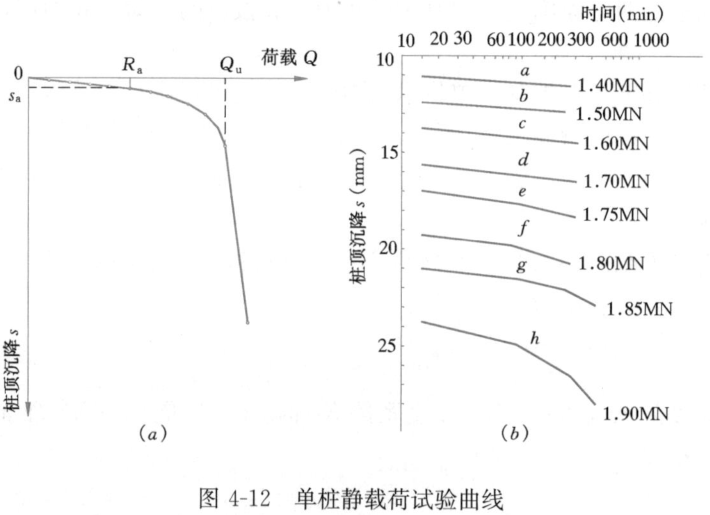

图 4-12　单桩静载荷试验曲线

（*a*）单桩 *Q*-*s* 曲线；（*b*）单桩 *s*-lg*t* 曲线

关于单桩竖向静载荷试验的方法、终止加载条件以及单桩竖向极限承载力的确定详见《建筑地基基础设计规范》GB 50007 附录 Q。

单桩竖向静载荷试验的极限承载力必须进行统计，计算参加统计的极限承载力的平均值，当满足其极差不超过平均值的 30%时，可取其平均值为单桩竖向极限承载力 Q_u；当极差超过平均值的 30%时，宜增加试桩数并分析离差过大的原因，结合工程具体情况确定极限承载力 Q_u。对桩数为 3 根及 3 根以下的柱下桩台，则取最小值为单桩竖向极限承载力 Q_u。

将单桩竖向极限承载力 Q_u 除以安全系数 2，作为单桩竖向承载力特征值 R_a。

2. 按土的抗剪强度指标确定

以土力学原理为基础的单桩极限承载力公式在国外广泛采用。这类公式在土的抗剪强度指标的取值上考虑了理论公式所无法概括的某些影响因素，例如：土的类别和排水条件、桩的类型和设置效应等，所以仍是带经验性的。以下简介由 H. G. 波洛斯（Poulos）等综合有关学者研究成果而推荐的计算公式以供参考。

（1）单桩承载力的一般表达式

单桩净极限承载力 Q_u 等于桩侧总极限摩阻力 Q_{su} 与桩端总极限阻力 Q_{bu} 之和减去桩的重量 G，即

$$Q_u = Q_{su} + Q_{bu} - G \tag{4-13}$$

式中桩侧总极限摩阻力 Q_{su} 根据式（4-7）、桩端总极限阻力 Q_{bu} 根据式（4-10）计算：

$$Q_u = \int_0^l u_p(c_a + K_s\sigma_v\tan\varphi_a)\mathrm{d}z + (\zeta_c cN_c^* + \zeta_q\gamma hN_q^*)A_b - G \tag{4-14}$$

单桩竖向允许承载力（即承载力特征值）R_a 为：

$$R_a = Q_u/K$$

（2）黏性土中单桩的承载力

1）对于正常固结、弱超固结或灵敏黏性土中的桩，由于在桩设置和受荷初期，桩周土来不及排水固结，故宜按总应力分析法取不固结不排水抗剪强度估算其短期极限承载力。当黏性土饱和时，不固结不排水内摩擦角 $\varphi_u=0$（此时 $N_q^*=1$），且 φ_a 也可取为零，取黏聚力 c 为 c_u，于是，式（4-14）可表达为：

$$Q_u = \int_0^l u_p c_a\mathrm{d}z + (\zeta_c c_u N_c^* + \zeta_q\gamma h)A_b - G \tag{4-15}$$

式中 γh 为桩端处土的竖向自重应力 σ_{vb}，γhA_b 为与桩同体积的土重。假设 $\zeta_q\gamma hA_b$ 约等于桩重 G，则上式可简化为如下短期极限承载力表达式：

$$Q_u = \int_0^l u_p c_a\mathrm{d}z + \zeta_c c_u N_c^* A_b = u_p\sum c_{ai}l_i + c_u N_c A_b \tag{4-16}$$

式中右边两项分别与 Q_{su} 和 Q_{bu} 对应，第一项为桩侧分别厚为 l_i 的各层土所提供的极限摩阻力的总和。式中有关计算参数 c_u、c_a 和 N_c（$N_c=\zeta_c N_c^*$）说明如下：

根据 G. G. 梅耶霍夫（Meyerhof）单桩承载力破坏模式，c_u 应为桩底以上三倍桩径至桩底以下一倍桩径（或桩宽）范围内土的不排水抗剪强度平均值，可按试验结果取值。对裂隙黏土宜采用包含裂隙的大试样测定。对钻孔桩，裂隙黏土的 c_u 可取三轴不排水抗剪强度的 0.75 倍。

N_c 为按塑性力学理论（土的不排水内摩擦角 $\varphi_u=0$）确定的深基础的地基承载力系数，当长径比 $l/d>5$ 时，$N_c=9$（根据 Skempton，1959）。

c_a 为桩土之间的附着力，M. J. 唐林森（Tomlinson，1970）以附着力因数 α 与 c_u 联系起来：

$$c_a = \alpha c_u \tag{4-17}$$

对软黏土 $\alpha=1$ 或更大，但随 c_u 的增大而迅速降低。对全长打入硬黏土中的桩，由于靠近桩顶处出现土的开裂以及桩侧与土脱开现象，当桩长 $l\leqslant 20d$ 时，α 取 0.4。打入桩穿过上部其他土层时，上层土被桩拖带进入下卧硬黏土层而影响其 c_a 值，这种现象称为“涂抹作用”。当进入硬土层的长度 $l_1\leqslant 20d$ 时，如上部为砂、砾，α 增至 1.25，上部为软土，则降为 0.4。不属于上述情况者取 $\alpha=0.7$。对打入桩，c_a 取值不得超过 100kPa。对钻孔桩，α 的取值还不成熟，平均约为 0.45。对扩底桩，桩底以上 2 倍桩身直径范围内的附着力不予考虑，即取$\alpha=0$。

【例 4-1】 承台底面下长度 12.5m 的预制桩截面为 350mm×350mm，打穿厚度 $l_1=$ 5m 的淤泥质土（以重塑试样测定的 $c_u=16$kPa），进入硬塑黏土的长度$l_2=7.5$m，取黏土的 $c_u=130$kPa，试计算单桩承载力特征值。

【解】 $l_2 = 7.5\text{m} > 20d = 7.0\text{m}$，故取 $\alpha = 0.7$

对硬黏土　$c_a = \alpha c_u = 0.7\times 130 = 91\text{kPa} < 100\text{kPa}$

$$\begin{aligned} Q_u &= c_u N_c A_b + u_p(c_{a1}l_1 + c_{a2}l_2) \\ &= 130\times 9\times 0.35^2 + 4\times 0.35\times(16\times 5 + 91\times 7.5) \\ &= 143.3 + 1067.5 = 1210.8\text{kN} \end{aligned}$$

取安全系数为 2，则单桩承载力特征值为：

$$R_a = 1210.8/2 = 605.4\text{kN}$$

2）强超固结黏土或非灵敏黏土中桩的设计可能受排水条件下的长期承载力的控制，宜按有效应力分析法取固结不排水抗剪强度估算。如假设桩-土间的附着力 c'_a 为零且式（4-14）中所含的 N_c^* 可忽略不计，则式（4-14）可简化为：

$$Q_u = \int_0^l u_p \sigma'_v K_s \tan\varphi'_a \mathrm{d}z + \zeta_q \gamma h N_q^* A_b - G \tag{4-18a}$$

式中各有关计算参数说明如下：

σ'_v 为桩侧土的竖向有效自重压力，γh 为桩端土的竖向有效自重压力 σ'_{vb}。φ'_a 可以取用黏性土的有效内摩擦角 φ'。地基承载力系数 N_q^* 是 φ' 的函数，$\zeta_q N_q^* = N_q$ 可以取用与在砂土中的桩同样数值（图 4-13d）。对于坚硬黏性土中的打入桩，K_s 约为静止土压力系数 K_0 的 1.5 倍，而对于钻孔桩，K_s 约为 0.75 倍 K_0。超固结土的 K_0 可根据超固结比 OCR 大致按下式估算：

$$K_0 = (1-\sin\varphi')\sqrt{OCR} \tag{4-19}$$

如假设 $\gamma h A_b$ 约等于桩重 G，则式（4-18a）可进一步简化，于是，排水条件下的长期承载力表达式为：

$$Q_u = u_p \sum \sigma'_{vi} K_{si} \tan\varphi_{ai} l_i + \sigma'_{vb}(N_q - 1)A_b \tag{4-18b}$$

式中 σ'_{vi} 为桩侧厚为 l_i 的第 i 层土的竖向有效自重压力平均值。

（3）无黏性土中单桩的承载力

对无黏性土，可按触探资料分层。由于无黏性土 $c=0$，且桩-土间的附着力 c'_a 也为零，则式（4-14）可简化为：

$$Q_u = \int_0^l u_p \sigma'_v K_s \tan\varphi'_a dz + \zeta_q \gamma h N_q^* A_b - G \tag{4-20a}$$

上式虽然在形式上与式（4-18a）完全相同，但σ'_v、K_s、$\tan\varphi'_a$的取值却不同。如取$\zeta_q N_q^* = N_q$，并假设$\gamma h A_b$约等于桩重G，则式（4-20a）可进一步简化为：

$$Q_u = u_p \sum \sigma'_{vc}(K_s \tan\varphi'_a)_i l_i + \sigma'_{vb}(N_q - 1)A_b \tag{4-20b}$$

式中各有关计算参数说明如下：

σ'_v为桩侧土中竖向有效自重压力。考虑到4.3.1节3中述及的侧阻和端阻深度效应，根据维西克的试验研究，认为σ'_v起始随深度线性增加至某一深度z_c时为σ'_{vc}，再往下则大致保持此值不变，计算时可取如图4-13(a)所示的理想化图形，当$z \leqslant z_c$时，照常规计算线性变化的σ'_v值（对地下水位下的土取有效重度计算），并取第i层内土的平均值为σ'_{vi}；从$z = z_c$往下直至桩底取各层的$\sigma'_{vi} = \sigma'_{vc}$，同样，桩底处的$\sigma'_v$为$\sigma'_{vb} = \sigma'_{vc}$。$z_c$由式：$z_c = \eta d$（$d$为桩径）确定，系数$\eta$为土的内摩擦角$\varphi'$的函数。

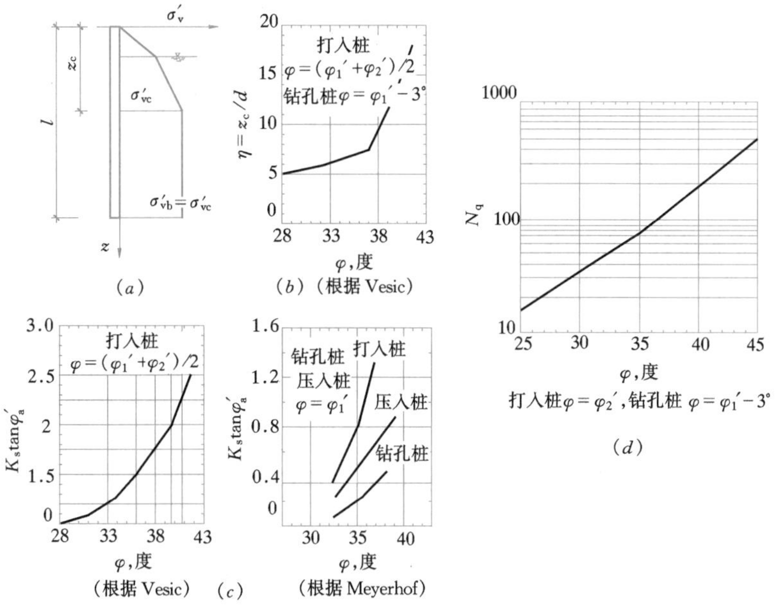

图4-13 单桩承载力计算用图

(a) σ'_v的理想分布；(b) 无黏性土中桩的η值；

(c) 无黏性土中桩的$K_s \tan\varphi'_a$值；(d) 圆形基础承载力系数N_q值

式（4-20b）把K_s与$\tan\varphi'_a$的乘积（$K_s \tan\varphi'_a$）作为一个参数看待，其值与φ'以及桩的类型（如打入桩、钻孔桩或压入桩等）有关。

地基承载力系数N_q^*是φ'的函数，由圆形基础下无黏性土地基承载力的理论解（根据Березанцев，1961）求得。

以上η、（$K_s \tan\varphi_a$）和$\zeta_q N_q^* = N_q$各参数值均按土的内摩擦角φ'由相应的关系曲线（图4-13）查得。查曲线所用的φ'值是根据打桩前、后的内摩擦角φ'_1和φ'_2，考虑不同类型桩的成桩效应加以修正（见各图中的修正公式）而得的。如已知打桩前各层土的标准贯入试验锤击数N值，相应的内摩擦角可按下列大崎（Kishida）经验公式确定：

$$\varphi'_1 = \sqrt{20N} + 15°(度) \tag{4-21}$$

打桩后的内摩擦角 φ'_2，可按下式取值：

$$\varphi'_2 = (\varphi'_1 + 40°)/2(度)$$

3. 确定单桩竖向承载力特征值的规范经验公式

按本节方法确定单桩竖向承载力特征值时，只考虑了土（岩）对桩的支承阻力，而尚未涉及桩身的材料强度。

现行《建筑地基基础设计规范》GB 50007 规定，单桩竖向承载力特征值应通过单桩竖向静载荷试验确定，对地基基础设计等级为丙级的建筑物，可采用静力触探及标贯试验方法确定。初步设计时，单桩竖向承载力特征值可按下式估算：

$$R_a = q_{pa}A_p + u_p \sum q_{sia}l_i \tag{4-22}$$

式中　R_a——单桩竖向承载力特征值；

q_{pa}、q_{sia}——桩端阻力、桩侧阻力特征值，由当地静载荷试验结果统计分析算得；

A_p——桩底横截面面积；

u_p——桩身周边长度；

l_i——第 i 层岩土的厚度。

需要注意的是，当桩长较短、桩端进入刚硬地层时，由于桩一土相对位移较小，不利于桩侧摩阻力发挥。因此，设计取值时对按式（4-22）估算的单桩竖向承载力特征值应进行一定的折减取用。

桩端嵌入完整或较完整的硬质岩中，当桩长较短且入岩较浅时，单桩竖向承载力特征值可按下式估算：

$$R_a = q_{pa}A_p \tag{4-23}$$

式中 q_{pa} 为桩端岩石承载力特征值，可按国家标准《建筑地基基础设计规范》GB 50007附录 H 用岩基载荷试验方法确定，或根据室内岩石饱和单轴抗压强度标准值按下式计算：

$$q_{pa} = \psi_r f_{rk} \tag{4-24}$$

式中　f_{rk}——岩石饱和单轴抗压强度标准值，可按国家标准《建筑地基基础设计规范》GB 50007 附录 J 确定；

ψ_r——折减系数，根据岩体完整程度以及结构面的间距、宽度、产状和组合，由地区经验确定。无经验时，对完整岩体可取 0.5；对较完整岩体可取 0.2～0.5。

上述折减系数 ψ_r 值未考虑施工因素及建筑物使用后风化作用的继续。对于黏土质岩，在确保施工期及使用期不致遭水浸泡时，也可采用天然湿度的试样，不进行饱和处理。

【例 4-2】　同例 4-1，设淤泥质土 $q_{sia}=5\text{kPa}$，硬塑黏土 $q_{sia}=37\text{kPa}$，$q_{pa}=1600\text{kPa}$，试按规范经验公式计算单桩承载力特征值。

【解】　$R_a = q_{pa}A_p + u_p \sum q_{sia}l_i$

$= 1600 \times 0.35^2 + 4 \times 0.35 \times (5 \times 5 + 37 \times 7.5)$

$= 619.5\text{kN}$

4.3.3　竖向荷载下的群桩效应

由 2 根以上桩组成的桩基础称为群桩基础。在竖向荷载作用下，由于承台、桩、土相互作用，群桩基础中的一根桩单独受荷时的承载力和沉降性状，往往与相同地质条件和设置方法的同样独立单桩有显著差别，这种现象称为群桩效应。因此，群桩基础的承载力(Q_g)常不等于其中各根单桩的承载力之和($\sum Q_i$)。通常用群桩效应系数($\eta=Q_g/\sum Q_i$)来衡量群桩基础中各根单桩的平均承载力比独立单桩降低($\eta<1$)或提高($\eta>1$)的幅度。

由摩擦型桩组成的低承台群桩基础，当其承受竖向荷载而沉降时，承台底必产生土反力，从而分担了一部分荷载，使桩基承载力随之提高。根据现有试验与工程实测资料，承台底面处土所分担的荷载，可由零变动至 20%～35%。但对于低承台群桩基础建成后，承台底面与基土可能脱开的情况，一般都不考虑承台贴地时承台底土阻力对桩基承载力的贡献，这种情况大体包括：一是沉入挤土桩的桩周土体因孔隙水压力剧增所引起的隆起、于承台修筑后孔压继续消散而固结下沉，或车辆频繁行驶振动，以及可能产生桩周负摩阻力的各种情况所导致的承台底面与基土的初始接触随时间渐渐松弛而脱离；二是黄土地基湿陷或砂土地震液化所引起的承台底面与基土突然脱开。

以下简述由端承型和摩擦型两类桩组成的低承台群桩基础的群桩效应。对后一类，将分别讨论承台底面脱地和贴地两种情况。

1. 端承型群桩基础

端承型桩基的桩底持力层刚硬，桩端贯入变形较小，由桩身压缩引起的桩顶沉降也不大，因而承台底面土反力(接触应力)很小。这样，桩顶荷载基本上集中通过桩端传给桩底持力层，并近似地按某一压力扩散角(α)向下扩散(图 4-14)，且在距桩底深度为 $h=(s-d)/(2\tan\alpha)$之下产生应力重叠，但并不足以引起坚实持力层明显的附加变形。因此，端承型群桩基础中各根单桩的工作性状接近于独立单桩，群桩基础承载力等于各根单桩承载力之和，群桩效应系数 $\eta=1$。

2. 摩擦型群桩基础

(1)承台底面脱地的情况(非复合桩基)

为便于讨论，先假设承台底面脱地的群桩基础中各桩均匀受荷(图 4-15b)。如同独立单桩(图 4-15a)那样，桩顶荷载(Q)主要通过桩侧阻力引起压力扩散角(α)范围内桩周土中的附加压力。各桩在桩端平面土的附加压力分布面积的直径为$D=d+2l\cdot\tan\alpha$。当桩距

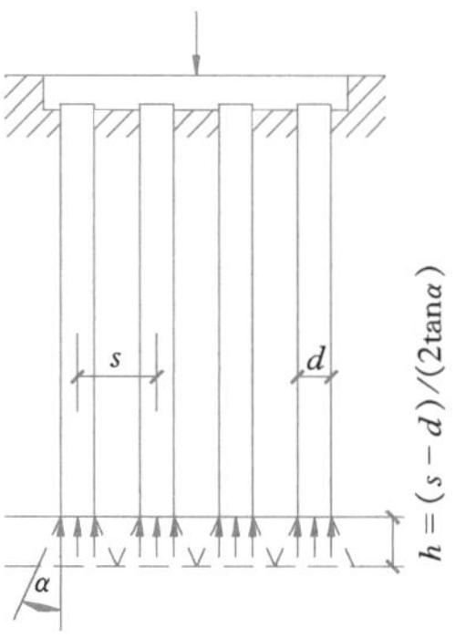

图 4-14 端承型群桩基础

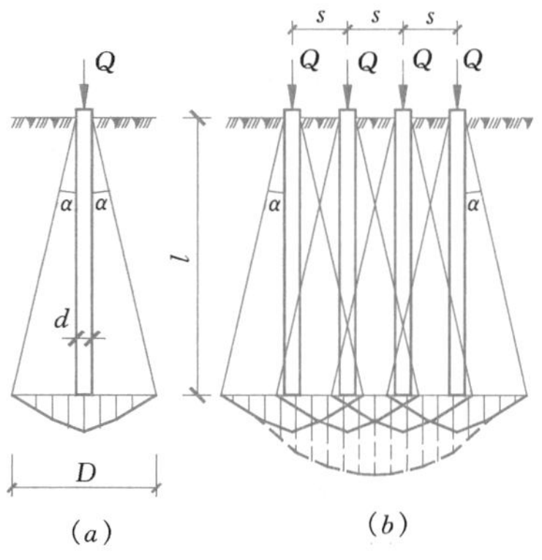

图 4-15 摩擦型桩的桩顶荷载通过侧阻扩散形成的桩端平面压力分布

(a)单桩；(b)群桩

$s<D$ 时，群桩桩端平面上的应力因各邻桩桩周扩散应力的相互重叠而增大(图中虚线所示)。所以，摩擦型群桩的沉降大于独立单桩，对非条形承台下按常用桩距布桩的群桩，桩数愈多则群桩与独立单桩的沉降量之比愈大。摩擦型群桩基础的荷载-沉降曲线属缓变型，群桩效率系数可能小于1，也可能大于1。

实际的群桩效应比上述简化概念复杂得多，它受下列因素的影响而变化：

① 承台刚度的影响：类似于3.2节对刚性浅基础基底反力分布的论述，中心荷载作用下的刚性承台在迫使各桩同步均匀沉降的同时，也使各桩的桩顶荷载发生由承台中部向外围转移的过程。所以，刚性承台下的桩顶荷载分配一般是角桩最大、中心桩最小、边桩居中，而且桩数愈多，桩顶荷载配额的差异愈大。随着承台柔度的增加，各桩的桩顶荷载分配将逐渐与承台上荷载的分布一致。

② 基土性质的影响：对打入较疏松的砂类土和粉土(摩擦性土)中的挤土群桩，其桩间土被明显挤密，致使桩侧和桩端阻力都因而提高；同类土中的非挤土群桩在受荷沉降过程中，桩间土会随之增密、桩侧法向应力增大，而使桩侧摩阻力有所提高。由这两种原因引起的摩阻力增值都以中间桩为大，边桩、角桩相对较小，其分配趋势恰与承台刚度的影响相反，致使桩顶荷载分布趋于均匀。

③ 桩距 s 的影响：以上两项影响都是针对常用桩距($s=3d\sim4d$)而言的，如果桩距过小($s<3d$)，则桩长范围内和桩端平面上的土中应力重叠严重。桩长范围内的应力重叠使桩间土明显压缩下移，导致桩-土界面相对滑移减少，从而降低桩侧阻力的发挥程度；桩端平面上的应力重叠则导致桩端底面外侧竖向压力的增大，再加上邻桩的靠近，其结果都使桩底持力层的侧向挤出受阻，从而提高桩端阻力。此外，桩距的缩小还会加大各桩桩顶荷载配额的差异。反之，如果桩距很大($s>D$，一般大于 $6d$)，以上各项影响都将趋于消失，而各桩的工作性状就接近于独立单桩了。所以说，桩距是影响摩擦型群桩基础群桩效应的主导因素。

(2)承台底面贴地的情况(复合桩基)

承台底面贴地的桩基，除了也呈现承台脱地情况下的各种群桩效应外，还通过承台底面土反力分担桩基荷载，使承台兼有浅基础的作用，而被称为复合桩基(图4-16)。它的单桩，因其承载力含有承台底土阻力的贡献在内，特称为复合单桩，以区别于承载力仅由桩侧和桩端阻力两个分量组成的非复合单桩。

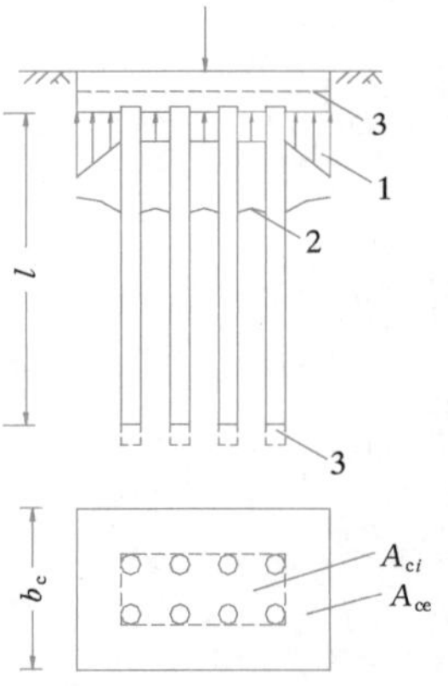

图4-16　复合桩基
1—台底土反力；2—上层土位移；3—桩端贯入、桩基整体下沉

承台底分担荷载的作用是随着桩群相对于基土向下位移幅度的加大而增强的。为了保证台底经常贴地并提供足够的土反力，主要应依靠桩端贯入持力层促使群桩整体下沉才能实现。当然，桩身受荷压缩引起的桩-土相对滑移，也会使台底反力有所增加，但其作用毕竟有限。因此，设计复合桩基时应注意：承台分担荷载既然是以桩基的整体下沉为前提，那么，只有在桩基沉降不会危及建筑物的安全和正常使用且台底不与软土直接接触时，才宜于开发利用承台底土反力的潜力。

刚性承台底面土反力呈马鞍形分布。如以桩群外围包络线为界，将台底面积分为内外两区(图4-16)，则内区反力比外区小而且比较均匀，桩距增大时内外区反力差明显降低。台底分担的荷载总值增加时，反力的塑性重分布不显著而保持反力图式基本不变。利用台底反力分布的上述特征，可以通过加大外区与内区的面积比(A_{ce}/A_{ci})来提高承台分担荷载的份额。

由承台贴地引起的群桩效应可概括为下列三方面(参照冯国栋等，1984)：

①对桩侧阻力的削弱作用：桩-台整体沉降时，贴地承台迫使上部桩间土压缩而下移，这就减少了上部的桩-土相对滑移，从而削弱上段桩侧摩阻力的发挥(但是，随着桩长的增加，这种削弱作用所造成的平均侧阻降幅减少)，甚至会改变桩侧摩阻力逐步发挥的进行方向，使之与单桩的情况相反(即，随着桩端的向下贯入，桩侧摩阻力自桩身中、下段开始逐渐向上发挥)。对于桩身压缩位移不大的中、短桩来说，上述削弱作用更加明显。

②对桩端阻力的增强作用：当承台宽度与桩长之比 $b_c/l>0.5$ 时，由台底扩散传布至桩端平面的竖向压力可以提高对桩底土侧方挤出的约束能力，从而增强桩端极限承载力。此外，台底压力在桩间土中引起的桩侧法向应力，可以增强摩擦性土(砂类土、粉土)中的桩侧摩阻力。

③对基土侧移的阻挡作用：承台下压时，群桩的存在以及台-土接触面摩阻力的引发都对上部桩间土的侧向挤动产生阻挡作用，同时也引起桩身的附加弯矩。

概括地说，对发挥台底土反力的有利因素是：桩顶荷载水平高、桩端持力层可压缩、承台底面下土质好、桩身细而短、布桩少而疏。以带桩筏形基础为例：如果地基上部土层不太差、下部土层可压缩，则可适当减少桩数，以大于常规的桩距布桩，以便提高桩顶荷载(甚至使其高达极限承载力)、迫使桩端贯入压缩性持力层。桩长不宜过短，否则筏板将承担过多的荷载，使桩难以充分发挥作用而失去其存在的意义。一般说来，筏板宽度与桩长之比(b_c/l)取 1.0～2.0 时，可明显提高带桩筏形基础的整体承载力。

4.3.4　减　沉　桩　基

对于软弱地基上的多层(如 5～8 层)住宅建筑，当天然地基承载力已基本接近于满足建筑物荷载要求或虽能满足建筑物荷载要求但沉降量过大时，采用天然地基即便扩大基础面积，沉降量往往仍减不下来；采用各种地基处理方法的人工地基，其技术经济比较结果和实践效果也并非都很理想。于是，传统的做法是在基础下加桩，并假定桩和承台以某一固定比例分担外荷载(一般以桩承受荷载为主)，据此来确定桩数。显然，在天然地基强度已能满足要求的前提下，所增加的桩的作用仅仅是为了减少基础的沉降量。而按传统方法设计的桩是以承载为主，所需的桩数较多，这样做是不合理的。在这种情况下，若采用在基础下天然地基中设置少量的、大间距的摩擦型桩，按控制沉降的桩基础方案进行设计，则不仅能弥补承载力的不足，而且还能非常显著的减少建筑物的沉降量。这种减沉桩基在承台产生一定沉降时，桩可充分发挥并进入极限承载状态，同时承台也分担了相当部分的荷载(甚至可高达 60%～70%)。因此，这种以减少沉降量为目的的桩基，是介于天然地基上的浅基础和常规意义的桩基础(按传统方法设计)之间的一种基础类型，因其考虑了桩-土-承台的相互作用，故实质上也属于摩擦型群桩承台底面贴地时的“复合桩基”，但其设计概念与常规意义的复合桩基完全不同。

工程上，常规意义的复合桩基通常采用按外荷载由桩和承台以某一固定比例分担或在确定单桩承载力时采用人为降低安全系数的方法来近似考虑桩与承台下土的共同作用并确定桩数；而减少沉降量为目的的桩基设计，则应按控制沉降量为原则来确定所需的用桩数量。与按传统方法设计的桩基相比，根据不同的允许沉降量要求，用桩数量有可能大幅度减少，桩的长度也有可能减短。能否实行这种设计方法，必须要有当地的经验，尤其是符合当地工程实践的桩基沉降计算方法，并应满足下列要求：

(1) 桩身强度应按桩顶荷载设计值验算；

(2) 桩、土荷载分配应按上部结构与地基共同作用分析确定；

(3) 桩端进入较好的土层，桩端平面处土层应满足下卧层承载力设计要求；

(4) 桩距可采用 $4d \sim 6d$(d 为桩身直径)。

目前，减沉桩基的设计理论尚不成熟，设计时可按下列思路进行：以筏形基础为例，如果地基上部土层采用筏形基础方案按强度要求尚有一定安全储备、而沉降要求不能满足时，就可考虑按"减沉桩基础"设计。首先，根据初步确定的筏形基础埋深及其底面尺寸，假定若干种不同用桩数量的方案，分别计算出相应的沉降量，得出桩数与沉降的关系曲线；其次，根据建筑物允许沉降量从桩数与沉降的关系曲线上确定所需的用桩数量；最后，验算桩基础承载力，要求按承载力特征值计算的桩基础承载力与土承载力之和应大于等于荷载效应标准组合作用于桩基础承台顶面的竖向力与承台及其上土自重之和，以确保桩基础有合理的安全度，必要时可适当调整筏形基础埋深及其底面尺寸。

4.4　桩基础沉降的计算

4.4.1　单桩沉降的计算

竖向荷载作用下的单桩沉降由下述三部分组成：

(1) 桩身弹性压缩引起的桩顶沉降；

(2) 桩侧阻力引起的桩周土中的附加应力以压力扩散角 (α) 向下传递 (图 4-15a)，致使桩端下土体压缩而产生的桩端沉降；

(3) 桩端荷载引起桩端下土体压缩所产生的桩端沉降。

上述单桩沉降组成三分量的计算，都必须知道桩侧、桩端各自分担的荷载比，以及桩侧阻力沿桩身的分布图式，而荷载比和侧阻分布图式不仅与桩的长度、桩与土的相对压缩性、土的剖面有关，还与荷载水平、荷载持续时间有关。当荷载水平较低时，桩端土尚未发生明显的塑性变形且桩周土与桩之间并未产生滑移，这时单桩沉降可近似用弹性理论进行计算；当荷载水平较高时，桩端土将发生明显的塑性变形，导致单桩沉降组成及其特性都发生明显的变化。此外，桩身荷载的分布还随时间而变化，即荷载传递也存在时间效应，如荷载持续时间很短，桩端土体压缩特性通常呈现弹性性能，反之，如荷载持续时间很长，则需考虑沉降的时间效应，即土的固结与次固结的效应。一般情况下，桩身荷载随时间的推移有向下部和桩端转移的趋势。因此，单桩沉降计算应根据工程问题的性质以及荷载的特点，选择与之相适应的计算方法与参数。

目前单桩沉降计算方法主要有下述几种：(1) 荷载传递分析法；(2) 弹性理论法；(3) 剪切变形传递法；(4) 有限单元分析法；(5) 其他简化方法。这些计算方法的详尽介绍可参见有关书籍。

4.4.2 群桩沉降的计算

群桩的沉降主要是由桩间土的压缩变形（包括桩身压缩、桩端贯入变形）和桩端平面以下土层受群桩荷载共同作用产生的整体压缩变形两部分组成。由于群桩的沉降性状涉及群桩几何尺寸（如桩间距、桩长、桩数、桩基础宽度与桩长的比值等）、成桩工艺、桩基施工与流程、土的类别与性质、土层剖面的变化、荷载大小与持续时间以及承台设置方式等众多复杂因素，因此，目前尚未有较为完善的桩基础沉降计算方法。《建筑地基基础设计规范》GB 50007 推荐的群桩沉降计算方法，不考虑桩间土的压缩变形对沉降的影响，采用单向压缩分层总和法按下式计算桩基础的最终沉降量：

$$s = \psi_p \sum_{j=1}^{m} \sum_{i=1}^{n_j} \frac{\sigma_{j,i} \Delta h_{j,i}}{E_{sj,i}} \tag{4-25}$$

式中 s——桩基最终计算沉降量（mm）；

m——桩端平面以下压缩层范围内土层总数；

$E_{sj,i}$——桩端平面下第 j 层土第 i 个分层在自重应力至自重应力加附加应力作用段的压缩模量（MPa）；

n_j——桩端平面下第 j 层土的计算分层数；

$\Delta h_{j,i}$——桩端平面下第 j 层土的第 i 个分层厚度（m）；

$\sigma_{j,i}$——桩端平面下第 j 层土第 i 个分层的竖向附加应力（kPa）；

ψ_p——桩基沉降计算经验系数，各地区应根据当地的工程实测资料统计对比确定。

地基内的应力分布宜采用各向同性均质线性变形体理论，按实体深基础（桩距不大于 $6d$）或其他方法（包括明德林应力公式方法）计算：

（1）实体深基础（桩距不大于 $6d$）

采用实体深基础计算时，实体深基础的底面与桩端齐平，支承面积可按图 4-17 采用，并假设桩基础如同天然地基上的实体深基础一样工作，按浅基础的沉降计算方法进行计算，计算时需将浅基础的沉降计算经验系数 ψ_s 改为实体深基础的桩基沉降计算经验系数 ψ_p，即

$$s = \psi_p s' \tag{4-26}$$

此时，基底附加压力应为桩底平面处的附加压力。

实体深基础桩基沉降计算经验系数 ψ_p 应根据地区桩基础沉降观测资料及经验统计确定。在不具备条件时，ψ_p 值可按表 4-3 选用。

实体深基础桩基沉降计算经验系数 ψ_p　　表 4-3

$\overline{E}_s$（MPa）	≤15	25	35	≥45
ψ_p	0.5	0.4	0.35	0.25

注：$\overline{E}_s$ 为变形计算深度范围内压缩模量的当量值，按下式计算：

$$\overline{E}_s = \frac{\sum A_i}{\sum \frac{A_i}{E_{si}}}$$

式中 A_i——第 i 层土附加应力系数沿土层厚度的积分值。

实体深基础桩底平面处的基底附加压力 p_{0k} 按下列方法考虑：

1）考虑扩散作用时（图 4-17a）

$$p_{0k}=p_k-\sigma_c=\frac{F_k+G'_k}{A}-\sigma_c \tag{4-27}$$

式中 p_k——相应于作用的准永久组合时的实体深基础底面处的基底压力；

σ_c——实体深基础基底处原有的土中自重应力；

F_k——相应于作用的准永久组合时，作用于桩基承台顶面的竖向力；

G_k'——实体深基础自重，包括承台自重、承台上土重以及承台底面至实体深基础范围内的土重与桩重；$G_k'\approx\gamma A$（$d+l$），其中 γ 为承台、桩与土的平均重度，一般取 19kN/m³，但在地下水位以下部分应扣去浮力；

d、l——承台埋深及自承台底面算起的桩长；

A——实体深基础基底面积，$A=\left(a_0+2l\tan\frac{\varphi}{4}\right)\left(b_0+2l\tan\frac{\varphi}{4}\right)$；

a_0、b_0——桩群外围桩边包络线内矩形面积的长、短边长。

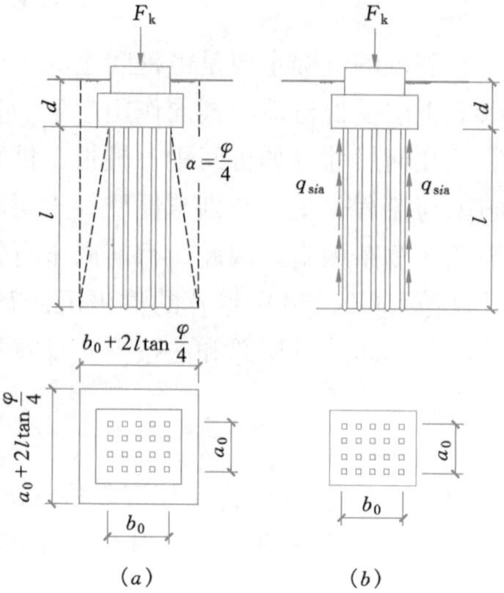

图 4-17 实体深基础的底面积

（a）考虑扩散作用；（b）不考虑扩散作用

2）不考虑扩散作用时（图 4-17b）

$$p_{0k}=p_k-\sigma_c=\frac{F_k+G_k+G_{fk}-2(a_0+b_0)\sum q_{sia}l_i}{a_0b_0}-\gamma_m(d+l)$$

式中 G_k——桩基承台自重及承台上土自重；

G_{fk}——实体深基础的桩及桩间土自重；

γ_m——实体深基础底面以上各土层的加权平均重度。

如认为 $G_{fk}\approx\gamma_m$（$d+l$）a_0b_0，则上式简化为：

$$p_{0k}=\frac{F_k+G_k-2(a_0+b_0)\sum q_{sia}l_i}{a_0b_0} \tag{4-28}$$

（2）明德林（Mindlin）应力公式

采用明德林应力公式计算地基中某点的竖向附加应力值，是根据格德斯（Geddes）对明德林公式积分而导出的应力解，用叠加原理将各根桩在该点所产生的附加应力逐根叠加按下式计算的：

$$\sigma_{j,i}=\sum_{k=1}^{n}(\sigma_{zp,k}+\sigma_{zs,k}) \tag{4-29}$$

单桩在竖向荷载准永久组合作用下的附加荷载为 Q，由桩端阻力 Q_p 和桩侧摩阻力 Q_s 共同承担，且 $Q_p=\alpha Q$，α 是桩端阻力比。桩的端阻力假定为集中力，桩侧摩阻力可假定为沿桩身均匀分布和沿桩身线性增长分布两种形式组成，其值分别为 βQ 和（$1-\alpha-\beta$）Q，如图 4-18 所示。

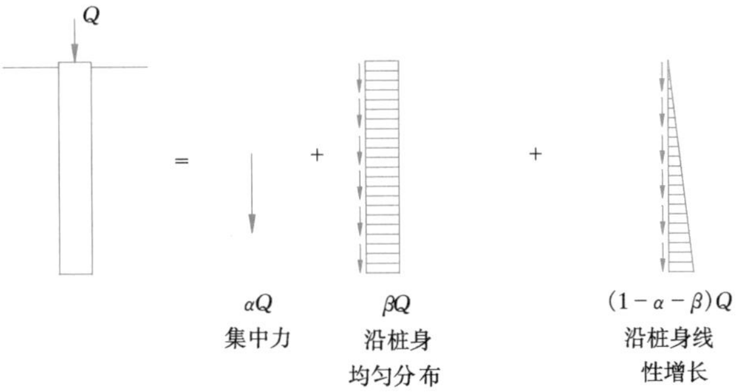

图 4-18 单桩荷载分担

第 k 根桩的端阻力在深度 z 处产生的应力：

$$\sigma_{zp,k}=\frac{\alpha Q}{l^2}I_{p,k} \tag{4-30}$$

第 k 根桩的侧摩阻力在深度 z 处产生的应力：

$$\sigma_{zs,k}=\frac{Q}{l^2}[\beta I_{s1,k}+(1-\alpha-\beta)I_{s2,k}] \tag{4-31}$$

对于一般摩擦型桩，可假定桩侧摩阻力全部是沿桩身线形增长的（即 $\beta=0$），则式（4-31）可简化为：

$$\sigma_{zs,k}=\frac{Q}{l^2}(1-\alpha)I_{s2,k} \tag{4-32}$$

式中 l——桩长；

I_p、I_{s1}、I_{s2}——分别为桩端集中力、桩侧摩阻力沿桩身均匀分布和沿桩身线性增长分布情况下对应力计算点的应力影响系数，按《建筑地基基础设计规范》GB 50007 附录 R 计算。

将式（4-29）～式（4-32）代入式（4-25），可得桩基础单向压缩分层总和法最终沉降量的计算公式：

$$s=\psi_p\frac{Q}{l^2}\sum_{j=1}^{m}\sum_{i=1}^{n_j}\frac{\Delta h_{j,i}}{E_{sj,i}}\sum_{k=1}^{n}[\alpha I_{p,k}+(1-\alpha)I_{s2,k}] \tag{4-33}$$

采用上式计算时，桩端阻力比 α 和桩基础沉降计算经验系数 ψ_p 应根据当地工程的实测资料统计确定。

4.5 桩的负摩擦问题

4.5.1 产生负摩擦的条件和原因

在桩顶竖向荷载作用下，当桩相对于桩侧土体向下位移时，土对桩产生的向上作用的摩阻力，称为正摩阻力（图 4-8*a*）。但是，当桩侧土体因某种原因而下沉，且其下沉量大于桩的沉降（即桩侧土体相对于桩向下位移）时，土对桩产生的向下作用的摩阻力，称为负摩阻力（图 4-19a）。

产生负摩阻力的情况有多种，例如：位于桩周欠固结的软黏土或新填土在重力作用下产生固结；大面积堆载使桩周土层压密；在正常固结或弱超固结的软黏土地区，由于地下水位全面降低（例如长期抽取地下水），致使有效应力增加，因而引起大面积沉降；自重湿陷性黄土浸水后产生湿陷；地面因打桩时孔隙水压力剧增而隆起、其后孔压消散而固结下沉等。

桩侧负摩阻力问题，实质上和正摩阻力一样，只要得知土与桩之间的相对位移以及负摩阻力与相对位移之间的关系，就可以了解桩侧负摩阻力的分布和桩身轴力与截面位移了。

图 4-19（a）表示一根承受竖向荷载的桩，桩身穿过正在固结中的土层而达到坚实土层。在图 4-19（b）中，曲线 1 表示土层不同深度处的位移，曲线 2 为桩的截面位移曲线，曲线 1 和曲线 2 之间的位移差（图中画上横线部分）为桩土之间的相对位移，曲线 1 和曲线 2 的交点（O_1 点）为桩土之间不产生相对位移的截面位置，称为中性点。图 4-19（c）、（d）分别为桩侧摩阻力和桩身轴力曲线，其中 F_n 为负摩阻力的累计值，又称为下拉荷载；F_p 为中性点以下正摩阻力的累计值。中性点是摩阻力、桩土之间的相对位移和桩身轴力沿桩身变化的特征点。从图中易知，在中性点 O_1 点之上，土层产生相对于桩身的向下位移，出现负摩阻力 τ_{nz}，桩身轴力随深度递增；在中性点 O_1 点之下的土层相对向上位移，因而在桩侧产生正摩阻力 τ_z，桩身轴力随深度递减。在中性点处桩身轴力达到最大值（$Q+F_n$），而桩端总阻力则等于 $Q+$（F_n-F_p）。可见，桩侧负摩阻力的发生，将使桩侧土的部分重力和地面荷载通过负摩阻力传递给桩，因此，桩的负摩阻力非但不能成为桩承载力的一部分，反而相当于是施加于桩上的外荷载，这就必然导致桩的承载力相对降低、桩基础沉降加大。

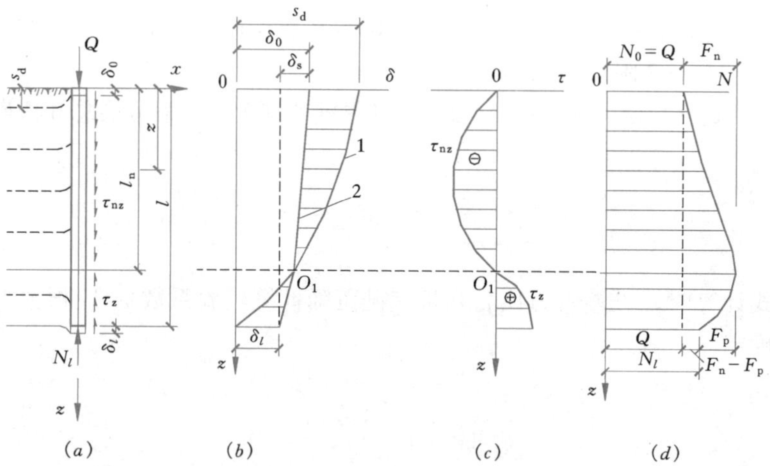

图 4-19　单桩在产生负摩阻力时的荷载传递

（a）单桩；（b）位移曲线；

（c）桩侧摩阻力分布曲线；（d）桩身轴力分布曲线

1—土层竖向位移曲线；2—桩的截面位移曲线

由于桩侧负摩阻力是由桩周土层的固结沉降引起的，因此负摩阻力的产生和发展要经历一定的时间过程，这一时间过程的长短取决于桩自身沉降完成的时间和桩周土层固结完成的时间。由于土层竖向位移和桩身截面位移都是时间的函数，因此中性点的位置、摩阻力以及桩身轴力都将随时间而有所变化。如果在桩顶荷载作用下的桩自身沉降已经完成，以后才发生桩周土层的固结，那么土层固结的程度和速率是影响负摩阻力的大小和分布的主要因素。固结程度高，地面沉降大，则中性点往下移；固结速率大，则负摩擦力增长快。不过负摩阻力的增长要经过一定时间才能达到极限值。在这个过程中，桩身在负摩阻力作用下产生压缩。随着负摩阻力的产生和增大，桩端处的轴力增加，桩端沉降也增大了。这就必然带来桩土相对位移的减小和负摩阻力的降低，而逐渐达到稳定状态。

4.5.2 负摩阻力的计算

1. 单桩负摩阻力的计算

要确定桩身负摩阻力的大小，须先确定中性点的位置和负摩阻力强度的大小。

(1) 中性点的位置

中性点的位置取决于桩与桩侧土的相对位移，原则上应根据桩沉降与桩周土沉降相等的条件确定。但影响中性点位置的因素较多，与桩周土的性质和外界条件（堆载、降水、浸水等）变化有关。一般来说，桩周欠固结土层愈厚、欠固结程度愈大、桩底持力层愈硬，中性点位置愈深；如果在桩顶荷载作用下的桩自身沉降已经完成，以后才因外界条件变化发生桩周土层的固结，则中性点位置较深，且堆载强度（或地下水降低幅度）和范围愈大，中性点位置愈深。此外，中性点的位置在初期或多或少会有所变化，它随桩沉降的增加而向上移动，当沉降趋于稳定，中性点才稳定在某一固定的深度 l_n 处。因此，要精确计算中性点的位置是比较困难的，目前多采用近似的估算方法，或采用依据一定的试验结果得出的经验值。工程实测表明，在可压缩土层 l_0 的范围内，中性点的稳定深度 l_n 是随桩端持力层的强度和刚度的增大而增加的，其深度比 l_n/l_0 可按表 4-4 的经验值取用。

中 性 点 深 度 l_n　　表 4-4

持力层性质	黏性土、粉土	中密以上砂	砾石、卵石	基岩
中性点深度比 l_n/l_0	0.5～0.6	0.7～0.8	0.9	1.0

注：桩穿越自重湿陷性黄土层时，l_n 按表列值增大 10%（持力层为基岩除外）。

(2) 负摩阻力强度

负摩阻力 τ_n 的大小受桩周土层和桩端土的强度与变形性质、土层的应力历史、地面堆载的大小与范围、地下水降低的幅度与范围、桩的类型与成桩工艺、桩顶荷载施加时间与发生负摩阻力时间之间的关系等因素的影响。因此，精确计算负摩阻力是复杂而困难的。已有的一些有关的负摩阻力的计算方法与公式都是近似的和经验性的，使用较多的有以下两种：

1) 对软土和中等强度黏土，可按 K. 太沙基（Terzaghi）建议的方法，取：

$$\tau_n = q_u/2 = c_u \tag{4-34}$$

式中 q_u——土的无侧限抗压强度；

c_u——土的不排水抗剪强度，可采用十字板现场测定。

2）根据产生负摩阻力的土层中点的竖向有效覆盖压力 σ'_v，按下式计算：

$$\tau_{ni} = K_i \tan\varphi'_i \sigma'_{vi} = \beta\sigma'_{vi} \tag{4-35}$$

式中 τ_{ni}——第 i 层土桩侧负摩阻力强度；

σ'_{vi}——桩周第 i 层土平均竖向有效覆盖应力；

K_i——桩周第 i 层土的侧压力系数，可近似取静止土压力系数值 K_{0i}；

φ'_i——桩周第 i 层土的有效内摩擦角；

β——桩周土负摩阻力系数，与土的类别和状态有关。对粗粒土，β 随土的密度和粒径的增大而提高；对细粒土，则随土的塑性指数、孔隙比和饱和度的增大而降低。β 值可按表 4-5 取值。

负摩阻力系数 β　　　　**表 4-5**

土 类	β	土 类	β
饱和软土	0.15～0.25	砂 土	0.35～0.50
黏性土、粉土	0.25～0.40	自重湿陷性黄土	0.20～0.35

注：1. 在同一类土中，对于打入桩或沉管灌注桩，取表中较大值，对于钻（冲）挖孔灌注桩，取表中较小值；
2. 填土按其组成取表中同类土的较大值；
3. 当 τ_{ni} 计算值大于正摩阻力时，取正摩阻力值。

土中有效覆盖压力 σ'_{vi} 是指由原地面上填土等满布荷载（如果存在的话）和土的有效重度所产生的竖向应力，即地面荷载与土的自重压力之和。当地面堆载增加，或者地下水位降低，则土中有效应力增加，土中有效覆盖压力也随之增加。因此

当地下水位降低时：

$$\sigma'_{vi} = \gamma_m z_i \tag{4-36}$$

当地面有均布荷载时：

$$\sigma'_{vi} = p + \gamma_m z_i \tag{4-37}$$

式中 γ_m——第 i 层土层底以上桩周土的加权平均重度，

$\gamma_m=(\gamma_1 l_1+\gamma_2 l_2+\cdots+\gamma_i l_i)/(l_1+l_2+\cdots+l_i)$，其中地下水位下的重度取有效重度；

z_i——自地面起算的第 i 层土中点深度；

p——地面均布荷载（图 4-20）。

对于砂类土，也可按下式估算负摩阻力强度：

$$\tau_{ni} = N_i/5 + 3 \tag{4-38}$$

式中 N_i——桩周第 i 层土经钻杆长度修正的平均标准贯入试验锤击数。

（3）下拉荷载的计算

下拉荷载 F_n 为中性点深度 l_n 范围内负摩阻力的累计值，可按下式计算：

$$F_n = u_p \sum_{i=1}^{n} l_{ni}\tau_{ni} \tag{4-39}$$

式中 u_p——桩截面周长；

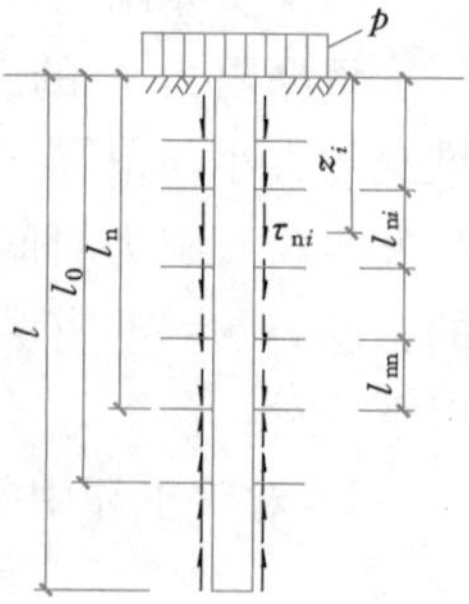

图 4-20　下拉荷载计算图示

n——中性点以上土层数；

l_{ni}——中性点以上桩周第 i 层土的厚度。

2. 群桩负摩阻力的计算

对于桩距较小的群桩，群桩所发生的负摩阻力因群桩效应而降低，即小于相应的单桩值。这是由于负摩阻力是由桩周土体的沉降引起，若桩群中各桩表面单位面积所分担的土体重量小于单桩的负摩阻力极限值，将会导致群桩的负摩阻力降低，即显示群桩效应。这种群桩效应可按等效圆法（远腾，1969）计算，即假设独立单桩单位长度的负摩阻力 τ_n 由相应长度范围内半径 r_e 形成的土体重量与之等效（图 4-21），则有：

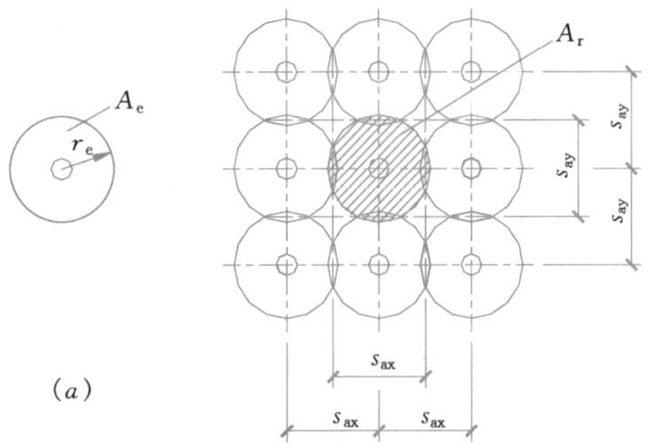

(a)

(b)

图 4-21 负摩阻力群桩效应的等效圆法

$$\pi d\tau_n = \left(\pi r_e^2 - \frac{\pi}{4}d^2\right)\gamma_m$$

解上式得

$$r_e = \sqrt{\frac{d\tau_n}{\gamma_m} + \frac{d^2}{4}} \tag{4-40}$$

式中 r_e——等效圆半径；

d——桩身直径；

τ_n——中性点以上单桩的平均极限负摩阻力；

γ_m——中性点以上桩周土体加权平均重度。

以群桩中各桩中心为圆心，以 r_e 为半径作圆，由各圆的相交点作矩形（图4-21）（或以二排桩之间的中点作纵横向中心线形成以各桩为重心的矩形），矩形面积 $A_r = s_{ax} \cdot s_{ay}$ 与圆面积 $A_e = \pi r_e^2$ 之比为负摩阻力的群桩效应系数，即

$$\eta_n = \frac{A_r}{A_e} = s_{ax} \cdot s_{ay} / \left[\pi d\left(\frac{\tau_n}{\gamma_m} + \frac{d}{4}\right)\right] \tag{4-41}$$

其中，s_{ax}、s_{ay} 分别为纵横向桩的中心距。当按式（4-41）计算群桩基础的 $\eta_n > 1$ 时，取 $\eta_n = 1$。

群桩中任一单桩的极限负摩阻力为：

$$\tau_g^n = \eta_n \tau_n \tag{4-42}$$

式中 τ_n——单桩的极限负摩阻力，可按式（4-35）计算。

因此，群桩中任一单桩的下拉荷载 Q_g^n 可按下式计算：

$$Q_g^n = \eta_n \cdot u_p \sum_{i=1}^{n} \tau_{ni} l_{ni} \tag{4-43}$$

式中 u_p——桩截面周长；

n——中性点以上土层数；

l_{ni}——中性点以上各土层的厚度。

4.5.3　减小负摩阻力的工程措施

1. 预制混凝土桩和钢桩

对位于欠固结土层、湿陷性土层、冻融土层、液化土层、地下水位变动范围，以及受地面堆载影响发生沉降的土层中的预制混凝土桩和钢桩，一般采用涂以软沥青涂层的办法来减小负摩阻力，涂层施工时应注意不要将涂层扩展到需利用桩侧正摩阻力的桩身部分。涂层宜采用软化点较低的沥青，一般为 50～65℃，在 25℃时的针入度为 40～70mm。在涂层施工前，应先将桩表面清洗干净，然后将沥青加热至 150～180℃，喷射或浇淋在桩表面上，喷浇厚度为 6～10mm。一般来说，沥青涂层越软和越厚，减小的负摩擦力也越大。国际上使用的 SL 沥青复合材料，对减低负摩擦力作用的效果甚佳。

2. 灌注桩

对穿过欠固结等土层支承于坚硬持力层上的灌注桩，可采用下列措施来减小负摩阻力：①在沉降土层范围内插入比钻孔直径小 50～100mm 的预制混凝土桩段，然后用高稠度膨润土泥浆填充预制桩段外围形成隔离层；对泥浆护壁成孔的灌注桩，可在浇筑完下段混凝土后，填入高稠度膨润土泥浆，然后再插入预制混凝土桩段；②对干作业成孔灌注桩，可在沉降土层范围内的孔壁先铺设双层筒形塑料薄膜，然后再浇筑混凝土，从而在桩身与孔壁之间形成可自由滑动的塑料薄膜隔离层。

4.6　桩的水平承载力

作用于桩顶的水平荷载性质包括：长期作用的水平荷载（如上部结构传递的或由土、水压力施加的以及拱的推力等水平荷载），反复作用的水平荷载（如风力、波浪力、船舶撞击力以及机械制动力等水平荷载）和地震作用所产生的水平力。承受水平荷载为主的桩基础（如桥梁桩基础）可考虑采用斜桩，在一般工业与民用建筑中即便采用斜桩更为有利，但常因施工条件限制等原因而很少采用斜桩。一般地说，当水平荷载和竖向荷载的合力与竖直线的夹角不超过 5°（相当于水平荷载的数值为竖向荷载的 1/12～1/10）时，竖直桩的水平承载力不难满足设计要求，应采用竖直桩。下面的讨论仅限于竖直桩。

4.6.1　水平荷载下桩的工作性状

在水平荷载作用下，桩产生变形并挤压桩周土，促使桩周土发生相应的变形而产生水平抗力。水平荷载较小时，桩周土的变形是弹性的，水平抗力主要由靠近地面的表层土提供；随着水平荷载的增大，桩的变形加大，表层土逐渐产生塑性屈服，水平荷载将向更深的土层传递；当桩周土失去稳定、或桩体发生破坏（低配筋率的灌注桩常是桩身首先出现裂缝，然后断裂破坏）、或桩的变形超过建筑物的允许值（抗弯性能好的混凝土预制桩和钢桩，桩身虽未断裂但桩周土如已明显开裂和隆起，桩的水平位移一般已超限）时，水平荷载也就达到极限。由此可见，水平荷载下桩的工作性状取决于桩-土之间的相互作用。

依据桩、土相对刚度的不同，水平荷载作用下的桩可分为：刚性桩、半刚性桩和柔性桩，其划分界限与各家计算方法中所采用的地基水平反力系数分布图式有关，若采用“m”法计算，当换算深度 $\bar{h}\leqslant 2.5$ 时为刚性桩，$2.5<\bar{h}<4.0$ 时为半刚性桩，$\bar{h}\geqslant 4.0$ 时为

柔性桩（见 4.6.2 节）。半刚性桩和柔性桩统称为弹性桩。

（1）刚性桩

当桩很短或桩周土很软弱时，桩、土的相对刚度很大，属刚性桩。由于刚性桩的桩身不发生挠曲变形且桩的下段得不到充分的嵌制，因而桩顶自由的刚性桩发生绕靠近桩端的一点作全桩长的刚体转动（图 4-22a），而桩顶嵌固的刚性桩则发生平移（图 4-22a'）。刚性桩的破坏一般只发生于桩周土中，桩体本身不发生破坏。刚性桩常用 B. B. 布诺姆斯（Broms，1964）的极限平衡法计算。

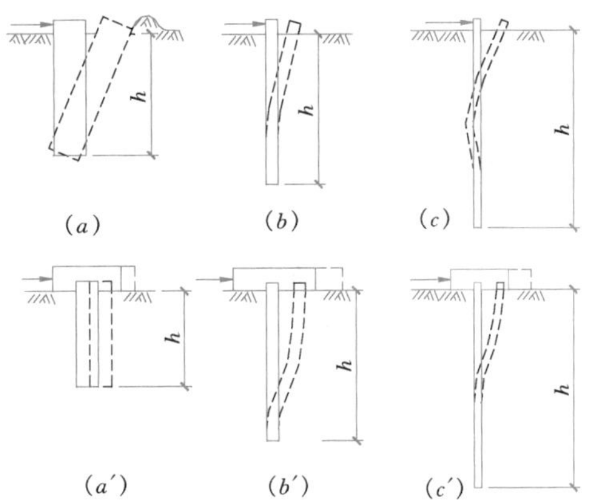

图 4-22 水平荷载作用下桩的破坏性状

(a)、(a')刚性桩；(b)、(b')半刚性桩；(c)、(c')柔性桩(a)、(b)、(c)桩顶自由；(a')、(b')、(c')桩顶嵌固

（2）弹性桩

半刚性桩（中长桩）和柔性桩（长桩）的桩、土相对刚度较低，在水平荷载作用下桩身发生挠曲变形，桩的下段可视为嵌固于土中而不能转动，随着水平荷载的增大，桩周土的屈服区逐步向下扩展，桩身最大弯矩截面也因上部土抗力减小而向下部转移，一般半刚性桩的桩身位移曲线只出现一个位移零点（图4-22b、b'），柔性桩则出现两个以上位移零点和弯矩零点（图 4-22c、c'）。当桩周土失去稳定、或桩身最大弯矩处（桩顶嵌固时可在嵌固处和桩身最大弯矩处）出现塑性屈服、或桩的水平位移过大时，弹性桩便趋于破坏。

4.6.2 水平荷载作用下弹性桩的计算

水平荷载作用下弹性桩的分析计算方法主要有地基反力系数法、弹性理论法和有限元法等，这里只介绍国内目前常用的地基反力系数法。

地基反力系数法是应用 E. 文克勒（Winkler，1867）地基模型，把承受水平荷载的单桩视作弹性地基（由水平向弹簧组成）中的竖直梁，通过求解梁的挠曲微分方程来计算桩身的弯矩、剪力以及桩的水平承载力。

1. 基本假设

单桩承受水平荷载作用时，可把土体视为线性变形体，假定深度 z 处的水平抗力 σ_x 等于该点的水平抗力系数 k_x 与该点的水平位移 x 的乘积，即

$$\sigma_x = k_x x \tag{4-44}$$

此时忽略桩土之间的摩阻力对水平抗力的影响以及邻桩的影响。

地基水平抗力系数的分布和大小，将直接影响挠曲微分方程的求解和桩身截面内力的变化。图 4-23 表示地基反力系数法所假定的 4 种较为常用的 k_x 分布图式：

（1）常数法：假定地基水平抗力系数沿深度为均匀分布，即 $k_x=k_h$。这是我国学者张有龄在 20 世纪 30 年代提出的方法，日本等国常按此法计算，我国也常用此法来分析基坑支护结构。

（2）“k”法：假定在桩身第一挠曲零点（深度 t 处）以上按抛物线变化，以下为

常数。

（3）“m”法：假定 k_x 随深度成正比地增加，即是 $k_x=mz$。我国铁道部门首先采用这一方法，近年来也在建筑工程和公路桥涵的桩基础设计中逐渐推广。

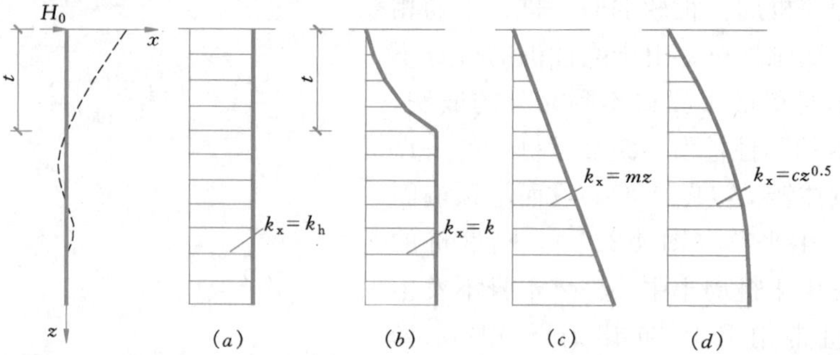

图 4-23　地基水平抗力系数的分布图式

（a）常数法；（b）“k”法；（c）“m”法；（d）“C 值”法

（4）“C 值”法：假定 k_x 随深度按 $cz^{0.5}$ 的规律分布，即是 $k_x=cz^{0.5}$（c 为比例常数，随土类不同而异）。这是我国交通部门在试验研究的基础上提出的方法。

实测资料表明，“m”法（当桩的水平位移较大时）和“C 值”法（当桩的水平位移较小时）比较接近实际。本节只简单介绍“m”法。

2. 计算参数

单桩在水平荷载作用下所引起的桩周土的抗力不仅分布于荷载作用平面内，而且，桩的截面形状对抗力也有影响。计算时简化为平面受力，因此，取桩的截面计算宽度 b_0（单位为 m）如下：

方形截面桩：当实际宽度 $b>1$m 时，$b_0=b+1$；当 $b\leqslant 1$m 时，$b_0=1.5b+0.5$。

圆形截面桩：当桩径 $d>1$m 时，$b_0=0.9(d+1)$；$d\leqslant 1$m 时，$b_0=0.9(1.5d+0.5)$。

计算桩身抗弯刚度 EI 时，桩身的弹性模量 E，对于混凝土桩，可采用混凝土的弹性模量 E_c 的 0.85 倍（$E=0.85E_c$）。

按“m”法计算时，地基水平抗力系数的比例常数 m，如无试验资料，可参考表 4-6 所列数值。

3. 单桩计算

（1）确定桩顶荷载 N_0、H_0、M_0

单桩的桩顶荷载可分别按下列各式确定：

$$N_0=\frac{F+G}{n};H_0=\frac{H}{n};M_0=\frac{M}{n} \tag{4-45}$$

式中　n 为同一承台中的桩数。

（2）桩的挠曲微分方程

单桩在 H_0、M_0 和地基水平抗力 σ_x 作用下产生挠曲，取图 4-23 所示的坐标系统，根据材料力学中梁的挠曲微分方程得到：

地基土水平抗力系数的比例常数 m 表 4-6

序号	地基土类别	预制桩、钢桩		灌注桩	
		m (MN/m^4)	相应单桩在地面处水平位移 (mm)	m (MN/m^4)	相应单桩在地面处水平位移 (mm)
1	淤泥，淤泥质土，饱和湿陷性黄土	2～4.5	10	2.5～6	6～12
2	流塑（$I_L>1$）、软塑（$0.75<I_L\leqslant1$）状黏性土，$e>0.9$ 粉土，松散粉细砂，松散、稍密填土	4.5～6.0	10	6～14	4～8
3	可塑（$0.25<I_L\leqslant0.75$）状黏性土，$e=0.75\sim0.9$ 粉土，湿陷性黄土，中密填土，稍密细砂	6.0～10	10	14～35	3～6
4	硬塑（$0<I_L\leqslant0.25$）、坚硬（$I_L\leqslant0$）状黏性土，湿陷性黄土，$e<0.75$ 粉土，中密中粗砂，密实老填土	10～22	10	35～100	2～5
5	中密、密实的砾砂，碎石类土			100～300	1.5～3

注：1. 当桩顶横向位移大于表列数值或当灌注桩配筋率较高（≥0.65%）时，m 值应适当降低；当预制桩的横向位移小于 10mm 时，m 值可适当提高；

2. 当横向荷载为长期或经常出现的荷载时，应将表列数值乘以 0.4 降低采用；

3. 当地基为可液化土层时，表列数值尚应乘以有关系数。

$$EI\frac{d^4x}{dz^4}=-\sigma_x b_0=-k_x x b_0$$

或

$$\frac{d^4x}{dz^4}+\frac{k_x b_0}{EI}x=0 \tag{4-46}$$

在上列方程中，按不同的 k_x 图式求解，就得到不同的计算方法。“m”法假定 $k_x=mz$，代入上式得到：

$$\frac{d^4x}{dz^4}+\frac{mb_0}{EI}zx=0 \tag{4-47}$$

令

$$\alpha=\sqrt[5]{\frac{mb_0}{EI}} \tag{4-48}$$

α 称为桩的水平变形系数，其单位是 1/m。将式（4-48）代入式（4-47），则得：

$$\frac{d^4x}{dz^4}+\alpha^5 zx=0 \tag{4-49}$$

注意到梁的挠度 x 与转角 φ、弯矩 M 和剪力 V 的微分关系，利用幂级数积分后可得到微分方程式（4-49）的解答，从而求出桩身各截面的内力 M、V 和位移 x、φ 以及土的水平抗力 σ_x。计算这些项目时，可查用已编制的系数表。图4-24表示一单桩的 x、M、V 和 σ_x 的分布图形。下列式（4-53）、式（4-54）即是从上述“m”法求解得到的。

（3）桩身最大弯矩及其位置

设计承受水平荷载的单桩时，为了计算截面配筋，设计者最关心桩身的最大弯矩值和最大弯矩截面的位置。为了简化，可根据桩顶荷载 H_0、M_0 及桩的变形系数 α 计算如下系数：

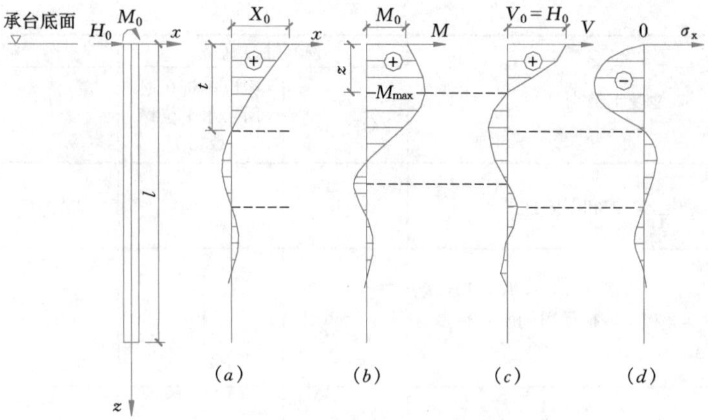

图 4-24 单桩的挠度 x、弯矩 M、剪力 V 和水平抗力 σ_x 的分布曲线示意

(a) x 图；(b) M 图；(c) V 图；(d) σ_x 分布图

$$C_{\mathrm{I}} = \alpha \frac{M_0}{H_0} \tag{4-50}$$

由系数 C_{I} 从表 4-7 查得相应的换算深度 $\overline{h}$（$\overline{h}=\alpha z$），则桩身最大弯矩的深度 z_{max} 为：

$$z_{max} = \frac{\overline{h}}{\alpha} \tag{4-51}$$

同时，由系数 C_{I} 或换算深度 $\overline{h}$ 从表 4-7 查得相应的系数 C_{II}，则桩身最大弯矩 M_{max} 为：

$$M_{max} = C_{\mathrm{II}} M_0 \tag{4-52}$$

表 4-7 是按桩长 $l \geqslant \frac{4.0}{\alpha}$ 编制的，当 $l < \frac{4.0}{\alpha}$ 时，可另查有关设计手册。

桩顶刚接于承台的桩，其桩身所产生的弯矩和剪力的有效深度为 $z=\frac{4.0}{\alpha}$（对桩周为中等强度的土，直径为 400mm 左右的桩来说，此值为 4.5～5m），在这个深度以下，桩身的内力 M、V 实际上可忽略不计，只需要按构造配筋或不配筋。

计算桩身最大弯矩位置和最大弯矩的系数 C_{I} 和 C_{II} 表 4-7

$\overline{h}=\alpha z$	C_{I}	C_{II}	$\overline{h}=\alpha z$	C_{I}	C_{II}
0.0	∞	1.00000	1.4	−0.14479	−4.59637
0.1	131.25234	1.00050	1.5	−0.29866	−1.87585
0.2	34.18640	1.00382	1.6	−0.43385	−1.12838
0.3	15.54433	1.01248	1.7	−0.55497	−0.73996
0.4	8.78145	1.02914	1.8	−0.66546	−0.53030
0.5	5.53903	1.05718	1.9	−0.76797	−0.39600
0.6	3.70896	1.10130	2.0	−0.86474	−0.30361
0.7	2.56562	1.16902	2.2	−1.04845	−0.18678
0.8	1.79134	1.27365	2.4	−1.22954	−0.11795
0.9	1.23825	1.44071	2.6	−1.42038	−0.07418
1.0	0.82435	1.72800	2.8	−1.63525	−0.04530
1.1	0.50303	2.29939	3.0	−1.89298	−0.02603
1.2	0.24563	3.87572	3.5	−2.99386	−0.00343
1.3	0.03381	23.43769	4.0	−0.04450	0.01134

4.6.3 单桩水平静载荷试验

桩的水平静载荷试验是在现场条件下进行的，影响桩的承载力的各种因素都将在试验过程中真实反映出来，由此得到的承载力值和地基土水平抗力系数最符合实际情况。如果预先在桩身中埋设量测元件，则试验资料还能反映出加荷过程中桩身截面的应力和位移，并可由此求出桩身弯矩，据以检验理论分析结果。

1. 试验装置

进行单桩静载荷试验时，常采用一台水平放置的千斤顶同时对两根桩进行加荷（图 4-25）。为了不影响桩顶的转动，在朝向千斤顶的桩侧应对中放置半球形支座。量测桩的位移的大量程百分表，应放置在桩的另一侧（外侧），并应成对对称布置。有可能时宜在上方 500mm 处再对称布置一对百分表，以便从上、下百分表的位移差求出地面以上的桩轴转角。固定百分表的基准桩宜打设在试验桩的侧面，与试验桩的净距不应少于一倍桩径。

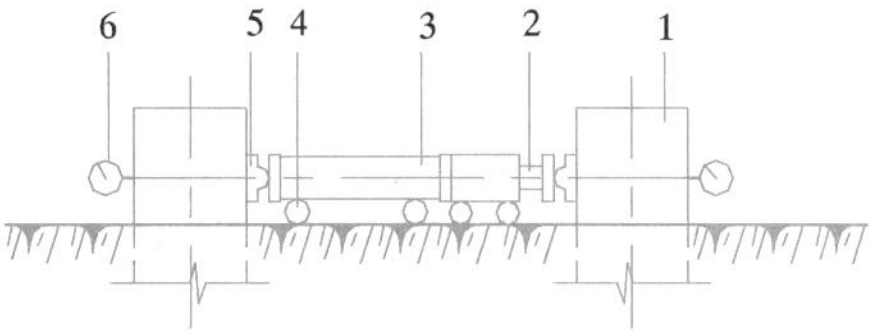

图 4-25 单桩水平静载荷试验装置
1—桩；2—千斤顶及测力计；3—传力杆；4—滚轴；5—球支座；6—量测桩顶水平位移的百分表

2. 加荷方法

对于承受反复作用的水平荷载的桩基础，其单桩试验宜采用多循环加卸载方式。每级荷载的增量为预估水平极限承载力的 1/15～1/10，或取 2.5～20kN（当桩径为 300～1000mm 时）。每级各加卸载 5 次，即每次施加不变的水平荷载 4min（用千斤顶加荷时，达到预计的荷载值所需要的时间很短，不另外计算），卸载 2min；或者加载、卸载各 10min，并按上述时间间隔记录百分表读数，每次卸载都将该级荷载全部卸除。承受长期作用的水平荷载的桩基础，宜采用分级连续的加载方式，各级荷载的增量同上，各级荷载维持 10min 并记录百分表读数后即进行下一级荷载的试验。如在加载过程中观测到 10min 时的水平位移还未稳定，则应延长该级荷载的维持时间，直至稳定为止。其稳定标准可参照竖向静载荷试验。

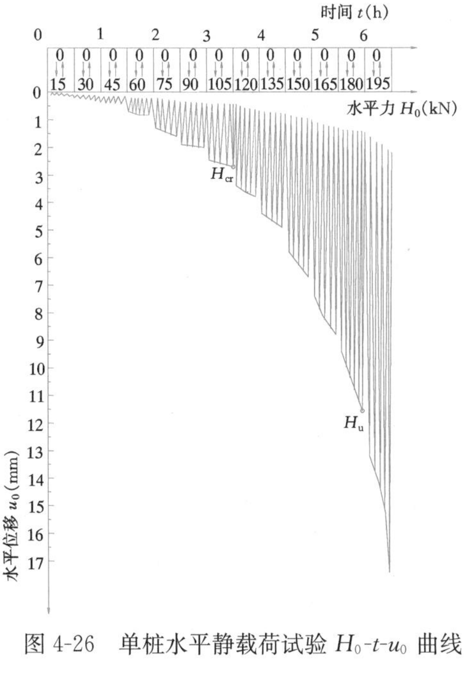

图 4-26 单桩水平静载荷试验 H_0-t-u_0 曲线

3. 终止加荷的条件

当出现下列情况之一时，即可终止试验：

（1）桩身已断裂；

（2）桩侧地表出现明显裂缝或隆起；

（3）桩顶水平位移超过 30～40mm（软土取 40mm）；

（4）所加的水平荷载已超过按下述方法所确定的极限荷载。

4. 资料整理

由试验记录可绘制桩顶水平荷载-时间-桩顶水平位移（H_0-t-u_0）曲线（图 4-26）及水平荷载-位移梯度（H_0-$\Delta u_0/\Delta H_0$）曲线（图 4-27）。当具有桩身应力量测资料时，尚可绘制桩身应力分布图以及水平荷载与最大弯矩截面钢筋应力（H_0-σ_g）曲线，如图4-28所示。

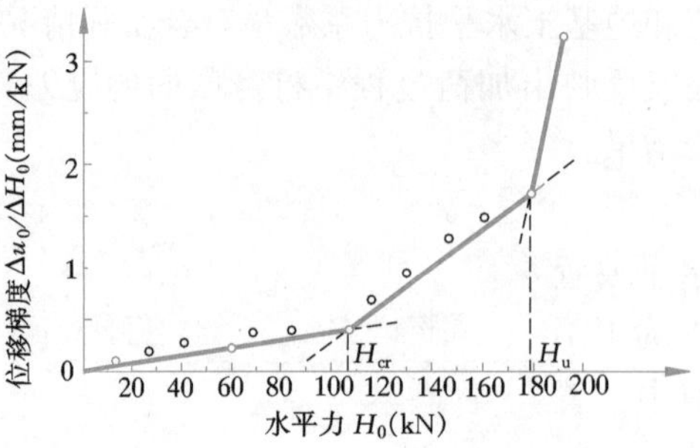

图4-27　单桩 H_0-$\Delta u_0/\Delta H_0$ 曲线

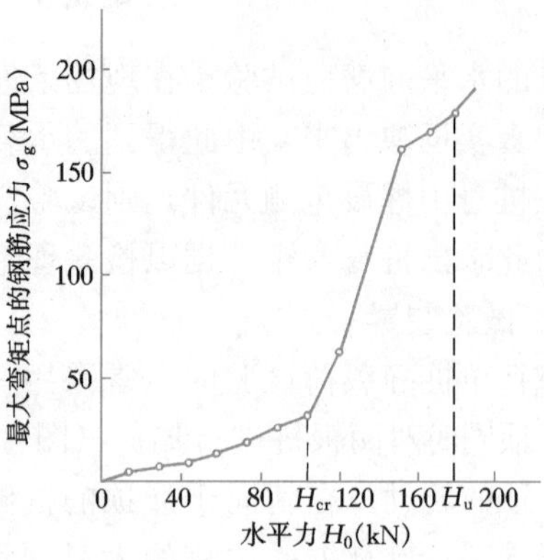

图4-28　单桩 H_0-σ_g 曲线

5．水平临界荷载与极限荷载

根据一些试验成果分析，在上列各种曲线中常发现两个特征点，这两个特征点所对应的桩顶水平荷载，可称为临界荷载和极限荷载。

水平临界荷载（H_{cr}）是相当于桩身开裂、受拉区混凝土不参加工作时的桩顶水平力。其数值可按下列方法综合确定：

（1）取 H_0-t-u_0 曲线出现突变点（在荷载增量相同的条件下出现比前一级明显增大的位移增量）的前一级荷载。

（2）取 H_0-$\Delta u_0/\Delta H_0$ 曲线的第一直线段的终点所对应的荷载。

（3）取 H_0-σ_g 曲线第一突变点对应的荷载。

水平极限荷载（H_u）是相当于桩身应力达到强度极限时的桩顶水平力，此外，使得桩顶水平位移超过30～40mm或者使得桩侧土体破坏的前一级水平荷载，宜作为极限荷载看待。确定 H_u 时，可根据下列方法，并取其中的较小值：

1）取 H_0-t-u_0 曲线明显陡降的第一级荷载，或按该曲线各级荷载下水平位移包络线的凹向确定。若包络线向上方凹曲，则表明在该级荷载下，桩的位移逐渐趋于稳定。如包络线朝下方凹曲（如图4-26中当 H_0＝195kN时的水平位移包络线所示），则表明在该级荷载作用下，随着加卸荷循环次数的增加，水平位移仍在增加，且不稳定。因此可认为该级水平力为桩的破坏荷载，而其前一级水平力则为极限荷载。

2）取 H_0-$\Delta u_0/\Delta H_0$ 曲线第二直线段终点所对应的荷载。

3）取桩身断裂或钢筋应力达到流限的前一级荷载。

由水平极限荷载 H_u 确定允许承载力时应除以安全系数2.0。

4.6.4　单桩水平承载力特征值

影响桩的水平承载力的因素较多，如桩的材料强度、截面刚度、入土深度、土质条件、桩顶水平位移允许值和桩顶嵌固情况等。显然，材料强度高和截面抗弯刚度大的桩，当桩侧土质良好而桩又有一定的入土深度时，其水平承载力也较高。桩顶嵌固（刚接）于承台中的桩，其抗弯性能好，因而其水平承载力大于桩顶自由的桩。

确定单桩水平承载力的方法，以水平静载荷试验最能反映实际情况。此外，也可根据理论计算，从桩顶水平位移限值、材料强度或抗裂验算出发加以确定。有可能时还应参考当地经验。

(1) 单桩的水平承载力特征值应通过现场单桩水平载荷试验确定，必要时可进行带承台桩的载荷试验，试验宜采用慢速维持荷载法。

(2) 对于混凝土预制桩、钢桩、桩身全截面配筋率不小于0.65%的灌注桩，根据静载试验结果取地面处水平位移为10mm（对于水平位移敏感的建筑物取水平位移6mm）所对应荷载的75%为单桩水平承载力特征值。

(3) 对于桩身配筋率小于0.65%的灌注桩，取单桩水平静载试验临界荷载的75%为单桩水平承载力特征值。

(4) 当缺少单桩水平静载试验资料时，可按下列公式估算桩身配筋率小于0.65%的灌注桩的单桩水平承载力特征值：

$$R_{\mathrm{Ha}}=\frac{0.75\alpha\gamma_{\mathrm{m}}f_{\mathrm{t}}W_0}{\nu_{\mathrm{m}}}(1.25+22\rho_{\mathrm{g}})\left(1\pm\frac{\zeta_{\mathrm{N}}N}{\gamma_{\mathrm{m}}f_{\mathrm{t}}A_{\mathrm{n}}}\right)\tag{4-53}$$

式中 ±号根据桩顶竖向力性质确定，压力取“+”，拉力取“−”；

α——桩的水平变形系数，见式（4-48）；

R_{Ha}——单桩水平承载力特征值；

γ_{m}——桩截面抵抗矩塑性系数，圆形截面 $\gamma_{\mathrm{m}}=2$，矩形截面 $\gamma_{\mathrm{m}}=1.75$；

f_{t}——桩身混凝土抗拉强度设计值；

W_0——桩身换算截面受拉边缘的弹性抵抗矩，圆形截面为：

$$W_0=\frac{\pi d}{32}[d^2+2(\alpha_{\mathrm{E}}-1)\rho_{\mathrm{g}}d_0^2]$$

d_0——扣除保护层的桩直径；

α_{E}——钢筋弹性模量与混凝土弹性模量的比值；

ν_{m}——桩身最大弯矩系数，按表4-8取值，单桩基础和单排桩基础纵向轴线与水平力方向相垂直的情况，按桩顶铰接考虑；

ρ_{g}——桩身配筋率；

A_{n}——桩身换算截面面积，对圆形截面为：

$$A_{\mathrm{n}}=\frac{\pi d^2}{4}[1+(\alpha_{\mathrm{E}}-1)\rho_{\mathrm{g}}]$$

ζ_{N}——桩顶竖向力影响系数，竖向压力取 $\zeta_{\mathrm{N}}=0.5$；竖向拉力取 $\zeta_{\mathrm{N}}=1.0$。

(5) 当缺少单桩水平静载试验资料时，可按下式估算预制桩、钢桩、桩身配筋率不小于0.65%的灌注桩等的单桩水平承载力特征值：

$$R_{\mathrm{Ha}}=0.75\frac{\alpha^3EI}{\nu_{\mathrm{x}}}\chi_{0\mathrm{a}}\tag{4-54}$$

式中 EI——桩身抗弯刚度，对于混凝土桩，$EI=0.85E_{\mathrm{c}}I_0$；其中，I_0 为桩身换算截面惯性矩，对圆形截面，$I_0=W_0d_0/2$；

$\chi_{0\mathrm{a}}$——桩顶允许水平位移；

ν_{x}——桩顶水平位移系数，按表4-8取值，取值方法同 ν_{m}。

桩顶（身）最大弯矩系数 ν_m 和桩顶水平位移系数 ν_x 表 4-8

桩顶约束情况	桩的换算埋深（αh）	ν_m	ν_x	桩顶约束情况	桩的换算埋深（αh）	ν_m	ν_x
铰接、自由	4.0	0.768	2.441	固　接	4.0	0.926	0.940
	3.5	0.750	2.502		3.5	0.934	0.970
	3.0	0.703	2.727		3.0	0.967	1.028
	2.8	0.675	2.905		2.8	0.990	1.055
	2.6	0.639	3.163		2.6	1.018	1.079
	2.4	0.601	3.526		2.4	1.045	1.095

注：1. 铰接（自由）的 ν_m 系桩身的最大弯矩系数，固接的 ν_m 系桩顶的最大弯矩系数；

2. 当 $\alpha h>4$ 时取 $\alpha h=4.0$，h 为桩的入土深度。

当作用于桩基础上的外力主要为水平力时，应根据使用要求对桩顶变位的限制，对桩基础的水平承载力进行验算。当外力作用面的桩距较大时，桩基础的水平承载力可视为各单桩的水平承载力的总和。当承台侧面的土未经扰动或回填密实时，应计算土抗力的作用。

水平荷载作用下桩的水平位移和水平极限承载力主要受地面以下深度为 3～4 倍桩直径范围内的土性决定。因而设桩方法和加载方式（静力的、动力的或循环的等）都是有关的因素，水平位移受到这些因素的影响比桩中弯矩或极限承载力所受到的影响更大。设计时要特别注意这一深度范围内的土性调查、评定沉桩以及加载方式等的影响。

4.7 桩的平面布置原则

4.7.1 一 般 原 则

桩的平面布置可采用对称式、梅花式、行列式和环状排列。为使桩基在其承受较大弯矩的方向上有较大的抵抗矩，也可采用不等距排列，此时，对柱下单独桩基础和整片式的桩基础，宜采用外密内疏的布置方式。

为了使桩基础中各桩受力比较均匀，群桩横截面的重心应与竖向永久荷载合力的作用点重合或接近。

布置桩位时，桩的间距（中心距）一般采用 3～4 倍桩径。间距太大会增加承台的体积和用料，太小则将使桩基础（摩擦型桩）的沉降量增加，且给施工造成困难。桩的最小中心距应符合表 4-9 的规定。在确定桩的间距时尚应考虑施工工艺中挤土等效应对邻近桩的影响，因此，对于大面积桩群，尤其是挤土桩，桩的最小中心距宜按表列值适当加大。

桩的最小中心距 表 4-9

土类与成桩工艺	排数不少于 3 排且桩数不少于 9 根的摩擦型桩桩基	其他情况
非挤土灌注桩	$3.0d$	$3.0d$

续表

土类与成桩工艺		排数不少于3排且桩数不少于9根的摩擦型桩桩基	其他情况
部分挤土桩	非饱和土、饱和非黏性土	3.5d	3.0d
	饱和黏性土	4.0d	3.5d
挤土桩	非饱和土、饱和非黏性土	4.0d	3.5d
	饱和黏性土	4.5d	4.0d
钻、挖孔扩底桩		2D或D+2.0m（当D>2m）	1.5D或D+1.5m（当D>2m）
沉管夯扩、钻孔挤扩桩	非饱和土、饱和非黏性土	2.2D且4.0d	2.0D且3.5d
	饱和黏性土	2.5D且4.5d	2.2D且4.0d

注：1. d—圆桩设计直径或方桩设计边长，D—扩大端设计直径；
2. 当纵横向桩距不相等时，其最小中心距应满足“其他情况”一栏的规定；
3. 当为端承桩时，非挤土灌注桩的“其他情况”一栏可减小至2.5d。

4.7.2 布桩方法举例

工程实践中，桩群的常用平面布置形式为：柱下桩基础多采用对称多边形，墙下桩基础采用梅花式或行列式，筏形或箱形基础下宜尽量沿柱网、肋梁或隔墙的轴线设置，如图4-29所示。

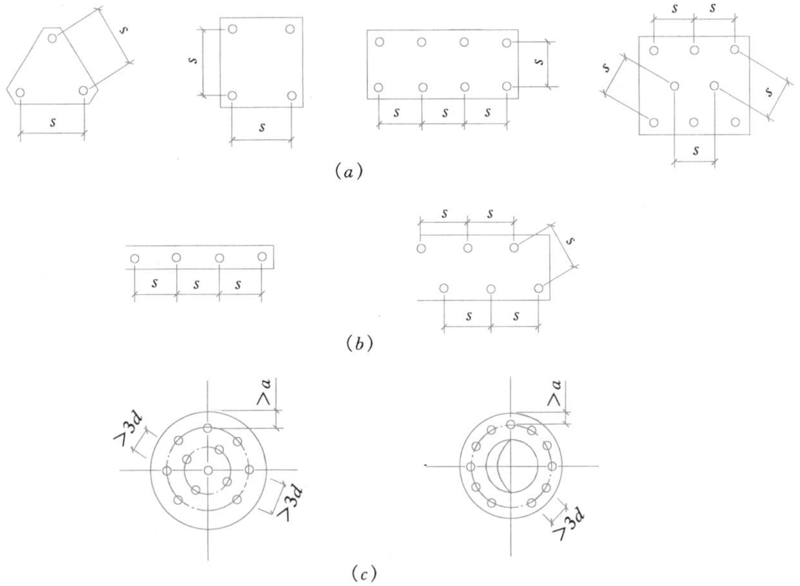

图4-29 桩的常用布置形式
(a) 柱下桩基础；(b) 墙下桩基础；(c) 圆（环）形桩基础

4.8 桩承台的设计

承台的作用是将各桩联成整体，把上部结构传来的荷载转换、调整、分配于各桩。桩基承台可分为柱下独立承台、柱下或墙下条形承台（梁式承台），以及筏形承台和箱形承台等。各种承台均应按国家现行《混凝土结构设计规范》GB 50010 进行受弯、受冲切、受剪切和局部承压承载力计算。

承台设计包括选择承台的材料及其强度等级、几何形状及其尺寸、进行承台结构承载力计算，并使其构造满足一定的要求。

4.8.1 构 造 要 求

承台的最小宽度不应小于 500mm。为满足桩顶嵌固及抗冲切的需要，边桩中心至承台边缘的距离不宜小于桩的直径或边长，且桩的外边缘至承台边缘的距离不小于 150mm。对于墙下条形承台，考虑到墙体与条形承台的相互作用可增强结构的整体刚度，并不至于产生桩顶对承台的冲切破坏，桩的外边缘至承台边缘的距离不小于 75mm。

为满足承台的基本刚度、桩与承台的连接等构造需要，条形承台和柱下独立桩基础承台的最小厚度为 300mm，其最小埋深为 500mm。

高层建筑平板式和梁板式筏形承台的最小厚度不应小于 400mm，墙下布桩的剪力墙结构筏形承台的最小厚度不应小于 200mm。

承台混凝土强度等级不应低于 C20，纵向钢筋的混凝土保护层厚度不应小于 70mm，当有混凝土垫层时，不应小于 50mm。

承台的配筋，对于矩形承台，钢筋应按双向均匀通长布置（图 4-30*a*），钢筋直径不应小于 10mm，间距不应大于 200mm；对于三桩承台，钢筋应按三向板带均匀布置，且最里面的三根钢筋围成的三角形应在柱截面范围内（图 4-30*b*）。钢筋锚固长度自边桩内侧（当为圆桩时，应将其直径乘以 0.8 等效为方桩）算起，不应小于 $35d_g$（d_g为钢筋直径）；当不满足时应将钢筋向上弯折，此时水平段的长度不应小于 $25d_g$，弯折段长度不应小于 $10d_g$。柱下独立桩基承台的最小配筋率不应小于 0.15%。承台梁的主筋除满足计算要求外，尚应符合国家现行《混凝土结构设计规范》GB 50010 关于最小配筋率的规定，主筋直径不应小于 12mm，架立筋不应小于 10mm，箍筋直径不应小于 6mm（图 4-30*c*）。

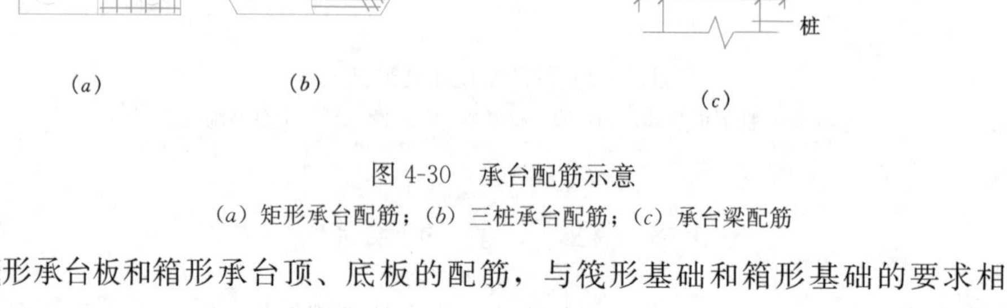

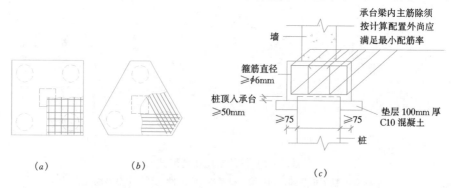

图 4-30　承台配筋示意

(*a*) 矩形承台配筋；(*b*) 三桩承台配筋；(*c*) 承台梁配筋

筏形承台板和箱形承台顶、底板的配筋，与筏形基础和箱形基础的要求相同，见 3.8 节。

桩顶嵌入承台的长度对于大直径桩，不宜小于 100mm；对于中等直径桩，不宜小于 50mm。混凝土桩的桩顶主筋应伸入承台内，其锚固长度不宜小于钢筋直径的 35 倍。对于抗拔桩，锚固长度应按现行国家标准《混凝土结构设计规范》GB 50010 确定。

当柱截面周边位于桩的钢筋笼以内，柱下端已设置两个方向与柱可靠连接的具有足够抗弯刚度的连系梁，以及在桩顶以下 $4/\alpha$ 范围内无软弱土层存在时，可采用单桩支承单柱的桩基础形式，此时，柱下端与桩连接处可不设置承台，但宜在桩顶设置钢筋网，或在桩顶将桩的纵向受力钢筋水平向内弯至柱边并加构造环向钢筋连接，并应采取其他有效的构造措施。

承台之间的连接，对于单桩承台，宜在两个互相垂直的方向上设置连系梁；对于两桩承台，宜在其短向设置连系梁；有抗震要求的柱下独立承台，宜在两个主轴方向设置连系梁。连系梁顶面宜与承台位于同一标高，连系梁的宽度不应小于 250mm，梁的高度可取承台中心距的 1/15～1/10。连系梁的主筋应按计算要求确定。当为构造要求时，连系梁的截面尺寸和受拉钢筋的面积，可取所连接柱的最大轴力的 10%，按轴心受压或受拉进行截面设计。连系梁内上下纵向钢筋直径不应小于 12mm 且不应少于 2 根，并应按受拉要求锚入承台，箍筋直径不宜小于 8mm，间距不宜大于 300mm。

在承台及地下室周围的回填土，应满足填土密实性的要求。

4.8.2 柱下桩基独立承台

1. 受弯计算

(1) 柱下两桩条形承台和多桩矩形承台

根据承台模型试验资料，柱下多桩矩形承台在配筋不足情况下将产生弯曲破坏，其破坏特征呈梁式破坏。所谓梁式破坏，指挠曲裂缝在平行于柱边两个方向交替出现，承台在两个方向交替呈梁式承担荷载（图 4-31a），最大弯矩产生在平行于柱边两个方向的屈服线处。利用极限平衡原理可推得两个方向的承台正截面弯矩计算公式。

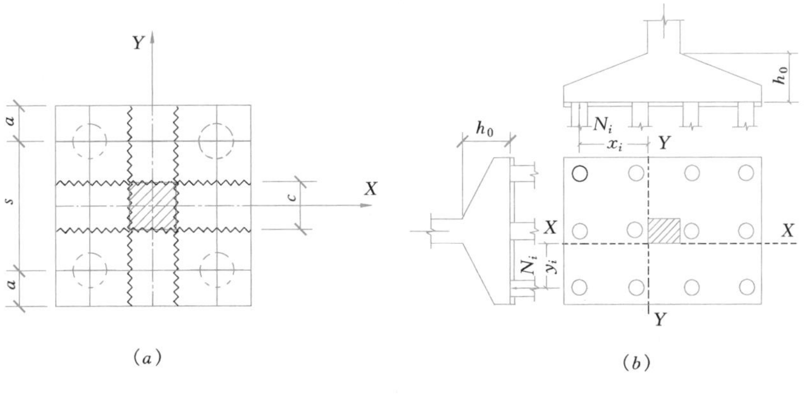

图 4-31 矩形承台

(a) 四桩承台破坏模式；(b) 承台弯矩计算示意

承台弯矩的计算截面应取在柱边和承台高度变化处（杯口外侧或台阶边缘，图 4-31b），并按下式计算：

$$M_x = \sum N_i y_i \tag{4-55a}$$

$$M_y = \sum N_i x_i \tag{4-55b}$$

式中 M_x、M_y——分别为垂直于 y 轴和 x 轴方向计算截面处的弯矩设计值；

x_i、y_i——垂直于 y 轴和 x 轴方向自桩轴线到相应计算截面的距离；

N_i——扣除承台和其上填土自重后相应于作用的基本组合时的第 i 根桩竖向力设计值。

根据计算的柱边截面和截面高度变化处的弯矩，分别计算同一方向各截面的配筋量后，取各向的最大值按双向均布配置（图 4-30a）。

（2）柱下三桩三角形承台

柱下三桩承台分等边和等腰两种形式，其受弯破坏模式有所不同（图4-32a、b、c），后者呈明显的梁式破坏特征。

1）等边三桩承台

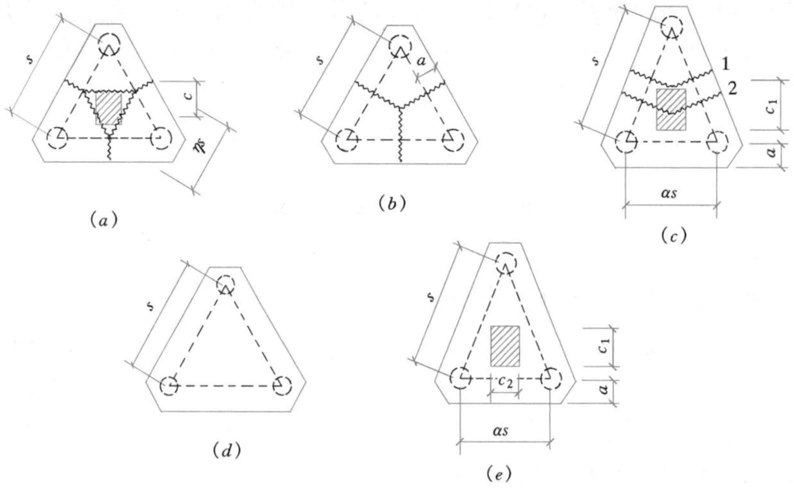

(a) (b) (c) (d) (e)

图 4-32 三桩三角形承台

（a）、（b）、（c）承台破坏模式；（d）、（e）承台弯矩计算示意

取图 4-32（a）、（b）两种破坏模式所确定的弯矩平均值作为设计值：

$$M = \frac{N_{max}}{3}\left(s - \frac{\sqrt{3}}{4}c\right) \tag{4-56}$$

式中 M——由承台形心至承台边缘距离范围内板带的弯矩设计值；

N_{max}——扣除承台和其上填土自重后的三桩中相应于作用的基本组合时的最大单桩竖向力设计值；

s——桩距（图 4-32d）；

c——方柱边长，圆柱时 c=0.886d（d 为圆柱直径）。

2）等腰三桩承台（图 4-32e），承台弯矩按下式计算：

$$M_1 = \frac{N_{max}}{3}\left(s - \frac{0.75}{\sqrt{4-\alpha^2}}c_1\right) \tag{4-57}$$

$$M_2=\frac{N_{\max}}{3}\left(\alpha s-\frac{0.75}{\sqrt{4-\alpha^2}}c_2\right) \tag{4-58}$$

式中 M_1、M_2——分别为由承台形心到承台两腰和底边的距离范围内板带的弯矩设计值；

s——长向桩距；

α——短向桩距与长向桩距之比，当 α 小于 0.5 时，应按变截面的二桩承台设计；

c_1、c_2——分别为垂直于、平行于承台底边的柱截面边长。

2. 受冲切计算

当桩基承台的有效高度不足时，承台将产生冲切破坏。承台冲切破坏的方式，一种是柱对承台的冲切，另一种是角桩对承台的冲切。冲切破坏锥体斜面与承台底面的夹角大于或等于 45°，柱边冲切破坏锥体的顶面在柱与承台交界处或承台变阶处，底面在桩顶平面处（图 4-33）；而角桩冲切破坏锥体的顶面在角桩内边缘处，底面在承台上方（图 4-34）。

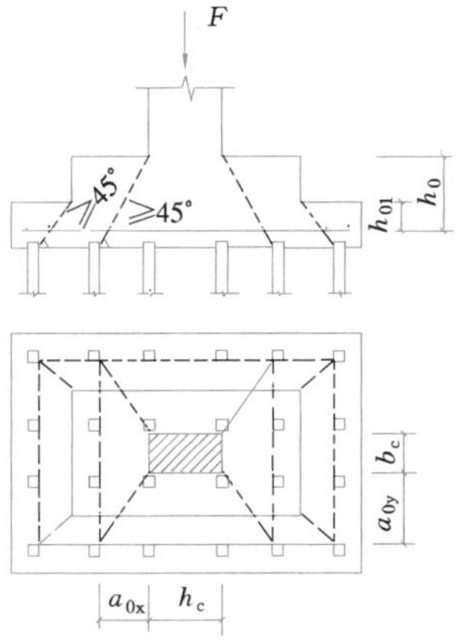

图 4-33 柱对承台冲切计算示意图

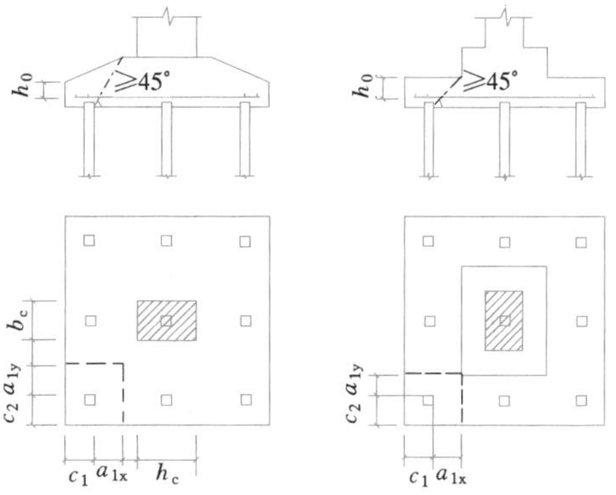

图 4-34 矩形承台角桩冲切计算示意图

（1）柱对承台冲切的承载力，可按下式计算：

$$F_l\leqslant 2[\beta_{0x}(b_c+a_{0y})+\beta_{0y}(h_c+a_{0x})]\beta_{hp}f_t h_0 \tag{4-59}$$

$$F_l=F-\sum N_i \tag{4-60}$$

$$\beta_{0x}=\frac{0.84}{\lambda_{0x}+0.2} \tag{4-61}$$

$$\beta_{0y}=\frac{0.84}{\lambda_{0y}+0.2} \tag{4-62}$$

式中 F_l——扣除承台及其上填土自重，作用在冲切破坏锥体上相应于作用的基本组合的冲切力设计值，冲切破坏锥体应采用自柱边或承台变阶处至相应桩顶边缘连线构成的锥体，锥体与承台底面的夹角不小于 45°；

β_{hp}——受冲切承载力截面高度影响系数，当 h 不大于 800mm 时，β_{hp} 取 1.0，当 h 大于等于 2000mm 时，β_{hp} 取 0.9，其间按线性内插法取用；

f_t——承台混凝土轴心抗拉强度设计值；

h_0——冲切破坏锥体的有效高度；

β_{0x}、β_{0y}——冲切系数；

λ_{0x}、λ_{0y}——冲跨比，$\lambda_{0x}=a_{0x}/h_0$、$\lambda_{0y}=a_{0y}/h_0$，a_{0x}、a_{0y}为柱边或变阶处至桩边的水平距离；当$a_{0x}(a_{0y})<0.25h_0$时，$a_{0x}(a_{0y})=0.25h_0$；当$a_{0x}(a_{0y})>h_0$时，$a_{0x}(a_{0y})=h_0$；

F——柱根部轴力设计值；

ΣN_i——冲切破坏锥体范围内各桩的净反力设计值之和。

对中、低压缩性土上的承台，当承台与地基土之间没有脱空现象时，可根据地区经验适当减小柱下桩基独立承台受冲切计算的承台厚度。

对于柱下两桩承台，宜按深受弯构件（$l_0/h<5.0$，$l_0=1.15l_n$，l_n为两桩净距）计算受弯、受剪承载力，不需要进行受冲切承载力计算。

（2）角桩对承台的冲切

1）多桩矩形承台受角桩冲切的承载力应按下式计算：

$$N_l \leqslant \left[\beta_{1x}\left(c_2+\frac{a_{1y}}{2}\right)+\beta_{1y}\left(c_1+\frac{a_{1x}}{2}\right)\right]\beta_{hp}f_t h_0 \tag{4-63}$$

$$\beta_{1x}=\frac{0.56}{\lambda_{1x}+0.2} \tag{4-64}$$

$$\beta_{1y}=\frac{0.56}{\lambda_{1y}+0.2} \tag{4-65}$$

式中　N_l——扣除承台和其上填土自重后角桩桩顶相应于作用的基本组合时的竖向力设计值；

β_{1x}、β_{1y}——角桩冲切系数；

λ_{1x}、λ_{1y}——角桩冲跨比，其值满足0.25～1.0，$\lambda_{1x}=a_{1x}/h_0$、$\lambda_{1y}=a_{1y}/h_0$；

c_1、c_2——从角桩内边缘至承台外边缘的距离；

a_{1x}、a_{1y}——从承台底角桩内边缘引45°冲切线与承台顶面或承台变阶处相交点至角桩内边缘的水平距离（图4-34）；

h_0——承台外边缘的有效高度。

2）三桩三角形承台受角桩冲切的承载力应按下式计算：

底部角桩

$$N_l \leqslant \beta_{11}(2c_1+a_{11})\tan\frac{\theta_1}{2}\beta_{hp}f_t h_0 \tag{4-66}$$

$$\beta_{11}=\frac{0.56}{\lambda_{11}+0.2} \tag{4-67}$$

顶部角桩

$$N_l \leqslant \beta_{12}(2c_2+a_{12})\tan\frac{\theta_2}{2}\beta_{hp}f_t h_0 \tag{4-68}$$

$$\beta_{12}=\frac{0.56}{\lambda_{12}+0.2} \tag{4-69}$$

式中　λ_{11}、λ_{12}——角桩冲跨比，$\lambda_{11}=a_{11}/h_0$、$\lambda_{12}=a_{12}/h_0$；

a_{11}、a_{12}——从承台底角桩内边缘向相邻承台边引45°冲切线与承台顶面相交点至角桩内边缘的水平距离（图4-35）；当柱位于该45°线以内时，则取柱边与桩内边缘连线为冲切锥体的锥线。

对圆柱和圆桩，计算时可将圆形截面按等周长原则换算成正方形截面。

3. 受剪切计算

桩基础承台的抗剪计算，在小剪跨比的条件下具有深梁的特征。

柱下桩基础独立承台应分别对柱边和桩边、变截面和桩边连线形成的斜截面进行受剪计算（图 4-36）。当柱边外有多排桩形成多个剪切斜截面时，尚应对每个斜截面进行验算。

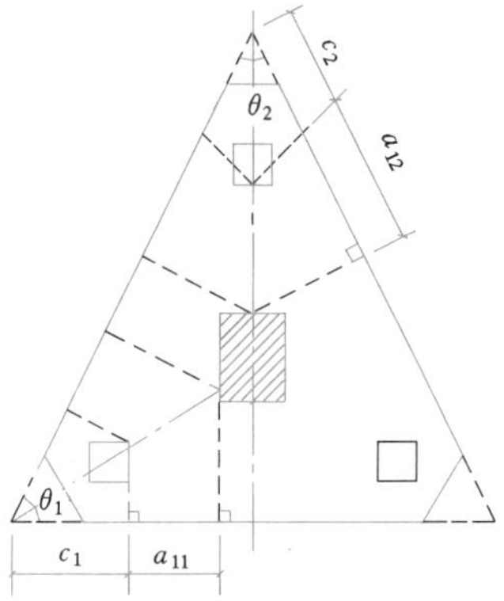

图 4-35 三角形承台角桩冲切计算示意图

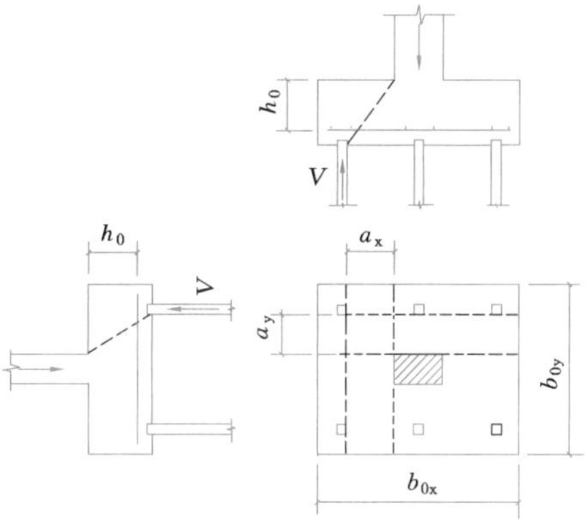

图 4-36 承台斜截面受剪计算示意图

斜截面受剪承载力可按下列公式计算：

$$V \leqslant \beta_{hs} \beta f_t b_0 h_0 \tag{4-70}$$

$$\beta = \frac{1.75}{\lambda + 1.0} \tag{4-71}$$

式中 V——扣除承台及其上填土自重后相应于作用的基本组合时斜截面的最大剪力设计值；

β_{hs}——受剪切承载力截面高度影响系数，$\beta_{hs} = (800/h_0)^{1/4}$，当 h_0 小于 800mm 时，h_0 取 800mm，当 h_0 大于 2000mm 时，h_0 取 2000mm；

β——剪切系数；

λ——计算截面的剪跨比，$\lambda_x = a_x/h_0$，$\lambda_y = a_y/h_0$。此处，a_x、a_y 为柱边或承台变阶处至 y、x 方向计算一排桩的桩边的水平距离，当 $\lambda < 0.25$ 时，取 $\lambda = 0.25$；当 $\lambda > 3$ 时，取 $\lambda = 3$；

b_0——承台计算截面处的计算宽度；

h_0——计算宽度处的承台有效高度。

阶梯形承台变阶处及锥形承台的计算宽度 b_0 按以下方法确定：

1）对于阶梯形承台应分别在变阶处（A_1-A_1，B_1-B_1）及柱边处（A_2-A_2，B_2-B_2）进行斜截面受剪计算（图 4-37）。计算变阶处截面 A_1-A_1、B_1-B_1 的斜截面受剪承载力时，其截面有效高度均为 h_{01}，截面计算宽度分别为 b_{y1} 和 b_{x1}。计算柱边截面 A_2-A_2 和 B_2-B_2 处的斜截面受剪承载力时，其截面有效高度均为 $h_{01} + h_{02}$，截面计算宽度按下式计算：

对 A_2-A_2

$$b_{y0} = \frac{b_{y1} \cdot h_{01} + b_{y2} \cdot h_{02}}{h_{01} + h_{02}} \tag{4-72}$$

对 B_2-B_2

$$b_{x0}=\frac{b_{x1}\cdot h_{01}+b_{x2}\cdot h_{02}}{h_{01}+h_{02}} \tag{4-73}$$

2）对于锥形承台应对 A-A 及 B-B 两个截面进行受剪承载力计算（图 4-38），截面有效高度均为 h_0，截面的计算宽度按下式计算：

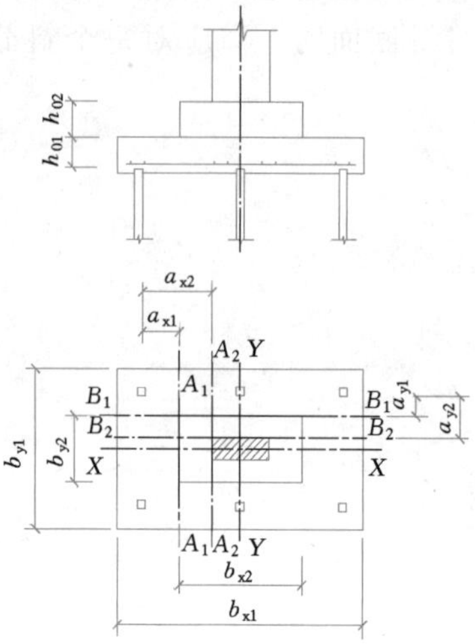

图 4-37　阶梯形承台斜截面受剪计算示意图

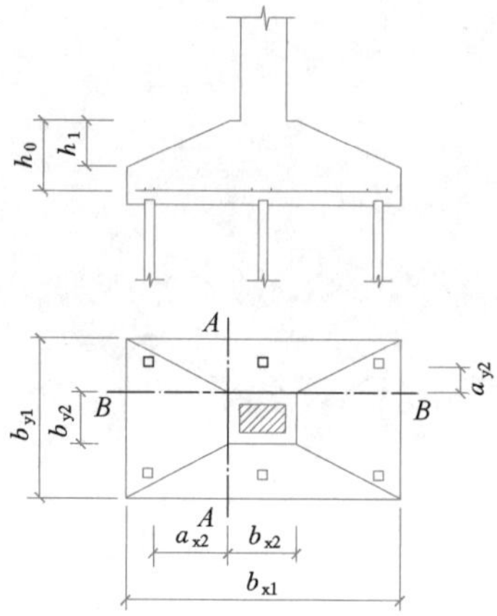

图 4-38　锥形承台受剪计算示意图

对 A-A

$$b_{y0}=\left[1-0.5\frac{h_1}{h_0}\left(1-\frac{b_{y2}}{b_{y1}}\right)\right]b_{y1} \tag{4-74}$$

对 B-B

$$b_{x0}=\left[1-0.5\frac{h_1}{h_0}\left(1-\frac{b_{x2}}{b_{x1}}\right)\right]b_{x1} \tag{4-75}$$

4. 局部受压计算

当承台的混凝土强度等级低于柱或桩的混凝土强度等级时，尚应验算柱下或桩上承台的局部受压承载力。

当进行承台的抗震验算时，应根据现行《建筑抗震设计规范》GB 50011 的规定对承台的受弯、受剪切承载力进行抗震调整。

4.9　桩基础设计的一般步骤

桩基础设计应符合安全、合理和经济的要求。对桩和承台来说，应有足够的强度、刚度和耐久性；对地基（主要是桩端持力层）来说，要有足够的承载力和不产生过量的变形。考虑到桩基础相应于地基破坏的极限承载力甚高，因此，大多数桩基础的首要问题在于控制沉降量，即桩基础设计应按桩基础变形控制设计。

4.9.1　必要的资料准备

桩基础设计前必须具备的资料主要有：建筑物类型及其规模、岩土工程勘察报告、施工机具和技术条件、环境条件、检测条件及当地桩基础工程经验等，其中，岩土工程勘察资料是桩基础设计的主要依据。因此，设计前应根据建筑物的特点和有关要求，进行岩土工程勘察和场地施工条件等资料的搜集工作，在提出工程地质勘察任务书时，应说明拟议中的桩基础方案。桩基础岩土工程勘察应符合现行国家标准《岩土工程勘察规范》GB 50021 的基本要求。

4.9.2 选定桩型，确定单桩竖向及水平承载力

1. 桩的类型、截面和桩长的选择

桩类和桩型的选择是桩基础设计中的重要环节，应根据结构类型及层数、荷载情况、地层条件和施工能力等，合理地选择桩的类别（预制桩或灌注桩）、桩的截面尺寸和长度、桩端持力层，并确定桩的承载性状（端承型或摩擦型）。

场地的地层条件、各类型桩的成桩工艺和适用范围，是桩类选择应考虑的主要因素。当土中存在大孤石、废金属以及花岗岩残积层中未风化的石英脉时，预制桩将难以穿越；当土层分布很不均匀时，混凝土预制桩的预制长度较难掌握；在场地土层分布比较均匀的条件下，采用质量易于保证的预应力高强混凝土管桩比较合理。对于软土地区的桩基，应考虑桩周土自重固结、蠕变、大面积堆载及施工中挤土对桩基础的影响，在层厚较大的高灵敏度流塑黏性土中（如我国东南沿海的淤泥和淤泥质土），不宜采用大片密集有挤土效应的桩基础，否则，这类土的结构破坏严重，致使土体强度明显降低，如果加上相邻各桩的相互影响，这类桩基础的沉降和不均匀沉降都将显著增加，这时宜采用承载力高而桩数较少的桩基础。同一结构单元宜避免采用不同类型的桩。

桩的截面尺寸选择应考虑的主要因素是成桩工艺和结构的荷载情况。从楼层数和荷载大小来看（如为工业厂房可将荷载折算为相应的楼层数），10 层以下的建筑桩基础，可考虑采用直径 500mm 左右的灌注桩和边长为 400mm 的预制桩；10～20 层的可采用直径 800～1000mm 的灌注桩和边长 450～500mm 的预制桩；20～30 层的可用直径 1000～1200mm 的钻（冲、挖）孔灌注桩和边长或直径等于或大于 500mm 的预制桩；30～40 层的可用直径大于 1200mm 的钻（冲、挖）孔灌注桩和直径 500～550 mm 的预应力混凝土管桩和大直径钢管桩。楼层更多的高层建筑所采用的挖孔灌注桩直径可达 5m 左右。

桩的设计长度，主要取决于桩端持力层的选择。通常，坚实土（岩）层（可用触探试验或其他指标来鉴别）最适宜作为桩端持力层。对于 10 层以下的房屋，如在桩端可达的深度内无坚实土层时，也可选择中等强度的土层作为桩端持力层。

桩端进入坚实土层的深度，应根据地质条件、荷载及施工工艺确定，一般不宜小于 1～2 倍桩径（对黏性土、粉土不宜小于 2 倍桩径；砂类土不宜小于 1.5 倍桩径；碎石类土不宜小于 1 倍桩径）。对薄持力层且其下存在软弱下卧层时，为避免桩端阻力因受“软卧层效应”的影响而明显降低，桩端以下坚实土层的厚度不宜小于 3 倍桩径。当硬持力层较厚且施工条件许可时，为充分发挥桩的承载力，桩端全断面进入持力层的深度宜尽可能达到该土层桩端阻力的临界深度（砂与碎石类土为 3～10 倍桩径；粉土、黏性土为 2～6 倍桩径）。对于穿越软弱土层而支承在倾斜岩层面上的桩，当风化岩层厚度小于 2 倍桩径时，桩端应进入新鲜或微风化基岩。端承桩嵌入微风化或中等风化岩体的最小深度，不宜小于 0.5m，以确保桩端与岩体接触。同一基础的邻桩桩底高差，对于非嵌岩桩，不宜超过相邻桩的中心距，对于摩擦型桩，在相同土层中不宜超过桩长的 1/10。

嵌岩桩或端承桩桩端以下 3 倍桩径范围内应无软弱夹层、断裂破碎带、洞穴和空隙分

布，这对于荷载很大的一柱一桩（大直径灌注桩）基础尤为重要。由于岩层表面往往崎岖不平，且常有隐伏的沟槽，特别在可溶性的碳酸岩类（如石灰岩）分布区，溶槽、石芽密布，此时桩端极有可能坐落在岩面隆起的斜面上而易产生滑动。因此，为确保桩端和岩体的稳定，在桩端应力扩散范围内应无岩体临空面（例如沟、槽、洞穴的侧面，或倾斜、陡立的岩面）。实践证明，作为基础施工图设计依据的详细勘察阶段的工作精度，较难满足这类桩的设计和施工要求。所以，在桩基础方案选定之后，还应根据桩位进行专门的桩基础勘察，或施工时在桩孔下方钻取岩芯（“超前钻”），以便针对各根桩的持力层选择埋入深度。对于高层或重型建筑物，采用大直径桩通常是有利的，但在碳酸岩类岩石地基，当岩溶很发育、而洞穴顶板厚度不大时，为满足桩底下有 3 倍桩径厚度的持力层的要求及有利于荷载的扩散，宜采用直径较小的桩和条形或筏形承台。

当土层比较均匀、坚实土层层面比较平坦时，桩的施工长度常与设计桩长比较接近；但当场地土层复杂，或者桩端持力层层面起伏不平时，桩的施工长度则常与设计桩长不一致。因此，在勘察工作中，应尽可能仔细地探明可作为持力层的地层层面标高，以避免浪费和便于施工。为保证桩的施工长度满足设计桩长的要求，打入桩的入土深度应按桩端设计标高和最后贯入度（经试打确定）两方面控制。最后贯入度是指打桩结束以前每次锤击的沉入量，通常以最后每阵（10 击）的平均贯入量表示。一般要求最后二、三阵的平均贯入量（贯入度）为10～30mm/阵（锤重、桩长者取大值，质量为 7t 以上的单动蒸汽锤、柴油锤可增至 30～50mm/阵）；振动沉桩者，可用 1min 作为一阵。例如，采用 100kN 振动力打入边长为 400mm 的桩，要求最后二阵的贯入度（即沉入速度）为 20～60mm/min。对于打进可塑或硬塑黏性土中的摩擦型桩，其承载力主要由桩侧摩阻力提供，沉桩深度宜按桩端设计标高控制，同时以最后贯入度作参考，并尽可能使同一承台或同一地段内各桩的桩端实际标高大致相同。而打到基岩面或坚实土层的端承型桩，其承载力主要由桩端阻力提供，沉桩深度宜按最后贯入度控制，同时以桩端设计标高作参考，并要求各桩的贯入度比较接近。大直径的钻（冲、挖）孔桩则以取出的岩屑（可分辨出风化程度）为主，结合钻进速度等来确定施工桩长。

2. 确定单桩竖向及水平承载力

桩的类型和几何尺寸确定之后，应初步确定承台底面标高。承台埋深的选择一般主要考虑结构要求和方便施工等因素。季节性冻土上的承台埋深，应考虑地基土的冻胀性的影响，并应考虑是否需要采取相应的防冻害措施。膨胀土上的承台，其埋深选择与此类似。

初定出承台底面标高后，便可按第 4.3 节、第 4.6 节的方法计算单桩竖向及水平承载力了。

4.9.3　桩的平面布置及承载力验算

1. 桩的根数和布置

(1) 桩的根数

初步估定桩数时，先按式（4-22）确定单桩承载力特征值 R_a 后，可估算桩数如下。当桩基础为轴心受压时，桩数 n 应满足下式的要求：

$$n \geqslant \frac{F_k + G_k}{R_a} \tag{4-76}$$

式中 F_k——相应于作用的标准组合时，作用于桩基础承台顶面的竖向力；

G_k——桩基础承台及承台上土自重标准值。

偏心受压时，对于偏心距固定的桩基础，如果桩的布置使得群桩横截面的重心与荷载合力作用点重合，则仍可按上式估定桩数，否则，桩的根数应按上式确定的增加10%～20%。所选的桩数是否合适，尚待各桩受力验算后确定。如有必要，还要通过桩基础软弱下卧层承载力和桩基础沉降验算才能最终确定。

承受水平荷载的桩基础，在确定桩数时，还应满足对桩的水平承载力的要求。此时，可以取各单桩水平承载力之和，作为桩基础的水平承载力。这样做通常是偏于安全的。

(2) 桩在平面上的布置

经验证明，桩的布置合理与否，对发挥桩的承载力、减小建筑物的沉降，特别是不均匀沉降是至关重要的。因此，桩在平面上的布置应遵循4.7节的原则。此外，还应注意：

在有门洞的墙下布桩时，应将桩设置在门洞的两侧。梁式或板式承台下的群桩，布桩时应多布设在柱、墙下，减少梁和板跨中的桩数，以使梁、板中的弯矩尽量减小。

为了节省承台用料和减少承台施工的工作量，在可能情况下，墙下应尽量采用单排桩基础，柱下的桩数也应尽量减少。一般地说，桩数较少而桩长较大的摩擦型桩基础，无论在承台的设计和施工方面，还是在提高群桩的承载力以及减小桩基础沉降量方面，都比桩数多而桩长小的桩基础优越。如果由于单桩承载力不足而造成桩数过多、布桩不够合理时，宜重新选择桩的类型及几何尺寸。

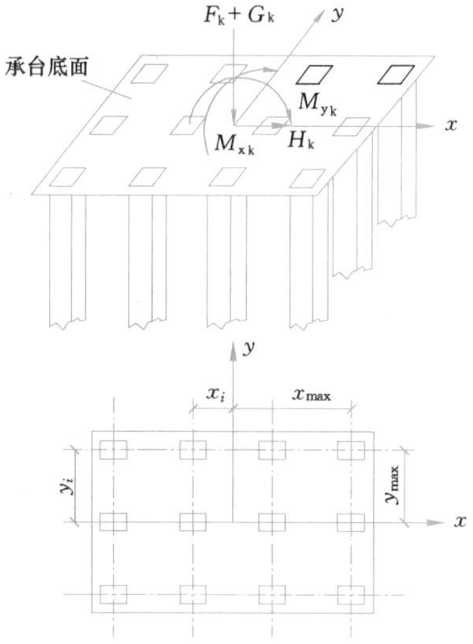

图4-39 桩顶荷载的计算简图

2. 桩基础承载力验算

(1) 桩顶荷载计算

以承受竖向力为主的群桩基础的单桩（包括复合单桩）桩顶荷载效应可按下列公式计算（图4-39）：

轴心竖向力作用下

$$Q_k=\frac{F_k+G_k}{n} \tag{4-77}$$

偏心竖向力作用下

$$Q_{ik}=\frac{F_k+G_k}{n}\pm\frac{M_{xk}y_i}{\sum y_i^2}\pm\frac{M_{yk}x_i}{\sum x_i^2} \tag{4-78}$$

水平力作用下

$$H_{ik}=\frac{H_k}{n} \tag{4-79}$$

式中 F_k——相应于作用的标准组合时，作用于桩基础承台顶面的竖向力；

G_k——桩基础承台自重及承台上土自重；

Q_k——相应于作用的标准组合轴心竖向力作用下任一单桩的竖向力；

n——桩基础中的桩数；

Q_{ik}——相应于作用的标准组合偏心竖向力作用下第 i 根桩的竖向力；

M_{xk}、M_{yk}——相应于作用的标准组合作用于承台底面的外力对通过桩群形心的 x、y 轴的力矩；

x_i、y_i——桩 i 至通过桩群形心的 y、x 轴线的距离；

H_k——相应于作用的标准组合时，作用于承台底面的水平力；

H_{ik}——相应于作用的标准组合时，作用于任一单桩的水平力。

式（4-78）是以下列假设为前提的：①承台是刚性的；②各桩刚度（$K_i=Q_{ik}/s_i$；s_i 为 Q_{ik} 作用下的桩顶沉降）相同；③x、y 是桩基平面的惯性主轴。对单桩刚度不等、桩基础平面不对称的一般情况，可以直接利用式（3-72）、式（3-74）、式（3-75）计算，此时的单桩荷载 Q_{ik} 相当于3.9节中的基底集中反力 R_i。对式（4-78）的特殊情况，根据假设③，式（3-75）矩阵中只有三个对角元素不为零，再取 $K_i=K$ 后，可得：

$$\theta_y=M_y/K\Sigma x^2,\ \theta_x=M_x/K\Sigma y^2,\ w_0=P/nK$$

将上述三式代入式（3-64），并令 $P=F_k+G_k$，$w_i=Q_{ik}/K$，即得式（4-78）。

烟囱、水塔、电视塔等高耸结构物桩基础常采用圆形或环形刚性承台，其单桩宜布置在直径不等的同心圆圆周上，同一圆周上的桩距相等（见图4-29c）。对这类桩基础，只要取对称轴为坐标轴，则式（4-78）依然适用，不过，利用习题4-4中让读者自行推证的公式计算，就简便多了。

对位于8度和8度以上抗震设防区和其他受较大水平荷载的高大建筑物低承台桩基础，在计算各单桩的桩顶荷载和桩身内力时，可考虑承台（以及地下墙体）与单桩的相互作用和土的弹性抗力作用。

（2）单桩承载力验算

承受轴心竖向力作用的桩基础，相应于作用的标准组合时作用于单桩的竖向力 Q_k 应符合下式的要求：

$$Q_k\leqslant R_a \tag{4-80}$$

承受偏心竖向力作用的桩基础，除应满足式（4-80）的要求外，相应于作用的标准组合时作用于单桩的最大竖向力 $Q_{k\max}$ 尚应满足下式的要求：

$$Q_{k\max}\leqslant 1.2R_a \tag{4-81}$$

承受水平力作用的桩基础，相应于作用的标准组合时作用于单桩的水平力 H_{ik} 应符合下式的要求：

$$H_{ik}\leqslant R_{Ha} \tag{4-82}$$

上述三式中，R_a 和 R_{Ha} 分别为单桩竖向承载力特征值和水平承载力特征值。

抗震设防区的桩基础应按现行《建筑抗震设计规范》GB 50011有关规定执行。根据地震震害调查结果，不论桩周土的类别如何，单桩的竖向受震承载力均可提高25%。因此，对于抗震设防区必须进行抗震验算的桩基础，可按下列公式验算单桩的竖向承载力：

轴心竖向力作用下：

$$Q_k\leqslant 1.25R_a \tag{4-83}$$

偏心竖向力作用下，除应满足式（4-83）的要求外，尚应满足：

$$Q_{k\max}\leqslant 1.5R_a \tag{4-84}$$

（3）桩基础软弱下卧层承载力验算

当桩基础的持力层下存在软弱下卧层，尤其是当桩基础的平面尺寸较大、桩基础持力层的厚度相对较薄时，应考虑桩端平面下受力层范围内的软弱下卧层发生强度破坏的可能性。对于桩距 $s \leqslant 6d$ 的非端承群桩基础，以及 $s > 6d$、但各单桩桩端冲剪锥体扩散线在硬持力层中相交重叠的非端承群桩基础，桩基础下方有限厚度持力层的冲剪破坏，一般可按整体冲剪破坏考虑。此时，桩基础软弱下卧层承载力验算常将桩与桩间土的整体视作实体深基础，实体深基础的底面位于桩端平面处（图 4-17），实体深基础底面的基底附加压力 p_0 可按式（4-27）、式（4-28）计算，但作用于桩基础承台顶面的竖向力应按作用的标准组合计算。与浅基础的软弱下卧层验算类似，桩端硬持力层中的冲剪破坏面与竖直线的夹角为 θ，其验算方法按 2.5.2 节浅基础的软弱下卧层验算进行。

（4）桩基础沉降验算

一般来说，对地基基础设计等级为甲级的建筑物桩基础，体型复杂、荷载不均匀或桩端以下存在软弱土层的设计等级为乙级的建筑物桩基础，以及摩擦型桩基础，应进行沉降验算；对于地基基础设计等级为丙级的建筑物、群桩效应不明显的建筑物桩基础，可根据单桩静载荷试验的变形及当地工程经验估算建筑物的沉降量，也可不进行沉降验算。而对于嵌岩桩、对沉降无特殊要求的条形基础下不超过两排桩的桩基础、吊车工作级别 A5 及 A5 以下的单层工业厂房桩基础（桩端下为密实土层），可不进行沉降验算；当有可靠地区经验时，对地质条件不复杂、荷载均匀、对沉降无特殊要求的端承型桩基础也可不进行沉降验算。

对于应进行沉降验算的建筑物桩基础，其沉降不得超过建筑物的允许沉降值。桩基础沉降计算按 4.4.2 节方法进行，建筑物的允许沉降值可按表 2-6 的规定采用。

（5）桩基础负摩阻力验算

桩周土沉降可能引起桩侧负摩阻力时，应根据工程具体情况考虑负摩阻力对桩基础承载力和沉降的影响。在考虑桩侧负摩阻力的桩基础承载力验算中，单桩竖向承载力特征值 R_a 只计中性点以下部分的侧阻力和端阻力。

1）摩擦型桩基础

① 取桩身计算中性点以上侧阻力为零，按下式验算单桩承载力：

$$Q_{ik} \leqslant R_a \tag{4-85}$$

② 当土层不均匀或建筑物对不均匀沉降较敏感时，尚应将负摩阻力引起的下拉荷载 Q_g^n 计入附加荷载验算桩基础沉降。

2）端承型桩基础

端承型桩基础除应满足式（4-85）的要求外，尚应考虑负摩阻力引起的下拉荷载 Q_g^n，按下式验算单桩承载力：

$$Q_{ik} + Q_g^n \leqslant R_a \tag{4-86}$$

4.9.4 桩身结构设计

桩身混凝土强度应满足桩的承载力设计要求。计算中应按桩的类型和成桩工艺的不同将混凝土的轴心抗压强度设计值乘以工作条件系数 ψ_c，桩身强度应符合下式要求：

桩轴心受压时

$$Q \leqslant A_p f_c \psi_c \tag{4-87}$$

式中　f_c——混凝土轴心抗压强度设计值，按现行《混凝土结构设计规范》GB 50010取值；

Q——相应于作用的基本组合时的单桩竖向力设计值；

A_p——桩身横截面面积；

ψ_c——工作条件系数，非预应力预制桩取0.75，预应力桩取0.55～0.65，灌注桩取0.6～0.8（水下灌注桩、长桩或混凝土强度等级高于C35时用低值）。

桩的主筋应经计算确定。打入式预制桩的最小配筋率不宜小于0.8%；静压预制桩的最小配筋率不宜小于0.6%；预应力桩不宜小于0.5%；灌注桩最小配筋率不宜小于0.2%～0.65%（小直径桩取大值）。桩顶以下3～5倍桩身直径范围内，箍筋宜适当加强加密。

配筋长度：

1）受水平荷载和弯矩较大的桩，配筋长度应通过计算确定。

2）桩基础承台下存在淤泥、淤泥质土或液化土层时，配筋长度应穿过淤泥、淤泥质土层或液化土层。

3）坡地岸边的桩、8度及8度以上地震区的桩、抗拔桩、嵌岩端承桩应通长配筋。

4）钻孔灌注桩构造钢筋的长度不宜小于桩长的2/3；桩施工在基坑开挖前完成时，其钢筋长度不宜小于基坑深度的1.5倍。

通过上述计算及验算后，便可根据上部结构的柱网、隔墙及有关方面的要求等进行承台及地梁的平面布置、绘制桩基础施工图了。

【例4-3】　例图4-3所示，柱的矩形截面边长为$b_c=450$mm及$h_c=600$mm，相应于作用的标准组合时作用于柱底（标高为−0.50m）的荷载为：$F_k=3040$kN，M_k（作用于长边方向）$=160$kN·m，$H_k=140$kN，拟采用混凝土预制桩基础，桩的方形截面边长为$b_p=400$mm，桩长15m。已确定单桩竖向承载力特征值$R_a=570$kN，承台混凝土强度等级取C20，配置HRB335级钢筋，试设计该桩基础。

【解】　对C20混凝土取$f_t=1100$kPa；对HRB335级钢筋取$f_y=300\text{N/mm}^2$。

（1）桩的类型和尺寸已选定，桩身结构设计从略

（2）初选桩的根数

$$n>\frac{F_k}{R_a}=\frac{3040}{570}=5.3\text{根，暂取6根。}$$

（3）初选承台尺寸

桩距，按表4-9，桩距$s=4.0b_p=4.0\times0.4=1.6$m

承台长边：$a=2\times(0.4+1.6)=4.0$m

承台短边：$b=2\times(0.4+0.8)=2.4$m

暂取承台埋深为1.7m，承台高度h为1.2m，桩顶伸入承台50mm，钢筋保护层取70mm，则承台有效高度为：

$$h_0=1.2-0.07=1.13\text{m}=1130\text{mm}$$

（4）计算桩顶荷载

取承台及其上土的平均重度$\gamma_G=20\text{kN/m}^3$。

桩顶平均竖向力：

$$Q_k=\frac{F_k+G_k}{n}=\frac{3040+20\times4.0\times2.4\times1.7}{6}=561.1\text{kN}<R_a=570\text{kN}$$

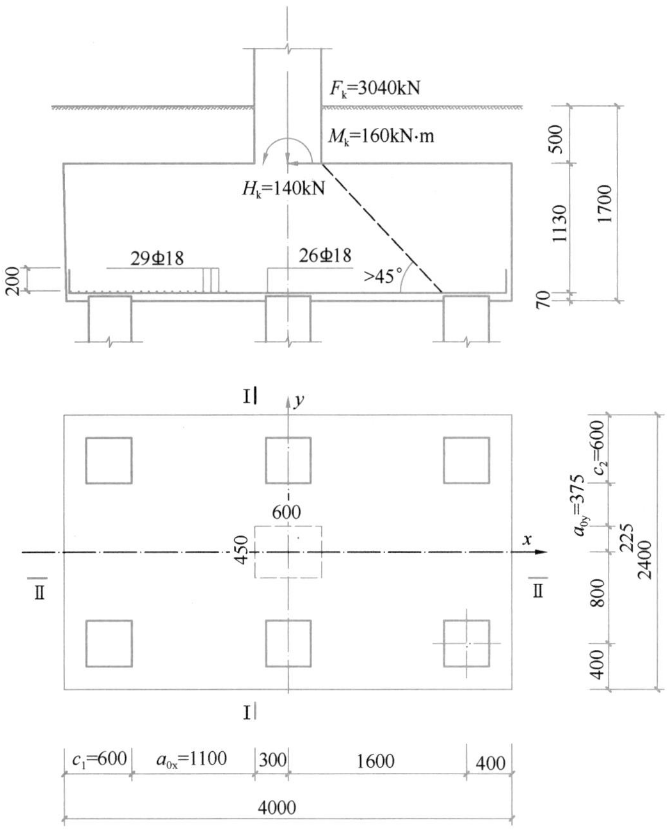

例图　4-3

$$Q_{\substack{kmax\\kmin}}=Q_k\pm\frac{(M_k+H_kh)\ x_{max}}{\sum x_i^2}=561.1\pm\frac{(160+140\times1.2)\ \times1.6}{4\times1.6^2}$$

$$=561.1\pm51.3=\begin{cases}612.4\text{kN}<1.2R_a=684\text{kN}\\509.8\text{kN}>0\end{cases}$$

可符合式（4-80）和式（4-81）的要求。

单桩水平力：

$$H_{1k}=H_k/n=140/6=23.3\text{kN}$$

此值远小于按式（4-54）估算的单桩水平承载力特征值（$R_{Ha}\approx45$kN），可以。

相应于作用的基本组合时作用于柱底的荷载设计值为：

$$F=1.35F_k=1.35\times3040=4104\text{kN}$$

$$M=1.35M_k=1.35\times160=216\text{kN}\cdot\text{m}$$

$$H=1.35H_k=1.35\times140=189\text{kN}$$

扣除承台和其上填土自重后的桩顶竖向力设计值：

$$N=\frac{F}{n}=\frac{4104}{6}=684\text{kN}$$

$$N_{\substack{max\\min}}=N\pm\frac{(M+Hh)\ x_{max}}{\sum x_i^2}$$

$$=684\pm\frac{(216+189\times1.2)\times1.6}{4\times1.6^2}=684\pm69.2=\begin{cases}753.2\text{kN}\\614.8\text{kN}\end{cases}$$

（5）承台受冲切承载力验算（例图4-3）

① 柱边冲切，按式（4-59）～式（4-65）计算：

冲切力　$F_l=F-\sum N_i=4104-0=4104\text{kN}$

受冲切承载力截面高度影响系数β_{hp}计算

$$\beta_{hp}=1-\frac{1-0.9}{2000-800}\times(1200-800)=0.967$$

冲跨比λ与系数β的计算

$$\lambda_{0x}=\frac{a_{0x}}{h_0}=\frac{1.1}{1.13}=0.973\text{（介于0.25～1之间）}$$

$$\beta_{0x}=\frac{0.84}{\lambda_{0x}+0.2}=\frac{0.84}{0.973+0.2}=0.716$$

$$\lambda_{0y}=\frac{a_{0y}}{h_0}=\frac{0.375}{1.13}=0.332\text{（介于0.25～1之间）}$$

$$\beta_{0y}=\frac{0.84}{\lambda_{0y}+0.2}=\frac{0.84}{0.332+0.2}=1.579$$

$$2[\beta_{0x}(b_c+a_{0y})+\beta_{0y}(h_c+a_{0x})]\beta_{hp}f_th_0$$
$$=2\times[0.716\times(0.450+0.375)+1.579\times(0.600+1.1)]\times0.967\times1100\times1.13$$
$$=7873\text{kN}>F_l=4104\text{kN}$$　（可以）

② 角桩向上冲切，$c_1=c_2=0.6\text{m}$，$a_{1x}=a_{0x}$，$\lambda_{1x}=\lambda_{0x}$，$a_{1y}=a_{0y}$，$\lambda_{1y}=\lambda_{0y}$。

$$\beta_{1x}=\frac{0.56}{\lambda_{1x}+0.2}=\frac{0.56}{0.973+0.2}=0.477$$

$$\beta_{1y}=\frac{0.56}{\lambda_{1y}+0.2}=\frac{0.56}{0.332+0.2}=1.053$$

$$[\beta_{1x}(c_2+a_{1y}/2)+\beta_{1y}(c_1+a_{1x}/2)]\beta_{hp}f_th_0$$
$$=[0.477\times(0.6+0.375/2)+1.053\times(0.6+1.1/2)]\times0.967\times1100\times1.13$$
$$=1907\text{kN}>N_{max}=753.2\text{kN}$$　（可以）

（6）承台受剪切承载力计算

按式（4-70）及式（4-71）计算，剪跨比与以上冲跨比相同。

受剪切承载力截面高度影响系数β_{hs}计算

$$\beta_{hs}=\left(\frac{800}{h_0}\right)^{1/4}=\left(\frac{800}{1130}\right)^{1/4}=0.917$$

对Ⅰ-Ⅰ斜截面

$$\lambda_x=\lambda_{0x}=0.973\text{（介于0.25～3之间）}$$

剪切系数　$$\beta=\frac{1.75}{\lambda+1.0}=\frac{1.75}{0.973+1.0}=0.887$$

$$\beta_{hs}\beta f_tb_0h_0=0.917\times0.887\times1100\times2.4\times1.13$$
$$=2426\text{kN}>2N_{max}=2\times753.2=1506.4\text{kN}$$　（可以）

对Ⅱ-Ⅱ斜截面

$$\lambda_y=\lambda_{0y}=0.332\text{（介于0.25～3之间）}$$

剪切系数 $\beta=\frac{1.75}{\lambda+1.0}=\frac{1.75}{0.332+1.0}=1.314$

$$\beta_{hs}\beta f_t b_0 h_0 = 0.917\times1.314\times1100\times4.0\times1.13$$

$$=5991\text{kN}>3N=3\times684=2052\text{kN} \quad (\text{可以})$$

从以上计算可见，该承台高度首先取决于I-I斜截面的受剪切承载力，其次取决于沿柱边的受冲切承载力。

(7) 承台受弯承载力计算

按式（4-55）计算

$$M_x=\sum N_i y_i=3\times684\times0.575=1180\text{kN}\cdot\text{m}$$

$$A_s=\frac{M_x}{0.9f_y h_0}=\frac{1180\times10^6}{0.9\times300\times1130}=3868\text{mm}^2$$

按最小配筋率0.15%计算，需 $A_s=4000\times1200\times0.15\%=7200\text{mm}^2$，现选用29 Φ 18，$A_s=7381\text{mm}^2$，沿平行 y 轴方向均匀布置。

$$M_y=\sum N_i x_i=2\times753.2\times1.3=1958\text{kN}\cdot\text{m}$$

$$A_s=\frac{M_y}{0.9f_y h_0}=\frac{1958\times10^6}{0.9\times300\times1130}=6418\text{mm}^2$$

选用26 Φ 18，$A_s=6617\text{mm}^2$（$>bh\rho_{min}=2400\times1200\times0.15\%=4320\text{mm}^2$），沿平行 x 轴方向均匀布置。

为满足锚固长度要求，钢筋两端均向上弯折，弯折段长度为200mm。

4.9.5 桩的质量检验

采用某种方法设置于土中的预制桩，或在地下隐蔽条件下成型的灌注桩，均应进行施工监督、现场记录和质量检测，以保证质量，减少隐患。特别是大直径桩采用一柱一桩的工程，桩基础的质量检测就更为重要。目前已有多种桩身结构完整性的检测技术，下列几种较为常用：

(1) 开挖检查。这种方法只能对所暴露的桩身进行观察检查。

(2) 抽芯法。在灌注桩桩身内钻孔（直径100～150mm），了解混凝土有无离析、空洞、桩底沉渣和入岩等情况，取混凝土芯样进行观察和单轴抗压试验。有条件时可采用钻孔电视直接观察孔壁、孔底质量。

(3) 声波检测法。利用超声波在不同强度（或不同弹性模量）的混凝土中传播速度的变化来检测桩身质量。为此，预先在桩中埋入3～4根金属管，然后，在其中一根管内放入发射器，而在其他管中放入接收器，并记录不同深度处的检测资料。

(4) 动测法。包括PDA（打桩分析仪）等大应变动测、PIT（桩身结构完整性分析仪）和其他（如锤击激振、机械阻抗、水电效应、共振等）小应变动测。对于等截面、质地较均匀的预制桩，这些测试效果可靠（PIT、PDA）或较为可靠。灌注桩的动测检验，目前已有相当多的实践经验，而具有一定的可靠性。

习　题

4-1　截面边长为400mm的钢筋混凝土实心方桩，打入10m深的淤泥和淤泥质土后，支承在中等风化的硬质岩石上。已知作用在桩顶的竖向压力为800kN，桩身的弹性模量为$3\times10^4\mathrm{N/mm^2}$。试估算该桩的沉降量。

（答案：1.67mm）

4-2　某场区从天然地面起往下的土层分布是：粉质黏土，厚度$l_1=3\mathrm{m}$，$q_{s1a}=24\mathrm{kPa}$；粉土，厚度$l_2=6\mathrm{m}$，$q_{s2a}=20\mathrm{kPa}$；中密的中砂，$q_{s3a}=30\mathrm{kPa}$，$q_{pa}=2600\mathrm{kPa}$。现采用截面边长为350mm×350mm的预制桩，承台底面在天然地面以下1.0m，桩端进入中密中砂的深度为1.0m。试确定单桩承载力特征值。

（答案：595.7kN）

4-3　某场地土层情况（自上而下）为：第一层杂填土，厚度1.0m；第二层为淤泥，软塑状态，厚度6.5m，$q_{sa}=6\mathrm{kPa}$；第三层为粉质黏土，厚度较大，$q_{sa}=40\mathrm{kPa}$，$q_{pa}=1800\mathrm{kPa}$。现需设计一框架内柱（截面为300mm×450mm）的预制桩基础。柱底在地面处的荷载为：竖向力$F_k=1850\mathrm{kN}$，弯矩$M_k=135\mathrm{kN\cdot m}$，水平力$H_k=75\mathrm{kN}$，初选预制桩截面为350mm×350mm。试设计该桩基础。

4-4　（1）习图4-4为某环形刚性承台下桩基平面图的1/4。如取对称轴为坐标轴，荷载偏心方向为x轴，试由式（4-78）导出单桩荷载公式如下：

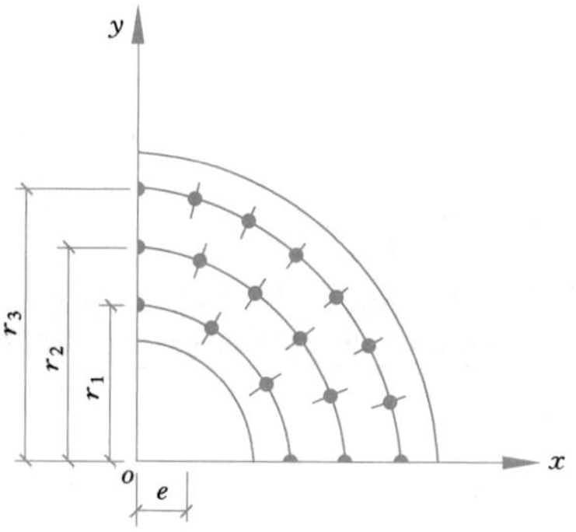

习图　4-4

$$Q_{ik}=\frac{F_k+G_k}{n}\pm\frac{2M_kx_i}{\sum n_jr_j^2}$$

式中　M_k——竖向荷载F_k+G_k对y轴的力矩，$M_k=(F_k+G_k)\cdot e$；

e——竖向荷载偏心距；

n_j——半径为r_j的同心圆圆周上的桩数。

【提示】　1. $\sum n_jr_j^2=\sum r_i^2$；

2. 利用对称性，证明$\sum x_i^2=\sum y_i^2$。

（2）图中桩基的桩总数$n=60$，设竖向荷载$F_k+G_k=12\mathrm{MN}$，其偏心距$e=0.8\mathrm{m}$；分别处于半径$r_1=2.5\mathrm{m}$，$r_2=3.5\mathrm{m}$，$r_3=4.5\mathrm{m}$的同心圆圆周上的桩数目$n_1=12$，$n_2=20$，$n_3=28$，求最大和最小的单桩荷载Q_{kmax}及Q_{kmin}。

（答案：$Q_{kmax}=297.4\mathrm{kN}$，$Q_{kmin}=102.6\mathrm{kN}$）

第5章 地 基 处 理

5.1 概 述

5.1.1 地基处理的意义

在工程建设中，当工程场地地基土层的工程性质及有关的自然环境不能满足设计建筑物对地基的要求时，常对地基采用加固、补强、抗渗防渗、抗震防震及排水固结等类工程措施，改善地基土层的工程性质，以满足建筑物对地基土层的要求，确保工程的安全与正常使用，这类工程技术措施统称为地基处理。

在中国地基处理工作早就开始应用，秦代在修筑驰道时，就已采用了“隐以金椎”（《汉书》）的路基压实方法；至今还采用的灰土垫层、石灰桩、瓦渣垫层、撼砂垫层等，都是我国自古已有的传统地基处理方法。自从新中国成立以至改革开放以来，大规模的社会主义建设和工农业及基本建设的发展，有力促进地基处理的发展，先后引进了砂井预压法、振冲碎石桩法、深层水泥土搅拌法等多种地基处理工法，广泛应用于处理水库软基，铁路路堤软基、高速公路路堤软基和油罐软基等类工程，使地基处理获得了进一步的发展。随着具有中国特色的社会主义现代化的发展，规模宏大的工业及民用建筑、水利工程、环境工程、港口工程、高速铁路、高速公路、机场跑道、大型油罐群等在兴建，不可避免地在不良的地基上建造，而且对地基的要求越来越高，不但要求承受较大而复杂的荷载，而且对沉降和变形的要求也越来越严格，使原来可作天然地基的场地，也要进行相应的处理。所以，几乎每一项工程都要考虑地基处理问题，只是简单或复杂的程度不同而已。我国地域辽阔，幅员广大，土类繁多，性质各异，这又增加了地基处理的特殊性和多样性。工程实践证明，地基处理是关系到工程设计方案的合理性、工程技术困难程度、工程造价、工程进度、并影响工程成败的一项关键性工作，其重要性越来越被人们所重视。地基处理已成为设计与施工及研究的一个必须重视的问题，也是工程技术人员必须掌握的一门工程基础理论知识。

5.1.2 地基处理的内容与方法

各类工程的地基处理是随着工程建设的实践逐渐发展起来的，地基处理的问题来自工程实践，来自各类工程在不同场地地基土类中出现的地基问题。地基处理的任务主要是针对各类工程在实际场地地基土层中出现的地基问题，做出满足工程要求的地基处理措施及实施的方法。地基处理的实际内容与方法则应根据每项工程的实际情况来确定，主要取决于每项工程的特点及其对地基性能的要求和场地地基土层的分布及工程性质等两方面的实际情况。众所周知，每一项工程每一块场地地基土层都有其各自的独特性质，不经过实地的调查研究，不可能了解工程的真实情况和地基土层的实际性状，不可能对实际工程进行有效的地基处理。现行的《建筑地基处理技术规范》中指出：每一项工程的地基处理是一项综合性的工作，地基处理应包括下列内容：地基处理前事先要了解工程的类型和特性，上部结构与基础的特点及其对地基的性能的要求等；搜集场地地基土层工程勘察资料，了解其工程性质；然后结合工程的实际情况，了解当地地基处理的经验和施工条件；运用土力学的基本原理，分析工程存在的地基问题；确定地基处理的目的与要求；比较优选地基处理方案和施工方法等。这是地基处理工作内容的简要梗概。必须指出：上述各项地基处理工作，核心问题是优选地基处理方案和施工方法。这是影响地基处理成败的一项关键工作。优良的地基处理方案和施工方法是从工程实践中涌现出来的，紧密联系工程实际，充分运用土力学原理和先进的工程技术方法，通过不断创新的工程实践，逐步展现出来的。不是通过理论分析，脱离工程实际空想出来的。因此，必须注意吸取前人不断创新的工程实践经验，特别是前人创造的、先进的、行之有效的，适用于不同土类的各种地基处理工法，通过工程实践，优选地基处理方案。

所谓前人创造适用于不同土类的各种地基处理工法，这是指近年来在各类工程的地基处理实践中，针对不同土类，不同工程对地基的要求，通过不同工程技术途径，先后发展起来的一批地基处理方法；如：砂井预压法、振冲碎石桩法、强夯法、高压喷射注浆法、深层水泥搅拌法等，这些方法广泛应用于各类工程，经过不断改进和创新，已成为行之有效的地基处理方法，也是各类工程地基处理优选的主要对象，是地基处理工作的重要部分。

5.1.3　工程的特点及其对地基性能的要求

在工程进行地基处理时，首先要了解工程的特点及其对地基性能的要求，明确工程对地基处理的要求，有的放矢考虑地基处理问题。

关于工程特点问题，主要要求了解工程所属的类型（含房屋建筑、水工建筑、道路、桥梁等）；上部结构及基础的平面及空间的布置，大小尺寸，荷载大小及其在基底的分布以及工程使用的要求等。了解工程的特点，其目的是区分不同类型的工程对地基性能具有不同的要求。

关于工程对地基性能的要求问题，主要包括如下几方面：

1. 关于工程对地基稳定性的要求问题。一般情况是根据工程建筑物荷载的特点，确定地基必须具备足够的承载力，承受工程建筑物的全部荷载，还要考虑地震、机械振动、风振、波浪振动等的影响，确保工程建筑物安全与长期稳定。地基稳定性与基础的埋置深度有关，应注意选择适当的埋置深度。此外还应结合工程场地地基土层的实际情况，检验软弱土层的稳定性。

2. 关于工程对地基变形性能的要求问题。为了保证工程的正常使用和安全稳定，各类工程都分别按照各自的功能和使用的特点，分别制定了限制地基变形的要求，控制沉降和不均匀沉降的发展，以满足工程对地基变形及稳定性的要求。不同类型的工程对地基变形的要求是不一样的。对于房屋建筑工程，可按《建筑地基基础设计规范》确定其容许沉降值和不均匀沉降值；对于铁路和公路工程等，则按相应的规范和规程要求控制一定的工后沉降值和路面的不均匀沉降值；其他类型工程则按相应专业的规范或规程控制一定的容许变形值。

3. 防渗、抗渗、渗透稳定问题。水库、堤坝和水库闸等类工程，主要功能是蓄水防渗，工程要求地基土层不能产生过大的渗漏量。按照有关工程的规范或规程的规定，要求控制通过地基的渗流量不得超过允许值。另一方面的问题是渗透水流通过地基土层，水力坡降较大，导致产生潜蚀、流砂、管涌等渗透破坏现象，造成工程事故，这是不允许的。这些问题主要与土的渗透性和水在土中渗流的水力梯度有关，必须通过现场监测和现场试验或室内模型试验，确定流土、管涌临界水力梯度，结合工程地基土层实际水力梯度，判别地基土层是否会出现渗透破坏，是否需要采取防渗、抗渗措施，或在地基中设置水帷幕、截水墙等，防止渗透破坏。

4. 防振、抗震及液化问题。各类工程常受到动力荷载（地基、波浪、机器及车辆振动和爆破）的作用引起饱和砂土（松砂、细粉砂、粉砂等）的液化，使土体失去其抗剪强度，近似于液体一样的动力现象，会引起工程地基失稳和震陷，在这种情况下，要求了解地基土的抗震性能和震动引起地基失稳和震陷时应采取的抗震防震措施。这是值得重视的地基处理问题。

5.1.4 常见地基处理土类的工程特性

在进行工程的地基处理时，应先了解工程场地地基土层的工程性质，才能有效进行地基处理工作。现将工程上常见的地基处理土类及具体工程性质简要阐述如下：

1. 淤泥及淤泥质土　简称为软土，为第四纪后期在滨海、河漫滩、河口、湖沼和冰碛等地质环境下的黏性土沉积，大部分是饱和的，含有机质，天然含水量大于液限，孔隙比大于1，抗剪强度低，压缩性高，渗透性小，具有结构性的土。当天然孔隙比 $e \geqslant 1.5$ 时，称为淤泥；$1.5 > e \geqslant 1$ 时，称为淤泥质土。这类土比较软弱，天然地基的承载力较小，易出现地基局部破坏和滑动；在荷载作用下产生较大的沉降和不均匀沉降，以及较大的侧向变形，且沉降与变形持续的时间很长，甚至出现蠕变等。它广泛分布于我国东南沿海地区及内陆湖沼河岸附近。杂填土和冲填土中的部分饱和黏性土，其性质与淤泥质土相似，也归于软土的范畴中。杂填土往往不均匀；冲填土则比被冲填原状土差，比较松软。有机质含量超过25%的软土称为泥炭质土或泥炭。这种土的强度很低，压缩性甚大，是工程上特别要慎重对待的一种土。

2. 粉细砂、粉土和粉质土　相对而言，它比淤泥质土的强度要大，压缩性较小，可以承受一定的静荷载。但是，在机器振动、波浪和地震等动荷载作用下可能产生液化、震陷，振动速度的增大，使地基失去承载力。所以，这类土的地基处理问题主要是抗震动液化和隔震等。

3. 砂土、砂砾石等　这类土的强度和变形性能是随着其密度的大小变化而变化，一般来说强度较高，压缩性不大，但透水性较大，所以这类土的地基处理问题主要是抗渗和防渗，防止流土和管涌等。

4. 其他类土　黄土具有湿陷性，膨胀土具有胀缩性，红黏土具有特殊的结构性，多年冻土具有多种特殊性质，岩溶土洞容易出现坍陷等，它们的地基处理方法应针对其特殊性质进行处理。

5.1.5 地基处理的目的和地基处理方法

根据上述各类工程对地基性能的要求和常见地基处理土类的工程性质两方面的基本资

料的分析和大量地基处理工程实践结果表明：各类工程在常见的地基土类中兴建时，常出现的地基问题主要有：地基承载力不足，地基失稳；沉降和不均匀沉降及侧向变形过大，沉降持续的时间太长；地基渗透流速较大，渗漏量过大，出现流砂、管涌等渗透破坏现象；地震、波浪和机械等引起的动力荷载作用下出现震动破坏，震动液化；震陷等现象，危及工程建筑物的安全与正常使用。这是地基处理必须考虑的问题。

因此，地基处理主要目的与内容应包括：①提高地基土的抗剪强度，以满足设计对地基承载力和稳定性的要求；②改善地基的变形性质，防止建筑物产生过大的沉降和不均匀沉降以及侧向变形等；③改善地基的渗透性和渗透稳定，防止渗漏过大和渗透破坏等；④提高地基土的抗振（震）性能，防止液化，隔振和减小振动波的振幅等；⑤消除黄土的湿陷性、膨胀土的胀缩性等。

针对上述各类土的地基问题，运用土力学的原理，发展了多种地基处理技术与方法。随着现代科学技术日新月异的发展，地基处理的途径越来越多，考虑的问题逐渐深入，老的办法不断改进，新的方法不断涌现，从古至今，地基处理的方法是十分丰富的，常见的有数十种。这些方法都有明确的针对性和特殊性，即针对某一类工程和某一种土类的处理方法，没有一种方法是万能的、普遍适用的。本章仅讨论一般性的地基处理方法，所处理的土类着重于饱和黏性土、粉质土及部分松砂等土类，这些是工程上常见的土类。按照处理方法的作用原理，常用的地基处理方法主要的见表 5-1 和§5.2 至§5.7。表中所列的各种处理方法都有各自的作用原理、适用土类和应用条件。特别要注意，同样的一种地基处理技术，在不同土类中的作用原理和作用效果往往存在显著的差别，不可混紊。例如振冲法，在砂土中其主要作用是振动挤密；在饱和黏性土中则为振冲置换组成复合地基。两者的技术要求不同，设计方法也不同。如果把原理搞错了，就可能导致工程事故。

软弱土地基处理分类表　　表 5-1

编号	分类	处理方法	原理及作用	适用范围
1	碾压及夯实	重锤夯实、机械碾压、振动压实、强夯（动力固结）	利用压实原理，通过机械碾压夯击，把表层地基土压实；强夯则利用强大的夯击能力，在地基中产生强烈的冲击波和动应力，迫使土动力固结密实	适用于处理碎石土、砂土、粉土、低饱和度的黏性土、杂填土等，对饱和黏性土应慎重采用
2	换土垫层	砂石垫层、素土垫层、灰土垫层、矿渣垫层、加筋土垫层	以砂石、素土、灰土和矿渣等强度较高的材料，置换地基表层软弱土，提高持力层的承载力，扩散应力，减少沉降量	适用于处理地基表层软弱土和暗沟、暗塘等软弱土地基
3	排水固结	天然地基预压、砂井及塑料排水带预压、真空预压、降水预压和强力固结等	在地基中增设竖向排水体，加速地基的固结和强度增长，提高地基的稳定性；加速沉降发展，使基础沉降提前完成	适用于处理饱和软弱黏土层；对于渗透性极低的泥炭土，必须慎重对待
4	振密挤密	振冲挤密、沉桩振密、灰土挤密、砂桩、石灰桩、爆破挤密等	采用一定的技术措施，通过振动或挤密，使土体的孔隙减少，强度提高；必要时在振动挤密的过程中，回填砂、砾石、灰土、素土等，与地基土组成复合地基，从而提高地基的承载力，减少沉降量	适用于处理松砂、粉土、杂填土及湿陷性黄土、非饱和黏性土等

续表

编号	分类	处理方法	原理及作用	适用范围
5	置换及拌入	振冲置换、冲抓置换、深层搅拌、高压喷射注浆、石灰桩等	采用专门的技术措施，以砂、碎石等置换软弱土地基中部分软弱土，或在部分软弱土地基中掺入水泥、石灰或砂浆等形成加固体，与未处理部分土组成复合地基，从而提高地基承载力，减少沉降量	适用于处理黏性土、冲填土、粉砂、细砂等。振冲置换法限于不排水抗剪强度 c_u >20kPa 的地基土
6	加筋	土工合成材料加筋、锚固、树根桩、加筋土	在地基或土体中埋设强度较大的土工合成材料、钢片等加筋材料，使地基或土体能承受拉力，防止断裂，保持整体性，提高刚度，改变地基土体的应力场和应变场，从而提高地基的承载力，改善变形特性	适用于处理软弱土地基、填土及陡坡填土、砂土等
7	其他	灌浆、冻结、托换技术、纠倾技术	通过特种技术措施处理软弱土地基	根据实际情况确定

如上所述，各类地基处理都是针对某一类工程在某一类土中出现的地基问题提出的工程措施。所以，在考虑地基处理的设计与施工时，必须注意坚持“有的放矢”、“对症下药”的原则，不可盲目从事。因此，地基处理的工作方法一般要作如下考虑：首先要认真了解天然地基土层的分布及其工程性质；同时也要了解拟建建筑物的特点、荷载大小和分布，基础的类型和使用的特殊要求等；进一步运用土力学原理，分析建筑物对地基的要求，确定地基处理的目的和所需要解决的地基问题；针对问题的实质，选用一种或多种地基处理方法，分析其作用机理，预测作用效果，比较其可靠性、施工的可行性和合理性等，最后选择一个优化的地基处理方案。当一项工程的地基仅用一种方法处理不易取得圆满的效果时，可考虑采用两种或多种方法联合处理。地基处理是一项技术性的工作，合理的方案还需落实到技术措施和施工质量的保证上，才能获得地基处理预期的效果，这不但要求认真制订技术措施和技术标准，保证施工质量，还要进行施工质量检验和现场监测与控制，监测地基加固动态的变化，控制地基的稳定性和变形的发展，检验加固的效果，确保地基处理方案顺利实施。

5.2 垫 层 法

5.2.1 垫 层 的 作 用

当建筑物基础下持力土层比较软弱，不能满足设计荷载或变形的要求时，常在地基表面铺设一定厚度的垫层，或者把表面部分软弱土层挖去，置换成强度较大的砂石素土等，处理地基表层，这类方法称为垫层法。垫层的材料一般用强度较高、透水性强的砂、碎石、石渣、矿渣以及灰土和素土等。为了增强垫层水平抗拉断裂性能和整体结构性能，通常在垫层内增设水平抗拉材料，如：竹片、柳条、筋笆、金属板条和近年来广泛应用的土工格栅（Geogrid）、土工网垫（Geomat）、土工格室（Geocell）及高强度土工编织布、经编复合布等组成加筋土垫层。按其组成材料分为砂垫层、碎石垫层、灰土垫层和加筋土垫层等。按垫层在地基中的主要作用又分为换土垫层、排水垫层和加筋土垫层等。

1. 换土垫层

这是指挖去地基表层软土，换填强度较大的砂、碎石、灰土和素土等构成的垫层。一般应用于处理基础尺寸不很大的建筑物软土地基。其作用为：(1) 通过换填后的垫层，有效提高基底持力层的抗剪强度，降低其压缩性，防止局部剪切破坏和挤出变形；(2) 通过垫层，扩散基底压力，降低下卧软土层的附加应力；(3) 垫层（砂、石）可作为基底下水平排水层，增设排水面，加速浅层地基的固结，提高下卧软土层的强度等。总而言之，换土垫层可有效提高地基承载力，均化应力分布，调整不均匀沉降，减少部分沉降值。

2. 排水垫层

这是指软土地基上堤坝或大面积堆载基底等所铺设的水平排水层，一般采用透水性良好的中粗砂或碎石填筑，必要时，在垫层底和上表面增铺具有反滤性能的无纺土工布、编织布或经编复合土工布，以防止砂石垫层被淤堵和被拉断裂。主要应用于处理铁路公路路堤、机场跑道、海堤和土石坝软土地基以及砂井地基的顶部排水层。由于这类工程的基底面积较大，垫层的厚度相对而言较薄，对于扩散应力的效果甚微，所以它的作用主要是作为水平排水层和下卧软土层的排水通道，加速地基的排水固结，提高浅层地基的抗剪强度，配合砂井，加固深部软土层。其次，垫层的强度和变形模量都比下卧软土层的大，两者相互作用约束软土层的侧向变形，改变其应力场和应变场，提高地基的稳定性，并改善其变形性质。此外，在施工中可作抛石填土的缓冲层，防止局部陷入和侧向挤出破坏。实践证明：这类垫层的排水固结作用和约束地基的侧向变形，可有效提高筑坝（堤）的高度，增强地基的稳定性，防止过大的侧向变形和施工时的局部挤出。

3. 加筋土垫层

这是指由砂、石和素土垫层中增设各种类型加筋材料组成的复合垫层，如加筋土垫层（见图 6-6）、土工格室垫层（见图 6-5）和柴排或筋笆加筋垫层等。主要应用于处理建筑物软土地基和路堤、堤坝、油罐等类工程软土地基。由于这类垫层所用加筋材料的抗拉强度较大，延伸率较小，由砂石组成的加筋垫层，一般不易被拉断裂，整体性较好，具有较大的变形模量和抗弯刚度，类似柔性筏形基础。因此，其作用除了作为持力土层承载较大的基础荷载和扩散基底应力外，还可有效约束基底应力，改善地基软土中的应力场和应变场，均化应变，调整不均匀沉降，提高地基的承载力。这些作用，排水垫层和换土垫层也存在，不过加筋垫层更加有效和明显。

应该指出，垫层仅对软土地基作表层处理，无论是地基强度的提高、变形性质的改善还是应力场应变场的改变等都是在浅层，所以所能承受的建筑物荷载不宜太大。例如：3～5 层的房屋、高 4～8m 的路堤及一般水闸等。若设计建筑物的荷载较大，则需和其他方法联合处理。

5.2.2 换土垫层的设计

换土垫层一般应用于处理房屋和水闸基础下的软土地基。设计的基本原则为：既要满足建筑物对地基变形和承载力与稳定性的要求，又要符合技术经济的合理性。因此，设计的内容主要是确定垫层的合理厚度和宽度，并验算地基的承载力与稳定性和沉降，既要求垫层具有足够的宽度和厚度以置换可能被剪切破坏的部分软弱土层，并避免垫层两侧挤出，又要求设计荷载通过垫层扩散至下卧软土层的附加应力，满足软土层承载力与稳定性和沉降的要求。下面以砂垫层为例阐述设计的方法和步骤。

1. 砂垫层厚度的确定

如图5-1所示，设所置换厚度内垫层的砂石料具有足够的抗剪强度，能承受设计荷载不产生剪切破坏。所以在设计时，着重验算荷载通过一定厚度的垫层后，应力扩散至软土层表面的附加应力与垫层自重之和是否满足下卧土层地基承载力的要求，即

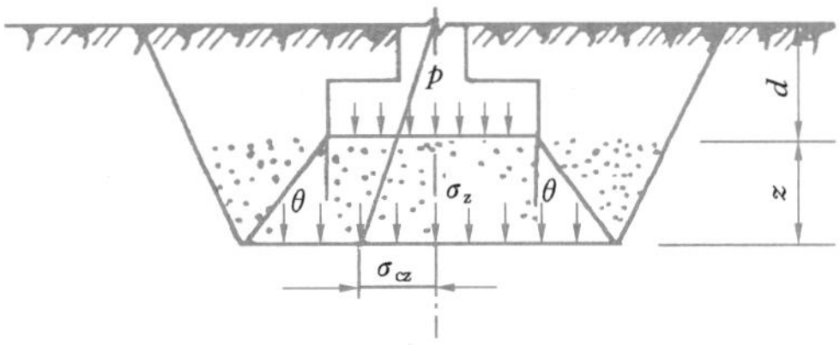

图5-1 砂垫层剖面图

$$p_z + p_{cz} \leqslant f_{az} \tag{5-1}$$

式中 f_{az}——垫层底面处土的软土层经深度修正后的地基承载力特征值（kPa）；

p_{cz}——垫层底面处土的自重压力（kPa）；

p_z——垫层底面的附加压力（kPa）。

对于条形基础

$$p_z = \frac{b(p_k - p_c)}{b + 2z\tan\theta} \tag{5-2a}$$

对于矩形基础

$$p_z = \frac{bl(p_k - p_c)}{(b + 2z\tan\theta)(l + 2z\tan\theta)} \tag{5-2b}$$

式中 l、b——基础的长度和宽度（m）；

z——砂垫层的厚度（m）；

p_k——基底压力（kPa）；

p_c——基础底面标高处土的自重压力（kPa）；

θ——砂垫层的压力扩散角，可按表5-2选用。

计算时，先假设一个垫层的厚度，然后用式（5-1）验算。如不符合要求，则需加大或减小厚度，重新验算，直至满足为止。一般砂垫层的厚度约为1～2m左右，过薄的垫层（<0.5m），其作用不显著；垫层太厚（>3m），施工较困难，经济上不合理。

压力扩散角 θ（度） **表5-2**

z/b	换填材料		
	中粗砂、砾、碎石、石屑	粉质黏土、粉煤灰	灰　土
0.25	20	6	28
≥0.50	30	23	

注：1. 当 $z/b<0.25$ 时，除灰土仍取 $\theta=28°$ 外，其余材料均取 $\theta=0°$；

2. 当 $0.25<z/b<0.5$ 时，θ 值可内插求得。

2. 砂垫层宽度的确定

宽度一方面要满足应力扩散的要求，另一方面要防止垫层向两侧挤出。常用经验的扩散角法来确定。如图5-1所示，设垫层的厚度为 z，基础的底宽为 b，则扩散层的底宽可按基础的底宽 b（或 l）向外扩出 $2z\tan\theta$，即 $b+2z\tan\theta$（或 $l+2z\tan\theta$）。底宽确定后，然后根据开挖基础所要求的坡度延伸至地面，即得砂垫层的设计剖面。

砂垫层剖面确定后，对于比较重要的建筑物还要求验算基础的沉降，要求最终沉降量

小于设计建筑物的允许沉降值。验算时不考虑垫层的压缩变形，仅按常规的沉降公式计算下卧软土层引起的基础沉降。

应该指出：应用此法确定的垫层厚度，往往比实际需要的偏厚，较保守。不难看出：由式（5-1）确定的垫层厚度，仅考虑应力扩散的作用，忽略了垫层的约束作用和排水固结对地基承载力提高的影响，所以实际的承载力要比考虑深度修正后的天然地基承载力大。因此，对于重要工程，建议通过现场试验来确定。

【例 5-1】 某四层砖混结构的住宅建筑，承重墙下为条形基础，宽 1.2m，埋深 1m，上部建筑物作用于基础的荷载为 120kN/m，基础的平均重度为 20kN/m^3。地基土表层为粉质黏土，厚度为 1m，重度为 17.5kN/m^3；第二层为淤泥，厚 15m，重度为 17.8kN/m^3，地基承载力特征值 $f_{ak}=50$kPa；第三层为密实的砂砾石。地下水距地表为 1m。因为地基土较软弱，不能承受建筑物的荷载，试设计砂垫层。

【解】 (1) 先假设砂垫层的厚度为 1m，并要求分层碾压夯实，干密度达到大于 1.5t/m^3。

(2) 砂垫层厚度的验算：根据题意，基础底面平均压力为：

$$p_k=\frac{F_k+G_k}{b}=\frac{120+1.2\times1\times20}{1.2}=120\text{kPa}$$

砂垫层底面的附加压力由式（5-2a）得：

$$p_z=\frac{1.2\ (120-17.5\times1)}{1.2+2\times1\times\tan30^\circ}=52.2\text{kPa}$$

$$p_{cz}=17.5\times1+\ (17.8-10)\ \times1=25.3\text{kPa}$$

根据下卧层淤泥地基承载力特征值 $f_{ak}=50$kPa，再经深度修正后得地基承载力特征值：

$$f_{az}=50+\frac{17.5\times1+\ (17.8-10)\ \times1}{2}\times1\times\ (2-0.5)\ =69\text{kPa}$$

则 $p_z+p_{cz}=52.2+25.3=77.5>69$kPa

这说明所设计的垫层厚度不够，再假设垫层厚度为 1.5m，同理可得

$$p_z+p_{cz}=42.0+29.2=71.2\text{kPa}<f_{az}=73.4\text{kPa}$$

(3) 确定砂垫层的底宽 b' 为：

$$b'=b+2z\tan\theta=1.2+2\times1.5\times\tan30^\circ=2.93\text{m，取 }b'=3\text{m}$$

(4) 绘制砂垫层剖面图，如例图 5-1 所示。

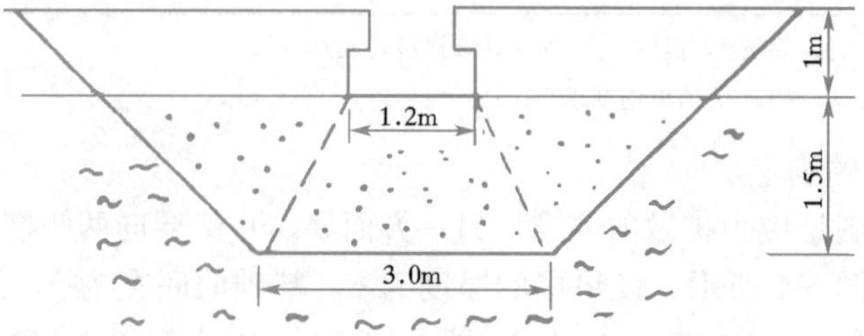

例图 5-1　砂垫层设计剖面图

换土垫层的材料可用砂、砾石、碎石、石屑、粉质土、粉土和灰土等，必要时可加铺土工合成材料或采用加筋土垫层换填。换土垫层必须注意施工质量，应按换填材料的特点，采用相应碾压夯实机械，按施工质量标准碾压夯实。这是不可轻视的问题。此外，在施工垫层时，应采取必要的措施，按规定的顺序施工，挖除软土，回填垫层，切实防止施工对原地基土的扰动与破坏，以免影响垫层的效果。

排水垫层和加筋垫层两者，因其作用机理与换土垫层不同，其设计方法和施工技术也相应有所区别。排水垫层的作用主要是排水固结，常和砂井联合使用，所以其设计方法将在第 5.3 节排水固结法中一并阐述；同样加筋垫层的应用与设计也将在第 6 章土工合成材料中阐述。

5.3 排水固结法

5.3.1 原理与应用

排水固结法是软土地基工程实践中，应用排水固结原理发展起来的一种地基处理方法。

人们早已熟知：在软土地基上建筑堤坝，如果采用快速加载填筑，填筑不高，地基就会出现剪切破坏而滑动；如果在同等条件下，采用缓慢逐渐加载填筑，填筑至上述同等堤高时，却未出现地基破坏的现象，而且还可继续筑高，直至填筑到预期高度。为什么呢？因为慢速加载筑堤，地基土有充裕的时间排水固结，土层的强度逐渐增长，如果加荷速率控制得当，始终保持地基强度的增长大于荷载增大的要求，地基就不会出现剪切破坏。这是我国沿海地区劳动人民运用排水固结原理筑堤的一项成功经验。随着近代工程应用的发展，逐步发展了一系列的预压排水固结处理软土地基的技术与方法，广泛应用于水利、交通及建筑等类工程。

排水固结法加固地基的原理可用图 5-2 作进一步说明，该图为饱和软土试样在固结和抗剪强度试验中，对不同固结状态下施加荷载压力得到的有效固结压力 σ'_c 与孔隙比 e 和抗剪强度之间的关系曲线，即 σ'_c-e 和 $\sigma'_c-\tau_f$ 的关系曲线。它反映了饱和软土在不同固结状态下固结的工程性状。图中曲线 abc 为土试样在天然状态下施加荷载压力 $\Delta\sigma$ 至完全固结后有效应力 σ'_c 与孔隙比 e 和抗剪强度 τ_f 的关系曲线；曲线 cef 为施加荷载压力 $\Delta\sigma$ 达到完全固结后，卸去全部荷载的回弹曲线，一般把回弹曲线后土的状态称为超固结状态；曲线 fgc' 为超固结状态下土试样再度施加荷载压力 $\Delta\sigma$ 至完全固结时的曲线。从图中可见，在正常固结状态的土试样施加荷载压力固结时，其抗剪强度将随有效固结压力的增大而增大，而孔隙比则随有效固结压力的增大而降低；然而，对于卸去荷载压力后的土试样，再施加荷载压力固结，虽然其抗剪强度也随有效固结压力增大而增大，孔隙比也随之减小，但压缩量或孔隙比的降低，则比正常固结

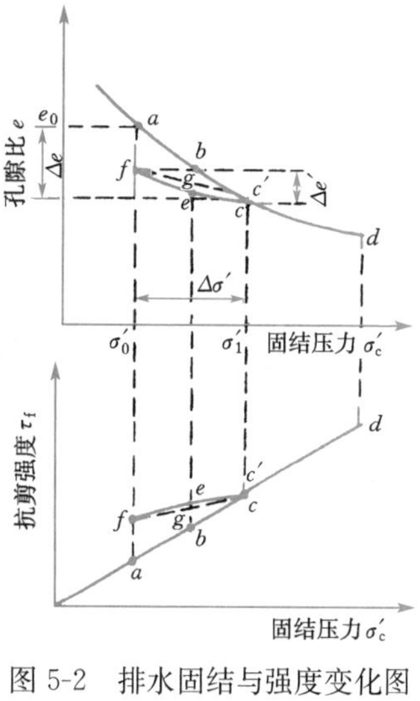

图 5-2 排水固结与强度变化图

状态的明显减小，即 $\Delta e'=e_f-e'_c \ll \Delta e_0=e_0-e_c$。塑料排水带预压排水固结法就是利用上述土的加载预压排水固结性质处理软土地基的，即利用施加预压荷载，使地基土排水固结强度增长来提高地基的承载力和稳定性；利用加载预压后，卸去荷载，再建造建筑物，以减少过大的沉降或工后沉降。具体的应用主要有以下两方面：

(1) 应用于提高建筑物软土地基的承载力与稳定性，例如堤坝、油罐等类建筑物，如图 5-3 所示，一般是利用堆载或自重荷载作为预压荷载，并在地基中增设竖向排水体（砂井、塑料排水带等），通过分级逐渐加载的方法，并严格控制加荷速率，使地基在前一级荷载作用下排水固结，地基的强度或承载力增长后，再施加下一级荷载，逐步达到满足设计荷载为止。

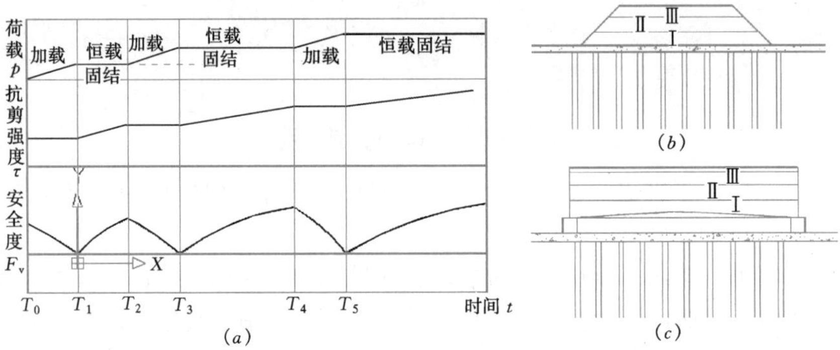

图 5-3　提高地基承载力与稳定性预压示意图

(a) 分级加荷与强度增长和安全度变化关系；(b) 堤坝分级填筑预压；

(c) 油罐分期充水预压

(2) 应用于消除或减少建筑基础（底）的沉降，例如减少建筑物基础的沉降或消除高速公路路堤的工后沉降等，见图 5-4。可以在拟建建筑物的场地上，先施加预压荷载，使地基土层充分排水固结压密，然后卸去预压荷载，再建造建筑物或铺设路面等。这种经过预压后再加载，建筑物的沉降就明显减少了。

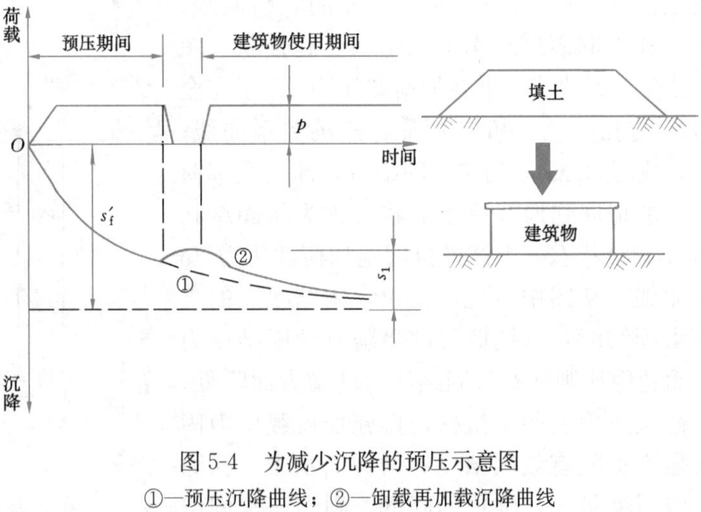

图 5-4　为减少沉降的预压示意图

①—预压沉降曲线；②—卸载再加载沉降曲线

必须指出，欲要上述两项应用取得良好的排水固结效果，要求必须具备如下两个基本条件：①足够的预压荷载；②良好的排水固结条件和充分的排水固结时间。预压荷载过小，排水固结产生的压缩量和强度增长量也很小，这就难以满足设计的要求，故一般要求预压荷载的大小与设计建筑物荷载相近。地基土层的固结度与排水边界的距离平方成正比，土层越厚距离排水边界越大，固结的效果越差，或者达到一定固结度所需的时间越久。若地基软土层较厚，距排水边界较远，就难以在一定的时间内达到设计对地基的要求。一般情况下，当饱和软土层厚度超过 5m（双面排水条件），排水固结达到设计要求的固结度所需的时间约 2～3 年，甚至更长。这样就会影响排水固结法实际应用。因此，应用该法时，必须设法寻求：①必要的预压荷载及施加的方法；②改善厚层软土层的排水固结条件。这就是排水固结法的两项关键技术问题。经过多年的研究和实践，前者发展了自重预压、堆载预压、真空预压和降水预压等方法以及 2008 年左右发展的真空-堆载联合预压法。后者则如图 5-5 所示，在厚层软土中增设水平排水垫层（图中的砂垫层）和按一定平面形状及间距布置的竖向排水体（见图 *b*、*c* 中的砂井）。其作用原理如图 5-6 所示，厚层软土的排水条件见图 5-6（*a*），双面排水条件下，水从土层中间向顶底面排出，土层越厚，渗透路径越长，达到某一固结度所需的时间越长；增设竖向排水体后，排水条件如图 5-6（*b*）所示，竖向排水体的间距远比土层的厚度小，土层中的水以最短的距离沿水平方向流入竖向排水体，然后排出到表面及下卧土层。显然其排水距离远比厚层软土的小。根据一维固结理论，土层的固结度与排水渗透的距离的平方成反比，因此，增设竖向排水体就可以大大提高排水固结的速率。总而言之，增设竖向排水体的作用，主要是在软土层中增加排水路径，缩短排水距离，加速土层固结与压缩，加速地基强度的增长，加速地基变形和沉降的发展。

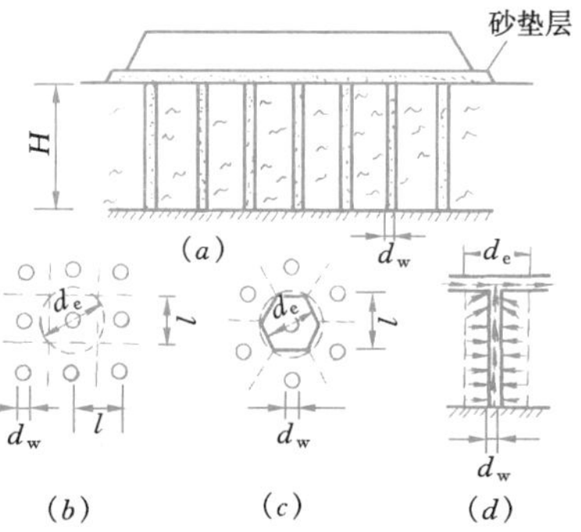

图 5-5 砂井布置图

（*a*）剖面图；（*b*）方形布置；（*c*）梅花形布置；（*d*）砂井排水

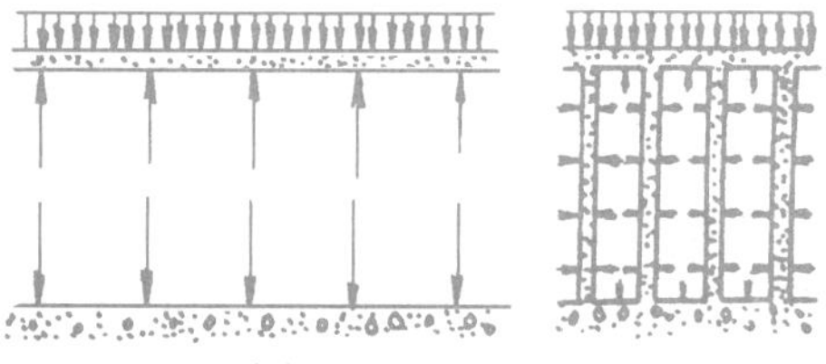

图 5-6 竖向排水体的原理

（*a*）竖向排水；（*b*）砂井地基排水情况

所增设竖向排水体和水平排水垫层主要是作为排水通道，把预压排水过程中从软土层中排出的水迅速排走。因此，对于排水体的性能，一方面要求具有良好的渗透性和通水能力，另一方面要求具有一定的强度，能够保持一定的形状和连续性，保证排水畅通和防止被拉断裂及保持连续不断。工程应用的初期，采用中粗砂为原料，水平铺设后经碾压密实作为水平排水垫层；采用专用的打桩机，在软土层中，按一定形状布置，打入一口口井，内填砂密实后，作为竖向排水体，称为砂井，如果配合堆载预压处理软土地基便称为砂井

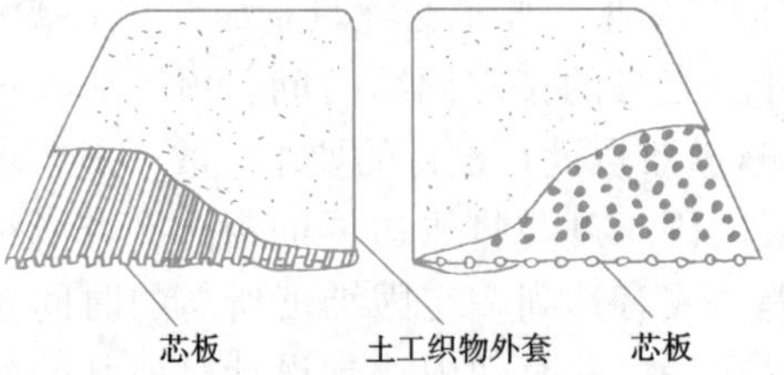

图 5-7　塑料排水带

预压法。随着工程应用的发展，排水体的材料和施工方法得到了不断的改进和更新，先后发展出水冲法砂井和袋装砂井等。20 世纪 70 年代，土工合成材料的出现，工程中开始采用塑料排水带作为竖向排水体应用于处理软土地基工程。塑料排水带是由透水的塑料芯板和外套的土工织物滤膜制成，如图 5-7 所示。它具有良好的渗透性和较大的通水能力，质轻、价廉，完全可以代替砂井作为竖向排水体应用于工程，配合近年来发展起来的真空预压法和真空-堆载联合预压法，把排水固结法的发展推向新的阶段。

工程实践证明，利用砂井预压或塑料排水带预压，处理软土地基工程的效果是显著的。

例如，浙江省慈溪市杜湖水库土坝软土地基工程，如图 5-8 所示。坝基下淤泥质黏土

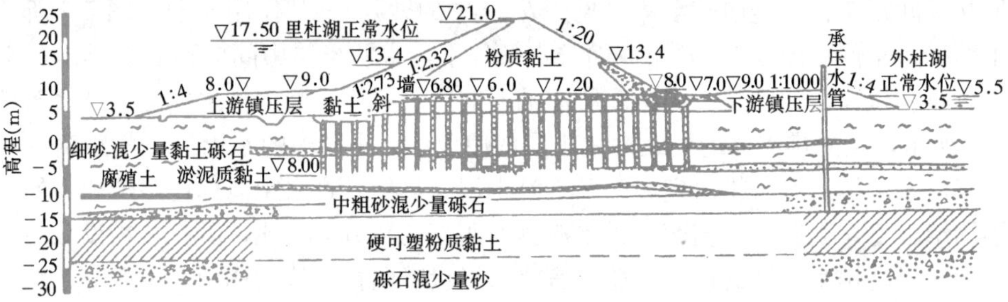

图 5-8　杜湖水库砂井地基剖面图

层厚约 16m，下卧为砂砾石层和黏土层，淤泥质黏土层天然十字板试验强度平均为 17.8kPa（见图 5-9）。设计的土坝高度为 17.5m，坝基软土采用砂井处理，砂井的直径为 420mm，间距 3m，打入深度 14m（未打穿软土层）。为了控制土坝填筑的速率，采取分级逐渐加荷，使地基土的强度随荷载的增长始终适应地基稳定性的要求。当堤坝填筑至高度 16m 时，现场十字板强度的平均值达到了 69kPa，相当于天然地基土强度的 4 倍。由于砂井地基强度的迅速增大，使原来只能填筑至 4～5m 的土坝地基，在历时约两年后顺利填筑至设计坝高 17.5m。坝基底的沉降最大达到约 2.5m，相应的固结度约为 80%。

排水固结预压法主要适用于处理淤泥、淤泥质土及其他饱和软土。对于粉土、砂类土，因透水性良好无须用此法处理。对于含水平夹砂层的黏性土层，具有良好的横向排水性能，所以，不用竖向排水体（砂井），也能获得良好的固结效果。对于泥炭土及透水性很小的流塑状饱和超软弱土，在很小的荷载下就产生较大的剪切蠕变或次固结，而砂井排水仅对主固结有效，所以，对这类土采用排水固结预压法的效果较

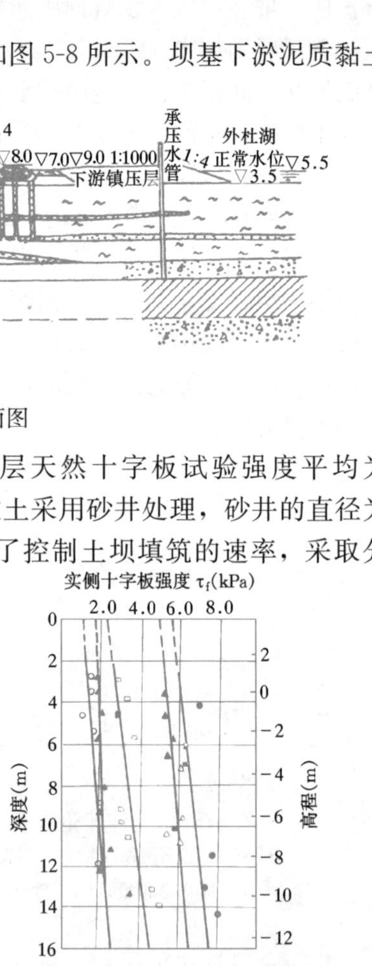

试验地区	试验时间	填土高度(m)	图例	平均强度 $\tau_f=c_0+\lambda z$(kPa)
坝趾外	1970.4	0	○	$\tau_f=10.6+0.98z$
坝轴线	1970.4	2.5	▲	$\tau_f=17.6+0.52z$
坝轴线	1971.10	7.2	□	$\tau_f=23.6+1.51z$
坝轴线	1972.12	14.26	△	$\tau_f=50.5+0.95z$
坝轴线	1975.4	15.85	●	$\tau_f=57.1+1.18z$

图 5-9　实测的十字板强度

差。Bjerrum 认为：在荷载作用下，地基土层的主固结沉降占总沉降的 60%以上，砂井的排水固结才能获得良好的效果，反之，则效果不良。

5.3.2 砂井地基固结理论

一般砂井的平面布置有梅花形（或正三角形）和正方形两种，如图 5-5 所示。在大面积荷载作用下，假设每根砂井（直径为 d_w）为一独立排水体系统（见图 5-5*d*），正方形布置时，每根砂井的影响范围为一正方形；而梅花形布置时则为一正六边形（见图 5-5*b* 和图 5-5*c*）。为简化起见，每根砂井的影响范围以等面积圆代替，其等效影响直径为 d_e，梅花形布置时：

$$d_e = \sqrt{\frac{2\sqrt{3}}{\pi}} l = 1.05l \tag{5-3a}$$

正方形布置：

$$d_e = \sqrt{\frac{4}{\pi}} l = 1.128l \tag{5-3b}$$

式中 d_e、l——砂井的等效影响直径和布置间距。

早在 20 世纪 30 年代 Rendulic（1935）、Carrilo（1941）、Barron（1940、1942）就开始对砂井体系固结理论进行研究，巴隆（Barron）于 1948 年总结了以往研究的成果，提出了等应变和自由应变两种极端条件，不考虑井阻和涂抹作用影响的理想井固结理论和等应变条件考虑井阻和涂抹作用的非理想井固结理论，至今仍视为经典的砂井固结理论。随着砂井技术应用的发展，特别是袋装砂井和塑料排水带的出现，不考虑井阻和涂抹作用的理想井理论在实用中已感不足，因此吉国洋（Yoshikumi，1974 年）和汉斯堡（Hansbo，1981 年）又提出了考虑井阻作用比较严密的新的非理想井固结理论。谢康和（1987 年）在总结前人研究成果的基础上认为：Barron 非理想井固结理论与吉国洋精确解和工程实际相比偏于保守，Hansbo 的是近似解，吉国洋的精确解不便计算，所以又提出了新的非理想井固结理论解。这一理论解物理概念清楚，可用简明的显式表达，计算方便，与习用的巴隆固结理论相似，又可以转化为理想井理论。虽然以 Biot 固结理论为基础的砂井地基固结有限元法可以适用于各种边界条件计算，但计算比较复杂。因此，从工程实用出发，下文仅介绍谢康和的单井固结理论解。

理论分析时可取一单井，其排水固结条件简化如图 5-10 所示。

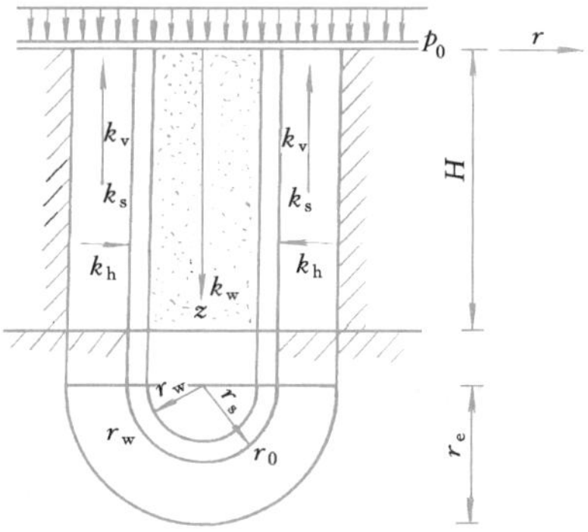

图 5-10 砂井固结理论分析图

图中：H 为软土层的厚度，单面排水时为最大的排水距离，打穿软土的砂井为砂井的长度；k_h、k_v 为土层的水平向和竖向渗透系数；k_s、k_w 分别为涂抹区和砂井井料的渗透系数；r_w、r_s、r_0 分别为砂井、涂抹区、砂井有效影响的半径；p_0 为均布荷载；r、z 分别为径向和竖向坐标。

分析时，先作如下假定：

（1）等应变条件成立，即砂井地基中无侧向变形，同一水平面上任一点的垂直变形相等；

（2）每根砂井影响范围内的渗流路径，既有竖向分量，也有径向分量，两者分别单独考虑，考虑竖向渗流时，按太沙基一维固结理论求解；考虑径向渗流时，令 $k_v=0$ 求解；径向和竖向组合渗流时可按卡理罗（Carrilo）定理考虑，即：任意点的孔隙水压力 u_{rz} 与径向和竖向孔隙水压力 u_r 和 u_z 有如下关系：

$$\frac{u_{rz}}{u_0}=\frac{u_r}{u_0}\cdot\frac{u_z}{u_0} \tag{5-4}$$

（3）砂井内孔隙水压力沿径向变化很小，可以不计；任一深度 z 处从土体中沿周边流入砂井的水量等于砂井向上流出的增量；

（4）除渗透系数外，井料和涂抹区内的其他性质与天然地基的相同；

（5）荷载一次瞬时施加。

1. 径向固结基本方程及其解答

根据假定（1），在等应变条件下，体积应变率与排水流量变化率相等，以及假定（3）则得径向固结的基本方程为：

$$\frac{\partial \bar{u}_r}{\partial t}=\frac{k_s E_s}{\gamma_w}\left(\frac{\partial^2 u_r}{\partial r^2}+\frac{1}{r}\frac{\partial u_r}{\partial r}\right)\qquad r_w\leqslant r\leqslant r_s \tag{5-5a}$$

$$\frac{\partial \bar{u}_r}{\partial t}=\frac{k_h E_s}{\gamma_w}\left(\frac{\partial^2 u_r}{\partial r^2}+\frac{1}{r}\frac{\partial u_r}{\partial r}\right)\qquad r_s\leqslant r\leqslant r_e \tag{5-5b}$$

$$\frac{\partial^2 u_w}{\partial z^2}=-\frac{2k_s}{\gamma_w k_w}\frac{\partial u_r}{\partial r} \tag{5-5c}$$

式中　E_s——地基土的压缩模量；

u_r——渗流影响区内任一点的孔隙压力，$u_r=u_r(r,z,t)$；

$\bar{u}_r$——仅考虑径向渗流时，影响区内任一深度的平均孔隙水压力，$\bar{u}_r=\bar{u}_r(z,t)$；

u_w——考虑径向渗流时，砂井内任一深度的孔隙水压力，$u_w=u_w(z,t)$；

γ_w——水的重度；

t——时间。

引用求解的初始条件和边界条件，可以解出地基中任一深度的径向固结度 U_r：

$$U_r=1-\sum_{m=0}^{\infty}\frac{2}{M}\sin\frac{Mz}{H}e^{-\beta_r t} \tag{5-6}$$

地基的平均径向固结度 $\overline{U}_r$（整个砂井深度范围内 U_r 的平均值）为：

$$\overline{U}_r=1-\sum_{m=0}^{\infty}\frac{2}{M^2}e^{-\beta_r t} \tag{5-7}$$

2. 等应变条件下竖向和径向固结的组合解

不难证明：在等应变条件下卡理罗定理仍然有效，单井的固结微分方程式为：

$$\frac{\partial \bar{u}_{rz}}{\partial t}=C_v\frac{\partial \bar{u}_{rz}}{\partial z^2}+C_h\left(\frac{\partial^2 u_{rz}}{\partial r^2}+\frac{1}{r}\frac{\partial u_{rz}}{\partial r}\right) \tag{5-8}$$

按照卡理罗定理得：

$$\bar{u}_{rz}=\frac{u_z\bar{u}_r}{u_0}$$

式中 $\bar{u}_{rz}$——砂井地基中任一深度的平均孔隙水压力；

u_z——一维固结任一深度竖向的孔隙水压力，由太沙基一维固结理论给出。

最后解得任一深度径向竖向组合的固结度 U_{rz} 为：

$$U_{rz}=1-\sum_{m=0}^{\infty}\frac{2}{M}\sin\frac{Mz}{H}e^{-\beta_{rz}t} \tag{5-9}$$

砂井打入深度范围内地基的总平均固结度 $\bar{U}_{rz}$ 为：

$$\bar{U}_{rz}=1-\sum_{m=0}^{\infty}\frac{2}{M^2}e^{-\beta_{rz}t} \tag{5-10}$$

式中 $M=\left(\frac{2m+1}{2}\right)\pi$（$m$=0，1，2，……正整数）；

β_{rz}——固结指数，$\beta_{rz}=\beta_r+\beta_z$；$\beta_r$，$\beta_z$ 分别为径向和竖向固结指数，$\beta_r=\frac{8C_h}{(F+J+D)\ d_e^2}$，$\beta_z=\frac{\pi^2C_v}{4H^2}$；

F——与井径比 n 有关的函数，$F=\left[\ln n-\frac{3}{4}\right]\cdot\frac{n^2}{n^2-1}+\frac{4n^2-1}{(n^2-1)\times 4n^2}$；

J——涂抹因子，$J=\left[\frac{k_h}{k_s}-1\right]\left[\ln S\frac{n^2}{n^2-1}-\frac{S^2\ (4n^2-S)}{4n^2\ (n^2-1)}+\frac{4n^2-1}{4n^2\ (n^2-1)}\right]$，

涂抹比 $S=\frac{d_s}{d_w}$，d_s，d_w 分别为涂抹区和砂井的直径；

D、G——井阻因子函数和井阻因子，$D=\frac{8G\ (n^2-1)}{M^2n^2}$，$G=\frac{k_h}{k_w}\cdot\frac{H^2}{d_w^2}$；

C_v、C_h——竖向和水平向固结系数（cm^2/s），$C_v=\frac{k_v\ (1+e_0)}{\gamma_w a}$，$C_h=\frac{k_h\ (1+e_0)}{\gamma_w a}$；

k_w、k_h、k_s——砂井井料、地基土和涂抹层土的渗透系数（cm/s）；

H——砂井的最长排水路径的长度。

式（5-9）和式（5-10）为等应变条件下非理想固结理论解。实际应用时平均固结度的计算可简化为：

$$\bar{U}_{rz}=1-\frac{9}{\pi^2}e^{-\beta_{rz}t} \tag{5-11}$$

式中 $\beta_{rz}=\beta_r+\beta_z$，$\beta_r=\frac{8C_h}{(F+J+\pi G)\ d_e^2}$，$\beta_z=\frac{\pi^2C_v}{4H^2}$；

$F=\ln\ (n)\ -\frac{3}{4}$，$J=\ln\ (S)\ \left(\frac{k_h}{k_s}-1\right)$；

$G=\left(\frac{k_h}{k_w}\right)\left(\frac{H}{d_w}\right)^2$ 或 $G=\frac{\pi k_h H^2}{q_w}$；

q_w——排水带的实际通水能力（cm^3/s）。

井阻因子 G 和涂抹因子 J 中的 k_w、q_w、k_s、S 不易准确确定，由室内试验测定的结

果与工程实际中的真实参数差距较大。因此，在工程上常采用经验值。根据《塑料排水带地基设计规程》CTAG02—97 中建议：排水带的通水能力 q_w 可取排水带产品室内测定通水能力 q_w（产品）的$\frac{1}{6}\sim\frac{1}{4}$；涂抹比 S 取 1.5～4，施工扰动小的（压入式施工）取低值，扰动大的（振动打入）取大值；渗透系数比（k_h/k_s）可取 1.5～8，均质高塑性黏土取 1.5～3，非均质粉质黏土取3～5，具有明显的粉土和细粉砂微层理结构的可塑性黏土取5～8。

简化式与精确解相比误差小于 10%，一般满足工程精度的要求。这一理论计算结果与吉国洋的精确解和汉斯堡解很接近，比巴隆解精确。这一理论解的表达式还可转化为理想井和无砂井情况的固结计算。

（1）令式中 $G=0$，$S=1$，可转化为理想井计算；

（2）令式中 $G=0$ 可转化为无井阻的情况；

（3）令式 $\beta_{rz}=\beta_r$ 为不考虑竖向排水的固结计算；

（4）令式中 $\beta_{rz}=\beta_z$ 则为无砂井的一维固结理论计算式。

3. 一级或多级等速加荷情况平均固结度的计算

上述各式均假设荷载是一次瞬时施加的，实际工程多为分级逐渐施加的，对于一级或多级等速加荷情况，如图 5-11 所示。理论解的平均固结度的简化式为：

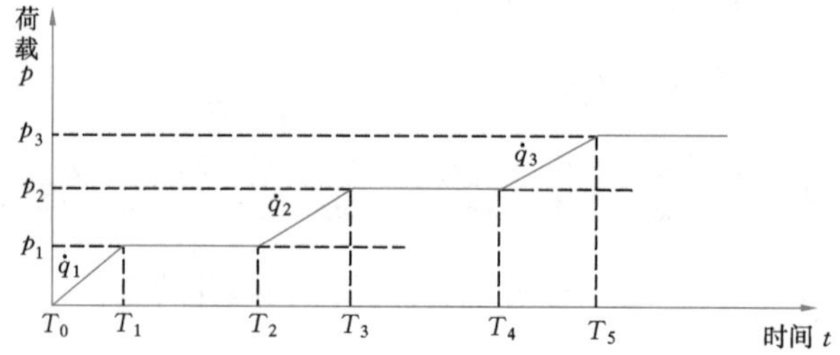

图 5-11　多级加荷进程图

$$\bar{U}_{rz}=\sum\frac{\dot{q}_n}{p_t}\left[(T_n-T_{n-1})-\frac{8}{\beta_{rz}\pi^2}e^{-\beta_{rz}t}\left(e^{\beta_{rz}T_n}-e^{\beta_{rz}T_{n-1}}\right)\right] \tag{5-12}$$

式中　p_t——与多级加荷历时 t 对应的荷载，$p_t=\sum\Delta p$；

$\dot{q}_n$——第 n 级荷载的加荷速率，$\dot{q}_n=\frac{\Delta p_n}{T_n-T_{n-1}}$；

T_n、T_{n-1}——第 n 级荷载的加荷终点和始点的历时（从零点计起）；

t——所求固结度的历时，所求的固结度是对该时刻对应荷载而言，t 应大于 T_n，当 $T_{n-1}<t<T_n$ 时，则式中的 T_n 应改为 t；

n——加荷的分级数。

4. 砂井未打穿固结土层的固结度计算

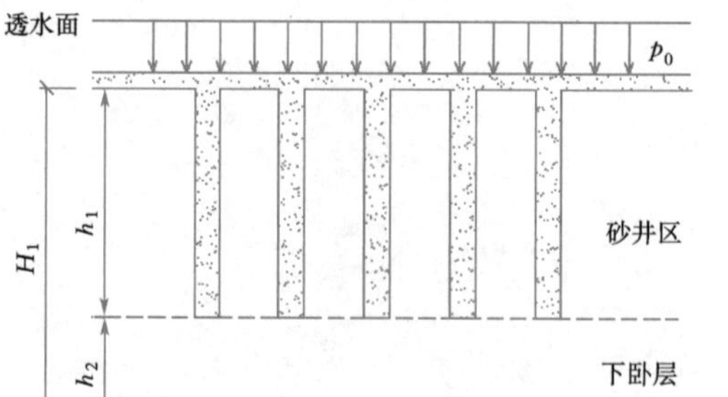

图 5-12　砂井未打穿固结土层示意图

图 5-12 所示为砂井未打穿固结土层

的情况，砂井仅打入至部分深度土层，另一部分为不含砂井的下卧土层。显然这种情况的排水边界条件与砂井完全打穿的情况或一维固结情况是不一样的，因为未打穿砂井的底部与下卧软土层两者之间的界面，既非完全透水层，也非不透水层，而是相互渗流的边界。因此，既不能直接采用上述完全贯穿的砂井固结理论公式计算砂井区的固结度，也不能用一维固结理论公式计算下卧层的固结度。Hart 等人（1958）曾提出近似的平均固结度公式，但其计算结果与实际比较偏大。为此，陈根媛（1984）、谢康和（1987）、唐晓武（1998）、王立忠（2001 年）等人都作过研究，并提出各自的固结度计算式。这里仅介绍便于计算且与有限元计算结果相近的求解方法。根据王立忠等人采用固结系数等效原理及双层地基固结理论解的结果，对于砂井未打穿固结土层情况，把砂井范围内的地基等效为一维压缩土层，和砂井以下的地基连在一起作为双层地基来考虑。该等效一维土层的厚度和竖向固结系数分别为 $\bar{h}_1$、$\bar{C}_{v1}$。考虑砂井的排水路径和固结度等效的原则，有如下关系：

$$\bar{h}_1=d_e,\ \bar{C}_{v1}=C_{v1}\times\left(\frac{d_e}{h_1}\right)^2+\frac{32C_{h1}}{\pi^2F} \tag{5-13}$$

式中 F——函数 $F=(F_n+J+\pi G)$，符号意义与式（5-11）相同；

C_{h1}——砂井处理区土层的水平方向固结系数。

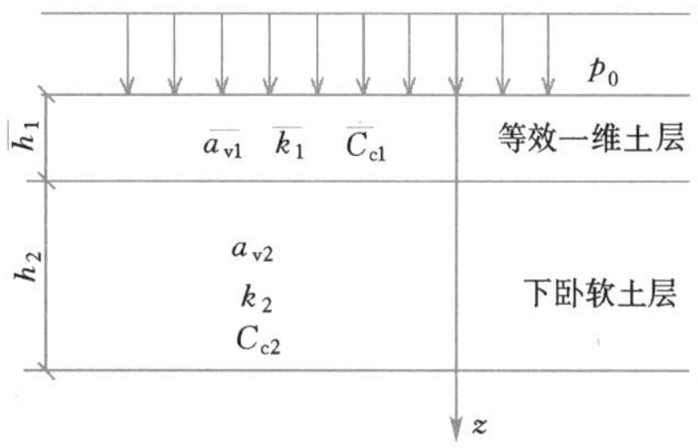

图 5-13 双层地基求解示意图

按示意图 5-13 所示，进行双层地基求解下卧层的固结度。根据结果及其与有限元计算对比分析，砂井处理区的固结度可按不考虑下卧层对其的影响求解，二者计算结果相差不大。因此这里仅给出下卧层的固结度计算公式：

$$U_z=1-2\sum_1^m\frac{\sin A_n\cos A_n\sin\mu\nu A}{(A_n)^2(R\sin n^2\mu\nu A_n+\mu\nu\cos^2A_n)}e^{-T_vN''} \tag{5-14}$$

$$\tan A=\frac{1}{R}\cot\mu\nu A \tag{5-15}$$

式中 A_n——为式（5-15）方程的根，可通过试算求得，请注意 A 是多根；

$$N''=(A_n)^2,\ T_v=\frac{C_{v2}}{(h_2)^2}t,\ R=\frac{1}{\mu}\frac{k_2}{k_1},\ \mu=\sqrt{\frac{C_{v2}}{\bar{C}_{v1}}},\ \nu=\frac{\bar{h}_1}{h_2}=\frac{d_e}{h_2} \tag{5-16}$$

h_1、h_2、d_e——分别为砂井打入深度和下卧土层的厚度以及砂井的有效影响直径；

k_1、k_2——分别为砂井处理区土层和下卧软土层的渗透系数；

C_{v1}、C_{v2}——分别为砂井处理区土层竖向固结系数和下卧软土层的竖向固结系数。

需指出：对砂井不打穿固结土层的情况，砂井区与下卧软土区两者的固结速率相差悬殊，不宜采用厚度加权平均的固结度来分析地基的沉降。在分析基底的沉降时，可按式（5-11）和式（5-14）分别计算出砂井区及下卧软土区的固结度，分别用两区计算得的最终固结沉降来分析。

【例 5-2】 设某一软土层的堤坝工程，软土层厚为 16m，下卧层为坚实的黏性土（可视为不透水层），拟采用袋装砂井处理软土，袋装砂井的直径 $d_w=70$mm，间距 $l=1.5$m，打入深度 $H=16$m，梅花形布置。经勘察试验得到：地基土的渗透系数 $k_h=3\times10^{-7}$cm/s；竖向和水平向固结系数分别为 $C_v=1.5\times10^{-3}$cm²/s，$C_h=2.94\times10^{-3}$cm²/s；砂井井料的渗透系数为 $k_w=1\times10^{-2}$cm/s。设涂抹比 $S=2$，涂抹层土的渗透系数 $k_s=1\times10^{-7}$cm/s。堤坝堆载按例图 5-2 分别逐渐施加。总荷载 $p=200$kN/m²，试求历时 150 天时，(1) 不考虑井阻和涂抹作用的平均固结度；(2) 考虑井阻和涂抹作用的总平均固结度。

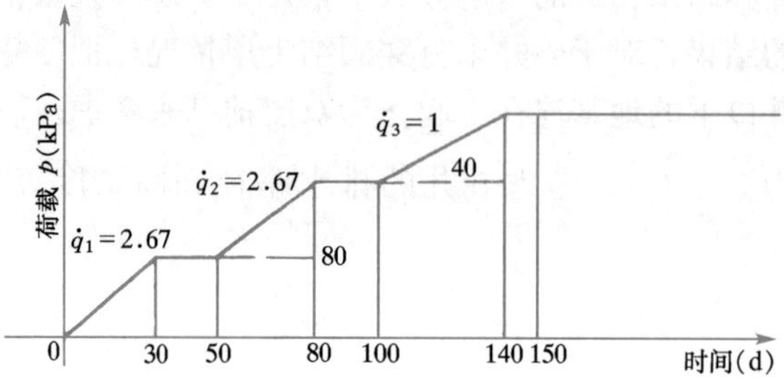

例图 5-2 加荷计划图

【解】 采用式 (5-12) 计算。根据题意，基本计算参数为：

影响直径 $d_e=1.05\times150=157.5$cm；井阻比 $n=\dfrac{157.5}{7}=22.5$；井阻因子 $G=\left(\dfrac{3\times10^{-7}}{1\times10^{-2}}\right)\left(\dfrac{1600}{7}\right)^2=1.56$；涂抹因子 $J=\ln2\times(3-1)=1.39$；井径比函数 $F=\ln n-\dfrac{3}{4}=2.37$；$\beta_z=\dfrac{\pi^2\times1.5\times10^{-3}\times86400}{4\times1600^2}=1.25\times10^{-4}$ (1/d)。

$$\beta_r=\frac{8\times2.94\times10^{-3}\times86400}{2.37\times157.5^2}=0.036\ (1/\mathrm{d})\text{（不考虑井阻和涂抹作用）}$$

$$\beta_r=\frac{8\times2.94\times10^{-3}\times86400}{(2.37+1.39+\pi\times1.56)\ 157.5^2}=0.0095(1/\mathrm{d})\text{（考虑井阻和涂抹作用）}$$

第一种情况的固结度计算：

$$\bar{U}=\frac{2.67}{200}\left[(30-0)-\frac{8}{0.036\times\pi^2}\times e^{-0.036\times150}\times(e^{0.036\times30}-1)\right]+\frac{2.67}{200}\left[(80-50)-\frac{8}{0.036\times\pi^2}\times e^{-0.036\times150}\times(e^{0.036\times80}-e^{0.036\times50})\right]+\frac{1}{200}\left[(140-100)-\frac{8}{0.036\times\pi^2}\times e^{-0.036\times150}\times(e^{0.036\times140}-e^{0.036\times100})\right]$$

$$=0.399+0.385+0.140=0.924=92.4\%$$

第二种情况的固结度计算：

$$\bar{U}=\frac{2.67}{200}\left[(30-0)-\frac{8}{0.0095\times\pi^2}\times e^{-0.0095\times150}\times(e^{0.0095\times30}-1)\right]+\frac{2.67}{200}\left[(80-50)-\frac{8}{0.0095\times\pi^2}\times e^{-0.0095\times150}\times(e^{0.0095\times80}-e^{0.0095\times50})\right]+\frac{1}{200}\left[(140-100)-\frac{8}{0.0095\times\pi^2}\times e^{-0.0095\times150}\times(e^{0.0095\times140}-e^{0.0095\times100})\right]$$

$$=0.310+0.255+0.077=0.643=64.3\%$$

必须说明，上述固结度的计算式（5-10）、式（5-11）、式（5-12）和式(5-14)等都是建立在堆载预压（正压）条件下推导得到的，应该只适用于正压排水固结条件的计算。对于真空预压（负压）条件下的固结计算是否适用，这是值得进一步探讨的。根据工程实例和室内压缩试验的结果看，在同等荷载条件下，真空预压的固结速率和沉降都比堆载预压的大，压缩系数和固结系数也是真空预压的比堆载预压的大。因此，真空预压的固结和沉降计算应与堆载预压条件下的有所不同。然而，真空与堆载两者的排水固结边界条件，除了正压和负压之外都是相似的。因此，建议真空预压（负压）条件下的固结计算仍可用前述公式(5-10)、式（5-11）、式（5-12）和式（5-14）计算，但是其中固结系数（C_r、C_v）宜用负压条件下室内试验的测定值，一般情况下它比正压固结系数大。

5. 井阻和涂抹作用对固结的影响

从例 5-2 的计算结果可以看出：考虑与不考虑井阻和涂抹作用所得的固结度明显不同，两者相差 28%。因此，在预压排水固结设计时，应考虑井阻和涂抹作用的影响。

(1) 井阻对固结的影响

井阻因子是影响排水体地基固结的一个重要因素。根据非理想井固结理论，井阻因子愈小，固结的效果愈好，反之则差。根据对某一特定的地基土和排水带打入一定深度的情况下，井阻因子 G 对地基固结度 U_{rz} 的影响的研究结果（王铁儒，1996），当 $G<0.1$ 时，井阻对固结效果影响甚微，接近于理想井的固结效果，可忽略井阻对固结的影响；当 $G=1$ 时，井阻对固结的影响显著增大，明显降低地基的固结度；当 $G>10$ 时，严重影响地基的固结效果，逐渐趋于无排水体地基（天然地基）的固结。竖向排水体中砂料的渗透系数 k_w 和塑料排水带的竖向通水能力 q_w 以及打入深度 H 是影响井阻因子大小的主要因素。在某一深度下，竖向排水体的渗透系数或塑料排水带的通水能力过小，将会影响井阻因子增大，导致排水带（井）排水不畅，降低固结效果。因此，设计时，对于某一深度的竖向排水体，必须要求具有足够的通水能力，尽量降低井阻因子，以保证具有良好的固结效果。

确定合理的井阻因子 G 的关键取决于竖向排水体在地基原位条件下的实际通水能力。Koemer 和 Miura 等人根据工程原位测试和反分析结果认为：由室内试验测定的排水体产品通水能力，通过储运、施工中损伤和在地基原位条件下侧压力的作用使产品的芯带及滤膜产生弹性及蠕变变形，物理、生物环境的改变，以及打入排水体压缩弯折等的影响，会产生较明显的衰减。因此，确定井阻因子 G 时所用排水体通水能力 q_w 不应是试验测定的产品通水能力值，而是原位条件下的实际通水能力，称之为实际通水能力 q'_w。

$$q'_w = \frac{1}{F_s} q_w \tag{5-17}$$

关于上式中折减安全系数 F_s，是通水能力降低的折减系数，主要考虑排水体产品因储运、施工中损伤和在原位侧压力作用下蠕变，物理化学和生物环境改变，以及地基压缩使排水带产生弯折等的影响。根据 Koerner（1994）的建议：F_s 值约在 1.5～9。如果在打入排水体中产生扭曲，还要增加一附加安全系数 $F_s=1.0～4.0$。Miura 等人（1993）通过四座堤坝的反分析，产生在地基原位条件的通水能力为初始值的 1/10～1/3。根据我国 12 个工程实例反算的结果，$F_s=2.7～12.9$。因此建议采用概率分布比较集中的中值，即 $F_s=4～6$，并按其打入深度和质量好坏分别取高值和低值。按打入深度不同，当 $L<$

10m，$F_s=4$；$L>20$m，$F_s=6$；$L=10\sim20$m，$F_s=5$。

井阻因子G可按下式计算：

对于塑料排水带

$$G=\frac{\pi k_h\cdot H^2}{4q'_w} \tag{5-18}$$

或

$$G=\frac{1}{4}\cdot\frac{q_h}{q'_w}\cdot\frac{H}{d_w}=\frac{1}{4}\cdot\frac{q_h}{q_w/F_s}\cdot\frac{H}{d_w} \tag{5-19}$$

$$q'_w=\frac{1}{F_s}q_w$$

式中　k_h——地基土的水平向渗透系数（cm/s），由原状土用水平向渗透试验测定，如无试验资料时，对于淤泥质土可取$k_h=(3\sim5)\times10^{-7}$cm/s；

q_h——单位梯度下地基土中水流入竖向排水体中的流量（cm^3/s），用$q_h=k_h\pi d_w H$求得；

q'_w——竖向排水体在地基中实际的通水能力（或称竖向渗透能力），即单位梯度下水流通过排水带截面的流量（cm^3/s）；

q_w——排水带产品试验测定的通水能力（cm^3/s）；

H——排水带或竖向排水体打入深度；

F_s——折减安全系数。

设计时，选用塑料排水带的通水能力q_w应尽可能降低至可忽略井阻对固结的影响，宜取井阻因子$G\leqslant0.1$为标准，即令

$$G=\frac{q_h}{q_w/F_s}\cdot\frac{H}{d_w}\cdot\frac{1}{4}=0.1 \tag{5-20}$$

对于打入不同深度的塑料排水带产品的通水能力q_w，应满足下式的要求：

$$q_w=7.85F_s k_h H^2 \tag{5-21}$$

（2）涂抹对固结的影响

涂抹作用主要是由于施工对地基土扰动造成的。涂抹的影响范围及对土渗透性能的改变则与施工所用的导管大小、形状和打入的动力方式（静压或振动）及操作的方法等有关。常用导管的平均直径往往比排水带的等值直径大一倍以上，所以常形成具有一定范围的涂抹区，同时涂抹区内扰动后的渗透性能也比地基土明显降低。因此，涂抹作用对固结效果的影响是客观存在而不可忽视的。涂抹作用对固结效果的影响可用涂抹因子J来表示，即

$$J=\ln(\lambda)\left(\frac{k_h}{k_s}-1\right) \tag{5-22}$$

然而如何确定涂抹对固结的影响程度或涂抹因子的大小，这是一个困难的问题，因为涂抹区的范围及其渗透系数，难以直接测定，迄今为止尚未见到测定的结果。因此，涂抹因子中的涂抹比λ和渗透比k_h/k_s，只好借助工程实践经验和实测反算的结果来求得。根据Hasnsbo（1984）、Bengado（1990、1993）、Minra（1993）等人的原位实测结果，工程建议如下：

1）涂抹区的范围与施工机具动力的形式和导管的大小形式有关，涂抹比的范围约为

$\lambda=1.5\sim4$。导管较大，振动打入者，可取大值；导管较小，静力压入者，取小值。

2）涂抹区扰动土的渗透性比值与地基土的结构和性质有关，高塑性均质黏土，$k_h/k_s=1.5$；非均质含粉质土，$k_h/k_s=3\sim5$；非均质并具有明显的粉土或细砂微层理结构的可塑性黏土，$k_h/k_s=5\sim8$。

当无试验资料时，可取渗透系数比 $k_h/k_s=1.5\sim8$ 计算，均质高塑性黏土取低值 1.5～3，非均质粉质黏土取 3～5，非均质并具有明显的粉土或细砂微层理结构的可塑性黏土取 5～8。

当 $J\leqslant0.4$ 时，不考虑涂抹影响（$J=0$）。

6. 预压固结与沉降及强度增长

（1）预压固结与沉降

在天然地基中打入砂井或塑料排水带后，明显改变了它的排水固结条件，也对土的结构产生了扰动，但是对土层的压缩性与沉降特性的影响却甚微小。如果在施加预压荷载的过程中，严格控制加载速率和荷载水平，保证地基土不出现过大的塑性蠕变，也不破坏地基土的结构性，则其沉降和固结的性状及其计算方法仍然可沿用经典的常用的固结与沉降的计算方法，即

$$s_f=s_d+s_c+s_e \tag{5-23}$$

和

$$s_t=s_d+U_t s_c+s_{et} \tag{5-24}$$

式中 s_f 和 s_t 分别为建筑物基底的最终沉降量和预压历时 t 的沉降量，s_d、s_c 和 s_e 分别为瞬时（立即）沉降、固结沉降和次固结沉降；U_t 为预压荷载下，历时 t 的固结度。以上的沉降均可用常规的沉降计算方法计算。由于在实际计算时，瞬时沉降的计算参数弹性模量及次固结沉降的次固结系数不易准确测定，建议采用主固结沉降配合经验系数计算，即

$$s_f=m_s s_c \tag{5-25}$$

$$s_t=(m_s-1+U_t)s_c \tag{5-26}$$

主固结沉降可用常规的分层总和法计算：

$$s_c=\sum_{i=1}^{n}\frac{e_{0i}-e_{1i}}{1+e_{0i}}\Delta h_i=\sum_{i=1}^{n}\frac{a_i\sigma_{zi}}{1+e_{0i}}\Delta h_i=\sum_{i=1}^{n}\frac{\sigma_{zi}}{E_{si}}\Delta h_i \tag{5-27}$$

也可用压缩指数分层总和法计算，对于正常固结情况：

$$s_c=\sum_{i=1}^{n}\frac{\Delta h_i}{1+e_{0i}}C_{ci}\log\frac{p_{0i}+\Delta p_i}{p_{0i}} \tag{5-28}$$

超固结情况：

$$s_c=\sum_{i=1}^{n}\frac{\Delta h_i}{1+e_{0i}}\left[C_{si}\log\left(\frac{p_{ci}}{p_{0i}}\right)+C_{ci}\log\frac{p_{0i}+\Delta p_i}{p_{0i}}\right]\quad \Delta p>p_c-p_0 \tag{5-29}$$

$$s_c=\sum_{i=1}^{n}\frac{\Delta h_i}{1+e_{0i}}\left[C_{si}\log\left(\frac{p_{0i}+\Delta p_i}{p_{0i}}\right)\right]\quad \Delta p\leqslant p_c-p_0 \tag{5-30}$$

式中 m_s 为经验修正系数，对堆载预压 $m_s=1.1\sim1.4$，对真空预压 $m_s>1.2$；a_i、E_{si}分别为第 i 层计算点 σ_{zi} 对应的压缩系数和压缩模量；e_{0i}、e_{1i} 分别为第 i 层计算点的天然孔隙比和 $p_{0i}+\sigma_{zi}$ 压力下对应的孔隙比；Δh_i 为分层的厚度；σ_{zi} 为第 i 层的附加应力；C_{ci} 和 C_{si} 分

别为第 i 层的压缩指数和回弹指数。

必须指出：上述各式中的压缩系数 a、压缩模量 E_s 和压缩指数 C_c，一般都是由常规的压缩试验求得的，试验的加载条件是正压固结压缩的。因此，它只能适用于正压条件下压缩沉降计算，即适用于堆载预压和自重预压等的沉降计算。至于真空预压条件下（即负压或吸力），常规的正压缩系数和压缩指数是否仍然可以用于计算沉降呢？经试验研究证明，负压（吸力）条件下的压缩系数和固结系数与正压条件下的不一样，负压的比正压的大，因此，建议采用负压条件下压缩试验测得的压缩系数及固结系数计算沉降。沉降经验修正系数 m_s 只能适用于堆载预压，不适用于真空预压，但是目前尚没有负压条件下的沉降经验系数值。根据目前一些工程实测结果，如果计算沉降时，仍然采用常规的压缩系数，计算沉降与实测沉降的结果比较，经验修正系数 $m_s>1.2$，这是值得注意的。

（2）预压固结与地基强度的增长

在设计时，为了预计预压排水固结引起的地基承载力与稳定性提高的程度，首先要估算地基强度的增长。根据土力学原理，天然地基在自重作用下固结，本身具有天然强度；在外加荷载的作用下，一方面由于地基排水固结，土中有效应力增大，引起地基强度的增长，另一方面，地基由剪切变形或蠕变，又会引起地基强度的衰减。因此，预压排水固结引起地基强度的增长可用下式来表示：

$$\tau_{ft} = \eta(\tau_0 + \Delta\tau_c) \tag{5-31}$$

根据有效固结强度理论，对于正常固结饱和软黏土，地基强度的增大值，可按下式计算：

$$\Delta\tau_c = \Delta\sigma'_c \tan\varphi_c \tag{5-32}$$

近似取

$$\Delta\tau_c = \Delta\sigma_z U_t \tan\varphi_{cu} \tag{5-33}$$

则预压历时 t 地基强度的增长为：

$$\tau_{ft} = \eta(c_u + \sigma_z U_t \tan\varphi_{cu}) \tag{5-34}$$

式中 τ_{ft} 为预压荷载作用下，历时 t 对应的地基土抗剪强度；τ_0 为天然地基土的抗剪强度，可采用天然地基土三轴试验的不排水剪强度 c_u 或原位十字板试验强度测定值；$\Delta\tau_c$ 为预压荷载作用下，地基排水固结引起强度的增长值，按式（5-32）计算求得；η 为由于剪切蠕动和剪切速率减慢引起地基强度折减的系数，$\eta=0.90\sim0.95$；c_u 为天然地基土的不排水剪强度；σ_z 为计算点的附加应力；U_t 为计算历时 t 的固结度。

5.3.3　预压排水固结地基处理设计

1. 目的与要求和设计内容

预压排水固结法处理地基的目的为：

（1）提高设计建筑物地基的稳定性与承载力；

（2）在预定的工期内消除建筑基底的沉降量。

为此，必须进精心设计、精心施工及认真检测和控制，才能达到预期的目的。设计的主要内容应包括：

（1）选择竖向排水体和水平排水层适用的材料类型及有关材料产品的性能和质量；确定竖向排水体的合理排列形式、间距、打入深度和水平排水层的厚度及布置的范围。

（2）进行预压设计，选择适合的预压荷载类型和大小；通过固结、沉降及强度增长的计算与分析，确定预压应达到的固结度和预压持续的时间，制订施加预压荷载的进度和加载速率的控制。

(3) 制订现场应力、变形等监测系统，进行现场监测，监视地基应力、变形和强度的动态发展变化，防止地基剪切破坏，控制预压排水固结正常发展，预测地基处理最终的效果。

2. 竖向排水体及水平排水层类型和性能的选择

工程上竖向排水体常用的类型有三种，其特征和性能及质量要求见表 5-3。

竖向排水体常用的类型、特征及性能的要求　　表 5-3

项目＼类型	普通砂井	袋装砂井	塑料排水带
特征	用打桩机沉管成孔，内填中粗砂，密实后形成；圆形，直径 300～400mm	用土工编织袋，内装砂密实，制成砂袋，用专用机具打入地基中制成，直径 70mm 或 100mm	工厂制造，由塑料芯板外包滤膜，制成宽 100mm、厚 3.5～6.0mm，用专用机具打入地基中形成（见图5-7）
性能	渗透性较强，排水性能良好，井阻和涂抹作用的影响不明显	渗透性与砂料有关，排水性能良好；随打入深度增大，井阻增大，并受涂抹影响	渗透性与透水能力的大小与产品的类型有关，一般具有较大的通水能力，排水性能良好；井阻与透水能力和打入深度大小有关；并受涂抹作用的影响
施工技术特点	需用桩基施工，速度较慢；井径大，用料费，工程量大，造价较高	施工机具简单轻便，用料较省，造价低廉，质量易于控制	产品质轻价廉，专用施工机具轻便，速度快，质量易于控制，造价低
质量要求标准	砂料宜采用渗透系数 $k_w>3\times10^{-2}$ cm/s 的中粗砂，含泥量小于 3%	砂料要求与普通砂井相同，外包滤膜要求：编织布克重大于 $100g/m^2$；抗拉强度大于 2.0kN/10cm；渗透系数 $k_g>10^{-4}$ cm/s；有效孔径 $O_{93}<0.075$mm	产品的通水能力 q_w 要求：$q_w>7.85F\cdot k_h\cdot H^2$； 排水带抗拉强度大于 1.5kN/10cm；滤膜的渗透系数 $k_g>10^{-4}$ cm/s；有效孔径 $O_{95}<0.075$mm

注：q_w——通水能力（cm^3/s）；k_h——地基的渗透系数（cm/s）；H——排水带打入深度（cm）；F——产品在地基中的折减系数，约 $F=4\sim6$，深度大于 20m 取大值，小于 15m 取小值。一般情况，当 $H\leqslant15$m 时，要求 $q_w\geqslant25cm^3/s$；当 15m$<H<$20m 时，$q_w\geqslant45cm^3/s$；当 $H>20$m 时，$q_w>60cm^3/s$。

工程应用证明；三种类型的竖向排水体在工程上都能取得良好的排水固结效果，只是在井阻、涂抹作用对固结度的影响程度、排水体的渗透性能的强弱、施工技术的难易、工程量及工程造价等方面有所差异。因此，在工程上选用竖向排水体时，应根据工程建筑物的特点和对地基固结的要求、地基土的性质、打入深度、材料来源和施工条件等，通过比较后选用。塑料排水带质轻价廉，具有足够的通水能力，施工简便，工厂制造，质量易于保证，可制成不同通水能力的系列产品供设计应用，一般情况下应优先考虑选用。砂井或袋装砂井透水性良好，当工程场地砂料来源比较丰富，且打入深度在 15m 以内时，可考虑采用砂井或袋装砂井。

在工程应用时，三种排水体都应满足如下性能和质量要求：井料和排水带芯片都要具有足够的通水能力和渗透性，外包滤膜要求满足反滤性能要求，以尽量降低涂抹和井阻的影响，防止滤膜被淤堵等。此外，排水带和袋装砂井还需具有一定的抗拉强度和刚度，防止被拉断裂和卷曲弯折等。

必须说明，上述竖向排水体的问题主要适用于堆载预压条件下排水固结，不适用于真空预压情况下排水固结，因为在负压条件下排水固结时，厚3～6mm、宽100mm的塑料排水带，将在吸力作用下减薄，井阻增大而失效，通水能力显著降低，影响预压的效果。根据工程实测的结果：在堆载预压条件下，通水能力满足深20m要求的塑料排水带，在真空预压条件下，深度6m以下的部分其排水固结能力严重衰减而失效。因此，真空预压条件下排水带的通水能力和质量要求不能沿用堆载预压（正压）固结条件的通水能力和质量标准。根据近年来工程实践经验，对于预压（负压）条件下的塑料排水带应适当增大其通水能力和排水带的宽度、厚度、滤膜的抗拉强度和抗弯刚度等，才能使负压固结达到预期的效果。建议如下：真空预压的排水带应用宽度为150～200mm，厚度为8～10mm的芯带，外包整体连续滤膜负压型排水带，通水能力$q_w>150cm^3/s$。

水平排水垫层一般情况采用含泥量小于5%的中粗砂砂料铺设，加水湿润后，振动密实。厚度约为50～200mm，荷载小的取低值，荷载大的取高值。如果地基表面比较软弱，浮土过多时，可先铺设一层土工织物后再施工垫层。如果缺乏砂料时，可用砾石和碎石代替，但上下层面均需铺设一层土工布作为反滤层，防止淤堵，以保证碎石垫层的渗透性。此外，也可用土工复合排水材料——复合排水块和土工复合排水板作为水平排水层，这些材料具有良好的渗透性和反滤性及较大的通水能力，而且还具有一定的抗拉强度和抗挠曲刚度，质量稳定，施工简便，是一种良好的水平排水层。但是因为价格偏高，目前作为水平排水层应用于排水固结者尚少。

3. 竖向排水体等效直径、布置间距和打入深度的确定

（1）等效直径d_w

采用普通砂井和袋装砂井时，直接采用打入地基中砂井截面积的平均直径。采用塑料排水带时，由于其截面呈条带状，而固结计算是用圆形截面的砂井理论计算的，所以要把条带截面换算成相当于砂井的直径，以两者的周长相等用下式计算：

$$d_w=\alpha\frac{2(b+\delta)}{\pi} \tag{5-35}$$

式中　d_w——排水带的等效砂井直径；

b、δ——排水带截面的宽度与厚度；

α——系数，约为0.75～1，可用$\alpha=1$。

（2）竖向排水体的布置间距

竖向排水体（砂井、排水带）的平面布置间距和打入深度的大小是影响砂井地基固结度的重要因素，在设计时，应根据建筑物的具体条件做出合理的选择。根据砂井固结理论，间距越小，在一定的时间内所达到的固结度越大。但是在实际工程中并不是间距越小越好，因为间距太小，打得太密，会引起相互挤压，扰动地基土，增大了涂抹层的厚度，反而影响固结效果，不易保证排水体的施工质量。因此，竖向排水体的间距应根据设计工程对地基排水固结的要求，必须达到的固结度和在施工期限允许预压时间的长短来确定。此外，还需考虑由于施工对地基土的扰动产生涂抹作用对固结的影响。根据工程实践经验，合理的间距可按下式试算求得：

$$l=\left[\frac{6.5C_{\mathrm{h}}t}{\ln(l/d_{\mathrm{w}})\cdot\ln\left(\frac{0.81}{1-U_{\mathrm{rz}}}\right)}\right]^{\frac{1}{2}} \tag{5-36}$$

式中 l——砂井或排水带的间距（cm）；

C_{h}——地基土的水平向固结系数（$\mathrm{cm^2/s}$）；

t——设计工程允许预压固结的时间（s）；

U_{rz}——设计工程要求在预压期内达到的固结度，一般取 $U_{\mathrm{rz}}=80\%$；

d_{w}——砂井的直径或塑料排水带的当量直径（cm）。

试算时，对于排水带或袋装砂井宜在 1.0～2.0 内选取；普通砂井则宜在 2.0～3.5 内选取。因为，低于下限值时，易受施工对土扰动增大涂抹的影响；大于上限值，则固结效果不佳。

（3）竖向排水体打入深度

竖向排水体的打入深度一般按如下原则考虑：当压缩的软土层厚度不大(＜10m）时，打入深度应贯穿该土层；当厚度较大时（＞10m），则按设计建筑物稳定性和变形的要求来确定，对于以稳定性控制的预压工程，打入深度应到达圆弧滑动分析确定的最危险圆弧最大深度下 2m；对于以变形控制设计的工程，则打入深度应到达地基沉降计算时有效压缩层的深度。

4. 堆载预压设计

堆载预压是利用土石、建筑材料及其他重物或建筑物自重，分期、分批填筑于地基表面，作为排水固结的预压荷载，使地基在预压荷载的作用下，逐渐固结压缩，强度逐渐增大，逐渐沉降，最终达到满足工程变形和稳定的要求，这种方法称为堆载预压法。对于软弱土层施加预压荷载，不是随意填筑就可以达到预期加固效果的，必须根据工程地基土的实际情况和建筑物对地基的要求，制订分期、分批施加预压荷载的计划，保证在前一级荷载作用下排水固结，强度增长满足下一级荷载的要求，才能施加下一级。沉降也是如此，在预压荷载作用下沉降稳定后，才能卸去预压荷载，建造建筑物。因此，应根据建筑物对地基预压排水固结加固地基的要求，针对为提供地基强度与承载力的预压或为消除或减少基底沉降的预压，分别进行堆载预压设计。

（1）为消除基础沉降的预压设计

预压设计的原理如图 5-14 所示。图中预压消除沉降是通过施加预压荷载（$p+\Delta p$），使地基在该荷载作用下排水固结，经历一定的预压期（历时 t）后，达到拟消除的沉降值（s）$_{p+\Delta p}$然后卸去该预压荷载，再开始建造建筑物。因为施加建筑物荷载时，地基的沉降是预压荷载卸去后的再压缩，此时，预压产生的部分沉降已被消除，最终产生的沉降值相当于（s_{f}）$_{\mathrm{p}}$－（s_{t}）$_{p+\Delta p}$，这样，建筑物基础的沉降就显著减少了。按照建筑物允许沉降的要求，以预压消除

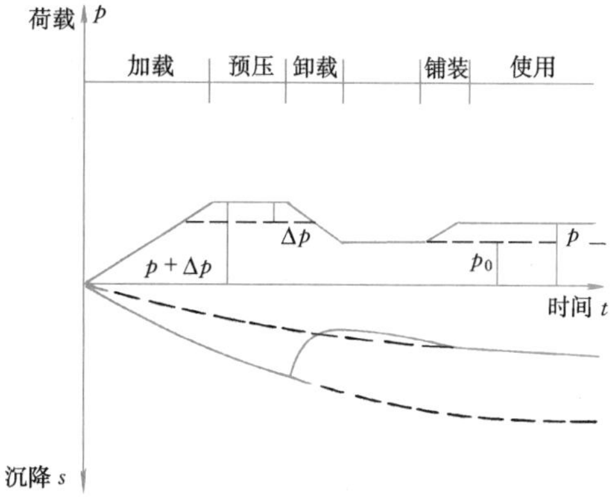

图 5-14 预压法原理

沉降的设计应满足下式的要求：

$$[s_f]_p - [s_t]_{p+\Delta p} \leqslant s_a \tag{5-37a}$$

$$t \leqslant t_a \tag{5-37b}$$

式中 $[s_f]_p$——设计荷载作用下基础的最终沉降值，可用常规分层总和法计算求得：

$$s_f = \xi \sum \frac{e_{0i} - e_{1i}}{1 + e_{0i}} \Delta z_i \tag{5-38}$$

ξ——考虑瞬时沉降影响的经验系数，$\xi = 1.1 \sim 1.4$（对高压缩性土取高值，中等压缩性土取低值）；

$[s_t]_{p+\Delta p}$——预压荷载 $p + \Delta p$ 作用下，相应于历时 t，地基固结度为 U_t 引起的沉降值，考虑瞬时沉降的影响，可用下式求得：

$$[s_t]_{p+\Delta p} = [s_f]_{p+\Delta p}[(U_t)_{p+\Delta p} + (\xi - 1)]\frac{1}{\xi} \tag{5-39}$$

$[s_f]_{p+\Delta p}$——预压荷载 $p + \Delta p$ 作用下的最终沉降值，可由式（5-38）求得；

s_a——建筑物的允许沉降值；

t、t_a——分别为预压荷载的历时和施工期内允许的预压历时。

因此，设计内容应包括：①确定预压荷载的大小；②预压要求达到的固结度或预压固结持续的时间。

设计的步骤与方法为：①设定某一预压荷载（$p + \Delta p$），计算最终沉降值 $[s_f]_{p+\Delta p}$，超载预压时 Δp 为正值，等载预压和部分荷载预压时，Δp 为零或负值，超载应控制小于设计荷载的30%，如需要超载大于30%时，应采取多级加荷预压；②将式（5-39）代入式（5-37），计算设计要求达到的固结度 $[U_t]_{p+\Delta p}$ 和所需的预压持续的时间 t，t 可按下式计算求得：

$$t = \frac{T_1}{2} + \frac{1}{\beta}\ln\frac{8}{\pi^2[1 - (U_t)_{p+\Delta p}]} \tag{5-40}$$

式中，T_1 为加载结束时间；β 为固结指数。如果所得的固结历时 t 满足式（5-37b）的要求，则设计完毕。否则需另设一预压荷载，直到满足上述设计要求为止。在实际工程中，还要埋设原位观测设备（沉降和孔隙水压力测点），利用实测沉降结果，检验实际的固结度，预测最终沉降值，以便确定实际要求的预压持续时间的长短和预压荷载的大小。

必须指出：堆载预压只能消除主固结沉降，不能消除次固结沉降。所以在预压之后，在建筑物荷载作用下，仍然继续发展次固结沉降。这一点应引起重视，因为次固结沉降不是一个固定不变的数值，它与施加预压荷载的大小、速率有关。如果施加预压荷载过大，使地基在预压固结过程中产生塑性剪切蠕变，将会导致地基强度衰减，降低地基承载力，沉降也将随时间发展而增大，最终导致预压失败。因此，在制订堆载预压计划时，必须注意控制施加预压荷载的大小和速率，避免出现过大的塑性蠕变。根据工程经验，施加每级预压荷载时，必须控制小于该地基经过预压强度增长后极限承载力的0.7倍（相当于安全系数1.3），这是不容忽视的问题。

(2) 提高地基承载力与稳定性的预压设计

在强度较低的软土地基上建造荷载较大的建筑物时，为提高地基的承载力与稳定性，常采用排水固结预压法，加速地基固结与强度的增长，通过分级逐渐施加建筑物的自身荷载或堆载的方法，并控制施加荷载的速率。如图 5-12 所示，在前一级荷载作用下地基排水固结和强度增长后，再施加下一级荷载，逐步提高地基的承载力与稳定性，到达满足设计荷载的要求。因此，设计的内容应包括：①确定施加分级预压荷载的大小；②确定每一级荷载预压需要达到的固结度或预压持续的时间。始终保持地基强度的增长，满足施加下一级预压荷载的要求。设计的步骤与方法如下：

1）估算施加第一级荷载的大小。如图 5-12 所示，第一级荷载 p_1 宜小于天然地基的承载力，对于堤坝地基或条形基础可按下式计算：

$$p_1 = \frac{1}{k}5.14c_u \tag{5-41}$$

对于建筑物矩形或圆形基础可按下式计算：

$$p_1 = \frac{1}{k}N_c c_u\left(1+0.2\frac{b}{l}\right)\left(1+0.2\frac{d}{b}\right)+\gamma d \tag{5-42}$$

式中 c_u——天然地基不排水抗剪强度；

N_c——承载力因数，矩形基础 $N_c=5.52$，圆形基础 $N_c=6$；

k——安全系数，$k=1.3\sim1.5$；

b——矩形基础的宽度或圆形基础的直径；

l——矩形基础的长度；

d——基础的埋置深度；

γ——地基土的重度。

2）估算加荷速率 $\dot{q}$ 和预压固结时间。根据工程经验，加荷速率 $\dot{q}$ 不宜太快，以防止产生局部剪切破坏，为此控制加荷速率 $\dot{q}\leqslant 4\sim8\text{kPa/d}$，则图中的 $T_1=p_1/\dot{q}_1$。为了防止地基产生剪切破坏，在施加第一级荷载之后需恒载一段时间，待地基固结后才施加下一级荷载。恒载预压持续的时间（图中 T_2-T_1）可按下式计算：

$$t = \frac{1}{\beta_{rz}}\ln\frac{8}{\pi^2(1-U_t)} \tag{5-43}$$

$$T_2 = t+\frac{T_1}{2}$$

式中 t——瞬时加荷达到固结度 U_t 所需的时间；

U_t——固结度，一般工程常要求 $U_t=70\%\sim80\%$；

β_{rz}——砂井地基（或排水带）的固结指数。

3）计算地基强度增长和估算第二级荷载的允许值。地基强度的增长值，可按式（5-34）计算 τ_{ft} 值，然后将 τ_{ft} 值代替式（5-41）或式（5-42）中的 c_u 值，计算第二级荷载到达的 p_2 值。

如果第二级荷载 p_2 尚未达到设计荷载，可按此原理，重复上述步骤计算第三、四……级荷载，直到达到设计荷载为止。

在实际工程中，除了按上述方法进行设计外，还要求设置现场原位监测系统，埋设沉降、水平位移和孔隙水压力等仪器设备，监视地基预压动态的发展，防止地基剪切破坏。对于重要工程还要预留十字板试验孔，检验地基强度的增长，验算地基的稳定性。

5. 真空预压设计

（1）真空预压排水固结原理

真空预压法是利用大气压力作为预压荷载的一种排水固结法，其作用原理如图5-15所示。

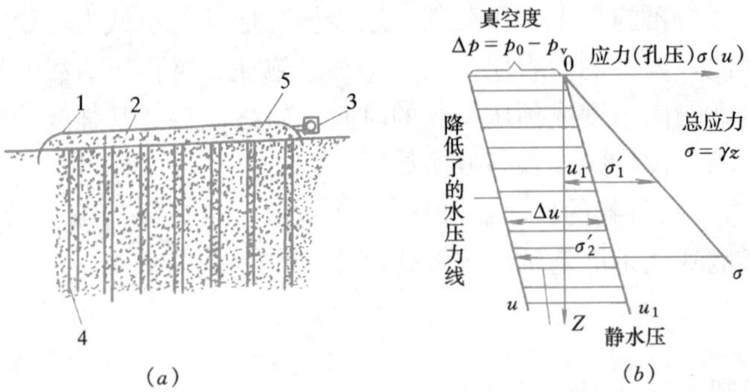

图5-15　真空预压法原理示意图

（a）预压布置图；（b）预压原理

1—密封膜；2—铺砂；3—真空泵；4—竖向排水体；5—抽气排水管

在拟加固的软土地基场地上，先打设竖向排水体和铺设砂垫层，并在其上覆盖一层不透气的薄膜，四周埋入土中，形成封闭。利用埋在垫层内的管道将薄膜与土体间的水抽出，形成真空的负压界面，使地基土体排水固结。在抽气之前，薄膜内外都受一个大气压的作用。抽真空之后，薄膜内的压力逐渐下降，稳定后的压力为 p_v，薄膜内外形成一个压力差 $\Delta p = p_0 - p_v$，称为真空度。此时，地基中形成负的超静孔隙水压力，使土体排水固结。在形成真空度的瞬间，设 $t=0$，超静孔隙水压力 $\Delta u = -\Delta p$，有效应力 $\Delta\sigma' = 0$。随着抽气的延续，设 $0 < t < \infty$ 时，地基在负压力作用下，超静孔隙水压力逐渐消散，有效应力逐渐增长。最后固结结束（$t \to \infty$）时，$\Delta u = 0$，$\Delta\sigma' = \Delta p$。这是真空预压的过程。由此可见，其排水固结过程与堆载预压相似，相当于在真空压力（吸力）下排水固结。但是其固结机理有所不同，堆载预压是正压力固结，正压荷载作用于土体引起孔隙水压力升高，并逐渐消散转化为有效应力作用于土骨架，使土体压缩；而真空预压则为负压（吸力）荷载固结，吸力把土中水吸出，把土骨架颗粒吸密，使土体压缩。因此，固结计算仍可以沿用砂井理论公式计算，但固结系数不能用常规的正压固结的固结系数，应采用负压条件下固结试验测定的固结系数。少数室内试验证明：负压固结系数比正压的大。同样情况，负压固结的压缩系数也比正压固结的压缩系数大。目前，我国真空预压技术相对比较先进，真空度可达600～700mm汞柱，约相当于施加80～90kPa的预压荷载，每一次预压加固的面积可达1300m^2。真空预压的优点主要是不需笨重的堆载，不会因施加预压荷载而失稳。此外，它可以和堆载预压联合使用。

（2）真空预压设计的内容

1）确定真空预压排水体系的布置尺寸和性能要求

竖向排水体的布置间距及打入深度和水平排水层的厚度及范围等可按照前述堆载预压的情况考虑。采用塑料排水带为真空预压排水体时，其尺寸和通水量等性能应适当增大，即宜用宽150～200mm、厚8～12mm，通水能力大于160cm^3/s并具有一定强度和抗弯刚度的热粘复合排水带，目的是保证排水带在真空预压条件下排水通畅。在水平排水层上应布置真空预压排水管，其作用是传递真空负压力以及把预压固结流入的水排走。排水管有主管和支管，每一预压区内沿纵向布置1～2根直径为75～90mm的PVC硬管，沿横向每隔 6m 有一根直径为 50～75mm 的滤水 PVC 软管支管。

2）真空预压密封装置设计

真空预压密封装置是在每一真空预压处理区范围内，上覆密封膜，并在四周开挖密封沟，将密封膜通过密封沟埋入黏土层内，把预压固结土层密封。密封膜一般用聚乙烯或聚氯乙烯制成，二、三层叠制成真空预压密封膜。密封膜应埋入黏土层内深度不少于 1.5m。若浅层有透水的砂层，应用薄膜将其隔断；若地基处理土层范围内有透水性良好的透水层，应注意用水泥搅拌桩把它隔断。

3）膜下真空度的确定

根据工程的具体条件，参考我国先进的真空预压技术经验，设计膜内真空度最低应达 600mm 汞柱（相当于预压荷载 80kPa）。

4）确定真空预压分块的面积

根据预压加固地基工程场地的具体条件，把需要进行预压加固的范围，按便于实施真空预压技术出发，划分为若干分块，每一分块面积尽可能大一些，形状尽可能为正方形。一般真空预压面积每块宜控制不超过 1300m^2。

5）确定真空预压设备需要的数量

真空预压设备需要的数量取决于预压处理地基的面积和形状以及土层的结构特点。一般情况下，根据预压加固地基需要处理的面积，按每台 7.5kW 的真空泵设备可控制 1500m^2 来考虑确定所需的设备，再根据实际施工的条件作必要的增减。

6）真空预压设计与计算

为提高地基承载力的真空预压设计和为消除或减少基底沉降的真空预压设计，两者的设计方法可以参照堆载预压的设计方法进行。但是必须注意，在进行固结、沉降和强度增长的计算时，则分别按真空预压情况下计算，即分别采用真空预压条件下的固结系数。这样才能获得符合实际情况的结果，否则将会获得偏小或偏大的结果。

6. 真空—堆载联合预压设计

(1) 真空—堆载联合预压的原理

真空—堆载联合预压是利用真空预压和堆载预压两种荷载同时作用，增大预压荷载，加快土中孔隙水的排除，降低土中孔隙水压力，增大有效应力，增大土体的压缩量和沉降量，加快地基强度的增长，形成两种荷载叠加作用的效果，是提高预压效果的一种新方法。它弥补了单一真空预压荷载偏小的缺陷，也弥补了堆载预压增大荷载过于笨重，易出现剪切蠕变和剪切滑动的缺陷。其作用机理如图 5-16 所示。

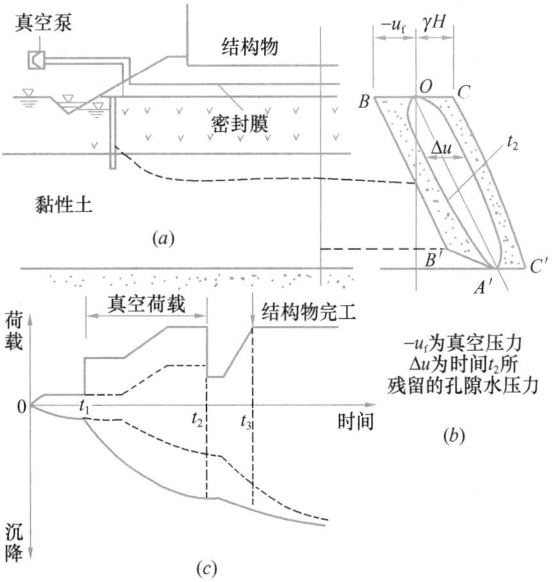

图 5-16　真空堆载联合预压加固地基原理

(a) 真空堆载联合预压布置图；(b) 联合预压孔隙水压力与有效应力分布图；(c) 预压荷载与沉降曲线

从图 5-16（b）可以看出：OA 线

为地基中天然静水压力线，施加真空预压后，形成负压荷载——u_f 线（BB'线），施加堆载预压后形成正压荷载 γH 线（CC'线），两者联合作用后，随时间发展，孔隙水压力消散，分别形成真空预压孔隙水压力线（左侧弧线）和堆载预压孔隙水压力线（右侧弧线）。两弧线包围的面积（中间空白部分）为真空—堆载联合预压固结后剩余孔隙水压力面积，两荷载线（BB'和CC'线）包围的面积（$BB'C'C$）为真空—堆载预压荷载的总面积，总荷载面积（$BB'C'C$）减去空白部分孔隙水压力面积则为总有效应力面积。配合预压荷载与沉降曲线图（图 5-16*c*）可见，真空—堆载联合预压两种不同的预压荷载（正压和负压）是可以叠加的（两者叠加后沉降增大）。两者联合预压，增大了预压荷载、有效应力面积，加速了孔隙水压力的消散，相应增大了预压固结效果，因而也能增大地基强度。

（2）联合预压的设计

1）选择联合预压合理的实施顺序。一般情况下先进行真空预压，然后进行堆载预压，先在真空预压荷载作用下固结，达到沉降渐趋于减缓、地基强度有所提高后，才开始进行分级堆载预压。这样做地基比较稳定，不易出现剪切蠕变及塑性剪切破坏，能有效地提高预压效果。

2）合理布置联合预压的排水体系。真空预压单独预压阶段，预压排水系统的布置尺寸及质量要求均可按真空预压法的要求设计；对于单独堆载预压阶段，施加荷载的大小分级、加荷的速率及预压的时间等均应在真空预压的基础上，按单独进行堆载预压的方法进行预压设计，确定分级加荷的大小和分级、加荷的速率及预压的时间等。联合预压的固结、沉降、强度增长和承载力稳定性的分析计算应分别采用相应的方法和参数计算。即堆载预压应采用常规的固结系数、压缩系数、抗剪强度参数分别计算固结度、沉降和地基的稳定性与承载力；真空预压则用负压条件的固结、压缩和强度增长参数，所有的材料也相应有所变化。

3）联合预压应注意的问题，主要有：①为防止堆载过程中损坏密封膜，应在膜上和膜下分别增铺一层无纺土工布或编织布，进行有效的保护；②开始堆填第一层预压填土，应在真空预压达到设计标准后，稳定 5～10d 才能开始填筑，当下卧土层比较软弱时，压实度不宜要求过高，一般只要求达到 0.88～0.90；③施加每一级堆载前，均应进行固结度、强度增长和稳定性的分析与验算，并配合现场监测结果，确定满足要求后，方能施加下一级荷载；对在一些特殊地段（如桥头高填土）和特殊的堆载（水等）采用联合预压法，应根据实际情况，布置必要的监测，防止意外事故发生。

5.3.4 施工与监测简述

1. 竖向排水体的打设工艺与质量要求

普通砂井、袋装砂井和塑料排水带等三种类型的竖向排水体分别采用各自的专用机具施工。普通砂井一般借用沉管灌注桩机或其他压桩机具压入或打入套管成孔，然后在孔中灌砂密实拔管制成。袋装砂井则用专用振动或压入式机具施工，先将导管压入至预定深度，然后将预制好的砂袋置入导管内，最后上拔导管制成。塑料排水带则用专用插带机施工，打设的动力可用振动或液压，导管可用圆形、扁形或菱形，导管的端部装有管靴或夹头，并配置自动记录仪记录打入深度。施工时，将排水带置入导管内连接管靴或夹头，通过压入动力将导管压入至预定深度。三者的质量要求：①需按设计要求，准确定位，控制导管（套管）的垂直度，偏差不应大于1.5%；②砂井的井料必须按设计的要求采用中粗砂并满足渗透性规定标准，含泥量小于3%，排水带的各种性能必须满足设计的要求；③在施工中，对于袋装砂井必须保证砂袋连续不断，对于排水带，必须注意排水带在上拔过程中保持平直，以免产生扭结、卷曲、断裂、撕裂和回带等现象。

2. 水平排水垫层的施工

水平排水垫层是地基固结水流排出的主要通道。在施工中必须满足如下质量要求：①所用的排水材料必须满足渗透性和反滤性的要求，一般采用级配良好的中粗砂，含泥量不宜超过5%；若缺乏良好的砂料，可选用砂石混合料或用砂沟代替，但必须在垫层的底面铺无纺土工布作为滤层，以防止淤堵；②垫层的厚度必须满足设计要求，同时还要在施工过程中防止由于地基沉降受拉减薄和断裂，适当考虑一定的增厚余量，以防止垫层拉断失效；③垫层必须碾压密实，可用加水润湿，振动碾压施工。

3. 施加预压荷载和现场监测

如何施加预压荷载是排水固结法的一个关键问题，对于堆载预压而言，如果加载的大小或加荷速率控制不当，有可能导致地基产生过大的塑性变形，乃至剪切破坏。因此，在工程实践中，必须予以重视。一般来说，首先通过设计，制定加载预压计划，按设计要求，分级分层逐渐施加，并控制每层土每天不宜超过6～8kN/m^2。由于设计所用的分析参数是由实验室测定或现场原位试验获得的，往往与工程实际条件的参数有一定的差距，不易按设计的要求达到预期的效果。因此，为了保证预压的顺利实施，除按设计加载计划实施外，还应布置现场监测系统，监视地基在预压过程中应力应变的动态变化，及时发现问题，指导预压顺利实施。

现场监测的内容主要包括：基底沉降和深层沉降；地基土的侧向变形和堤坝（填土）边坡桩的水平位移；地基中的孔隙水压力等，必要时采用十字板仪测定地基土抗剪强度的变化。这些监测项目均有专用的监测仪器、仪表和设备。例如：测定沉降的沉降板、沉降标、深层沉降标、水平管等以及相应测量仪器仪表等；测量侧向变形的测斜仪及相应的测斜管和边坡桩等；测定孔隙水压力的孔隙水压力仪（探头）及测定仪器仪表等。观测点的布置应根据工程的实际情况，按设计的要求，布置在对建筑物及地基变形与稳定性有关的关键部位，并且对地基变形、强度变化反应灵敏的敏度点上，例如矩形基础的中心点下浅部和边缘点下浅部。观测仪器及设备的埋设是不容忽视的一项工作，必须认真仔细地把已检测好的仪器仪表探头（传感器）埋置于能反映地基真实状态的位置，并加以保护，保证信息畅通。现场观测应制定观测的制度，认真地进行工作，获取可靠的观测结果，尽量采用先进的记录和整理软件，及时整理观测结果，监视地基变形及稳定性的发展，及时作出判断，指导施加预压荷载。关于地基稳定性的判断与分析可按如下方法进行：

（1）首先把各项观测结果绘制成沉降 s（或侧向位移 w 和孔隙水压力 u）和荷载压力与时间关系曲线（即 s-p-t，w-p-t 和 u-p-t），和荷载压力增量与孔隙水压力增量累积的关系曲线（即$\sum\Delta p$-$\sum\Delta u$ 曲线），如图5-17和图5-18所示。

（2）判断各测点地基的稳定性。当测点的沉降、位移和孔隙水压力随时间的变化产生突然增大，且其累积增量与荷载增量出现非线性增大和转折时，则可以认为该测点地基出现塑性屈服或剪切破坏，应立即采取措施（停止加载或卸去部分荷载），以防止地基局部剪切破坏的进一步发展，保持地基的稳定性。由于地基土层的构造和土性质的不均匀和工

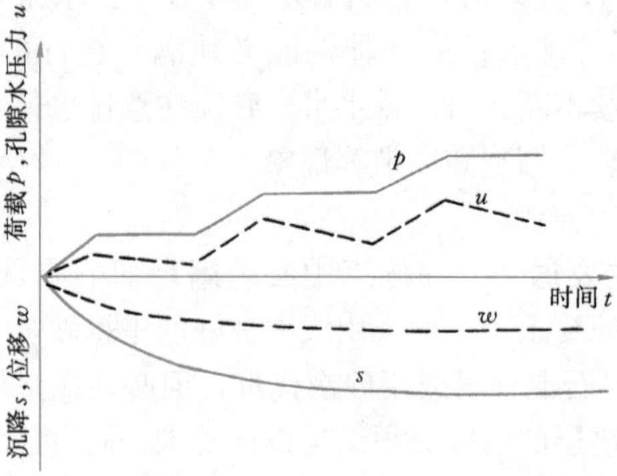

图 5-17　荷载压力和孔隙水压力（沉降、侧向位移）与时间关系曲线

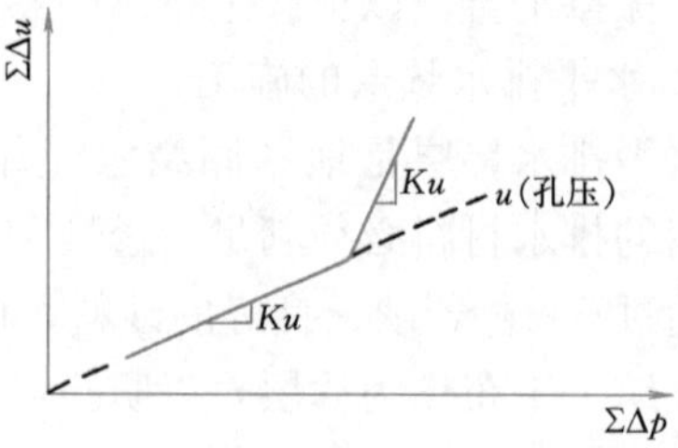

图 5-18　累积荷载增量与对应孔隙水压力增量关系曲线

程施加荷载时作用于测点上的作用力往往不很明确，所测得的应力与变形及孔隙水压力的关系比较离散，所以，应用上述方法往往不易准确判断地基的稳定性。因此，在实际监测中，常用工程经验的标准来判断。例如，软土地基上的堤坝工程是按如下标准控制地基稳定性的：对于沉降，控制沉降速率每天不超过 10mm；对于边坡桩侧向位移，控制位移速率每天不超过 4mm；对于孔隙水压力，则利用施加荷载初期时段（荷载不大时）的荷载增量与孔隙水压力增量的累积关系曲线（$\sum\Delta u$-$\sum\Delta p$ 关系曲线），控制不出现非线性增大转折，如图 5-20 所示。当观测的结果出现超过上述标准，则认为该测点地基土出现局部剪切破坏。

此外，沉降观测的结果还可用来估算地基的固结度和推算最终沉降值及有关参数，预测建筑物工后沉降值，分析地基的稳定性安全度。

5.4　深层水泥搅拌法

5.4.1　概　　述

利用水泥（或石灰）作为固化剂，通过特制的深层搅拌机械，在一定的深度范围内把地基土与水泥（或其他固化剂）强行搅拌，固化后形成具有水稳定性和足够强度的水泥土，制成桩体、块体和墙体等类加固体，并与地基土共同作用，提高地基的承载力，改善地基变形特性的一种地基处理方法，称为深层水泥搅拌法，简称为 CDM 法。此法，20 世纪 40 年代首创于美国，70 年代从日本传入我国，现已广泛应用于房屋建筑、油罐、堤坝等类工程的软基处理和软土地基中的基坑围护结构以及防渗帷幕等类工程。

深层搅拌法的主要机具为搅拌机，由电动机、搅拌轴、搅拌头等组成，另外配置有机架、吊装、导向、灰浆拌合及输送系统和计量控制及检查系统等。搅拌头有单头、双头和双向搅拌头等多种，如图 5-19 所示。喷射水泥的方法有水泥浆喷射和水泥粉喷射两种，分别称为湿喷和干喷。

近年来，随着 CDM 法应用的深入，对搅拌技术的要求越来越严格，对土和水泥进行充分搅拌是一项关键技术，因而在日本又发展了交叉喷射复合搅拌法（JACSMAN工法），其搅拌头如图 5-20 所示。这一项地基加固方法适用于处理淤泥质土、粉质黏土和低强度的

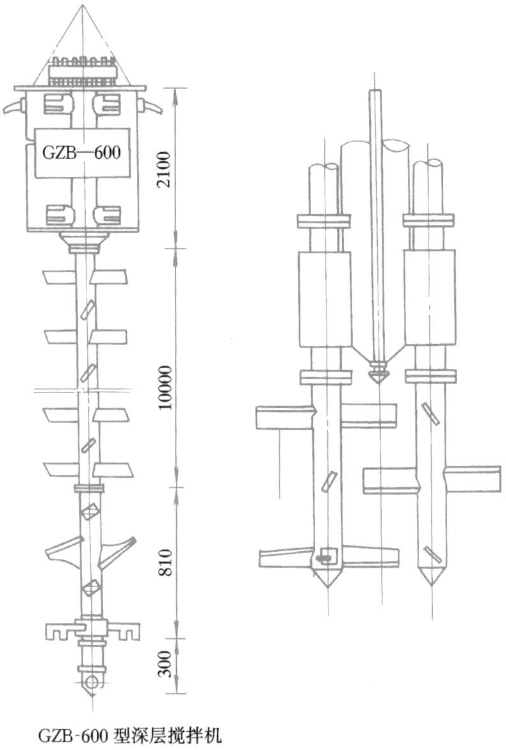

图 5-19 搅拌头的类型
(*a*) 单头；(*b*) 双搅拌头

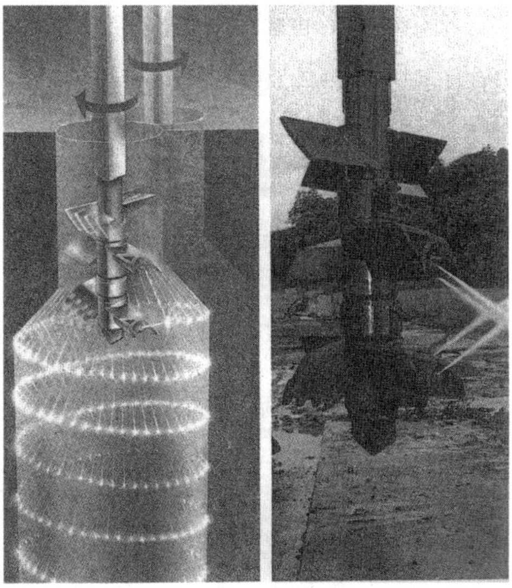

图 5-20 交叉喷射复合搅拌头
（根据日本地盘工学）

黏性土地基。该法具有设备简单，施工方便，造价低廉，无振动，无噪声，无泥浆废水污染等特点。

5.4.2 水泥土形成的机理及其性质

1. 水泥土形成的机理

水泥土形成的机理可用图 5-21 来说明，普通硅酸盐水泥主要是 CaO、SiO_2、Al_2O_3、Fe_2O_3、SO_3 等成分组成，并在水泥中形成硅酸三钙（$3CaO \cdot SiO_3$）、硅酸二钙（$2CaO \cdot SiO_3$）和铝酸三钙（$3CaO \cdot AlO_3$）等水泥矿物。它们和软黏土混合后与土中水产生水化和水解作用，首先生成氢氧化钙 $Ca(OH)_2$ 和含水硅酸钙（$CaO \cdot SiO_3 \cdot nH_2O$），两者均能迅速溶解于水，逐渐使土中水饱和形成胶体；同时又生成铝酸三钙（$3CaO \cdot Al_2O_3$）和硫酸钙（$CaSO_4$），促进早凝增大强度。另一方面水泥颗粒表面重新露出，再与土中水作用形成水化物，并继续沿如下途径反应形成水泥土。

（1）水泥水化物的一部分 $nCaO \cdot 2SiO_3 \cdot 3H_2O$ 自身继续硬化，形成 C—S—H 系，形成早期水泥土骨架。

（2）水泥水化物及其溶液与活性黏土颗粒发生反应，如黏土矿物表面所带的 Na^+ 和 K^+ 与水化物 $Ca(OH)_2$ 的 Ca^{2+} 进行当量吸附变换，形成土团粒。溶液中的胶体粒子的比表面比原来水泥粒子大 1000 倍，具有强大的吸附活性，进一步把团粒结合起来形成团粒

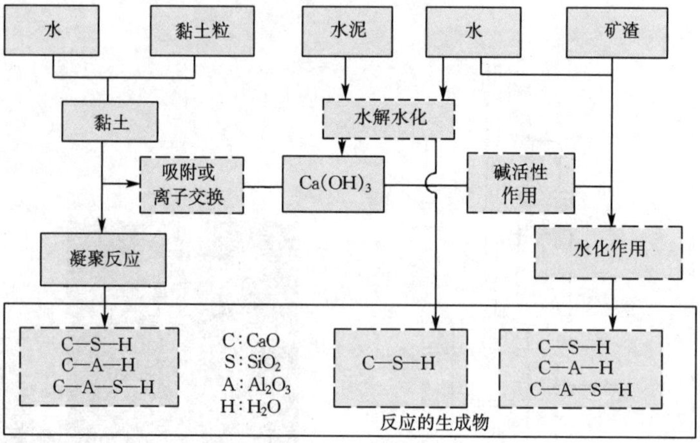

图5-21　土与水泥的化学反应图

结构，从而提高土的强度。同时进一步凝聚反应形成水稳定水化物，C—S—H，C—A—H和C—A—S—H系，在空气中逐渐硬化，增大水泥土的强度。

(3) 随着水泥水化反应的深化，$Ca(OH)_2$的碱活性作用与矿渣的水化作用形成水化物C—S—H、C—A—H和C—A—S—H系。

这些新生成的化合物在水和空气中逐渐硬化，最终形成与松散多孔的天然土不同的水泥土，其结构较致密，水泥与土颗粒相互连接难以分辨，周围充满胶凝体，纤维状结晶的空间网状结构，使水泥土具有足够的强度和水稳定。水泥土强度与上述反应的生成物有关，其中水泥水化产生的$Ca(OH)_2$起重要作用，不同土类对$Ca(OH)_2$的吸收量是影响水泥土强度的重要因素。

从搅拌技术方面看，搅拌机的切削只能把黏土切成黏土团块与泥浆，水泥拌入后，土团块中的孔隙被水泥土浆充填，硬化后成为强度较高的水泥石，而黏土团块却没有与水泥产生作用，仍保持强度很低的软土性质，形成水泥石包裹团块的水泥土结构。如果搅拌越充分，土团团块粉碎越细，水泥与土的相互作用越均匀，水泥土的强度越高，反之则成水泥浆包裹土团块结构的水泥土，其强度显得脆弱。因此，在搅拌制造水泥土时，必须注意搅拌工艺，对地基土进行充分搅拌破碎并与水泥浆混合，才能制成符合工程要求的水泥土体。

2. 影响水泥土力学性质的因素

在水泥土的形成过程中，其力学性质与如下影响因素有关：

(1) 固化剂和外加剂　水泥土是以水泥为主要固化剂制成的，包括不同强度等级的普通硅酸盐水泥、矿渣水泥和火山灰水泥以及专用的特种水泥。这是影响水泥土强度特性的主要因素。由于被加固的各类地基土成分复杂、性质各异，与水泥搅拌混合后，不是都能硬化形成具有一定强度的水泥土，有些地基土拌合后的强度往往甚低，甚至不硬化。因此，欲要制成一定强度的水泥土，就要根据地基土的化学成分、矿物成分、粗颗粒的含量、特别是与水泥水化物$Ca(OH)_2$吸收量的大小等，配置不同品种的水泥和相应的比例。水泥土强度的形成还与其他因素有关，例如地基土的含水量、有机质含量、水溶液中的阴离子等。为了促进水泥水化物与地基之间的充分反应，增强水泥土的力学强度，常添加各种外加剂，如增强剂磷石膏、排烟脱硫石膏、粉煤灰、缓凝剂石膏、三乙醇胺、氢氧化钠、氯化钙和减水剂木质素、磺酸钙等。对于不同的地基土类，应按其作用机理，采用不同比例的水泥品种和外加剂，即“合理的配方”才能取得力学强度较好的水泥土。许多工程单位对于不同地基土应采用的“合理配方”进行了研究，并已成为他们的专利。

（2）水泥的掺合量　单位土体的湿重掺合水泥重量的百分比称为掺合比 a_w（$a_w=a/\rho_t$，a 为水泥的掺合重量，kg/m^3，ρ_t 为土的湿密度，kg/m^3）。水泥土的强度一般随水泥掺合比 a_w 增大而增大，当 $a_w<5\%$时，对土的强度影响很小，工程上常用的掺合比约在10%～20%，特殊情况 $a_w>20\%$。掺合比对地基强度的影响与土的成分有关，黏性土掺合量 $a=150\sim300$kg/m^3，砂性土 $a=150\sim350$kg/m^3，有机质土 $a=200\sim500$kg/m^3，并掺必要的外加剂。

（3）龄期　水泥土的强度随龄期增长而增大，龄期 28 天的强度只达到最大强度的75%，龄期到达 90 天强度增大才减缓。因此，水泥土的强度以龄期 90 天作为标准强度。日本 CMD 研究会从多种配比的硅酸盐水泥土试样测得不同龄期的无侧限抗压强度，经统计分析得到如下关系：$q_{u28}=1.5q_{u7}$、$q_{u90}=1.9q_{u7}$（q_{u7}、q_{u28}、q_{u90} 分别为龄期为 7 天、28 天和 90 天的无侧限抗压强度）。

（4）土的含水量　水泥土的强度随地基的含水量增大而降低，含水量太大会影响水泥与土拌合后的硬化。试验结果表明：在同样水泥品种和掺合比的条件下，含水量分别为157%和 47%的土，其无侧限抗压强度分别为 260kPa 和 2320kPa。

（5）土质的影响　试验证明：性质不同的淤泥质土或淤泥质粉土拌入水泥后，其抗剪强度除了随土试样的含水量的大小降低而明显增大外，并随试样水泥液相的 $Ca(OH)_2$ 中 OH^{-1} 和 CaO 的吸收量大小增大而增大。

（6）有机质含量和砂粒的含量　当地基土中含有机质时，随着其含量的增大，所制成的水泥土，其强度明显减小，甚至不固化。当地基土中含砂量增大时（增大至 10%～20%），所制成的水泥土强度明显增大。

（7）搅拌的方法与时间　搅拌机的搅拌方法有机械回转搅拌、双向回转搅拌、水力喷射和回转联合搅拌等多种。搅拌机对土粉碎的能力越强或搅拌的时间越长对土的粉碎越充分，水泥与土的混合越均匀，所形成水泥土的强度越大；反之搅拌时对土粉碎不充分，与水泥混合不均匀，所形成的水泥土的强度就很低或不硬化。这些情况往往与搅拌的深度有关，随着搅拌深度的增大，由于机械功率的限制，容易出现搅拌不良的现象。对地基土充分粉碎和搅拌是影响水泥土强度的一个重要因素。

（8）室内试验强度与工程原位搅拌的强度　由于室内试验与工程原位条件的不同，搅拌方法也有所不同，引起水泥土强度的差异。前者称为试验强度，后者称为标准强度，分别记为 q_{ul} 和 q_{ud}。两者有如下关系：

$$q_{ud}=\left(\frac{1}{5}\sim\frac{1}{2}\right)q_{ul} \tag{5-44}$$

3. 水泥土的物理力学性质

以水泥系为固化剂用深层搅拌制成的水泥土，其物理力学性质统计的结果如下：

（1）重度　一般掺合量的水泥土约比地基土增大3%。

（2）相对密度　约比地基土增大4%。

（3）含水量　随水泥掺合量的增大而降低，降低值约为15%～18%。

（4）渗透系数　随水泥掺合量的增大而降低，约为10^{-9}～10^{-8}cm/s。

（5）无侧限抗压强度　它与固化剂和外加剂配方的种类和掺合量的多少有关，一般情况q_u=1～5MPa；原地基强度较高的土，q_u=5～9MPa；有机质含量较高的土，q_u=0.3～1MPa。

（6）抗拉强度　当q_u=1～2MPa时，抗拉强度σ_t=（0.1～0.2）q_u；当q_u=2～4MPa时，σ_t=（0.08～0.5）q_u。

（7）抗剪强度　$\tau_{f0}=\left(\frac{1}{3}\sim\frac{1}{2}\right)q_u$；内摩擦角约为20°～30°。

（8）变形模量E_{50}（指水泥土加固50天后的变形模量）对于淤泥质土E_{50}=（120～150）q_u；对于含砂量在10%～15%的黏性土，E_{50}=（400～600）q_u。

（9）泊松比　室内试验的结果μ=0.3～0.45。

（10）压缩系数　$a_{1-4}=(2.0\sim3.5)\times10^{-5}\text{kPa}^{-1}$，相应的压缩模量$E_0$=60～100MPa。

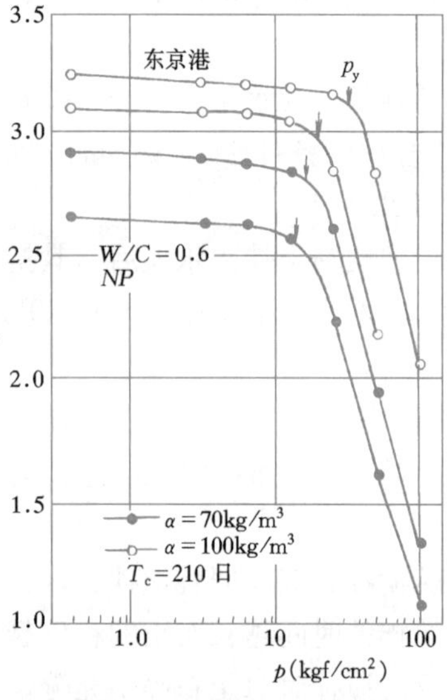

图5-22　水泥土的现场e-log$p$曲线

（11）压缩屈服压力　这是水泥土压缩性的特征值。如图5-22所示，为水泥土现场试验的竖向压力p与竖向压缩变形e的关系曲线（e-log$p$曲线）。在压力较小时，其压缩变形很小；当压力增大至p_y时，其压缩急剧增大，类似于天然地基土的压缩，这一转折点的压力p_y值称为压缩屈服压力。根据大量试验统计，屈服压力p_y与水泥土无侧限强度有下式的关系：

$$p_y=1.27q_u \tag{5-45}$$

综合上述，从水泥土的形成机理和影响水泥土力学性质因素来看：欲要使水泥搅拌技术取得良好的效果，必须注意如下特点：（1）天然地基土一般是成分复杂层次多变的土体，必须根据地基土的成分与性质选用适合的固化剂和外加剂及其配比，即合理的配方；同时还要强调必须采用有效的搅拌技术，对土和固化剂等进行充分搅拌混合。两者不可偏废，"合理的配方"和"充分搅拌"是水泥搅拌法的技术关键。（2）由搅拌形成的水泥土的性质与原地基土的性质有关，是可压缩的增强体，既不像桩体，也不完全像土体。它比一般混凝土灌注桩的强度要小，变形模量要小，且不均匀，并具有压缩性；但又比土的强度大得多，压缩模量大，类似强结构性的土体。由它与土所组成的复合地基具有特殊的复合特性，在分析设计时应注意这种特殊性质。

5.4.3　应用与设计

1. 概述

深层水泥搅拌法可以在软土地基中，将搅拌形成的水泥土加固体，按工程的要求制成

水泥土桩体、墙体、块体和格室体等，如图 5-23 所示。应用于房屋建筑物、堤坝、岸坡

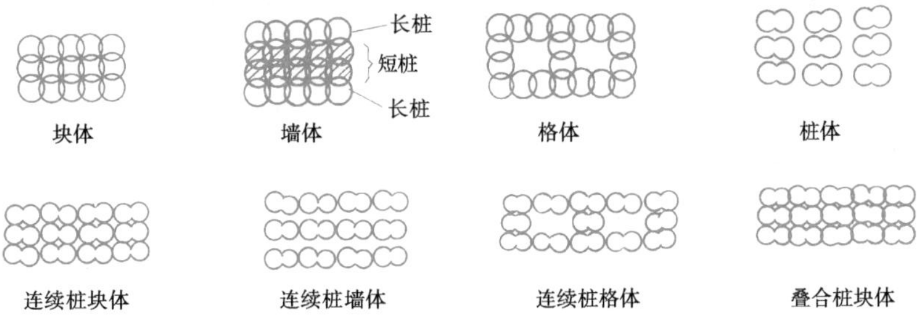

图 5-23 水泥搅拌桩体的类型

和支挡结构等的地基加固，与地基土共同作用，提高地基承载力与稳定性，改善地基土的变形性质，减少沉降量和防止边坡滑动和基坑隆起等，还可应用于深基坑开挖作为围护结构的护壁和基底及坑底的加固，见图 5-24 所示。此外还可把水泥土制成地下截水墙，防

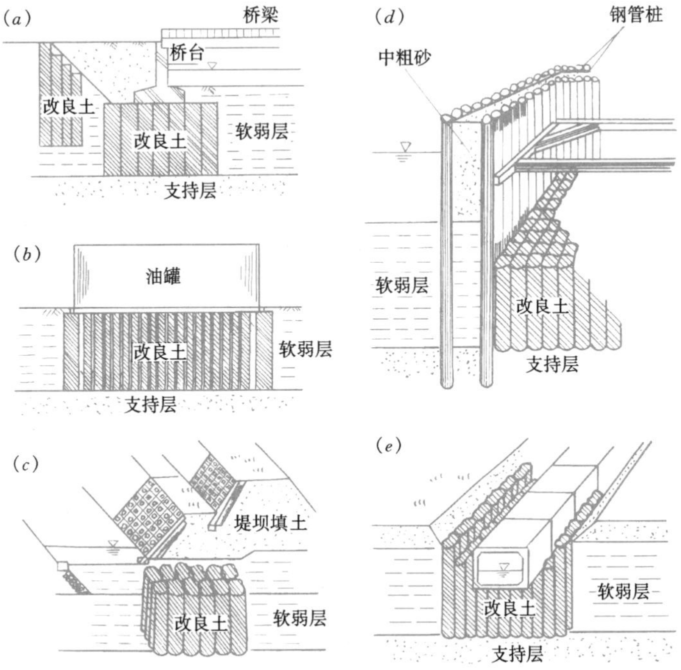

图 5-24 工程应用示意图

(*a*) 桥台地基；(*b*) 油罐地基；(*c*) 堤坝地基；

(*d*) 基坑基底；(*e*) 地下涵管地基

止渗流和液化等。根据前述水泥土形成的机理、强度特性和搅拌技术的特点与工程应用的要求，深层水泥搅拌法加固地基的设计包括如下内容：①根据地基土的性质选择适用的水泥品种、外加剂及其掺合比等，即合理的配方；②制订可靠的搅拌工艺及其流程，制成满足工程要求的水泥土加固体，对不同的土类，不同的深度选用合适功率的搅拌机械、搅拌器具和工艺流程以及有关的质量监控系统，以保证制成强度较高且均匀连续的水泥土；③根据设计建筑物基础荷载的大小和分布，选择适合的水泥土形式（桩群、墙体、块体和

格室体等）及其合理布置，并进行分析计算，检验其加固后地基的变形和承载力与稳定性能否满足设计工程的要求。由于水泥土的强度比较低，且不均匀，采用单一桩体，易于逐一被压坏，而形成局部破坏，所以常采用大体积群体布置，利于充分发挥加强体的作用。下面着重讨论地基加固的设计（关于应用于基坑围护的设计请参阅本书基坑有关内容）。

2. 水泥土的配方设计

水泥土的配方按如下方法确定：

（1）根据设计工程荷载大小的要求，确定需用的水泥土标准强度 q_{ud} 和相应的室内试验强度值 q_{u1}。

（2）根据地基土的性质，选用水泥土的配方。对于一般黏性土地基，可按含水量的大小，初步选择水泥系固化剂和外加剂的品种及掺合量，并通过室内试验确定其抗压强度。一般可用硅酸盐水泥或矿渣水泥（42.5R）作为固化剂，并配以2%水泥量的石膏（或0.05%水泥量的三乙醇胺）和0.2%水泥量的木质素磺酸钙作为增强剂和减水剂。水灰比一般用0.5～0.6。水泥系固化剂掺合量可参考表5-4选取。水泥土的强度由试验来确定，然后换算成设计的标准强度。

如果按上述配方不能满足设计强度的要求时，可考虑使用增强剂，例如，粉煤灰、磷石膏或其他活性材料。对于含水量大于70%或有机质含量较高的地基土，则应根据地基土对 $Ca(OH)_2$ 吸收量的不同，选择合适的水泥系固化剂。除了水泥品种以外，还要掺入一定含量的活性材料、碱性材料或磷石膏，例如在水泥中掺入水泥量10%～30%的磷石膏可明显增大水泥土的强度。但必须注意掺入磷石膏要适量，掺量过大，反而降低水泥土的强度。

（3）最终确定水泥土的配方。由于配方与水泥土强度间的关系尚研究不够，最终确定的水泥土的配方应通过室内试验和现场原位搅拌取样试验的结果为标准。

工程上常借鉴所在地区成功的经验配方作为设计的配方，这是比较简便的，也是需要的。但是必须注意土类和施工条件相同时才能采用。

地基土含水量与掺合量的关系　　表5-4

地基土的含水量（%）	30	40	50	60	70
掺合量 a（kg/m^3）	150～200	200～250	250～275	275～300	300～350
无侧限抗压强度（kPa）	由室内试验确定，并换算成标准值，约为1000～40000kPa				

3. 搅拌工艺

合适的配方还需采用合适的机具和工艺流程才能保证水泥土达到设计强度。如果机具和工艺不适用，或重心不稳，或搅拌的功率和喷浆力不足，常常造成只搅拌不喷浆，只转动不搅拌，土体呈同心圆转动或摆动，其后果是泥浆、泥块、水泥浆分离，拌合不匀，上下不均一，强度差异悬殊，总强度很低。因此，对不同土类、不同深度的加固体应分别采用不同的机具和工艺流程，包括：搅拌机的功率，搅拌头的类型，喷浆的压力和搅拌的流程等。对于打入深度在8～12m的搅拌桩，搅拌机的功率可用35～45kW和轴杆直径 ϕ=

50～70mm 的单轴和双轴搅拌头。对于深度超过 20m 的搅拌桩，搅拌机的功率应增大至 55～60kW，搅拌头的直径，喷射压力也相应增大。一般采用的工艺流程如图 5-25 所示。如打入深度较大的搅拌体，应采取自上而下或自下而上分段搅拌，先贯入下沉喷浆搅拌第一段，再下沉提升搅拌第二段，这样有利于搅拌均匀。其中要注意控制提升的速度和转速，一般每分钟提升 0.6～1.0m，每分钟转速为 20～40 转。

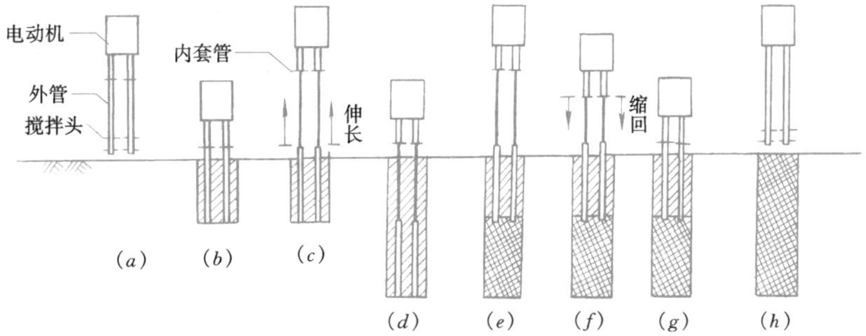

图 5-25 深层搅拌的工艺流程图

(*a*) 定位；(*b*) 贯入注浆搅拌；(*c*) 伸长内管；(*d*) 贯入注浆搅拌；(*e*) 提升搅拌；(*f*) 缩回内管；(*g*) 提升搅拌；(*h*) 终结

需特别强调的是：要监测控制水泥浆的输入量，尽量均匀；严格控制钻杆的下沉和提升的速度，认真检验搅拌后的水泥质量，特别是硬化均匀的程度。每一工程都应进行试验性的施工，通过检验认为满足设计要求后，再制订施工工艺程序。

4. 水泥土加固地基的设计与计算

利用水泥搅拌加固地基的设计，首先应根据设计工程加固地基的目的和要求，选择水泥土加固体的平面布置形式、范围和加固的深度，然后分析经加固后地基的承载力与稳定性和沉降是否满足设计工程的要求。建筑物的类型不同，利用水泥土加固地基的目的与要求是不同的，相应的设计方法也有所不同。下面主要是介绍房屋建筑物利用水泥土加固地基的设计方法。

(1) 水泥土加固体的布置形式　房屋建筑物的地基加固，为提高地基承载力和减少沉降，常采用桩型水泥土加固体，荷载不大时，采用单轴水泥搅拌形成的单桩体，荷载较大时则采用双轴或两个双轴搅拌相互搭接形成的四桩体。在平面上各桩体则按建筑物基础形状，以方形或正三角形均匀布置。如果建筑物的基础面积较大，且对地基均匀沉降的要求较高时，则应按格室型或墙体型布置水泥土加固体。桩体的长度、间距和范围则按建筑物荷载对地基承载力和沉降要求来决定。

(2) 水泥土地基设计计算　计算的方法有多种，这里仅介绍《建筑地基处理技术规范》JGJ 79—2012 推荐的方法。

水泥土复合地基承载力特征值可按下式计算：

$$f_{spk}=\lambda m\frac{R_a}{A_p}+\beta(1-m)f_{sk} \tag{5-46}$$

式中 f_{spk}、f_{sk}——复合地基，桩间土的承载力特征值；

λ——单桩承载力发挥系数，可取 1.0；

A_p、m——水泥土桩截面面积和复合地基面积置换率；

β——桩间土承载力发挥系数，对淤泥、淤泥质土和流塑状软土等处理土层，可取 0.1～0.4，对其他土层可取 0.4～0.8；

R_a——水泥土桩的单桩体（包括多轴桩体）竖向承载力特征值；由现场荷载试验确定，或取下两式计算结果的较小值：

$$R_a = \eta f_{cu} A_p \tag{5-47}$$

$$R_a = q_{sa} u_p l + \alpha A_p q_{pa} \tag{5-48}$$

f_{cu}——与设计的水泥土配方相同的立方体试块（边长为 70.7mm）在标准养护条件下 90d 龄期的立方体抗压强度平均值；

l、u_p——桩长和桩周长；

q_{sa}——桩周土的摩阻力特征值，对淤泥可取 4～7kPa，淤泥质土可取 6～12kPa，软塑状态黏性土可取 10～15kPa，可塑状态黏性土可取 12～18kPa；

q_{pa}——桩端土的天然地基承载力特征值，可按地区经验确定；

α、η——折减系数，可取 α=0.4～0.6，η=0.2～0.25（干法）和 0.25（湿法）。

当水泥土桩处理深度以下为软土层时，应验算承载力是否满足要求。此时把桩和桩间土看成底面积为 A_c 的实体基础（图 5-26），并称为“群桩体”，从而要求满足下列条件：

$$p_k A + G_k \leqslant f_c A_c + f_{ak}（A - A_c）+ f_e A_u \tag{5-49}$$

或

$$[p_k A + G_k - f_{ak}（A - A_c）- f_e A_u] / A_c \leqslant f_c$$

式中　p_k——作用于复合地基表面的荷载值；

A——基础的底面积；

f_{ak}——基础底面处的天然地基承载力特征值；

G_k——群桩体总重量，$G_k = \gamma_p l A_c$，γ_p 为群桩体的平均重度，水下取浮重度；

A_c——群桩底的底面积；

A_u——群桩体外侧周边的表面积；

f_c——群桩体底面处天然地基承载力特征值（经深度修正），参照《建筑地基基础设计规范》GB 50007—2011 确定；

f_e——群桩体外侧周边表面平均摩阻力。

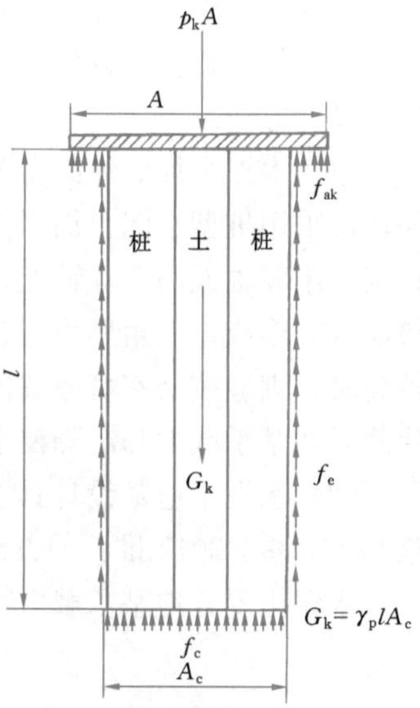

图 5-26　群桩体底面下软弱层承载力验算图

经水泥土桩处理后的复合地基的沉降计算方法与天然地基一样，同时还要求地基沉降计算深度应大于复合土层的深度。各复合土层的压缩模量等于该层天然地基压缩模量的 ζ 倍，ζ 值可按下式确定：

$$\zeta = \frac{f_{spk}}{f_{ak}} \tag{5-50}$$

复合地基的沉降计算经验系数 Ψ_s 可根据地区沉降观察资料统计值确定，无经验取值时，可采用表 5-5 的数值。

沉降计算经验系数 Ψ_s 表 5-5

$\overline{E}_s$ (MPa)	4.0	7.0	15.0	20.0	35.0
Ψ_s	1.0	0.7	0.4	0.25	0.2

注：$\overline{E}_s$ 为沉降计算深度范围内压缩模量的当量值。

5.4.4 粉体喷射搅拌法

粉体喷射搅拌法，简称为粉喷（干喷）法（DJM），这是在软土地基中，通过粉喷机械把加固材料（石灰或水泥）的粉料，用气体喷射到地基中并与土搅拌混合，使粉喷料与地基土发生化学作用，形成具有一定强度、水稳性的加固体，应用于地基加固。最早是用生石灰粉末作为加固材料，利用石灰在地基中吸水、发热、膨胀，促进离子交换与土粒凝聚和化学硬化，使之获得较高强度的加固体。近年来用水泥粉末作为加固材料也获得较好的效果。这一方法与前述深层水泥搅拌法（CDM 法）的差异主要是在浆喷与粉喷，相应的机具和作用机理各有所不同，但作用原理和设计方法基本是一致的。这里不再详述。

5.5 高压喷射注浆法

5.5.1 基本原理与喷射浆的类型

高压喷射注浆法于 20 世纪 70 年代始于日本，在化学注浆的基础上采用高压水射流切割技术发展起来的一种地基处理方法。一般用钻机成孔至预定深度后，再用高压注浆流体发生设备，使水和浆液通过装在钻杆末端的特制喷嘴喷出，以高压脉动的喷射流向土体四周喷射，把一定范围内土的结构破坏，并强制与化学浆液混合，形成注浆体，同时钻杆按一定方向旋转和提升，待浆液凝固后在土中制成具有一定强度和防渗性能的圆柱状、板状、连续墙等的固结体，与周围土体共同作用加固地基。

根据高压喷射注浆试验和理论研究，喷射流体对土体的破坏与高压喷射时的动压力和喷射流的结构及其特性有关。喷射的动压力愈大，对土的破坏力愈大，喷射流对土破坏的有效范围，见图 5-27，主要是在喷射结构的初期区和主要区内，有效破坏范围越大，所形成的加固体越大；单一浆液喷射流体对土的破坏能力在土中容易衰减，对土破坏的有效射径较短，双相（浆液和气体）或多相（水、气、浆液）同轴喷射，有效喷射流衰减较缓慢，形成范围较大的有效喷射区，增大了对土切割破坏搅拌的范围，形成直径较大的喷射加固体。因此高压喷射注浆技术首先要求具备发生高压流体的设备系统（高压>20MPa），产生较大的平均喷射流速，形成较大的喷射压力；其次是采用多相喷射直径的加固体。目前按工程需要固结体的大小，制成了四种喷管。

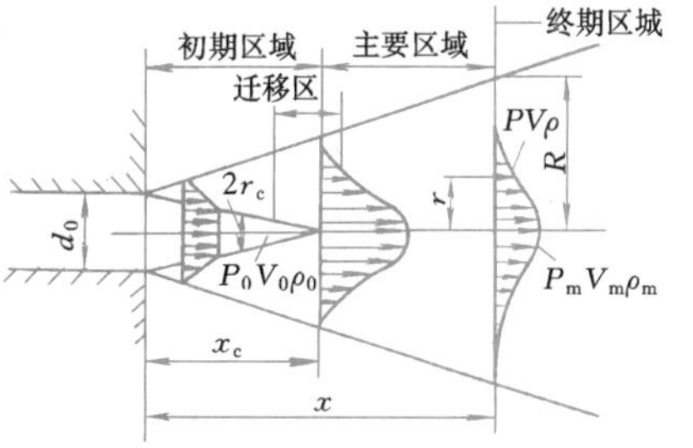

图 5-27 喷射流结构图

（1）单喷管　单一水泥浆喷射，所形成固结体的直径约为0.3～0.8m。

（2）二重喷管　浆液和气体同轴喷射，以浆液作为喷射核，外包一层同轴气流形成复合喷射流，其破坏能力和范围显著增大，所形成固结体的直径约为0.8～1.2m。

（3）三重喷射管　以水和气形成复合同轴喷射流，破坏土体形成中空，然后注浆形成固结体，其直径约为1～2m。

（4）多重喷射管　以多管水气同轴喷射把土体冲空，然后以浆管注浆充填，所形成的固结体直径可达2～4m。

喷射所形成加固体的形状与钻杆转动的方向有关，一般有如下三种形式：

（1）旋转喷射注浆　简称为旋喷法，在旋喷施工时，喷嘴喷射随提升而旋转，所形成的固结体呈圆柱状，常称旋喷桩。也可把圆柱体搭接形成连续墙体或其他形状。

（2）定喷注浆　简称定喷，喷射注浆时，喷射方向随提升而不变，所形成的固结体呈壁状体，按喷射孔位排列形成不同形状的连续壁。

（3）摆喷注浆　简称摆喷，喷射注浆时随喷嘴提升按一定角度摆动，所形成固结体的形状呈扇形体。

固结体的强度与渗透性与所用浆液的配方有关。高压喷射的浆液有多种，大多数品种因带毒性被禁用，工程上常用的是水泥系浆液。它的配方与硬化机理和水泥搅拌法类似。水泥系浆液主要由普通硅酸盐水泥（32.5R或42.5R）按1∶1或1.5∶1的水灰比制成，并按其使用的目的分别配制成促凝早强型水泥浆液、高强型水泥浆液和抗渗型水泥浆液。前者除水泥浆液外，外加氯化钙、水玻璃和三乙酸胺等，用量为水泥量的1%～4%，应用于饱和土地基中；高强型则应选用42.5R水泥，外加扩散剂NNO、NR_3、$Na_2SiO_3\cdot Na$，Na_2等；抗渗型则外加2%～4%的水玻璃。此外还有充填型、抗冻型等。

喷射注浆固结体主要的特性见表5-6。由于旋喷形成加固体的强度受多种因素的影响，强度的大小存在一定的分散性，应用表中强度时，应考虑适当的折减，在黏土中一般为1～5MPa，在砂土中约为4～10MPa。

喷射注浆固结体特性　表5-6

土类 / 固结体的性质	砂类土	黏性土	其　他
最大抗压强度（MPa）	10～20	5～10	砂砾：
弹性模量（MPa）		2～5	最大抗压强度（MPa）8～20
干重度（kN/m^3）	16～20	14～15	渗透系数（cm/s）10^{-7}～10^{-6}
渗透系数（cm/s）	10^{-7}～10^{-6}	10^{-6}～10^{-5}	黄土：
黏聚力c（MPa）	0.4～0.5	0.7～1.0	最大抗压强度（MPa）5～10
内摩擦角（°）	30～40	20～30	干重度（kN/m^3）13～15
标准贯入击数N	30～50	20～30	
单桩垂直荷载（kN）	500～600（单管）1000～1200（双管）2000（三重管）		

5.5.2 喷射注浆的应用设计

1. 应用

该法在工程上的应用主要有两方面：①利用加固体形成桩体、块体等与地基土共同作用，提高地基的承载力，改善地基的变形特性；也可用于加固边坡、基坑底部、深部地基，提高基底的强度和边坡的稳定性；②利用旋喷、定喷和摆喷在地基土体中形成防渗帷幕，提高地基的抗渗防渗能力和防止渗漏等。前者主要应用于淤泥质土和黄土，后者则应用于砂土和砂砾石地基。此外，该法既可应用于拟建建筑物的地基加固，也可用于已建建筑物的地基加固和基础托换技术，施工时，可在原基础上穿孔加固基础下的软土，避免破损原结构物。

2. 设计

按其应用目的，对于以地基加固为目的的设计，其内容应包括：加固体的布置与范围，喷射浆液的配方与加固体强度的要求，并进行分析与计算；对以抗渗或防渗为目的的设计则根据防渗抗渗要求进行布置，相应采用抗渗的浆液配方。综合起来主要的内容如下：

（1）喷射注浆直径的估计　根据设计对加固体尺寸大小与布置的要求，首先要估算喷射注浆应达到的直径。它与所用的喷射浆液、喷射管的类型和地基土层的性质有关，往往很难准确估算。所以有效的喷射直径应通过现场试验来确定。当现场无试验资料时，可参考表 5-7 选用，表中 N 为标准贯入击数，定喷和摆喷为表中数据的 1～1.5 倍。

（2）确定地基的承载力　喷射注浆形成的加固体地基常看作为复合地基，通过现场试验求出复合地基的承载力。当无现场荷载资料时，可按式（5-46）或式（5-48）计算。计算时，其中参数 $\beta=0\sim0.5$，$\alpha=0.2\sim1.0$，$\eta=0.35\sim0.5$。相应的分析计算方法可按上一节水泥搅拌桩方法进行。

（3）沉降计算　可采用常规分层总和法计算，参照《建筑地基基础设计规范》GB 50007—2011 有关规定进行。

旋喷桩的设计直径（m）　　表 5-7

土质及标贯击数 N ＼ 方法		单管法	二重管法	三重管法
黏性土	$0<N<5$	0.5～0.8	0.8～1.2	1.2～1.8
	$6<N<10$	0.4～0.7	0.7～1.1	1.0～1.6
	$11<N<20$	0.3～0.5	0.6～0.9	0.7～1.2
砂土	$0<N<20$	0.6～1.0	1.0～1.4	1.5～2.0
	$11<N<20$	0.5～0.9	0.9～1.3	1.2～1.8
	$21<N<30$	0.4～0.8	0.8～1.2	0.9～1.5

（4）稳定性分析　当喷射注浆法应用于加固岸坡和基坑底部时，可采用常规的圆弧滑

动法分析其稳定性。对于滑弧通过加固体时，加固体的抗剪强度应考虑一定的安全度。同时，还要考虑渗透力。

（5）防渗帷幕设计　以旋喷或定喷加固体作为防渗帷幕时，主要的任务是合理确定布孔的形式和间距并注意相互搭接连续。一般布置二排或三排注浆孔，孔距为 0.866R（R为旋喷桩有效半径），排距为 0.75R，喷射形成防渗帷幕。对用定喷或摆喷形成的防渗帷幕，要求前后搭接良好，可用直线和交叉对折喷射。防渗帷幕的厚度、深度和位置则根据工程的要求，通过防渗计算来确定。

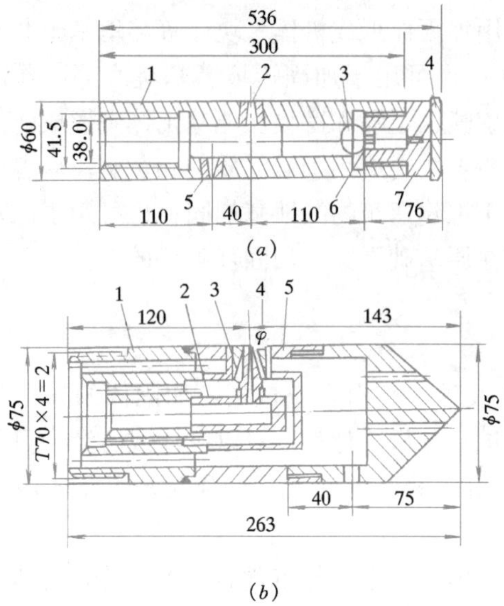

图5-28　喷射头结构图　单位：mm

（a）单管喷射的结构图

1—喷嘴杆；2—喷嘴；3—钢球 ϕ18；4—钨合金钢块；5—喷嘴；6—球座；7—钻头

（b）三重喷管头

1—内母接头；2—内管总成；3—内管喷嘴；4—中管喷嘴；5—外管

5.5.3　高压喷射注浆的施工与质量检验

（1）施工机具　主要的施工机具有：高压发生装置（空气压缩机和高压泵等）和注浆喷射装置（钻机、钻杆、注浆管、泥浆泵、注浆输送管等）等两部分。其中关键的设备是注浆管，由导流器钻杆和喷头所组成，有单管、二重喷管、三重喷管和多重喷管等四种，其中单管喷头和三重喷头如图5-28所示。导流器的作用是将高压水泵、高压水泥浆和空压机送来的水、浆液和气分头送到钻杆内；然后通过喷头实现浆、浆气和浆水气同轴流喷射；钻杆把这两部分连接起来，三者组成注浆系统。喷嘴是由硬质合金并按一定形状制成，使之产生一定结构的高速喷射流，且在喷射过程中不易被磨损。

（2）高压喷射注浆工序施工顺序如图5-29所示。喷射注浆分段进行，由下而上，逐渐提升，速度为 0.1～0.25m/min，转速为 10～20rpm。当注浆管不能一次提升完毕时，可即卸管后再喷射，但需增加搭接长度，不得小于 0.1m，以保持连续性。如需要加大喷射的范围和提高强度，可采用复喷。如遇到大量冒浆时，则需查明原因，及时采取措施。当喷射注浆完毕后，必须立即把注浆管拔出，防止浆液凝固而影响桩顶的高度。

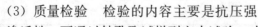

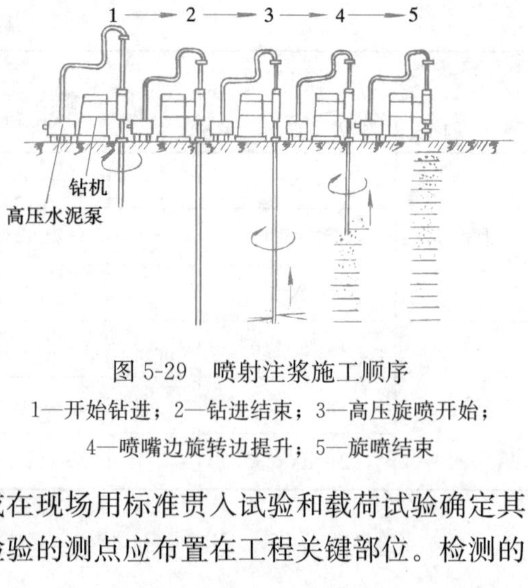

图5-29　喷射注浆施工顺序

1—开始钻进；2—钻进结束；3—高压旋喷开始；4—喷嘴边旋转边提升；5—旋喷结束

（3）质量检验　检验的内容主要是抗压强度和渗透性，可通过钻孔取试样到室内试验，或在现场用标准贯入试验和载荷试验确定其强度和变形性质，用压水试验检验其渗透性。检验的测点应布置在工程关键部位。检测的数量应为总桩数的 2%～5%。检验的时间应在施工完毕四周后进行。

5.6 强 夯 法

强夯法（Dynamic Consolidation Approach）是法国梅纳（L. Menard，1969）首创的一种地基处理方法。用几吨至几十吨的重锤，从几米至几十米高处落下，反复多次夯击地面，对地基进行强力夯实。它与重锤夯实不同，是通过强大的夯击力在地基中产生动应力与振动波，从地面夯击点发出纵波和横波传到土层深处，使地基浅层和深处产生不同程度的加固。实践证明：强夯的效果是显著的，如图 5-30 所示，经强夯后的地基承载力可提高 2～5 倍，压缩性可降低 200%～500%，影响深度达 10m 以上。这一方法施工简单、工期短、造价低、效果显著，已在许多工程中应用并取得良好的效果。

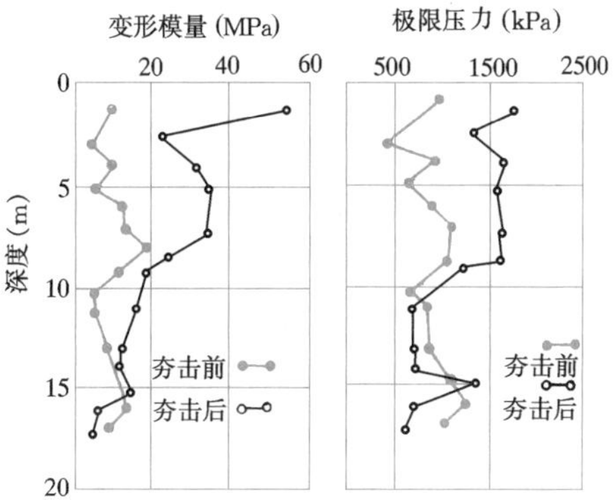

图 5-30 强夯前后旁压仪测定的结果

强夯施工机具主要是起重机、夯锤和脱钩装置等。常采用辅以门架的履带式起重机，起重量为 15～50t，落距大于 10m，夯锤为由钢板焊成开口外壳，内灌混凝土制成，方形或圆柱式，质量一般为 10～25t，最大的达 40t。夯击能最大可达 8000kN·m/m^2，常用 1000～6000kN·m/m^2。脱钩装置为强夯的专用设备，由工厂特别设置制造。

5.6.1 强 夯 的 机 理

强夯加固地基主要是以强大的夯击动能产生强烈的应力波和动应力对地基土作用的结果。按照应力波在土中传播的特性，体波（纵波和横波）从夯击点出发向地基深处传递，引起土体的压缩与固结和剪切变形；表面波在地表传播，引起表层土的松动，不起加固作用。因此，强夯的结果，沿地基深度形成性质不同的三个区。在地表，因受表面波的扰动，形成松动区；在其下一定深度内，受到压缩波的作用，使砂土和黏土压密形成加固区；加固区下，应力波逐渐衰减，对地基不起加固作用，称为弹性区。在强夯的过程中，根据加固区地基中的孔隙水压力与动应力和应变的关系，可分为三个阶段（如图 5-31）。

（1）加载阶段（OA 和 $O'A'$ 段） 夯击的一瞬间，夯击使地基土产生强烈的振动和动应力（$\sigma_{max}>u_{max}$），动的有效应力使土体产生塑性变形，破坏土的结构。对于砂土可使其颗粒重新排列而密实。对于黏性土，其骨架被迫压缩，同时土中水和土粒间引起不同的振动效应，两者的动应力差大于土颗粒的吸附效应时，土中的部分结合水和毛细水从土粒间析出，产生动水力聚结，形成排水通道，造成动力排水条件。

（2）卸载阶段（AB 和 $A'B'$ 段） 夯击卸去的一瞬间，动应力瞬间即逝，而土中孔隙水压力仍保持较高的水平，此时孔隙水应力大于动应力（$u>\sigma$），土体中出现较大的负有效应力，引起砂土的液化和黏性土的开裂，渗透性迅速增大，孔隙水压力迅速消散。

（3）动力固结阶段（BC 和 $B'C'$） 在荷载卸去后，土体中仍然保持一定的孔隙水压力，并在此压力下排水固结。在砂土中，孔隙水压力消散甚快，砂土进一步密实。在黏土

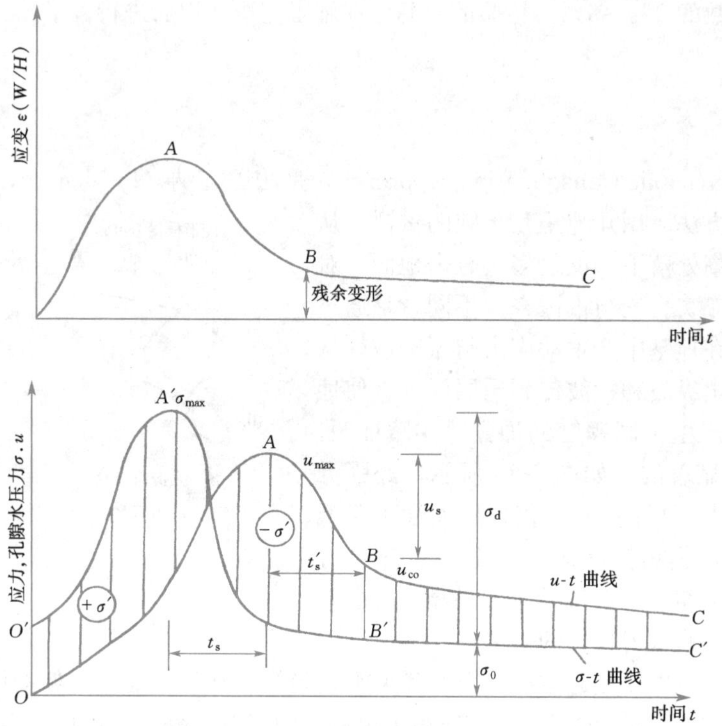

图 5-31 强夯过程动应力、孔隙水压力、应变和时间变化曲线

σ—夯击应力；σ_{max}—最大夯击应力；u—孔隙水压力；u_{max}—最大孔隙水压力；u_{co}—荷载卸去后的孔隙水压力；u_s—土体膨胀引起的孔隙水压力；σ_d—夯击动应力增量；σ_0—土体静压力；t_s—最大动应力与最大孔隙水压力的时差；t'_s—动应力卸去后孔隙水压力滞后的时差

中，孔隙压力消散较慢，可能延续2～4周。如果有条件排水固结，土粒进一步靠近，重新形成新的水膜和结构连接，土的强度逐渐恢复和提高，达到加固地基的目的，上述三个过程称为动力固结。必须指出，动力固结的过程是有条件的，即对不同的土类，必须注意采用与土类相适当的夯击能和制造必要的排水条件，才能获得预期的加固效果。反之，如果在饱和黏性土地基中，所用的夯击能和工艺不当，加载和卸载阶段所形成的最大孔隙水压力不能使土体开裂形成排水通道，不能使土粒水膜水析出，动荷载卸去后，又无条件排水固结，土粒的触变恢复较慢，这种情况不但不能使黏性土地基加固，反而把土扰动，降低了土的抗剪强度，增大土的压缩性。这就是有些工程在饱和黏性土地基进行强夯未能获得预期效果的原因。所以对于饱和黏性土应持慎重态度，事先必须进行现场动力固结试验，选择适合的夯击能和强夯工艺，检验是否能产生动力固结，方能采用此法。

关于非饱和土的强夯机理，可以认为，夯击能量产生的波和动应力的反复作用，迫使土骨架产生塑性变形，由夯击能转化为土骨架的变形能，使土密实，提高土的抗剪强度和改善土的变形特性。

5.6.2 强夯实施的要点

为了使强夯加固达到预期的效果，首先要根据建筑物对地基加固的要求，确定所需的夯击能量，然后根据被加固地基的土类，按其强夯的机理选择锤重、落高，夯击点的间距、排列，夯击的遍数，每遍夯击点的击数和每遍间歇的时间等，最后检验夯击的效果。

（1）夯击能与影响深度　夯击能量与加固区影响深度的关系可用经验公式估算：

$$X=m\sqrt{E}=m\sqrt{WH/10} \tag{5-51}$$

式中　X——加固区的影响深度（m）；

W——夯锤的重量（kN）；

H——夯锤的落高（m）；

m——经验系数，它与地基土的性质及厚度有关，砂类土、碎石类土 $m=0.4\sim0.45$，粉土、黏性土及湿陷性黄土 $m=0.35\sim0.40$。

《建筑地基处理技术规范》JGJ 79—2012 规定，由于影响 m 值变化的因素很多，应由现场试验或邻近地区的强夯经验来确定。

锤重和落高决定于加固深度所需的能量，锤重有：100kN、150kN、200kN、300kN等，落高则由起重设备来决定。当夯击的能量确定后，便可根据施工设备的条件选择锤重和落高，并通过现场试验来确定。

此外，还应考虑单位面积夯击能对地基土的影响，过大的夯击能可能会引起地基土的破坏和强度的降低。所以夯击能 E 应控制在允许范围值内。根据经验：粗粒土单位面积的夯击能可取 $1000\sim5000\text{kN}\cdot\text{m/m}^2$；细粒土则为 $1500\sim6000\text{kN}\cdot\text{m/m}^2$；淤泥质土和泥炭小于 $3000\text{kN}\cdot\text{m/m}^2$。

（2）夯击点的布置与间距　一般按正方格布置夯击点，间距为 5～9m。第一遍的距离不宜太小，约控制为夯锤直径的 3～4 倍；第二、三遍逐渐减少，甚至可相互搭接，最后用低能量满夯一次。

（3）夯击的遍数　强夯时，在布置的夯击点上进行连续夯实，第一击下沉较大，为 200～500mm 甚至更大，连续夯击多次之后，夯锤的下沉逐渐减小，待最后二击平均下沉不大于 50mm 时，停止夯击。如此完成全部夯击点称为第一遍。间歇一段时间后，待夯击引起的孔隙水压力消散后，继续夯击第二、三……遍。每一遍在夯击点上的夯击数 5～10 击，夯击遍数与土的种类有关，一般为 2～6 遍，粗粒土的遍数可少些，细粒土则多些。

（4）两遍间的间歇时间　原则上决定于孔隙水压力消散的时间，对于砂土，孔隙水压力消散很快，可连续夯击；对于黏性土，一般间歇 15～30 天。

强夯方案可按上述四项原则制定，然后必须通过现场试夯，检验其效果能否满足工程的要求，最后确定实施方案。

（5）强夯效果检验　其目的是检验强夯方案实施的效果，并分析能否满足方案的要求。若不符合方案的要求，则需修改方案。效果检验的方法有：①现场取原样，由室内试验测定其物理力学性质；②现场十字板试验，测定原位强度；③静力触探试验，标准贯入试验，旁压试验，波速试验和荷载试验等。根据工程的要求，选择上述方法中 1～2 种试验来检验。

5.6.3 适用的条件与工程应用

强夯适用于处理砂土、碎石类土、低饱和度的黏性土、粉土和湿陷性黄土等。对饱和软弱土要采取慎重态度，应通过现场试验并检验能取得良好效果才能采用。这种方法施工时振动大、噪声大，影响邻近建筑物的安全，不宜在建筑群中的场地上使用。

强夯法在工程上的应用主要有：①加固建筑物松散软弱土地基，在场地上强夯后，建造建筑物，可以提高地基承载力、减少沉降和不均匀沉降；②处理非均匀性土层地基，通过强夯，使土层的密度均化，减少沉降和不均匀沉降，如杂填土地基；③强夯处理可液化地基等。

另外，在比较软弱的饱和软土地基中，采用强夯动力固结，不易取得良好的固结效果，而往往改用另一途径进行强夯，借强夯机具进行强夯挤淤置换软土加固地基。即利用强夯挤开软土，夯入块石、碎石、砂等粗料材料，最终形成块（碎）石墩，上覆厚的碎石垫层，并与夯墩间土组成复合地基，承受基础荷载，既提高地基的承载力，又改善排水条件，有利于软土固结。工程实践证明效果是显著的。

5.7　振　冲　法

利用振动和水力冲切原理加固地基的方法称为振冲法。这一方法首创于德国（S. Steueman，1936）。在混凝土振捣器的基础上制成加固地基的振冲器，如图5-32所示。最初利用振冲器冲切下沉并振动使砂土密实，后来发展应用于黏性土地基，利用振冲成孔把黏土冲出，置换砂砾石并振密形成碎石桩体，与原地基土共同作用，提高地基的承载力和改善变形性质。显然，两种振冲法加固地基的机理是不同的。前者为振冲密实（Vibro-Compaction），后者为振冲置换（Vibro-Displacement），分别适用于砂类土和黏性土。

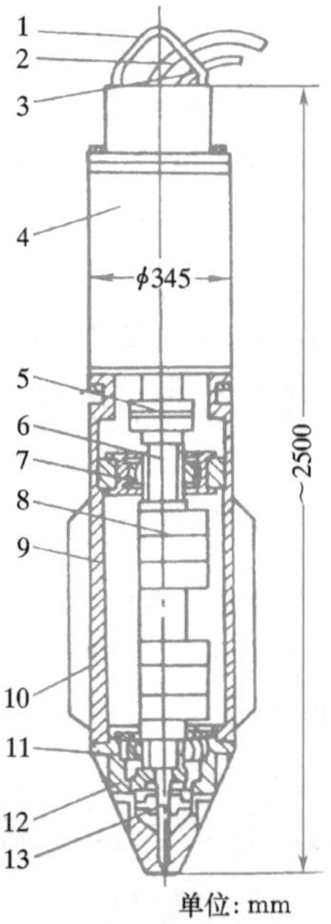

图5-32　振冲器图
1—吊具；2—水管；3—电缆；4—电机；5—联轴器；6—轴；7—轴承；8—偏心块；9—壳体；10—翅片；11—轴承；12—头部；13—水管

5.7.1　振　冲　密　实

1. 作用原理

振冲器在砂土中振冲对地基土施加水平向的振动和挤压，使土体由松散变为密实或者使孔隙压力升高而液化，其主要作用就是振动密实和振动液化。砂土的振动液化与振冲器在砂土中的振动加速度有关，而振动加速度又随离振冲器的距离增大而衰减。按加速度的大小划分为剪胀区、流态区和挤密区，挤密区外为弹性区，如图5-33所示。在过渡区和挤密区内的振冲起加密作用，在流态区内砂土不易密实，甚至产

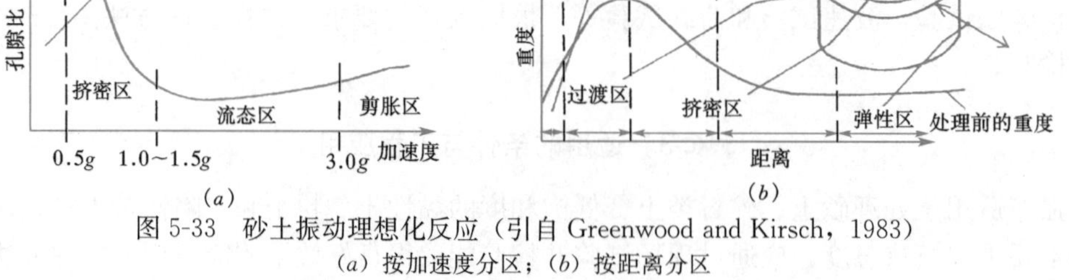

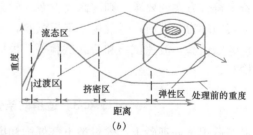

图5-33　砂土振动理想化反应（引自Greenwood and Kirsch，1983）
(a) 按加速度分区；(b) 按距离分区

生液化，反而由密变松，在弹性区无加密的效果。所以在砂土中振冲应设法减少流态区和增大过渡区的范围，使之获得好的振冲挤密效果。工程实测结果表明：振冲密实和液化与振冲器的性能（振动频率、振动的历时）和砂土的性质（密度、颗粒大小、级配、渗透性和上覆压力）有关。在一般振冲器振动条件下，砂土的平均有效粒径在 $d_{10}=0.2\sim2.0$mm 时，振动的效果较好。细粒土振冲易产生较大的液化区，不易振密。所以，在细粒土中振冲密实需要添加碎石以减少液化区或流态区的范围。若采用振冲器的动力过大，会使流态区增大，振密的效果往往不理想。

2. 设计原理

振冲密实设计的目的与内容主要是根据设计工程对砂土地基的承载力、沉降和抗液化的要求，确定振冲后要求达到的密实度或孔隙比。然后按此要求估算振冲布置的形式、间距、深度和范围。最后通过试验检验是否满足设计的要求。

设计要求振冲密实的密度或孔隙比可根据工程要求的地基承载力及其与砂土密实度对应关系（可参照有关规范和工程经验）来确定。设计的间距可按下式估算：

$$d=\alpha\sqrt{V_v/V} \tag{5-52}$$

$$V=\frac{(1+e_p)(e_0-e_1)}{(1+e_0)(1+e_1)}$$

式中 d——振冲孔的间距（m）；

α——系数，正方形布置 $\alpha=1$，三角形布置 $\alpha=1.075$；

V_v——单位桩长的平均填料量，一般为 0.3～0.5m³；

V——砂土地基单位体积所需的填料量；

e_0——砂层的初始孔隙比；

e_1——振冲后要求达到的孔隙比；

e_p——碎石桩体的孔隙比。

根据工程经验，使用 30kW 的振冲器，间距一般为 1.8～2.5m，使用 75kW 的振冲器的间距可增大至 2.5～3.5m。平面布置的方式可用正三角形或正方形。打入深度，如砂土层不厚时，应尽量贯穿，但不宜太深，除特殊要求加密外，一般不超过 8m，因为砂层本身的密实度是随深度增大的。振冲加固的范围约向基础边缘放宽不得少于 5m。如用加料振冲时，所用的填料一般为粗砂、碎石和砾石等，使用 30kW 的振器时，可用粒径不大于 50mm 的砂砾石料，使用 75kW 的振冲器则可用不大于 100mm 粒径的砂砾石料。

振冲密实加固后地基承载力和沉降以及抗液化的性能，不易用理论公式准确计算，可通过现场载荷试验确定，或通过现场标准贯入试验的锤击数（修正后的 N 值）按《建筑地基基础设计规范》GB 50007 求得。

3. 施工与检验

施工的主要机具是振冲器（见图 5-32），并配有吊车和水泵。振冲器系一电动机带动一组偏心铁块转动产生一定频率和振幅的器具，中轴为一高压水喷管。振动产生水平振动，配合中轴喷水管喷出高压水流形成振冲。

加料振冲密实施工一般可按如下工序进行：①清理场地，布置振冲点；②机具就位，振冲器对准护筒中心；③启动水泵振冲器，水量可用 200～400L/min，水压控制在 400～600kPa，下沉速度为 1～2m/min；④振动水冲下沉至预定深度后，将水压降低至孔口高程，保持一定的水流；⑤投料振动，填料从护筒下沉至孔底，待振密实达到控制电流值（密实电流值）后，提 0.3～0.5m；⑥重复上述步骤，直至完孔，并记录各深度的电流和填料量；⑦关闭振冲器和水泵。

不加料的振冲密实施工方法与加料的大体相同，仅在振冲器下沉至预定深度后，不加料留振至砂土密实达到规定电流后，按 0.3～0.5m 逐步提升至完孔为止。

由于振冲密实的效果和振冲的各项技术参数不易准确决定，因此，在施工之前应先进行现场试验，确定振冲孔位的间距、填料以及振冲时的控制电流值。确定振冲加固的效果可通过多个试验方案，比较确定合理的施工方案，然后进行施工。

施工完毕后要求进行效果检验，可通过现场试验或室内试验，测定土的孔隙比和密实度；也可用标准贯入试验、旁压试验，或用动力触探推算砂层的密实度，必要时用载荷试验检验地基承载力和进行抗液化试验。

4. 工程应用

在工程上主要的应用有：①处理多层建筑物的松砂地基，提高地基的承载力，减少沉降；②处理堤坝可液化的细粉砂地基；③处理其他类建筑物的可液化地基。

5.7.2 振 冲 置 换

1. 作用机理

在黏性土地基中振冲加固地基的作用机理主要是通过振冲成孔，以碎石置换并振动密实，形成碎石桩体，与地基土共同作用，提高地基的承载力，改善其变形性质。工程实践证明：振冲置换加固地基的作用是不容怀疑的，但是，这是有条件的。这就是在振冲过程中形成的密实碎石桩体必须要求地基土具有足够的侧向土压力，抵抗振冲的侧向动压力。如果地基土的抗剪强度不足，侧向土压力太小，就难以形成密实的碎石桩体，且振冲使地基中的孔隙水压力升高，进一步降低土的强度和侧压力，使地基土被振冲破坏。同时地基土的强度过低，侧压力过小，常在建筑物荷载作用下产生桩体侧向膨胀而破坏，难以实现桩土共同作用，承受建筑物荷载。有人认为：黏土地基中碎石桩是良好的排水体，它像排水砂井一样排水固结加固地基，提高地基的承载力。无疑碎石桩是一个良好的竖向排水体，但是在荷载的作用下压力主要集中于桩体，地基土中的固结压力甚小，固结效果甚微。由此可见，振冲置换加固软土地基与原地基土的抗剪强度有密切关系，必须具备一定的抗剪强度，才能使振冲置换形成碎石桩，与土共同作用加固地基，反之，地基强度较低就不能起加固地基的作用。工程实测的结果证明，当地基土的不排水抗剪强度 $c_u < 20$kPa 时，复合地基的承载力基本上不提高，甚至有所降低；当地基土的不排水抗剪强度 $c_u >$ 20kPa，复合地基的承载力就有显著的增大。所以一些国家，包括我国《建筑地基处理技术规范》JGJ 79—2012 规定振冲置换法适用于处理 c_u 不小于 20kPa 的黏性土。这是必须注意的一个应用条件。

2. 设计的基本原理

振冲置换设计的内容应包括：根据设计场地地质土层的性质和工程要求来确定碎石桩的合理布置范围、直径的大小、间距、加固的深度和填料的规格等；验算或试验加固后地基的承载力、沉降与地基的稳定性等。

地基处理的范围应根据设计建筑物的特点和场地条件来确定，一般在建筑物基础外围增加1～2排桩；布置形式可用方形、正三角形布置。碎石桩的间距，一般为1.5～2.0m，并通过验算或试验满足设计工程荷载的要求或按复合地基所需的置换率，结合布置确定间距。加固的深度则按设计建筑物的承载力与稳定性和沉降的要求来确定，当软土层的厚度不大时，应贯穿软土层。碎石桩的材料应选用坚硬的碎石、卵石或角砾等，一般粒径为20～50mm，最大不超过80mm。

地基承载力与稳定性和沉降的分析与检验，常通过现场试验来确定，或者按半经验公式进行估算。下面仅介绍实用的分析方法。

（1）复合地基承载力的估算

1）按现场复合地基载荷试验确定，试验方法按《建筑地基处理技术规范》JGJ 79—2012载荷试验要点进行。

2）用单桩载荷试验和天然地基载荷试验结果配合下式计算确定：

$$f_{spk}=mf_{pk}+(1-m)f_{sk} \tag{5-53}$$

式中 f_{spk}——复合地基承载力特征值；

f_{pk}——碎石桩桩体承载力特征值；

f_{sk}——桩间土地基承载力特征值；

m——面积置换率，$m=\frac{d_w^2}{d_e^2}$，d_w 和 d_e 分别为桩和一根桩分担的处理地基面积的等效圆的直径；等边三角形的 $d_e=1.05s$，正方形的 $d_e=1.13s$，矩形的 $d_e=1.13\sqrt{s_1s_2}$；s 为桩的间距；s_1 和 s_2 分别为矩形布置桩的纵向及横向间距。

3）半经验式估算。当中小型工程无载荷试验时按下式估算：

$$f_{spk}=[1+m(n-1)]3S_v \tag{5-54}$$

式中 n——桩土应力比，可取 $n=2$～4，原地基强度较低的取大值，较高的取小值；

S_v——桩间土的实测十字板强度；也可用天然地基承载力特征值 f_{sk} 代替（$3S_v$）值。

（2）复合地基沉降计算

振冲置换碎石桩复合地基沉降计算方法与水泥土桩复合地基的沉降计算方法相同。

（3）振冲置换碎石桩复合地基的稳定性计算

振冲置换碎石桩地基的稳定性可采用圆弧滑动稳定分析法计算（如图5-34）。碎石桩复合地基部分可采用复合强度计算。复合强度按平面面积加权计算：

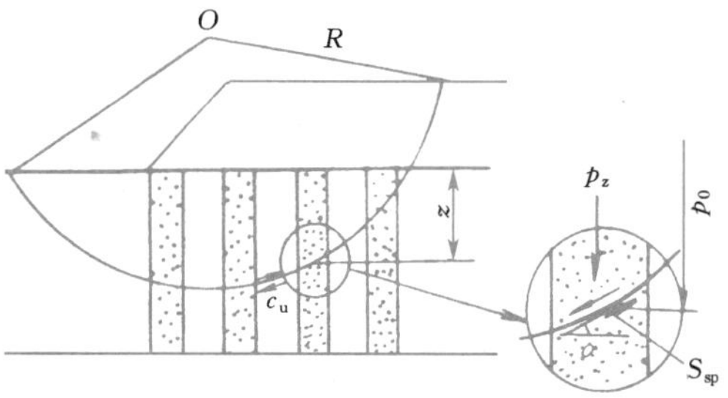

图5-34 复合地基的稳定分析

$$S_{sp}=(1-m)c_u+mS_p\cos\alpha \tag{5-55}$$

式中 S_{sp}——复合地基部分的复合强度；

c_u——地基土的不排水抗剪强度；

S_p——桩体的抗剪强度；

α——滑弧条分点切线的倾斜角（见图5-36）。

$$S_{sp}=p_z\tan\varphi_p\cos\alpha \tag{5-56}$$

$$p_z=\gamma'_p z+\mu_p\sigma_z \tag{5-57}$$

$$\mu_p=\frac{n}{1+(n-1)m} \tag{5-58}$$

式中　γ'_p——桩的重度，水下为浮重度；

φ_p——桩体的内摩擦角，$\varphi_p\approx38°\sim40°$；

z——桩顶至弧面上计算点的垂直距离；

σ_z——桩顶平面上作用荷载引起的附加应力；

μ_p——应力集中系数。

式（5-57）中，$\gamma'_p z$为桩体自重引起的有效应力；$\mu_p\sigma_z$为作用荷载引起的有效应力。S_{sp}确定后可用常规的稳定分析方法进行地基的稳定性分析。

3. 施工要点

振冲的一般施工技术方法已在振冲挤密施工要点中阐述了，这里仅补充说明振冲置换碎石桩施工的要点。

（1）合理安排振冲桩的顺序。为了避免振冲过程中对软土的扰动与破坏，施打碎石桩时，应采取“由里向外”或“由一边向另边”的顺序施工，将软土朝一个方向向外挤出，保护桩体以免被挤破坏。必要时可采取朝一个方向间隔跳打的方式。

（2）宜用“先护壁后振密，分段投料，分段振密”的振冲工艺。即先振冲成孔，清孔护壁，然后投料一段，厚约1m，下降振冲器振动密实后，提升振冲器出孔口，再投料1m，再振密，直至终孔，以保证桩体密实。不宜采用边振冲边加料振密的方法。

（3）严格控制施工过程中水冲的流量、水压、电流值、投料量和留振的时间、水压和流量以保证护壁的要求为原则，过小则不利于护壁，过大则投料被冲出；振冲密实时应控制电流稳定在密度电流值（约10～15A）内，以保证碎石桩密实；投料以“少吃多餐”为原则，每次投料不宜超过1m。其中关键是要认真控制每次的投料量、密实电流值和留振持续的时间。具体控制值通过现场试验或根据工程经验来确定。

施工完毕后，必须及时检验制桩的质量。检验的方法主要是用载荷试验和动力触探，可按有关规范规定进行。

5.7.3　工程应用的条件

振冲置换法主要适用于处理不排水抗剪强度大于20kPa的黏土、粉质黏土地基，如水池、房屋、堤坝、油罐、路堤、码头等类工程地基处理。对不排水抗剪强度较低（<20kPa）的淤泥、淤泥质土，一般不宜采用，因为强度太低，不能承受桩体自身的侧限压力，不易振冲密实，形成良好的碎石桩体，反而因振冲而破坏桩间土，严重降低其承载力，除非振冲挤淤，全部置换软土层，否则难以成功。然而对于不排水抗剪强度大于20kPa到25kPa的粉质黏土，利用振冲置换处理，提高地基承载力和改善变形性质却是十分显著的。

5.7.4　其　　他

砂石桩法是利用振动或冲击的方式，在软土地基中成孔后，填入砂、砾、卵石、碎石等将其挤压入土中，形成较大直径的密实砂桩的地基处理方法，主要包括砂桩（置换）

法、挤密砂桩法、沉管碎石桩法等。这种方法所用的机具、挤密作用和置换作用的机理和振冲法是不同的，但其作用原理及设计分析方法是相似的（不完全相同）。由于教材篇幅限制，这里不再详述。

与振冲法类似的地基处理方法还有多种，如挤密土桩、灰土挤密土桩、爆破挤密、爆破置换、爆夯等，这些方法和振冲法一样，适用于处理松砂、杂填土、湿陷性黄土等，这里不再一一介绍。

5.8 微生物注浆加固法

5.8.1 概 述

微生物注浆加固法（MICP）是通过向土体中灌注菌液及营养盐，利用微生物的矿化与胶结作用改善土体的物理力学性质的一种新型土体加固方法。这种加固法作为地基处理的新兴技术，具有施工扰动小、灌注压力低、扩散距离远、施工周期短和生态相容性好等优势，而且所用的灌浆材料与传统胶凝材料相比，也有低能耗、低污染和低排放等特点，作为一种可持续发展的土体加固新方法，具有广泛的应用前景，并日益引起岩土工程界的重视，开始在工程中应用。近年来，随着微生物学、地球化学、土木工程等学科间交叉研究的不断发展，微生物注浆加固技术（MICP）逐步应用于各相关领域，如污水处理、钙质石材修复等。此外，它也被用于软土地基强度与稳定性的改善，相比于通常会对环境造成污染的化学灌浆法，此法更具环境友好性。微生物诱导碳酸钙沉积是一项具有工程应用前景的生物介导土体改良技术，目前在岩土界被广泛研究。

5.8.2 MICP 矿化机制

与其他生物矿化过程类似，碳酸钙沉积机制可分为生物控制和生物诱导两种。在生物控制矿化中，微生物高度控制矿物颗粒的成核与生长过程，与外界环境无关，如趋磁细菌形成磁铁矿过程以及单细胞藻类的二氧化硅沉积等。然而，细菌作用下的碳酸钙沉积一般认为是生物诱导机制控制的，因为矿物类型很大程度上取决于环境因素。在不同环境中，微生物种类以及非生物因素（如浓度和培养基组成等）都会影响碳酸钙的形成方式。许多微生物过程都能产生碳酸钙沉淀，但并不都适合应用于岩土工程。由于微生物酶解高效性和反应物的高溶解性，尿素水解参与的 MICP 作为主流方式而被广泛研究。

尿素水解参与的 MICP 是以微生物参与的尿素水解为机制的一系列生物化学反应。以芽孢杆菌为主的产脲酶菌，在其新陈代谢活动中分泌脲酶，水解环境中的尿素产生 NH_3 和 CO_2，并使得反应体系呈碱性，在外界 Ca^{2+} 的存在条件下析出碳酸钙晶体，如式（5-59）和式（5-60）所示。

$$CO(NH_2)_2+2H_2O\rightarrow 2NH_4^{+}+CO_3^{\ 2-} \tag{5-59}$$

$$Ca^{2+}+CO_3^{2-}\rightarrow CaCO_3 \tag{5-60}$$

5.8.3 MICP 胶结机理

在岩土应用中，微生物诱导碳酸钙沉积的作用环境主要是松散砂土，由于微生物分泌的胞外聚合物及其双电层结构的存在，微生物趋向吸附于颗粒表面，如图5-35所示，除了通过新陈代谢活动提供碱性环境外，微生物由于细胞壁表面一般带有大量负电官能基团（如羟基、氨基、酰胺基、羧基等）而吸附溶液中的Ca^{2+}，如式（5-61）所示。

$$Ca^{2+}+Cell \rightarrow Cell-Ca^{2+} \tag{5-61}$$

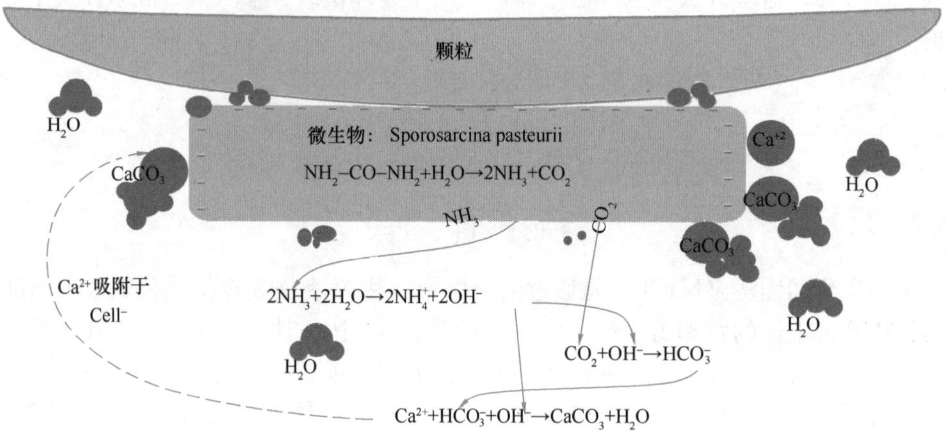

图5-35 颗粒表面处的微生物诱导碳酸钙沉积过程示意图（引自Dejong J T et al.，2010）

尿素的微生物水解反应能在老化的石灰石上保护方解石层。相比于其他碳酸盐生成途径，它易于控制并且有可能在短时间内产生大量的碳酸盐。图5-36描述了微生物诱导生成碳酸钙沉淀的过程，由图可知，①溶液中的Ca^{2+}吸附于带负电荷的微生物细胞壁，同时通过尿素水解，CO_3^{2-}和NH_4^+被释放至微生物局部环境中；②在Ca^{2+}存在下，可能导致溶液局部过饱和，碳酸钙沉淀于细胞壁；③随着碳酸钙晶体的不断生长，微生物逐渐被包裹，限制营养物质的传输，导致细胞死亡；④微生物在碳酸钙晶体上留下印迹。

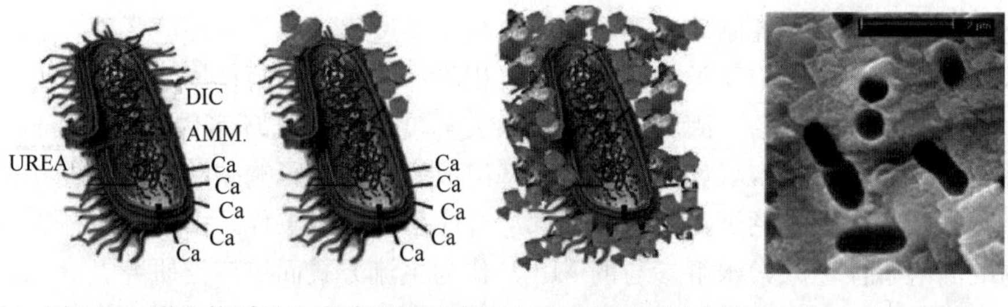

图5-36 微生物诱导生成碳酸钙沉淀的过程示意图（引自Muynck et al.，2010）

正是松散颗粒间不断诱导沉积的碳酸钙，最终将松散颗粒胶结成为整体，并赋予其一定的力学性能。一般而言，材料内部生成碳酸钙含量越多，其内部孔隙减小越显著，宏观表现出来的性能（如强度、刚度、渗透性等）就越优异。经过微生物灌浆加固处理后砂土的无侧限抗压强度和渗透系数与砂土内的碳酸钙含量具有较强的线性相关（Chu J et al.，2014）：

$$q_u=366 \cdot C \tag{5-62}$$

$$k=507-403 \cdot C \tag{5-63}$$

式中 q_u——加固处理后砂土的无侧限抗压强度（kPa）；

k——加固处理后砂土的渗透系数（$\times10^{-7}$m/s）；

C——砂土内的碳酸钙含量（%），质量分数。

然而，相同碳酸钙含量的情况下，胶结砂土的力学性能也会存在较大差异，这是由碳酸钙的不同分布状态所导致的。碳酸钙主要分布在颗粒接触点附近，而不是均匀沉积于颗粒表面或仅在颗粒接触点处沉积，如图 5-37 所示，这是由于微生物趋于吸附在较小表面物体上的生物特性以及其过滤作用，颗粒接触点附近区域的微生物浓度较高，导致碳酸钙主要在此区域沉积。

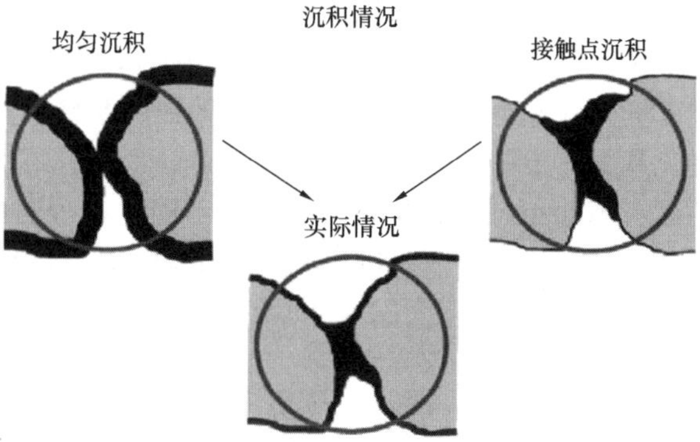

图 5-37 孔喉处的碳酸钙分布示意图
（引自 Dejong J T et al.，2010）

砂土中的碳酸钙沉积与砂土的饱和度有密切关系。研究发现，在碳酸钙含量相近的情况下，饱和度越低的砂土，其胶结强度越高。这种结果主要是砂土内的孔隙溶液分布差异导致的，如图 5-38 所示。饱和状态下，溶液完全占据整个孔隙，碳酸钙晶体不受位置及尺寸的限制而自由沉积于颗粒表面及孔隙处，而非饱和砂土中的溶液主要以弯液面形式存在于颗粒接触点处，极大地限制了碳酸钙晶体沉积的位置。

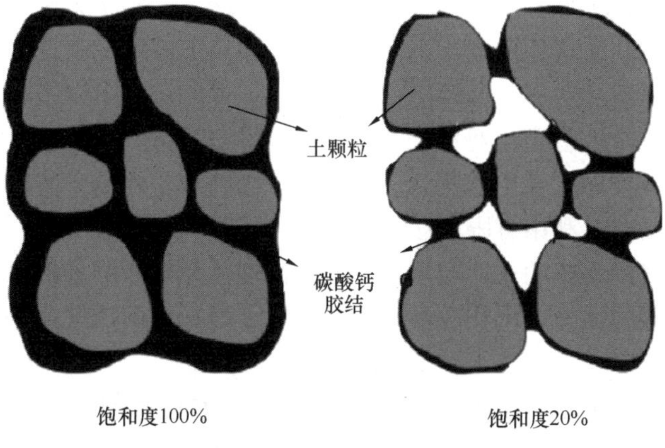

图 5-38 不同饱和度砂土中的孔隙溶液分布示意图

5.8.4 MICP 应用研究

早在 1992 年，微生物诱导沉积碳酸钙已作为新型胶凝材料出现，并成功地使松散砂土颗粒胶结为整体，显著地降低了砂土的孔隙率。

土体内微生物矿化的主要影响因素可以从岩土与生物两方面进行分析，微生物在松散颗粒间的传输与吸附行为很大程度上取决于土体孔喉相对大小、颗粒表面的电化学性质以及孔隙溶液的化学性质等。

实际环境中土体状况错综复杂，MICP技术能否适应是MICP现场应用无法逃避的问题。微生物及营养物质的传输很大程度上取决于土体内的水文边界条件和孔隙几何形状，而孔隙水中的溶液、溶质等也会对反应物的扩散混合有较大影响。利于微生物传输的较大孔喉与更多颗粒间接触点数间的平衡问题也是MICP有效改善土体性能的关键。

微生物诱导碳酸钙沉积也可用来处理残积土（砂质粉土），这会有效提高残积土的抗剪强度和抗渗性。MICP对残积土抗剪强度的提高比砂样更显著，渗透系数的降低却小于砂样。同时残积土干密度越大，其抗剪强度及抗渗性提高得就越多，而砂样却表现出相反的变化趋势。土体颗粒尺寸以及孔隙对微生物胶结过程有明显的影响。比较不同相对密实度的砂、不同相对压实度的粉土以及不同孔径分布的风化土可发现，相对密实度为60%的砂样试件中的碳酸钙含量最高，由此推断在较松散（40%）或较密实（80%）状态下都不利于碳酸钙生成。而对于粉土组，在相对压实度为90%的粉土中碳酸钙沉积量最多。

在砂土内的碳酸钙沉积（分布）并不均匀，尤其当胶结体积较大时，这种不均匀性表现得更加明显，这也导致了MICP改善后砂土的工程性质的异质性。微生物在多孔介质中的传输性能，其影响因素主要有流体性质（溶液的化学性质、流型等）、细胞壁性质（疏水性、表面电荷等）以及固体性质（颗粒尺寸、表面纹理、矿物类型等）。高离子浓度的冲刷液可以促进微生物在砂柱中的吸附，当离子浓度较低时，会使得原来吸附在固体颗粒表面上的微生物发生脱附而进入溶液中，有利于微生物在砂柱内的传输，减少由于微生物在注射口附近聚集而引发堵塞的发生。

利用MICP灌浆技术可处理液化砂土。MICP灌浆加固砂样的抗液化性能有大幅提高，同时，MICP灌浆处理在中、强震中抗液化能力较强，有效抑制了土层对地震波的放大作用。这说明MICP灌浆处理能够提高循环载荷作用下砂基的强度与刚度，显著改善砂基的抗液化性能。

为了进一步分析微生物灌浆处理过程，不少学者开始建立描述MICP过程的数学模型。基于假设条件可推导出微生物化学反应过程中固液相主要成分的偏微分方程，建立了微生物灌浆模型。同时，利用有限元法对一维、二维结构中微生物灌浆过程进行了模拟，并对恒定流体压力（压力驱动式）与恒定流速（流速驱动式）两种灌浆方式进行对比，结果表明，流速驱动式中碳酸钙沉积总量随时间呈线性增长，而压力驱动式呈现较均匀的碳酸钙分布。

微生物注浆加固技术（MICP）在岩土工程领域有着广泛的应用前景，可用于易液化砂土地基处理、边坡加固以及生物封堵等，且社会经济价值显著。然而，就目前MICP技术研究现状而言，仍存在一些亟待解决的问题：（1）对于MICP处理后砂土的工程性质（如强度、刚度、渗透性等）的研究比较深入，而其长期耐久性能未能得到相应的关注，实际环境状况的多样性与复杂性要求MICP技术必须具备相应的适应性。（2）对于大体积砂土的MICP处理而言，关键的难点在于如何有效解决砂体性能异质性问题。尽管许多学者针对砂体内的碳酸钙或微生物分布均匀性问题做了大量研究，也取得一定进展，但仅局限于小尺寸砂土实验。当微生物注浆应用于实际的开放体系时，控制微生物活性原位分布及相应砂土工程性能将是更大的挑战。

习　题

5-1　地基处理的各种方法，其目的主要是解决什么工程问题的？它们的应用条件是什么？

5-2　在进行地基处理时，首先应收集哪些基本资料？进行哪些必要的分析，才能合理选用地基处理方法？

5-3　某五层砖石混合结构的住宅建筑，墙下为条形基础，宽 1.2m，埋深 1m，上部建筑物作用于基础上的荷载为 150kN/m。地基土表层为粉质黏土，厚 1m，重度 $\gamma=17.8\text{kN/m}^3$；第二层为淤泥质黏土，厚 15m，重度 $\gamma=17.5\text{kN/m}^3$，地基承载力 $f_{ak}=50\text{kPa}$；第三为密实砂砾石。地下水距地表面为 1m。因地基土比较软弱，不能承受上部建筑荷载，试设计砂垫层的厚度和宽度。（答案：厚 1.6m，底宽 3.05m）

5-4　某一软土地基上堤坝工程。坝顶宽为 5m，上下游边坡为 1∶1.5，坝高为 8m，坝体为均质粉质黏土，重度 $\gamma=19.9\text{kN/m}^3$，含水量 $w=20\%$，抗剪强度 $c_{cu}=20\text{kPa}$，$\varphi_{cu}=25°$。地基为一厚 20m 的淤泥质黏土，下卧为砂砾石层。淤泥质黏土含水量 $w=50\%$，孔隙比 $e_0=1.39$，重度 $\gamma=17.5\text{kN/m}^3$，不排水抗剪强度平均为 $c_u=18\text{kPa}$，$c_{cu}=0$，$\varphi_{cu}=13°$，$c'=0$，$\varphi'=20°$，固结系数 $C_v=C_h=2\times10^{-3}\text{cm}^2/\text{s}$，压缩指数 $C_c=0.42$。砂砾石层透水性良好，密实，强度较大。试通过分析计算后提出合理的地基处理方法及处理的具体要求。

（答案　排水垫层或排水砂井）

5-5　某一油罐习图 5-5 所示，油罐基础下为一层 14m 的正常固结饱和淤泥质黏土层，下卧为透水性良好的砂砾石层。由于土层比较软弱，拟采用塑料排水带处理地基并贯穿软土层。淤泥质黏土的垂直向固结系数 $C_v=1.5\times10^{-3}\text{cm}^2/\text{s}$，水平向为 $C_h=3\times10^{-3}\text{cm}^2/\text{s}$，油罐充水顶压过程如习图 5-5。设所用的排水带的通水量为 $30\text{cm}^3/\text{s}$，当量砂井直径 $d_p=70\text{mm}$，梅花形布置，间距 $l=1.2\text{m}$，试求第二级荷载施加完毕，历时 60 天，对第二级总荷载（140kPa）而言的固结度为多少？对于最终总荷载而言（190kPa），固结度又为多少？若排水带的通水量为 $5\text{cm}^3/\text{s}$，井阻因子 $G=6$，其他条件相同，所得固结度为多少？

（答案：72.7%，53.6%。其他要读者算出）

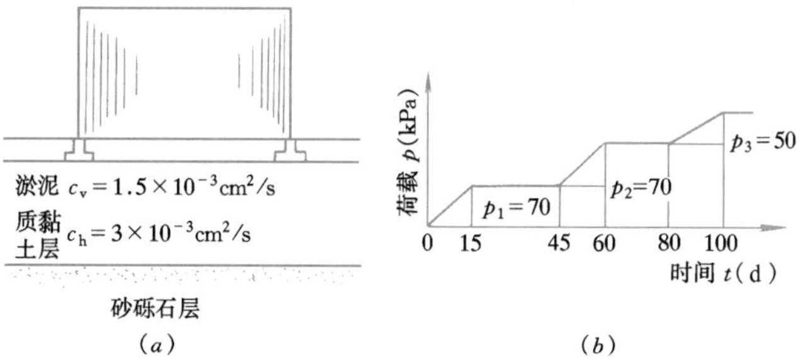

习图 5-5

(a) 土层剖面；(b) 油罐充水顶压过程

5-6　深层水泥搅拌法主要应用在什么工程的地基处理？在设计中主要应分析什么问题？如何检验它的施工质量？

5-7　高压喷射注浆法有何特点？主要应用于处理何种工程？在工程事故处理中有何特长？

5-8　某桩基面积为 $4.5\text{m}\times 3\text{m}=13.5\text{m}^2$，地基土属于滨海相沉积的粉质黏土，现场十字板剪切强度 $c_u=22\text{kPa}$，天然地基的承载力特征值为75kPa。要求地基处理后地基承载力特征值为120kPa。经过方案比较后，拟采用振冲置换碎石桩处理地基，加固土的强度达到25kPa。若布置6根碎石桩，桩长8m，正方形布置，间距1.5m，碎石桩平均直径为800mm，试求加固后的地基承力是否能满足要求？计算时，碎石桩的内摩擦角 $\varphi=38°$，桩土应力比 $n=3$，安全系数 $K_s=2$。

5-9　试略述强夯法的作用机理。无黏性土和黏土作用机理有何不同？为什么一般规程中规定在饱和黏性土中采用强夯要慎重对待？

5-10　振冲置换与振冲密实两者加固地基的作用机理有何不同？应用上又有何不同？为什么一般规范中规定，对于不排水抗剪强度 $c_u<20\text{kPa}$ 的饱和软黏土必须通过现场试验才能使用？

第6章 土工合成材料

6.1 概　　述

土工合成材料(Geosynthetics)是指工程建设中应用的与岩石、土或其他岩土材料接触的聚合物材料(合成的或天然的)的总称，包括土工织物、土工膜、土工复合材料、土工特种材料。土工合成材料产品的原料主要有聚丙烯(PP)、聚乙烯(PE)、聚酯(PET)、聚酰胺(PA)、高密度聚乙烯(HDPE)、聚苯乙烯(EPS)和聚氯乙烯(PVC)等。随着工程的发展，土工合成材料产品在工程中的应用也不断拓宽，现已广泛应用于水利、电力、铁路、公路、水运、建筑、环保、矿冶等类工程建设中。

6.1.1 土工合成材料的分类

土工合成材料包括土工织物、土工膜、土工复合材料和土工特种材料四大类。常见的几种土工合成材料产品及其主要性能如下：

- 土工合成材料
  - 土工织物
    - 有纺
      - 机织
        - 单丝
        - 多丝
        - 裂膜单丝
        - 裂膜多丝
      - 针织（含经编）
    - 无纺（分长短丝）
      - 针刺粘结
      - 热粘结
      - 胶剂粘结
  - 土工膜
    - 吹塑挤出、压延或加涂料制造的
    - PE、HDPE、PVC等膜料
    - 单一膜、复合土工膜
  - 土工复合材料
    - 复合土工膜——膜与土工织物或其他材料复合
    - 复合防、排水材料——排水带、排水管、排水与防水材料等
  - 土工特种材料
    - 土工格栅、土工带、土工网、土工格室、土工模袋、土工系统、土工合成材料膨润土垫、三维植被网垫、聚苯乙烯板块、发泡土工材料等

（1）土工织物（Geotextiles）　①不织土工布，习称无纺布：这是由聚合物原料经过熔融挤压喷丝，平铺成网，然后热压或针刺或化学粘结而成。这类产品具有一定的抗拉强度和延伸率，良好的透水和反滤性能。②编织土工布：由原料熔融挤压成薄膜，切割拉伸成扁丝、卷膜丝、裂膜丝，然后编织而成。这类产品抗拉强度较高，延伸率较小，抗拉强度约为0.5～60kN/m，延伸率约为15%～30%。③机织土工布：由聚合物喷线纺丝成纱

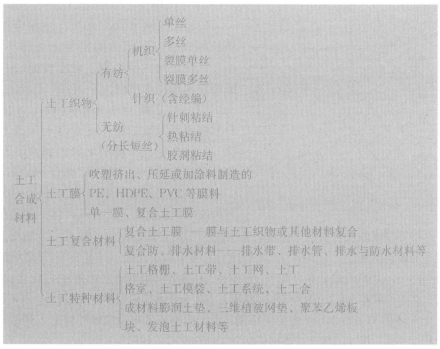

后，用一般织机或经编机针织，经编交织而成。其特点是经向和纬向强度较高，孔径均匀，具有良好的过滤性。

（2）土工格栅（Geogrids） 这是由聚合物薄板按一定间距在方格节点上冲孔，然后沿一个方向或两个方向作冷拉伸，形成单轴或双轴格栅，如图 6-1 所示。由于材料中的分子长键受到定向拉伸，所以其强度较高。另外一种是以涤纶丝或玻璃丝为原料，用经编机织成的格网，然后涂上塑料制成的格栅，这类玻璃丝格栅的抗拉强度特别高。

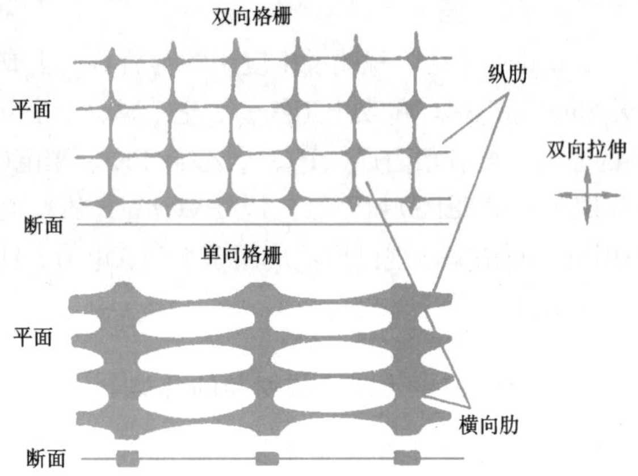

图 6-1 单向及双向土工格栅

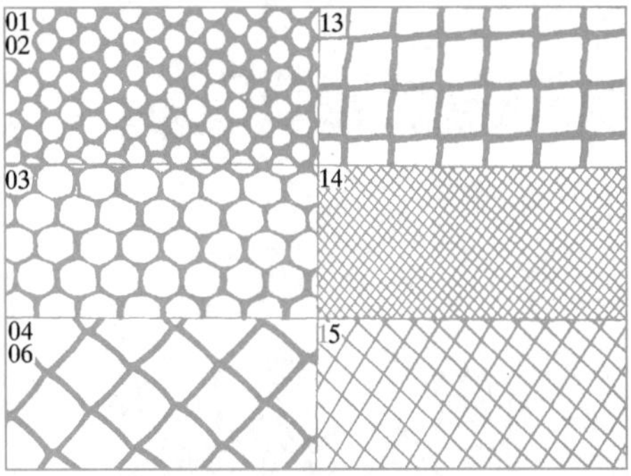

图 6-2 土工网

（3）土工网（Geonets） 由聚合材料热熔压拉制成一定形状的网格板，如图 6-2 所示。由于未作定向拉伸处理，强度较低，一般用作隔离材料和排水材料。

（4）土工膜（Geomenbranes） 由聚合材料和橡胶等制成的膜片或者以土工布为基布外涂一层或多层异丁橡胶形成的膜片，为一种具有一定强度的不透水材料，用于隔水防渗。

（5）土工复合材料（Geocomposites） 由两种或两种以上的土工合成材料、高强合金钢丝和玻璃丝纤维等制成的复合材料。主要的有三类：①复合加筋材料，如土工格栅与土工布复合，经编布与玻璃丝复合，土工布与土工膜复合，不织布与高强钢丝复合等,复合后的抗拉强度可达 300kN/m（玻璃丝复合布）和 3000kN/m（高强碳纤维钢丝复合布）。②复合排水材料，如排水带、排水片和排水板、复合排水网格板。③复合隔水防渗材料土工粘衬垫（GCL）。

（6）土工格室（Geocells） 由土工格栅、土工织物或具有一定厚度的土工膜形成的条带通过结合相互连接后构成的蜂窝状或网格状三维结构材料，如图 6-3 所示。

（7）土工系统（Geosystems） 以土工合成材料作为包裹物将分散的土石料聚拢成大、小体积和形状的块体。包括小体积的土工袋、长管状的土工管袋、大体积的土工包等，它们都以土工织物制成。土工袋中亦可包裹混凝土或水泥砂浆形成土工模袋，用于筑堤、围垦、建人工岛，作水下大支承体、护坡、护底及坡面防冲等。

（8）其他 如土工模袋、土工网垫、加筋条带等。

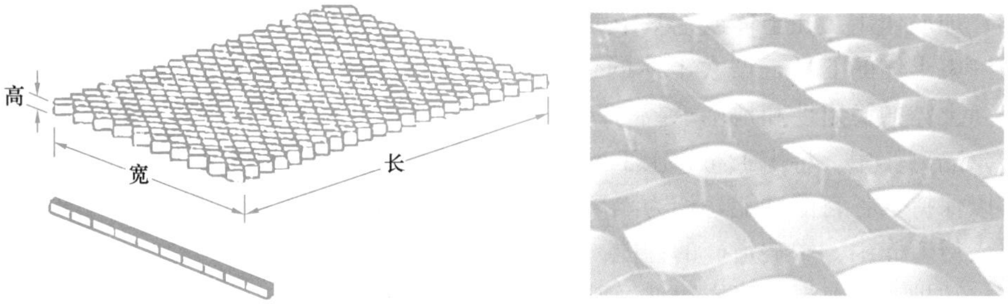

(a) (b)

图 6-3 土工格室示意图

(a) 土工格室结构；(b) 展开的土工格室

6.1.2 土工合成材料的性能

(1) 物理性能 ①相对密度：聚丙烯为 0.91，聚乙烯为 0.92～0.95，聚酯为 1.22～1.38，聚乙烯醇为 1.26～1.32，尼龙为 1.05～1.44；②单位面积质量：每平方米材料的质量（g/m^2）由实验测定求得；③厚度：指压力为 2kPa 时测得的厚度。

(2) 力学性能 ①抗拉强度：单位宽度受拉至断裂时的拉力，以“N/m”或“kN/m”表示；伸长率：为拉伸增量与原长度之比，以“%”表示，两者均由拉伸试验测定求得，试验时规定：宽条拉伸的宽度为 200mm，长度为 100mm；窄条拉伸的宽度为 50mm，长度为 100mm；拉伸速率分别为 50±5mm/min 和 10±2mm/min。②撕裂强度：这是模拟施工时受撕拉断裂的抗拉强度，常用梯形撕拉试验测定。③握持拉伸强度：这是模拟施工时只握住材料的部分宽度或数点，施力未及全部幅度的拉伸强度，由专门的握持拉伸试验测定求得。④摩擦试验强度：这是指土工合成材料与土接触界面上的相互摩擦的剪切强度，用摩擦试验确定摩擦角 φ 和黏着力 c。⑤拉拔试验强度：这是土工合成材料埋置在土中的抗拔阻力，为材料与土界面上的摩擦力和咬合力所组成，也是界面摩擦的一种性质，比摩擦试验更符合实际，用专门的拉拔试验测定求得。⑥压缩性：为材料的厚度随法向压力大小变化的性质，常借土的压缩试验来测定。⑦蠕变性：为材料在荷载力作用下（或拉力作用）变形随时间的变化能力。⑧其他强度试验：如胀破试验强度、顶破试验强度、刺破试验强度、脆性压裂强度等。

(3) 水力学性能 ①渗透性：水流通过材料截面的渗透能力，用渗透系数 k 来表示，为单位水力梯度作用下，水流通过截面的流速（cm/s），一般用渗透仪测定。②等效孔径：为土颗粒通过材料孔隙的最大孔径，记为 D_{95}（mm），一般用筛分法测定。

(4) 耐久性能 抗紫外线能力、化学稳定性和生物稳定性、蠕变性等。

6.1.3 土工合成材料的主要功能

(1) 滤层作用 在工程上，把土工织物或土工复合材料铺设在细粒料与粗粒料之间作为滤层，在水流的作用下，防止细粒土的流失，同时又不被淤堵的作用。

(2) 排水作用 由土工织物和排水芯材制成的复合排水材料，可作为土体中竖向和水平向排水体，既可以作为排水通道，又能防止淤堵。在工程上可作为地基加固竖向排水体代替砂井，作为坝体内的排水棱体，公路的水平排水层，边坡中的排水块等。

（3）加筋作用 在土体或地基中铺设各种土工合成材料，作为加筋体，筋材与土相互摩擦，约束土体的变形，增大土体的抗拉力，提高土体的复合强度，改善土体的变形性质，提高土体的稳定性和地基承载力。

（4）隔离作用 将土工布、土工网格等类土工合成材料放在两种不同土料之间，防止混杂，以保持其各自的性能，称为隔离。如铁路道砟与地基土中铺设一层土工布，可防止土上浮入侵道砟中，影响道砟的性能。

（5）防护 在海岸、河岸边坡及其底部铺设一层或多层土工合成材料，防止水流及风浪的冲刷和侵蚀，作为保护岸坡的工程措施。

（6）防渗、隔水和封闭 把土工膜覆盖于土体之上，防止透水和透气，起着防水、隔水和封闭作用。主要应用于堤坝防渗，地下室防水，水池边坡和底的隔水，垃圾场的隔离层，防止污水渗出和土覆封闭等。

6.1.4 工 程 应 用

土工合成材料在工程上的应用是十分广泛的，按其功能来划分包括：反滤、排水、防渗、防护和加筋等诸方面。这里仅介绍与地基和土体的加固等有关的应用，主要包括以下几方面：

（1）加筋挡墙 如图6-4所示，在挡墙结构中水平铺设土工织物、土工格栅或加筋条带等，增加土体的强度，提高挡墙的稳定性。

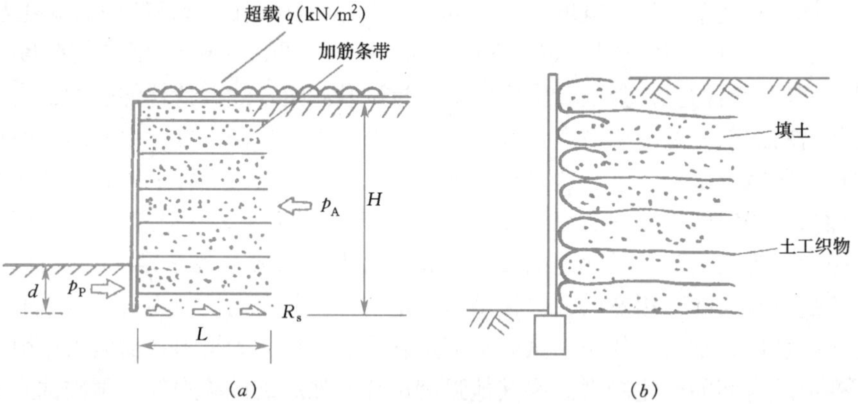

图6-4 加筋挡墙

（a）筋带式；（b）包裹式

（2）加筋土坡 如图6-5所示，由于堤坝或其他类工程的边坡过陡，可通过各种形式的加筋，提高边坡稳定性，防止滑动。

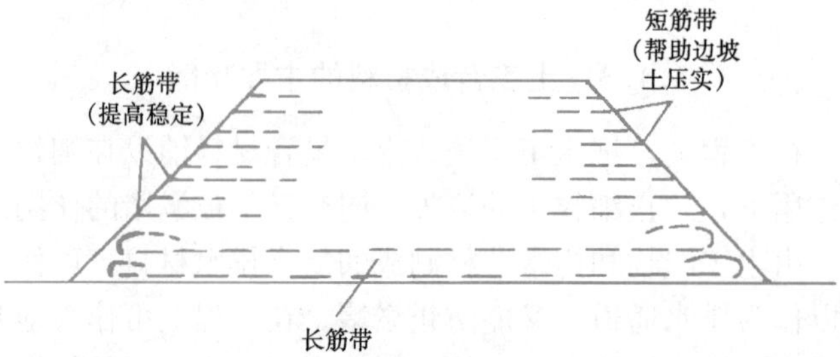

图6-5 加筋堤坝

(3) 软土地基堤坝基底加筋　如图 6-6 所示，在软土地基表面铺设土工织物，组成加筋土垫层，提高堤坝地基的承载力与稳定性。

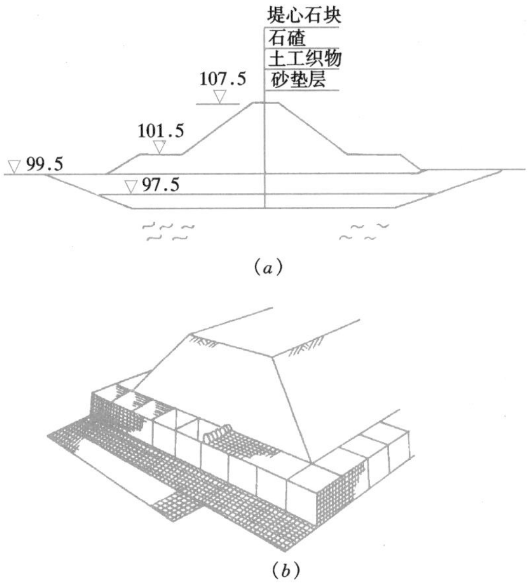

图 6-6　堤坝软基加筋
(a) 海堤软基加筋；(b) 格仓垫层

(4) 建筑物地基加筋垫层　如图 6-7 所示，在软土地基上的建筑物基础，可在基底设置一定厚度的加筋土垫层，提高地基的承载力，均化应力分布，调整不均匀沉降。

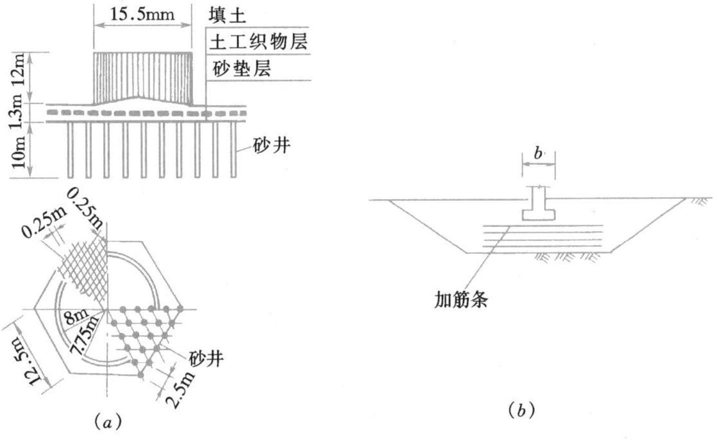

图 6-7　建筑物地基加筋垫层
(a) 汽柜基础加筋垫层；(b) 条形基础加筋垫层

(5) 排水固结加固地基　主要是利用塑料排水带作为竖向排水体，通过施加预压荷载，使地基排水固结，达到加固的目的。

(6) 垃圾填埋场中的周边围护　利用土工膜、土工黏土垫、土工织物、土工网格、土工排水材料等进行防渗、隔水、隔离反滤、排水、加筋等，防止垃圾渗滤液渗出，引导渗滤液排走，回灌，防止垃圾滑动，覆盖垃圾等，如图 6-8 所示。

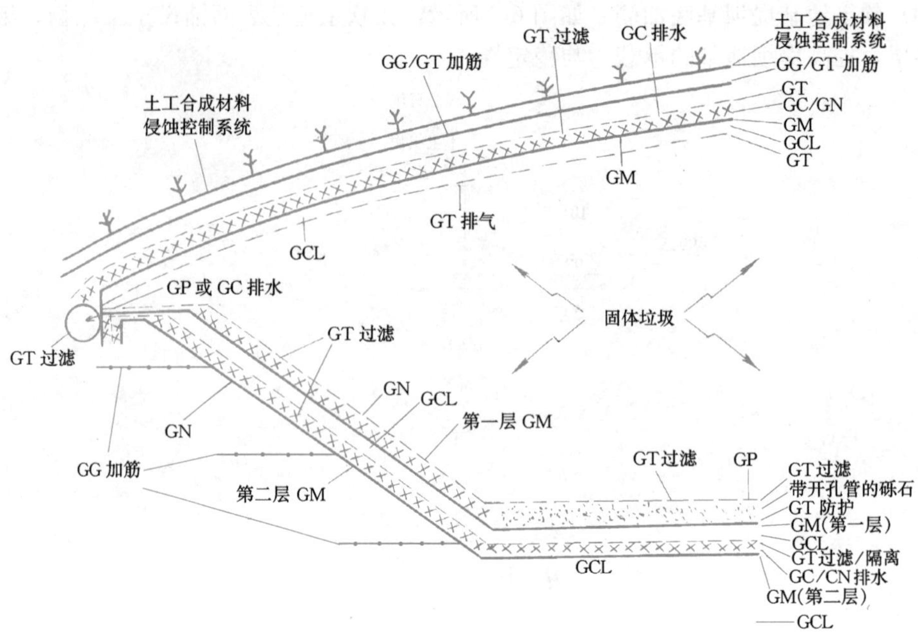

图 6-8　垃圾填埋场中土工合成材料的应用
（Koerner，1998）

6.2　加筋的作用机理

忽视与工程实际相联系，论述加筋的机理是困难的。因为筋材有多种，刚柔程度、强度大小、变形性质、形状形式的差异都是很大的，土也有多种，由筋与土组成的加筋土体或加筋土构件也是五花八门的。不同的筋材，不同的土，不同的工程及其结构形式，在建筑物的不同部位，在不同加载形式的作用下，其作用机理是不一样的。这里主要讨论筋材与土的相互作用，这是加筋机理中的实质问题。

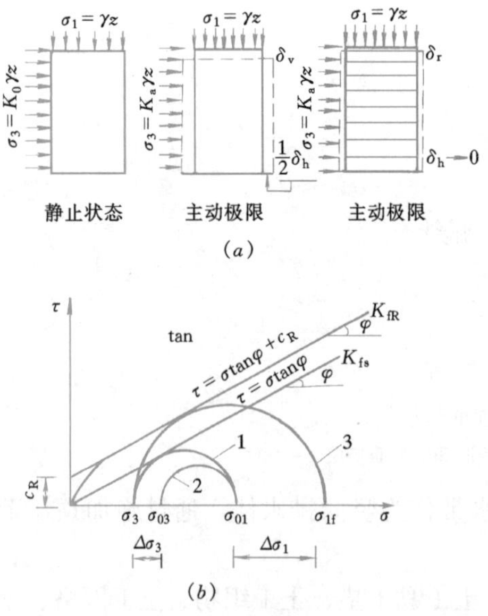

图 6-9　加筋砂土与无筋砂土三轴试验应力图
（a）试样应力状态示意图；（b）单元体应力圆图

在土中按一定方向和间距布置具有一定抗拉强度的加筋材料可以提高土体的强度，早已为人们所熟知和利用。但是这一简单的概念，在工程实践中不易应用。因此，了解加筋材料在土中的作用机理是很必要的。这一原理可以通过加筋砂土的三轴试验来说明。

如图 6-9 所示，设砂土试样的天然应力状态为 $\sigma_{01}=\gamma z$，$\sigma_{03}=K_0\gamma z$，如图中的应力圆 2，若要使试样达到主动极限平衡状态，其应力状态应为 $\sigma_3=K_a\sigma_1$，$\sigma_1=\sigma_{01}=\gamma z$，如图中的圆 1，与圆 1 相切的斜线 K_{fs} 为砂土的强度包线，φ 为其内摩擦角。此时，因侧压力 σ_3 减低至主动极限平衡状态 $K_a\sigma_{01}$，试样必然产生侧向变形 $\Delta\delta_h$（或称侧胀），如图 6-9（a）所示。若在砂土试样中，沿水平方向铺设一层或多层的土工织物形成加筋土试样，并施加与砂土极限平衡相同的应力（如圆 1），此时，加筋砂土试样并未出现极限平衡状态，侧向变形比无加筋砂土试样小得多，这就是由于加筋的土工织物与砂土互相作用，限制了砂土的侧向位移的结果。设所用的加筋土工织物完全限制了侧向位移（侧胀）的产生（$\delta_h=0$），则加筋砂土试样中砂土的应力状态就恢复至圆 2 的应力状态，此时加筋的作用是限制砂土的侧向变形，称为约束作用，或者对应力状态来说，加筋的作用相当于对砂土试样上增加了一侧向应力增量 $\Delta\sigma_3$。

由于在砂土试样中加筋，增加侧向压力，使加筋砂土试样在 $\sigma_1=\gamma z$ 和 $\sigma_3=K_a\gamma z$ 的应力状态下，仍然处于静力平衡状态，若要使它产生极限平衡状态而破坏，则必须将 σ_1 增大到 σ_{1f}（或减少 σ_3 至 σ_{3f}），即圆 3 的应力状态，与圆 3 相切的 K_{fR}线则为加筋砂土试样的强度包线。实验证明：K_{fR}线不通过坐标轴原点而与竖向坐标轴相交一截距 c_R，K_{fR}线与 K_{fs}线几乎平行，加筋砂土的内摩擦角 φ 与砂土的内摩擦角近似相等，如图 6-10 所示。加筋砂土与无筋砂土的 $\sigma_1-\sigma_3$ 关系曲线中，两强度线也几乎是平行的，且在相同的侧向压力作用下，加筋砂土比无筋砂土增大竖向应力 $\Delta\sigma_1$。由此又可以看出：加筋的作用相当于砂土中增加一视凝聚力 c_{R0} 或者加筋砂土比无筋砂土提高承受竖向荷载 $\Delta\sigma_1$ 的能力。

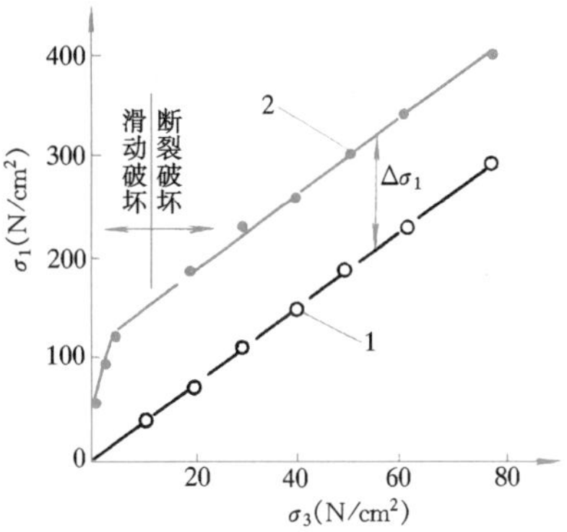

图 6-10 加筋砂土与无筋砂土的 σ_1-σ_3 关系曲线
1—未加筋砂；2—加筋砂

对于加筋砂土而言，根据朗肯极限平衡条件得：

$$\sigma_{1f}=\sigma_3 K_p+2c_R\sqrt{K_p} \tag{6-1}$$

对于无筋砂土增加加筋引起的约束力 $\Delta\sigma_3$ 之后为：

$$\sigma_{1f}=(\sigma_3+\Delta\sigma_3)K_p \tag{6-2}$$

式中 K_p——被动土压力系数，$K_p=\tan^2\left(45°+\dfrac{\varphi}{2}\right)$；

c_R——加筋引起的凝聚力。

比较式（6-1）和式（6-2）得：

$$c_R=\frac{\Delta\sigma_3\sqrt{K_p}}{2} \tag{6-3}$$

由于式中 $\Delta\sigma_3$ 不易量取，可以进一步证明得：

$$c_R=\frac{R_f\sqrt{K_p}}{2S_v} \tag{6-4}$$

$$R_f=\varepsilon_h E_{hs}=\mu\varepsilon_v E_{hs} \tag{6-5}$$

式中 S_v——土工织物在加筋试样中铺设的竖向间距；

R_f——加筋材料的极限抗拉强度，由于土工合成材料具有较大的延伸率，常采用 $\varepsilon_r=10\%$时的抗拉强度，按式（6-5）计算；

ε_h——加筋砂的横向应变（%）；

ε_v——加筋砂的竖向应变（%）；

μ——加筋试样的泊松比；

E_{hs}——拉伸试验在 ε_h 范围内的割线模量（kN/m^2）。

总而言之，在砂土中加筋的作用主要是约束土体的侧向变形，相当于对土体增加一个侧限压力，或者增加土体的竖向承载力；对砂土的性能来说，加筋之后，相当于在砂土中增加一个视凝聚力 c_R，所增加的视凝聚力与加筋材料的极限抗拉强度的大小和加筋的间距有关，也与砂土和筋材的变形模量有关。

另一种新观点是从筋材改变了加筋土的应变场（位移场）的观点出发的（沈珠江，1998）。土体加入筋材后，加筋土不再是各向同性体了，它的应力场和位移场将发生改变，从而使土的破坏模式也发生根本性变化。最明显的例子是，若在失稳的土体中加入足够的筋材，而且筋材具有足够的强度，不会被剪断，则穿过筋材的圆弧形滑动面就可能不会发生，破坏的形式就会改变，土体的稳定性就会改善。

6.3　加筋挡墙及其设计原理

6.3.1　概　　述

土工合成材料加筋挡墙一般分为两种类型：①筋带式加筋挡墙；②满铺包裹式挡墙（如图6-4所示）。两者均由面板、基础、加筋材料和填料土等组成。前者是以强度较高，延伸率较小的扁筋条带或土工格栅加筋材料，按一定的间距，分层沿水平向铺设于土体内，并与面板垂直牢固连接而成；后者则以强度较高的编织布及经编复合土工布为筋材，分层满铺包裹土体并与面板连接组成。两者的内部受力情况如图6-11所示。当加筋挡墙处于极限平衡状态时，由于主动土压力的作用，使在加筋土体内形成一潜在的破裂面，由于破裂面外的部分土体产生向外滑动的位移，通过土体与加筋体的相互摩擦，对埋置在土体内的加筋体形成拉力，企图把它向外拔出。在破裂区内的部分土体，在自重的作用下，土体与加筋体的相互作用，在加筋体上形成向内方向的阻力，阻止加筋体被拔出。这两个方面相反的水平力在筋材上的大小分布是不均匀的。若加筋材上受到的拉力被土体内部向内的抗拔阻力所平衡，且筋材具有足够的抗拉力，能承受拉力不被拉断裂，则整个加筋体就不会出现破坏，同时稳定性就得到保证。反之，若土体的加筋材料被拉断裂或拔出，则

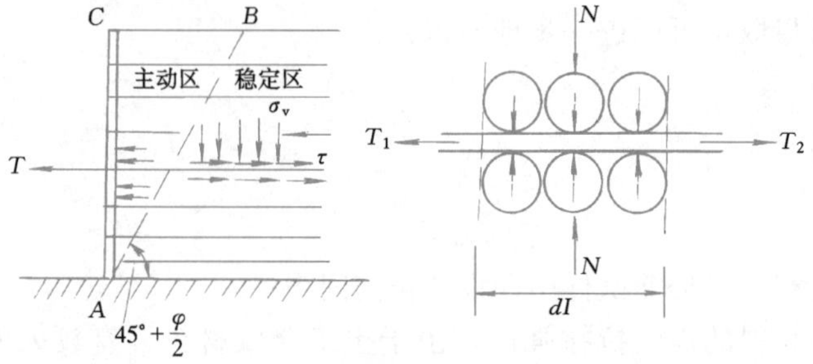

图6-11　加筋挡墙的受力分析图

加筋体失去其稳定性，产生破坏。破坏点应该是最大拉力 T_{max}点处，所以沿加筋材水平方向最大拉力点的迹线就是土体的破裂线，沿破裂线在土体中形成的破裂面称为潜在破裂面（见图 6-12）。为了分析加筋挡墙的内部稳定性，以破裂面为界，把加筋土体划分为主动区和稳定区（见图 6-12）。根据大量室内模型试验和足尺试验结果，破裂面界线的位置大致如图 6-12 所示，其顶部约在离挡墙面的 0.3H（H 为挡墙的高度）处，沿该点垂直向下延伸，并与挡墙的底形成 α 角的斜线相交构成曲面（$\alpha=45°+\varphi/2$，φ 为土体的内摩擦角）。加筋挡墙就是利用这一破裂面，分析两个区内土体与加筋材料相互摩擦作用力的极限平衡条件，确定其内部稳定性，使之成为一个自身稳定的挡土结构，相当于由加筋土体组成重力式挡墙。因此，这一挡土结构的总体稳定性，除了加筋体内部的稳定性外，还需考虑它的外部稳定性，包括地基稳定、水平抗滑稳定和抗倾覆稳定等。

加筋挡墙按其应用的功能不同，一般有下列类型：①直立式面板加筋挡墙；②双墙面板加筋挡墙；③无面板加筋挡墙；④台阶式加筋挡墙，如图 6-13 所示。加筋所用的土工合成材料一般要求采用强度较高和与土相互摩擦力较大的土工拉带、土工格栅、高强度的土工织物等。

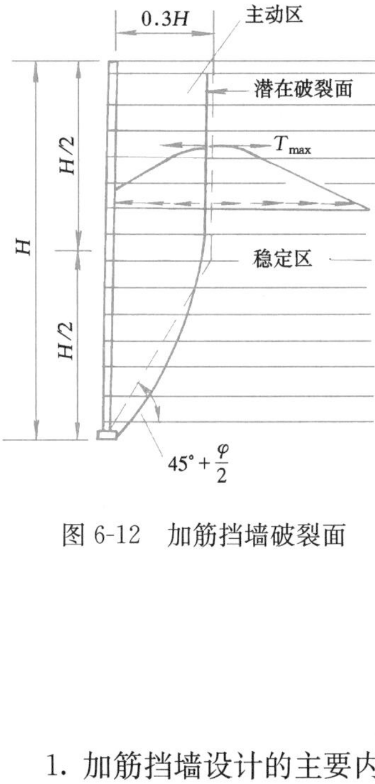

图 6-12 加筋挡墙破裂面

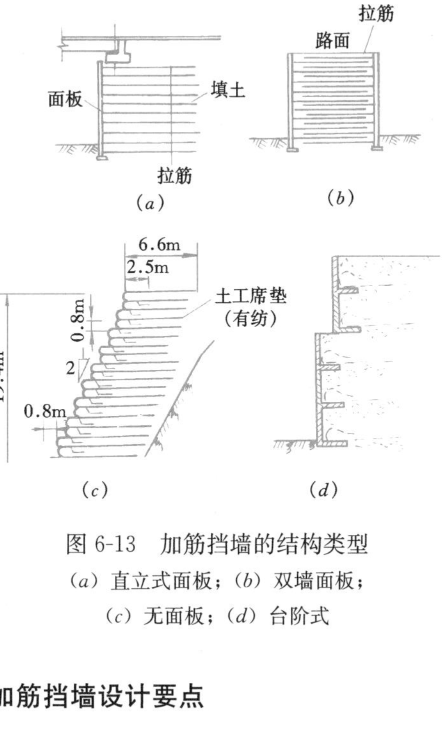

图 6-13 加筋挡墙的结构类型

（a）直立式面板；（b）双墙面板；（c）无面板；（d）台阶式

6.3.2 加筋挡墙设计要点

1. 加筋挡墙设计的主要内容

根据工程的要求及其具体条件，确定加筋挡墙的结构类型，确定加筋挡墙断面形式与尺寸和基本构造。

（1）加筋体的断面形式一般如图 6-14 所示。墙高在 5m 以内一般宜采用矩形断面，加筋的宽度应大于 0.7H（H 为墙高）且不宜小于 3m，在墙高范围内相同。在斜坡地段的加筋体，由于地形限制宜用倒梯形断面，加筋体尺寸应满足加筋宽度的要求，一般尺寸的比例见图 6-14（b）中。在宽敞的填土地段宜用正梯形断面，一般的尺寸比例见图 6-14

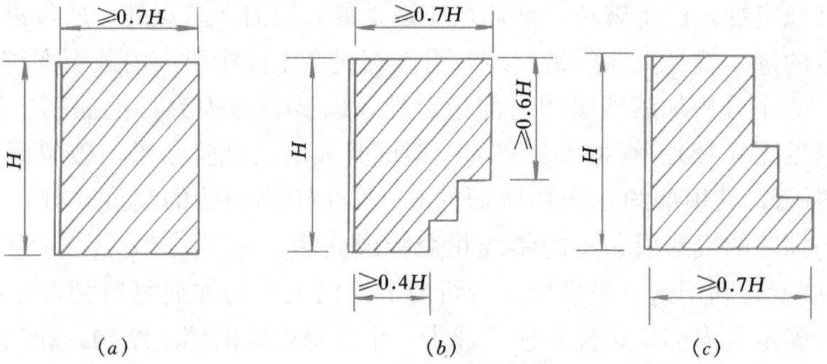

图 6-14　加筋体的断面形式

(a) 矩形断面；(b) 倒梯形断面；(c) 正梯形断面

(c) 中。加筋体的宽度也应满足加筋宽度的要求。

(2) 填料应以就地取材为原则，尽量选用具有足够摩擦力的砂性土，小于 0.08mm 的颗粒重量比不应大于 15%，最大粒径不宜大于 150mm，以利压实。腐殖土、淤泥和生活垃圾不宜作填料。

(3) 加筋材料宜采用抗拉强度较高、延伸率较小而表面摩擦力较大的土工合成材料，如聚丙烯土工带、土工格栅、涤纶经编布、强度较高的编织布等。除此之外还可用钢片、竹片、钢筋混凝土板条等。

(4) 墙面板一般用钢筋混凝土制成，其形状有十字形、L 形、六角形和槽形，主要用于挡住紧靠墙背的填土和保护土工合成材料免受日光的照射。

(5) 墙面板的基础，一般设置于面板基底，以便砌置面板，一般为宽大于 0.3m，高大于 0.15m 的条形基础。

2. 内部稳定性分析

分析的目的主要是确定加筋挡墙断面的合理尺寸与形状，包括加筋布置的间距、长度、回包宽度和加筋材料的抗拉力等，以确保加筋体的内部稳定性。

(1) 土压力计算　设加筋挡墙上作用的荷载如图 6-15 所示，主要包括自重、超载和活载（车辆荷载）等。由荷载引起的水平土压力为：

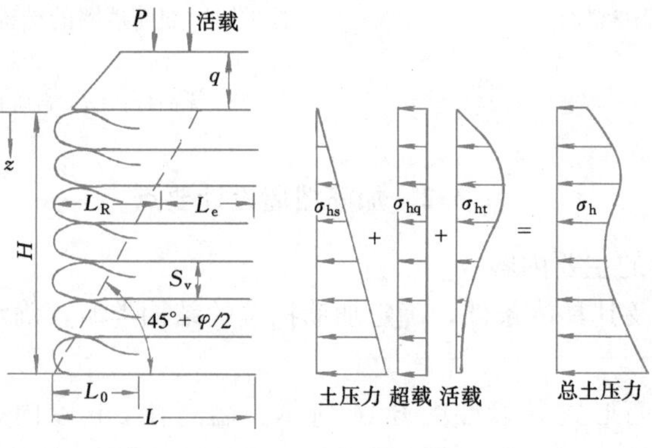

图 6-15　加筋挡墙的水平土压力分布图

$$\sigma_h = \sigma_{hs} + \sigma_{hq} + \sigma_{ht}$$

$$\sigma_{hs} = K_a \gamma z$$
$$\sigma_{hq} = K_a q \quad (6\text{-}6)$$
$$\sigma_{ht} = P \frac{x^2 z}{R^5}$$

式中 σ_h——总水平土压力；

σ_{hs}、σ_{hq}、σ_{ht}——分别为自重、超载和活载引起的水平压力；

K_a——主动土压力系数，$K_a = \tan^2\left(45° - \frac{\varphi}{2}\right)$；

P——集中荷载；

γ——填土的重度；

z——从挡墙顶面至计算层的深度；

x——荷载 P 离墙面的距离；

R——计算点至荷载作用点的径向距离。

实践证明：对土工织物加筋挡墙（柔性筋墙），采用上述公式按朗肯土压力理论计算是接近实际的。对于以扁筋带、格栅等延伸率较小的加筋挡墙（刚性筋墙）宜采用破裂面成折线的土压力计算方法比较接近实际。

（2）加筋布置的间距　对于满铺式加筋，竖向间距为：

$$\sigma_h S_v = \frac{T_a}{K_s}, S_v = \frac{T_a}{\sigma_h K_s} \quad (6\text{-}7)$$

对于筋带式加筋，竖向间距为：

$$\sigma_h S_v S_h = \frac{T_a}{K_s}, S_v = \frac{T_a}{\sigma_h S_h K_s} \quad (6\text{-}8)$$

式中 S_v——两水平加筋层的竖向间距；

S_h——加筋条带在水平方向的间距；

K_s——安全系数，当采用 T_a 后，K_s＝1.3～1.5；

T_a——加筋材料的容许抗拉力。

必须注意：容许抗拉力 T_a 是加筋材料在原位条件的容许值，考虑到加筋材料产品由于在储运和施工中的损伤，在原位条件下荷载作用的蠕变、化学和生物环境改变等的影响，必须对由出厂时按室内试验的方法（ASTM 标准）测定的产品极限抗拉力 T_u 予以折减，才能满足工程安全的要求。R. M. Koerner（1994）建议按下式求得：

$$T_a = T_u / F_u \quad (6\text{-}9)$$

式中 T_u——加筋材料产品极限抗拉力，按 ASTM 试验标准，由实验室测定；

F_u——考虑多种因素影响的综合强度折减系数，按下式求得：

$$F_u = F_{ID} \cdot F_{CR} \cdot F_D \quad (6\text{-}10)$$

式中 F_{ID}——蠕变折减系数，考虑加筋材料蠕变的影响；

F_{CR}——施工损伤折减系数，考虑施工过程中机械损伤的影响；

F_D——老化折减系数，考虑微生物、化学等老化的影响。

以上各折减系数按具体工程采用的加筋材料类别、填土情况和工作环境等通过试验测定。在无实测资料时，综合强度折减系数宜采用 2.5～5.0。

（3）加筋锚固长度　每一加筋层的总长度 L 为：

$$L = L_e + L_R \tag{6-11}$$

$$L_R = (H - z)\tan\left(45° - \frac{\varphi}{2}\right) \tag{6-12}$$

$$L_e = \frac{S_v \sigma_h K_s}{2(c + \gamma z \tan\delta)} \tag{6-13}$$

式中　L_R——主动区加筋的长度，按式（6-12）计算，对于破裂面为如图 6-12 所示的刚性筋墙，当 $L_R > 0.3H$ 时，取 $L_R = 0.3H$；

L_e——所需的加筋锚固长度；

c——填土的黏聚力；

φ——填土的内摩擦角；

δ——填土与加筋材料间的摩擦角；

γ——填土的重度；

H、z——分别为墙高和加筋层距离墙顶的深度。

（4）回包的宽度　回包的宽度 L_0 可按下式求得：

$$L_0 = \frac{S_v \sigma_h K_s}{4(c + \gamma z \tan\delta)} \tag{6-14}$$

3. 外部稳定性分析

当加筋挡墙已满足内部稳定性要求后，可把加筋体同面板及基础视作为重力式挡墙，分析其外部稳定性（如图 6-16 所示），即抗倾覆稳定性、抗水平滑动稳定性和地基稳定性等。分析的方法可参阅有关挡土墙的稳定性分析。

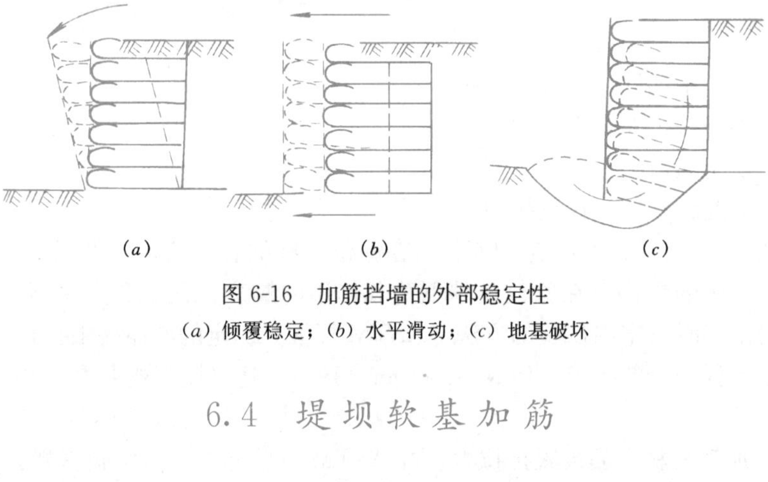

图 6-16　加筋挡墙的外部稳定性

（*a*）倾覆稳定；（*b*）水平滑动；（*c*）地基破坏

6.4　堤坝软基加筋

6.4.1　概　　述

土工合成材料在堤坝工程中的应用主要有如下几方面：①堤坝边坡加筋；②塑料排水带预压排水固结加固堤坝软基；③堤坝基底加筋土垫层。本节仅讨论应用较多的堤坝软基加筋土垫层。

沿堤坝软基表面按一定水平和垂直间距铺设高强度的土工织物、土工格栅、土工格室等与填土组成一定厚度的加筋土体称为基底加筋土垫层。它的作用主要是增强基底抗拉力，防止坝基底开裂，保持垫层的整体性，均化堤坝荷载引起的基底应力，约束坝基下浅层地基软土的侧向变形，改善地基应力场，防止地基剪切破坏，提高地基的稳定性与承载力，调整不均匀沉降。工程实践证明，这是一种有效提高软土地基填筑高度、防止堤坝开裂的一种有效的措施。例如某一铁路路堤软基，无基底加筋的试验路堤，填筑至堤高约3m时就发生滑动破坏。采用两层强度较高的编织布的加筋土垫层后，路堤可顺利填筑至5m多高。

6.4.2 堤坝软基加筋设计分析

在堤坝和地基之间铺设水平加筋垫层之后，堤坝及地基的破坏形式与无加筋垫层的情况不同，坝体的失稳和地基破坏的可能性有如下几种（如图 6-17 所示）：图 6-17（*a*）承载力型为基底加筋强度较高，不可能被拉断裂，并保持坝体的整体性，堤坝滑动破坏或失稳只能在地基中产生；图 6-17（*b*）整体破坏型则为由于加筋强度不足，坝体和地基一起产生整体滑动；图 6-17（*c*）强性变形型为加筋材料的弹性变形大于堤坝自身的变形，加筋失效而破坏；图 6-17（*d*）拉拔锚固型为加筋材料锚固失效，被拉拔破坏的情况；图 6-17（*e*）坝坡水平滑动型为堤坝边坡失稳，沿水平加筋表面滑动破坏等。因此，软基上加筋堤坝设计应考虑以上五种破坏模式。

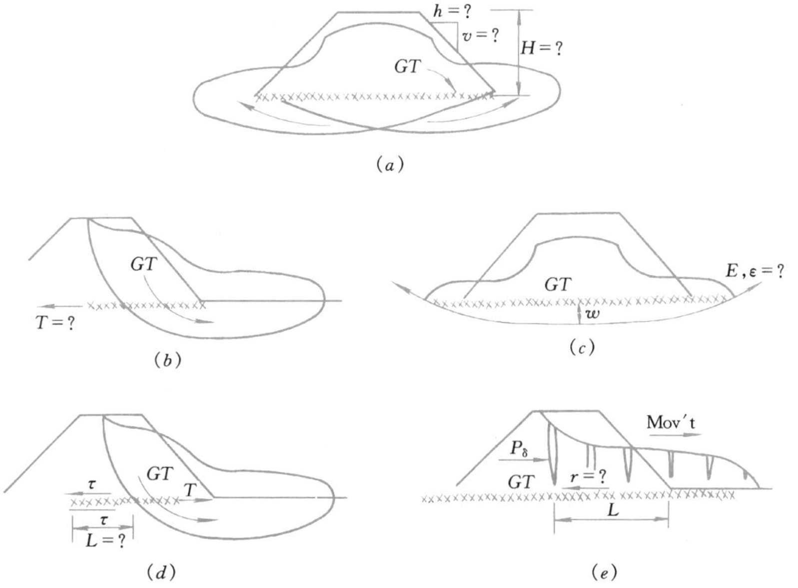

图 6-17 堤坝软基加筋稳定分析模型（摘自 Koerner 1992）

（*a*）承载力型；（*b*）整体破坏型；（*c*）弹性变形型；

（*d*）拉拔锚固型；（*e*）坝坡水平滑动型

1. 加筋堤的承载力分析

如图 6-17（*a*）情况，软土地基上加筋堤的地基稳定性可用罗（R. K. Rowe，1994）提出的承载力理论来分析。该法是建立在弹塑性有限元的基础上，考虑加筋对提高地基承载力的影响后提出的分析方法。假设软土地基的不排水抗剪强度随深度成线性增大，加筋材料具有足够的强度，组成一个连续的基础垫层，在填筑加载过程中，垫层保持整体性不受破坏，可作为整体基础求解地基的承载力，如图 6-18 所示。加筋堤地基的极限承载力

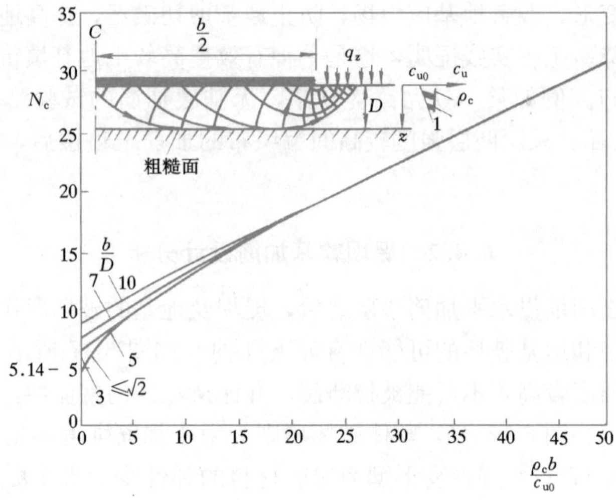

图 6-18　加筋堤地基承载力因数图

p_u 为：

$$p_u = N_c c_{u0} + q_z \tag{6-15}$$

式中　N_c——承载力因子，对 $50 < \rho_c b/c_{u0} < 100$ 和 $\frac{b}{D} < 10$ 时，$N_c = 11.3 + 0.38\rho_c b/c_{u0}$；对于 $\rho_c b/c_{u0} < 50$ 和 $b/D < 10$，可查图 6-18 求得；

c_{u0}——不排水抗剪强度随深度增大在地表面的截距，其表达式为：$c_u = c_{u0} + \rho_c z$，其中 ρ_c 为强度随深度增长的斜率，z 为距地表的深度；

q_z——加筋堤基础宽度外地表面的均布压力，由式（6-18）求得。

因为式（6-15）是针对宽度 b 的刚性基础求得的，对于梯形剖面的堤坝应近似地转变为等效基础宽度 b，理论上刚性基础边缘点的压力为$(2+\pi)c_{u0}$，对于堤坝基底必有两个点地基上的压力 $\gamma h = (2+\pi)c_{u0}$，假设这两个点的距离为堤坝等效基础宽度 b，这两点处的堤坝坡高为：

$$h = (2+\pi)c_{u0}/\gamma \tag{6-16}$$

如图 6-18 所示，并得到等效基础宽度为：

$$b = B + 2n(H - h) \tag{6-17}$$

式中　B——加筋堤顶宽；

H——中筋堤高度；

n——堤坡角的余切。

图中基础宽度 b 外的三角荷载可视为均布压力 q_z，根据塑性理论分析，见图 6-19，则 q_z 为：

$$\left.\begin{aligned} q_z &= n\gamma h^2/2x \quad \text{当 } x \geqslant nh \text{ 时} \\ q_z &= (2nh - x)\gamma x/2nh \quad \text{当 } x < nh \text{ 时} \end{aligned}\right\} \tag{6-18}$$

式中　x——刚性基础边缘外塑性变形影响范围，相当于图 6-20 中塑性变形的影响深度 d，由 $\rho_c b/c_{u0}$ 与 d/b 的关系曲线中查得。

然而，堤坝为一梯形，此时以基础宽度为 b 的加筋堤基础上的平均压力 q_a 为：

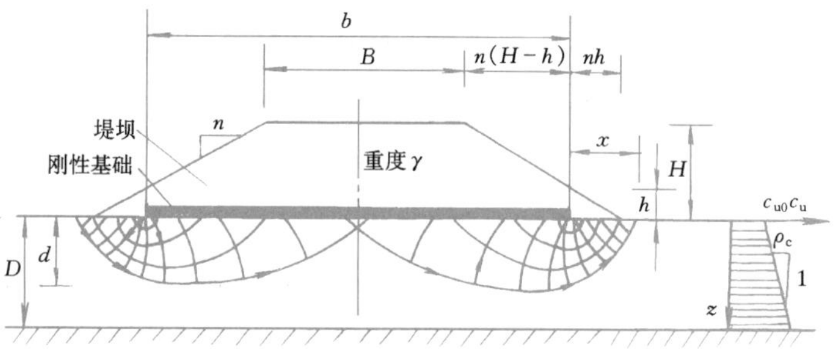

图 6-19 基础的等效宽度

$$q_a = [BH + n(H^2 - h^2)]\gamma / b \quad (6\text{-}19)$$

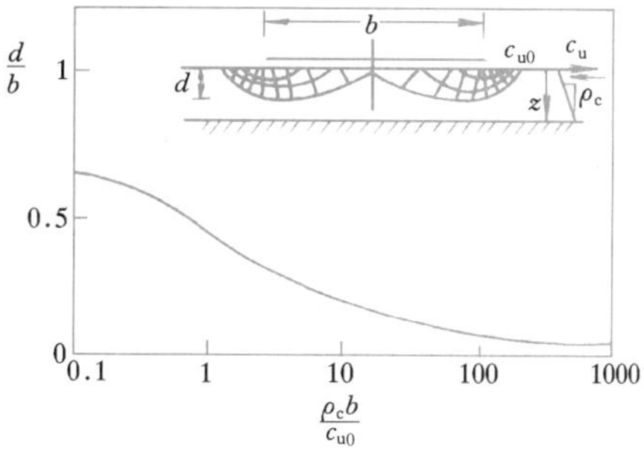

图 6-20 刚性基础地基塑性深度图

必须注意，当地基处于极限破坏时，p_u/q_a 应为1，但因受地基塑性变形和加筋材料性能等的影响，实际上常不为1。所以，与极限承载力式（6-15）相对的极限填筑堤高应通过如下方法试算求解和修正：①根据已知的 B、n 和 c_u，先假定一定堤高，计算得 p_u 和 q_a。②比较 p_u 和 q_a，当 $p_u/q_a>1$，则增大 H 的高度，反之，则减小 H，试算至 $p_u/q_a=1$，此时的 H 为极限堤高 H_c。③极限承载力 p_u 和极限堤高的修正因为 p_u 和 H_c 是针对刚性基础的，而实际堤坝的加筋基础并非刚性的，根据理论研究和现场实测的结果，考虑加筋材料的强度、模量和地基变形的影响，地基极限破坏时的提高和荷载都比上述极限承载力 p_u 和极限堤高 H_c 小。因此，必须对式（6-15）的极限承载力 p_u 及相应的极限堤高 H_c 进行修正。Rowe，R. K. 提出了修正方法，即对地基的不排水抗剪强度，打相当于安全系数为1.3的折扣（1/1.3=0.77 折扣），然后用式(6-15)计算地基的承载力和对应的极限堤高。修正后的地基承载力称为容许承载力 p_{ua}，相对应的堤高为容许筑堤高 H_{ca}。

$$p_{ua} = N_c c_{ua} + q_z \quad (6\text{-}20)$$

式中 c_{ua}——修正后不排水抗剪强度 c_{uz} 在地表面的截距，$c_{ua}=0.77c_{u0}$，相应的不排水抗剪强度为 $c_{uz}=c_{ua}+\rho_c z$；

其他符号意义与式（6-15）相同。

应用容许承载力分析软土地基上加筋堤的地基稳定性必须要求满足如下两个条件，并以此确定加筋垫层材料的强度和布置形式：

（1）在设计上还要考虑必要的安全系数，即

$$K_s = p_{ua}/q_a > 1.0 \quad (6\text{-}21)$$

（2）加筋垫层必须保持整体性不受拉断裂失效，方可作为整体基础求解承载力。因此，要求垫层中的加筋材料不被拉断裂和拔出，所选用的加筋材料的容许抗拉力应满足下式的要求：

$$[T_a] > T_i \quad (6\text{-}22)$$

式中 $[T_a]$——加筋材料的容许抗拉力；

T_i——基础垫层中的最大拉力。

假设堤坝基础垫层的最大拉力在基础宽度的中点处$\left(\frac{1}{2}b\text{处}\right)$。最大拉力应用有限元求解，实用上可采用 Ingold 分析法求得：

$$T_i = \frac{\Delta K_s \sum W \sin\alpha}{\sum \cos\alpha_i / K_e} \tag{6-23}$$

对于堤坝基础加筋垫层最大拉力可近似为：

$$T_i = \frac{b}{2}\gamma H \Delta K_s K_e \tan\alpha_i \tag{6-24}$$

式中　ΔK_s——由于加筋引起堤坝地基稳定性安全系数的增大值，$\Delta K_s = 1.2 - \frac{5.14c_u}{H\gamma}$，$c_u$ 为地基土平均不排水抗剪强度；

γ——堤坝填土的重度；

H——设计堤坝高度；

α_i——基础中点滑动面的切线角，α_i 约为 10°～12°；

K_e——抗拔安全系数，K_e＝1.2～1.4。

加筋材料可分 2～3 层铺设，总的容许抗拉力应大于 T_i 值。

【例 6-1】 设加筋堤顶宽为 30m，堤坡度 $n=2$，软土层的厚度 $D=15$m，堤坝填土重度 $\gamma=20\text{kN/m}^3$，地基土的不排水抗剪强度 $c_{u0}=10\text{kPa}$，$\rho_c=1.44\text{kPa/m}$，设堤坝加筋可保证堤基底垫层完整连续，不产生断裂和拔出，试求容许筑堤的高度。

【解】（1）修正不排水抗剪强度

$$c_{ua} = 0.77 \times 10 = 7.7\text{kPa}, \rho_c = 1.44$$

（2）设堤高等于 5.5m，求压载 q_z 的厚度和等效基础宽度 b

$$h = (2+\pi)c_{ua}/\gamma$$
$$= (2+3.14) \times 7.7/20 = 1.98\text{m}$$
$$b = 30 + 2 \times 2(5.5 - 1.98) = 44\text{m}$$

$\because$　$\frac{\rho_c b}{c_{ua}} = \frac{1.44 \times 44}{7.7} = 8.22$，查得 $N_c = 12.5$，$d/b = 0.22$

$$x = d = 0.22 \times 44 = 9.68 > nh = 3.96$$

$\therefore$　$q_z = n\gamma h^2/2x = \frac{2 \times 20 \times 1.98^2}{2 \times 9.68} = 8.1\text{kPa}$

则　$p_{ua} = N_c c_{ua} + q_z = 12.5 \times 7.7 + 8.1 = 104.35\text{kPa}$

$$q_a = 20[30 \times 5.5 + 2 \times (5.5^2 - 1.98^2)]/44 = 98.94\text{kPa}$$
$$p_{ua}/q_a = 104.35/98.94 = 1.055 \approx 1$$

故加筋堤的容许承载力为 104.35kPa，容许堤高为 5.5m。

垫层基底的最大拉力为：

$$T_{i\max} = \frac{44}{2} \times 20 \times 5.5 \times 0.4 \times 1.2 \times \tan 10° = 205\text{kN/m}$$
$$c_u = c_{u0} + \rho_c z = 10 + 1.44 \times 9.68/2 = 17\text{kPa}$$
$$\Delta k_s = 1.2 - \frac{5.14c_u}{H\gamma} = 1.2 - \frac{5.14 \times 17}{5.5 \times 20} = 0.4$$

加筋垫层中的加筋材料的容许抗拉力应大于此值。

2. 堤坝整体滑动分析

图 6-17（b）型的加筋堤坝的地基稳定性可采用常规的条分法分析，如图6-21 所示。稳定性安全系数可用下式计算求得：

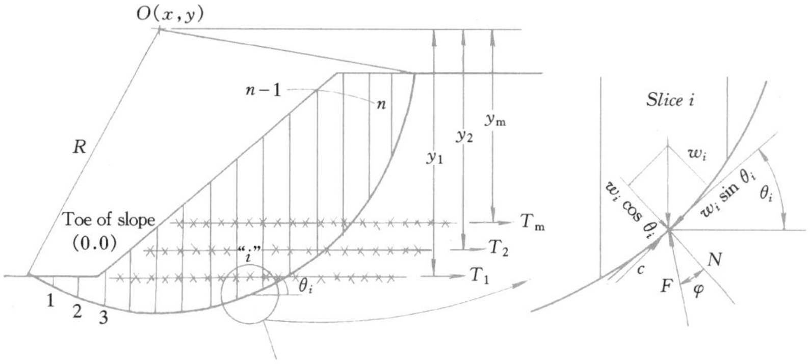

图 6-21　加筋堤圆弧滑动分析

$$K_s = \frac{\sum_{1}^{n}(cl_i + W_i\cos\alpha_i\tan\varphi_i)R + \sum_{1}^{m}T_i y_i}{\sum_{1}^{n}(W_i\sin\alpha_i)R} \tag{6-25}$$

式中　K_s——稳定性安全系数，设计要求 $K_s>1.3$；

W_i——分条的重量；

l_i——分条圆弧段的长度；

R——滑弧的半径；

c——土的黏聚力，当地基土为饱和软黏土时，采用不排水抗剪强度 c_u；

φ——土的内摩擦角；

T_i——取土工合成材料的容许抗拉力 $[T_a]$，$[T_a]=\frac{[T_u]}{K}$，T_u 为产品试验测定的极限抗拉力，K 为安全系数，$K=3\sim5$。其他符号见图中。

必须注意：应用式（6-25）条分法分析时，它与无加筋堤坝的分析方法不同，除了式中增加$\sum T_i y_i$ 一项外，最危险滑弧不是无限定地通过试算确定的，而是限定通过加筋垫层最大拉力点处来确定的。因为堤坝基底加筋后，由于加筋的约束作用，使地基中的应力场和位移场产生改变，堤坝滑动破坏只有在加筋被拉断后才产生，潜在的滑动面应通加筋垫层的最大拉力点外，一般是在堤坝基底的中心上，所以分析计算时，应照这一方法确定最危险的滑弧，计算其最小的安全系数。

应用式（6-25）分析加筋堤坝的目的，除了判定加筋堤坝的地基稳定性安全度外，就是按地基稳定性的要求（$K_s>1.3$）确定设计加筋材料需用的抗拉力。因此，分析的方法可按如下步骤进行：①令 $T_i=0$，计算无加筋条件堤坝地基的稳定性，求得安全系数 K_{s0}；②按安全系数的差值 $\Delta K_s=1.3-K_{s0}$，用下式计算加筋所需用的总抗拉力 T_i，即

$$\Delta K_s = \frac{\sum_{1}^{m}T_i y_i}{\sum_{1}^{n}W_i\sin\alpha} \tag{6-26}$$

T_i 可通过试算求得，然后按 T_i 的大小选用加筋材料的容许抗拉力 $[T_a]$，$[T_a]$ 也可按式(6-25) 中 $[T_a]$ 选用加筋材料产品的试验测定的抗拉力 T_u 值。

3. 其他情况的分析

(1) 对于图 6-17 (c) 情况的检验　这是因为所用的加筋材料拉伸模量不足，影响抗拉力的发挥而出现的地基破坏，因此，设计时必须检验加筋材料的拉伸模量，可用下式来检验：

$$E_{rg} > 10T_{rg} \tag{6-27}$$

式中 E_{rg}——所需用的加筋材料拉伸模量 (kN/m^2)；

T_{rg}——工程所需的加筋抗拉应力 (kN/m^2)；该拉应力可用上述总体分析法或有限元法求得。

(2) 对于图 6-17 (d) 的情况　可用下式检验加筋材料是否被拔出而失去其锚固作用：

$$L_{rg} \geqslant \frac{T_a}{2\eta(c+\sigma_v\tan\varphi)} \tag{6-28}$$

式中 L_{rg}——滑动面上所需的锚固长度；

T_a——作用于加筋材料上实际的拉力；

c——土的黏聚力；

φ——土的内摩擦角；

σ_v——竖向应力，$\sigma_v=\gamma H$，H 为上覆土的高度，γ 为土的重度；

η——土与加筋间的协调系数，土工织物 $\eta=0.8\sim1.0$，土工格栅 $\eta=1.3\sim2.6$。

(3) 对于图 6-17 (e) 的情况　可用下式检验是否出现边坡滑动：

$$P_a < \tau L \tag{6-29}$$

式中 P_a——边坡的主动土压力，$P_a=0.5\gamma H^2K_a$，H 为堤坝的高度，γ 为土的重度，K_a 为主动土压力系数；

τ——抗滑阻力，$\tau=\sigma_v\xi\tan\varphi$，$\sigma_v$ 为平均竖向应力，φ 为土的内摩擦角，ξ 为土与筋材摩擦调节系数，土工织物 $\xi=0.6\sim0.8$，土工格栅 $\xi=1.0\sim1.5$；

L——滑动带的长度，可用坝坡的宽度验算。

软土地基上的加筋堤的设计，主要通过以上的分析，检验所布置的加筋是否满足地基的稳定性与承载力的要求，同时也要检验加筋堤坝内部的稳定性，包括加筋被拉断裂、拔出失效等。若不能满足，可增加筋的数量和强度或改变布置的形式。

6.5　建筑物地基加筋

6.5.1　概　　述

在建筑物基础下地基表层，沿水平方向布置一层或多层土工合成材料，这样组成的加筋垫层应用于软基处理，可以提高地基承载力，调整不均匀沉降。工程实践和试验证明其作用效果是显著的。美国德拉萨尔大学（Drexel University）试验结果如图 6-22 所示，地基承载力随着地基加筋层数的增加明显增大。南京炼油厂采用土工织物加筋垫层处理厚约 16m 的淤泥质黏土地基，成功地建造了 4 座 2 万 m^3 的大型油罐，承受约 $200kN/m^2$ 的荷载，沉降和不均匀沉降均能满足设计的要求，运行后沉降很小。可以认为土工合成材料加筋垫层是处理建筑物地基的一种有效方法。

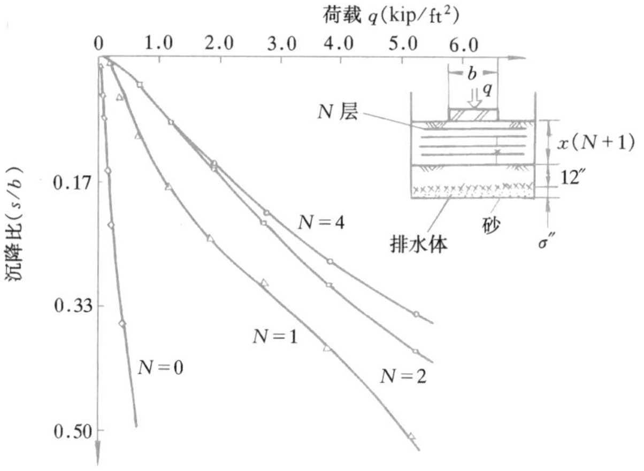

图 6-22 Drexel 大学地基加筋室内试验结果（引自 Koerner 1992）

6.5.2 设 计 计 算

设计的目的主要是按设计基础荷载的要求，合理地确定加筋垫层的尺寸和选用符合要求的加筋材料，包括加筋材料布置的宽度、层数和厚度以及加筋材料的抗拉力和变形模量等。为了达到此目的，要求分析加筋层的地基承载力和沉降能否满足设计荷载的要求。分析的方法一般有两种：荷载比法和扩散应力法。这里仅介绍 Binquent 提出的荷载比法（Binquent，J. 1975）。

条形基础下加筋垫层的大型载荷试验研究结果如图 6-23 所示。在荷载作用下，加筋垫层产生变形，从基础边缘向下沿各水平的最大剪力点的迹线，形成一对剪切滑动面（图中 ac）。在两滑动面内的加筋土体主要承受荷载引起的竖向土压力，产生向下位移，称为主动区。两滑动面外的加筋土体主要承受侧向土压力，产生侧向变形，并向上隆起，对加筋起锚固作用，称为锚固区。在主动区内的加筋土体受荷载压力向下位移，在加筋材上形成拉力，而在锚固区中的加筋材料则被锚固，形成张拉筋或张拉膜，承受荷载压力，并约束周围土体的变形。此时，若所布置的加筋具有足够的抗拉力、模量和数量，抵抗被拉断裂，同时又能抵抗被拉拔出，就能承受荷载的压力。反之，若加筋被拉断裂或拔出失效，加筋地基（垫层）就出现破坏。由此可见，加筋垫层的承载力 q 应包括天然地基的承载力 q_0 和加筋张拉等所承受的部分承载力 Δq，即 $q=q_0+\Delta q$。加筋引起的部分承载力 Δq 是与加筋地基向下位移（沉降）所形成拉力的大小有关，并以所设置的加筋不发生被拉断裂和拔出为前提的。设加筋地基在 q 荷载作用下的沉降等效于天然地基承载力为 q_0 时的沉降，引入承载比 $R=q/q_0$，应用弹性理论计算在该承载比条件下，作用于加筋材上引起的拉力 T_D，然后按照拉筋不许被拉断裂和滑动拔出失效为准则，即

$$T_D < \left(\frac{R_f}{K_s}, \frac{T_f}{K_f}\right) \tag{6-30}$$

由此选用合理的加筋布置形式、抗拉力、变形模量和数量等。

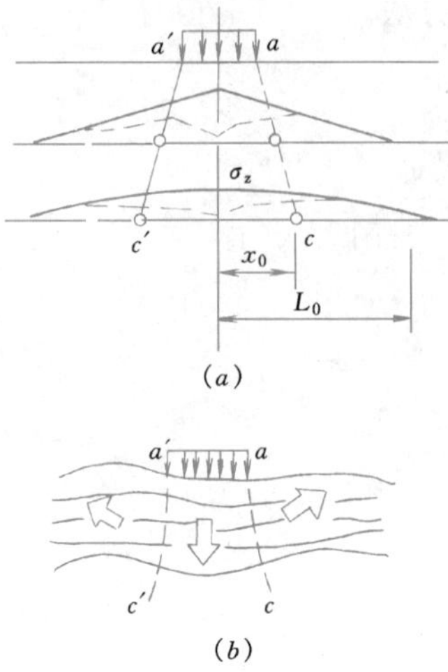

图 6-23　加筋地基破坏机理

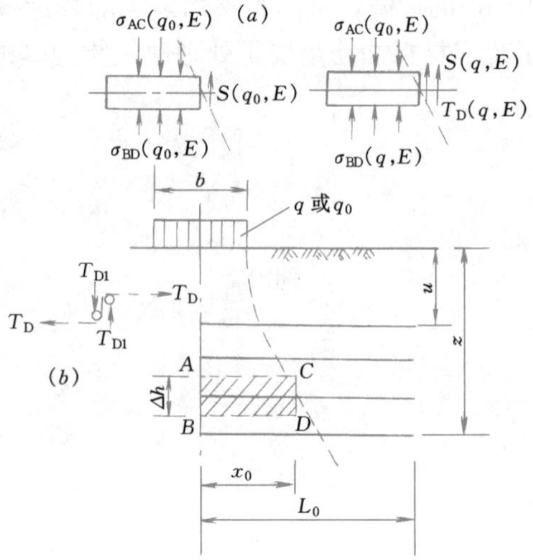

图 6-24　加筋垫层受力分析图

（1）拉力 T_D 的计算和加筋材料强度的选取如图 6-24 所示，为加筋垫层的受力分析图，设地基中某一水平加筋层 n 受到的拉力为 T_D，随着荷载的增大，沉降也增大，相应 T_D 也增大。在与无加筋天然地基等效的条件下，通过静力平衡分析得到拉力 T_D 与承载比的关系为：

$$T_D = \frac{1}{n}[Jb + I\Delta h]q_0\left(\frac{q}{q_0} - 1\right) \tag{6-31}$$

式中　b——基础的宽度；

Δh——两加筋层的间距；

n——加筋的层数；

q_0——无加筋条件下天然地基的承载力；

q——加筋地基的承载力；

J——加筋层深度 z 的竖向应力系数；

I——加筋层深度 z 的剪应力系数；

J 和 I 可查图 6-25 求得。

所求得的 T_D 为设计基础荷载 q 作用下加筋材上的拉力。因此，所用的拉筋的抗拉力 R_f 必须保证不被拉断裂，要求满足下式的条件，即

$$T_D < \frac{R_f}{K_s} \tag{6-32}$$

对于加筋条带：

$$R_f = N_r bt f_y \tag{6-33}$$

对于土工织物和土工格栅为：

$$R_f = N_r T_u \tag{6-34}$$

式中　N_r——条形基础单位宽度加筋条带的总数或土工织物和土工格栅的宽度；

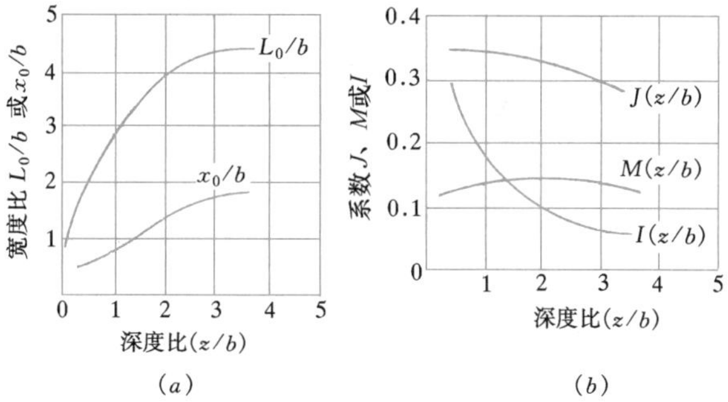

图 6-25 x_0、L_0 和 J、M、I 系数图

(a) x_0、L_0 系数图；(b) J、M、I 系数图

b——每一条拉筋条带的宽度（mm）；

t——筋条的厚度（mm）；

f_y——筋条单位面积的极限抗拉强度（kPa）；

T_u——单位宽度土工织物和土工格栅的极限抗拉力（kN/m）；

K_s——安全系数，若所选用加筋材的极限抗拉力是产品的试验测定值，考虑施工的损伤、荷载作用下蠕变以及物理化学和生物环境的改变等的影响，K_s 应为 3～5。

因为土工合成材料一般的延伸率比较大，还需考虑拉伸变形与土的变形相互协调，以免松弛而失效，必须控制材料变形模量的大小，要求加筋材料的模量满足式（6-27）的要求。

（2）抗拔力计算与加筋材料宽度的确定 为了防止加筋被拔出而失效，加筋必须具有足够的宽度和抗拔阻力 T_f，并检验是否满足拉力 T_D 的要求，即

$$T_D < \frac{T_f}{K_f}$$

加筋宽度常按有效垂直压力影响范围布置，即图 6-24 中的 L_0 和 x_0 布置，x_0 为沿水平方向中心至最大剪力点处的距离，L_0 为中心至竖向应力为 $0.01q$ 处的距离，x_0 和 L_0 可由图 6-25 查得。其抗拔力按下式计算：

$$T_f = 2\mu N_R b\left[Mbq\left(\frac{q}{q_0}\right) + \gamma(L_0 - x_0)(z + d)\right] \tag{6-35}$$

式中 T_f——每一加筋层沿基础单位宽度的抗拔阻力；

μ——土与加筋间的摩擦参数，对于土工织物 $\mu = 0.8\tan\varphi$，对于土工格栅，$\mu = (1.2～1.4)\tan\varphi$；

N_R——单位基础宽度加筋材料的数量，对于满铺式加筋 $N_R = 1$；

b——每根加筋材料的宽度，对于满铺式的加筋，b 为单位宽度；

M——加筋层深度为 z 的应力系数，可查图 6-25 求得；

d——基础的埋置深度。

若检验结果不能满足要求，则应增加筋的层数或者增大加筋的数量等。

(3) 加筋层的布置 根据试验研究结果，每一加筋层应以距基础底面 $z=0.5b$（b 为基础宽度）为宜；其他加筋层的间距 Δh 应以 $\Delta h<0.5b$ 为宜；加筋层数 n 最优为3层，少于3层，效果变差，多于3层，效果不显著。

习 题

6-1 试述土工织物、土工网格、土工格栅、土工膜、土工复合材料等的主要性质及其在工程上的用途。

6-2 试用极限平衡理论说明在土中加筋可以提高土体的抗剪强度，其大小相当于 c_R，它与加筋材料的抗拉强度、间距和土的内摩擦角有关，即

$$c_R=\frac{R_f}{S_y}\sqrt{K_p}$$

并约束土体的侧向变形，增加土体的约束力 $\Delta\delta_3$。

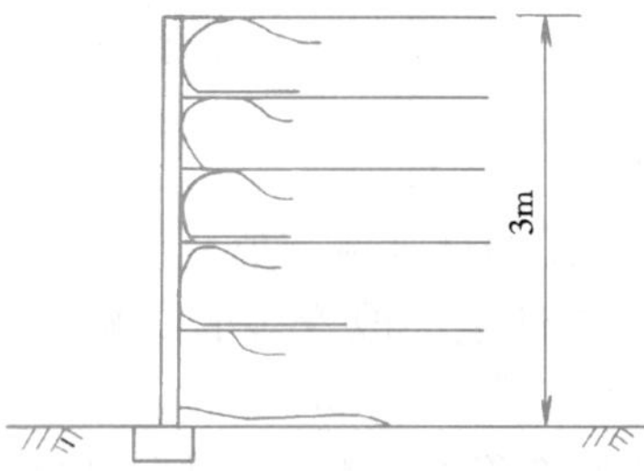

习图 6-3

6-3 设在岩石地基上修一座高为3m的垂直挡墙，拟用土工编织布作为加筋材料，分为五层，回包式填土筑成，每层间距为0.6m，如习图6-3所示，填土的重度 $\gamma=20\text{kN/m}^3$，内摩擦角 $\varphi=30°$，黏聚力 $c=15\text{kPa}$，填土与土工布间的摩擦角 $\delta=21°$，安全系数 $K_s=1.5$，试分析土工布布置的宽度和所用土工编织布的容许抗拉强度。（答案：1.50m，18kN/m）

6-4 设在饱和软黏土地基上修筑一公路堤，路堤高为5m，顶宽为12m，两边坡的坡度为1∶2。堤填土的重度 19kN/m^3，内摩擦角 $\varphi=28°$，黏聚力 $c=15\text{kPa}$。堤基为饱和淤泥质黏土，天然十字板强度为 $c_{uz}=15+1.52z$（kPa），重度 $\gamma=17.5\text{kN/m}^3$。在堤基底全部铺设二层土工编织布，宽度为32m，其抗拉强度为80kN/m，试检验加筋后的地基承载力与地基的稳定性及所用的土工编织布能否满足工程的要求。

6-5 试述在软土地基上堤坝基加筋的整体圆弧滑动稳定分析方法的原理，并说明与无加筋堤的地基稳定分析方法有何区别？加筋对地基稳定性安全系数的影响主要是什么？（抗拉力呢？或地基应力场的改变？）

6-6 建筑物基础下加筋垫层对于提高地基承载力的原理是什么？它与选用的加筋材料的抗拉强度、层数和加筋材料铺设的宽度有什么关系？

第7章 挡 土 墙

7.1 概 述

挡土墙广泛应用于房屋建筑、水利、铁路、公路、港湾等工程。建造挡土墙的目的在于支挡墙后土体，防止土体产生坍塌和滑移。在山区平整建筑场地时，为了保证场地边坡稳定，需要在每级台地边缘处建造挡土墙（图 7-1*a*），地下室外墙和室外地下人防通道的侧墙也是挡土墙（图 7-1*b*）。此外，桥梁工程的岸边桥台（图 7-1*c*）、散体材料堆场的侧墙（图 7-1*d*）也是挡土墙。

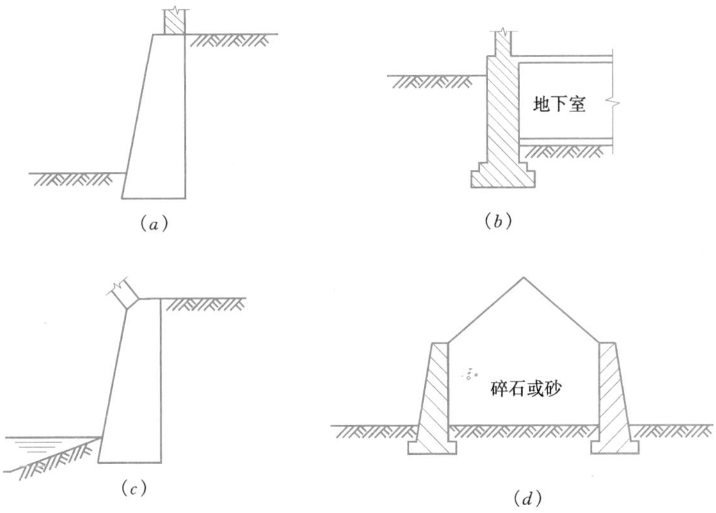

图 7-1 挡土墙应用举例
（*a*）地面高差挡土墙；（*b*）地下室外墙；（*c*）桥台；
（*d*）堆放散粒材料的挡土墙

7.2 挡土墙的类型

挡土墙的种类繁多，按其所用材料分类，有毛石、砖、混凝土和钢筋混凝土等。按结构类型分类，则有重力式（图 7-2*a*）、悬臂式（图 7-2*b*）、扶壁式（图 7-2*c*）、板桩式（图 7-2 *d* ）等。选择挡土墙类型时，除了要考虑土层的构成和地下水情况外，还要重视挡土墙下地基土的承载能力和压缩性，在拟定挡土墙的截面尺寸时，要考虑使挡土墙本身重量以及部分填土的重量提供的抗倾覆力矩以及抗滑力能与土压力产生的倾覆力矩和推力平衡，并有一定的安全系数。挡土墙类型的选择还应考虑施工条件、经济和美观等因素。

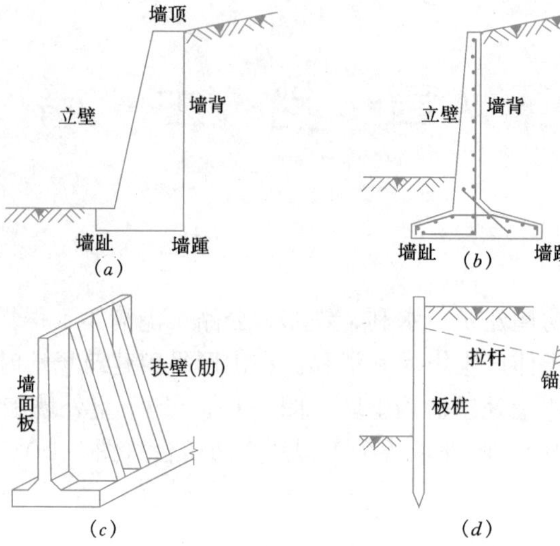

图 7-2　挡土墙类型

(a) 重力式；(b) 悬臂式；(c) 扶壁式；(d) 板桩式

7.2.1　重力式挡土墙

重力式挡土墙靠本身的重量保持墙身的稳定。这种挡土墙通常是用砖、块石或素混凝土修筑。由于墙体抗弯能力较差，同时土压力对挡土墙所引起的倾覆力矩和推力主要靠墙身自重产生的抗倾覆力矩和发生在基底的抗滑力来保持平衡，因此，这种形式挡土墙的断面较大，这对于挡土墙的稳定性和强度可以起到保证作用。

重力式挡土墙按墙背的倾斜情况分为仰斜、垂直和俯斜三种（图 7-3）。墙基的前缘称为墙趾，后缘称为墙踵。从受力情况分析，仰斜式的主动土压力最小，俯斜式的主动土压力最大。从挖、填方角度来看，如果边坡为挖方，采用仰斜式较合理，因为仰斜式的墙背可以和开挖的临时边坡紧密贴合；如果边坡为填方，则采用俯斜式或垂直式较合理，因为仰斜式挡土墙的墙背填土的夯实比较困难。此外，当墙前地形平坦时，采用仰斜式较好，而当地形较陡时，则采用垂直墙背较好。综上所述，设计时，应优先采用仰斜式，其次是垂直式。

为减小作用在挡土墙墙背上的主动土压力，除了采用上述仰斜式挡土墙外，还可以选

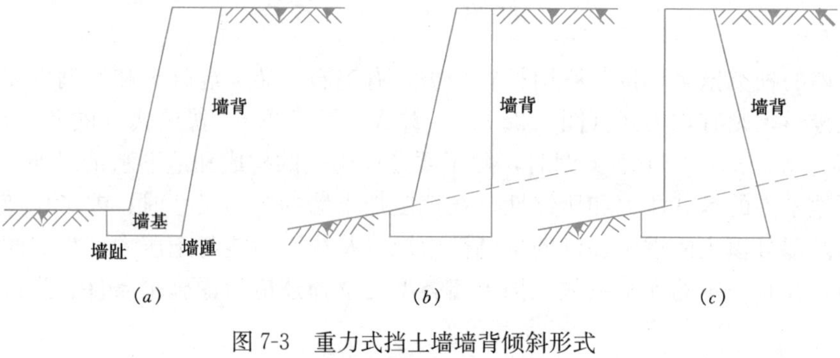

图 7-3　重力式挡土墙墙背倾斜形式

(a) 仰斜墙；(b) 垂直墙；(c) 俯斜墙

择衡重式挡土墙（图 7-4*a*）。这种挡土墙的墙背形式有利于减小主动土压力，增大抗倾覆能力，因而应用甚多。此外，还可以采用图 7-4（*b*）所示的减压平台。减压平台一般设在墙背中部附近并向后伸出，最好伸到滑动面附近。减压平台以下部分墙背所受的土压力仅与台下填土的重量有关。当挡土墙的抗滑稳定性不能满足设计要求时，可考虑将基底做成逆坡；为了减小基底压力，还可以加墙趾台阶，这样也有利于墙的抗倾覆稳定（图 7-4*c*）。

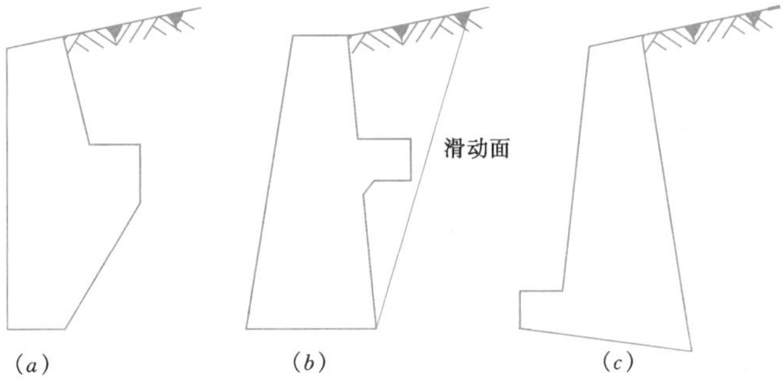

图 7-4 几种特殊的重力式挡土墙

（*a*）衡重式；（*b*）带减压平台的；（*c*）逆坡式

7.2.2 悬臂式挡土墙

悬臂式挡土墙用钢筋混凝土建造，因而墙身较薄，结构轻巧。悬臂式挡土墙由三个悬臂板，即立壁、墙趾悬臂和墙踵悬臂组成，如图 7-2（*b*）所示。这类挡土墙的稳定主要依靠墙踵悬臂以上的土的重量，而墙身拉应力由钢筋承担。因此，这类挡土墙的优点是能充分利用钢筋混凝土的受力性能，墙体的截面尺寸较小，可以承受较大的土压力，适用于重要工程中墙高大于 5m，地基土较差，当地缺乏石料等情况。在市政工程和厂矿贮存库中也广泛应用这种形式的挡土墙。

7.2.3 扶壁式挡土墙

当墙高大于 8m 时，墙后填土较高，若采用悬臂式挡土墙会导致墙身过厚而不经济。通常沿墙的长度方向每隔 1/3～1/2 墙高设一道扶壁以保持挡土墙的整体性，增强悬臂式挡土墙中立壁的抗弯性能。这种挡土墙称为扶壁式挡土墙（图 7-2*c*）。扶壁可以设在挡土墙的外侧，也可以设在内侧。当地基土质较软弱时，可采用钢筋混凝土扶壁式挡土墙。

7.2.4 板桩式挡土墙

板桩式挡土墙按所用材料的不同，分为钢板桩、木板桩和钢筋混凝土板桩墙等。它可用作永久性也可用作临时性的挡土结构，是一种承受弯矩的结构。板桩式挡土墙的施工一般需要用打桩机打入，施工较复杂，在水利工程中应用较多，工业与民用建筑深基坑的开挖施工中也常应用它。

板桩式挡土墙按结构形式可分为悬臂式（板桩上部无支撑，又称无锚板桩）和锚定式（板桩上部有支撑，又称有锚板桩）两大类（图 7-5）。由于结构形式不同，土压力的计算原理及方法也就各异。

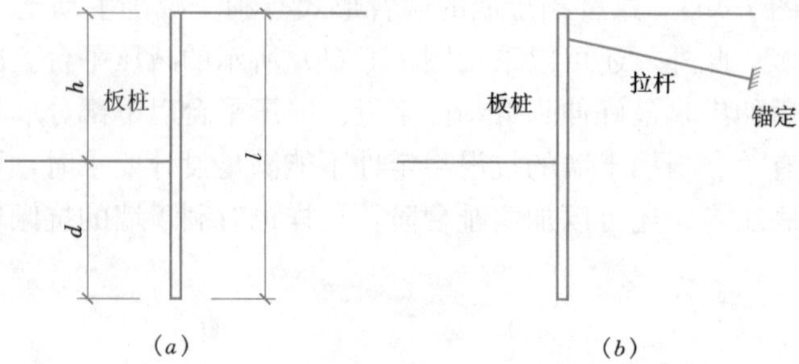

图7-5　板桩墙
(a) 悬臂式；(b) 锚定式

悬臂式板桩墙的桩顶为自由端，桩下部固定在地面以下。这种板桩墙靠插入土中部分来维持整体平衡。土面以上一段板桩所承受的侧向荷载及垂直荷载越大，要求桩打入土中就越深。因此，悬臂板桩只适用于承受荷载不大（通常墙高小于4m）以及临时性工程(如基坑开挖时的支撑)。否则会导致板桩入土深度过大而不经济。

锚定式板桩墙的桩顶或桩顶附近加一道锚定拉杆，则板桩打入土中的长度和断面可以大大减小。锚定式挡土墙又可根据入土深度分为两种情况：入土浅时桩底视为简支，入土深时视为嵌固。当墙高比较大时常采用这种结构。

7.2.5　加筋土挡土墙

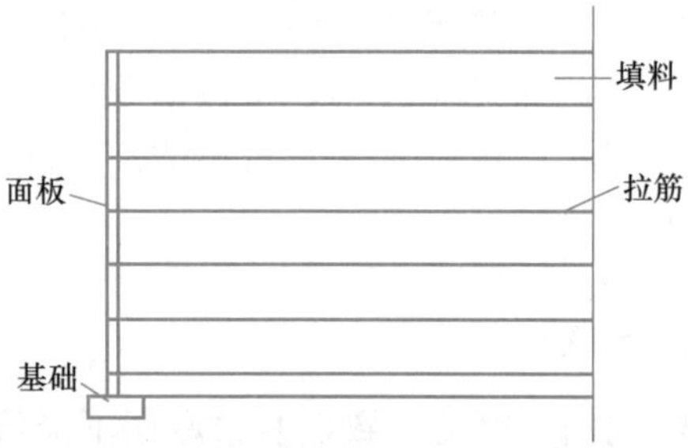

图7-6　加筋土挡土墙基本构造

加筋土挡土墙是在填土中加入筋带、纤维材料或网状材料，它们借摩擦力将自身的抗拉强度与土体的抗压强度结合起来，加强了土体的稳定性，使土体作为整体构成重力式挡土墙，用以抵挡其后土体的压力，其基本构造如图7-6所示。加筋土挡土墙可以用来修筑路基、挡土墙、桥台、堤坝等。这种挡土墙具有结构轻便且经济的特点，较适用于地基承载力不大的软土地基。当墙高较大时，与重力式挡土墙相比，可降低造价25%～60%。

7.3　作用在挡土墙上的土压力

作用在挡土墙上的主要外荷载是土压力。设计挡土墙时首先要确定作用在墙背上土压力的性质、大小、方向和作用点。严格来说，土压力的计算是比较复杂的，它不仅与土的性质、填土的过程和墙的刚度、形状等因素有关，还取决于墙的位移。如果挡土墙排水条件较差，或是岸边的挡土墙，还可能承受静水压力。若在挡土墙顶的地面上有公路或建有房屋等，则应考虑由于超载引起的附加应力。此外，建于地震区的挡土墙，还要考虑地震力所增加的土压力。土压力的计算有多种理论和方法，为简化起见，除了板桩墙外，一般假定墙是刚性的，并沿用朗肯和库伦的理论和计算方法。

有关土压力的理论和计算，在《土力学》教材中已有详细的论述，本书不再重复。本节仅仅补充有关墙后有地下水的计算方法和地震时的土压力计算方法。

7.3.1 墙后填土有地下水

如墙后填土有地下水时，作用在墙背上的侧压力有土压力和水压力两部分。计算时假定水位上下土的内摩擦角相同，但必须分别按天然重度和有效重度计算。如图 7-7 所示，*abdec* 为土压力分布图，而 *cef* 为水压力分布图，总侧压力为土压力和水压力之和。图中的 γ_w 为水的重度，γ' 为填土的有效重度。

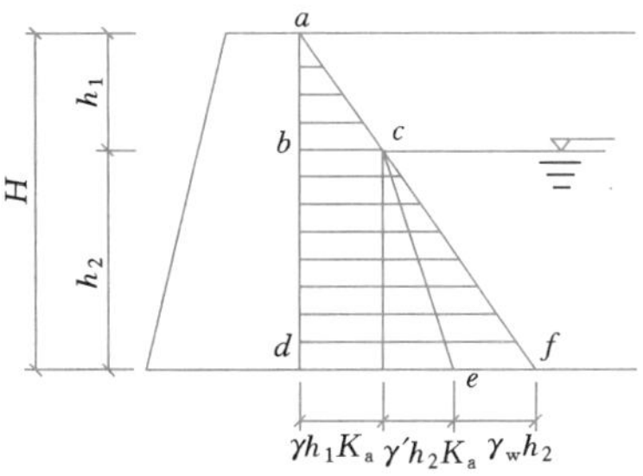

图 7-7 有地下水的土压力计算
($c=0$)

7.3.2 地震时的土压力

地震时由于地面运动使土压力增加，在挡土墙上增加一个地震力 F：

$$F = kG \tag{7-1}$$

式中 k——水平地震系数，即地震时地面最大加速度与重力加速度之比(见表 7-1)；

G——挡土墙重力。

地震力 F 应与其他作用力一起计算，此时的主动土压力可按下式计算：

$$E_a = \frac{1}{2}\frac{\gamma}{\cos\alpha'}H^2K_a \tag{7-2}$$

$$K_a = \frac{\cos^2(\varphi-\alpha-\alpha')}{\cos^2(\alpha+\alpha')\cos(\alpha+\alpha'+\delta)\left[1+\sqrt{\dfrac{\sin(\varphi+\delta)\sin(\varphi-\beta-\alpha')}{\cos(\alpha+\alpha'+\delta)\cos(\alpha-\beta)}}\right]^2}$$

式中 H——挡土墙高度；

γ——墙后填土的重度；

φ——墙后填土的内摩擦角；

α——墙背的倾斜角，俯斜时取正号，仰斜为负号；

β——墙后填土面的倾角；

δ——土对挡土墙背的摩擦角；

α'——地震角，$\alpha'=\tan^{-1}k$，α'值可由表 7-1 查得。

地震系数 k 及地震角 α' 表 7-1

地 震 烈 度	7 度	8 度	9 度
地震系数 k	0.025	0.05	0.10
地震角 α'	1°25′	3°	6°

7.4 重力式挡土墙

7.4.1 重力式挡土墙的选型

选择合理的挡土墙类型，对挡土墙的设计具有重要意义，主要有下列几点：

1. 使墙后土压力最小

7.2.1节已经介绍过，重力式挡土墙按墙背的倾斜情况分为仰斜、垂直和俯斜三种。仰斜墙主动土压力最小，俯斜墙主动土压力最大，垂直墙主动土压力处于仰斜和俯斜两者之间，因此仰斜墙较为合理，墙身截面设计较为经济，应优先考虑应用。在进行墙背的倾斜形式选择时，还应根据使用要求、地形条件和施工等情况综合考虑确定。

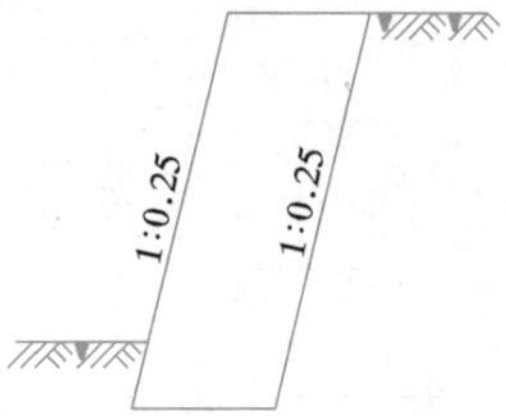

图7-8　墙的面坡和背坡坡度

2. 墙的背坡和面坡的选择

在墙前地面坡度较陡处，墙面坡可取1∶0.05～1∶0.2,也可采用直立的截面。当墙前地形较平坦时，对于中、高挡土墙，墙面坡可用较缓坡度，但不宜缓于1∶0.4，以免增高墙身或增加开挖宽度。仰斜墙墙背坡愈缓，则主动土压力愈小，但为了避免施工困难，墙背仰斜时其倾斜度一般不宜缓于1∶0.25。面坡应尽量与背坡平行（图7-8）。

3. 基底逆坡坡度

在墙体稳定性验算中，倾覆稳定较易满足要求，而滑动稳定常不易满足要求。为了增加墙身的抗滑稳定性，将基底做成逆坡是一种有效的办法（图7-9）。对于土质地基的基底逆坡一般不宜大于0.1∶1（n∶1）；对于岩石地基一般不宜大于0.2∶1。由于基底倾斜，会使基底承载力减少，因此需将地基承载力特征值折减。当基底逆坡为0.1∶1时，折减系数为0.9；当基底逆坡为0.2∶1时，折减系数为0.8。

4. 墙趾台阶

当墙身高度超过一定限度时，基底压应力往往是控制截面尺寸的重要因素。为了使基底压应力不超过地基承载力，可加墙趾台阶（图7-10），以扩大基底宽度，这对挡土墙的抗倾覆和滑动稳定都是有利的。

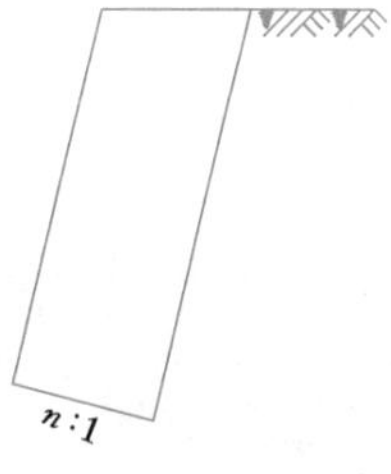

图7-9　基底逆坡坡度

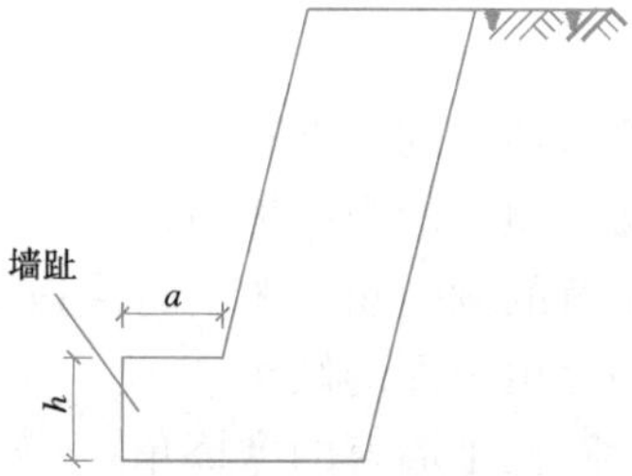

图7-10　墙趾台阶尺寸

墙趾高h和墙趾宽a的比例可取h∶a=2∶1，a不得小于200mm。墙趾台阶的夹角一般应保持直角或钝角，若为锐角时不宜小于60°。此外，基底法向反力的偏心距必须满足$e \leqslant 0.25b$（b为基底的水平投影宽度）。

7.4.2　重力式挡土墙的构造

1. 挡土墙的埋置深度

挡土墙的埋置深度（如基底倾斜，则按最浅的墙趾处计算），应根据持力层地基土的承载力、冻结因素确定。土质地基一般不小于0.5m。若基底土为软弱土层时，则按实际情况将基础尺寸加深加宽，或采用换土、桩基或其他人工地基等。如基底为岩石、大块碎石、砾砂、粗砂、中砂等，则挡土墙基础埋置深度与冻土层深度无关（一般挡土墙基础埋置在冻土层以下 0.25m 处）；若基底为风化岩层时，除应将其全部清除外，一般应加挖 0.15～0.25m；如基底为基岩，则挡土墙嵌入岩层的尺寸应不小于表 7-2 的规定。

2. 墙身构造

挡土墙各部分的构造必须符合强度和稳定的要求，并根据就地取材经济合理施工方便，按地质地形等条件确定。一般块石挡土墙顶宽不应小于 0.4m。

挡土墙基础嵌入岩层尺寸表　　表 7-2

基底岩层名称	h(m)	l(m)	示 意 图
石灰岩、砂岩及玄武岩等	0.25	0.25～0.5	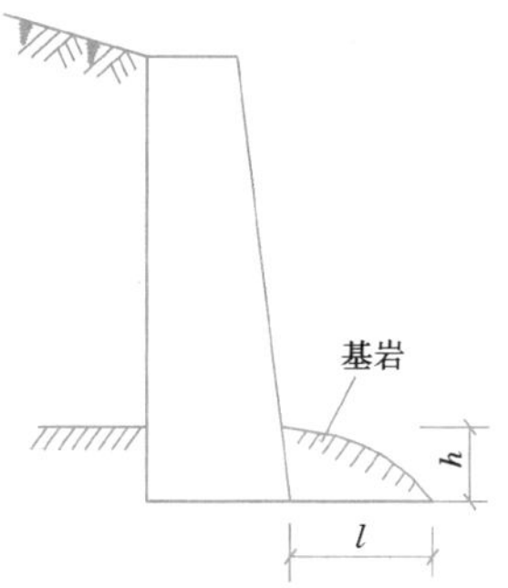
页岩、砂岩交互层等	0.60	0.6～1.5	
松软岩石，如千枚岩等	1.0	1.0～2.0	
砂夹砾石等	≥1.0	1.5～2.5	

3. 排水措施

雨季时，雨水沿坡下流。如果在设计挡土墙时，没有考虑排水措施或因排水不良，就将使墙后土的抗剪强度降低，导致土压力的增加。此外，由于墙背积水，又增加了水压力。这是造成挡土墙倒塌的主要原因。

为了使墙后积水易于排出，通常在墙身布置适当数量的泄水孔，图 7-11 为两个排水较好的方案。泄水孔的尺寸根据排水量而定，可分别采用 50mm×100mm、100mm×100mm、150mm×200mm 的矩形孔，或采用直径为 100～150mm 的圆孔。孔眼间距为 2～3m。若挡土墙高度大于 12m，则应根据不同高度加设泄水孔。当墙后渗水量较大，为

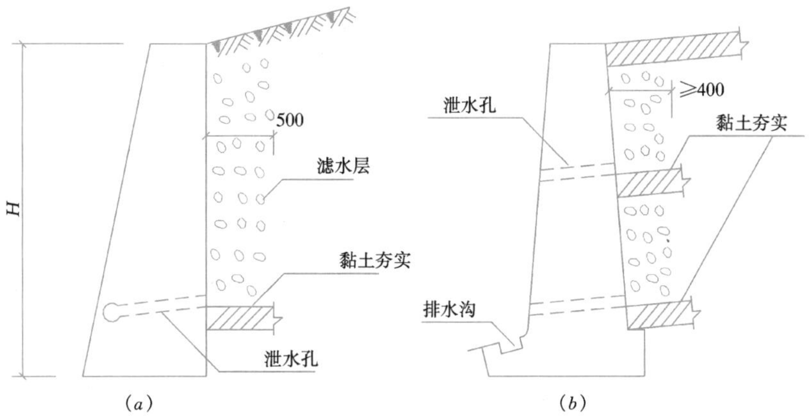

图 7-11　挡土墙的排水措施

(a) 方案一；(b) 方案二

了减少动水压力对墙身的影响，应增密泄水孔，加大泄水孔尺寸或增设纵向排水措施。在泄水孔附近应用卵石、碎石或块石材料覆盖，作滤水层，以防泥砂淤塞。为了防止墙后积水渗入地基，应在最低泄水孔下部铺设黏土层并夯实，并设散水或排水沟，如图7-11所示。

4. 填土质量要求

选择质量好的填料以及保证填土的密实度是挡土墙施工的两个关键问题。根据土压力理论进行分析，为了使作用在挡土墙上的土压力最小，应该选择抗剪强度高、性质稳定、透水性好的粗颗粒材料作填料，例如卵石、砾石、粗砂、中砂等，并要求这些材料含泥量小。如果施工质量得到保证，填料的内摩擦角大，对挡土墙产生的主动土压力就较小。

在工程上实际的回填土往往含有黏性土，这时应适当混入碎石，以便易于夯实和提高其抗剪强度。对于重要的、高度较大的挡土墙，用黏性土作回填土料是不合适的，因为黏性土遇水体积会膨胀，干燥时又会收缩，性质不稳定，由于交错膨胀与收缩可在挡土墙上产生较大的侧应力，这种侧应力在设计中是无法考虑的，因此会使挡土墙遭到破坏。

不能用的回填土为淤泥、耕植土、成块的硬黏土和膨胀性黏土，回填土中还不应夹杂有大的冻结土块、木块和其他杂物，因为这类土产生的土压力大，对挡土墙的稳定极为不利。

对于常用的砖、石挡土墙，当砌筑的砂浆达到强度的70％时，方可回填，回填土应分层夯实。

5. 沉降缝和伸缩缝

由于墙高、墙后土压力及地基压缩性的差异，挡土墙宜设置沉降缝；为了避免因混凝土及砖石砌体的收缩硬化和温度变化等作用引起的破裂，挡土墙宜设置伸缩缝。沉降缝与伸缩缝，实际上是同时设置的，可把沉降缝兼作伸缩缝，一般每隔10～20m设置一道，缝宽约20mm，缝内嵌填柔性防水材料。

6. 挡土墙的材料要求

石料：石料应经过挑选，在力学性质、颗粒大小和新鲜程度等方面要求一致，不应有过分破碎、风化外壳或严重的裂缝。

砂浆：挡土墙应采用水泥砂浆，只有在特殊条件下才采用水泥石灰砂浆、水泥黏土砂浆和石灰砂浆等。在选择砂浆强度等级时，除应满足墙身计算所需的砂浆强度等级外，在构造上还应符合有关规范要求。在9度地震区，砂浆强度等级应比计算结果提高一级。

7. 挡土墙的砌筑质量

挡土墙施工必须重视墙体砌筑质量。挡土墙基础若置于岩层上，应将岩层表面风化部分清除。条石砌筑的挡土墙，多采用一顺一丁砌筑方法，上下错缝，也有少数采用全丁全顺相互交替的砌法，一般应该保证搭缝良好，砌稳安正。采用毛石砌筑的挡土墙，除尽量采用石块自然形状，保证各轮丁顺交替、上下错缝的砌法外，还要严格保证砂浆水灰比符合要求、填缝紧密、灰浆饱满，确保每一块石料安稳砌正，墙体稳固。

在松散坡积层地段修筑挡土墙，不宜整段开挖，以免在墙完工前，土体滑下；宜采用马口分段开挖方式，即跳槽间隔分段开挖。施工前应先做好地面排水。

7.4.3 重力式挡土墙的计算

重力式挡土墙的计算通常包括下列内容：①抗倾覆验算；②抗滑移验算；③地基承载力验算；④墙身强度验算；⑤抗震计算。

1. 挡土墙抗倾覆验算

在抗倾覆稳定验算中，将土压力 E_a 分解为水平分力 E_{ax} 和垂直分力 E_{az}（图 7-12），显然，对墙趾 O 点的倾覆力矩为 $E_{ax} \cdot z_f$，而抗倾覆力矩则为 $G \cdot x_0 + E_{az} \cdot x_f$。为了保证挡土墙的稳定，应使抗倾覆力矩大于倾覆力矩，两者之比值称为抗倾覆安全系数 K_t，即

$$K_t = \frac{G \cdot x_0 + E_{az} \cdot x_f}{E_{ax} \cdot z_f} \geqslant 1.6 \tag{7-3}$$

式中 K_t——每延米抗倾覆安全系数；

G——每延米挡土墙的重力（kN/m）；

E_{ax}——每延米主动土压力的水平分力：

$$E_{ax} = E_a \cdot \sin(\alpha - \delta) \tag{7-4}$$

E_{az}——每延米主动土压力 E_a 的垂直分力：

$$E_{az} = E_a \cos(\alpha - \delta) \tag{7-5}$$

x_0、x_f、z_f——分别为 G、E_{az}、E_{ax} 至墙趾 O 点的距离：

$$x_f = b - z \cdot \cot\alpha \tag{7-6}$$

$$z_f = z - b \cdot \tan\alpha_0 \tag{7-7}$$

式中 b——基底的水平投影宽度；

z——土压力作用点离墙踵的高度；

α——墙背与水平线之间的夹角；

α_0——基底与水平线之间的夹角。

若墙背为垂直时，则 $\alpha=90°$，基底水平，$\alpha_0=0$。那么

$$E_{ax} = E_a \cdot \cos\delta \tag{7-8}$$

$$E_{az} = E_a \cdot \sin\delta \tag{7-9}$$

$$x_f = b$$

$$z_f = z$$

若地基较软弱，在挡土墙倾覆的同时，墙趾可能陷入土中，因而力矩中心 O 点向内移动，抗倾覆安全系数 K_t 将会降低，故在采用式（7-3）时要考虑地基土的压缩性。

2. 挡土墙抗滑移验算

在抗滑移稳定验算中，如图 7-13 所示的挡土墙，将主动土压力 E_a 及挡土墙重力 G 各分解为平行与垂直于基底的两个分力；滑移力为 E_{at}，抗滑移力为 E_{an} 及 G_n 在基底产生的摩擦力。抗滑力和滑动力的比值称为抗滑移安全系数 K_s，即

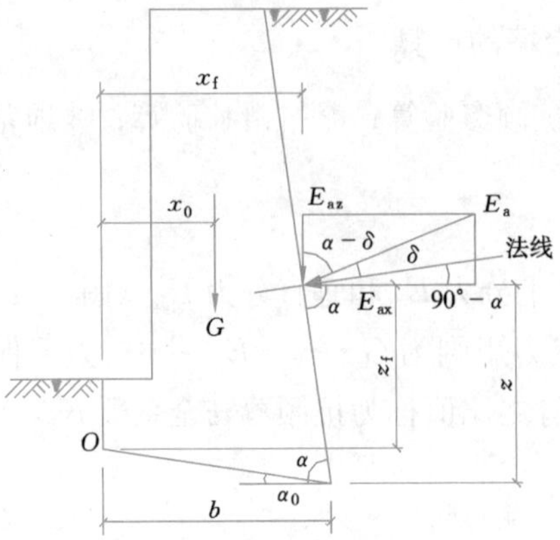

图7-12 挡土墙的抗倾覆验算

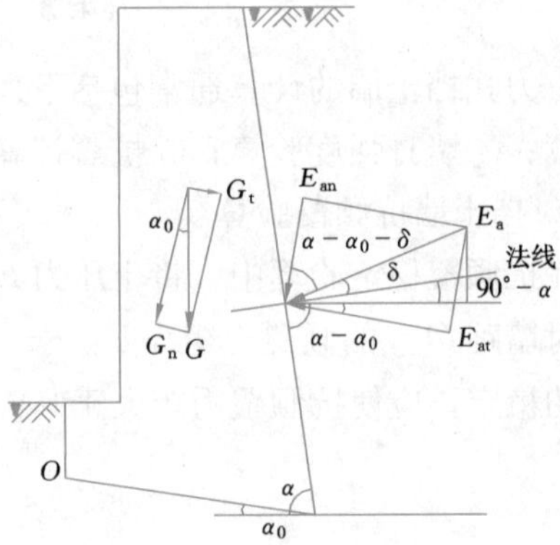

图7-13 挡土墙的抗滑移验算

$$K_s=\frac{(G_n+E_{an})\mu}{E_{at}-G_t}\geqslant 1.3 \tag{7-10}$$

式中 K_s——抗滑移安全系数；

G_n——垂直于基底的重力分力：

$$G_n=G\cdot\cos\alpha_0; \tag{7-11}$$

G_t——平行于基底的重力分力：

$$G_t=G\cdot\sin\alpha_0; \tag{7-12}$$

E_{an}——垂直于基底的土压力分力：

$$E_{an}=E_a\cdot\cos(\alpha-\alpha_0-\delta); \tag{7-13}$$

E_{at}——平行于基底的土压力分力：

$$E_{at}=E_a\cdot\sin(\alpha-\alpha_0-\delta); \tag{7-14}$$

μ——挡土墙基底对地基的摩擦系数，由试验确定，当无试验资料时，可参考表7-3选用。

挡土墙基底对地基的摩擦系数 μ 值 表7-3

土的类别		摩擦系数 μ
黏性土	可塑	0.25～0.30
	硬塑	0.30～0.35
	坚硬	0.35～0.45
粉土		0.30～0.40
中砂、粗砂、砾砂		0.40～0.50
碎石土		0.40～0.60
岩石	软质岩	0.40～0.60
	表面粗糙的硬质岩	0.65～0.75

注：1. 对于易风化的软质岩石和塑性指数 I_P 大于22的黏性土，基底摩擦系数应通过试验确定；
2. 对于碎石土，密实的可取高值；稍密、中密及颗粒为中等风化或强风化的取低值。

若墙背为垂直时，则 $\alpha=90°$，基底水平，$\alpha_0=0$。那么

$$G_n = G$$

$$G_t = 0$$

$$E_{an} = E_a \cdot \sin\delta \tag{7-15}$$

$$E_{at} = E_a \cdot \cos\delta \tag{7-16}$$

挡土墙的稳定性验算通常包括抗倾覆和抗滑移稳定验算。对于软弱地基，由于超载等因素，还可能出现沿地基中某一曲面滑动，对于这种情况，应采用圆弧法进行地基稳定性验算。

3. 挡土墙地基承载力验算

挡土墙地基承载力验算与一般偏心受压基础验算方法相同，先求出作用在基底上的合力及其合力的作用点位置。挡土墙重力 G 与土压力 E_a 的合力 E 可用平行四边形法则求得。如图 7-14 所示，将合力 E 作用线延长与基底相交于点 m，在 m 点处将合力 E 再分解为两个分力 E_n 及 E_t，其中 E_n 为垂直于基底的分力（即为作用在基底上的垂直合力 N），对基底形心的偏心距为 e，可根据偏心受压计算公式计算基底压力并进行验算（图 7-15）。

$$E = \sqrt{G^2 + E_a^2 + 2G \cdot E_a \cdot \cos(\alpha - \delta)} \tag{7-17}$$

$$\tan\theta = \frac{G \cdot \sin(\alpha - \delta)}{E_a + G\cos(\alpha - \delta)} \tag{7-18}$$

垂直于基底的分力为：

$$E_n = E \cdot \cos(\alpha - \alpha_0 - \theta + \delta) \tag{7-19}$$

$$E_t = E \cdot \sin(\alpha - \alpha_0 - \theta - \delta) \tag{7-20}$$

如图 7-15 所示，可按下述方法求出基底合力 N 的偏心距 e：先将主动土压力分解为垂直分力 E_{az} 与水平分力 E_{ax}，然后将各力 G、E_{az}、E_{ax} 及 N 对墙趾 O 点取矩，根据合力矩等于各分力矩之和的原理，便可求得合力 N 作用点对 O 点的距离 c 及对基底形心的偏心距 e。

$$N \cdot c = Gx_0 + E_{az} \cdot x_f - E_{ax} \cdot z_f$$

$$c = \frac{Gx_0 + E_{az} \cdot x_f - E_{ax} \cdot z_f}{N} \tag{7-21}$$

$$e = \frac{b'}{2} - c \tag{7-22}$$

$$b' = \frac{b}{\cos\alpha_0} \tag{7-23}$$

式中 b'——基底斜向宽度。

验算挡土墙的地基承载力按下式进行：

当偏心距 $e \leqslant \frac{b'}{6}$ 时，基底压力呈梯形或三角形分布（图 7-15）。

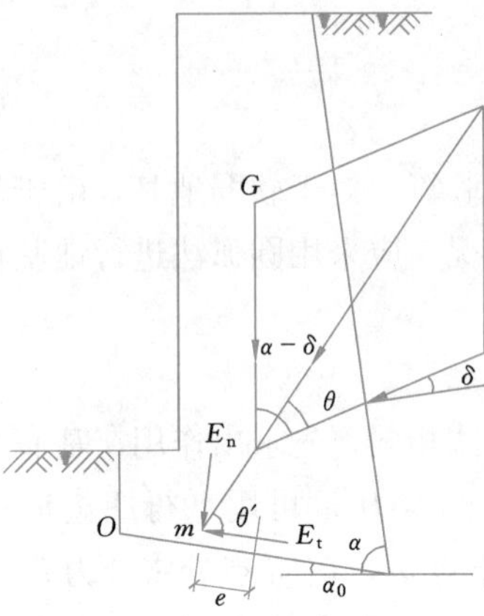

图7-14 地基承载力验算（一）

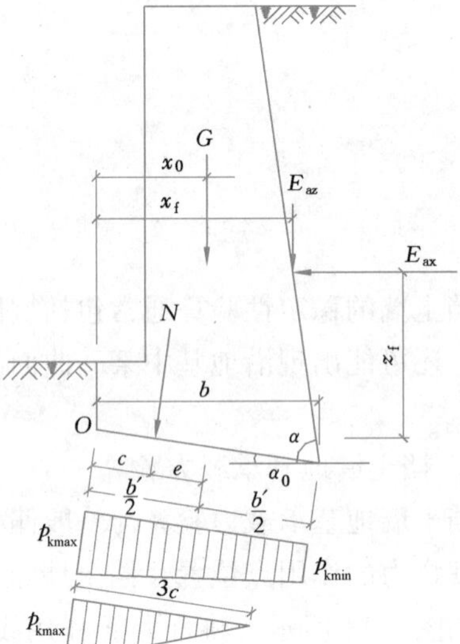

图7-15 地基承载力验算（二）

$$p_{kmax}=\frac{N}{b'}\left(1+\frac{6e}{b'}\right)\leqslant 1.2f_a \tag{7-24}$$

当偏心距 $e>\frac{b'}{6}$ 时，则基底压力呈三角形分布（图7-15）。

$$p_{kmax}=\frac{2N}{3c}\leqslant 1.2f_a \tag{7-25}$$

式中 f_a——修正后的地基承载力特征值，当基底倾斜时，应乘以0.9的折减系数。

若挡土墙墙背垂直、基底水平时，则 $\alpha=90°$，$\alpha_0=0$，$b'=b$，用它们代入上述各式计算，此时 N 垂直于基底水平宽度 b，c 及 e 均为水平距离。

基底平均压力尚应满足式（2-16）的要求。

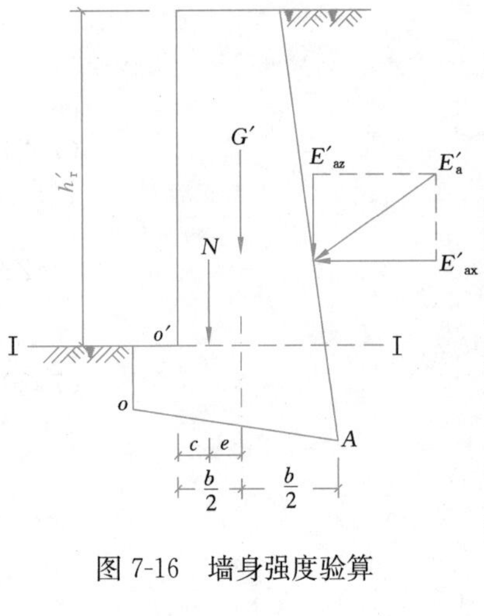

图7-16 墙身强度验算

当基底压力超过地基土的承载力特征值时，可增大底面宽度。

4. 挡土墙墙身强度验算

重力式挡土墙一般用毛石砌筑，需验算任意墙身截面处的法向应力和剪切应力，这些应力应小于墙身材料极限承载力。对于截面转折或急剧变化的地方，应分别进行验算。就是说，墙身强度验算取墙身薄弱截面进行，如图7-16所示取截面Ⅰ-Ⅰ，首先计算墙高为 h'_r 时的土压力 E'_a 及墙身重力 G'，用前面的方法求出合力 N 及其作用点，然后按砌体受压公式进行验算。

（1）抗压验算

$$N \leqslant \varphi f A \tag{7-26}$$

式中　N——由设计荷载产生的纵向力；

φ——纵向力影响系数，根据砂浆强度等级、β、e/h 查表求得；

β——高厚比，$\beta = H_0/h$；在求纵向力影响系数时先对 β 值乘以砌体系数，对粗料石和毛石砌体为 1.5；H_0 为计算墙高取 $2h'_r$（h'_r 为墙高）；h 为墙的平均厚度；

e——纵向力的偏心距；

A——计算截面面积，取 1m 长度；

f——砌体抗压强度设计值。

（2）抗剪验算

$$V \leqslant (f_v + \alpha\mu\sigma_0)A \tag{7-27}$$

式中　V——由设计荷载产生的水平荷载；

f_v——砌体抗剪强度设计值；

α——修正系数；砖砌体取 0.64，混凝土砌块砌体取 0.66；

μ——剪压复合受力影响系数，$\mu = 0.23 - 0.065\sigma_0/f$；

σ_0——永久荷载设计值产生的水平截面平均压应力，其值不应大于 $0.8f$。

5. 挡土墙的抗震计算

计算地震区挡土墙时需考虑两种情况，即有地震时的挡土墙和无地震时的挡土墙。在这两种情况的计算结果中，选用其中墙截面较大者。这是因为在考虑地震附加组合时，安全度降低，有时算出的墙截面可能反而比无地震时的小，此时，则应选用无地震时的墙截面。

（1）抗倾覆验算（图 7-17）

$$K_t = \frac{G \cdot x_0 + E_{az} \cdot x_f}{E_{ax} \cdot z_f + F \cdot z_w} \geqslant 1.2 \tag{7-28}$$

（2）抗滑移验算（图 7-18）

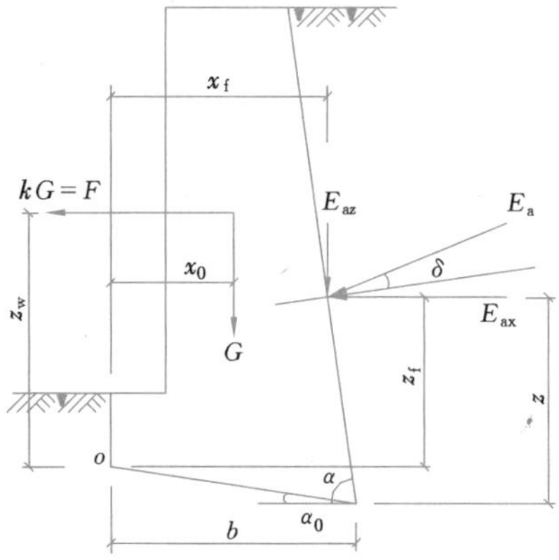

图 7-17　抗倾覆验算（有地震力）

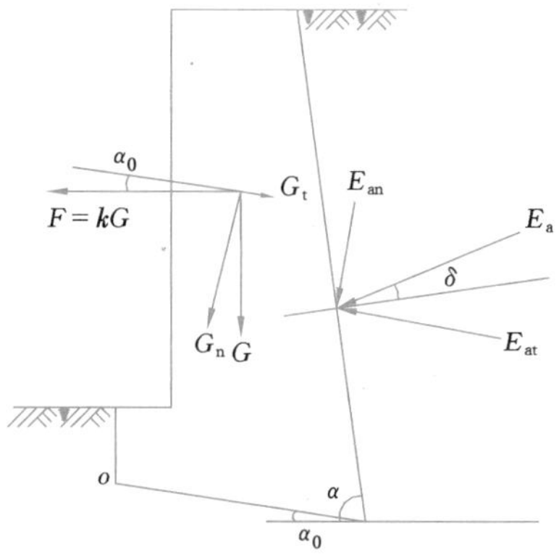

图 7-18　抗滑移验算（有地震力）

$$K_s = \frac{(G_n + E_{an} + F \cdot \sin\alpha_0)\mu}{E_{at} - G_t + F\cos\alpha_0} \geqslant 1.2 \tag{7-29}$$

式中 F——地震力，$F=k \cdot G$。

(3) 地基承载力验算（图7-19）

当基底合力的偏心距 $e \leqslant \frac{b}{6}$ 时：

$$p_{max} = \frac{N + F\sin\alpha_0}{b'}\left(1 + \frac{6e}{b'}\right) \leqslant 1.2f_{aE} \tag{7-30}$$

当基底合力的偏心距 $e > \frac{b'}{6}$ 时：

$$p_{max} = \frac{2(N + F\sin\alpha_0)}{3c} \leqslant 1.2f_{aE} \tag{7-31}$$

$$c = \frac{Gx_0 + E_{az} \cdot x_f - E_{ax} \cdot z_f - F \cdot z_w}{N + F\sin\alpha_0} \tag{7-32}$$

式中 f_{aE}——调整后的地基抗震承载力，按式（10-61）计算。

(4) 墙身强度验算（图7-20）

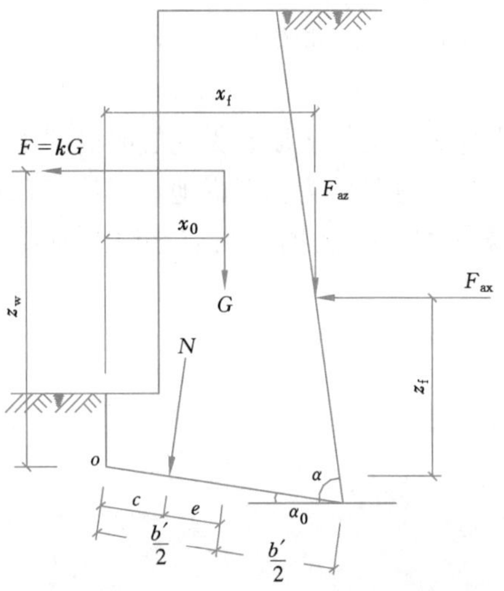

图7-19 地基承载力验算（有地震力）

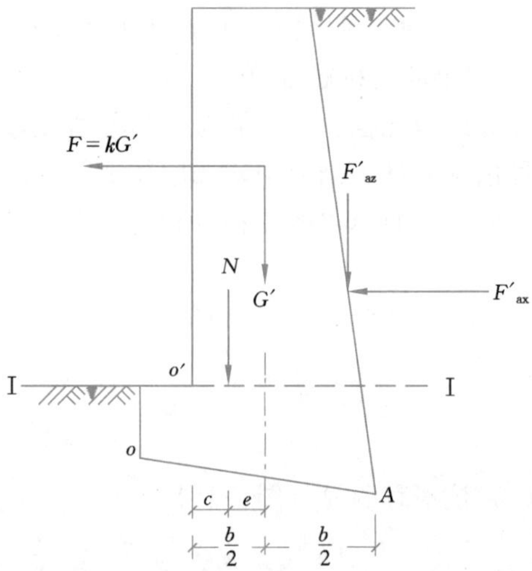

图7-20 墙身强度验算（有地震力）

① 抗压验算

$$N \leqslant \varphi f A \tag{7-33}$$

② 抗剪验算

$$V \leqslant (f_v + \alpha\mu\sigma_0)A \tag{7-34}$$

计算 V 值时，要考虑地震力 F。

【例7-1】某挡土墙高 H 为5m，墙背垂直光滑，墙后填土面水平，挡土墙采用M5水泥砂浆，MU20毛石砌筑，砌体重度 $\gamma_k=22\text{kN/m}^3$，填土内摩擦角 $\varphi=30°$，黏聚力 $c=0$，填土重度 $\gamma=18\text{kN/m}^3$，地面荷载2.5kPa，基底摩擦系数 $\mu=0.5$，地基承载力特征值 $f_a=200\text{kPa}$，试验算挡土墙的稳定性及强度。挡土墙的截面尺寸见例图7-1（1）。

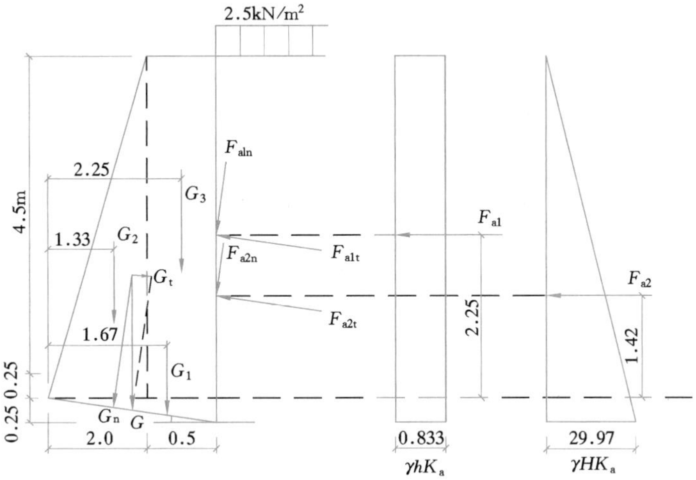

例图 7-1（1）

【解】 1. 计算主动土压力 E_a

将地面荷载换算成土层厚度 $h=\dfrac{q}{\gamma}=\dfrac{2.5}{18}=0.139\text{m}$，由于墙背垂直光滑，则

$$K_a=\tan^2\left(45°-\frac{\varphi}{2}\right)=\tan^2\left(45°-\frac{30°}{2}\right)=0.333$$

$$\gamma\cdot h\cdot K_a=18\times0.139\times0.333=0.833\text{kPa}$$

$$\gamma(h+H)K_a=18(0.139+5)\times0.333=30.8\text{kPa}$$

$$30.8-0.833=29.97\text{kPa}$$

主动土压力合力 E_a：

$$E_a=\frac{1}{2}(0.833+30.8)\times5=79.1\text{kN/m}$$

$$E_{a1}=0.833\times5=4.17\text{kN/m}(\text{矩形面积})$$

$$E_{a2}=\frac{1}{2}\times29.97\times5=74.93\text{kN/m}(\text{三角形面积})$$

2. 抗倾覆验算

$$G_1=\frac{1}{2}\times2.5\times0.25\times22=6.875\text{kN/m}$$

$$G_2=\frac{1}{2}\times2\times4.75\times22=104.5\text{kN/m}$$

$$G_3=0.5\times4.75\times22=52.25\text{kN/m}$$

抗倾覆安全系数 K_t：

$$K_t=\frac{6.875\times1.67+104.5\times1.33+52.25\times2.25}{4.17\times2.25+74.93\times1.42}$$

$$=\frac{268.029}{115.78}=2.315>1.6\quad(\text{满足要求})$$

3. 抗滑移验算

$$\tan\alpha_0=\frac{0.25}{2.5}=0.1$$

$$\sin\alpha_0 = \frac{0.25}{\sqrt{2.5^2 + 0.25^2}} = 0.0995$$

$$\cos\alpha_0 = \frac{2.5}{\sqrt{2.5^2 + 0.25^2}} = 0.995$$

$$E_{a1t} = E_{a1}\cos\alpha_0 = 4.17 \times 0.995 = 4.149\text{kN/m}$$

$$E_{a1n} = E_{a2}\sin\alpha_0 = 4.17 \times 0.0995 = 0.415\text{kN/m}$$

$$E_{a2t} = E_{a2}\cos\alpha_0 = 74.93 \times 0.995 = 74.555\text{kN/m}$$

$$E_{a2n} = E_{a2}\sin\alpha_0 = 74.93 \times 0.0995 = 7.456\text{kN/m}$$

$$\Sigma G = G_1 + G_2 + G_3 = 6.875 + 104.5 + 52.25 = 163.625\text{kN/m}$$

$$G_t = \Sigma G \cdot \sin\alpha_0 = 163.625 \times 0.0995 = 16.281\text{kN/m}$$

$$G_n = \Sigma G \cdot \cos\alpha_0 = 163.625 \times 0.995 = 162.81\text{kN/m}$$

抗滑移安全系数 K_s

$$K_s = \frac{(162.81 + 0.415 + 7.456) \times 0.5}{4.149 + 74.555 - 16.281} = 1.367 > 1.3 \quad \text{（满足要求）}$$

4. 地基承载力验算

合力 N 对 O 点的距离 c：

$$c = \frac{268.029 - 115.78}{162.81} = 0.935\text{m}$$

$$e = \frac{b'}{2} - c$$

$$b' = \frac{b}{\cos\alpha_0} = \frac{2.5}{0.995} = 2.513\text{m}$$

$$e = \frac{2.513}{2} - 0.935 = 0.322\text{m}$$

$e < \frac{b'}{6} = \frac{2.513}{6} = 0.419\text{m}$，基底应力呈梯形分布，其基底应力为：

$$p_{kmax} = \frac{N}{b'}\left(1 + \frac{6e}{b'}\right) = \frac{162.81}{2.513}\left(1 + \frac{6 \times 0.322}{2.513}\right)$$

$$= 114.596 < 1.2 \times 200\text{kPa}$$

$p_k = \frac{162.81}{2.513} = 64.8\text{kPa} < f_a = 200\text{kPa}$　（满足要求）

5. 墙身强度验算［例图 7-1（2）］

（1）抗压强度验算

土压力强度：

墙顶：$\gamma h K_a = 18 \times 0.139 \times 0.333 = 0.833\text{kPa}$

Ⅰ-Ⅰ截面：$\gamma(h + H)K_a = 18(0.139 + 3) \times 0.333 = 18.815\text{kPa}$

$$18.815 - 0.833 = 17.982\text{kPa}$$

$$E'_{a1} = 0.833 \times 3 = 2.499\text{kN/m}$$

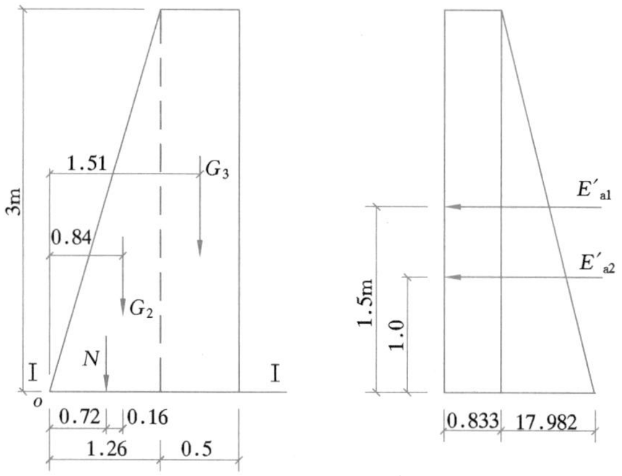

例图 7-1（2）

$$E'_{a2}=\frac{1}{2}\times3\times17.982=26.973\text{kN/m}$$

$$G_2=\frac{1}{2}\times1.26\times3\times22=41.58\text{kN/m}$$

$$G_3=0.5\times3\times22=33\text{kN/m}$$

合力 N 对 O' 的距离 c：

$$c=\frac{41.58\times0.84+33\times1.51-2.499\times1.5-26.973\times1}{74.58}$$

$$=\frac{34.93+49.83-3.75-26.97}{74.58}$$

$$=0.72\text{m}$$

对截面形心偏心距 $e=\dfrac{b}{2}-c$

$$e=\frac{1.76}{2}-0.72=0.16\text{m}$$

设计荷载 $N=1.35(G_2+G_3)=1.35\times74.58=100.7\text{kN/m}$

墙身平均厚度　$h=\dfrac{0.5+1.76}{2}=1.13\text{m}$

截面积　$A=1.76\times1=1.76\text{m}^2$

毛石砌体抗压强度设计值

$$f=510\text{kPa}$$

高厚比 $\beta=\dfrac{H_0}{h}=\dfrac{2\times3}{1.13}=5.31$，毛石砌体取 $\beta=5.31\times1.5=7.965$

$$\frac{e}{h}=\frac{0.16}{1.13}=0.142$$

由砂浆强度等级、β 及 $\dfrac{e}{h}$ 查得纵向力影响系数 $\varphi=0.61$

$$\varphi fA = 0.61 \times 510 \times 1.76 = 547.5\text{kN} > 100.7\text{kN}$$

(2) 抗剪强度验算

设计荷载 $V = 1.35E'_{a2} + 1.4E'_{a1}$

$= 1.35 \times 26.973 + 1.4 \times 2.499$

$= 39.9\text{kN/m}$

毛石砌体抗剪强度设计值 $f_v = 160\text{kPa}$

永久荷载设计值产生的平均压应力 $\sigma_0 = \dfrac{N}{A} = \dfrac{100.7}{1.76} = 57.2\text{kPa}$

$\mu = 0.23 - 0.065\sigma_0/f$

$= 0.23 - 0.065 \times 57.2/510 = 0.223$

$(f_v + \alpha\mu\sigma_0)A = (160 + 0.64 \times 0.223 \times 57.2) \times 1.76$

$= 296\text{kN/m} > V = 39.9\text{kN/m}$（满足要求）

7.5 悬臂式挡土墙

当现场地基土较差或缺少石料时，可采用钢筋混凝土悬臂式挡土墙，墙高可大于5m，截面常设计成L形。

7.5.1 悬臂式挡土墙的构造特点

悬臂式挡土墙是将挡土墙设计成悬臂梁形式（图7-21），$b/H_1 = \dfrac{1}{2} \sim \dfrac{2}{3}$，墙趾宽度 b_1 约等于$\dfrac{1}{3}b$。

墙身（立壁）承受着作用在墙背上的土压力所引起的弯曲应力。为了节约混凝土材料，墙身常做成上小下大的变截面，如图7-21（*a*）所示。有时在墙身与底板连接处设置支托（图7-21*b*），也有将底板反过来设置（图7-21*c*），但比较少见。

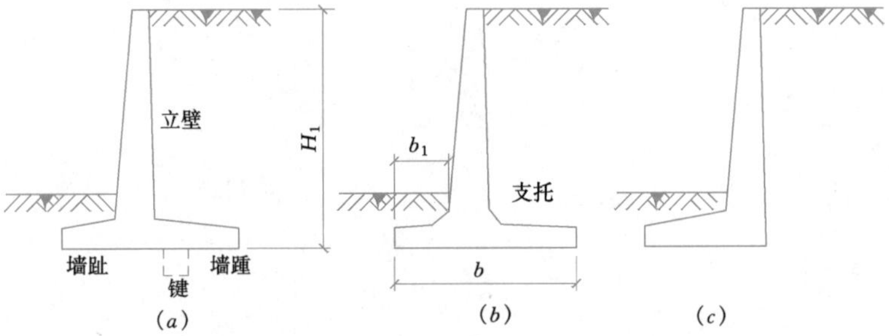

图7-21 悬臂式挡土墙

墙趾和墙踵均承受着弯矩，可按悬臂板进行设计。墙趾和墙踵宜做成上斜下平的变截面，这样不但节约混凝土，而且有利于排水。基础底板的厚度宜与墙身下端相等。

当采用双排钢筋时，墙身顶面最小宽度宜为200mm；如果墙高较小，墙身较薄，墙内配筋采用单排钢筋，则墙身顶面最小厚度可适当减小。墙身面坡采用1∶0.02～0.05，底板最小厚度为200mm，若挡土墙高超过6m，宜加扶壁柱。

挡土墙后应做好排水措施，以消除水压影响，减少墙背的水平推力。通常在墙身中每隔2～3m设置一个100～150mm孔径的泄水孔。墙后做滤水层，墙后地面宜铺筑黏土隔水层，墙后填土时，应采用分层夯填方法。在严寒气候条件下有冻胀可能时，最好以炉渣填充。

一般每隔20～25m设一道伸缩缝，当墙面较长时，可采用分段施工以减少收缩影响。

若挡土墙的抗滑移不满足要求时，可在基础底板加设防滑键。防滑键设在墙身底部，如图7-21（a）的虚线所示，键的宽度应根据剪力要求，其最小值为300mm。

钢筋布置的构造要求按设计规范的规定处理。墙身受拉一侧按计算配筋，在受压一侧为了防止产生收缩与温度裂缝也要配置纵横向的构造钢筋网$\phi10@300$，其配筋率不低于0.2%。计算截面有效高度h_0时，钢筋保护层厚度应取30mm；对于底板，不小于40mm，无垫层时不小于70mm。

7.5.2　悬臂式挡土墙的计算方法

悬臂式挡土墙的计算，包括确定侧压力、墙身（立壁）的内力及配筋计算、地基承载力验算、基础板的内力及配筋计算、抗倾覆稳定验算、抗滑移稳定验算等。在一般情况下，取单位长度为计算单元。

1. 确定侧压力

（1）无地下水（或排水良好）时（图7-22a）

主动土压力$E_a=E_{a1}+E_{a2}$。当墙背直立、光滑、填土面水平时：

$$K_a=\tan^2\left(45°-\frac{\varphi}{2}\right)$$

$$\left.\begin{aligned}E_{a1}&=\frac{1}{2}\gamma H^2\tan^2\left(45°-\frac{\varphi}{2}\right)\\E_{a2}&=qH\tan^2\left(45°-\frac{\varphi}{2}\right)\end{aligned}\right\}\tag{7-35}$$

式中　E_{a1}——由墙后土体产生的土压力（kN/m）；

E_{a2}——由填土面上均布荷载q产生的土压力（kN/m）。

（2）有地下水时（图7-22b）

1）地下水位处

$$\sigma'_a=\gamma h_1\tan^2\left(45°-\frac{\varphi}{2}\right)\tag{7-36}$$

2）地下水位以下

$$\sigma'_a=\gamma h_1\tan^2\left(45°-\frac{\varphi}{2}\right)+(\gamma_{sat}-\gamma_w)h_2\tan^2\left(45°-\frac{\varphi}{2}\right)+\gamma_w h_2$$

$$\sigma'_a=[\gamma h_1+(\gamma_{sat}-\gamma_w)h_2]\tan^2\left(45°-\frac{\varphi}{2}\right)+\gamma_w h_2\tag{7-37}$$

2. 墙身内力及配筋计算

挡土墙的墙身按下端嵌固在基础板中的悬臂板进行计算，每延米的设计弯矩值为（图7-22a）：

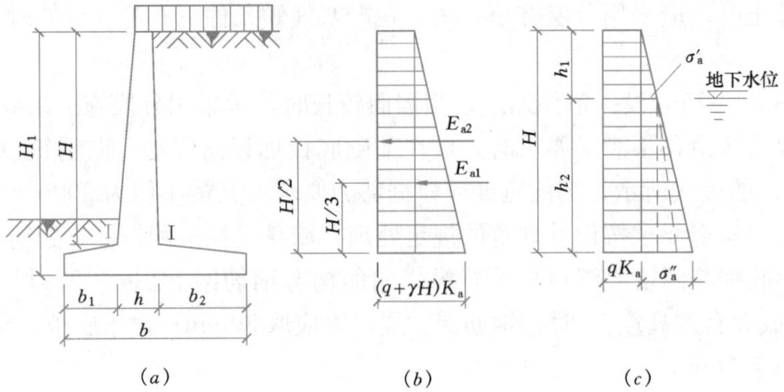

图7-22　侧压力计算

$$M=\gamma_0\left(\gamma_G E_{a1}\cdot\frac{H}{3}+\gamma_Q E_{a2}\frac{H}{2}\right) \tag{7-38}$$

式中　γ_0——结构重要性系数，对于重要的构筑物取 $\gamma_0=1.1$，对于一般的构筑物取 $\gamma_0=1.0$，对于次要的取 $\gamma_0=0.9$；

γ_G——墙后填土的荷载分项系数，可取 $\gamma_G=1.35$；

γ_Q——墙面均布活荷载的荷载分项系数，取 $\gamma_Q=1.4$。

根据式（7-38）算出的弯矩 M 为墙身底部的嵌固弯矩。由于沿墙身高度方向的弯矩从底部（嵌固弯矩）向上逐渐变小，其顶部弯矩为零，故墙身厚度和配筋可以沿墙高由下到上逐渐减少。墙身面坡可采用 1∶0.02～0.05，墙身顶部最小宽度为200mm。配筋方法：一般可将底部钢筋的1/3～1/2伸至顶部，其余的钢筋可交替在墙高中部的一处或两处切断。受力钢筋应垂直配置于墙背受拉边，而水平分布钢筋则应与受力钢筋绑扎在一起形成一个钢筋网片，分布钢筋可采用 ϕ10@300。若墙身较厚，可在墙外侧面（受压的一侧）配置构造钢筋网片 ϕ10@300（纵横两个方向），其配筋率不少于0.2%。

受力钢筋的数量，可按下列公式进行计算：

$$A_s=\frac{M}{\gamma_s f_y h_0} \tag{7-39}$$

式中　A_s——受拉钢筋截面面积；

γ_s——系数（与受压区相对高度有关，可预先算出，列出表格）；

f_y——受拉钢筋设计强度；

h_0——截面有效高度。

3. 地基承载力验算

墙身截面尺寸及配筋确定后，可假定基础底板截面尺寸，设底板宽度为 b，墙趾宽度为 b_1，墙踵板宽度为 b_2（图7-23）及底板厚度为 h，并设墙身自重 G_1、基础板自重 G_2、墙踵板在宽度 b_2 内的土重 G_3、地面的活荷载 G_4、土的侧压力 E'_{a1} 及 E'_{a2}，由下式可以求

得合力的偏心距 e 值：

$$e=\frac{b}{2}-\frac{(G_1a_1+G_2a_2+G_3a_3+G_4a_4)-E'_{a1}\dfrac{H'}{3}-E'_{a2}\dfrac{H'}{2}}{G_1+G_2+G_3+G_4} \tag{7-40}$$

讨论：

（1）当 $e\leqslant b/6$ 时，截面全部受压

$$\begin{matrix}p_{kmax}\\p_{kmin}\end{matrix}=\frac{\sum G}{b}\left(1\pm\frac{6e}{b}\right) \tag{7-41}$$

（2）当 $e>b/6$ 时，截面部分受压

$$p_{kmax}=\frac{2\sum G}{3c} \tag{7-42}$$

式中 $\sum G$——为 G_1、G_2、G_3、G_4 之和；

c——合力作用点至 o 点的距离。

（3）要求满足条件

$$p_{kmax}\leqslant 1.2f_a \tag{7-43}$$

$$\frac{p_{kmax}+p_{kmin}}{2}\leqslant f_a \tag{7-44}$$

式中 f_a——修正后的地基承载力特征值。

4．基础板的内力及配筋计算

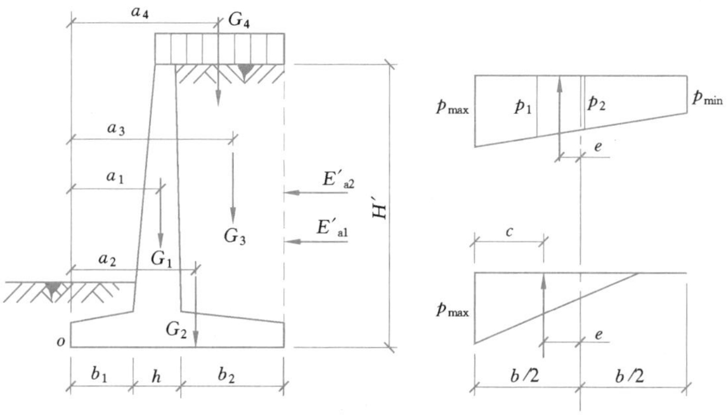

图 7-23 悬臂式挡土墙的验算

突出的墙趾：作用在墙趾上的力有基底反力、突出墙趾部分的自重及其上土体重量，墙趾截面上的弯矩 M 可由下式算出（见图 7-23）：

$$M_1=\frac{p_1b_1^2}{2}+\frac{(p_{max}-p_1)b_1}{2}\cdot\frac{2b_1}{3}-M_a$$

$$=\frac{1}{6}(2p_{max}+p_1)b_1^2-M_a$$

式中　M_a——墙趾板自重及其上土体重量作用下产生的弯矩。

由于墙趾板自重很小，其上土体重量在使用过程中有可能被移走，因而一般可忽略这两项力的作用，也即 $M_a=0$。上式可写为：

$$M_1=\frac{1}{6}(2p_{max}+p_1)b_1^2 \tag{7-45}$$

按式（7-39）计算求得的钢筋数量应配置在墙趾的下部。

突出的墙踵：作用在墙踵（墙身后的基础板）上的力有墙踵部分的自重（即 G_2 的一部分，见图 7-23）及其上土体重量 G_3、均布活荷载 G_4、基底反力，在这些力的共同作用下，使突出的墙踵向下弯曲，产生的弯矩 M_2 可由下式算得（图7-23）：

$$\begin{aligned}M_2&=\frac{q_1\cdot b_2^2}{2}-\frac{p_{min}\cdot b_2^2}{2}-\frac{(p_2-p_{min})b_2^2}{3\times 2}\\&=\frac{1}{6}[3q_1-3p_{min}-(p_2-p_{min})]b_2^2\\&=\frac{1}{6}[2(q_1-p_{min})+(q_1-p_2)]b_2^2\end{aligned} \tag{7-46}$$

式中　q_1——墙踵自重及 G_3、G_4 产生的均布荷载。

根据弯矩 M_2 计算求得的钢筋应配置在基础板的上部。

5. 稳定性验算

（1）抗倾覆稳定验算（图 7-23）

$$K_t=\frac{G_1a_1+G_2a_2+G_3a_3}{E'_{a1}\cdot\frac{H'}{3}+E'_{a2}\cdot\frac{H'}{2}}\geqslant 1.6 \tag{7-47}$$

式中　G_1、G_2——墙身自重及基础板自重；

G_3——墙踵上填土重。

（2）抗滑移稳定验算（图 7-23）

$$K_s=\frac{(G_1+G_2+G_3)\cdot\mu}{E'_{a1}+E'_{a2}}\geqslant 1.3 \tag{7-48}$$

式（7-48）中不考虑活荷载 G_4。当有地下水浮力 Q 时，$(G_1+G_2+G_3)$ 中要减去 Q 值。

（3）提高稳定性的措施

当稳定性不够时，应采取相应措施。提高稳定性的常用措施有以下几种：

1）减少土的侧压力

墙后填土换成块石，增加内摩擦角 φ 值，这样可以减少侧压力；或在挡土墙立壁中部设减压平台，平台宜伸出土体滑裂面以外，以提高减压效果，常用于扶壁式挡土墙（图 7-24）。

2）增加墙踵的悬臂长度

① 在原基础底板墙踵后面加设抗滑拖板，如图 7-25（*a*）所示，抗滑拖板与墙踵铰接连接。

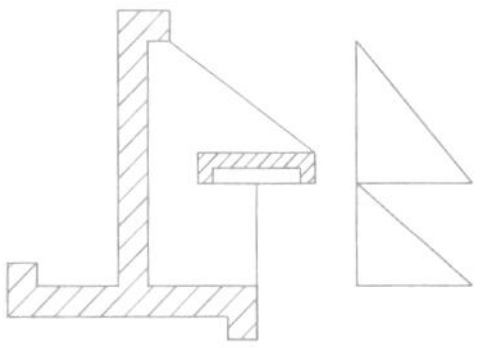

图 7-24 设置减压平台

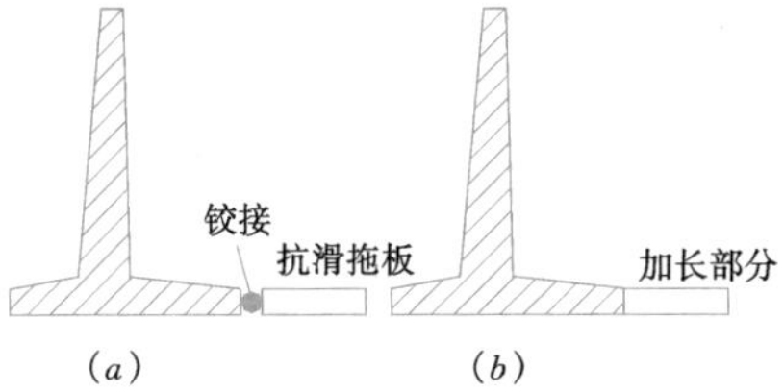

图 7-25 增加墙踵的悬臂长度

② 在原基础底板墙踵部分加长，如图 7-25（b）所示，墙背后面堆土重增加，使抗倾覆和抗滑移能力得到提高。

3）提高基础抗滑能力

① 基础底板做成倾斜面（图 7-26）。倾斜角 $\alpha_0 \leqslant 10°$。

$$N = \sum G\cos\alpha_0 + E_a\sin\alpha_0$$

抗滑移力为

$$\mu N = \mu[\sum G\cos\alpha_0 + E_a\sin\alpha_0] \tag{7-49}$$

滑移力为

$$E_a\cos\alpha_0 - \sum G\sin\alpha_0 \tag{7-50}$$

如图 7-26 所示，如果倾斜坡度为 1∶6 时，则 $\cos\alpha_0 = 0.986$，$\sin\alpha_0 = 0.164$。由式（7-49）及式（7-50）可以看出，抗滑移力增加而滑移力却减少了。

② 设置防滑键。

如图 7-27 所示，防滑键设置于基础底板下端，键的高度 h_j 与键离墙趾端部 A 点的距离 α_j 的比例，宜满足下列条件：

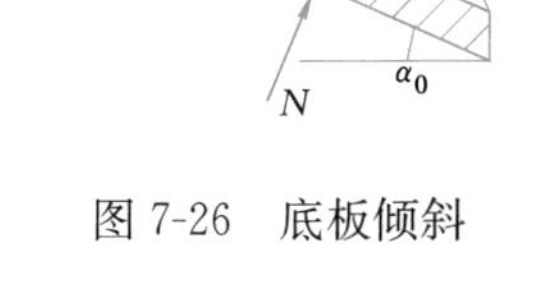

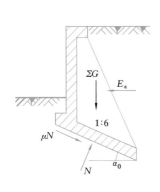

图 7-26 底板倾斜

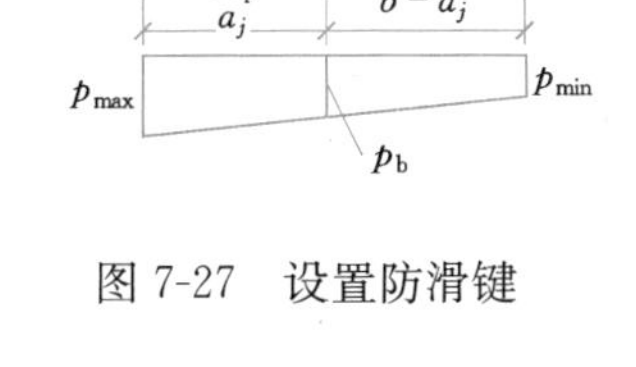

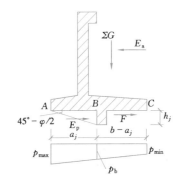

图 7-27 设置防滑键

$$\frac{h_j}{a_j} = \tan\left(45° - \frac{\varphi}{2}\right) \tag{7-51}$$

被动土压力 E_p 值为：

$$E_p = \frac{p_{max} + p_b}{2} \times \tan^2\left(45° + \frac{\varphi}{2}\right)h_j \tag{7-52}$$

当键的位置满足式（7-51）时，被动土压力 E_p 最大。键后面土与底板间的摩擦力 F 为：

$$F=\frac{p_b+p_{min}}{2}(b-a_j)\mu \tag{7-53}$$

应满足条件

$$\frac{\psi_p E_p+F}{E_a}\geqslant 1.3 \tag{7-54}$$

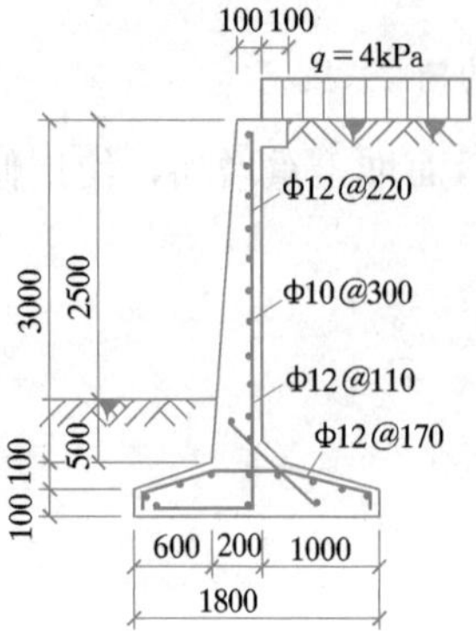

例图 7-2（1）

式中的 ψ_p 值是考虑被动土压力 E_p 不能充分发挥的一个影响系数，一般可取 $\psi_p=0.5$。

③在基础底板底面夯填 300～500mm 厚的碎石，以增加摩擦系数 μ 值，提高挡土墙抗滑移力。

【例 7-2】 悬臂式挡土墙截面尺寸如例图 7-2（1）所示。地面上活荷载 $q=4\text{kPa}$，地基土为黏性土，承载力特征值 $f_a=100\text{kPa}$。墙后填土重度 $\gamma=18\text{kN/m}^3$，内摩擦角 $\varphi=30°$。挡土墙底面处在地下水位以上。求挡土墙墙身及基础底板的配筋，进行稳定性验算和土的承载力验算，挡土墙材料采用 C25 级混凝土及 HPB300、HRB335 级钢筋。

【解】 1. 确定侧压力

$$E_a=E_{a1}+E_{a2}=\frac{1}{2}\gamma H^2\tan^2\left(45°-\frac{\varphi}{2}\right)+qH\tan^2\left(45°-\frac{\varphi}{2}\right)$$

$$=\frac{1}{2}\times18\times3^2\times\tan^2\left(45°-\frac{30°}{2}\right)+4\times3\times\tan^2\left(45°-\frac{30°}{2}\right)$$

$$=27+4=31\text{kN/m}$$

2. 墙身内力及配筋计算

从式（7-38）中可求得每延米设计嵌固弯矩 M

$$M=\gamma_0\left(\gamma_G E_{a1}\frac{H}{3}+\gamma_Q E_{a2}\frac{H}{2}\right)=1\times\left(1.35\times27\times\frac{3}{3}+1.4\times4\times\frac{3}{2}\right)$$

$$=36.5+8.4=44.9\text{kN}\cdot\text{m/m}$$

$f_c=11.9\text{N/mm}^2$

$f_y=300\text{N/mm}^2$　　　（HRB335 级钢筋）

墙身净保护层厚度取 30mm

$$\alpha_s=\frac{M}{\alpha_1 f_c b h_0^2}=\frac{44900000}{1\times11.9\times1000\times165^2}=0.139$$

查表得 $\gamma_s=0.925$

$$A_s=\frac{M}{\gamma_s f_y h_0}=\frac{44900000}{0.925\times300\times165}=981\text{mm}^2/\text{m}$$

沿墙身配置Φ 12@110（$A_s=1028\text{mm}^2$）的竖向受力钢筋，钢筋的 1/2 伸至顶部，其余的在墙高中部（1/2 墙高处）截断。在水平方向配置构造分布筋 ϕ10@300。

3. 地基承载力验算

每延米墙身自重 G_1

$$G_1=\frac{1}{2}\ (0.1+0.2)\ \times3\times25=11.3\text{kN/m}$$

每延米基底板自重 G_2

$$G_2=\frac{1}{2}\ (0.1+0.2)\ \times1.6\times25+0.2\times0.2\times25=7\text{kN/m}$$

每延米墙踵板在宽度 b_2 内的土重 G_3

$$G_3=\left(3+\frac{0.1}{2}\right)\times1\times18=54.9\text{kN/m}$$

每延米地面活荷载 G_4

$$G_4=4\times1=4\text{kN/m}$$

挡土墙压力

$$E'_{a1}=\frac{1}{2}\gamma H'^2\tan^2\left(45^\circ-\frac{\varphi}{2}\right)=\frac{1}{2}\times18\times3.2^2\times\tan^2\left(45^\circ-\frac{30^\circ}{2}\right)$$

$$=30.7\text{kN/m}$$

$$E'_{a2}=qH'\tan^2\left(45^\circ-\frac{\varphi}{2}\right)=4\times3.2\times\tan^2\left(45^\circ-\frac{30^\circ}{2}\right)=4.3\text{kN/m}$$

根据式（7-40）计算基础底面土反力的偏心距 e 值。

$$e=\frac{b}{2}-\frac{(G_1a_1+G_2a_2+G_3a_3+G_4a_4)\ -\left(E'_{a1}\dfrac{H'}{3}+E'_{a2}\dfrac{H'}{2}\right)}{G_1+G_2+G_3+G_4}$$

$$=\frac{1.8}{2}-\frac{(11.3\times0.72+7\times0.87+54.9\times1.3+4\times1.3)-\left(30.7\times\dfrac{3.2}{3}+4.3\times\dfrac{3.2}{2}\right)}{11.3+7+54.9+4}$$

$$=0.9-\frac{51.2}{77.2}=0.237\text{m}$$

$e<\dfrac{b}{6}=\dfrac{1.8}{6}=0.3\text{m}$，截面全部受压

$$\begin{matrix}p_{\text{kmax}}\\p_{\text{kmin}}\end{matrix}=\frac{\sum G}{b}\left(1\pm\frac{6e}{b}\right)=\frac{77.2}{1.8\times1}\left(1\pm\frac{6\times0.237}{1.8}\right)$$

$$=\begin{matrix}76.8\text{kPa}\\9.0\text{kPa}\end{matrix}$$

$$p_{\text{kmax}}\leqslant1.2f_a=120\text{kPa}$$

$$\frac{p_{\text{kmax}}+p_{\text{kmin}}}{2}\leqslant f_a$$

$$\frac{76.8+9}{2}=42.9\text{kPa}<100\text{kPa}$$

计算结果满足要求。

4. 基础底板的内力及配筋计算

计算底板配筋时要采用设计荷载，故自重和填土自重要乘以荷载分项系数 1.35，活荷载要乘以荷载分项系数 1.4。根据式（7-40）计算 e 值。

$$e=\frac{1.8}{2}-\frac{(8.136+6.09+71.37)\ \times1.35+5.2\times1.4-\ (32.75\times1.35+6.88\times1.4)}{(11.3+7+54.9)\ \times1.35+4\times1.4}$$

$$=0.9-\frac{69.0}{104.4}=0.239\text{m}$$

$$e<\frac{b}{6}=0.3\text{m}$$

$$\begin{matrix}p_{\max}\\p_{\min}\end{matrix}=\frac{\Sigma G}{b}\left(1\pm\frac{6e}{b}\right)=\frac{104.4}{1.8\times1}\left(1\pm\frac{6\times0.239}{1.8}\right)$$

$$=\begin{matrix}104.2\text{kPa}\\11.8\text{kPa}\end{matrix}$$

(1) 墙趾部分［见图7-23及例图7-2 (1)］

$$p_1=11.8+(104.2-11.8)\times\frac{1+0.2}{1.8}=73.4\text{kPa}$$

$$M_1=\frac{1}{6}\left[2p_{\max}+p_1\right]b_1^2$$

$$=\frac{1}{6}\left[2\times104.2+73.4\right]\times0.6^2=16.91\text{kN}\cdot\text{m/m}$$

基础底板厚 $h_1=200\text{mm}$

$h_{01}=200-45=155\text{mm}$（有垫层）；

$$\alpha_s=\frac{M_1}{\alpha_1 f_c b h_{01}^2}=\frac{16910000}{1\times11.9\times1000\times155^2}=0.059$$

查表得

$$\gamma_s=0.970$$

$$A_s=\frac{M_1}{\gamma_s h_{01} f_y}=\frac{16910000}{0.970\times155\times300}=375\text{mm}^2$$

可利用墙身竖向受力钢筋下弯。

(2) 墙踵部分

$$q_1=\frac{\gamma_G G_3+\gamma_Q G_4+\gamma_G G'_2}{b_2}$$

$$\gamma_G\cdot G'_2=1.35\times1\times0.15\times25=5.1\text{kN/m}$$

$$q_1=\frac{1.35\times54.9+1.4\times4+5.1}{1.0}=84.8\text{kN/m}$$

$$p_2=p_{\min}+(p_{\max}-p_{\min})\frac{b_2}{b}$$

$$=11.8+(104.2-11.8)\times\frac{1.0}{1.8}=63.1\text{kPa}$$

$$M_2=\frac{1}{6}[2(q_1-p_{\min})+(q_1-p_2)]b_2^2$$

$$=\frac{1}{6}[2(84.8-11.8)+(84.8-63.1)]\times1^2$$

$$=27.95\text{kN}\cdot\text{m/m}$$

墙趾与墙踵根部高度相同，$h_1=h_2$，则 $h_{01}=h_{02}=155\text{mm}$，可得

$$\alpha_s=\frac{M_2}{\alpha_1 f_c b h_{02}^2}=\frac{27950000}{1\times11.9\times1000\times155^2}=0.098$$

查表得 $\gamma_s=0.0948$

$$A_s=\frac{M_2}{\gamma_s h_{02} f_y}=\frac{27950000}{0.948\times155\times300}=634\text{mm}^2$$

选用Φ12@170（$A_s=665mm^2$）

5. 稳定性验算

（1）抗倾覆稳定计算

$$K_t=\frac{M_r}{M_s}\geqslant 1.6$$

抗倾覆力矩 M_r 的计算

$M_r=G_1a_1+G_2a_2+G_3a_3=11.3\times0.72+7\times0.87+54.9\times1.3$

$=85.6kN\cdot m/m$

倾覆力矩 M_s 的计算

$$M_s=E'_{a1}\times\frac{H'}{3}+E'_{a2}\times\frac{H'}{2}=30.7\times\frac{3.2}{3}+4.3\times\frac{3.2}{2}$$

$$=39.6kN\cdot m/m$$

$K_t=\frac{M_r}{M_s}=\frac{85.6}{39.6}=2.16>1.6$（满足要求）

（2）抗滑移验算

对黏性土取基底摩擦系数 $\mu=0.3$

$$K_s=\frac{(G_1+G_2+G_3)\mu}{E'_{a1}+E'_{a2}}$$

$$=\frac{0.3(11.3+7+54.9)}{30.7+4.3}$$

$$=0.63<1.3$$

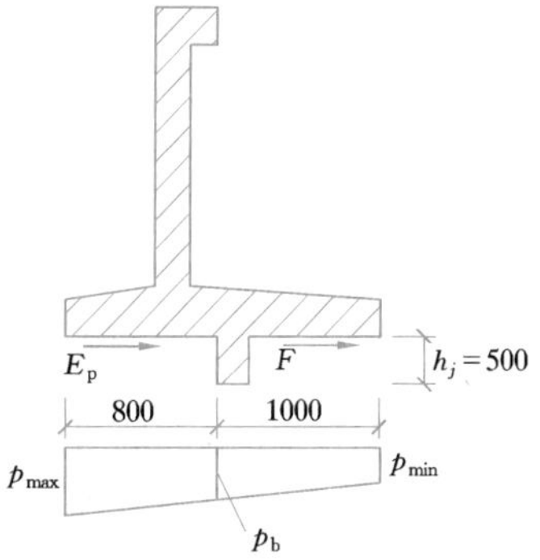

例图 7-2（2）

抗滑移验算结果不满足要求。选用底面夯填 300～500mm 厚碎石提高 μ 值后，仍不满足要求，所以采用底板加设防滑键的办法来解决［例图 7-2（2）］。在下面的计算中，荷载分项系数取 1.0。

$$p_b=p_{min}+(p_{max}-p_{min})\frac{b-a_j}{b}=9+(76.8-9)\frac{1.0}{1.8}=46.7kPa$$

$$a_i=0.8m$$

根据式（7-51）可得

$$h_i=a_i\tan\left(45°-\frac{\varphi}{2}\right)=0.8\tan\left(45°-\frac{30°}{2}\right)=0.46m$$

根据式(7-52)及式(7-53)得

$$E_p=\frac{p_{max}+p_b}{2}\tan^2\left(45°+\frac{\varphi}{2}\right)h_i=\frac{76.8+46.7}{2}\tan^2\left(45°+\frac{30°}{2}\right)\times0.46$$

$$=85.22kN/m$$

$$F=\frac{p_b+p_{min}}{2}(b-a_i)\mu=\frac{46.7+9}{2}(1.8-0.8)\times0.3$$

$$=8.36kN/m$$

由式（7-54）可得

$$\frac{\psi E_p+F}{E'_a}=\frac{0.5\times85.22+8.36}{30.7+4.3}=1.46>1.3$$

计算结果满足要求，防滑键计算高度为0.46m，实际工程可取0.5m。

7.6　扶壁式挡土墙

7.6.1　扶壁式挡土墙的构造

在墙高大于8m的情况下，如果采用悬臂式挡土墙，会使墙身弯矩大、厚度增加、配筋多而不经济。为了增强悬臂式挡土墙墙身的抗弯性能，常采用扶壁式挡土墙（见图7-2c），即沿墙的长度方向每隔(1/3～1/2)H(H为墙高)做一道扶壁。

扶壁式挡土墙与悬臂式挡土墙比较，仅增加扶壁这一部分。由于扶壁的存在，墙身和基础底板受力情况有所改变，计算方法也略有不同。为了使墙身（立壁）、基础底板、扶壁之间能牢固连接成整体，一般在交接处作成支托，见图7-2（c）。

扶壁式挡土墙，取$\frac{b}{H_1}=\frac{1}{2}\sim\frac{2}{3}$，作用在扶壁式挡土墙的土压力与作用在悬臂式挡土墙的相同。扶壁式挡土墙的墙面排水、伸缩缝的做法要求也与悬臂式挡土墙相同。

7.6.2　扶壁式挡土墙的计算特点

1. 墙身（立壁）的计算

扶壁式挡土墙的墙身由竖向扶壁和基础底板支承。当$l_y/l_x\leqslant 2$时，可近似地按三边固定、一边自由的双向板计算内力及配筋；当$l_y/l_x>2$时，按连续单向板计算内力及配筋。实际上在墙身和基础底板之间存在着垂直方向的弯矩，配筋时应加以考虑。

由于作用在墙身上的土体侧压力自上而下逐渐增加，呈三角形分布，所以水平弯矩也自上而下逐渐增大，墙身厚度可以采用上薄下厚的变截面，或者在配置水平钢筋时，自上而下分段加密。

2. 基础底板的计算

基础底板是由墙趾板及墙踵板组成。墙趾板突出部分较短，按向上弯曲的悬臂板计算，这与悬臂式挡土墙的墙趾板设计方法相同。墙踵板由扶壁的底部和墙身的底部支承，作用在墙踵板的荷载有板自重、土重、土压力的竖向分力以及作用在板底的地基反力，墙踵板的计算方法和墙身（立壁）相同。

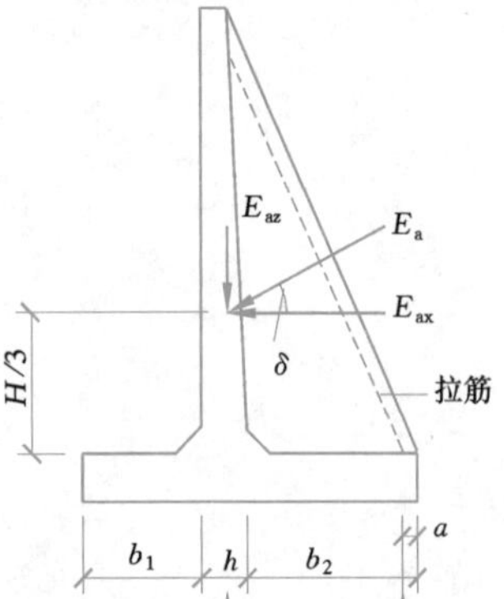

图7-28　扶壁计算

3. 扶壁的计算

扶壁与墙身连成一起整体工作，按固定在基础底板的一个变截面悬臂T形梁计算。假定受压区合力D作用在墙身的中心，T为钢筋的拉力，则从图7-28可得：

$$D=T=\frac{\frac{H}{3}\cdot E_a\cdot\cos\delta}{b_2+\frac{h}{2}-a}\tag{7-55}$$

式中　a——钢筋保护层厚度，取$a=70$mm。其余符号同前。

扶壁中配置有三种钢筋（图7-29）：斜筋、水平筋和垂直筋。斜筋为悬臂T形梁的受拉钢筋，沿扶壁的斜边布置。水平筋作为悬臂T形梁的箍筋以承受肋中的主拉应力，保证肋（扶）壁的斜截面强度；同时，水平筋将扶壁和墙身（立壁）连系起来，以防止在侧压力作用下扶壁与墙身（立壁）的连接处被拉断。垂直筋承受着由于基础底板的局部弯曲作用在扶壁内产生的垂直方向上的拉力，并将扶壁和基础底板连系起来，以防止在竖向力作用下扶壁与基础底板的连接处被拉断。

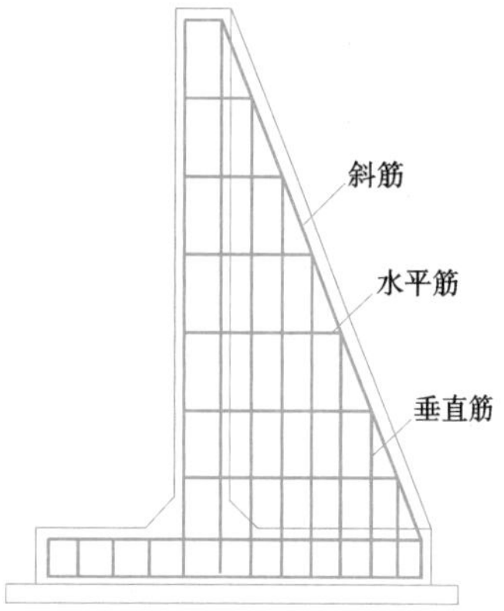

图 7-29 配筋示意图

【例 7-3】 试设计 8.5m 高的扶壁式挡土墙，截面尺寸如例图 7-3 所示。扶壁间距为 3.5m。墙后填土重度 $\gamma=18\text{kN/m}^3$，内摩擦角 $\varphi=30°$，挡土墙材料采用 C25 级混凝土及 HRB400 级钢筋。

【解】 1. 确定侧压力

$$E_a=\frac{1}{2}\gamma H^2\tan^2\left(45°-\frac{\varphi}{2}\right)=\frac{1}{2}\times18\times8^2\times\tan^2\left(45°-\frac{30°}{2}\right)$$
$$=192\text{kN/m}$$

2. 墙身（立壁）的计算

$$\frac{l_y}{l_x}=\frac{8}{3.5}=2.29>2$$

按连续单向板计算内力及配筋。由于土压力呈三角形分布，水平弯矩自上而下增大，配置水平钢筋时，可近似地按三段加密。

设跨中弯矩为 M_X、支座弯矩为 M_X^0，则

$$M_X=0.078ql^2$$
$$M_X^0=-0.105ql^2$$

（1）第一段，$q_1=\gamma_G\gamma H\tan^2\left(45°-\frac{30°}{2}\right)=1.35\times18\times8\times\tan^2 30°=64.7\text{kN/m}$

$M_{x1}=0.078\times ql^2=0.078\times64.7\times3.5^2=61.82\ \text{kN}\cdot\text{m}$

$M_{x1}^0=-0.105\times ql^2=-0.105\times64.7\times3.5^2=-83.22\text{kN}\cdot\text{m}$

$f_c=11.9\text{N/mm}^2$

$f_y=360\text{N/mm}^2$（HRB400 级钢筋）

$$\alpha_s=\frac{M_{x1}}{\alpha_1 f_c bh_0^2}=\frac{61820000}{1\times11.9\times1000\times260^2}=0.077$$

查表得 $\gamma_s=0.960$

$$A_s=\frac{61820000}{0.960\times360\times260}=688\text{mm}^2$$

采用Φ12@160（$A_s=707\text{mm}^2$）

$$\alpha_s^0=\frac{M_{x1}^0}{\alpha_1 f_c bh_0^2}=\frac{83220000}{1\times11.9\times1000\times260^2}=0.103$$

查表得 $\gamma_s^0=0.946$

$$A_s^0=\frac{M_{x1}^0}{\gamma_s f_y h_0}=\frac{83220000}{0.946\times360\times260}=940\text{mm}^2$$

采用Φ12@120（$A_s=942mm^2$）

（2）第二段 $q_2=64.7\times\frac{2}{3}=43.1kN/m$

$M_{x2}=0.078\times43.1\times3.5^2=41.18kN\cdot m$

$M_{x2}^0=-0.105\times43.1\times3.5^2=-55.44\ kN\cdot m$

跨中配筋采用Φ10@170，支座配筋采用Φ10@125（计算从略）。

（3）第三段，$q_3=64.7\times\frac{1}{3}=21.6kN/m$

$M_{x3}=0.078\times21.6\times3.5^2=20.64kN\cdot m$

$M_{x3}^0=-0.105\times21.6\times3.5^2=-27.78kN\cdot m$

跨中配筋采用Φ10@200，支座配筋采用Φ10@200（计算从略）。

3. 基础底板计算

每延米墙身自重 G_1

$$G_1=0.3\times8\times25=60kN/m$$

每延米基础底板自重 G_2

$$G_2=0.5\times4.5\times25=56.25kN/m$$

每延米墙踵板在其宽度范围内的土重 G_3

$$G_3=2.7\times8\times18=388.8kN/m$$

挡土墙土压力

$$E_a=\frac{1}{2}\gamma H'^2\tan^2\left(45°-\frac{\varphi}{2}\right)=\frac{1}{2}\times18\times8.5^2\tan^2\left(45°-\frac{30°}{2}\right)$$

$$=216.75kN/m$$

计算基础底板时，采用设计荷载，自重及填土自重要乘以荷载分项系数1.35，按式（7-40）计算 e 值

$$e=\frac{b}{2}-\frac{(G_1a_1+G_2a_2+G_3a_3)\times1.35-E'_a\cdot\frac{H'}{3}\times1.35}{(G_1+G_2+G_3)\times1.35}$$

$$e=2.25-\frac{(60\times1.65+56.25\times2.25+388.8\times3.15)\times1.35-\left(216.75\times\frac{8.5}{3}\right)\times1.35}{(60+56.25+388.8)\times1.35}$$

$$=2.25-\frac{1450.283\times1.35-614.125\times1.35}{505.05\times1.35}=2.25-1.656=0.594m$$

$$e<\frac{b}{6}=\frac{4.5}{6}=0.75m$$

$$\begin{matrix}p_{max}\\p_{min}\end{matrix}=\frac{\sum G}{b}\left(1\pm\frac{6e}{b}\right)=\frac{505.05\times1.35}{4.5\times1}\left(1\pm\frac{6\times0.594}{4.5}\right)$$

$$=\begin{matrix}271.5kPa\\31.5kPa\end{matrix}$$

（1）墙趾部分（例图7-3）

$$p_1=31.5+(271.5-31.5)\times\frac{2.7+0.3}{4.5}=191.5kPa$$

作用在墙趾上的力有基底反力、墙趾自重及其上土体自重。但由于墙趾板自重很小，

其上土体重量在使用过程中可能被移走，因而可以忽略这两项力的作用。这样，墙趾在基底反力作用下的弯矩为：

$$M_1=\frac{1}{6}(2p_{max}+p_1)b_1^2=\frac{1}{6}(2\times271.5+191.5)\times1.5^2$$

$$=275.4\text{kN}\cdot\text{m/m}$$

基础底板厚 $h_1=500\text{mm}$

$$\alpha_s=\frac{M_1}{\alpha_1 f_c bh_{01}^2}=\frac{275400000}{1\times11.9\times1000\times460^2}=0.109$$

查表得 $\gamma_s=0.942$

$$A_s=\frac{M_1}{\gamma_s f_y h_{01}}=\frac{275400000}{0.942\times360\times460}=1765\text{mm}^2$$

采用Φ16@110（$A_s=1827\text{mm}^2$）

（2）墙踵部分（例图 7-3）

$$p_2=p_{min}+(p_{max}-p_{min})\frac{b_2}{b}$$

$$=31.5+(271.5-31.5)\times\frac{2.7}{4.5}$$

$$=175.5\text{kN/m}^2$$

作用在墙踵上的力有墙踵的自重（G_2 的一部分）及其上土体重量 G_3、基底反力。

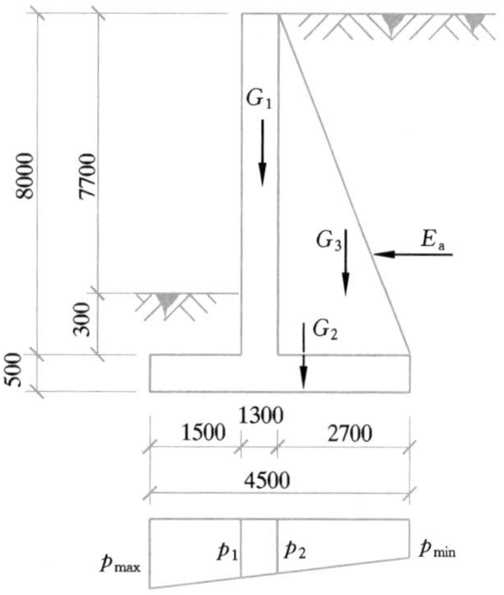

例图 7-3

$$\frac{l_x}{l_y}=\frac{3.5}{2.7}=1.3<2$$

墙踵板的长边与短边之比小于 2，可近似地按三边固定、一边自由的双向板计算内力及配筋。作用在墙踵板上的均布荷载 q_1 可近似地计算如下：

$$q_1=\frac{1.35\times（0.5\times2.7\times25+388.8)}{2.7}=211.3\text{kN/m}$$

墙踵板的基底反力呈梯形分布，为了简化计算和安全，把基底反力视为均布荷载，其作用方向与 q_1 相反，故墙踵在 q_1 及基底反力作用下的荷载 q 为：

$$q=211.3-31.5=179.8\text{kN/m}$$

内力计算：

$$ql_x^2=179.8\times3.5^2=2202.6\text{kN/m}$$

$$\frac{l_y}{l_x}=\frac{2.7}{3.5}=0.77$$

查有关内力计算表格得弯矩系数和弯矩值、配筋列于例表 7-3 中。

例表 7-3

项目	弯矩系数	M=弯矩系数×ql^2 (kN·m)	配筋
M_x^0	−0.0540	−118.9	Φ14@180
M_y^0	−0.0561	−123.6	Φ14@180
M_{xz}^0	−0.0871	−191.9	Φ14@120
M_x	0.0220	48.5	Φ10@200
M_y	0.0084	18.5	Φ10@200
M_{0x}	0.0378	83.3	Φ10@140

4. 扶壁的计算

扶壁按T形梁计算，斜筋为梁的受拉钢筋，其所受到的拉力 T 为：

$$T=\frac{\frac{H}{3}E_a\cos\delta}{b_2+\frac{h}{2}-a}=\frac{\frac{8}{3}\times192\times1}{2.7+\frac{0.3}{2}-0.07}=\frac{512}{2.78}=184\text{kN}$$

所需钢筋截面面积 A_s 为：

$$A_s=\frac{1.35\times T}{f_y}=\frac{1.35\times184000}{360}=690\text{mm}^2$$

采用 3Φ18(A_s=763mm^2)。其余钢筋按构造要求配置。

习　题

7-1 在挡土墙设计中应做哪些验算？

7-2 如何恰当选取挡土墙填料以及墙土摩擦角？

7-3 重力式挡土墙墙身有哪些形式？它的一般尺寸应如何选取？

7-4 什么是衡重式挡土墙？它有何特点？

7-5 当墙后有一坡度为60°的稳定岩坡时，作用在挡土墙上的土压力比一般挡土墙上的土压力大还是小？这时的土压力应如何计算？

7-6 习图7-6所示重力式挡土墙采用毛石砌筑，砌体重度为22kN/m^3，挡土墙下方为坚硬的黏性土，摩擦系数 μ=0.45。作用于墙背的主动土压力 E_a=46.6kN/m，作用方向水平，作用点距墙底1.08m。试对该挡土墙进行抗倾覆和抗滑移稳定验算。

（答案：K_t=3.18，K_s=1.24）

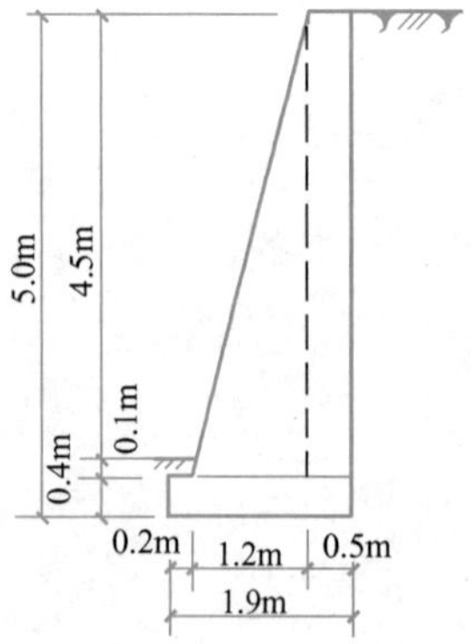

习图 7-6

第8章 基 坑 工 程

8.1 概 述

在建造埋置深度较大的基础或地下工程时，往往需要进行较深的土方开挖。这个由地面向下开挖的地下空间称为基坑。从地表面开挖基坑，最简单的方法是放坡大开挖。这种方法既经济又方便，在空旷地区应优先采用。如果由于场地的局限性，在基槽平面以外没有足够的空间安全放坡，或者为了保证基坑周围的建筑物、构筑物以及地下管线不受损坏，又或者为了满足无水条件下施工，就需要设置挡土和截水的结构，这种结构称为围护结构。一般来说，围护结构应满足以下三个方面的要求：

(1) 保证基坑周围未开挖土体的稳定，满足地下结构施工有足够空间的要求。这就要求围护结构要起挡土的作用。

(2) 保证基坑周围相邻的建筑物、构筑物和地下管线在地下结构施工期间不受损害。这就要求围护结构能起控制土体变形的作用。

(3) 保证施工作业面在地下水位以上。这就要求围护结构有截水作用，结合降水、排水等措施，将地下水位降到作业面以下。

总的说来，围护结构都要满足第一和第三个要求。第二个要求要视周围建筑物、构筑物和地下管线的位置、承受变形的能力、重要性和一旦损坏可能发生的后果等方面的因素来决定。

如果围护结构部分或全部作为主体结构的一部分，譬如将支护墙做成地下室的外墙，围护结构还应满足作为主体结构一部分的要求。围护结构是临时结构，而主体结构是永久结构，两者的要求并非一致。“两墙合一”后，围护结构应按永久结构的要求处理，在强度、变形和抗渗能力等方面的要求都要相应提高。

围护结构是临时结构，主体结构施工完成时，围护结构即完成任务。因此，围护结构的安全储备相应较小，因而具有较大的风险。在基坑开挖过程中应对围护结构进行监测，并应预先制定应急措施，一旦出现险情，可及时抢救。

基坑工程包括了围护体系的设置和土方开挖两个方面。土方开挖的施工组织是否合理对围护体系是否成功产生重要影响。不合理的土方开挖方式、步骤和速度有可能导致主体结构桩基础变位，围护结构变形过大，甚至引起围护体系失稳而导致破坏。同时，基坑开挖必然引起周围土体中的地下水位和应力场的变化，导致周围土体的变形，对相邻建筑物、构筑物和地下管线产生不利的影响，严重时有可能危及它们的安全和正常使用。

总的来说，基坑的开挖深度在基坑工程中是主导因素，基坑场地的地质条件和周围的环境决定支护方案，而基坑的开挖方式与基坑安全直接相关。

8.2 围护结构形式及适用范围

8.2.1 围护结构形式

围护结构最早采用木桩，现在常用钢筋混凝土桩、地下连续墙、钢板桩以及通过地基处理方法采用水泥土挡墙、土钉墙等。钢筋混凝土桩设置方法有钻孔灌注桩、人工挖孔桩、沉管灌注桩和预制桩等。常用的基坑围护结构形式有：

（1）放坡开挖及简易支护；

（2）悬臂式围护结构；

（3）重力式围护结构；

（4）内撑式围护结构；

（5）拉锚式围护结构；

（6）土钉墙围护结构；

（7）其他形式围护结构：主要包括门架式围护结构、拱式组合型围护结构、喷锚网围护结构、沉井围护结构、加筋水泥土围护结构、冻结法围护结构等。

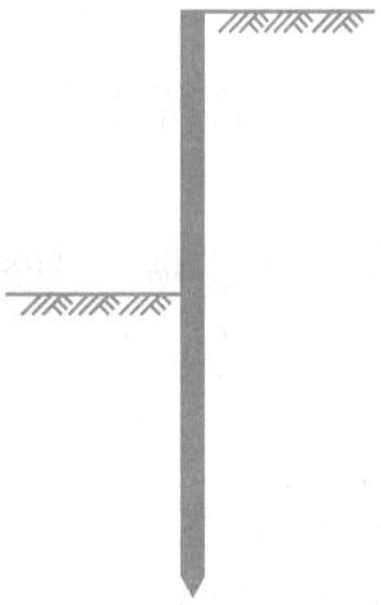

图8-1 悬臂式围护结构示意图

8.2.2 悬臂式围护结构

从广义的角度来讲，一切没有支撑和锚固的围护结构均可归属悬臂式围护结构，如图8-1所示。但本书仅仅指没有支撑和锚固的板桩墙、排桩墙和地下连续墙等围护结构。悬臂式围护结构常采用钢筋混凝土排桩、木板桩、钢板桩、钢筋混凝土板桩、地下连续墙等形式。钢筋混凝土桩常采用钻孔灌注桩、人工挖孔桩、沉管灌注桩和预制桩等。悬臂式围护结构依靠足够的入土深度和结构的抗弯刚度来挡土和控制墙后土体及结构的变形。悬臂式围护结构对开挖深度十分敏感，容易产生大的变形，有可能对相邻建筑物产生不良的影响。这种结构适用于土质较好、开挖深度较小的基坑。

8.2.3 重力式围护结构

水泥土重力式围护结构示意图如图8-2所示。水泥土重力式围护结构通常由水泥搅拌桩组成，有时也采用高压喷射注浆法形成。当基坑开挖深度较大时，常采用格构体系。水泥土和它包围的天然土形成了重力式挡土墙，可以维持土体的稳定。深层搅拌水泥土桩重力式围护结构常用于软黏土地区开挖深度7.0m以内的基坑工程。水泥土重力式挡土墙的宽度较大，适用于较浅的、基坑周边场地较宽裕的、对变形控制要求不高的基坑工程。

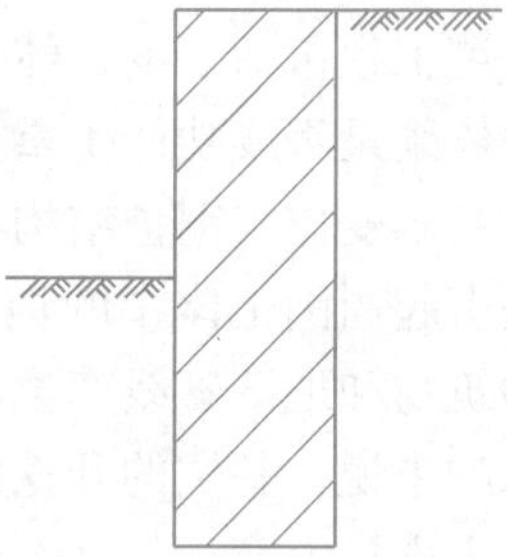

图8-2 水泥土重力式围护结构示意图

8.2.4 内撑式围护结构

内撑式围护结构由挡土结构和支撑结构两部分组成。挡土结构常采用密排钢筋混凝土桩和地下连续墙。支撑结构有水平支撑和斜支撑两种。根据不同的开挖深度，可采用单层或多层水平支撑，如图 8-3（*a*）、（*b*）、（*c*）所示。当基坑面积大而开挖深度不大时，可采用单层斜撑，如图 8-3（*d*）所示。

内支撑常采用钢筋混凝土梁、钢管、型钢格构等形式。钢筋混凝土支撑的优点是刚度大，变形小，而钢支撑的优点是材料可回收，且施加预应力较方便。

内撑式围护结构可适用于各种土层和基坑深度。

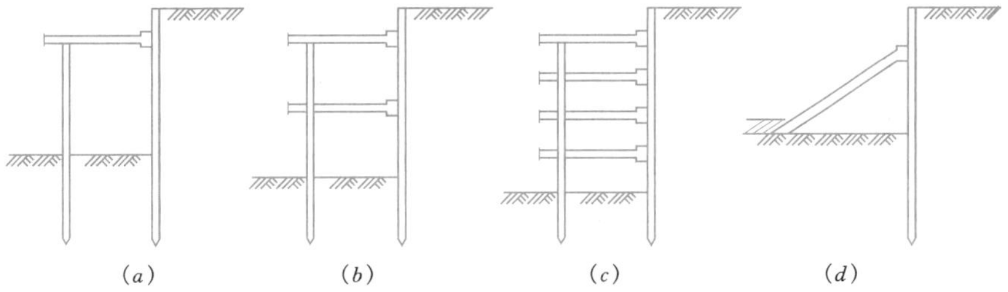

图 8-3 内撑式围护结构示意图

8.2.5 拉锚式围护结构

拉锚式围护结构由挡土结构和锚固部分组成。挡土结构除了采用与内撑式围护结构相同的结构形式外，还可采用钢板桩作为挡土结构。锚固结构有锚杆和地面拉锚两种。根据不同的开挖深度，可采用单层或多层锚杆，如图 8-4（*a*）所示。当有足够的场地设置锚桩或其他锚固物时可采用地面拉锚，如图 8-4（*b*）所示。

采用锚杆结构需要地基土提供较大的锚固力，因而多用于砂土地基或黏土地基。

8.2.6 土钉墙围护结构

土钉墙围护结构的机理可理解为通过在基坑边坡中设置土钉，形成加筋土重力式挡土墙，如图 8-5 所示。土钉墙的施工过程为：边开挖基坑，边在土坡中设置土钉，在坡面上铺设钢筋网，并通过喷射混凝土形成混凝土面板，最终形成土钉墙。

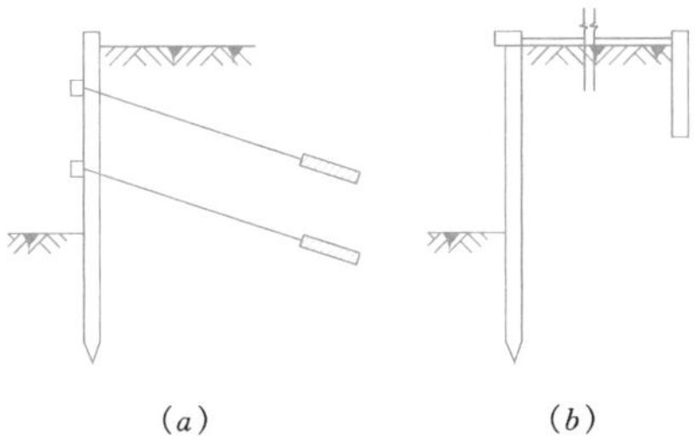

图 8-4 拉锚式围护结构示意图
（*a*）双层拉锚式；（*b*）地面拉锚式

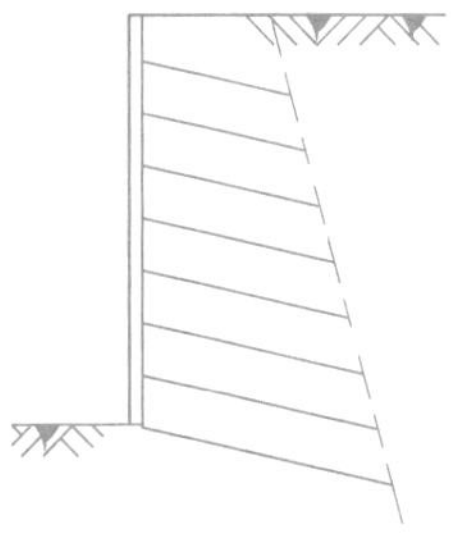

图 8-5 土钉墙围护结构示意图

土钉墙围护结构适用于地下水位以上或人工降水后的黏土、粉土、杂填土以及非松散砂土、碎石土等。在淤泥质土以及未经降水处理的地下水位以下的土层中采用土钉墙要谨慎。

8.3　支护结构上的荷载

8.3.1　土、水压力的计算

作用在挡土结构上的土压力，在第7章已有叙述。除了土压力以外，在地下水位以下的挡土结构还作用有水压力。水压力与地下水的补给数量、季节变化、施工期间挡土结构的入土深度、排水方法等因素有关。水压力的计算可采用静水压力、按流网法计算渗流求水压力和按直线比例法计算渗流求水压力等方法。

计算地下水位以下的土、水压力，有“土水分算”和“土水合算”两种方法。由于主动土压力系数 K_a 的范围一般在0.3左右，只有静水压力的1/3左右，而被动土压力系数 K_p 的范围一般在3.0左右，是静水压力的3倍。不同的计算方法得到的土压力相差很大，这也直接影响围护结构的设计。对于渗透性较强的土，例如，砂性土和粉土，一般采用土、水分算。也就是，分别计算作用在围护结构上的土压力和水压力，然后相加。对渗透性较弱的土，如黏土，可以采用土、水合算的方法。计算土压力所需要的土工指标有：土的天然重力密度 γ 和饱和重力密度 γ_{sat}，土的内摩擦角 φ 和黏聚力 c，土的渗透系数 k。土的内摩擦角包括无黏性土的有效内摩擦角 φ'，黏性土的固结不排水内摩擦角 φ_{cu}。土的黏聚力包括黏性土的固结不排水黏聚力 c_{cu}，软弱黏土的不固结不排水黏聚力 c_u。

1. 土水压力分算法

土水压力分算法是采用有效重度计算土压力，按静水压力计算水压力，然后将两者叠加。叠加的结果就是作用在挡土结构上的总侧压力。计算土压力时，可采用有效应力法或总应力法。

采用有效应力法的计算公式为：

$$p_a=\gamma' HK'_a-2c'\sqrt{K'_a}+\gamma_w H \tag{8-1}$$

$$p_p=\gamma' HK'_p+2c'\sqrt{K'_p}+\gamma_w H \tag{8-2}$$

式中　γ'、γ_w——土的有效重度和水的重度；

K'_a——按土的有效应力强度指标计算的主动土压力系数，$K'_a=\tan^2\left(\frac{\pi}{4}-\frac{\varphi'}{2}\right)$；

K'_p——按土的有效应力强度指标计算的被动土压力系数，$K'_p=\tan^2\left(\frac{\pi}{4}+\frac{\varphi'}{2}\right)$；

φ'——有效内摩擦角；

c'——有效黏聚力。

采用有效应力法计算土压力，概念明确。在不能获得土的有效强度指标的情况下，也可以采用总应力法进行计算。

$$p_a=\gamma' HK_a-2c\sqrt{K_a}+\gamma_w H \tag{8-3}$$

$$p_p=\gamma' HK_p+2c\sqrt{K_a}+\gamma_w H \tag{8-4}$$

式中 K_a——按土的总应力强度指标计算的主动土压力系数，$K_a=\tan^2\left(\frac{\pi}{4}-\frac{\varphi}{2}\right)$；

K_p——按土的总应力强度指标计算的被动土压力系数，$K_p=\tan^2\left(\frac{\pi}{4}+\frac{\varphi}{2}\right)$；

φ——按固结不排水剪确定的内摩擦角；

c——按固结不排水剪确定的黏聚力；

其余符号意义同前。

2. 土水压力合算法

土水压力合算法是目前国内应用较多的计算方法，特别是对黏土积累了一些实践经验，发现该方法能较好地模拟渗透性较差的土侧压力。其计算公式如下：

$$p_a=\gamma_{sat} HK_a-2c\sqrt{K_a} \tag{8-5}$$

$$p_p=\gamma_{sat} HK_p+2c\sqrt{K_p} \tag{8-6}$$

式中 γ_{sat}——土的饱和重度，在地下水位以上的土体采用天然重度；

K_a——土的主动土压力系数，$K_a=\tan^2\left(\frac{\pi}{4}-\frac{\varphi}{2}\right)$；

K_p——土的被动土压力系数，$K_p=\tan^2\left(\frac{\pi}{4}+\frac{\varphi}{2}\right)$；

φ——按固结不排水剪确定的内摩擦角；

c——按固结不排水剪确定的黏聚力。

8.3.2 挡土结构位移对土压力的影响

由于基坑支护结构的刚度与一般挡土墙的刚度有相当大的差异，因此，作用在挡土结构上的土压力与挡土墙墙背的土压力分布以及量值也存在相当大的差异。挡土结构对土压力的影响主要表现在两个方面，一方面是对主动土压力的分布产生影响，另一方面对土压力的量值产生影响。

挡土结构的变形或位移对土压力分布的影响有以下几种情况：

（1）当挡土结构完全没有位移和变形，土压力为静止土压力，呈三角形分布（图8-6*a*)；

（2）当挡土结构顶部不动，下端向外位移，主动土压力呈抛物线分布（图8-6*b*)；

（3）当挡土结构上下两端没有发生位移而中部发生向外的变形，主动土压力呈马鞍形分布（图 8-6*c*)；

（4）当挡土结构平行向外移动，主动土压力呈抛物线分布（图 8-6*d*)；

（5）当挡土结构绕下端向外倾斜变形，主动土压力的分布与一般挡土墙一致（图 8-6*e*)。

挡土墙向前位移或转动时，土压力由静止土压力逐渐减小到它的最小值 — 主动土压力，而挡土墙向土体方向位移时，则土压力会逐渐增大到其最大值 — 被动土压力。研究表明：当墙顶位移达到墙高的 0.1%～0.5%时，砂性填土的压力将降低到主动土压力；而砂性填土要达到被动土压力，则墙顶位移约为墙高的 5%。砂土和黏土中产生主动和被动土压力所需的顶部位移如表 8-1 所示。

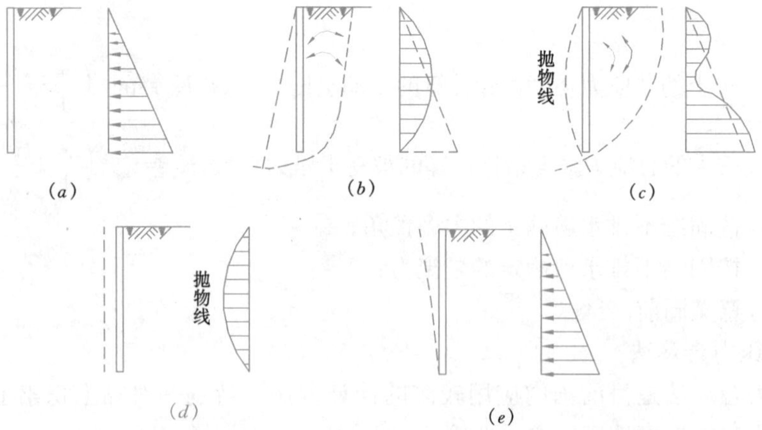

图 8-6 不同的墙体变位产生不同的土压力

(a) 静止土压力；(b) 产生水平拱；(c) 产生垂直拱；
(d) 抛物线分布；(e) 主动土压力

产生主动和被动土压力所需的顶部位移 表 8-1

土类	应力状态	运动形式	所需位移
砂土	主动	平行移动	0.001H
	主动	绕下端转动	0.001H
	被动	平行移动	0.05H
	被动	绕下端转动	$>$0.1H
黏土	主动	平行移动	0.004H
	主动	绕下端转动	0.004H

8.4 悬臂式围护结构内力分析

在上节介绍的各种围护结构中，重力式围护结构的分析方法与第7章介绍的挡土墙的内力分析方法相近，故在这里不再赘述。多点式内撑围护结构和拉锚式围护结构的内力计算分析，为了模拟分步开挖、换撑和拆撑等施工步骤的影响以及土体弹塑性变形的影响，往往采用有限单元法进行应力和变形分析，过程相当冗杂，超出了本书所能涵盖的范围。有兴趣的读者请参见有关书籍。本章主要着重介绍悬臂式围护结构和单点支撑式围护结构的内力分析和设计方法。

8.4.1 悬臂式围护结构计算简图

悬臂式围护结构可取某一单元体（如单根桩）或单位长度进行内力分析及配筋或强度计算。悬臂式围护结构上部悬臂挡土，下部嵌入坑底下一定深度作为固定。宏观上看像是一端固定的悬臂梁，实际上二者有根本的不同之处。首先是确定不出固定端位置，因为杆件在两侧高低差土体作用下，每个截面均发生水平向位移和转角变形。其次，嵌入坑底以下部分的作用力分布很复杂，难于确定。因而企望以悬臂梁为基本结构体系，考虑杆件和土体的变形一致为条件来进行解题将是非常复杂的。现行的计算方法均采用对构件在整体失稳时的两侧荷载分布作一些假设，然后简化为静定的平衡问题来进行解题。

根据实测结果，悬臂式围护结构在土体作用下的受力简图如图 8-7（a）所示。可看出，被动土压力除了在开挖侧出现，在非开挖侧的底部也会出现，也就是说它产生在主动土压力区内。这个简图只是一种定性描述，对于静定平衡问题，平行力系只能解两个未知数，要进行定量计算还须作进一步假设，下面分两种情况进行分述：

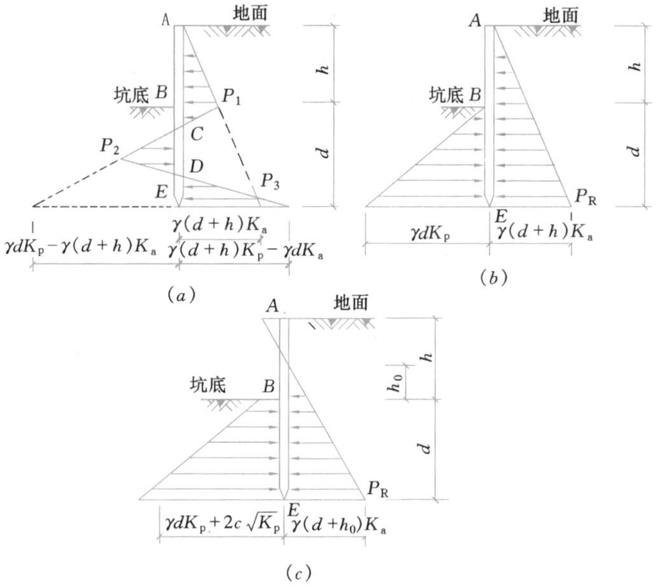

图 8-7 均质土层中桩身受力简图

（a）（$c=0$）；（b）（$c=0$）；（c）（$c\neq0$）

（1）悬臂桩左右两侧作用的土质均匀，荷载图形有一定的规律性

可采用解析法，推导出一定的数学公式，便于应用。对于可进行推导的简图，这里给出图 8-7 的三种情形。

图 8-7（a）适用于砂性土，假设 $c=0$，在杆下端右侧的被动土压力假设呈三角形分布。

图 8-7（b）适用于砂性土，假设 $c=0$，但是杆下端右侧的被动土压力假设为一集中力 P_R 而作用在杆端处。

图 8-7（c）与图 8-7（b）的区别在于适用于黏性土，即 $c\neq0$。

（2）悬臂式围护桩处于不同的土层或有地下水作用

当悬臂式围护桩全长范围内作用在不同的土层，或者有地下水作用时，问题的解答很难用公式表达，只能采用试算的办法，因而计算简图应尽量的简化，如图 8-8（a）所示。

可以把 BE 段的被动土压反力简化为一集中力而作用在杆件底端。这样未知数只有两个，即反力 P_R 和埋置深度 d，可作为静定平衡问题求解。

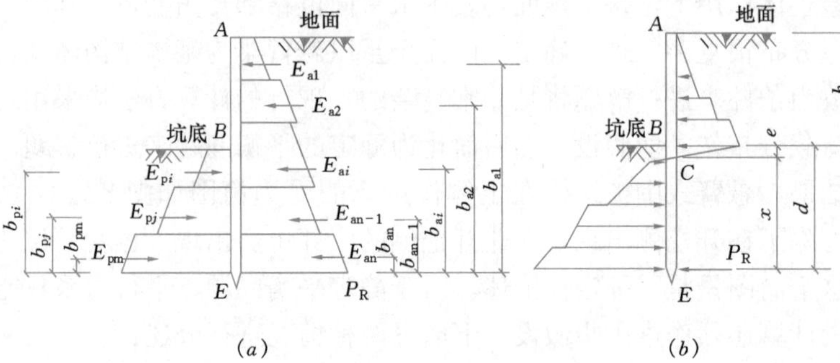

图 8-8　非均质土层中桩身计算简图

8.4.2　悬臂式围护结构内力分析

1. 确定计算参数及计算简图

首先应根据地质勘探情况，确定各土层的力学指标参数 c、φ 值以及重度。根据地下水位和水量情况及各土层渗水的性能，确定堵水或降水、排水方案，以便确定水压力分布。此外，还要确定施工过程和原地已有的地面堆载。也可考虑在地面处自然放坡至一定深度，以便降低支挡高度。

根据土层情况确定计算简图，采用图 8-7 的计算模型。主动土压力及被动土压力计算公式参阅本书第 7 章。

2. 确定嵌入深度

通过稳定分析确定嵌入深度是悬臂式围护结构计算最重要的内容。整体稳定分析主要体现为确定杆件嵌入坑底的最小深度。只有当嵌入坑底部分大于这个长度时杆件才能保持平衡，处于稳定状态，否则杆件将产生旋转。计算这个稳定和不稳定的交界点，即嵌入临界深度，可用下列方法。当杆件全长有不同土层或有地下水作用时，根据上节所述，计算简图如图 8-8 所示。

先假设嵌入深度 d，然后分层计算主动土压力和被动土压力。

计算的原则为所有外力均对 E 点取矩，被动土压力产生的力矩须大于主动土压力产生的力矩，即应满足下式：

$$\sum_{i=1}^{n} E_{ai} b_{ai} \leqslant \sum_{j=1}^{m} E_{pj} b_{pj} \tag{8-7}$$

式中　E_{ai}——主动土压力区第 i 层土压力之和；

b_{ai}——主动土压力区第 i 层压力重心至取矩点（E）的距离；

E_{pj}——被动土压力区第 j 层作用力合力值；

b_{pj}——被动土压力区第 j 层合力作用点至 E 点距离。

当 d 满足式（8-7）的等号要求时，这个所假设的埋深 d 值是临界状态。实际上应考虑安全储备的要求。现行的计算均将图 8-8（b）中的 x 值视为有效的嵌入深度，其中 C 点为主动土压力与被动土压力相等的点，即从 C 点以下才有被动土压力，以上则均为主动土压力。这样实际埋深 t 值可按下式计算：

$$t=e+1.2x=e+1.2(d-e) \tag{8-8}$$

根据$\sum X=0$的平衡条件即可求出桩端的集中反力P_R。

对于土的性质单一或可化为均质土的情形，如图 8-7（a）、（b）和（c），可用解析法确定嵌入深度。

（1）图 8-7（a）情形

由$\sum X=0$，可求得：

$$\left(\frac{d}{h}\right)^4+\frac{K_p-3K_a}{K_p-K_a}\left(\frac{d}{h}\right)^3-K_a\frac{7K_p-3K_a}{(K_p-K_a)^2}\left(\frac{d}{h}\right)^2$$
$$-K_a\frac{5K_p-K_a}{(K_p-K_a)^2}\left(\frac{d}{h}\right)-\frac{K_aK_p}{(K_p-K_a)^2}=0 \tag{8-9}$$

由上式求出d/h后，即可求得埋深d值。实际埋深应为：

$$t=e+1.2(d-e) \tag{8-10}$$

（2）图 8-7（b）情形

令杆上所有外力对E点取矩，且力矩总和等于零，即

$$\gamma d^3K_p-\gamma(h+d)^3K_a=0 \tag{8-11}$$

可求得

$$d=\frac{h}{\sqrt[3]{\frac{K_p}{K_a}}-1} \tag{8-12}$$

（3）图 8-7（c）情形

作用在杆上端有部分出现拉应力状态，对杆件是有利的。为偏安全计，这部分荷载有时略去不计，即取有效高度h_0。令杆上所有外力对E点取矩，且力矩总和等于零，即

$$\gamma d^3K_p+c\sqrt{K_p}d^2-\gamma(h_0+d)^3K_a=0 \tag{8-13}$$

$$\gamma(K_p-K_a)d^3+(6c\sqrt{K_p}-3\gamma K_ah_0)d^2-3\gamma K_ah_0d=\gamma K_ah_0^3 \tag{8-14}$$

式中

$$h_0=h-\frac{2c}{\gamma\sqrt{K_a}}$$

3. 内力计算或强度计算

（1）当土层为非均质土层时

当土层为非均质土层时，悬臂桩在剪力等于零以上部分所承受的土压力，如图 8-9 所示。首先由剪力等于零的条件确定最大弯矩所在截面位置，即

$$\sum_{i=1}^{n}E_{ai}-\sum_{j=1}^{k}E_{pj}=0 \tag{8-15}$$

式中 n、k——剪力$Q=0$以上主动压力区和被动压力区的不同土层层数；

E_{ai}——剪力$Q=0$以上各层土的主动土压力；

E_{pj}——坑底至$Q=0$之间各层土的被动土压力。

用试算法求得剪力为零的截面位置后，支护桩的最大弯矩值M_{max}，可由下式求得：

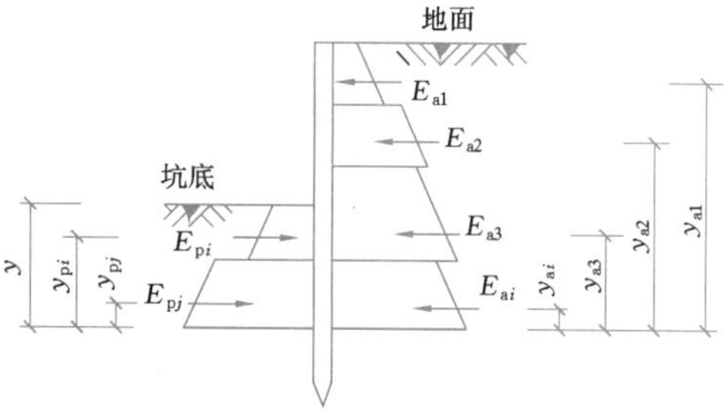

图 8-9 非均质土层中桩身土压力简图

$$M_{\max}=\sum_{i=1}^{n}E_{ai}y_{ai}-\sum_{j=1}^{k}E_{pj}y_{pj} \tag{8-16}$$

式中　y_{ai}——剪力 $Q=0$ 以上各层土主动土压力作用点至剪力为零处的距离；

y_{pj}——基坑底至 $Q=0$ 之间各层土被动土压力作用点至剪力为零处的距离。

（2）当土层为均质土层时

1）图8-7（a）、（b）的情形

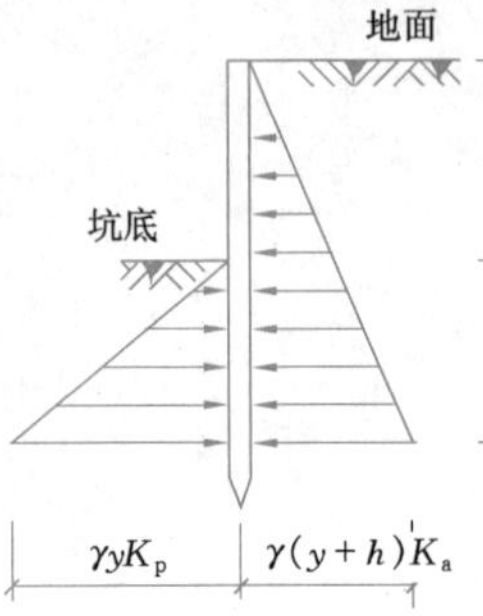

图8-10　均质土层中桩身土压力简图（$c=0$）

当土层为均质土层时，且忽略黏聚力 c 及其他附加荷载的作用。图8-7（a）、（b）情形的桩身最大弯矩 $M_{\max}$ 求解简图可统一归并为如图8-10所示。

首先由剪力为零的条件确定最大弯矩所在截面位置，即

$$\frac{1}{2}\gamma\ (h+y)^2K_a=\frac{1}{2}\gamma y^2K_p \tag{8-17}$$

式中　$K_a=\tan^2\left(45°-\frac{\varphi}{2}\right)$；$K_p=\tan^2\left(45°+\frac{\varphi}{2}\right)$。

设　$\xi=K_p/K_a$

由式（8-17）可求出桩身最大弯矩截面位置：

$$y=h/\ (\sqrt{\xi}-1) \tag{8-18}$$

支护桩的最大弯矩值 $M_{\max}$ 可由下式求出：

$$M_{\max}=\frac{h+y}{3}\cdot\frac{(h+y)^2}{2}\cdot\gamma\cdot K_a-\frac{y}{3}\cdot\frac{y^2}{2}\cdot\gamma\cdot K_p=\frac{\gamma}{6}\ [\ (h+y)^3K_a-y^3\cdot K_p] \tag{8-19}$$

把式（8-18）代入式（8-19），整理得

$$M_{\max}=\frac{\gamma h^3K_a}{6}\cdot\frac{\xi}{(\sqrt{\xi}-1)^2} \tag{8-20}$$

2）图8-7（c）情形

当地下土层为均质土层，并考虑黏聚力 c 时，悬臂桩所承受的土压力如图8-11所示。

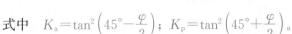

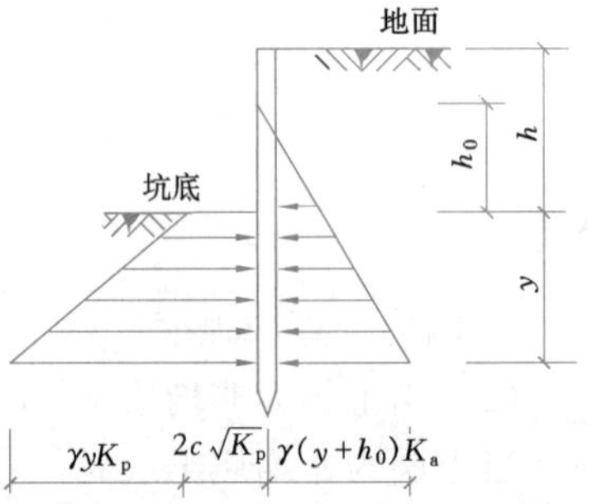

图8-11　均质土层中桩身土压力简图（$c\neq0$）

首先由剪力为零的条件确定最大弯矩所在截面位置，即

$$\frac{1}{2}\gamma\ (h_0+y)^2K_a=\frac{1}{2}\gamma y^2K_p+2cy\sqrt{K_p} \tag{8-21}$$

式中　$K_a=\tan^2\left(45°-\frac{\varphi}{2}\right)$；$K_p=\tan^2\left(45°+\frac{\varphi}{2}\right)$。

$$h_0=h-\frac{2c}{\gamma\sqrt{K_a}}$$

即

$$\frac{1}{2}\gamma(K_p-K_a)y^2+(2c\sqrt{K_p}-K_a\gamma h_0)y-\frac{1}{2}\gamma h_0^2K_a=0 \tag{8-22}$$

由式（8-22）可求出桩身弯矩最大截面位置 y 为：

$$y=\frac{-B+\sqrt{B^2-4AC}}{2A} \tag{8-23}$$

式中 $A=\frac{1}{2}\gamma(K_p-K_a)$；$B=2c\sqrt{K_p}-K_a\gamma h_0$；$C=-\frac{1}{2}\gamma h_0^2K_a$。

支护桩的最大弯矩值 M_{max} 可由下式求得：

$$M_{max}=\frac{h_0+y}{3}\cdot\frac{(h_0+y)^2}{2}\cdot\gamma\cdot K_a-\frac{y}{3}\cdot\frac{y^2}{2}\gamma\cdot K_p-\frac{1}{2}y^2\cdot 2c\sqrt{K_p} \tag{8-24}$$

式(8-17)～式(8-24)中

h——支护高度；

y——基坑底至剪力为零点处的距离。

4. 位移计算

悬臂式支护结构可视为弹性嵌固于土体中的悬臂结构，其顶端的位移计算是一个比较复杂的问题。利用上节的计算简图，虽然荷载均为已知，但由于定不出边界值，要计算位移仍然是不定的。因而位移计算采取如下假设：设在坑底附近选一基点 O，顶端的位移值由两部分组成：上段结构——O 点以上部分当作悬臂梁计算，下段结构——按弹性地基梁计算。具体表达式如下：

$$s=\delta+\Delta+\theta\cdot y \tag{8-25}$$

式中 s——围护桩顶端的总位移值；

y——O 点以上长度；

δ——按悬臂梁计算（固定端设在 O 点）顶端的位移值；

Δ——O 点处桩的水平位移；

θ——O 点处桩的转角。

s、y、δ、Δ、θ 如图 8-12 所示。O 点一般选取在坑底。

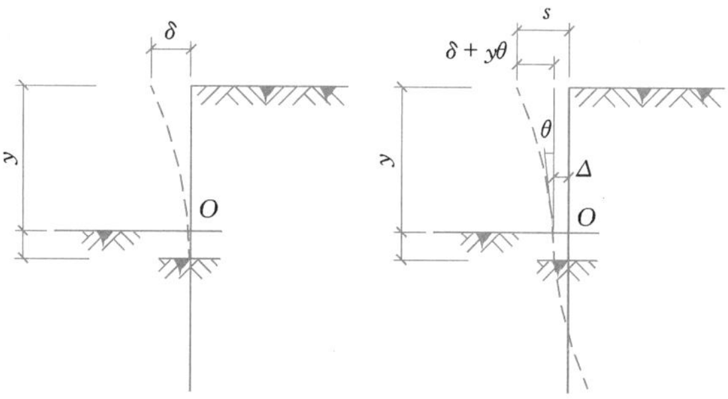

图 8-12 桩身变形图

8.5 单锚式围护结构内力分析

8.5.1 平衡法（自由端法）

平衡法适用于底端自由支承的单锚式挡土结构。当挡土结构的入土深度不太深时，亦即非嵌固的情况下，由于挡土结构墙后土压力的作用而形成极限平衡的单跨简支梁。挡土结构因受土压而弯曲，并绕顶部的锚系点旋转。在此情况下，挡土结构的底端有可能向基坑内移动，产生"踢脚"。

图 8-13（a）、（b）分别为单锚式挡土结构在砂性土和黏性土中的计算简图。

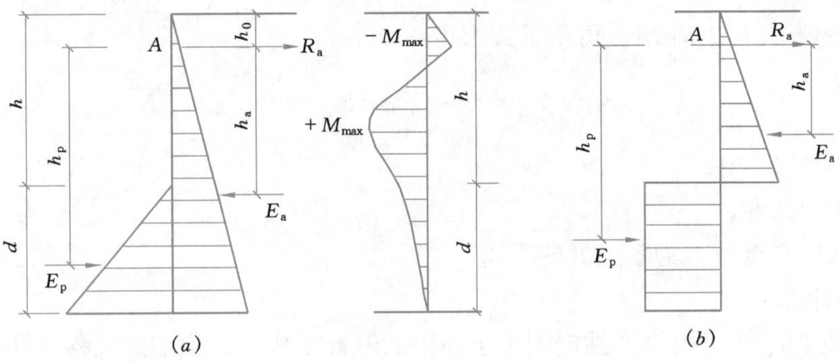

图 8-13　底端自由支撑单锚挡土墙结构计算简图

（a）砂性土；（b）黏性土

为使挡土墙结构稳定，作用在挡土墙上的各作用力必须平衡。亦即

1）所有水平力之和等于零

$$R_a - E_a + E_p = 0 \tag{8-26}$$

2）所有水平力对锚系点 A 的弯矩等于零

$$M = E_a h_a - E_p h_p = 0 \tag{8-27}$$

对图 8-13（a）所示情况，有

$$h_a = \frac{2\ (h+d)}{3} - h_0 \qquad \text{和} \qquad h_p = h - h_0 + \frac{2d}{3}$$

则有

$$M = E_a\left[\frac{2\ (h+d)}{3} - h_0\right] - E_p\left(h - h_0 + \frac{2d}{3}\right) = 0 \tag{8-28}$$

对图 8-13（b）所示情况，有

$$h_a = \frac{2h}{3} - h_0 \qquad \text{和} \qquad h_p = h - h_0 + \frac{d}{2}$$

则有

$$M = E_a\left(\frac{2h}{3} - h_0\right) - E_p\left(h - h_0 + \frac{d}{2}\right) = 0 \tag{8-29}$$

由式（8-28）或式（8-29）可求得挡土结构的入土深度 d。但该入土深度还应满足抗滑移、抗倾覆、抗隆起和抗管涌等要求。一般情况下，计算所得的入土深度 d 在设计时应乘以一个 1.1～1.5 的超深安全系数。求出入土深度 d 后，可用式（8-26）求得锚系点 A 的锚拉力 R_a，然后即可求解挡土结构的内力并选择相应的截面。

8.5.2　等　值　梁　法

有支撑或有锚杆的挡土结构的变形曲线有一反弯点，如图 8-14 所示。要求解该挡土结构的内力，有三个未知量：T、d 和 E_{p2}，而可以利用的平衡方程式只有两个。等值梁法是先找出挡土结构弹性反弯点的位置，认为该点的弯矩为零。于是可把挡土结构划分为如图 8-15 所示的两段假想梁，上部为简支梁，下部为一次超静定结构，这样就可以求得挡土结构的内力了。

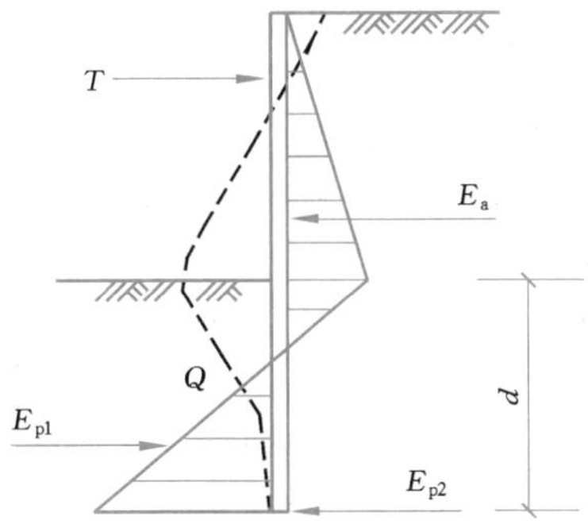

图 8-14 挡土结构底端为嵌固时的稳定状态

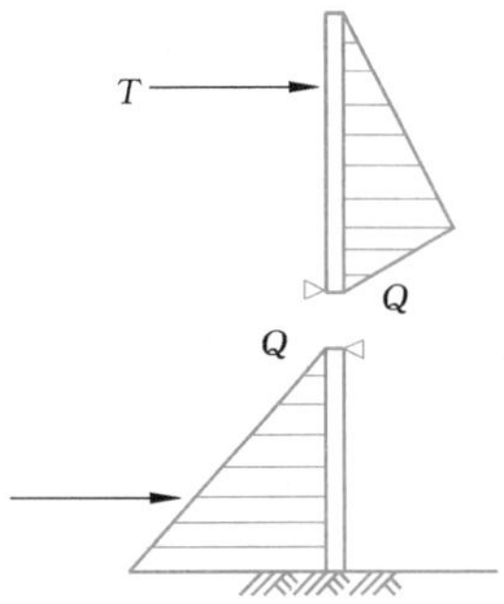

图 8-15 等值梁法计算简图

8.6 基坑的稳定验算

基坑稳定验算是基坑支护设计重要内容之一，其中包括边坡整体稳定、抗隆起稳定、抗渗流稳定等。对于边坡整体稳定问题，土力学课程中已介绍了简单条分法、简化毕肖普法等边坡稳定分析方法。这些方法中，采用适当假定即可考虑由于渗流对边坡稳定产生的影响。这里主要讨论基坑底部土体的抗隆起稳定。

基坑的抗隆起稳定性分析具有保证基坑稳定和控制基坑变形的重要意义。为此应对其进行重点研究，基坑抗隆起安全系数应考虑设定上下限值，对适用不同地质条件的现有不同抗隆起稳定性计算公式，应按工程经验规定保证基坑稳定的最低安全系数，而要满足不同环境条件下基坑变形控制要求，则应根据坑侧地面沉降与一定计算公式所得的抗隆起安全系数的相关性，定出一定基坑变形控制要求下的抗隆起安全系数的上限值，与基坑挡墙水平位移的验算共同成为基坑变形控制的充分条件。

坑底抗隆起稳定的理论验算方法很多，这里介绍一种抗隆起稳定计算方法。

在许多验算抗隆起安全系数的公式中，验算抗隆起安全系数时，仅仅给出了纯黏性土（$\varphi=0$）或纯砂性土（$c=0$）的公式，很少同时考虑土体 c、φ 对抗隆起的影响。显然对于一般的黏性土，在土体抗剪强度中应包括 c、φ 的因素。因此在此参照 Prandtl 和 Terzaghi 的地基承载力公式，并将围护桩底面的平面作为求极限承载力的基准面，其滑动线形状如图 8-16 所示。采用下式进行抗隆起安全系数的验算，以求得地下墙的入土深度：

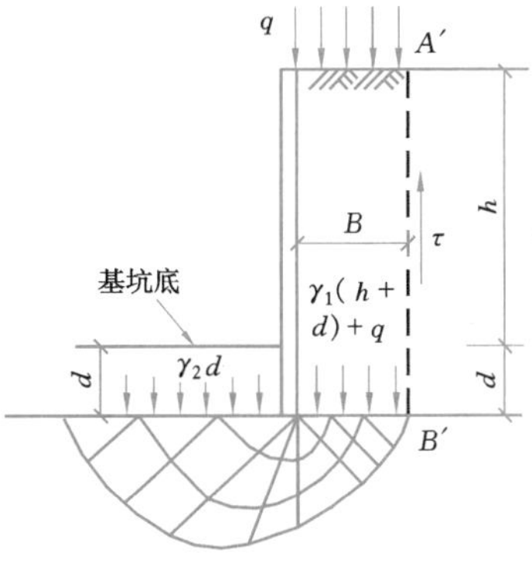

图 8-16 抗隆起验算示意图

$$K_s=\frac{\gamma_2 dN_q+cN_c}{\gamma_1\ (h+d)\ +q} \tag{8-30}$$

式中 d——墙体入土深度（m）；

h——基坑开挖深度（m）；

γ_1、γ_2——墙体外侧及坑底土体重度（kN/m^3）；

q——地面超载（kPa）；

N_c、N_q——地基承载力系数。

采用 Prandtl 公式计算时，N_c、N_q 分别为：

$$N_q=\tan^2(45°+\varphi/2)\ e^{\pi\tan\varphi};\ N_c=(N_q-1)/\tan\varphi \tag{8-31}$$

采用 Terzaghi 公式计算时，N_c、N_q 分别为：

$$N_q=\frac{e^{(3\pi/2-\varphi)\tan\varphi}}{2\cos^2(45°+\varphi/2)};\ N_c=(N_q-1)/\tan\varphi \tag{8-32}$$

用该法验算抗隆起安全系数时，由于没有考虑图 8-16 中 $A'B'$面上土的抗剪强度对抵抗隆起的作用，故安全系数 K_s 可取得低一些。当采用式（8-30）、式（8-31）时，要求 $K_s\geqslant1.10\sim1.20$；当采用式（8-30）、式（8-32）时，要求 $K_s\geqslant1.15\sim1.25$。

本法基本上可适用于各类土质条件。

虽然该验算方法将墙底面作为求极限承载力的基准面是带有一定的近似性，但对于地下连续墙在基坑开挖时作为临时挡土结构物来说是安全可用的，在地下结构物的底板、顶板等结构建成后，就不必再考虑隆起问题了。

除了考虑基坑抗隆起稳定以外，还应考虑土体内的孔隙水压力变化对基坑稳定性的影响。基坑开挖时，土体处于卸载状态，土体内会产生负的孔隙水压力。假设开挖过程是瞬间完成的，则土的抗剪强度仍保持开挖前的水平。随着时间的延续，负孔隙水压力将逐渐消散，对应的有效应力逐渐降低，土体抗剪强度逐渐降低。所以开挖基坑后应尽量在最短时间内铺设垫层和浇筑底板。基坑竣工时的稳定性优于它的长期稳定性，稳定安全度会随时间延长而降低。因此，当基坑存在较长时间的话，还应考虑基坑的长期稳定性问题。

第9章 特殊土地基

9.1 概 述

我国地域辽阔，从沿海到内陆，由山区到平原，分布着多种多样的土类。某些土类，由于不同的地理环境、气候条件、地质成因、历史过程、物质成分和次生变化等原因，而各具有与一般土类显然不同的特殊性质。当其作为建筑物地基时，如果不注意这些特性，可能引起事故。人们把具有特殊工程性质的土类叫作特殊土。各种天然形成的特殊土的地理分布，存在着一定的规律，表现出一定的区域性，所以有区域性特殊土之称。我国的特殊土主要有沿海和内陆地区的软土，分布于西北和华北、东北等地区的湿陷性黄土以及分散于各地的膨胀土（岩）、红黏土、盐渍土、高纬度和高海拔地区的多年冻土等。

9.2 软 土 地 基

9.2.1 软土成因类型及分布

主要受力层由软土组成的地基称为软土地基。软土一般指外观以灰色为主，天然孔隙比大于或等于1.0，且天然含水量大于液限的细粒土。它包括淤泥、淤泥质土(淤泥质黏性土、粉土)、泥炭和泥炭质土等，其压缩系数一般大于0.5MPa^{-1}，不排水抗剪强度小于20kPa。

淤泥和淤泥质土是第四纪后期形成的黏性土沉积，这种土大部分是饱和的，且含有机质，它分布在我国沿海地区，内陆平原和山区亦有出露，形成滨海相、三角洲相、潟湖相、溺谷相和沼泽相等沉积。

以滨海相沉积为主的软土，沿海岸线由北至南分布在大连湾、天津塘沽、连云港、舟山、温州湾、厦门、香港、湛江等地；潟湖相沉积的软土以温州、宁波地区软土为代表；溺谷相软土则分布在福州、泉州一带；三角洲相软土主要分布在长江下游的上海地区和珠江下游的广州地区；河漫滩相沉积软土在长江中下游、珠江下游、淮河平原、松辽平原等地区有分布；内陆软土主要为湖相沉积，在洞庭湖、洪泽湖、太湖、鄱阳湖四周以及昆明滇池地区有分布；贵州六盘水地区的洪积扇和煤系地层分布区的山间洼地也有软土分布。不同成因类型的软土具有一定分布规律和特征，详见表9-1。

软土的成因类型　　表9-1

成因类型		特征
滨海沉积	滨海相	常与海浪岸流及潮汐的水动力作用形成较粗的颗粒（粗、中、细砂）相掺杂，在沿岸与垂直岸边方向有较大的变化，土质疏松且具不均匀性，增加了淤泥和淤泥质土的透水性能
	浅海相	多位于海湾区域内，在较平静的海水中沉积而成，细粒物质来源于入海河流携带的泥砂和浅海中动植物残骸，经海流搬运分选和生物化学作用，形成灰色或灰绿色的软弱淤泥质土和淤泥

续表

成因类型		特　征
滨海沉积	潟湖相	沉积物颗粒细微，分布范围较宽阔，常形成海滨平原，表层为较薄的黏性土，其下为厚层淤泥层，在潟湖边缘常有泥炭堆积
	溺谷相	分布范围略窄，结构疏松，在其边缘表层常有泥炭堆积
	三角洲相	由于河流及海湖的复杂交替作用，而使软土层与薄层砂交错沉积，多交错成不规则的尖灭层或透镜体夹层，分选程度差，结构疏松，颗粒细。表层为褐黄色黏性土，其下则为厚层的软土或软土夹薄层砂
湖泊沉积	湖相	是近代盆地的沉积。其物质来源与周围岩性基本一致，在稳定的湖水期逐渐沉积而成，沉积物中夹有粉砂颗粒，呈现明显的层理，淤泥结构松软，呈暗灰、灰绿或黑色，表层硬层不规律，时而有泥炭透镜体
河滩沉积	河漫滩相 牛轭湖相	成层情况较为复杂，其成分不均一，走向和厚度变化大，平面分布不规则，软土常呈带状或透镜状，间与砂或泥炭互层，其厚度不大
沼泽沉积	沼泽相	分布在水流排泄不畅的低洼地带，在蒸发量不足以疏干淹水地面的情况下，形成的一种沉积物。多伴以泥炭为主，且常出露于地表。下部分布有淤泥层或底部与泥炭互层

按软土工程性质，综合自然地质地理环境，在我国可划分为三个软土分布区域，自北向南分别为Ⅰ—北方地区；Ⅱ—中部地区；Ⅲ—南方地区。沿秦岭走向向东至连云港以北的海边一线，为Ⅰ、Ⅱ地区界线；沿苗岭、南岭走向向东至莆田海边一线，作为Ⅱ、Ⅲ地区界线。各区域都分布着不同成因类型的软土。

9.2.2　软土的特征

软土的特性和一般的黏性土不同，它的主要物理力学特性见表9-2。

软土主要由黏土粒及粉粒组成，常含有机质。其黏土粒含量较高，有的可达60%～70%。黏土粒的矿物成分为高岭石、蒙脱石和水云母等，以水云母为最常见。由于这些矿物的颗粒很小，呈薄片状，表面带有负电荷，且在沉积过程中，常形成絮状链接结构，并含有机质，所以黏土粒四周吸附着大量的偶极水分子。因此，软土的天然含水量是比较大的，这是软土的一个重要特征。根据统计，软土的天然含水量为30%～80%，有些甚至达到200%以上；孔隙比为1～2，有些达到6以上。软土天然含水量的大小，在一定范围内是影响土的抗剪强度和压缩性的重要因素。许多地区就是根据天然含水量来确定软土地基承载力特征值的。

软土一般都是高压缩性土，压缩系数 a_{1-2} 为 $0.5\sim1.5\text{MPa}^{-1}$，有些可以达到 4.5MPa^{-1}，其压缩性往往随着液限的增大而增大。软土是第四纪后期的沉积物，一般来说，它是属于正常固结的，但某些近期沉积的软土，则是未完全固结（欠固结）的，例如近期围垦的海滩（俗称海涂）。未完全固结的土在其自重的作用下还会继续下沉。

软土的强度是比较低的，不排水剪切强度一般小于20kPa，其大小与土层的排水固结条件有着密切的关系。在荷载作用下，如果土层有条件排水固结，则它的强度随着有效应力的增大而增加；反之，如果土层没有条件排水固结，随着荷载的增大，它的强度可能随着剪切变形的增大而衰减。因此，在工程实践中必须根据地基的排水条件和加荷的时间长短，采用在不同排水条件下进行试验（不排水剪、固结不排水剪和排水剪等）取得抗剪强

中国软土主要分布地区工程地质区划特征 表 9-2

区别	海陆类别	沉积相	土层埋深	物理力学指标（平均值）											抗剪强度（固快）		无侧限抗压强度 q_u
				天然含水量 w	重力密度 γ	孔隙比 e	饱和度 S_r	液限 w_L	塑限 w_P	塑性指数 I_P	液性指数 I_L	有机质含量	压缩系数 a_{1-2}	垂直方向渗透系数 k	内摩擦角 φ	黏聚力 c	
			m	%	kN/m³		%	%	%			%	MPa^{-1}	mm/s	°	kPa	kPa
Ⅰ 北方地区	沿海	滨海	0～34	45	1.78	1.23	93	42	22	19	1.25	7.5	0.87	1.5×10^{-6}	10	15	35
		三角洲	5～9	40	1.79	1.11	97	35	19	16	1.35		0.67				
Ⅱ 中部地区	沿海	滨海	2～32	52	1.71	1.41	98	46	24	24			1.04	3.7×10^{-7}	10	15	21
		泻湖	1～35	51	1.67	1.61	98	47	25	24	1.34	6.5	1.58	7.5×10^{-7}	12	5	54
		溺谷	1～25	58	1.63	1.74	95	52	31	26	1.90	11	1.63	2×10^{-6}	15	9	20
		三角洲	2～19	43	1.76	1.24	98	40	23	17	1.11		0.98	1.3×10^{-6}	17	6	38
	内陆	高原湖泊		77	1.54	1.93		70		28	1.28	18.4	1.60		6	12	
		平原湖泊		47	1.74	1.31		43	23	19		9.9		2×10^{-6}			
		河漫滩		47	1.75	1.22		39		17	1.44		0.87		6	11	
Ⅲ 南方地区	沿海	滨海	0～9	61	1.63	1.65	95	53	27	26	1.94		1.30		11	10	
		三角洲	1～10	66	1.58	1.67		54	37	24			1.18				

度指标。位于不同深度的土层，在大小不同的自重压力作用下固结，因此软土的强度是随着深度的增加而增大的。软土层在深度10m以内的平均十字板剪切试验强度一般为5～20kPa，沿深度每米平均增长1～2kPa。

软土的透水性较差，其渗透系数一般在$i\times10^{-7}\sim i\times10^{-5}$mm/s（$i=1$，2，…，9）之间。因此，土层在自重或荷载作用下达到完全固结所需的时间是很长的。有些软土层中夹有薄的粉砂层，因而水平向固结系数比之竖向固结系数要大得多，这种土层的固结速率比之均质软土层要快得多。

软土具有显著的结构性。特别是滨海相的软土，一旦受到扰动（振动、搅拌或搓揉等），其絮状链接结构受到破坏，土的强度显著降低，甚至呈流动状态。软土受到扰动后强度降低的特性可用灵敏度表示。我国东海沿海（如上海和宁波等地）的滨海相软土的灵敏度为4～10。因此，在高灵敏度软土地基上进行地基处理或开挖基坑时，应力求避免土的扰动。软土扰动后，随着静置时间的增长，其强度又会逐渐有所恢复，但一般不能恢复到原来结构的强度。

软土的流变性是比较明显的。在剪应力的作用下，软土将产生缓慢的剪切变形，并可能导致抗剪强度的衰减。在固结沉降完成之后，软土还可能继续产生可观的次固结沉降。许多工程的现场实测结果表明：当土中孔隙水压力完全消散后，基础还继续沉降。

由于软土成因的多样性，所以它的构造比较复杂。滨海沉积的软土层，因受潮汐水流等的影响，其上部往往形成厚度在3m以内的“硬壳”层，下部则为夹粉、细砂透镜体的淤泥质土，或为夹薄层粉砂的层状淤泥质土，有时，局部有薄的泥炭层。三角洲沉积则为淤泥质土与薄砂层的交错层。对于湖泊沉积来说，由于沉积作用带有季节性，因此，下部软土层的淤泥质土与粉砂的层状构造更为显著，有时还存在较厚的泥炭层。因此软土层多具有各向异性和成层性的特点。

9.2.3　软土的微观结构

国内有关研究部门用扫描电镜对软土微观结构观察发现，土中基本单元体是土的结构最基本要素，单元体排列间的孔隙和单元体之间的连接，彼此连成一个三相空间体系，土的微观结构由上述三要素组成。基本单元体按物质组成和形态可分为粒状体和片状体：粒状体包括各种规则的或不规则碎屑颗粒、凝聚体和外包颗粒；片状体则包括叠聚体、絮凝体、黏土基质体和连接体。碎屑颗粒是碎屑矿物进一步破碎而成的，凝聚体由微碎屑和黏土颗粒在胶结物的作用下，凝聚成粉粒级大小的微粒集合体，外包颗粒是指凝聚体或碎屑颗粒的外表面上包裹着一层很厚的黏土或无定形物质的“包膜”。基本上由粒状体作为基本单元体组成的结构，称为粒状结构体系。这些单元体有不同刚度，可形成刚性骨架或半刚性骨架，具有较好的传力性能。片状体的叠聚体是由相当数量的片状黏土粒，以面-面叠聚的方式形成，面-面之间主要以离子静电连接。絮凝体也是由相当数量的片状黏土粒组成，所不同的只是排列方式不同，它以边-面和边-边方式以静电连接成絮凝体。主要以片状黏土粒组成的絮凝体和叠聚体形成的片状结构体系，构成软土的柔性骨架，这种骨架在外力或重力作用下极易变形。连接体是由片状黏土粒和有机质聚集在一起形成的链式基本单元体，它在各种单元体之间起相互连接作用，并有长链和短链之分。

基本单元体之间的连接有接触连接、胶结连接、吸附水膜接触连接和链条连接等。扫描电镜发现，沿海软土最常见的结构连接是链条连接，链条连接强度较低，特别是由片状黏土构成的长链强度更低，链条本身极易变形。

按以上结构特征和经常遇到的空间排列组合，国内有关研究部门将软土划分成四种主要微结构类型。

（1）絮状链接结构

这类结构的软土中几乎没有砂粒，粉粒也极少，而黏土粒和有机质含量很高。由黏土粒和有机质所形成的絮凝体，构成这种松软结构的柔性骨架，絮凝体间由粗细不匀、长短不等的链条连接，形成絮状链接结构。这类结构是沿海软土中最具有特色的典型微结构类型，其强度很低，变形很大，尤其是在长期应力作用下，流变变形十分严重。这种结构的软土含水量高达50%～100%，孔隙比常常大于1.5，因此宏观测试中常鉴定为“淤泥”。这类土一般存于沉积层的上层部分，有时可厚达10m或几十米。

（2）粒状链接结构

这类软土结构中的砂粒、粉粒或集粒（凝聚体）较少，平均分配在土中后，颗粒之间的平均中心距大于这些颗粒的平均直径，因此颗粒之间只有部分接触而大部分不能互相接触，颗粒之间的强度与稳定性依靠粒间的链条维系。这些链条长短不一，短链尚可承受一定的应力，而长链只能承受微弱的拉力和扭力。这类结构的软土强度仍很低，有较大的压缩变形。随着时间的增加，在长期压力下变形将逐渐减少，最终因为颗粒间的距离缩短而使结构变形趋向稳定。

（3）粒状胶结结构

这类结构的软土主要以砂粒、粉粒和钙质集粒（凝聚体）占优势，含有少量的黏土和无定形物质或有机质作为粒间胶结物存在于颗粒之间或颗粒表面上。这类结构主要存在于软土砂夹层中，以颗粒为骨架，骨架颗粒之间基本上相互接触，由吸附在颗粒表面的胶结物固定颗粒的相互位置。这类土结构的强度和稳定性不仅取决于颗粒本身的刚度和颗粒之间的胶结连接强度，还取决于每个颗粒与相邻接触胶结连接的数目（也就是颗粒的配位数），单位体积中颗粒的平均配位数越多，土的空间结构体系越稳定。

（4）黏土基质结构

这类结构土中含有大量的黏土颗粒，这些黏土颗粒以黏土粒形式凝聚（或叠聚）成凝聚体（或叠聚体），再由这些叠聚体或凝聚体再凝聚成范围更大的黏土基质，少数粉粒完全包埋在黏土基质中，不起骨架作用。如果黏土基质中的不定向排列，具有较多的孔隙，就形成开放的基质结构，其承载力低，塑性变形大。如果叠聚体作定向排列，形成“面-面”连接的紧密排列形式的定向基质结构，则能承受较高的压力。这类结构一般存在于较深的土层中。

软土的特性与其所特有的微观结构有密切关系，具有絮状链接结构或粒状链接结构的软土，其结构连接强度弱。研究表明：决定软土结构强度和工程性质的是基本单元体之间的连接，在荷载作用下，链接结构的软土压缩性大，抗剪强度低。软土的另一特性是高灵敏度和低透水性，在较大地震力作用下易震陷，这是由于软土中有较多絮凝体，这些絮凝体是由相当数量的片状黏土粒，主要以边-面、边-边通过静电连接而成，水膜吸附在表面，这样形成的结构有一定强度，但在强烈振动或搅动的情况下，边-面、边-边的电性连接减弱或断开，土强度迅速下降，这就是软土具有高灵敏度的内在原因。但被搅动的结构在恢复静态后，又可以恢复边-面、边-边的连接，部分结构强度得到恢复，这种特性称为触变性。

9.2.4 软土地基评价

对软土地区拟建场地和地基进行岩土工程地质勘察时，应按《软土地区岩土工程地质勘察规程》JGJ 83—2011要求进行。在下达勘察任务时，宜布置多种原位测试手段代替部分钻探工作，部分常规钻探鉴别孔可用静力触探孔替代，宜用十字板试验测定软土抗剪强度、灵敏度等，或采用旁压试验、螺旋板载荷试验等确定土的极限承载力，估算土的变形模量或旁压模量等参数，对软土地基中的砂层或中密粉土层应辅以标准贯入试验。软土层中宜采用回转式提土钻探，应根据工程要求所需试样的质量等级选择采样方法及取土器，宜采用静压法以薄壁取土器采取原状土试样，并在试样运输、保存以及制备等过程中防止试样扰动。只有较准确取得场地和地基岩土层资料和计算参数，结合拟建建筑物具体情况，经综合分析，才能对软土地基作出正确评价。

1. 场地和地基稳定性评价

地质条件复杂地区，综合分析的首要任务是评价场地和地基的稳定性，然后才是地基的强度和变形问题。当拟建建筑物位于抗震设防烈度7度或7度以上地区，应分析场地和地基的地震效应，对饱和砂土和粉土进行地震液化判别，并对场地软土震陷可能性作出判定；当拟建建筑物离河岸、海岸、池塘等边坡较近时，应分析软土侧向塑性挤出或滑移的可能性；在地基土受力范围内有基岩或硬土层，其顶面倾斜度大时，应分析上部软土层沿倾斜面产生滑移或不均匀变形的可能性。软土地区地下水位一般较高，应根据场地地下水位变化幅度、水头梯度或承压水头等判别其对软土地基稳定性和变形的影响。

2. 地基持力层选择

对不存在威胁场地稳定的不良地质现象的建筑地段，地基基础设计必须满足地基承载力和地基沉降这两个基本要求，而且应该充分发挥地基的潜力。在软土地区，当表层有硬壳层时，一般应充分利用，采用宽基浅埋天然地基基础方案。在选择地基持力层时，合理地确定地基土的承载力特征值，是选择地基持力层的关键，而地基承载力实际上取决于许多因素，单纯依靠某种方法确定承载力值未必十分合理，软土地区地基土承载力特征值应通过多种测试手段，并结合实践经验适当予以增减。软土地区确定地基承载力方法：①用理论公式计算一般宜采用临塑荷载公式，不考虑基础宽度修正，可采用固结快剪试验确定土的内摩擦角和黏聚力，取值时可根据地区经验折减；②结合当地经验，根据软土的天然含水量查表确定；③利用静力触探及其他原位测试资料，经与载荷试验结果对比而建立地区性相关公式确定；④对于缺乏建筑经验和一级建筑物地基，宜以载荷试验确定。

在地基持力层承载力特征值确定后，还须进行地基变形验算。地基变形值按《建筑地基基础设计规范》GB 50007有关沉降公式计算，但应参照当地已有建筑物的沉降观测资料与经验确定沉降计算经验系数；在软土地区如有欠固结土存在，应计算土的自重压密固结产生的附加变形，宜进行高压固结试验提供先期固结压力、压缩指数 C_c 等指标；地基压缩层厚度计算自基底底面算起，以附加应力等于土层自重应力的10%处，并应考虑邻近地面堆载和相邻基础的影响。

【例 9-1】某院校首期工程兴建 5～7 层教学和宿舍大楼及附属建筑物，建筑物安全等级为二级，拟建场地和地基的复杂程度为二级，属抗震设防烈度 7 度区，场内勘察孔间距、钻孔深度和测试项目等按岩土工程勘察乙级考虑。

拟建场地位于珠江三角洲中部，地势平坦，河网发育，覆盖层有 7 层：①冲填细砂层，褐黄色，松散，湿—饱和，厚度 1.5～2.5m；②淤泥，灰黑色，流塑，局部夹薄层粉细砂，局部地段相变为淤泥质粉土，厚度 8～12m；③粉砂，灰黑色，饱和，稍密—中密，局部夹黏性土薄层或相变为细砂，厚度 3.5～5.2m；④粉质黏土，黄红色有白色斑点，可塑，厚度 2.5～3.1m；⑤淤泥质土，灰黑色，软塑，厚度 4.0～4.8m；⑥中砂层，褐黄色，中密，厚度 4.5～6.0m；⑦砂质黏性土，残积，褐黄色，硬塑状，厚度 2.0～2.5m；⑧基岩为花岗岩，其全风化和强风化带不厚，中风化岩带岩质坚硬，裂隙发育，顶面埋深 35.0～39.0m。场地岩土层主要物理力学性质指标及其承载力特征值的经验值，见例表 9-1。

场地内地下水主要有第四系土层孔隙水及基岩裂隙水，孔隙水主要赋存在①冲填细砂层、③粉砂和⑤中砂层中，粉砂和中砂层地下水水量丰富，具有承压性质，基岩裂隙水微弱，水量不大。地下水位埋深 1.20m。

(1) 场地稳定性评价

本区域主要断裂有北北东至北东、北西西至近东西以及北北西至北西三组，拟建场地均没有上述断裂通过。本区抗震设防烈度为 7 度，设计基本地震加速度值为 0.10g，据已有的地震安全性评价岩土层波速资料，综合判定场地土以软弱土为主，属Ⅲ类建筑场地，特征周期值 0.45s，场地内①细砂、③粉砂局部地段经液化判别为液化砂层，液化等级为轻微—中等，为建筑抗震不利地段。

(2) 地基持力层选择

场地原有桑基鱼塘分布及纵横交错沟渠灌溉和排水系统，连续分布表面较好的土层(硬壳层)，经人为挖掘，呈零星分布，场内兴建的建筑物一般不能采用天然地基浅基础，而采用人工地基浅基础或桩基。

人工地基浅基础：场内附属建筑物、学生（教工）饭堂、商业楼、门诊楼可采用水泥搅拌桩，以③稍密—中密粉砂层作桩端持力层，桩长 8～12m，并据拟建建筑物荷载和变形值要求，决定复合地基置换率，定出桩径、桩距及桩的平面排列形式。

桩基础：对于 5～7 层教学和宿舍大楼，建议采用预应力混凝土管桩，桩径 400mm，以中密中砂或砂质黏性土作桩端持力层，桩长约 25～30m，单桩竖向承载力特征值按《建筑地基基础设计规范》GB 50007—2011 有关经验公式 $R_a = u\sum q_{sia} l_i + q_{pa} A_p$ 估算，单桩竖向承载力特征值 $R_a \approx 1000$kN，有关桩基础计算参数 q_{sa}、q_{pa} 参阅例表 9-1。该值已考虑土层受冲填细砂层大面积荷载影响，下部土层对基桩所产生的负摩阻力，对桩承载力作了折减。

场地岩土层主要物理力学性质指标及承载力特征值的经验值表

例表9-1

土层编号	土层名称	天然含水量 w（%）	天然孔隙比 e	液性指数 I_L	压缩模量 E_s（MPa）	直剪试验 c_q（kPa）	直剪试验 φ_q（°）	十字板剪切试验 c_u（kPa）	标准贯入试验 N'（实测值）	地基土承载力特征值 f_{ak}（kPa）	岩石单轴抗压强度标准值 f_r（MPa）	桩侧土摩阻力特征值 q_{sa}（kPa）	桩端土承载力特征值 q_{pa}（kPa）
①	细砂（冲填）								3.8	100			
②	淤泥	62	1.831	1.91	2.87	8.3	2.3	16.4	1.2	55		8	
③	粉砂						31		12.1	150		25	
④	粉质黏土	32	0.817	0.52	5.85	26.1	17.3		12.6	200		30	
⑤	淤泥质土	45	1.383	1.35	3.87	13.5	3.1	38.2	1.8	80		12	
⑥	中砂层						40.5		20.9	240		35	4000
⑦	砂质黏性土	24.1	0.678	0.21	4.62	31.2	30.2		26.2	300		40	3000
⑧	花岗岩										15.2		

9.3 湿陷性黄土地基

9.3.1 黄土的特征和分布

遍布在我国甘、陕、晋大部分地区以及豫、冀、鲁、宁夏、辽宁、青海、新疆、内蒙古等部分地区的黄土是一种在第四纪时期形成的、颗粒组成以粉粒（粒径约 d=0.075～0.005mm）为主的黄色或褐黄色集合体，含有大量的碳酸盐类，往往具有肉眼可见的大孔隙。由风力搬运堆积而成，又未经次生扰动、不具层理的黄土，称为原生黄土；而由风成以外的其他营力搬运堆积而成、常具有层理或砾石夹层的，则称为次生黄土或黄土状土。

具有天然含水量的黄土，如未受水浸湿，一般强度较高，压缩性较小。有的黄土，在覆盖土层的自重应力或自重应力和建筑物附加应力的综合作用下受水浸湿，使土的结构迅速破坏而发生显著的附加下沉（其强度也随着迅速降低），称为湿陷性黄土；有的黄土却并不发生显著附加下沉，则称为非湿陷性黄土。非湿陷性黄土地基的设计与施工与一般黏性土地基无异，无须另行讨论。湿陷性黄土分为非自重湿陷性和自重湿陷性两种。非自重湿陷性黄土在土自重应力作用下受水浸湿后不发生显著附加下沉；自重湿陷性黄土，在土自重应力下浸湿后则发生显著附加下沉。

我国的湿陷性黄土，一般呈黄色或褐黄色，粉土粒含量常占土重的60%以上，含有大量的碳酸盐、硫酸盐和氯化物等可溶盐类，天然孔隙比在1左右，一般具有肉眼可见的大孔隙，竖直节理发育，能保持直立的天然边坡。黄土的工程性质评价应综合考虑地层、地貌、水文地质条件等因素。

我国黄土的沉积经历了整个第四纪时期，按形成年代的早晚，有老黄土和新黄土之分。黄土形成年代愈久，大孔结构退化，土质愈趋密实，强度高而压缩性小，湿陷性减弱甚至不具湿陷性，反之，形成年代愈短，其湿陷性愈显著，见表9-3。

黄土的地层划分 表9-3

时　代		地层的划分	说　明
全新世（Q_4）黄土	新黄土	黄土状土	一般具湿陷性
晚更新世（Q_3）黄土		马兰黄土	
中更新世（Q_2）黄土	老黄土	离石黄土	上部部分土层具湿陷性
早更新世（Q_1）黄土		午城黄土	不具湿陷性

注：全新世（Q_4）黄土包括湿陷性（Q_4^1）黄土和新近堆积（Q_4^2）黄土。

属于老黄土的地层有午城黄土（早更新世，Q_1）和离石黄土（中更新世，Q_2）。前者色微红至棕红，而后者为深黄及棕黄。老黄土的土质密实，颗粒均匀，无大孔或略具大孔结构。除离石黄土层上部要通过浸水试验确定有无湿陷性外，一般不具湿陷性，常出露于山西高原、豫西山前高地、渭北高原、陕甘和陇西高原。午城黄土一般位于离石黄土层的下部。

新黄土是指覆盖于离石黄土层上部的马兰黄土（晚更新世，Q_3）以及全新世（Q_4）

中各种成因的黄土状土，色灰黄至黄褐、棕褐。马兰黄土及全新世早期黄土，土质均匀或较为均匀，结构疏松，大孔隙发育，一般具有湿陷性，主要分布在黄土地区的河岸阶地。值得注意的是，全新世近期（Q_4^2）的新近堆积黄土，形成历史较短，只有几十到几百年的历史。其土质不均，结构松散，大孔排列杂乱，常混有岩性不一的土块、多虫孔和植物根孔。包含物常含有机质，斑状或条状氧化铁；有的混砂、砾或岩石碎屑；有的混有砖瓦陶瓷碎片或朽木片等人类活动的遗物，在大孔壁上常有白色钙质粉末。它的力学性质则远逊于马兰黄土，由于土的固结成岩差，在小压力下变形较大（0～100kPa或50～150kPa），呈现高压缩性。新近堆积黄土多分布于黄土塬、梁、峁的坡脚和斜坡后缘，冲沟两侧及沟口处的洪积扇和山前坡积地带，河道拐弯处的内侧，河漫滩及低阶地，山间或黄土梁，峁之间的凹地的表部，平原上被淹埋的池沼洼地。

我国黄土地区面积约达60万km^2，其中湿陷性黄土约占3/4。《湿陷性黄土地区建筑规范》GBJ 50025（以后简称《黄土规范》）在调查和搜集各地区湿陷性黄土的物理力学性质指标、水文地质条件、湿陷性资料基础上，综合考虑各区域的气候、地貌、地层等因素，作出我国湿陷性黄土工程地质分区略图以供参考。

9.3.2　湿陷发生的原因和影响因素

黄土湿陷的发生是由于管道（或水池）漏水、地面积水、生产和生活用水等渗入地下，或由于降水量较大，灌溉渠和水库的渗漏或回水使地下水位上升而引起的。然而，受水浸湿只不过是湿陷发生所必需的外界条件。如果没有黄土本身固有的特点，那么，湿陷现象还是无从产生的。研究表明，黄土的结构特征及其物质成分是产生湿陷性的内在原因。

黄土的结构是在黄土发育的整个历史过程中形成的。干旱或半干旱的气候是黄土形成的必要条件。季节性的短期雨水把松散干燥的粉粒粘聚起来，而长期的干旱使土中水分不断蒸发，于是，少量的水分连同溶于其中的盐类都集中在粗粉粒的接触点处，可溶盐逐渐浓缩沉淀而成为胶结物。随着含水量的减少土粒彼此靠近，颗粒间的分子引力以及结合水和毛细水的连接力也逐渐加大。这些因素都增强了土粒之间抵抗滑移的能力，阻止了土体的自重压密，于是形成了以粗粉粒为主体骨架的多孔隙的黄土结构，其中零星散布着较大的砂粒（图9-1）。附于砂粒和粗粉粒表面的细粉粒、黏粒、腐殖质胶体以及大量集合于大颗粒接触点处的各种可溶盐和水分子形成了胶结性连接，从而构成了矿物颗粒集合体。周边有几个颗粒包围着的孔隙就是肉眼可见的大孔隙。它可能是植物的根须造成的管状孔隙。

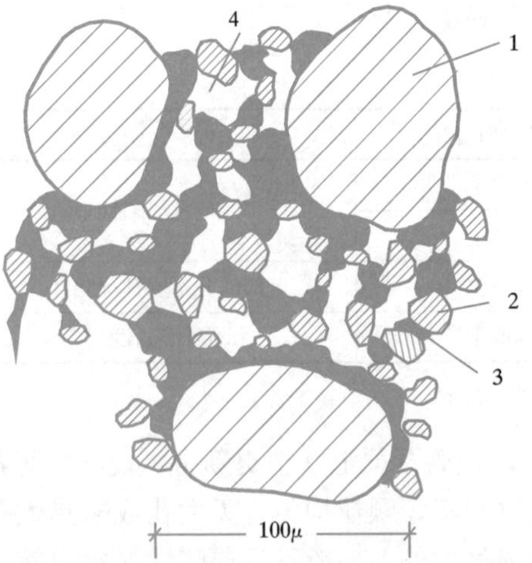

图9-1　黄土结构示意图

1—砂粒；2—粗粉粒；3—胶结物；4—大孔隙

黄土受水浸湿时，结合水膜增厚楔入颗粒之间，于是，结合水连接消失，盐类溶于水中，骨架强度随着降低，土体在上覆土层的自重应力或在附加应力与自重应力综合作用下，其结构迅速破坏，土粒滑向大孔，粒间孔隙减少。这就是黄土湿陷现象的内在过程。

黄土中胶结物的多寡和成分以及颗粒的组成和分布，对于黄土的结构特点和湿陷性的强弱有着重要的影响。胶结物含量大，可把骨架颗粒包围起来，则结构致密；黏粒含量多，并且均匀分布在骨架之间也起了胶结物的作用。这些情况都会使湿陷性降低并使力学性质得到改善。反之，粒径大于 0.05mm 的颗粒增多，胶结物多呈薄膜状分布，骨架颗粒多数彼此直接接触，则结构疏松，强度降低而湿陷性增强。此外，黄土中的盐类，如以较难溶解的碳酸钙为主而具有胶结作用时，湿陷性减弱，但石膏及易溶盐的含量愈大时，湿陷性增强。

黄土的湿陷性还与孔隙比、含水量以及所受压力的大小有关。天然孔隙比愈大或天然含水量愈小则湿陷性愈强。在天然孔隙比和含水量不变的情况下，随着压力的增大，黄土的湿陷量增加，但当压力超过某一数值后，再增加压力，湿陷量反而减少。

9.3.3 湿陷性黄土地基的评价

1. 湿陷系数和湿陷起始压力

黄土是否具有湿陷性以及湿陷性的强弱程度如何，应该用一个数值指标来判定。如上所述，黄土的湿陷量与所受的压力大小有关。所以湿陷性的有无、强弱，应按某一给定的压力作用下土体浸水后的湿陷系数 δ_s 值来衡量。湿陷系数由室内压缩试验测定。在压缩仪中将原状试样逐级加压到规定的压力 p，等它压缩稳定后测得试样高度 h_p，然后加水浸湿，测得下沉稳定后的高度 h'_p。设土样的原始高度为 h_0，则按下式计算土的湿陷系数 δ_s：

$$\delta_s=\frac{h_p-h'_p}{h_0} \tag{9-1}$$

测定湿陷系数的压力 p，以采用地基中黄土实际受到的压力较为合理。但在初勘阶段，建筑物的平面位置、基础尺寸和基础埋深等尚未确定，以实际压力评定黄土的湿陷性存在不少具体问题，因而《黄土规范》规定：对自基础底面算起（初步勘察时，自地面下 1.5m 算起）的 10m 内土层该压力应用 200kPa；10m 以下至非湿陷性土层顶面，应用其上覆土的饱和自重压力（当大于 300kPa 时，仍应用 300kPa）；如基底压力大于 300kPa，宜按实际压力判别黄土的湿陷性；对压缩性较高的新近堆积黄土，基底下 5m 以内的土层宜用 100～150kPa 压力，5～10m 和 10m 以下至非湿陷性黄土层顶面，应分别用 200kPa 和上覆土层的饱和自重压力。

当 $\delta_s<0.015$ 时，应定为非湿陷性黄土；$\delta_s \geqslant 0.015$ 时，应定为湿陷性黄土。湿陷性黄土的湿陷程度，可根据湿陷系数 δ_s 值大小分为三种：$0.015 \leqslant \delta_s \leqslant 0.03$ 时，湿陷性轻微；$0.03<\delta_s \leqslant 0.07$ 时，湿陷性中等；$\delta_s>0.07$ 时，湿陷性强烈。

如上所述，黄土的湿陷量是压力的函数。因此，事实上存在着一个压力界限值，压力低于这个数值，黄土即使浸了水也只产生压缩变形，而不会出现湿陷现象。这个界限称为湿陷起始压力 p_{sh}（kPa），是一个有一定实用价值的指标。例如，在设计非自重湿陷性黄土地基上荷载不大的基础和土垫层时，可以有意识地选择适当的基础底面尺寸及埋深或土垫层厚度，使基底压力或垫层底面的总压力（自重应力与附加应力之和）不超过基底下土的湿陷起始压力，以避免湿陷的可能性。

湿陷起始压力可用室内压缩试验或原位载荷试验确定。不论室内或原位试验，都有双线法和单线法两种。当按压缩试验确定时，其方法如下：

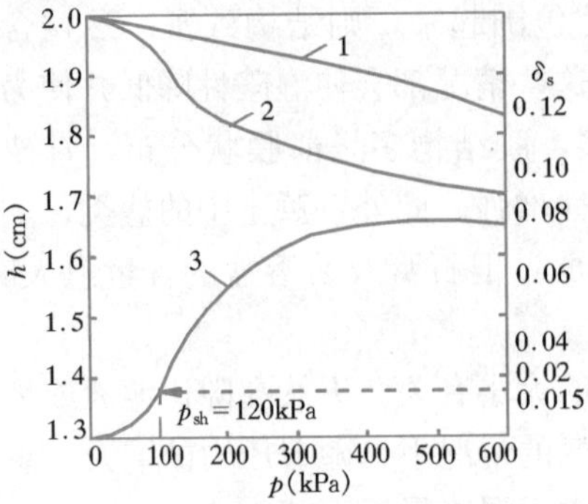

图 9-2 湿陷性黄土压缩试验曲线(双线法)
1—p-h_p 曲线(不浸水)；2—p-h'_p 曲线(浸水)；3—p-δ_s 曲线

采用双线法时，应在同一取土点的同一深度处，以环刀切取两个试样。一个在天然湿度下分级加荷，另一个在天然湿度下加第一级荷重，下沉稳定后浸水，待湿陷稳定后再分级加荷。分别测定这两个试样在各级压力下，下沉稳定后的试样高度 h_p 和浸水下沉稳定后的试样高度 h'_p，就可以绘出不浸水试样的 p—h_p 曲线和浸水试样的 p—h'_p 曲线，如图 9-2 所示。然后按式 (9-1) 计算各级压力下的湿陷系数 δ_s，从而绘制 p—δ_s 曲线。在 p—δ_s 曲线上取 δ_s 值为 0.015 所对应的压力作为湿陷起始压力。以上测定 p_{sh} 的方法，因需要绘制两条压缩曲线，故称双线法。

采用单线法时，应在同一取土点的同一深度处，至少以环刀切取 5 个试样。各试样均分别在天然湿度上分级加荷至不同的规定压力。待下沉稳定、测定土样高度 h_p 后浸水，并测定湿陷稳定后的土样高度 h'_p。绘制 p-δ_s 曲线后，确定 p_{sh} 值的方法与双线法同。此外，还可按载荷试验来确定 p_{sh} 值，这里就不再详述了。

试验结果表明：黄土的湿陷起始压力随着土的密度、湿度、胶结物含量以及土的埋藏深度等的增加而增加。

2. 湿陷类型和湿陷等级

(1) 建筑场地湿陷类型的划分

自重湿陷性黄土在没有外荷载的作用下，浸水后也会迅速发生剧烈的湿陷，甚至一些很轻的建筑物也难免遭受其害。而在非自重湿陷性黄土地区，这种情况就很少见。所以，对于这两种类型的湿陷性黄土地基，所采取的设计和施工措施应有所区别。在黄土地区地基勘察中，应按实测自重湿陷量或计算自重湿陷量判定建筑场地的湿陷类型。实测自重湿陷量应根据现场试坑浸水试验确定。

计算自重湿陷量按下式计算：

$$\Delta_{zs}=\beta_0\sum_{i=1}^{n}\delta_{zsi}h_i \tag{9-2}$$

式中 δ_{zsi}——第 i 层土在上覆土的饱和($S_r>0.85$)自重应力作用下的湿陷系数，其测定和计算方法同 δ_s；即 $\delta_{zs}=\dfrac{h_z-h'_z}{h_0}$，$h_z$ 是指加压至土的饱和自重压力时，下沉稳定后的高度。

h_i——第 i 层土的厚度；

n——总计算厚度内湿陷土层的数目，总计算厚度应从天然地面算起（当挖、填方厚度及面积较大时，自设计地面算起）至其下全部湿陷性黄土层的底面为止，但其中 $\delta_{zs}<0.015$ 的土层不参与累计；

β_0——因地区土质而异的修正系数，它从各地区湿陷性黄土地基试坑浸水试验实测值与室内试验值比较得出；在缺乏实测资料时，可按下列规定取值：陇西地区取 1.5，陇东—陕北—晋西地区取 1.2，关中地区取 0.9，其他地区取 0.5。

当计算自重湿陷量 Δ_{zs} 或实测自重湿陷量 Δ'_{zs}≤70mm 时，应定为非自重湿陷性黄土场地；Δ_{zs}（Δ'_{zs}）>70mm 时，应定为自重湿陷性黄土场地。当用自重湿陷量的计算值 Δ_{zs} 和实测值 Δ'_{zs} 判别出现矛盾时，应按实测值进行判定。

（2）黄土地基的湿陷等级

湿陷性黄土地基的湿陷等级，应根据基底下各土层累计的总湿陷量和计算自重湿陷量的大小等因素按表 9-4 判定。总湿陷量可按下式计算：

$$\Delta_s = \sum_{i=1}^{n} \beta \delta_{si} h_i \tag{9-3}$$

式中 δ_{si} 和 h_i 分别为第 i 层土的湿陷系数和厚度，起算深度为基础底面埋深（初勘时可取 1.5m）。对非自重湿陷性黄土地基，由起算深度起分层，累计至其下 10m 深度或沉降计算深度为止；对自重湿陷性黄土地基，累计至非湿陷性黄土层的顶面止，其中非湿陷性土层不参与累计；β 为考虑黄土地基侧向挤出和浸水概率等因素的修正系数。基底下 5m（或压缩层）深度内可取 1.5；5～10m 深度内，取 β=1.0；10m 以下至非湿陷性黄土层顶面，在自重湿陷性黄土场地，可取工程所在地区的 β_0 值。

湿陷性黄土地基湿陷等级 表 9-4

湿陷类型 / 计算自重湿陷量（mm） / 总湿陷量（mm）	非自重湿陷性场地	自重湿陷性场地	
	Δ_{zs}≤70	70<Δ_{zs}≤350	Δ_{zs}>350
Δ_s≤300	Ⅰ（轻微）	Ⅱ（中等）	—
300<Δ_s≤700	Ⅱ（中等）	Ⅱ或Ⅲ	Ⅲ（严重）
Δ_s>700		Ⅲ（严重）	Ⅳ（很严重）

注：当 Δ_s>600mm、Δ_{zs}>300mm 时，可判为Ⅲ级，其他情况可判为Ⅱ级。

Δ_s 是湿陷性黄土地基在规定压力作用下浸水后可能发生的湿陷变形值，设计时应按黄土地基的湿陷等级考虑相应的设计措施。在同样情况下，湿陷程度愈高，设计措施要求也愈高。

【例 9-2】 关中地区某建筑场地初勘时 3 号探井的土工试验资料见例表 9-2，试确定该场区的湿陷类型和地基的湿陷等级。

【解】

（1）自重湿陷量计算

因场地挖方的厚度和面积都较大，自重湿陷量应自设计地面起累计至其下全部湿陷性黄土层的底面为止。对关中地区，按《黄土规范》，β_0 值取 0.9，由式（9-2）计算其自重湿陷量：

$$\begin{aligned}\Delta_{zs} &= \beta_0 \sum_{i=1}^{n} \delta_{zsi} h_i \\ &= 0.9\times(0.022\times1000+0.031\times1000+0.075\times1000+0.06\times1000) \\ &= 0.9\times188=169.2\text{mm}>70\text{mm}\ (\text{故应定为自重湿陷性黄土场地})\end{aligned}$$

例表 9-2

土样野外编号	取土深度(m)	土粒相对密度 d_s	孔隙比 e	重度(kN/m³)	δ_s	δ_{zs}	备注
3－1	1.5	2.70	0.975	17.8	0.085	0.002#	#表示 δ_s 或 δ_{zs}＜0.015，属非湿陷土层，不参与累计
3－2	2.5	2.70	1.100	17.4	0.059	0.013#	
3－3	3.5	2.70	1.215	16.8	0.076	0.022	
3－4	4.5	2.70	1.117	17.2	0.028	0.012#	
3－5	5.5	2.70	1.126	17.2	0.094	0.031	
3－6	6.5	2.70	1.300	16.5	0.091	0.075	
3－7	7.5	2.70	1.179	17.0	0.071	0.060	
3－8	8.5	2.70	1.072	17.4	0.039	0012#	
3－9	9.5	2.70	0.787	18.9	0.002#	0.001#	
3－10	10.5	2.70	0.778	18.9	0.0012#	0.008#	

注：γ 按 $S_r=85\%$ 计。

(2) 黄土地基的总湿陷量计算

对自重湿陷性黄土地基，按地区建筑经验，对关中地区应自基础底面起累计至其下方等于或大于10m深度为止，其中非湿陷性土层不参与累计。

修正系数 β 取值基底下5m深度内可取1.5；5～10m深度内取1.0；10m以下至非湿陷性黄土层顶面，在自重湿陷性黄土场地取0.9。兹将有关数据代入式（9-3）中得：

$$\begin{aligned}\Delta_s &= \sum_{i=1}^{n}\beta\delta_{si}h_i \\ &= 1.5\times(0.085\times500+0.059\times1000+0.076\times1000 \\ &\quad +0.028\times1000+0.094\times1000+0.091\times500) \\ &\quad +1.0\times(0.091\times500+0.071\times1000+0.039\times1000) \\ &= 517.5+155.5=673.0\text{mm}\ [\text{湿陷等级为Ⅱ级（中等）}]\end{aligned}$$

以上算式中的两对括号内的计算内容分别是1.5m以下5m范围内和其下深达10m范围内的湿陷量（非湿陷土层不参与累计）。

9.3.4　湿陷性黄土地基的工程措施

湿陷性黄土地基的设计和施工，除了必须遵循一般地基的设计和施工原则外，还应针对黄土湿陷性这个特点和建筑物类别（详见《黄土规范》），因地制宜采用以地基处理为主的综合措施。这些措施有：

地基处理：其目的在于破坏湿陷性黄土的大孔结构，以便全部或部分消除地基的湿陷性，从根本上避免或削弱湿陷现象的发生。常用的地基处理方法有土（或灰土）垫层、重锤夯实、强夯、预浸水、化学加固（主要是硅化和碱液加固）、土（灰土）桩挤密（见第5章和有关地基处理专著）等，也可采用将桩端进入非湿陷性土层的桩基。

防水措施：不仅要放眼于整个建筑场地的排水、防水问题，且要考虑到单体建筑物的防水措施，在建筑物长期使用过程中要防止地基被浸湿，同时也要做好施工阶段的排水、防水工作。

结构措施：在建筑物设计中，应从地基、基础和上部结构相互作用的概念出发，采用适当的措施，增强建筑物适应或抵抗因湿陷引起的不均匀沉降的能力。这样，即使地基处理或防水措施不周密而发生湿陷时，也不致造成建筑物的严重破坏或减轻其破坏程度。

在三种工程措施中，消除地基的全部湿陷量或采用桩基础穿透全部湿陷性黄土层，主要用于甲类建筑；消除地基的部分湿陷量，主要用于乙、丙类建筑；丁类属次要建筑，地基可不处理。防水措施和结构措施，一般用于地基不处理或消除地基部分湿陷量的建筑，以弥补地基处理的不足。

9.4 膨胀土（岩）地基

9.4.1 膨胀土（岩）的特点

膨胀土一般指黏粒成分主要由亲水性黏土矿物组成，同时具有显著的吸水膨胀和失水收缩两种变形特性的黏性土；而膨胀岩是指含有较多亲水矿物，含水率变化时发生较大体积变化的岩石，其具有遇水膨胀、软化、崩解和失水收缩、开裂的特性。膨胀土（岩）地基一般强度较高，压缩性低，易被误认为是建筑性能较好的地基土。但由于具有膨胀和收缩的特性，当利用这种土（岩）作为建筑物地基时，如果对这种特性缺乏认识，或在设计和施工中没有采取必要的措施，结果会给建筑物造成危害，尤其对低层、轻型的房屋或构筑物带来的危害更大。膨胀土（岩）分布范围很广，根据现有资料，我国广西、云南、湖北、河南、安徽、四川、河北、山东、陕西、江苏、贵州和广东等地均有不同范围的分布。为此，我国已制定了《膨胀土地区建筑技术规范》GB 50112（以后简称《膨胀土规范》）。在膨胀土地区进行建设，要认真调查研究，通过勘察工作，对膨胀土（岩）作出必要的判断和评价，以便采取相应的设计和施工措施，从而保证房屋和构筑物的安全和正常使用。

1. 膨胀土（岩）的特征

根据我国二十几个省区的资料，膨胀土多出露于二级及二级以上的河谷阶地、山前和盆地边缘及丘陵地带，地形坡度平缓，无明显的天然陡坎。膨胀岩一般形成波状起伏的低缓丘陵，丘顶多浑圆，坡面圆顺，山坡坡度缓于40°，岗丘之间为宽阔的U形谷地。

我国膨胀土除少数形成于全新世（Q_4）外，其地质年代多属第四纪晚更新世（Q_3）或更早一些。在自然条件下，膨胀土多呈硬塑或坚硬状态，具黄、红、灰白等颜色，并含有铁锰质或钙质结核，断面常呈斑状。膨胀土中裂隙较发育，有竖向、斜交和水平三种，距地表1～2m内，常有竖向张开裂隙。裂隙面呈油脂或蜡状光泽，时有擦痕或水渍，以及铁锰氧化物薄膜，裂隙中常充填灰绿、灰白色黏土。在邻近边坡处，裂隙常构成滑坡的滑动面。膨胀土地区旱季地表常出现地裂，雨期则裂缝闭合。地裂上宽下窄，一般长10～80m，深度多在3.5～8.5m之间，壁面陡立而粗糙。

我国膨胀土的黏粒含量一般很高，其中粒径小于0.002mm的胶体颗粒含量一般超过20%。其液限w_L大于40%，塑性指数I_P大于17，且多数在22～35之间。自由膨胀率一般超过40%（红黏土除外）。膨胀土的天然含水量接近或略小于塑限，液性指数常小于零，土的压缩性小，多属低压缩性土。任何黏性土都有胀缩性，问题在于这种特性是否达到对房屋安全有影响的程度。《膨胀土规范》是根据未处理的一层砖混结构房屋的极限变形幅度15mm作为划分标准。有关设计、施工和维护的规定是以胀缩变形量超过这个标准制订的。

膨胀岩形成以石灰纪、二叠纪、三叠纪、侏罗纪、白垩纪、第三纪的泥质岩石为主，亦有蒙脱石化的凝灰岩以及含硬石膏、芒硝的岩石等，具灰白、灰绿、灰黄、紫红和浅灰等色。岩石由细颗粒组成，遇水时多有滑腻感。岩石多为薄层或中、厚层状，裂隙发育，风化裂隙多沿层理面、构造面发育，使已被结构面切割的岩块更加破碎；地表岩石风化成鸡粪土，剥落现象明显；天然含水的岩石暴晒时多沿层理方向产生微裂隙；干燥的岩块泡水后易崩解成碎块、碎片或土状。

2. 膨胀土（岩）对建筑物的危害

膨胀土（岩）具有显著的吸水膨胀和失水收缩的变形特性。建造在膨胀土（岩）地基上的建筑物，随季节性气候的变化会反复不断地产生不均匀的升降，而使房屋破坏，并具有如下特征：

建筑物的开裂破坏具有地区性成群出现的特点。遇干旱年份裂缝发展更为严重，建筑物裂缝随气候变化而张开和闭合。

发生变形破坏的建筑物，多数为一、二层的砖木结构房屋，因为这类建筑物的重量轻，整体性差，基础埋置较浅，地基土易受外界因素的影响而产生胀缩变形，故极易裂损。

房屋墙面两端转角处的裂缝，例如山墙上的对称或不对称的倒八字形缝（图 9-3*a*）。这是由于山墙的两侧下沉量较中部为大的缘故。外纵墙下部出现水平裂缝（图 9-3*b*），墙体外倾并有水平错动。由于土的胀缩交替变形，还会使墙体出现交叉裂缝。

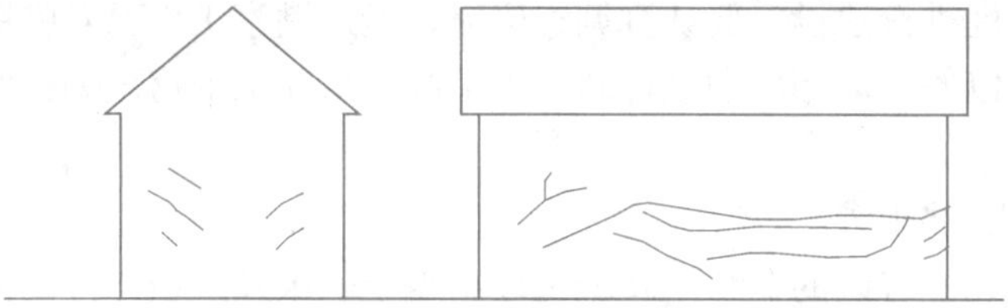

图 9-3 膨胀土地基上房屋墙面的裂缝

（*a*）山墙上的对称倒八字形缝；（*b*）外纵墙的水平裂缝

房屋的独立砖柱可能发生水平断裂，并伴随有水平位移和转动。隆起的地坪，多出现纵向裂缝，并常与室外地裂相连。在地裂通过建筑物的地方，建筑物墙体上出现上小下大的竖向或斜向裂缝。

膨胀土（岩）边坡极不稳定，易产生浅层滑坡，并引起房屋和构筑物的开裂。

3. 影响膨胀土（岩）胀缩变形的主要因素

膨胀土（岩）的胀缩变形特性由土（岩）的内在因素所决定，同时受到外部因素的制约。胀缩变形的产生是膨胀土（岩）的内在因素在外部适当的环境条件下综合作用的结果。

影响土（岩）胀缩变形的主要内在因素有：

（1）矿物成分：膨胀土（岩）主要由蒙脱石、伊里石等亲水性矿物组成。蒙脱石矿物亲水性强，具有既易吸水又易失水的强烈活动性。伊里石亲水性比蒙脱石低，但也有较高的活动性。蒙脱石矿物吸附外来的阳离子的类型对土的胀缩性也有影响，如吸附钠离子

（钠蒙脱石）时就具有特别强烈的胀缩性。

（2）微观结构特征：膨胀土的胀缩变形，不仅取决于组成膨胀土的矿物成分，而且取决于这些矿物在空间分布上的结构特征。由于膨胀土中普遍存在着片状黏土矿物，颗粒彼此叠聚成微叠聚体基本结构单元，从电子显微镜观察证明，膨胀土的微观结构为叠聚体与叠聚体彼此面一面接触形成黏土基质结构，这种结构具有很大的吸水膨胀和失水收缩的能力。

（3）黏粒的含量：由于黏土颗粒细小，比面积大，因而具有很大的表面能，对水分子和水中阳离子的吸附能力强。因此，土（岩）中黏粒含量愈多，则土（岩）的胀缩性愈强。

（4）土（岩）的密度和含水量：土的胀缩表现于土的体积变化。对于含有一定数量的蒙脱石和伊里石的黏土来说，当其在同样的天然含水量条件下浸水，天然孔隙比愈小，土（岩）的膨胀愈大，其收缩愈小。反之，孔隙比愈大，收缩愈大。因此，在一定条件下，土（岩）的天然孔隙比（密度状态）是影响胀缩变形的一个重要因素。此外，土中原有的含水量与土体膨胀所需的含水量相差愈大时，则遇水后土的膨胀愈大，而失水后土的收缩愈小。

（5）土（岩）的结构强度：结构强度愈大，土（岩）体限制胀缩变形的能力也愈大。当土（岩）的结构受到破坏后，土（岩）的胀缩性随之增强。

影响土（岩）胀缩变形的主要外部因素有：

（1）气候条件是首要的因素。从现有的资料分析，膨胀土（岩）分布地区年降雨量的大部分一般集中在雨期，继之是延续较长的旱季。如建筑场地潜水位较低，则表层膨胀土（岩）受大气影响，土中水分处于剧烈的变动之中。在雨期，土中水分增加，在干旱季节则减少。房屋建造后，室外土层受季节性气候影响较大，因此，基础的室内外两侧土的胀缩变形也就有了明显的差别，有时甚至外缩内胀，而使建筑物受到反复的不均匀变形的影响。这样，经过一段时间以后，就会导致建筑物的开裂。

据野外实测资料表明，季节性气候变化对地基土中水分的影响随深度的增加而递减。因此，确定建筑物所在地区的大气影响深度对防治膨胀土（岩）的危害具有实际意义。

（2）地形地貌的影响也是一个重要的因素。这种影响实质上仍然要联系到土（岩）中水分的变化问题。经常发现有这样的现象：低地的膨胀土地基较高地的同类地基的胀缩变形要小得多；在边坡地带，坡脚地段比坡肩地段的同类地基的胀缩变形又要小得多。这是由于高地的临空面大，地基土中水分蒸发条件好，因此，含水量变化幅度大，地基土的胀缩变形也较剧烈。

（3）在炎热和干旱地区，建筑物周围的阔叶树（特别是不落叶的桉树）对建筑物的胀缩变形造成不利影响。尤其在旱季，当无地下水或地表水补给时，由于树根的吸水作用，会使土中的含水量减少，更加剧了地基土的干缩变形，使近旁有成排树木的房屋产生裂缝。

（4）对具体建筑物来说，日照的时间和强度也是不可忽略的因素。许多调查资料表明，房屋向阳面（即东、南、西三面，尤其是南、西面）开裂较多，背阳面（即北面）开裂较少。另外，建筑物内、外有局部水源补给时，会增加胀缩变形的差异。高温建筑物如无隔热措施，也会因不均匀变形而开裂。

9.4.2　膨胀土（岩）地基的评价

1. 膨胀土（岩）的胀缩性指标

评价膨胀土（岩）胀缩性的常用指标及其测定方法如下：

（1）自由膨胀率 δ_{ef}，指研磨成粉末的干燥土样（结构内部无约束力）或易崩解的岩样，浸泡于水中，经充分吸水膨胀后所增加的体积与原干体积的百分比。试验时将烘干土（岩）样经无颈漏斗注入量土杯（容积10ml），盛满刮平后，将试样倒入盛有蒸馏水的量筒（容积50ml）内。然后加入凝聚剂并用搅拌器上下均匀搅拌10次。土粒下沉后每隔一定时间读取土样体积数，直至认为膨胀到达稳定为止。自由膨胀率按下式计算：

$$\delta_{ef}\ (\%) = \frac{V_w - V_0}{V_0} \times 100 \tag{9-4}$$

式中　V_0——试样原有的体积（即量土杯的容积）(10ml)；

V_w——膨胀稳定后测得的量筒内试样的体积（ml）。

（2）膨胀率 δ_{ep}，指原状土（岩）样经侧限压缩后浸水膨胀稳定，并逐级卸荷至某级压力时的土（岩）样单位体积的稳定膨胀量（以百分数表示）。试验时，对置于压缩仪中的原状土（岩）样，先逐级加荷到按工程实际需要取定的最大压力，待下沉稳定后浸水并测得其稳定膨胀量，然后按先前的加荷等级逐级卸荷至零，同时测定各级压力下膨胀稳定时的土（岩）样高度变化值。δ_{ep} 值按下式计算：

$$\delta_{ep}\ (\%) = \frac{h_w - h_0}{h_0} \times 100 \tag{9-5}$$

式中　h_w——侧限压缩土（岩）样在浸水后卸压膨胀过程中的第 i 级压力 p_i 作用下膨胀稳定时的高度；

h_0——试验开始时土（岩）样的原始高度。

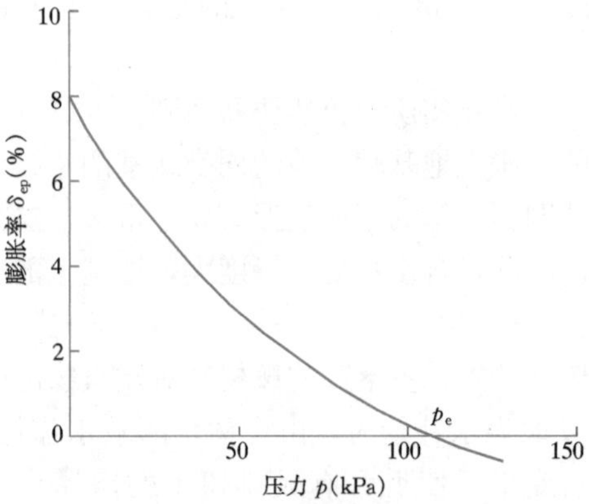

图9-4　膨胀力的确定方法

（3）膨胀力 p_e，表示原状土（岩）样在体积不变条件下。由于浸水产生的最大内应力。图9-4以各级压力下的膨胀率 δ_{ep} 为纵坐标，压力 p 为横坐标，将试验结果绘制成 p-δ_{ep} 关系曲线，该曲线与横坐标的交点 p_e 的坐标值即为试验的膨胀力。在选择基础形式和基础压力时，p_e 是很有用的指标，此时一般要求基础压力 p 宜超过地基土的膨胀力，但不得超过地基承载力。

（4）线缩率 δ_s，指土的垂直收缩变形与原始高度之百分比。试验时把土（岩）样从环刀中推出后，置于20℃恒湿条件下或15～40℃自然条件下干缩，按规定时间测读试样高度，并同时测定其含水量（w）。用下式计算土的线缩率：

$$\delta_s\ (\%) = \frac{h_0 - h}{h_0} \times 100 \tag{9-6}$$

式中 h_0——试验开始时的土（岩）样高度；

h——试验中某次测得的土（岩）样高度。

（5）收缩系数 λ_s，绘制收缩曲线如图 9-5 所示，原状土（岩）样在直线收缩阶段中含水量每降低 1%时，所对应的竖向线缩率的改变即为收缩系数 λ_s：

$$\lambda_s = \Delta\delta_s / \Delta w \tag{9-7}$$

式中 $\Delta\delta_s$——在直线段中与含水量减少值 Δw 相对应的线缩率增加值。

（6）原状土的缩限 w_s，在《土工试验方法标准》GB/T 50123 中已经介绍了缩限的定义和测定非原状黏性土缩限含水量的收缩皿法。至于原状土的缩限则可在图 9-5 的收缩曲线中分别延长微缩阶段和收缩阶段的直线段至相交，其交点的横坐标即为原状土的缩限 w_s。

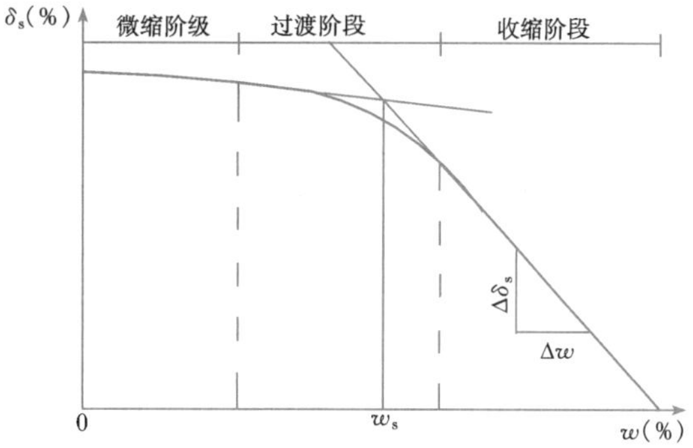

图 9-5 收缩曲线

2. 膨胀土（岩）地基的评价

（1）膨胀土（岩）的判别

膨胀土（岩）的判别是解决膨胀土（岩）地基勘察、设计的首要问题。根据我国大多数地区的膨胀土和非膨胀土试验指标的统计分析，认为：土中黏粒成分主要由亲水性矿物组成。凡自由膨胀率 $\delta_{ef} \geqslant 40\%$，一般具有上述膨胀土野外特征和建筑物开裂破坏特征，且为胀缩性能较大的黏性土和泥质岩石，则应判别为膨胀土。膨胀岩的判别尚无统一标准，参考国内有关资料及现行有关岩土工程勘察规范，仅规定了膨胀岩的野外地质特征和室内试验判别指标，供膨胀岩判别使用。

（2）膨胀土的膨胀潜势

通过上述判别膨胀土以后，要进一步确定膨胀土胀缩性能的强弱程度，不同胀缩性能的膨胀土对建筑物的危害程度将有明显差别。结合我国情况，用自由膨胀率作为膨胀土的判别和分类指标，一般能获得较好效果。研究表明：自由膨胀率能较好反映土中的黏土矿物成分、颗粒组成、化学成分和交换阳离子性质的基本特征。土中的蒙脱石矿物愈多，小于 0.002mm 的黏粒在土中占较多分量，且吸附着较活泼的钠、钾阳离子时，那么土体内部积储的膨胀潜势愈强，自由膨胀率就愈大，土体显示出强烈的胀缩性。调查表明：自由膨胀率较小的膨胀土，膨胀潜势较弱，建筑物损坏轻微；自由膨胀率高的土，具有强的膨胀潜势，则较多建筑物将遭到严重破坏。《膨胀土地区建筑技术规范》GB 50112 按自由膨胀率大小划分土的膨胀潜势强弱，以判别土的胀缩性高低，详见表 9-5。

膨胀土的膨胀潜势分类 表 9-5

自由膨胀率（%）	膨 胀 潜 势
$40 \leqslant \delta_{ef} < 65$	弱
$65 \leqslant \delta_{ef} < 90$	中
$\delta_{ef} \geqslant 90$	强

膨胀土地基的胀缩等级 表 9-6

地基分级变形量 s_c（mm）	级 别
$15 \leqslant s_c < 35$	Ⅰ
$35 \leqslant s_c < 70$	Ⅱ
$s_c \geqslant 70$	Ⅲ

3. 膨胀土地基的胀缩等级

根据建筑物地基的胀缩变形对低层砖混结构房屋的影响程度，对膨胀土地基评价时，其胀缩等级按分级胀缩变形量 s_c 大小进行划分，详见表 9-6。

地基的胀缩变形量 s_c 可按下式计算：

$$s_c = \sum_{i=1}^{n} (\delta_{epi} + \lambda_{si} \Delta w_i) h_i \tag{9-8}$$

式中　δ_{epi}——基础底面下第 i 层土在压力为 p_i（该层土的平均自重应力与平均附加应力之和）作用下的膨胀率，由室内试验确定；

λ_{si}——第 i 层土的垂直线收缩系数；

h_i——第 i 层土计算厚度（mm），一般为基础宽度的 0.4 倍；

Δw_i——第 i 层土在收缩过程中可能发生的含水量变化的平均值（以小数表示），按《膨胀土规范》公式计算；

n——自基础底面至计算深度内所划分的土层数，计算深度一般根据大气影响深度确定；有浸水可能时，可按浸水影响深度确定。

膨胀土地基的设计，按场地的地形、地貌条件分平坦场地和斜坡场地：地形坡度小于5°或地形坡度大于5°而小于14°的坡脚地带和距坡肩水平距离大于10m的坡顶地带为平坦场地；地形坡度大于或等于5°，或地形坡度虽然小于5°，而同一座建筑物范围内地形高差大于1m者为斜坡场地。位于平坦场地的建筑物地基，应按胀缩变形量控制设计；而位于斜坡场地上的建筑物地基，除按胀缩变形量设计外，尚应进行地基稳定性计算。

9.4.3　膨胀土（岩）地基的工程措施

1. 设计措施

建筑场地的选择：根据工程地质和水文地质条件，建筑物应尽量避免布置在地质条件不良的地段（如浅层滑坡和地裂发育区，以及地质条件不均匀的区域）。重要建筑物最好布置在胀缩性较小和土质较均匀的地方。山区建筑应根据山区地基的特点，妥善地进行总平面布置，并进行竖向设计，避免大开大挖，建筑物应依山就势布置。同时应利用和保护天然排水系统，并设置必要的排洪、截流和导流等排水措施，有组织的排除雨水、地表水、生活和生产废水，防止局部浸水和渗漏现象。

建筑措施：建筑物的体形力求简单，尽量避免平面凹凸曲折和立面高低不一。建筑物不宜过长，必要时可用沉降缝分段隔开。膨胀土（岩）地区的民用建筑层数宜多于1～2层。外廊式房屋的外廊部分宜采用悬挑结构。一般无特殊要求的地坪，可用混凝土预制块或其他块料，其下铺砂和炉渣等垫层。如用现浇混凝土地坪，其下铺块石或碎石等垫层，每3m左右设分格缝。对于有特殊要求的工业地坪，应尽量使地坪与墙体脱开，并填以嵌缝材料。房屋附近不宜种植吸水量和蒸发量大的树木（如桉树），应根据树木的蒸发能力和当地气候条件合理确定树木与房屋之间距离。

结构处理：在Ⅰ、Ⅱ、Ⅲ类膨胀土地基上，一般应避免采用砖拱结构和无砂大孔混凝土、无筋中型砌块建造的房屋。为了加强建筑物的整体刚度，可适当设置钢筋混凝土圈梁或钢筋砖腰箍。单独排架结构的工业厂房包括山墙、外墙及内隔墙均宜采用单独柱基承重，角端部分适当加深，围护墙宜砌在基础梁上，基础梁底与地面应脱空100～150mm。

建筑物的角端和内外墙的连接处，必要时可增设水平钢筋。

地基处理：基础埋置深度的选择应考虑膨胀土（岩）的胀缩性、膨胀土（岩）层埋藏深度和厚度以及大气影响深度等因素。基础不宜设置在季节性干湿变化剧烈的土（岩）层内。一般基础的埋深宜超过大气影响深度。当膨胀土（岩）位于地表下 3m 或地下水位较高时，基础可以浅埋。若膨胀土（岩）层不厚，则尽可能将基础埋置在非膨胀土（岩）上。膨胀土地区的基础设计，应充分利用地基土的承载力，并采用缩小基底面积、合理选择基底形式等措施，以便增大基底压力、减少地基膨胀变形量。膨胀土地基的承载力，可按《膨胀土规范》有关规定选用。采用垫层时，须将地基中膨胀土（岩）全部或部分挖除，用砂、碎石、块石、煤渣、灰土等材料作垫层，而且必须有足够的厚度。当采用垫层作为主要设计措施时，垫层宽度应大于基础宽度，两侧回填相同的材料。如采用深基础，宜选用穿透膨胀土（岩）层的桩（墩）基。

2. 施工措施

膨胀土（岩）地区的建筑物，应根据设计要求、场地条件和施工季节，作好施工组织设计。在施工中应尽量减少地基中含水量的变化，以便减少土（岩）的胀缩变形。建筑场地施工前，应完成场地土方、挡土墙、护坡、防洪沟及排水沟等工程，使排水畅通、边坡稳定。施工用水应妥善管理，防止管网漏水。临时水池、洗料场、搅拌站与建筑物的距离不少于 5m。应作好排水措施，防止施工用水流入基槽内。基槽施工宜采取分段快速作业，施工过程中，基槽不应曝晒或浸泡。被水浸湿后的软弱层必须清除，雨期施工应有防水措施。基础施工完毕后，应立即将基槽和室内回填土分层夯实。填土可用非膨胀土、弱膨胀土或掺有石灰的膨胀土。地坪面层施工时应尽量减少地基浸水，并宜用覆盖物湿润养护。

9.5 红黏土地基

9.5.1 红黏土的形成与分布

炎热湿润气候条件下的石灰岩、白云岩等碳酸盐岩系出露区的岩石在长期的成土化学风化作用（红土化作用）下形成的高塑性黏土物质，其液限一般大于 50%，一般呈褐红、棕红、紫红和黄褐色等色，称为红黏土。它常堆积于山麓坡地、丘陵、谷地等处。当原生红黏土层受间歇性水流的冲蚀作用，土粒被带到低洼处堆积成新的土层，其颜色较未经搬运者浅，常含粗颗粒，液限大于 45%者称次生红黏土，它仍保持红黏土的基本特征。

红黏土主要分布在我国长江以南（即北纬 33°以南）的地区。西起云贵高原，经四川盆地南缘，鄂西、湘西、广西向东延伸到粤北、湘南、皖南、浙西等丘陵山地。

过去一段时期，由于对红黏土的建筑性能认识不足，而被误认为一般软弱黏性土，以致不能充分发挥地基的潜力。随着我国红黏土分布区的开发和建设，实践证明，尽管红黏土有较高的含水量和较大的孔隙比，却具有较高强度和较低的压缩性，如果分布均匀，又无岩溶、土洞存在，则是中小型建筑物的良好地基。

红黏土地区的研究成果和建筑经验已相继反映在《建筑地基基础设计规范》GB

50007 和《岩土工程勘察规范》GB 50021 中。

9.5.2 红黏土的工程特性

由于红黏土是碳酸盐岩系经红土化作用的产物，其母岩较活动的成分和离子（如 SO_4^{2-}、Ca^{2+}、Na^+、K^+ 等）在长期风化淋滤作用下相继流失，而使 Fe_2O_3、Al_2O_3、SiO_2 集聚。红黏土中除有一定数量的石英外，大量黏粒的矿物成分主要为高岭石（或伊里石）。因为高岭石矿物具有不活动的晶格，其周围吸附的主要是 Fe^{3+}、Al^{3+} 等离子，所以，与水结合的能力弱。红黏土的基本结构单元体除由静力引力和吸附水膜连接外，主要有游离氧化铁所形成的铁质胶结和胶体二氧化硅连接，使土体具有较高的连接强度，而能抑制扩散层厚度和晶格的扩展，所以，在自然条件下浸水时，可表现出较好的水稳性。

红黏土中较高的黏土颗粒含量（55%～70%），使其具有高分散性和较大的孔隙比（$e=1.1\sim1.7$）。红黏土常处于饱和状态（$S_r>85\%$），它的天然含水量（$w=30\%\sim60\%$）几乎与塑限相等，但液性指数较小（0.1～0.4），这说明红黏土以含结合水为主。因此，红黏土的含水量虽高，但土体一般仍处于硬塑或坚硬状态。压缩系数 $a=0.1\sim0.4\text{MPa}^{-1}$，变形模量 $E_0=10\sim30\text{MPa}$，固结快剪内摩擦角 $\varphi=8°\sim18°$，黏聚力 $c=40\sim90\text{kPa}$，红黏土具有较高的强度和较低的压缩性。原状红黏土浸水后膨胀量很小，失水后收缩剧烈。

次生红黏土情况比较复杂，在矿物和粒度成分上，次生红黏土由于搬运过程掺合其他成分和较粗颗粒物质，呈可塑至软塑状，其固结度差，压缩性普遍比红黏土高。

9.5.3 红黏土地区的岩溶和土洞

由于红黏土的成土母岩为碳酸盐系岩石，这类基岩在水的作用下，岩溶发育，上覆红黏土层在地表水和地下水作用下常形成土洞。实际上，红黏土与岩溶、土洞之间有不可分割的联系，它们的存在可能严重影响建筑场地的稳定，并且造成地基的不均匀性。其不良影响如下：

（1）溶洞顶板塌落造成地基失稳，尤其是一些浅埋、扁平状、跨度大的洞体，其顶板岩体受数组结构面切割，在自然或人为的作用下，有可能塌落造成地基的局部破坏。

（2）土洞塌落形成场地坍陷，实践表明，土洞对建筑物的影响远大于岩溶，其主要原因是：土洞埋藏浅、分布密、发育快、顶板强度低，因而危害也大。有时在建筑施工阶段还未出现土洞，只是由于新建建筑物后改变了地表水和地下水的条件才产生土洞和地表塌陷。

（3）溶沟、溶槽等低洼岩面处易于积水，使土呈软塑至流塑状态，在红黏土分布区，随着深度增加，土的状态可以由坚硬，硬塑变为可塑以至流塑。

（4）基岩岩面起伏大，常有峰高不等的石芽埋藏于浅层土中，有时外露地表，导致红黏土地基的不均匀性。常见石芽分布区的水平距离只有 1m、土层厚度相差可达 5m 或更多的情况。

（5）岩溶水的动态变化给施工和建筑物造成不良影响，雨期深部岩溶水通过漏斗、落水洞等竖向通道向地面涌泄，以致场地可能暂时被水淹没。

9.5.4 红黏土地基的评价

1. 地基稳定性评价

红黏土在天然状态下，膨胀量很小，但具有强烈的失水收缩性，土中裂隙发育是红黏土一大特征。坚硬、硬塑红黏土，在靠近地表部位或边坡地带，红黏土裂隙发育，且呈竖向开口状，这种土单独的土块强度很高，但由于裂隙破坏了土体的连续性和整体性，使土体整体强度降低。当基础浅埋且有较大水平荷载，外侧地面倾斜或有临空面时，要首先考虑地基稳定性问题，土的抗剪强度指标及地基承载力都应作相应的折减。另外，红黏土与岩溶、土洞有不可分割的联系，由于基岩岩溶发育，红黏土常有土洞存在，在土洞强烈发育地段，地表坍陷，严重影响地基稳定性。

2. 地基承载力评价

由于红黏土具有较高的强度和较低的压缩性，在孔隙比相同时，它的承载力是软黏土的 2～3 倍，是建筑物良好的地基。它的承载力的确定方法有：现场原位试验，浅层土进行静载荷试验，深层土进行旁压试验；按承载力公式计算，其抗剪强度指标应由三轴试验求得，当使用直剪仪快剪指标时，计算参数应予修正，对 c 值一般乘 0.6～0.8 系数，对 φ 值乘 0.8～1.0 系数；在现场鉴别土的湿度状态，由经验确定，按相关分析结果，由土的物性指标按有关表格求得。红黏土承载力的评价应在土质单元划分基础上，根据工程性质及已有研究资料选用上述承载力方法综合确定。由于红黏土湿度状态受季节变化，还有地表水体和人为因素影响，在承载力评价时应予充分注意。

3. 地基均匀性评价

《岩土工程勘察规范》GB 50021 按基底下某一临界深度值 z 范围内的岩土构成情况，将红黏土地基划分为两类：Ⅰ类（全部由红黏土组成）和Ⅱ类（由红黏土和下覆基岩组成）。对于Ⅰ类红黏土地基，可不考虑地基均匀性问题。对于Ⅱ类红黏土地基，根据其不同情况，设检验段验算其沉降差是否满足要求。临界深度值 z 可按下列公式计算，单独基础 $z=0.003p_1+1.5$，$p_1=500\sim3000$kN，条形基础 $z=0.05p_2-4.5$，$p_2=100\sim250$kN/m。

9.5.5 红黏土地基的工程措施

（1）根据红黏土地基湿度状态的分布特征，一般尽量将基础浅埋，尽量利用浅部坚硬或硬塑状态的土作为持力层，这样即充分利用其较高的承载力，又可使基底下保持相对较厚的硬土层，使传递到软塑土上的附加应力相对减小，以满足下卧层的承载力要求。

（2）对不均匀地基，可采用如下措施：

1）对地基中石芽密布、不宽的溶槽中有小于《岩土工程勘察规范》GB 50021 规定厚度红黏土层的情况，可不必处理，而将基础直接置于其上；若土层超过规定厚度，可全部或部分挖除溶槽中的土，并将墙基础底面沿墙长分段造成埋深逐渐增加的台阶状，以便保持基底下压缩土层厚度逐段渐变以调整不均匀沉降，此外也可布设短桩，而将荷载传至基岩；对石芽零星分布，周围有厚度不等的红黏土地基，其中以岩石为主地段，应处理土层，以土层为主时，则应以褥垫法处理石芽。

2）对基础下红黏土厚度变化较大的地基，主要采用调整基础沉降差的办法，此时可以选用压缩性较低的材料进行置换或密度较小的填土来置换局部原有的红黏土以达到沉降均匀的目的。

对地基中有危及建筑物安全的岩溶和土洞也应进行处理。

9.6　岩溶与土洞

岩溶或称“喀斯特”，它是石灰岩、泥灰岩、白云岩、大理岩、石膏、岩盐层等可溶性岩石受水的化学和机械作用而形成的溶洞、溶沟、裂隙、暗河、石芽、漏斗、钟乳石等奇特的地面及地下形态的总称（图9-6）。

土洞是岩溶地区上覆土层在地表水或地下水作用下形成的洞穴（图9-7）。

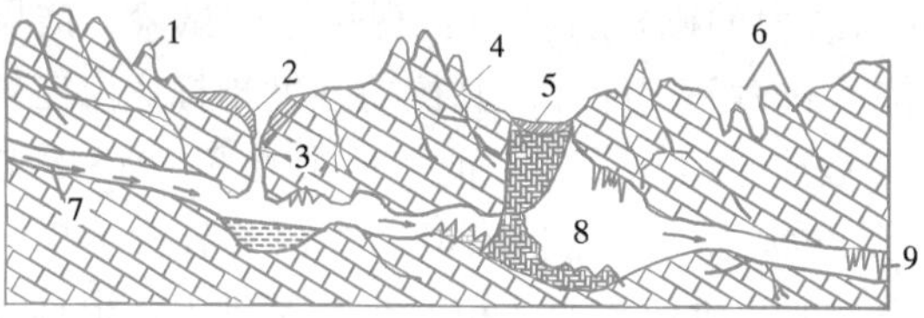

图9-6　岩溶岩层剖面示意图

1—石芽、石林；2—漏斗；3—落水洞；4—溶蚀裂隙；5—塌陷洼地；6—溶沟、溶槽；7—暗河；8—溶洞；9—钟乳石

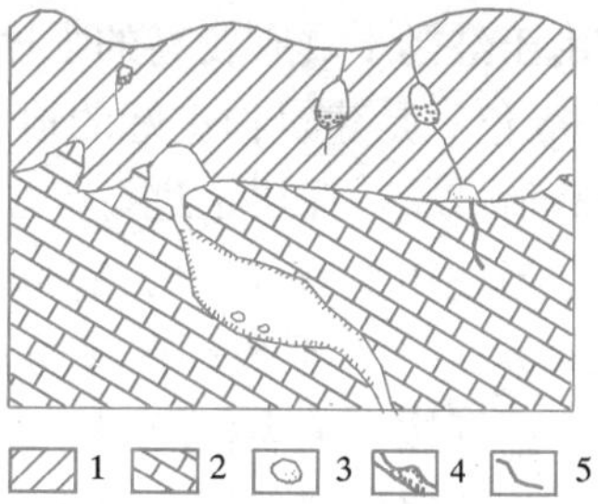

图9-7　土洞剖面示意图

1—黏土；2—石灰岩；3—土洞；4—溶洞；5—裂隙

岩溶地区由于有溶洞、暗河及土洞等的存在，可能造成地面变形和地基陷落，发生水的渗漏和涌水现象，使场地工程地质条件大为恶化。实践表明：土洞对建筑物的影响远大于溶洞，其主要原因是土洞埋藏浅、分布密、发育快、顶板强度低，因而危害也大。有时在建筑施工阶段还未出现土洞，却由于建筑施工完成后改变地表水和地下水的条件而产生新的土洞和地表塌陷。

我国岩溶地区分布很广，其中以黔、桂、川、滇等省最为发育，其余如湘、粤、浙、苏、鲁、晋等省均有规模不同的岩溶。此外，我国西部和西北部，在夹有石膏、岩盐的地层中，也发现局部的岩溶。

9.6.1　岩溶发育的条件

岩溶的发育与可溶性岩层、地下水活动、气候条件、地质构造及地形等因素有关，前两项是形成岩溶的必要条件。若可溶性岩层具有裂隙，能透水，且位于地下水的侵蚀基准面以上，而地下水又具有化学溶蚀能力时，就可以出现岩溶现象。岩溶的形成必须有地下水的活动，因为，当富含 CO_2 的大气降水和地表水渗入地下后，不断更新水质，就能保持着地下水对可溶性岩层的化学溶解能力，从而加速岩溶的发展，在大气降水丰富及潮湿气候的地区，地下水经常得到地表水的补给，由于来源充沛，因而岩溶发展也快。从地质构造来看，具有裂隙的背斜顶部和向斜轴部、断层破碎带、岩层接触面和构造断裂带等处，地下水流动快，因而也是岩溶发育的有利条件。地形的起伏直接影响着地下水的流速和流向，凡地势高差大的地区，地表水和地下水流速大，水对可溶性岩层的溶解和冲蚀作用就进行得强烈，从而加速岩溶的发育。

在各种可溶性岩层中，由于岩石的性质和形成条件不同，故岩溶的发育速度不同。在一般情况下，石灰岩、泥灰岩、白云岩及大理岩中发育较慢；在岩盐、石膏及石膏质岩层中发育很快，经常存在有漏斗、洞穴并发生塌陷现象。岩溶的发育和分布规律主要受岩性、裂隙、断层以及可溶性不同的岩层接触面的控制，其分布常具有带状和成层性。当不同岩性的倾斜岩层相互成层时，岩溶在平面上呈带状分布。相应于地壳升降的次数，就会形成几级水平溶洞。两层水平溶洞之间一般都有垂直管状或脉状溶洞连通。

9.6.2 岩溶地基稳定性评价和处理措施

在岩溶地区首先要了解岩溶的发育规律、分布情况和稳定程度，查明溶洞、暗河、陷穴的界限以及场地内有无出现涌水、淹没的可能性，以便作为评价和选择建筑场地、布置总图时参考。当场地存在下列情况之一时，可判定为未经处理不宜作为地基的不利地段：(1) 浅层洞体或溶洞群，洞径大，且不稳定的地段；(2) 埋藏有漏斗、槽谷等，并覆盖有软弱土体的地段；(3) 土洞或塌陷成群发育的地段；(4) 岩溶水排泄不畅，可能暂时淹没的地段。

当地基属下列条件之一时，对二级和三级工程可不考虑岩溶稳定性的不利影响：基础底面以下土层厚度大于独立基础宽度的 3 倍或条形基础宽度的 6 倍，且不具备形成土洞或其他地面变形的条件；基础底面与洞体顶板间岩土厚度虽小于上述的规定，但符合下列条件之一时：(1) 洞隙或岩溶漏斗被密实的沉积物填满，且无被水冲蚀的可能；(2) 洞体为基本质量等级为Ⅰ级或Ⅱ级岩体，顶板岩石厚度大于或等于洞跨；(3) 洞体较小，基础底面大于洞的平面尺寸，并有足够的支承长度；(4) 宽度或直径小于 1m 的竖向洞隙、落水洞近旁地段。若不符合上述条件，应进行洞体地基稳定分析。

如果在不稳定的岩溶地区进行建筑，应结合岩溶的发育情况、工程要求、施工条件、经济与安全的原则，考虑采取如下处理措施：

(1) 对个体溶洞与溶蚀裂隙，可采用调整柱距、用钢筋混凝土梁板或桁架跨越的办法。当采用梁板和桁架跨越时，应查明支承端岩体的结构强度及其稳定性。

(2) 对浅层洞体，若顶板不稳定，可进行清、爆、挖、填处理，即清除覆土，爆开顶板，挖去软土，用块石、碎石、黏土或毛石混凝土等分层填实。若溶洞的顶板已被破坏，又有沉积物充填，当沉积物为软土时，除了采用前述挖、填处理外，还可根据溶洞和软土的具体条件采用石砌柱、灌注桩、换土或沉井等办法处理。

(3) 溶洞大，顶板具有一定厚度，但稳定条件较差，如能进入洞内，为了增加顶板岩体的稳定性，可用石砌柱、拱或用钢筋混凝土柱支撑。采用此方法，应着重查明洞底的稳定性。

(4) 地基岩体内的裂隙，可采用灌注水泥浆、沥青或黏土浆等方法处理。

(5) 地下水宜疏不宜堵，在建筑物地基内宜用管道疏导。对建筑物附近排泄地表水的漏斗、落水洞以及建筑范围内的岩溶泉（包括季节性泉）应注意清理和疏导，防止水流通路堵塞，避免场地或地基被水淹没。

9.6.3 土洞地基

土洞的形成和发育与土层的性质、地质构造、水的活动、岩溶的发育等因素有关。其中以土层、岩溶的存在和水的活动等三因素最为重要。根据地表水或地下水的作用可把土洞分为：(1) 地表水形成的土洞，由于地表水下渗，内部冲蚀淘空而逐渐形成土洞或导致地表塌陷；(2) 地下水形成的土洞，当地下水升降频繁或人工降低地下水位时，水对松软的土产生潜蚀作用，这样就在岩土交界面处形成土洞。当土洞逐渐扩大就会引起地表塌陷。

在土洞发育的地区进行工程建设时，应查明土洞的发育程度和分布规律，查明土洞和塌陷的形状、大小、深度和密度，以便提供选择建筑场地和进行建筑总平面布置所需的资料。

建筑场地最好选择在地势较高或地下水的最高水位低于基岩面的地段，并避开岩溶强烈发育及基岩面上软黏土厚而集中的地段。若地下水位高于基岩面，在建筑施工或建筑物使用期间，应注意由于人工降低地下水位或取水时形成土洞或发生地表塌陷的可能性。

在建筑物地基范围内有土洞和地表塌陷时，必须认真进行处理。常用的措施如下：

(1) 处理地表水和地下水：在建筑场地范围内，做好地表水的截流、防渗、堵漏等工作，以便杜绝地表水渗入土层内。这种措施对由地表水引起的土洞和地表塌陷，可起到根治的作用。对形成土洞的地下水，当地质条件许可时，可采用截流、改道的办法，防止土洞和地表塌陷的发展。

(2) 挖填处理：这种措施常用于浅层土洞。对地表水形成的土洞和塌陷，应先挖除软土，然后用块石或毛石混凝土回填。对地下水形成的土洞和塌陷，可挖除软土和抛填块石后做反滤层，面层用黏土夯实。

(3) 灌砂处理：灌砂适用于埋藏深、洞径大的土洞。施工时在洞体范围的顶板上钻两个或多个钻孔，其中直径小的（50mm）作为排气孔，直径大的（大于 100mm）用来灌砂。灌砂时同时冲水，直到小孔冒砂为止。如果洞内有水，灌砂困难时，可用压力灌注强度等级为 C15 的细石混凝土，也可灌注水泥或砾石。

(4) 垫层处理：在基础底面下夯填黏性土夹碎石作垫层，以提高基底标高，减小土洞顶板的附加压力，这样以碎石为骨架可降低垫层的沉降量并增加垫层的强度，碎石之间有黏性土充填，可避免地表水下渗。

(5) 梁板跨越：当土洞发育剧烈，可用梁、板跨越土洞，以支承上部建筑物，采用这种方案时，应注意洞旁土体的承载力和稳定性。

(6) 采用桩基或沉井：对重要的建筑物，当土洞较深时，可用桩或沉井穿过覆盖土层，将建筑物的荷载传至稳定的岩层上。

9.7 其他特殊土地基

9.7.1 多年冻土地基

作为建筑物地基的冻土，根据其冻结状态的持续时间可分为多年冻土与季节性冻土；

根据其所含盐类与有机物的不同可分为盐渍化冻土和冻结泥炭化土；根据其变形特性可分为坚硬冻土、塑性冻土与松散冻土。

含有固态水，且冻结状态持续两年或两年以上的土应判为多年冻土；而在一个年度周期内经历着冻结和未冻结两种状态的土则称为季节性冻土。我国多年冻土分布面积为 $215.0\times10^4\mathrm{km}^2$，主要在我国东北高纬度地区和青海、西藏高海拔等地，常以岛状或大片形式出露。工程实践中，由于对冻土地基的工程特性认识不足，设计不合理、施工不恰当，导致融化下沉破坏的建筑物数量之多，损失之大是众所周知的。

多年冻土对工程的主要危害是其融沉性（或称融陷性），其融沉性强弱程度可用融化下沉系数 δ_0 来判定，根据 δ_0 大小，多年冻土可分为不融沉、弱融沉、融沉、强融沉和融陷五类，冻土层的平均融化下沉系数 δ_0 可按下式计算：

$$\delta_0=\frac{h_1-h_2}{h_1}=\frac{e_1-e_2}{1+e_1}\times100\% \tag{9-9}$$

式中 h_1、e_1——冻土试样融化前的高度和孔隙比；

h_2、e_2——冻土试样融化后的高度和孔隙比。

当利用多年冻土作地基时，由于土在冻结与融化两种不同状态下，其力学性质、强度指标、变形特点与构造的热稳定性等相差悬殊，因而，根据冻土的冻结与融化不同性状，确定多年冻土地基的设计状态是极为必要的。多年冻土地基可选用下列三种状态之一进行设计：

（1）多年冻土以冻结状态用作地基，在建筑物施工和使用期间，地基土始终保持冻结状态；

（2）多年冻土以逐渐融化状态用作地基，在建筑物施工和使用期间，地基土处于逐渐融化状态；

（3）多年冻土以预先融化状态用作地基，在建筑物施工之前，使地基融化至计算深度或全部融化。

多年冻土地基设计状态的采用，应考虑建筑物的结构和技术特性、工程地质条件和地基土性质变化等因素。一般来说，在坚硬冻土地基和高震级地区，采用保持冻结状态进行设计是经济合理的；如果地基土在融化时，其变形不超过建筑物的允许值，且采用保持冻结状态又不经济时，应采用逐渐融化状态进行设计；当地基土年平均地温较高（不低于−0.5℃），处于塑性冻结状态，采用保持冻结状态和逐渐融化状态皆不经济时，应考虑预先融化的状态进行设计。然而无论采用何种状态，都必须通过技术经济比较后确定。

多年冻土地区基础埋置深度选择：当不衔接的多年冻土上限比较低，低至有热源或供热建筑物的最大热影响深度以下时，下卧的多年冻土不受上层人为活动和建筑物热影响的干扰或干扰不大，或虽上限高度处在最大热影响深度内，而基础总的下沉变形量不超过承重结构的允许值时，应按季节冻土地基的方法考虑基础埋深；对衔接的多年冻土当按保持冻结状态利用多年冻土作地基时，基础的最小埋置深度应根据土的设计融深 z_d^m 确定，并应符合《冻土地区建筑地基基础设计规范》JGJ 118 有关规定。

在多年冻土地区建筑物地基设计中，应对地基进行静力计算和热工计算，地基静力计算应包括承载力计算、变形计算和稳定性验算，确定冻土地基承载力时，应计入地基土的温度影响，热工计算应按上述规范有关规定对持力层内温度特征值进行计算。

9.7.2　盐渍土地基

1. 盐渍土特性及分类

土中易溶盐含量大于0.3%，并具有溶陷、盐胀、腐蚀等工程特性时，应判定为盐渍土。由于盐渍土含盐量超过一定数量，它的三相组成与一般土不同，液相中含有盐溶液，固相中含有结晶盐，尤以易溶的固态晶盐，它的相转变对土的物理力学性质指标均有影响，其地基土承载力有明显变化。盐渍土地基浸水后，因盐溶解而产生地基溶陷。与之相反，因湿度降低或失去水分后，溶于土中孔隙水中的盐分浓缩并析出而产生结晶膨胀。盐渍土中盐溶液会腐蚀建筑物和地下设施材料。

对盐渍土上述工程特性缺乏认识，所造成的经济损失是巨大的。盐渍土地基发生溶陷对房屋建筑物、构筑物和地下管道等造成危害，盐胀时对基础浅埋的建筑物、室内地面、地坪、挡土墙、围墙、路面、路基造成破坏，而盐渍土地区的工程建设受腐蚀的危害相当严重和普遍。

我国盐渍土主要分布在西北干旱地区，如新疆、青海、甘肃、宁夏、内蒙古等地势低平的盆地以及青藏高原一些湖盆洼地中也有分布，另外沿海地区也占有相当面积。

盐渍土中的含盐，主要来源于岩石中盐类的溶解，海水和工业废水的渗入，而盐分迁移和在土中的重新分布，靠地表水、地下水流和风力来完成。在干旱地区，每当春夏冰雪融化或骤降暴雨后，形成地表水流，溶解沿途盐分后，在流速缓慢和地面强烈蒸发下，水中盐分聚集在地表或地表以下一定深度范围内。当含有盐分的地下水，通过毛细管作用，含盐水溶液上升，由于地表蒸发，水中盐分析出而生成盐渍土。另外，在风多、风大的我国西北干旱地区，风将含盐砂土、粉土吹落至山前平原和沙漠形成盐渍土层。在滨海地区受海潮侵袭或海水倒灌，经地面蒸发也能形成盐渍土。

盐渍土分类可根据其含盐化学成分和含盐量划分为：按含盐化学成分可分为氯盐渍土、亚氯盐渍土、亚硫酸盐渍土、硫酸盐渍土、碱性盐渍土；按含盐量：可分为弱盐渍土、中盐渍土、强盐渍土、超盐渍土等。

盐渍土的类型，含盐成分等均较复杂，它与盐渍土的成因有关。

2. 盐渍土地基的溶陷性、盐胀性、腐蚀性

(1) 溶陷性

盐渍土是否具有溶陷性，以溶陷系数δ来判别，天然状态下的盐渍土在土的自重压力或附加压力作用下受水浸湿时产生溶陷变形，可通过室内压缩试验测定，溶陷系数δ采用下式计算：

$$\delta=\frac{h_p-h'_p}{h_0} \tag{9-10}$$

式中　h_p——原状土样在压力p作用下，沉降稳定后的高度；

h'_p——上述加压稳定后的土样，经浸水溶滤下沉稳定后的高度；

h_0——原状土样原始高度。

也可采用现场载荷试验确定溶陷系数。

当$\delta \geqslant 0.01$时可判定为溶陷性盐渍土；$\delta < 0.01$时则判为非溶陷性盐渍土。

实践表明：干燥和稍湿的盐渍土才具有溶陷性，且盐渍土大都为自重溶陷。

（2）盐胀性

盐渍土中常含有易溶的硫酸盐和碳酸盐，当环境湿度降低或失去水分后，溶于土孔隙水中的硫酸盐分浓缩并析出结晶，产生体积膨胀，这类称为结晶膨胀，另一类是含有碳酸盐的盐渍土，由于存在着大量的吸附性阳离子（Na^+等），因具有较强的亲水性，遇水后很快与胶体颗粒相互作用，在黏土颗粒周围形成稳定的结合水膜，增大颗粒距离，从而减少颗粒的黏聚力，引起土体膨胀，这类称为非晶质膨胀。

（3）腐蚀性

盐渍土的腐蚀性主要表现在对混凝土和金属建材的腐蚀，土中氯盐类易溶于水中，氯离子对金属有强烈的腐蚀作用，特别是钢结构，管线、设备乃至混凝土中的钢筋等。硫酸盐对混凝土的破坏作用主要是结晶而引起隆胀破坏。硫酸盐与氯盐同时存在时其腐蚀危害更大。易溶的碳酸盐（Na_2CO_3 · $NaHCO_3$）对水泥组成材料有一定影响，（CO_3^{2-}、HCO_3^-）能与水泥组成材料的 $Ca(OH)_2$ 起化学作用。有关水和土腐蚀性的评价详见《岩土工程勘察规范》GB 50021。

盐渍土与一般土不同之处，在于它具有溶陷性、盐胀性和腐蚀性。但不同地区的盐渍土，除具有不同程度的腐蚀性外，其溶陷性和盐胀性就不一定都存在。干燥的内陆盐渍土，大都具有溶陷性，腐蚀性次之，含硫酸盐的盐渍土才具有盐胀性。而地势低、地下水位高的盐渍土分布区（如滨海区、盐湖区等），盐渍土往往不具有溶陷性和盐胀性。因此，对盐渍土地区，应结合建筑物类别，场地盐渍土地基溶陷等级和当地经验，对不同地区、不同工程性能的盐渍土，区别对待，采取相应的工程措施。

① 对不具溶陷性、盐胀性的地基，除应按盐腐蚀性等级采用防腐措施外，可按一般非盐渍土地基进行设计。

② 对一般溶陷量较小的盐渍土地基上的次要建筑物，只要满足地基变形和强度条件外，可以不采取任何附加设计措施。

③ 对于溶陷量较大的盐渍土地基，经验算难以满足地基变形与强度要求时，应根据建筑物类别和承受不均匀沉陷的能力、地基的溶陷等级以及浸水可能性，本着防治结合、综合治理的原则，针对其危害性，采取相应的防水、地基基础和结构措施。

第10章 动力机器基础与地基基础抗震

10.1 概　　述

运转时会产生较大不平衡惯性力的一类机器，特称为动力机器。动力机器基础的设计和建造是建筑工程中一项复杂的课题，其特点首先取决于机器对基础的作用特征。只有静力作用或动力作用不大的机器（如一般的金属切削机床）的基础，可按一般基础设计计算。

动力机器常按对基础的动力作用形式分为如下两大类：

1. 周期性作用的机器

(1) 往复运动的机器：例如活塞式压缩机、柴油机及破碎机等。它们的特点是平衡性差、振幅大，而且常由于转速低（一般不超过500～600r/min），有可能引起附近建筑物或其中部分构件的共振。

(2) 旋转运动的机器：例如电机（电动机、电动发电机等）、汽轮机组（汽轮发电机、汽轮压缩机等）及风机等。汽轮机组的特征一般是工作频率高、平衡性能好和振幅小。

2. 间歇性作用或冲击作用的机器

例如锻锤、落锤（碎铁用设备），其特点是冲击力大且无节奏。

机器基础的结构类型主要有实体式、墙式及框架式三种。实体式基础（图10-1a）应用最广，通常做成刚度很大的钢筋混凝土块体，因而可按地基上的刚体进行计算。墙式基础（图10-1b）则由承重的纵、横向墙组成。以上两种基础中均预留有安装和操作机器所必需的沟槽和孔洞。框架式基础（图10-1c）一般用于平衡性较好的高频机器，其上部结构是由固定在一块连续底板或可靠基岩上的立柱以及与立柱上端刚性连接的纵、横梁组成的弹性体系，因而可按框架结构计算。

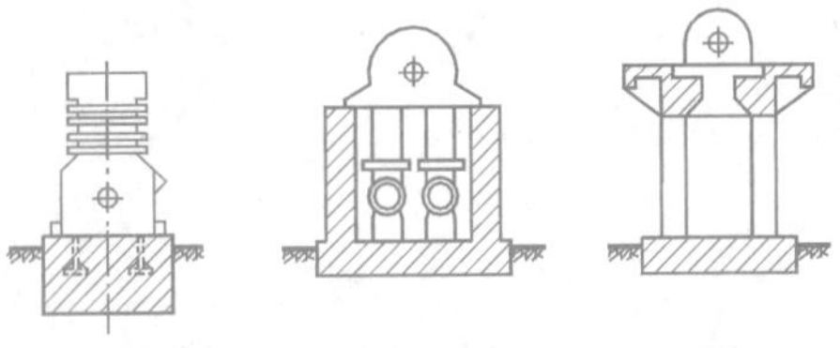
(a)　(b)　(c)

图10-1　机器基础的常用结构形式

(a) 实体式；(b) 墙式；(c) 框架式

动力机器的动荷载必然会引起地基及基础的振动，从而可能产生一系列不良影响，如降低地基土的强度并增加基础的沉降量；影响工人健康和劳动生产率；影响机器的正常工作，使机器零件易于磨损。因此，动力机器基础设计应满足下列基本要求：①地基和基础不应产生影响机器正常使用的变形；②基础本身应具有足够的强度、刚度和耐久性；③基础不产生影响工人身体健康及妨碍机器正常运转和生产以及造成建筑物开裂和破坏的剧烈振动；④基础的振动不应影响邻近建筑物、构筑物或仪器设备等的正常使用。

本章将介绍振动对地基的影响、实体式基础的振动计算理论、锻锤基础的设计，简述曲柄连杆机器基础的设计及振动基础在土中引起的波动及防振措施。此外，本章对地基基础抗震问题中的地基震害现象及地基基础抗震设计原则作了简述。

10.2 振动对地基的影响及机器基础的设计步骤

10.2.1 振动对土性质的影响

1. 振动对土的抗剪强度的影响

振动作用下土的抗剪强度的降低幅度与振源的振幅、频率及振动加速度有关。一般来说，振动越强烈土的强度降低也就越多。图 10-2(*a*) 表示了几种频率下干燥中砂的内摩擦系数 $\tan\varphi$ 与振幅的关系。图中与曲线 1、2、3、4 相应的频率分别为 3.98Hz、22.2Hz、28.2Hz 和 33.2Hz，这说明砂土的内摩擦系数将随振幅的增大而减少。图 10-2(*b*) 则表示砂土的内摩擦系数随振动加速度的增大而减少的情况，图中 a/g 为加速度比，a 为试验时的振动加速度，g 为重力加速度。进一步的试验还表明，如果砂土的含水量增大，内摩擦系数的减小还要多。

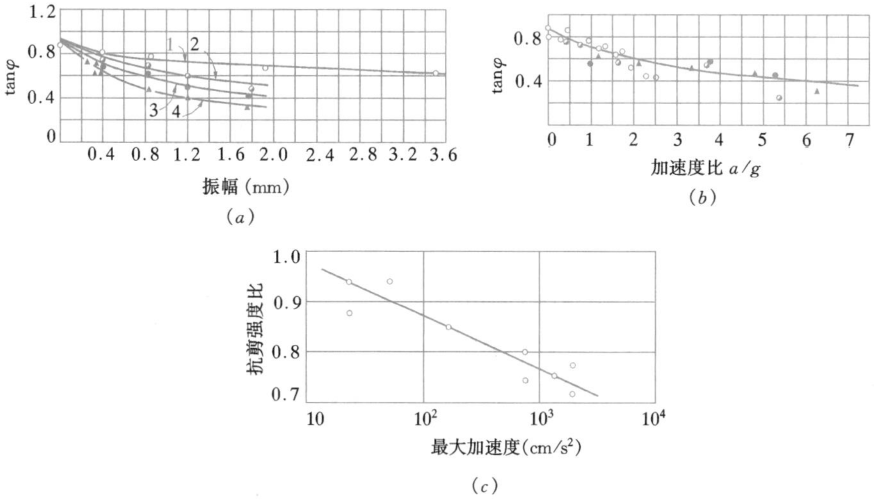

图 10-2 振动对土的抗剪强度的影响

图 10-2 (*c*) 是一种黏性土的直剪试验曲线，图中抗剪强度比为振动状态下土的抗剪强度与静态下的抗剪强度之比，振动加速度的单位是"cm/s^2"。由图中可以看出，与砂土类似，黏性土的抗剪强度一般随振动加速度的加大而减小。

试验还表明，随着土所具有的黏聚力的增加，振动对土的物理力学性质变化的影响将减小。一般黏性土的抗剪强度在振动作用下所受到的影响较砂土的要小一些。例如，当振幅为 0.5～0.7mm 时，干砂的内摩擦系数较静荷载作用时减少 20%～30%，而在同样情况下，一般黏性土则约减少 10%～15%，但振动对灵敏度较高的软黏土影响较大。

2. 振动作用下土的压密

为了查明各种砂土的孔隙比在不同压力下与振动加速度的关系，可在振动台上进行振动压密试验。图 10-3 是几种法向压力作用下饱和砂的振动压密曲线。由图可看出，在相同振动加速度下，随着土样上的法向压力的加大，土的振动压密程度将减小。这是由于法向压力增大时土粒间的内摩擦力也增大，阻碍了颗粒之间的相对移动。根据一系列的砂土

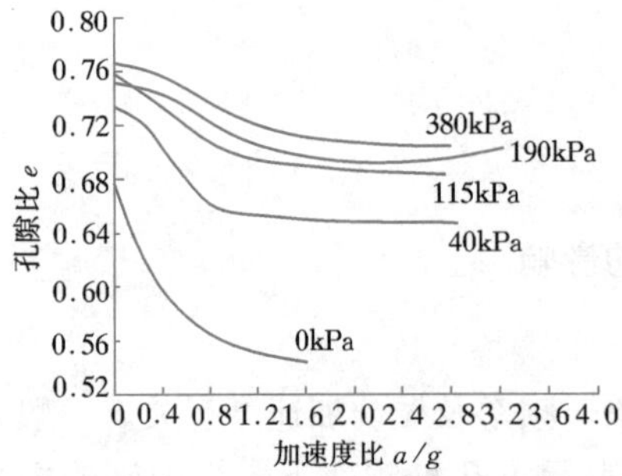

图 10-3　饱和砂的振动压密曲线

振动压密试验，可以得出如下结论：①在法向压力作用下，砂土的振动压密只有当振动加速度达到某一界限值（振动压密界限）时才开始；作用在土样上的法向压力越大，砂土的振动压密程度就越小。②在一定法向压力下，干砂和饱和砂的原始孔隙比的大小只影响振动压密界限的大小。③当振动加速度很大时，干砂和饱和砂的振动压密程度相近；无法向压力作用的干砂或饱和砂的振动压密程度比其他含水量时为大；当含水量为 6%～8%时，振动压密程度最小。④砂土的最小孔隙比越小或级配越不均匀，振动下可能压密的程度就越大。

上述砂土的振动压密规律以及其他的试验研究都说明，在动荷载作用下，地基的沉降比只有静荷载作用时的沉降要大，因为在前一种情况下将产生振动附加沉降。但在法向压力作用下，只有当振动加速度大于某临界值（通常为 0.2～0.3g）时才出现振动附加沉降，其值随振动加速度的增加而增大。

10.2.2　振动作用下地基的承载力

由于地基土在动荷载作用下抗剪强度有所降低，并出现附加沉降，因而地基承载力应予以折减。这样，设计机器基础时应满足下列条件：

$$p_k \leqslant \alpha_f f_a \tag{10-1}$$

式中　p_k——基础底面处的平均静压力标准值；

f_a——修正后的地基承载力特征值；

α_f——动力折减系数，对曲柄连杆机器，其振幅虽较大，但频率低，因此不须折减，即 $\alpha_f=1.0$；对于汽轮机组与电机，因为它们具有对沉降敏感的转动长轴，故取 $\alpha_f=0.8$；锻锤基础一般有较大的附加沉降（因冲击振动大），须作较大的折减，其折减系数详见 10.5 节；对其他振动加速度较小的机器基础，一般可取 $\alpha_f=1.0$。

必须指出，式（10-1）形式上是一种按静力核算的条件，但实质上已考虑了振动的影响。因此，也可以看作是考虑了动力作用的一种控制条件。

10.2.3　动力机器基础设计的一般步骤

为了对动力机器基础的设计工作有一个全面的认识，在深入讨论设计中的主要问题以前，先对设计的一般步骤作如下简述：

（1）收集设计技术资料。这些资料主要有：与机器有关的技术性能（名称、型号、传动方式、功率及荷载情况等）；机器底座外轮廓图和基础中按要求设置的坑、洞、沟、地脚螺栓等的尺寸及位置；基础在建筑物中的位置；建筑场地的工程地质勘察资料。

（2）确定地基动力参数。这是动力机器基础设计成功与否的关键步骤之一，有关内容见 10.3 节。

（3）选择地基方案。一般因机器基础的基底静压力较小，基底平面形状较简单，且荷载偏心小，所以设计中对地基方案的选择并无特殊要求，只在遇到软土、湿陷性黄土、饱和细砂或粉砂等土层时，才须采取适当的措施加以处理。

(4) 确定基础类型及材料。机器基础类型前已述及。基础的材料一般采用混凝土及钢筋混凝土。

(5) 确定基础的埋置深度及尺寸。埋置深度一般根据地质资料、厂房基础及管沟埋深等条件综合确定。基础的外形尺寸一般根据制造厂提供的机器轮廓尺寸及附件、管道等的布置加以确定，同时还须满足基础整体刚度方面的构造要求及所谓“对心”要求（即要求机器基础总重心与基底形心尽可能在一竖直线上）。

(6) 校核地基承载力。要求满足式（10-1）的条件。

(7) 进行动力计算。这个步骤是动力机器基础设计的关键，其内容为确定固有频率（自振频率）和振动量（位移、速度或加速度的幅值等），并控制这些振动量不超过一定的允许范围。对大多数动力机器基础而言，主要是控制振幅值和速度值，而对振动能量较大的锤锻基础，则还须控制加速度值。

动力计算虽是很重要的一项内容，但要保证基础设计的成功，还必须全面地从总平面布置、地基方案及基础结构类型的选定、地基动力参数的确定和施工质量及养护等方面综合地加以考虑。

最后还须指出，由于目前有关动力机器基础设计的计算理论及方法均有待改善，因此，机器基础的设计往往结合模型试验进行。

10.3 实体式基础振动计算理论简述及地基动力参数

10.3.1 实体式基础振动计算理论简述

在 20 世纪初期，机器基础的设计理论极为粗糙，采用了规定机器与基础的质量比这类经验方法。20 世纪 30～40 年代后，国外才在有关的试验取得一定成果的基础上逐步建立起机器基础的设计计算理论。

对实体式基础振动计算，目前已有几种理论，其中主要的有两种：①质量-弹簧模型（图 10-4*a*）理论及后来经过改善的质量-弹簧-阻尼器模型（图 10-4*b*）理论；②刚体-半空间模型理论（简称半空间理论）（图 10-4*c*）。

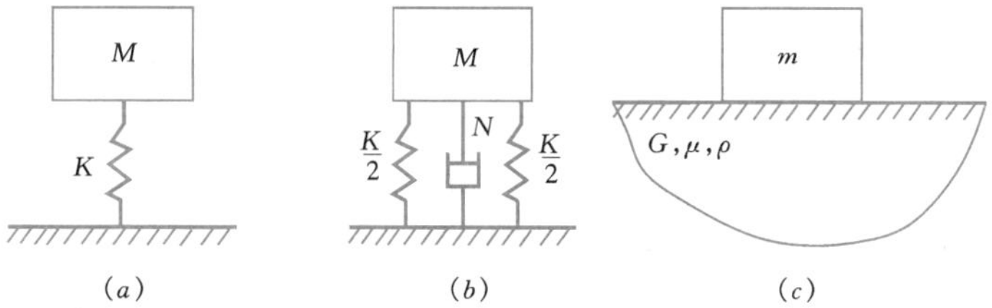

图 10-4 实体式基础振动计算模型

(*a*) 质量-弹簧模型；(*b*) 质量-弹簧-阻尼器模型；(*c*) 刚体-半空间模型

质量-弹簧模型理论把实际的机器、基础和地基体系的振动问题简化为放在无质量的弹簧上的刚体的振动问题，其中基组（包括基础、基础上的机器和附属设备以及基础台阶上的土）假定为刚体，地基土的弹性作用以无质量弹簧的反力表示。因此，这种理论也可以称为动力基床系数法。后来，人们通过工程实践、试验及理论研究，对其不断地加以充实和发展。为了考虑共振区的振动特性，又在上述质量-弹簧模型上加一新的组件——阻尼器，从而形成了质量-弹簧-阻尼器模型，图 10-4（*b*）中阻尼器所具有的黏滞阻尼力反映了振动时体系所受的地基阻尼作用；质量-弹簧-阻尼器模型中的质量 M 常取为基组的质量 m，但有时也包括了基础下面一部分地基土的质量。显然，此种理论的关键是如何确定振动体系的质量 m、刚度 K 及阻尼系数 N。

刚体-半空间理论的计算模型是把地基视为半空间（半无限连续体）、基础作为半空间上的刚体（图 10-4*c*）的一种模型。机器基础的振动就是以这个刚体的振动表示。利用动力弹性理论分析地基中波的传播，由数学分析法或数值法（例如有限单元法）可以求出基础与半空间接触面（即基底）上的动应力。利用这种动应力，就可写出刚体（或基础）的运动方程，从而可以确定基础的振动状态。理想弹性半空间（匀质、各向同性的弹性半无限体）理论所需的地基参数是泊松比 μ、剪切模量 G 及质量密度 ρ。目前已提出了“比拟法”及“方程对等法”等各种实用方法，将复杂的半空间问题转换成简单的等效质量-弹簧-阻尼器模型来计算。我国《动力机器基础设计规范》GB 50040 中振动计算方法虽然在形式上是质量-弹簧-阻尼器体系，但实质上已具有弹性半空间理论的内涵。

由于我国目前工程中多采用质量-弹簧-阻尼器的计算模型，因此本章只介绍按这种模型计算的方法。

10.3.2　天然地基动力参数

前已说明，使用质量-弹簧-阻尼器模型计算基础振动的关键是确定：①地基刚度 K（表示地基弹性反力与基础变位间的比例系数）；②阻尼系数 N（表示地基的阻尼力与基础振动速度间的比例系数）；③模型的质量 M，对于实体式机器基础，可取用基组的质量，在某些情况下（例如桩基），模型的质量 M 除了基组的质量外，还应计入参加振动的桩和土的质量。

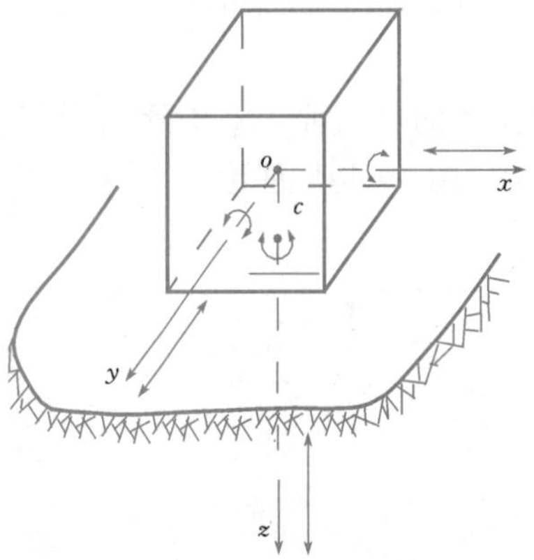

图 10-5　实体式机器基础的坐标系及振动分量示意图

实体式机器基础（图 10-5）的振动具有 6 个自由度。通常用基组的重心 o 沿基组的惯性主轴 ox、oy、oz 的平移及基组绕轴的转角来描述基组的振动。由于 3 种平移分属于两种类型［沿 oz 轴的竖向振动，沿 ox（或 oy）轴的水平振动］，3 种转动也分属于两种类型［绕 ox（或 oy）轴的回转振动，绕 oz 轴的扭转振动］，因此机器振动仅有四种类型。相应地，利用质量-弹簧-阻尼器模型分析这四类振动所需的地基刚度 K 及阻尼系数 N 也有四种。

下面先讨论竖向振动情况，其计算模型如图 10-4（*b*）所示，然后讨论其他类型的振动情况。

1. 天然地基抗压刚度系数 C_z 及抗压刚度 K_z

基底处地基单位面积的动反力 p_z（kPa）与竖向弹性位移 z（m）间的关系为：

$$p_z = C_z z \tag{10-2}$$

式中 C_z——天然地基抗压刚度系数（kN/m³），它与地基土的性质、基础的特性（基底形状、面积、埋深、回填土情况、基底压力和基础本身刚性等）及扰力特性有关，是机器基础-地基体系的综合性物理量，因此宜由现场试验确定（例如，由模拟基础的振动性状实测资料，按所选定的计算理论反算）。

根据我国 80 多个高低压模（放在现场地基土上的小型刚性试块）试验资料及大量机器基础实测资料的分析，发现 C_z 和基础的底面尺寸有如下关系：当基底面积 $A \geqslant 20\text{m}^2$ 时，C_z 值变化不大，可认为是常数；当 $A < 20\text{m}^2$ 时，C_z 值与 A 的立方根成反比。当不具备现场实测条件时，C_z 可根据地基土的土类及地基承载力特征值 f_{ak} 按表 10-1 选用。当土类不属于表中类型时，可参照与之相近的土类选用；表中 C_z 值适用于 $A \geqslant 20\text{m}^2$ 的情况，当 $A < 20\text{m}^2$ 时，表中 C_z 值应乘以 $\sqrt[3]{\frac{20}{A}}$ 进行修正。

天然地基的抗压刚度系数 C_z 值（kN/m³） 表 10-1

地基承载力特征值 f_{ak}（kPa）	土的名称		
	黏性土	粉　土	砂　土
300	66000	59000	52000
250	55000	49000	44000
200	45000	40000	36000
150	35000	31000	28000
100	25000	22000	18000
80	18000	16000	

地基对基础的总弹性反力为：

$$P_z = p_z A = C_z z A \tag{10-3}$$

式中的 C_z 与基底面积 A 的乘积称为抗压刚度 K_z（kN/m），即

$$K_z = C_z A \tag{10-4}$$

K_z 表示使基础在竖向产生单位位移所需要的总力。

2. 地基的竖向阻尼比 D_z

对于天然地基上的机器基础，当机器工作频率在共振区（一般指 75%～125%的基础-地基体系固有频率所包括的频率范围）以外时，理论计算和实践均证明，地基对基础振动的阻尼作用并不明显，通常可以不考虑，其计算简图如图 10-4（a）所示。当机器工作频率在共振区以内时，地基的阻尼作用比较显著，此时必须考虑地基的阻尼特性，相应的计算简图如图 10-4（b）所示。但须指出，工程上一般不用图 10-4（b）中的阻尼系数 N_z（脚标 z 表示竖向），而用无量纲的阻尼比 D_z 来表示阻尼特性。阻尼比 D_z 也受到许多因素（如地基土类型及基础特性等）的影响，其值宜由现场试验确定，或由《动力机器基础设计规范》GB 50040 确定，其值与地基土类型和基组质量比有关。

试验表明，当基础四周有地坪和填土（填土的质量有一定保证）时，随着基础埋深的加大，基础在强迫振动中的共振振幅有所降低而共振频率则有所提高，这相应于地基刚度及阻尼比有所增大。

3. 天然地基的抗剪、抗弯、抗扭刚度及阻尼比

以上讨论了竖向振动情况。对于曲柄连杆等类型机器的基础，除竖向振动外，尚有水平振动、回转振动及扭转振动。对于这三种类型的振动问题，也可用类似于图10-4（*b*）所示的模型来分析。与抗压刚度系数 C_z 相对应，可引入天然地基的抗剪刚度系数 C_x，抗弯刚度系数 C_φ 及抗扭刚度系数 C_ψ。C_x、C_φ、C_ψ 以及前面的 C_z 统称为天然地基的刚度系数，它们的单位均为“kN/m^3”。

计算水平、回转及扭转振动时，往往使用另一类参数——抗剪刚度、抗弯刚度及抗扭刚度。抗剪刚度是使基础在水平方向产生单位位移所需要的总力，单位为“kN/m”；抗弯刚度或抗扭刚度分别是使基础绕相应的水平轴或竖轴转动单位转角所需要的总力矩，单位均为“kN·m”。与竖向振动情况相类似，刚度系数 C_x 乘以基础底面积 A 就表示抗剪刚度 K_x；同样，根据力学中关于截面惯性矩的概念可知，刚度系数 C_φ 及 C_ψ 乘以基础底面对通过其形心轴的抗弯惯性矩 I 及抗扭惯性矩 J 就表示抗弯刚度及抗扭刚度。这样，就可得到四种刚度与刚度系数的关系式为：

$$K_z=C_zA;\ K_x=C_xA$$

$$K_\varphi=C_\varphi I;\ K_\psi=C_\psi J \tag{10-5}$$

式中：I 及 J 的单位为“m^4”。C_x、C_φ 及 C_ψ 有时可直接用试验方法求得，但在实用上常由下列近似关系利用 C_z 算得：

$$\left.\begin{aligned}C_x&=0.7C_z\\C_\varphi&=2.15C_z\\C_\psi&=1.05C_z\end{aligned}\right\} \tag{10-6}$$

相应地，若须考虑地基的阻尼作用，对水平及回转振动（它们总是同时存在的）可用阻尼比 $D_{x\varphi1}$ 及 $D_{x\varphi2}$（即水平回转向第Ⅰ、第Ⅱ振型阻尼比）表示；对扭转振动可用阻尼比 D_ψ 表示。一般宜由现场试验确定 $D_{x\varphi1}$ 及 $D_{x\varphi2}$，或由《动力机器基础设计规范》GB 50040确定。

尚须指出，在一些参考资料中，常将 C_z 称为弹性均匀压缩系数（因仅有竖向振动而无转动时，地基是被均匀压缩的）；C_x 称为弹性均匀剪切系数；C_φ 称为弹性非均匀压缩系数；C_ψ 称为弹性非均匀剪切系数；K 称为地基弹簧常数。

10.3.3 桩基础动力参数

受振动作用的基础，在下述情况下常采用桩基础：①必须减少基础的振幅时；②必须提高基组自振频率时；③必须减少基础的沉降时；④基底压力标准值大于地基土在振动作用下的地基承载力特征值时。桩基础的振动分析是一个很复杂的振动课题，许多问题还须作深入的研究。下面介绍一种桩长不大于20m的分析方法，以说明桩基础动力分析的特点。

这种方法计算桩基础（打入桩或沉管灌注桩）的固有频率和振幅时，仍采用质量-弹簧-阻尼器模型，其中振动质量 M 除了基组质量外，尚应包括桩和土参加振动的当量质

量。对竖向振动，这种当量质量 $m_z(t)$ 为：

$$m_z = l_t l b \frac{\gamma}{g} \tag{10-7}$$

式中 l、b——矩形承台基础的长度和宽度；

l_t——折算长度，与桩长 l_h 的关系是：当 $l_h \leqslant 10\text{m}$，$l_t = 1.8\text{m}$；当 $l_h \geqslant 15\text{m}$，$l_t = 2.4\text{m}$；当 $l_h = 10 \sim 15\text{m}$，$l_t = 1.8 + 0.12(l_h - 10)$；

γ——土和桩的平均重度，可近似地取土的重度；

g——重力加速度。

桩基础的刚度及阻尼比应力可由现场试验确定。如无条件时，可按下述方法计算（以竖向振动为例）。单桩的抗压刚度 k_{zh}（kN/m）为：

$$k_{zh} = \sum C_{\tau h} F_{\tau h} + C_{zh} F_{zh} \tag{10-8}$$

式中 $C_{\tau h}$——桩周各层土的当量抗剪刚度系数（kN/m^3）；

$F_{\tau h}$——与各层土相应的桩侧表面积（m^2）；

C_{zh}——桩端平面处土的当量抗压刚度系数（kN/m^3）；

F_{zh}——桩的横截面面积（m^2）。

式（10-8）中的总和项表示对桩所穿过的各层土取总和。

整个桩基的抗压刚度 K_z 为桩数 n_h 与 k_{zh} 的乘积：

$$K_z = n_h k_{zh} \tag{10-9}$$

桩基的竖向、水平、回转及扭转振动的刚度及阻尼比的工程计算方法，可参阅《动力机器基础设计规范》GB 50040。

10.4 实体式机器基础振动计算方法

现讨论图 10-5 所示实体式基础的振动计算问题。当基组重心 o 和基础底面形心 c 可认为在一条竖直线上时，基组振动可分解为相互独立的三种运动：①沿 oz 轴的竖向振动；②在 xz 及 yz 平面内的水平回转耦合振动；③绕 oz 轴的扭转振动。这三种振动可分开计算，然后叠加。

10.4.1 竖向振动

设图 10-6（a）所示的基组重心 o 与底面形心 c 在一竖线上，且沿此竖线作用竖向扰力 $P_z(t)$ 或竖向撞击（使基组具有初速 v_0 和初位移 z_0），则此基组将产生竖向强迫振动和

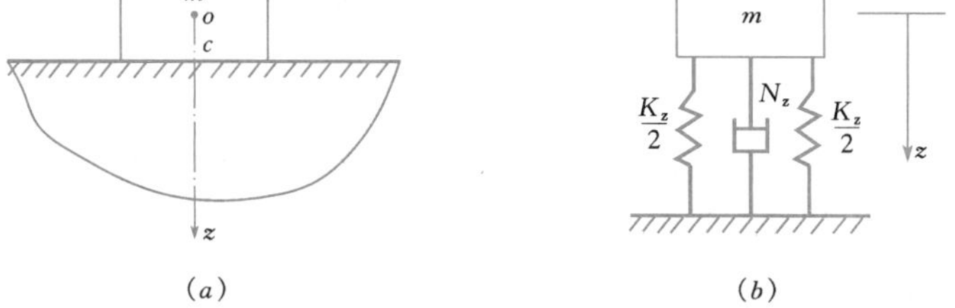

图 10-6 基组竖向振动的计算简图

自由振动，其计算简图如图 10-6(b)所示。正如前述，图中 m 表示基组质量，且

$$m=\frac{W_g+W_c+W_s}{g} \tag{10-10}$$

式中　W_g——基础重；

W_c——机器及附属设备重；

W_s——基础台阶上土重。

图 10-6（b）中 K_z 表示地基抗压刚度，N_z 为地基的阻尼系数（常以阻尼比 D_z 反映）。设动力作用引起基组的竖向位移为 z（z 是时间 t 的函数），自基组的静平衡位置算起。

下面再分析作用于基组上的各种力：①基组总重 $W=mg$；②竖向扰力 $P_z(t)$；③弹簧的反力 S，它由静反力 W 及动位移 $z(t)$引起的动反力 $K_z z$ 组成，即 $S=W+K_z z$；④阻尼器的反力 $N_z\frac{dz}{dt}$。注意，由于一个正的位移将产生一个作用在基组上的负方向的弹簧力，而一个正的速度将产生一个作用在质量上的负方向的阻尼力。这样，就可得到作用在基组上的净不平衡力 $F_z(t)$为：

$$F_z(t)=W+P_z(t)-(W+K_z z)-N_z\frac{dz}{dt}$$

或

$$F_z(t)=P_z(t)-\left(K_z z+N_z\frac{dz}{dt}\right)$$

根据达伦贝尔原理，作用在质量块(此处为基组)上的净不平衡力等于质量块的质量 m 乘以其加速度$\frac{d^2z}{dt^2}$，从而可得到基组竖向振动的运动微分方程：

$$F_z(t)=m\frac{d^2z}{dt^2}$$

或

$$m\frac{d^2z}{dt^2}+N_z\frac{dz}{dt}+K_z z=P_z(t) \tag{10-11}$$

为了便于分析，常将上式左右两边都除以 m，并引入下列符号：

$$\lambda_z=\sqrt{\frac{K_z}{m}}\quad 及\quad D_z=\frac{N_z}{2\sqrt{mK_z}} \tag{10-12}$$

则可得：

$$\frac{d^2z}{dt^2}+2D_z\lambda_z\frac{dz}{dt}+\lambda_z^2 z=\frac{P_z(t)}{m} \tag{10-13}$$

式(10-12)中的 D_z 就是前面指出过的无量纲竖向阻尼比，λ_z 的物理意义详后。

1. 无阻尼自由振动

令式(10-13)中的 $D_z=0$ 及 $P_z(t)=0$，可得无阻尼自由振动的运动微分方程：

$$\frac{d^2z}{dt^2}+\lambda_z^2 z=0 \tag{10-14}$$

体系的运动由式(10-14)及初始条件(初始冲击或初始位移)确定。例如，锤锻基础就是由于锤头的撞击，使基础在撞击后的最初一瞬间具有初速度，从而产生基础的竖向自由振动。式(10-14)是二阶常系数线性齐次常微分方程，其通解为：

$$z=A\sin\lambda_z t+B\cos\lambda_z t$$

由初始条件 $t=0$，$z=0$ 及 $\frac{dz}{dt}=v_0$，得 $A=\frac{v_0}{\lambda_z}$ 及 $B=0$，则无阻尼竖向自由振动的动位移为：

$$z=\frac{v_0}{\lambda_z}\sin\lambda_z t \tag{10-15}$$

显然，式(10-15)表示的是一种简谐运动，其振幅为：

$$A_z=\frac{v_0}{\lambda_z} \tag{10-16}$$

而 λ_z 为竖向振动的无阻尼固有圆频率，单位为“rad/s”。由式(10-12)知 $\lambda_z=\sqrt{\frac{K_z}{m}}$，$\lambda_z$ 是体系的固有特性系数，与体系的初始条件(v_0 及 z_0 的大小)无关。

2. 有阻尼自由振动

令式（10-13）中 P_z（t）$=0$ 可得基组有阻尼自由振动方程：

$$\frac{d^2z}{dt^2}+2D_z\lambda_z\frac{dz}{dt}+\lambda_z^2 z=0 \tag{10-17}$$

因地基的阻尼比 D_z 小于 1，故上式的解可表示为：

$$z=e^{-D_z\lambda_z t}(C_1\sin\lambda_d t+C_2\cos\lambda_d t) \tag{10-18}$$

式中 λ_d 为有阻尼竖向固有圆频率，它与无阻尼竖向固有圆频率 λ_z 的关系是：

$$\lambda_d=\sqrt{1-D_z^2}\lambda_z \tag{10-19}$$

式（10-18）中的任意常数 C_1 及 C_2 可由另两个常数 A_1 及 δ_1 表示，即，$C_1=A_1\cos\delta_1$，$C_2=A_1\sin\delta_1$，代入式（10-18）中，可得：

$$z=A_1e^{-D_z\lambda_z t}\sin(\lambda_d t+\delta_1) \tag{10-20}$$

由于上式中 $e^{-D_z\lambda_z t}$ 值随时间 t 的增加而衰减，因此式（10-20）表示了一种振幅随时间增大而减少的减幅振动（图 10-7）。由式（10-19）可看出，$\lambda_d<\lambda_z$，即地基的阻尼作用降低了基组的固有频率。根据已有的试验资料可知 λ_d 与 λ_z 相差一般不超过 2%。因此，实际计算时，可略去阻尼作用对固有频率的影响。

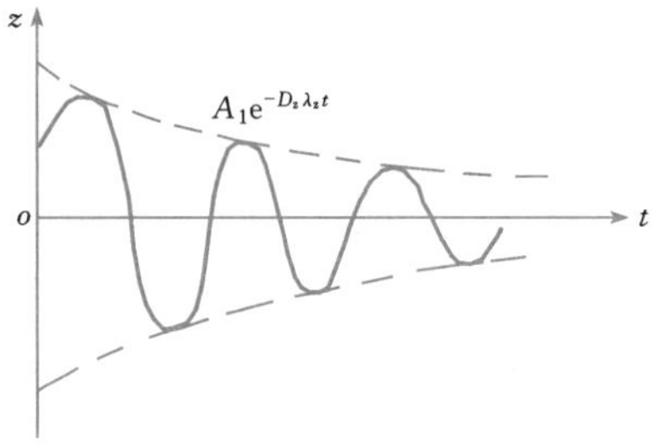

图 10-7 阻尼比小于 1 的有阻尼自由振动

3. 简谐强迫振动

设式（10-13）中的扰力 $P_z(t)=P_z\sin\omega t$（P_z 为扰力辐值，ω 为扰力的圆频率），则可得基组的运动方程为：

$$\frac{d^2z}{dt^2}+2D_z\lambda_z\frac{dz}{dt}+\lambda_z^2 z=\frac{P_z}{m}\sin\omega t \tag{10-21}$$

其全解为：

$$z=A_1e^{-D_z\lambda_z t}\sin(\lambda_d t+\delta_1)+A_z\sin(\omega t-\delta) \tag{10-22}$$

由上式可知，振动由两部分组成：①有阻尼的自由振动（减幅振动），其运动由初始条件确定（即由初始条件确定 A_1 及 δ_1），其频率与扰力频率无关，由于地基的阻尼作用，这一部分自由振动在很短时间内即告消失；②纯强迫简谐振动 $A_z\sin(\omega t-\delta)$，它与初始条件无关，其频率与扰力频率相同，它是自由振动消失后剩下来的稳态振动。

若仅考虑基组的稳态振动，式（10-22）右边的第一项就可略去，即

$$z=A_z\sin(\omega t-\delta) \tag{10-23}$$

式中　A_z——基组纯强迫振动的振幅，即

$$A_z=\frac{P_z}{K_z}\frac{1}{\sqrt{\left(1-\frac{\omega^2}{\lambda_z^2}\right)^2+4D_z^2\frac{\omega^2}{\lambda_z^2}}} \tag{10-24}$$

δ——扰力与竖向位移间的相位差，即

$$\delta=\arctan\frac{2D_z\lambda_z\omega}{\lambda_z^2-\omega^2} \tag{10-25}$$

若令

$$A_{st}=\frac{P_z}{K_z}\text{及 }\eta=\frac{1}{\sqrt{\left(1-\frac{\omega^2}{\lambda_z^2}\right)^2+4D_z^2\frac{\omega^2}{\lambda_z^2}}} \tag{10-26}$$

则基组的竖向位移幅值可改写成：

$$A_z=A_{st}\eta \tag{10-27}$$

显然，A_{st}就是扰力最大值 P_z 作用下基组的静位移。由式（10-27）知 $\eta=\frac{A_z}{A_{st}}$，它表示外扰力的动力效应，常称为动力系数。动力系数 η 仅与$\frac{\omega}{\lambda_z}$及 D_z 有关。由图 10-8 可见，只有在共振区$\left(\frac{\omega}{\lambda_z}=0.75\sim1.25\right)$内，阻尼的作用才较明显。在工程上，一般认为当 $\omega<0.75\lambda_z$ 或 $\omega>1.25\lambda_z$ 时，可忽略阻尼效应，即式（10-26）中含 D_z 的项可以不计。

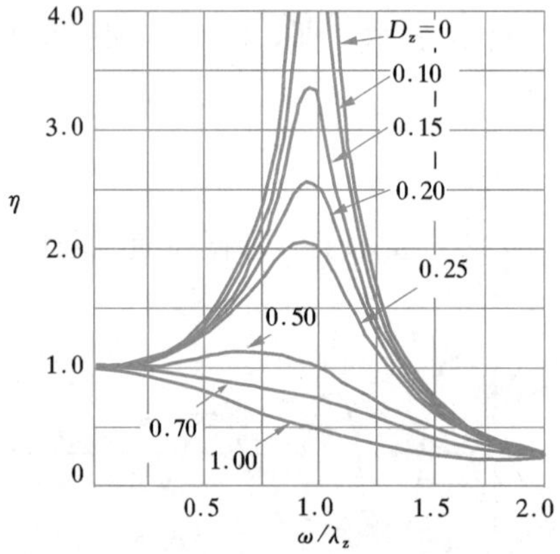

图 10-8　动力系数 η

10.4.2　水平回转耦合振动

基组在竖向扰力偏心作用、水平扰力或竖向平面内的扰力矩作用下，均产生水平或回转的耦合振动。例如，偏心距为 e 的竖向扰力 $P_z\sin\omega t$ 的作用，可分解为通过基组重心 o 的竖向扰力 $P_z\sin\omega t$ 及对主轴扰力矩 $P_ze\sin\omega t$ 的两种作用。前一种作用可按上述的竖向振动问题计算，后一种作用则按下述方法计算。

为了一般化，现讨论水平扰力 $P_x\sin\omega t$ 及竖面内的扰力矩 $M_T\sin\omega t$ 作用下的基组振动问题（图 10-9a）。图 10-9（b）是相应的质量-弹簧-阻尼器计算模型。设基组重心 o 的水平位移为 $x(t)$；基组在振动平面（xoz 平面）内的回转角为$\varphi(t)$；地基的抗剪及抗弯刚度分别为 K_x 及 K_φ；地基对基组水平振动及回转振动的阻尼系数分别为 N_x 及 N_φ。由水平向力的动力平衡条件，以及对基组重心 o 的力矩的动力平衡条件，列出水平回转耦合振

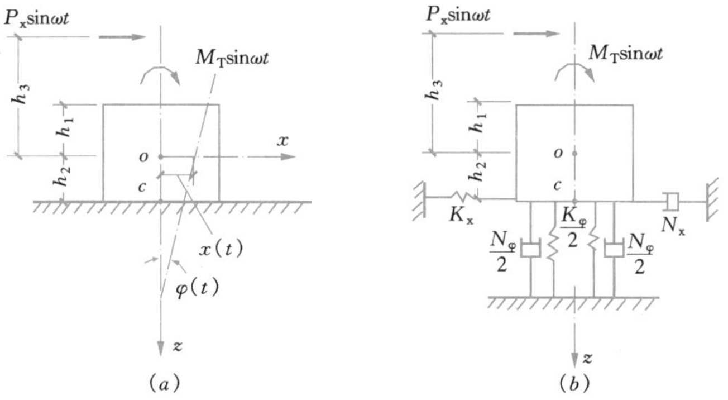

图 10-9 基础的水平回转耦合振动计算简图

动的运动微分方程组：

$$\left.\begin{aligned}&m\ddot{x}+N_x\dot{x}+K_xx-(N_x\dot{\varphi}h_2+K_x\varphi h_2)=P_x\sin\omega t\\&I_m\ddot{\varphi}+(N_\varphi\dot{\varphi}+K_\varphi\varphi)-(N_x\dot{x}+K_xx)h_2+(N_x\dot{\varphi}h_2\\&+K_x\varphi h_2)h_2=(M_T+P_xh_3)\sin\omega t\end{aligned}\right\}\tag{10-28}$$

式中 m——基组质量；

I_m——基组对通过其重心 o 并垂直于回转面的水平轴的质量惯性矩；x 及 φ 上的黑点表示对时间 t 的导数；

其余符号见图 10-9。

式（10-28）的第一个方程是水平振动的运动方程。其左端第一项表示水平运动的惯性力，第二项表示由基组重心水平位移引起的阻尼反力及弹性反力，第三项表示由于基础回转引起基底水平位移从而引起地基的阻尼反力及弹性反力；方程右端表示水平扰力。式（10-28）的第二个方程是回转振动的运动方程，其左端第一项表示回转运动的惯性力矩，第二项表示由基础回转引起的地基阻尼反力矩及弹性反力矩，第三项表示基组重心水平位移引起的地基水平阻尼力及弹性反力对基组重心的反力矩，第四项表示由于基础回转引起的基底水平位移相应的水平阻尼力及弹性反力对基组重心的反力矩；方程右端为外扰力矩。在列写运动方程时须根据各种力或力矩的方向确定它们各自的正负号。严格来说，式（10-28）第二个方程左端尚应补充一项（$-mgh_2\varphi$），由于此项影响很小，常略去不计。

由式（10-28）可看出，水平及回转振动是相互耦合的，即两种运动量 x 及 φ 是相互关联的。如果令式中 h_2 为零，式（10-28）就变成了两个独立的方程，即两种运动量 x 及 φ 是互为独立的。从物理意义上来说，基组的 h_2 为零，相应于基组重心位于基础底面上，也就是基组无"高度"，地基的水平反力通过基组重心。对于实际的基组，这是不可能的。由此可见，基组水平及回转振动互相耦合是由于地基的水平反力不可能通过基组的重心所引起的。

1. 无阻尼自由振动

在式（10-28）中令 $N_x=N_\varphi=0$（即不计体系的阻尼作用），再设 $P_x=0$ 及 $M_T=0$（即基组振动并非由经常作用的外扰力所引起，而是由给予基组的初变位或初速度所引起），则可得到相应的无阻尼水平回转耦合自由振动的运动方程组：

$$\left.\begin{aligned}m\ddot{x}+K_x(x-\varphi h_2)=0\\I_m\ddot{\varphi}+(K_\varphi+K_xh_2^2)\varphi-K_xxh_2=0\end{aligned}\right\}\tag{10-29}$$

上两式还可改写成：

$$\left.\begin{aligned}\ddot{x}+\lambda_x^2(x-\varphi h_2)=0\\\ddot{\varphi}+\lambda_\varphi^2\varphi-\frac{m\lambda_x^2}{I_m}xh_2=0\end{aligned}\right\}\tag{10-30}$$

式中

$$\left.\begin{aligned}\lambda_x=\sqrt{\frac{K_x}{m}}\\\lambda_\varphi=\sqrt{\frac{K_\varphi+K_xh_2^2}{I_m}}\end{aligned}\right\}\tag{10-31}$$

λ_x 常称为基组水平固有圆频率，λ_φ 常称为基组回转固有圆频率。必须指出，这些名称的物理意义并不是很明确，实际上，将 λ_x 及 λ_φ 作为一种计算参数还恰当一些。

方程组（10-30）的解可取为下列形式：

$$x=X\sin(\lambda t+\delta),\varphi=\Phi\sin(\lambda t+\delta)\tag{10-32}$$

这里 X、Φ、λ 及 δ 为任意常数。将式（10-32）代入式（10-30）中，约去因子 $\sin(\lambda t+\delta)$，可得对 X 及 Φ 的齐次方程组：

$$\left.\begin{aligned}(\lambda_x^2-\lambda^2)X-\lambda_x^2h_2\Phi=0\\-\frac{mh_2\lambda_x^2}{I_m}X+(\lambda_x^2-\lambda^2)\Phi=0\end{aligned}\right\}\tag{10-33}$$

方程组（10-33）非零解的条件为相应的系数行列式为零。由此可得确定固有频率的方程：

$$\lambda^4-(\lambda_x^2+\lambda_\varphi^2)\lambda^2+\left[\lambda_x^2\lambda_\varphi^2-\frac{mh_2\lambda_x^2}{I_m}\lambda_x^2\right]=0\tag{10-34}$$

这是一个 λ^2 的二次代数方程，它的解即为基组水平回转耦合振动的第一及第二固有圆频率 λ_1 及 λ_2，即

$$\lambda_{1,2}^2=\frac{1}{2}\left[(\lambda_x^2+\lambda_\psi^2)\mp\sqrt{(\lambda_x^2-\lambda_\psi^2)^2+\frac{4mh_2^2\lambda_x^4}{I_m}}\right]\tag{10-35}$$

可以证明，λ_1^2 及 λ_2^2 均为正值，且有下列关系：

$$\lambda_1<（\lambda_x\text{ 或 }\lambda_\varphi）<\lambda_2\tag{10-36}$$

λ_1 及 λ_2 分别是 λ_1^2 及 λ_2^2 的正根。工程上常将 λ_1 及 λ_2 称为水平回转耦合振动的第Ⅰ及第Ⅱ振型的固有圆频率。

将所得 $\lambda=\lambda_1$ 或 $\lambda=\lambda_2$ 代回式（10-33），并注意此方程组的两个方程是线性相关的，由它们只能求得基组重心 o 的水平位移幅值 X 与转角幅值 Φ 的比例关系。令相应于 $\lambda=\lambda_1$ 的 $\frac{X}{\Phi}=\frac{X_1}{\Phi_1}=\rho_1$，相应于 $\lambda=\lambda_2$ 的 $\frac{X}{\Phi}=\frac{X_2}{\Phi_2}=\rho_2$，可得

$$\rho_1=\frac{X_1}{\Phi_1}=\frac{\lambda_x^2h_2}{\lambda_x^2-\lambda_1^2}\tag{10-37a}$$

$$\rho_2=\frac{X_2}{\Phi_2}=\frac{\lambda_x^2h_2}{\lambda_x^2-\lambda_2^2}\tag{10-37b}$$

上两式反映了基组水平回转自由振动的第Ⅰ振型（图 10-10a）及第Ⅱ振型（图 10-10b）。

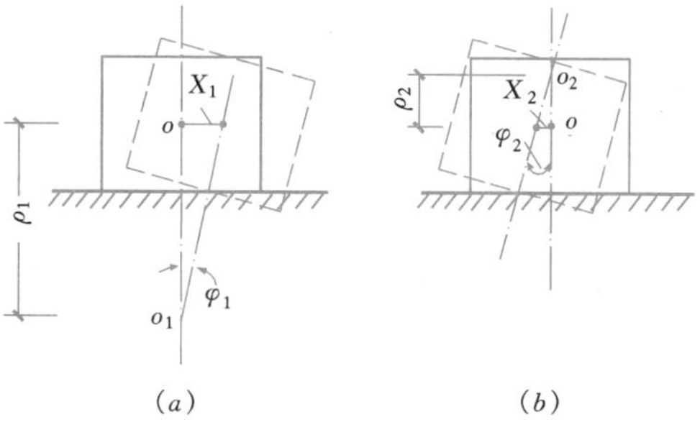

图 10-10 基础的水平回转自由振动的振型
(a) 第Ⅰ振型；(b) 第Ⅱ振型

由式（10-36）及式（10-37a）、式（10-37b）可知，ρ_1 为正值，而 ρ_2 为负值。这说明在振型Ⅰ中 X_1 与 Φ_1 同向（基组转角若为顺时针方向，则基组重心 o 位移向右），基组绕图 10-10（a）所示的第一转心点 o_1（在重心 o 之下）转动；在振型Ⅱ中 X_2 与 Φ_2 反向（基组转角若为顺时针方向，则基组重心 o 位移向左），基组绕图 10-10（b）所示的第二转心点 o_2（在重心 o 之上）转动。o_1 及 o_2 的位置由式（10-37a）及式（10-37b）之 ρ_1 及 ρ_2 确定。ρ_1 及 ρ_2 的绝对值可称为第Ⅰ振型及第Ⅱ振型的当量回转半径。

2. 强迫振动的求解方法简述

在简谐扰力（或扰力矩）作用下，求解运动微分方程组（10-28）的强迫振动解答可用直接求解联立方程的直接法求得，也可用振型分解法求得。这些求解方法在结构动力学中有详细的阐述，下面仅概略地介绍与曲柄连杆机器基础振动计算有关的振型分解法以及工程实际中采用的某些近似处理。

根据振型分解法的原理，可令方程组（10-28）的解 $\varphi(t)$ 及 $x(t)$ 为：

$$\left.\begin{aligned}\varphi(t)&=\Phi_1(t)+\Phi_2(t)\\x(t)&=\Phi_1(t)\rho_1+\Phi_2(t)\rho_2\end{aligned}\right\}\tag{10-38}$$

式中 $\Phi_1(t)$ 及 $\Phi_2(t)$ 为“组合”函数，它们是时间 t 的待定函数。求 $\Phi_1(t)$ 及 $\Phi_2(t)$ 的方法是：将式（10-38）代入式（10-28），并对阻尼作一定近似处理后，就可得到对于 $\Phi_1(t)$ 及 $\Phi_2(t)$ 而言的两个独立的二阶常系数线性齐次常微分方程，从而可用一般的方法求得 $\Phi_1(t)$ 及 $\Phi_2(t)$。

求得“组合”函数后，就可利用式（10-38）得到 $\varphi(t)$ 及 $x(t)$。工程上为了简化 $\varphi(t)$ 及 $x(t)$ 的幅值的计算，通常略去相应于第Ⅰ振型项和第Ⅱ振型项间的相位差，这样的结果偏于安全。分析曲柄连杆机器基础的水平回转振动的具体计算公式见 10.6 节。

10.4.3 扭 转 振 动

基组在受到绕竖轴（相应于图 10-5 中的 oz 轴）的水平扭转力矩 $M_\psi \sin\omega t$ 作用下，将产生扭转振动。设扭转角为 ψ，地基抗扭刚度为 K_ψ，N_ψ 为扭转阻尼系数，J_m 为基组绕 oz 轴的质量惯性矩。与竖向振动的运动方程式（10-11）相似，扭转振动的运动方程为：

$$J_m\ddot{\psi}+N_\psi\dot{\psi}+K_\psi\psi=M_\psi\sin\omega t\tag{10-39}$$

引入下列符号：

$$\lambda_\psi=\sqrt{\frac{K_\psi}{J_m}}\quad 及\quad D_\psi=\frac{N_\psi}{2\sqrt{J_mK_\psi}}\tag{10-40}$$

式（10-39）就可改写成：

$$\ddot{\psi}+2D_\psi\lambda_\psi\dot{\psi}+\lambda_\psi^2\psi=\frac{M_\psi}{J_m}\sin\omega t\tag{10-41}$$

扭转振动的固有圆频率就是式（10-40）中的 λ_ψ。在扭转力矩 $M_\psi \sin\omega t$ 作用下强迫振动的稳态解相应的扭转角幅值 A_ψ 为：

$$A_\psi=\frac{M_\psi}{K_\psi}\frac{1}{\sqrt{\left(1-\frac{\omega^2}{\lambda_\psi^2}\right)^2+4D_\psi^2\frac{\omega^2}{\lambda_\psi^2}}} \tag{10-42}$$

基础顶面要求控制振幅点（它与扭转轴的距离为 l_ψ）的水平振幅 $A_{x\psi}$ 为：

$$A_{x\psi}=A_\psi l_\psi \tag{10-43}$$

以上讨论了实体式机器基础的振动计算方法。实际工作中，利用以前所述的计算原理和方法，结合各类机器基础的一些具体要求和规定，就可以完成各类机器基础设计中的振动计算。为具体说明这一过程，下面结合工程中常遇到的锻锤基础的设计作较详细的讨论，并简述有关曲柄连杆机器基础的设计问题。

10.5 锻锤基础的设计

锻锤基础的振动是由于锤头竖向冲量作用在基础上引起的。锻锤一般由锤头、砧座（砧子）及机座（锤架）组成，砧座与基础间设有垫层（如木垫、橡胶垫），整个锻锤基础放置在地基（天然或人工地基）上。图 10-11（a）是双柱式自由锻锤及其基础（部分）的示意图。

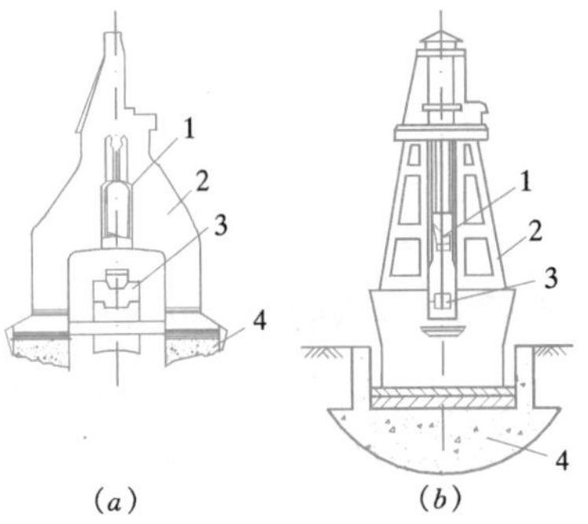

图 10-11 锻锤及其基础（部分）的示意图

（a）双柱式自由锻锤；（b）模锻锤

1—落锤；2—锤架；3—砧块；4—基础

锻锤可分为自由锻锤及模锻锤两类。自由锻锤的锤架与砧座分开装置（图 10-11a），并有单柱式及双柱式之分；使用模锻锤时，锻件上放置锻模，要求锤头准确地冲击在锻模上，因而模锻锤的机座直接装置在砧座上，二者组成一个刚性整体（图 10-11b），且在机座中设有导轨，以引导锤头的冲击方向。

锻锤还可以分为单动锤及双动锤两种：单动锤的下落部分工作冲程仅由自重引起（例如自由落体的夹板锤）；双动锤的下落部分则由蒸汽或空气压力获得除重力加速度以外的附加速度（例如蒸汽锤及蒸汽一空气两用锤）。现在工业中几乎只采用后一种。

10.5.1 锻锤基础的构造及设计的一般原则

锻锤基础的上部与杯口基础形状相似，如图 10-12 所示，基础中央所留槽口用于装置砧座。

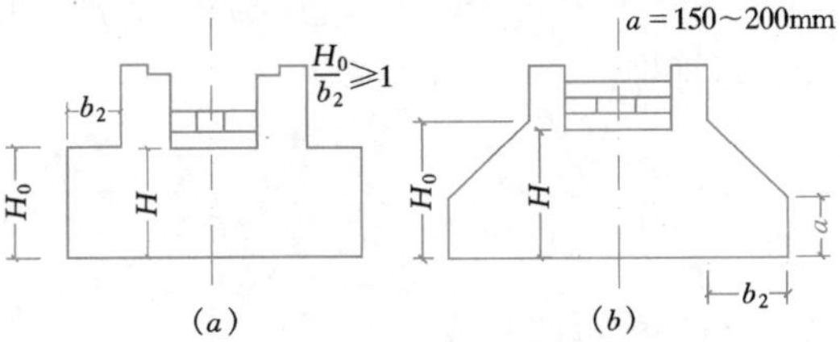

图 10-12 实体式锻锤基础外形尺寸的规定

（a）台阶形锤基；（b）锥形锤基

锻锤基础通常采用实体式基础，锻锤基础也有采用桩基础的。对建造在第四类土（分类标准见表 10-2）上，大于或等于 1t 的实体式锻锤基础，不宜采用天然地基。设计较软弱地基上的实体式基础时，以底面较大而埋深较浅为宜，相对而言，对坚硬地基上的锻锤基础，则底面积应较小而埋深较大。

实体式锻锤基础的外形有两种：台阶形（图 10-12*a*）及锥形（图 10-12*b*）。两种情况均要求高宽比$\frac{H_0}{b_2}\geqslant 1$。锥形基础边缘处的最小高度 a 应大于或等于 150～200mm。

2～5t 锻锤基础允许振幅及加速度　　表 10-2

土的类别	土的名称及地基承载力特征值 f_{ak}（kPa）	允许振动线位移（mm）	允许振动加速度
一类土	碎石土 $f_{ak}>500$ 黏性土 $f_{ak}>250$	0.8～1.2	（0.8～1.30）g
二类土	碎石土 $f_{ak}=300\sim500$ 粉土、砂土 $f_{ak}=250\sim400$ 黏性土 $f_{ak}=180\sim250$	0.65～0.8	（0.65～0.85）g
三类土	碎石土 $f_{ak}=200\sim300$ 粉土、砂土 $f_{ak}=160\sim250$ 黏性土 $f_{ak}=130\sim180$	0.40～0.65	（0.45～0.65）g
四类土	粉土、砂土 $f_{ak}=120\sim160$ 黏性土 $f_{ak}=80\sim130$	<0.40	<0.45g

注：1. 小于 2t 的锤，可按表中数值乘 1.15；大于 5t 的锤，则乘 0.8；
2. 对于松散的碎石土、稍密的或很湿—饱和的砂类土（尤其是细、粉砂）以及软塑到可塑的粉质黏土，可按表值适当降低；
3. 对黄土类土及膨胀土，可参照表内相应之 f_{ak}值选用，但应针对该类土特点，采取有关措施；
4. 在四类土上建造大于或等于 1t 锻锤的实体式基础时，宜采用人工地基，如锤基与厂房柱基底处在不同土质上时，应按较差的土质选用；当二者均为桩基时，可按桩尖处的土质选用。

在砧座下应铺设垫层，其主要作用是使砧座传来的压力较均匀地作用在基础上，缓冲锤击时的振动影响，保护基础槽口内的混凝土面免受损伤。此外，它还能调整基础面和砧座的水平度，以保证锤的正常工作。目前，垫层常采用木垫层和橡胶垫层，木垫有横放（使木材横纹受压）及竖放两种。垫层厚度可由其强度计算而定。

为了避免在锤头冲击作用下，砧座下的基础开裂或脱底，除了合理地在基础内配置一定数量的钢筋外，尚应保证砧座下的基础有一定厚度 H（图 10-12），H 的具体规定见表 10-3。

砧座下基础部分的最小厚度 H（m）　　表 10-3

下落部分的公称质量（t）	最小厚度 H	下落部分的公称质量（t）	最小厚度 H
≤0.25	0.6	3	1.5（模锻锤）1.75（自由锻锤）
≤0.75	0.8	5	2.0
1	1.0	10	2.75
2	1.2	16	3.5

小于或等于 5t 的锤且在较软弱的黏性土地基中可使用正圆锥壳基础。多年实践经验及实测证明，这种形式的基础有一定的减振效果，并可节约混凝土用量，但基底面积和埋

深往往比大块式基础为大，此种基础所用混凝土强度等级不宜低于C20。

锻锤基础的设计标高以砧座顶面标高为准，顶面高出车间地面的高度按工艺要求而定，一般约为750mm左右。应使基底形心与打击中心（锤杆中心线）位于同一竖直线上。锻锤基础一般不仅要求与厂房基础分开，而且两者之间的净距应大于或等于500mm。

10.5.2　锻锤基础振动的控制条件

1. 锻锤基础下地基承载力的折减

10.2节已说明，为了考虑地基土在动载作用下沉降的增大，在作承载力验算时，应将地基承载力特征值予以适当的折减（见式10-1）。以往，对于锻锤基础，动力折减系数α_f一律采用0.4，这与实际情况不尽相符。分析表明，α_f应与土类（表10-2）及振动加速度值a有关：

$$\alpha_f=\frac{1}{1+\beta\frac{a}{g}} \tag{10-44}$$

式中　β——土的动沉陷影响系数，对一类土取1.0，二类土取1.3，三类土取2.0，四类土取3.0。

2. 锻锤基础的允许振动线位移及允许振动加速度

对锻锤基础振动的控制条件，不仅应满足锻锤生产要求，而且要适当考虑振动对周围环境的影响；对于大吨位的锤，还必须考虑对工人的健康影响。单就锻锤本身来说，只要基础无倾斜沉降，即使下降100～200mm，一般仍可正常工作；倘若振动太大，下沉过多，则会引起厂房不均匀下沉或影响操作人员的身体健康。为此，须依土的类别，对锻锤基础的允许振动线位移及允许振动加速度作出见表10-2的规定。此表适用于2～5t的锻锤基础；小于2t或大于5t的锤应按表中附注取值。

10.5.3　锻锤基础的振动计算

由于锻锤基础的振幅及加速度均较大，而且对建筑物的影响主要取决于振动加速度，所以设计锻锤基础时不仅应控制振幅，而且也应该控制加速度。这样，锻锤基础振动计算的项目是：基组的竖向振动线位移、固有圆频率λ_z和振动加速度幅值a。

锻锤基础的振动是由于锤头（W_0）以及最大打击速度v与锻锤基础体系（由砧座W_p及基础W_1表示）碰撞，使体系得到初速度v_0，从而引起锻锤基础的自由振动。计算基础振动时，可按图10-13（a）所示单自由度模型进行，此时把W_p与W_1看作一个整体；计算砧座振动时，则采用图10-13（b）所示单自由度模型，此时W_1固定，W_p与W_1之间以弹簧（刚度为K_{z1}）相联系。采用双自由度模型（图10-13a的W_p与W_1之间改以弹簧K_{z1}相联系的模型）计算锻锤基础的振动较为精确，但计算工作量大为增加。由于每次锤击所产生的基础振动不互相影响，故采取由初速度引起自由振动的式（10-11）计算固有圆频率，采用式（10-15）

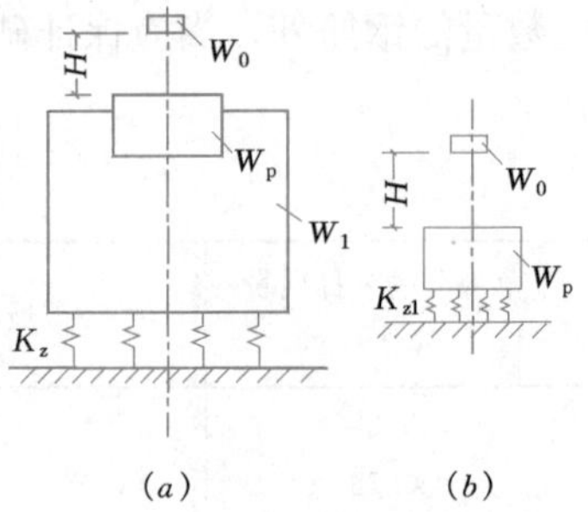

图10-13　锻锤基础的计算简图
（a）计算基础用的简图；
（b）计算砧座用的模型

或式（10-16）计算动位移或振幅。

下面讨论振动计算中的几个具体问题：

1. 锤头最大打击速度 v 及体系（W_p+W_1）的初速度 v_0

锻锤出厂时，有的已标明了锤头最大下落（打击）速度 v，有的则须由有关资料计算。

（1）自由落锤（单动锤）

设下落部分（锤头）最大行程为 H，则

$$v=0.9\sqrt{2gH} \tag{10-45}$$

（2）双动锤

“双动”是指锻锤气缸中的空气或蒸汽压力不仅使锤头回升，而且在锤头下落时气压也起作用。这种情况下，锤头最大下落速度 v（m/s）为：

$$v=0.65\sqrt{2gH\frac{p_M F_p+W_0}{W_0}} \tag{10-46}$$

式中 H——下落部分最大行程（m）；

p_M——气缸最大进气压力（kN/m^2）；

F_p——气缸活塞面积（m^2）；

W_0——锤下落部分的实际自重（kN）。

（3）按打击能量计算

若出厂资料仅给出了打击能量 u（kN·m），则可由下式算出 v：

$$v=\sqrt{\frac{2.2gu}{W_0}} \tag{10-47}$$

锻锤基础（连同砧座）受到下落部分实际自重为 W_0、打击速度为 v 的锤头撞击后，所得到的初速度 v_0 可由理论力学中自由撞击的公式算得：

$$v_0=(1+e)\frac{W_0 v}{W_0+W} \tag{10-48}$$

式中 W——锻锤基础（连同砧座）的重力，$W=W_p+W_1$；

e——碰撞系数，由撞击定律知，两个相互碰撞的物体，碰撞后的相对速度与碰撞前的相对速度之比值即为 e。e 值仅取决于碰撞物体的材料，对于模锻锤，锻钢制品时 $e=0.5$，锻有色金属时 $e=0$；对自由锻锤，$e=0.25$。

2. 锻锤基础的振动线位移、固有频率及振动加速度幅值

锻锤基础的固有圆频率 λ_{z0}、动位移 $z_0(t)$ 及振幅 A_{z0} 可由式（10-12）、式（10-15）及式（10-16）计算。因锤头重 W_0 远小于砧座及基础重 W，即 $W+W_0\approx W$，故计算公式的具体形式是：

$$\left.\begin{aligned}\lambda_{z0}&=\sqrt{\frac{K_z g}{W}}\\ z(t)&=(1+e)\frac{W_0}{W}\frac{v}{\lambda_{z0}}\sin\lambda_{z0}t\\ A_{z0}&=(1+e)\frac{W_0 v}{\sqrt{gK_z W}}\end{aligned}\right\} \tag{10-49}$$

由于锻锤基础的埋深效应增加了基础侧面摩擦，提高了地基刚度；此外，还由于地基

参加振动的质量的影响，地基土的阻尼效应以及其他原因，按式（10-49）计算的 A_{z0} 及 λ_{z0} 与实测值之间存在一定的差异。因此在实际设计中，须作适当修正：当刚度系数采用表 10-1 的 C_z 值时，振幅 A_{z0} 应乘以振幅调整系数 k_A，固有圆频率 λ_{z0} 应乘以频率调整系数 k_λ。k_A 及 k_λ 均与基础形式及地基类别有关，当采用实体式基础时见表 10-4。

振幅和频率调整系数 k_A 及 k_λ　　表 10-4

类　别	k_A	k_λ	类　别	k_A	k_λ
天然地基（岩石地基除外）	0.6	1.6	桩　基	1.0	1.0

对式（10-49）之 A_{z0} 乘以 k_A，λ_{z0} 乘以 k_λ，注意加速度幅值 a 与振幅及圆频率的关系后可得：

$$\left.\begin{aligned}A_z&=k_A\frac{\psi_e vW_0}{\sqrt{K_zW}},\ \mathrm{m}\\ \lambda_z^2&=k_\lambda^2\frac{K_zg}{W},\ \mathrm{rad^2/s^2}\\ a&=A_z\lambda_z^2,\ \mathrm{m/s^2}\end{aligned}\right\}\tag{10-50}$$

式中　W——基础、砧座、锤架及基础上回填土等的总重(kN)，当为桩基时，W 尚应计入桩及土参加振动的当量重量，可按式（10-7）计算；

ψ_e——冲击回弹影响系数，它与碰撞系数 e 的关系是：$\psi_e=\dfrac{1+e}{\sqrt{g}}$，对模锻锤，当模锻钢制品时，$\psi_e=0.5\mathrm{s/m^{1/2}}$，当模锻有色金属时，$\psi_e=0.35\mathrm{s/m^{1/2}}$，自由锻锤的 $\psi_e=0.4\mathrm{s/m^{1/2}}$；

式中的其他符号同前。

按这些公式算得的 A_z 与 a 不应超过表 10-2 所列控制值。

3. 垫层上砧座振幅 A_{z1} 及垫层总厚度 d_h 的计算

垫层上砧座的振动计算模型如图 10-13（b）所示，因此 A_{z1} 可按不计阻尼的质量-弹簧模型的式（10-49）计算，仅须将式中 W 代以 W_p，K_z 代以 K_{z1}，且

$$K_{z1}=\frac{E_1F_1}{d_h}\tag{10-51}$$

式中　d_h——垫层总厚度；

F_1——砧座底面积；

E_1——垫层材料的弹性模量。

垫层总厚度 d_h 由砧座下垫层的最大应力 σ_{max} 等于垫层局部受压允许应力 σ_d 的条件确定。因此，d_h 及 A_{z1} 的计算公式为：

$$\left.\begin{aligned}d_h&=\frac{\psi_e^2W_0^2v^2E_1}{\sigma_d^2W_pF_1}\\ A_{z1}&=\psi_eW_0v\sqrt{\frac{d_h}{E_1W_pF_1}}\end{aligned}\right\}\tag{10-52}$$

式中　W_p——砧座与锤架的总重（模锻）或砧座重（自由锻）；

其余符号同前。

按式（10-52）计算的垫层厚度 d_h 不应小于规范规定的要求，即不能使垫层过薄，否则由于其强度不足而起不到应有的缓冲作用；A_{z1} 不应超过表 10-5 的规定，即垫层不能过厚，否则会使砧座在冲击作用下产生过大振动，影响机器工作。

砧座允许振幅 表 10-5

下落部分公称质量（t）	≤1.0	2.0	3.0	5.0	10.0	16.0
允许振幅（mm）	1.7	2.0	3.0	4.0	4.5	5.0

10.5.4 锻锤基础的设计实例

为说明锻锤基础设计中的一些细节和步骤，并结合介绍桩基动力计算中的一些具体问题，下面列举 3t 自由锻锤桩基础的设计实例。

【例 10-1】 3t 自由锻锤基础（桩基）的设计。

（1）设计资料：①锤下落部分实际自重 $W_0=36.83\text{kN}$；②下落部分最大行程 $H=1.45\text{m}$；③气缸直径 $D=550\text{mm}$，气缸活塞面积 $F_p=\frac{\pi}{4}\times0.55^2=0.238\text{m}^2$；④砧座重 $W_p=458\text{kN}$；⑤机架重 318kN；⑥砧座底面积 $F_1=2.2\times2.5=5.5\text{m}^2$；⑦最大进汽压力 $p_M=800\text{kPa}$；⑧木垫竖放，木材用云杉，$\sigma_d=11\text{MPa}$，$E_1=10\times10^3\text{MPa}$；⑨地基为软塑粉质黏土（$I_L=0.76$），$f_{ak}=110\text{kPa}$；已知桩周土的当量抗剪刚度系数 $C_{\tau h}=9000\text{kN/m}^3$，桩端土的当量抗压刚度系数 $C_{zh}=8\times10^5\text{kN/m}^3$；桩的侧阻力特征值 $q_{sa}=21.2\text{kPa}$，桩的端阻力特征值 $q_{pa}=910\text{kPa}$；⑩用钢筋混凝土桩，桩长 $l_h=15\text{m}$（实际长度尚应考虑嵌入基础的长度），桩横截面为 400mm×400mm。

（2）设计控制值：因地基为软塑粉质黏土，$f_{ak}=110\text{kPa}$，由表 10-2 知地基土为四类土，因此要求 $A_z<0.40\text{mm}$，$a<0.45g$。

（3）振幅和频率调整系数 k_A 及 k_λ：对实体式基础和打入桩，由表 10-4 知 $k_A=1.0$，$k_\lambda=1.0$。

（4）落下部分（锤头）最大打击速度 v：对双动锤，由式（10-46）得 v 为：

$$v=0.65\sqrt{2gH\frac{p_MF_p+W_0}{W_0}}$$

$$=0.65\sqrt{2\times9.81\times1.45\times\frac{800\times0.238+36.83}{36.83}}=8.6\text{m/s}$$

（5）确定基础外形尺寸（如例图 10-1）；桩的间距取 4×0.4=1.6m（桩边长 400mm

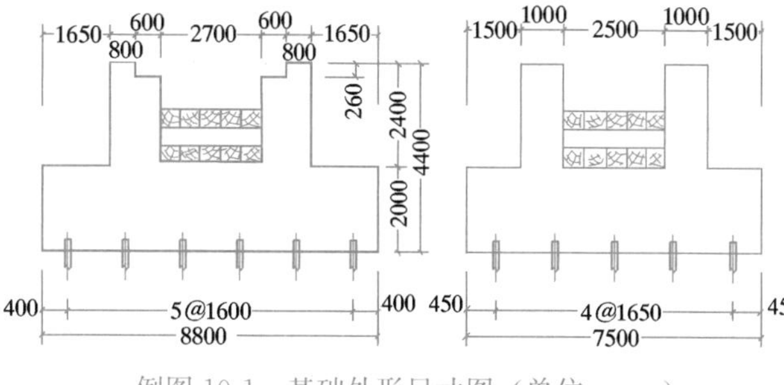

例图 10-1 基础外形尺寸图（单位：mm）

的4倍)；桩数 $n_h=30$ 根；桩尖入土深度19m。

(6) 锤基竖向振幅 A_z 及加速度幅值的验算：A_z 及 a 的计算公式见式 (10-50)，式中 W 及 K_z 的计算如下：

1) 基础重＝(8.8×7.5×2.0＋5.5×4.5×2.4－2.7×2.5×2.4)×24

＝4205kN；

2) 基础上的填土重＝(8.8×7.5－5.5×4.5)×2.4×18＝1782kN；

3) 桩及土参加振动的当量重＝8.8×7.5×2.4×20＝3168kN；

4) 机座及砧座重＝318＋458＝776kN；

5) 总重 $W=4205+1782+3168+776=9931\text{kN}$；

6) 桩周面积 $F_{\tau h}=4\times0.4\times15=24\text{m}^2$，

桩横截面面积 $F_{zh}=0.4\times0.4=0.16\text{m}^2$；

7) 单桩抗压刚度 k_{zh} 由式 (10-8) 得：

$$k_{zh}=9000\times24+8\times10^5\times0.16=3.44\times10^5\text{kN/m}$$

8) 桩基总抗压刚度 K_z 由式 (10-9) 得：

$$K_z=n_h k_{zh}=30\times3.44\times10^5=1.032\times10^7\text{kN/m}$$

有了 W 及 K_z 后，就可按式 (10-50) 计算锤基振幅 A_z、自振圆频率 λ_z 和加速度幅值 a：

$$A_z=1.0\times\frac{0.4\times36.83\times8.6}{\sqrt{9931\times1.032\times10^7}}=3.958\times10^{-4}\text{m}=0.3958\text{mm}$$

$A_z=0.3958\text{mm}$ 小于允许值0.4mm，可以。

计算 A_z 时取 $k_A=1.00$，$\psi_e=0.4$。

$$\lambda_z^2=1.0^2\times\frac{1.032\times10^7}{9931}g=1.04\times10^3 g,\ (k_\lambda\doteq1.00)$$

$$\lambda_z=101\text{rad/s},\ 或\ f_z=\frac{101}{2\pi}=16.07\text{Hz}$$

$a=3.96\times10^{-4}\times1.04\times10^3 g=0.41g<$ 允许值 $0.45g$，可以。

(7) 桩基承载力验算：

1) 基础承台底面以上之总荷载 W_{st} 为总重 $W=9931\text{kN}$ [见步骤 (6) 第5) 条] 中扣除桩及土参加振动的当量重3168kN即得 W_{st} 为：

$$W_{st}=9931-3168=6763\text{kN}$$

2) 单桩竖向承载力特征值为：

$$R_a=uq_{sa}l+q_{pa}A_p=4\times0.4\times21.2\times15+910\times0.16=654\text{kN}$$

3) 折减系数 α_f 为：

$$\alpha_f=\frac{1}{1+\beta_h\dfrac{a}{g}}=\frac{1}{1+3.0\times\dfrac{0.41g}{g}}=0.45$$

[本例因桩侧土及桩尖土为同一种土(四类土)，因此可取 β_h 为同一值(3.0)。当桩侧土和桩端土差别较大时，应分别取桩侧土和桩端土的 β_h 值，从而求得几种折减系数 α_f 值；由这些不同的 α_f 再对 R_a 分项进行折减。]

4) $\frac{W_{at}}{n_h}=\frac{6763}{30}=225.4kN<\alpha_f R_a=0.45\times654=294.3kN$，可以。

（8）木垫（竖放）厚度 d_h 的确定及砧座振幅 A_{z1} 的验算：

由式（10-52）可得：

$$d_h=\frac{\psi_e^2 W_0^2 v^2 E_1}{\sigma_d^2 W_p F_1}$$

$$=\frac{0.4^2\times36.83^2\times8.6^2\times10\times10^3\times10^3}{11^2\times10^6\times458\times5.5}$$

$$=0.527m\ (取用\ 0.6m)$$

$$A_{z1}=\psi_e W_0 v\sqrt{\frac{d_0}{E_1 W_p F_1}}=0.4\times36.83\times8.6\times\sqrt{\frac{0.6}{10\times10^3\times10^3\times458\times5.5}}$$

$$=0.618\times10^{-3}m=0.618mm<3.0mm\ (表\ 10\text{-}5)$$

（9）关于基础内配筋及桩的构造等可参照第 4 章所介绍的方法进行。

10.6 曲柄连杆机器基础设计简述

10.6.1 曲柄连杆机器基础构造及设计一般原则

曲柄连杆机器基础一般做成实体式或墙式钢筋混凝土基础。机器设置在厂房的底层时基础用实体式，设置在二层楼面时宜采用墙式基础。曲柄连杆机器基础应具有足够的刚度。长高比不大于 5 的实体式基础，计算时可当作刚体。要注意墙式基础各构件（基础底板，纵、横墙，上部顶板，梁，水平框架等）相互连接的刚度，水平框架应设置在纵、横墙顶部，以保证平面内的刚度。为了防止基础出现裂缝、保证基础的耐久性，应在基础表面配以钢筋网（钢筋不宜粗，间距不宜大），减少混凝土的水灰比，加强养护，防止温度应力及收缩应力产生裂缝。此外，尚应保证削弱部位的局部强度。

基础的埋置深度按照构造要求和地质条件确定。基础的尺寸可先根据机器制造厂或工艺设计部门提供的有关机器布置及沟坑位置的资料确定。然后，计算作用在基础上的静荷载，并按式（10-1）校核地基承载力，此时取 $\alpha_f=1$。为了保证基础沉降比较均匀，而须满足所谓“对心”要求时，按传到基础上所有静荷载及基础本身重量之和求得的总重心与基底形心应尽可能位于一竖直线上，即使有偏差，也不得超过沿偏心方向基础底边长度的 3%（当地基的 $f_{ak}\leqslant150kPa$）或 5%（$f_{ak}>150kPa$）。根据上述要求定出基础尺寸后，就可进行振动计算，以便验算基础的振幅值是否在允许范围内（详后）。

确定基础形式及尺寸时应尽量使基础固有频率与机器工作频率错开（例如相差 25%），这样就可以降低振幅。为了减小振动对厂房的影响，设计中还须防止厂房与机器间发生共振现象。

有时为了减小振幅，而将同类型的二三台机器设置在同一底板上构成联合基础。振动计算时联合基础可划分成单台基础计算（但实际结构应保证构成一整体基础）；当机器扰

力的圆频率小于 λ_1 时，可将计算所得振幅值乘以折减系数 0.75。

10.6.2　曲柄连杆机器基础的振动计算

曲柄连杆机器基础振动计算主要是确定固有频率和强迫振动振幅，要求计算振幅值不超过允许值。通过关于振动对操作人员、对机器正常运转以及对周围建筑物及仪表影响的调查研究和实测分析，发现振幅大小的影响还随频率的不同而有所不同。表 10-6 是活塞式压缩机基础顶面的允许振幅值的一种规定。表中 n_d 为机器当量转速（r/min），它与机器每分钟转速 n，机器一谐波和二谐波扰力、扰力矩作用下基础顶面振幅 A_1(m)和 A_2(m)有关，即 $n_d=\dfrac{A_1+2A_2}{A_1+A_2}n$。

活塞式压缩机基础顶面允许振幅值（mm）　　表 10-6

机器当量转速(r/min)	允许振幅(mm)	机器当量转速(r/min)	允许振幅(mm)
$n_d \leqslant 300$	0.200	$n_d > 300$	$\dfrac{60}{n_d}$

凡存在一、二谐波扰力（或扰力矩）的机器，必须对各谐波扰力分别作振幅计算，然后取一、二谐波共振幅值之和近似地作为合成的计算振幅值，并要求此值不大于基础顶面的最大振动线位移和 0.2mm，最大振动速度不大于6.30mm/s。

实体式基础在曲柄连杆机器的扰力作用下，作为在地基上振动的刚体，它具有 6 个自由度：3 个平移和 3 个转角（见图 10-5）。虽然基础的几何形状、机器的类型及机器在基础上的布置是千变万化的，但其振动情况总可由下列几种情况的组合来表示。

1. 通过基组重心的竖向扰力作用下的竖向振动

设机器的转速为 n（r/min），相应的圆频率为 $\omega_n=2\pi\dfrac{n}{60}\approx 0.105n$（单位：rad/s）；作用在通过基组重心的竖向扰力 P_z 的圆频率为 ω（rad/s）。必须注意，这里及以后所有的公式中 ω 既表示一谐波扰力的圆频率 $\omega=\omega_n\approx 0.105n$，也表示二谐波扰力的竖向固振频率 $\omega=2\omega_n\approx 0.210n$。基组竖向振动的有关公式在 10.4 节中已列出了。例如，基组的竖向固振圆频率 λ_z（rad/s）可由式（10-12）算得；基组的竖向振幅 A_z 可由式（10-24）或由式（10-26）及式（10-27）算得。要注意，计算基组的质量 m 时，须考虑基础上所有的附加设备及回填土的质量。

设计中应尽量使基础的固有圆频率 λ_z 离开扰力的频率远一些，即应令 ω（$0.105n$ 或 $0.210n$）小于 $0.75\lambda_z$ 或大于 $1.25\lambda_z$。

2. 竖向扰力偏心作用下或水平扰力作用下基组的水平回转耦合振动

水平回转耦合振动下的第一及第二固有圆频率 λ_1 及 λ_2 可由式（10-31）及式（10-35）计算。基础顶面的竖向振幅 $A_{z\varphi}$及水平振幅 $A_{x\varphi}$在设计中往往起控制作用，它们可由 10.4 节的水平回转耦合振动部分所述的方法求得。下面列出由振型分解法求得并经过近似处理后的计算式。

（1）基础顶面的竖向振幅 $A_{z\varphi}$

$$A_{z\varphi}=A_z+(A_{\varphi1}+A_{\varphi2})l \tag{10-53}$$

$$A_{\varphi 1}=\frac{\Sigma M_1}{(I_m+m\rho_1^2)\ \lambda_1^2}\eta_1 \quad 及 \quad A_{\varphi 2}=\frac{\Sigma M_2}{(I_m+m\rho_2^2)\ \lambda_2^2}\eta_2 \tag{10-54}$$

$$\eta_1=\frac{1}{\sqrt{\left(1-\frac{\omega^2}{\lambda_1^2}\right)^2+4D_{x\varphi 1}^2\frac{\omega^2}{\lambda_1^2}}}$$

$$\eta_2=\frac{1}{\sqrt{\left(1-\frac{\omega^2}{\lambda_2^2}\right)^2+4D_{x\varphi 2}^2\frac{\omega^2}{\lambda_2^2}}} \tag{10-55}$$

式中 A_z——设想竖向扰力 P_z 通过基组重心时产生的竖向振幅，其值可按式（10-27）计算；

l——基组重心至基础顶面控制振幅点在 x 或 y 轴方向的水平距离；

$A_{\varphi 1}$ 及 $A_{\varphi 2}$——基组第Ⅰ及第Ⅱ振型的回转幅值（rad），可按式（10-54）计算；

ΣM_1——机器扰力对通过第一转心 o_1（图 10-10a）并垂直于回转面的水平轴的扰力矩之和；

ΣM_2——机器扰力对通过第二转心 o_2（图 10-10b）并垂直于回转面的水平轴的扰力矩之和；

I_m——基组对通过其重心并垂直于回转面的水平轴的抗弯质量惯性矩；

λ_1 及 λ_2——基组水平回转耦合振动的第Ⅰ及第Ⅱ振型的固有圆频率（rad/s），可按式（10-35）计算；

ρ_1 及 ρ_2——基组第Ⅰ及第Ⅱ振型的当量回转半径（m），可按式（10-37a）及（10-37b）计算；

η_1 及 η_2——第Ⅰ及第Ⅱ振型动力系数，可按式（10-55）计算；

$D_{x\varphi 1}$ 及 $D_{x\varphi 2}$——分别为天然地基水平回转方向的第Ⅰ及第Ⅱ振型阻尼比，见 10.3 节；当 $\omega<0.75\lambda_1$ 或 $\omega>1.25\lambda_1$，及 $\omega<0.9\lambda_2$ 或 $\omega>1.1\lambda_2$ 时，含 $D_{x\varphi 1}$ 及 $D_{x\varphi 2}$ 的项可略去。

由于问题较复杂，对这些公式中的各种符号的物理意义应有清楚的认识，以免用错公式或符号。有关地基的动力参数，可参看 10.3 节。

（2）基础顶面的水平振幅 $A_{x\varphi}$

$$A_{x\varphi}=A_{\varphi 1}(\rho_1+h_1)+A_{\varphi 2}(h_1+\rho_2) \tag{10-56}$$

式中 h_1——机组重心至基础顶面的距离。

3. 扭转扰力矩作用下的扭转振动

这种情况下的固有圆频率 λ_φ 及基础顶面要求控制振幅点的水平振幅 $A_{z\varphi}$ 的计算可直接利用式（10-40）、式（10-42）及式（10-43）。

10.7 振动基础在土中引起的波动及防振措施

10.7.1 振动基础在土中引起的波动的传播特征

下面简述简谐竖向振动的圆形基础所产生的三种波在理想弹性半空间中的传播特征。

虽然这个问题涉及复杂的半空间波动理论，但从减振措施观点而言，列举下述主要结论也就够了。

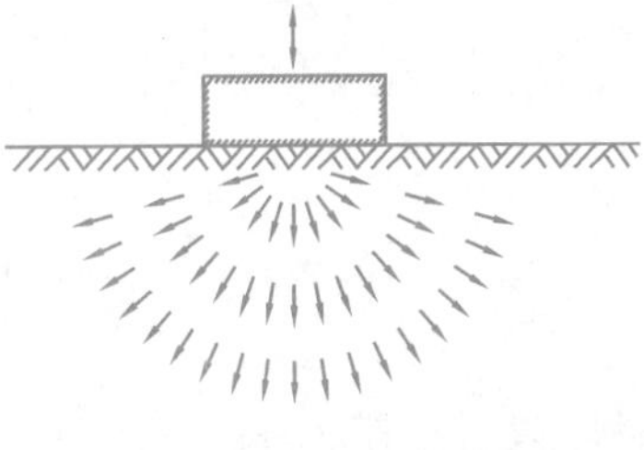

图10-14 半空间内波的传播示意图

图10-14是振动基础下半空间波的传播示意图。据理论分析可知离基础相当远处，波的传播特征如下：①在半空间内部某点处由于纵波及横波产生的位移振幅与该点和基础的距离 R 成反比而衰减；②在半空间表面上某点处由于纵波及横波产生的位移振幅与该点和基础的水平距离 r 的平方成反比而衰减；③在半空间的表面及表面附近某点处由于瑞利波产生的位移振幅与水平距离 r 的平方根成反比而衰减。在半空间表面附近，瑞利波产生的位移随深度 z 按指数关系衰减，也就是说，这种波仅在靠近地表的有限深度内传播；④由振动基础向外传播三种波时，波扩散后所占介质的范围逐渐增大（图10-14）。因此，某点处单位体积内每一种波的能量均随其与波源距离（R 或 r）的增大而减小（振幅也相应减小）。

10.7.2 地面振动随距离的衰减

前已说明，在离振源相当远处，瑞利波振幅的衰减较体波慢（与 $\frac{1}{\sqrt{r}}$ 成比例衰减），仅在靠近地表的有限深度内传播。因此，瑞利波在地面振动中起主导作用。国内有关单位在分析实测数据及参照波动理论近似解的基础上，提出了距机器基础一定距离 r 处的地面竖向（或水平向）振幅衰减的如下公式：

$$A_r = A_0\left[\frac{r_0}{r}\xi_0 + \sqrt{\frac{r_0}{r}}\ (1-\xi_0)\right]e^{-f_0\alpha_0(r-r_0)} \tag{10-57}$$

式中 A_r——距振动基础中心 r 处地面上的振动线位移；

A_0——振动基础的振动线位移；

f_0——基础上机器的扰力频率（Hz），一般为50Hz以下；对于冲击型机器基础，可采用基础的固有频率；

r_0——圆形基础半径，或矩形及方形基础的当量半径，$r_0=\mu_1\sqrt{\frac{A}{\pi}}$，其中 A 为基底面积，μ_1 为动力影响系数，当 $A\leqslant 10m^2$ 时，$\mu_1=1.0$；$A>20m^2$ 时，$\mu_1=0.8$；A 在 $10\sim 20m^2$ 之间时，可用插值法求得 μ_1 值；

ξ_0——与当量半径 r_0 有关的系数，见表10-7；

α_0——地基土能量吸收系数，见表10-8。

系数 ξ_0 值 表10-7

土类	振动基础的底面半径或当量半径 r_0(m)							
	≤0.5	1.0	2.0	3.0	4.0	5.0	6.0	≥7.0
一般黏性土、粉土、砂土	0.70～0.95	0.55	0.45	0.40	0.35	0.25～0.30	0.23～0.30	0.15～0.25

续表

土类	振动基础的底面半径或当量半径 r_0(m)							
	≤0.5	1.0	2.0	3.0	4.0	5.0	6.0	≥7.0
饱和软土	0.70～0.95	0.50～0.55	0.4	0.35～0.40	0.23～0.30	0.22～0.30	0.20～0.25	0.10～0.25
岩石	0.80～0.95	0.70～0.80	0.65～0.70	0.60～0.65	0.35～0.60	0.50～0.55	0.45～0.50	0.25～0.35

注：1. r_0 为中间值时，可用插入法求 ξ_0 值；

2. 对于饱和软土，当地下水深等于或小于 1m 时，ξ_0 取小值；地下水深度为 1～2.5m 时，取大值；深度大于 2.5m 时取一般黏性土的 ξ_0 值；

3. 对于岩石，岩面覆盖层 2.5m 以内时，ξ_0 取大值；2.5m 以上取小值；超过 6.0m 时，用一般黏性土的 ξ_0 值。

地基土能量吸收系数 α_0 值　　表 10-8

地基土名称及状态		α_0 (s/m)
岩石 (覆盖层 1.5～2.0m)	页岩、石灰岩	(0.385～0.485) $\times10^{-3}$
	砂　岩	(0.580～0.775) $\times10^{-3}$
硬塑的黏土		(0.385～0.525) $\times10^{-3}$
中密的块石、卵石		(0.850～1.100) $\times10^{-3}$
可塑的黏土和中密的粗砂		(0.965～1.200) $\times10^{-3}$
软塑的黏土、粉土和稍密的中、粗砂		(1.255～1.450) $\times10^{-3}$
淤泥质黏土、粉土和饱和细砂		(1.200～1.300) $\times10^{-3}$
新近沉积的黏土和非饱和松散砂		(1.800～2.050) $\times10^{-3}$

注：1. 同一类地基土上，振动设备大者（如 10t、16t 锻锤），α_0 取小值，振动设备小者取较大值；

2. 同类情况下，土的孔隙比大者，α_0 取偏大值，孔隙比小者，α_0 取偏小值。

10.7.3 减少动力机器基础振动影响的措施

减少动力机器基础振动影响的措施主要是：尽量减小振源的振动；调整建筑物或构筑物的结构刚度，改变系统的固有频率以避免共振；采用减振装置和隔振措施。工程上常提到积极隔振及消极隔振两类措施。所谓积极隔振指的是：对于本身是振源的机器，为了减小它对周围设备及建筑物的影响，将它与地基隔离开来；而消极隔振则指对于允许振动很小的精密仪器和设备，为了避免周围振源对它的影响，须将它与地基隔离开来。积极隔振和消极隔振的原理是相似的，基本做法都是把需要隔离的机器或设备安装在合适的弹性装置（隔振器）上，使大部分振动为隔振器所吸收。

具体来说，减少机器振动影响常用的措施有：①设置减振弹簧吸收振动能量从而减少振动的影响，其形式有如图 10-15（*a*）所示的支承式和如图 10-15（*b*）所示的悬挂式等。此外，也可以采用橡胶垫（块或条）减振。弹簧或橡胶垫的规格选择及数量的计算可参考有关专门书籍及资料。②确定防振建筑物与机器基础的合理距离，其远近一般应力求由现场试验确定，实在无条件时，可按表 10-9 及式（10-57）确定。③为了增强建筑物抵抗振动的能力，可采取在建筑物内加设横墙或配置圈梁等增大建筑物刚度的措施。④采用桩基或人工地基处理，以减小基础振幅。

由于锻锤对单层厂房影响较大，下面着重介绍与此有关的减振措施。

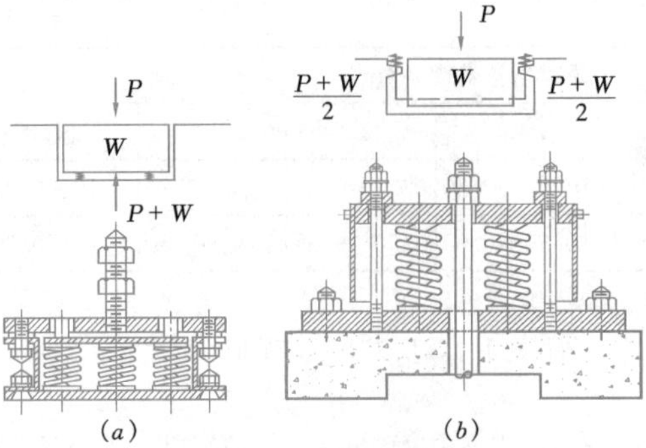

图10-15　基础的弹簧匣
(a) 支承式；(b) 悬挂式

实测资料证明，锻锤对厂房的影响主要是通过地基传递的。为了弄清这种影响，首先应确定振动影响范围。这种范围与土的性质、振源频率的高低、厂房结构形式、基础形式及其埋深等因素有关。由于影响的因素很多，故目前还只能根据一些实测数据，大致定出影响范围。振动影响范围常以影响半径表示，表10-10是锻锤对单层厂房的影响的有关规定。因锻锤对柱及吊车梁的影响可忽略不计，因此，表中只给出了屋盖结构附加竖向动荷为静荷的百分数，此百分数是影响半径内的最大值。在影响半径之外，附加动荷小于静荷的3%。随着距离的加大，附加动荷的百分比减小。这样，在影响半径之内，也应按距离不同，采用合理的附加动荷值，不宜一概取用表10-10中的最大百分数。至于不是直接连接的邻近车间，可根据影响半径，按表中的最大百分数折减到30%～50%，若求出的动荷不大于5%，则可不考虑其影响。

计算厂房结构的附加动载可只按振动影响最大的一台锻锤考虑。

为了避免锻锤所在厂房本身的剧烈变形，必须对锻锤基础邻近基础（一般为3～4个）下的地基承载力予以折减。承载力折减系数 α_f 与锻锤基础的加速度值 a 有关，即

车间和房屋的允许振幅参考值（mm）　　表10-9

精密测量仪试验室	0.03
精密车床和试验设备车间	0.02～0.04
自动电力操纵的汽轮发电机	0.02
铸工部和特殊制型部	0.03～0.05
行政用房屋和居住用房	0.05～0.07

锻锤对单层厂房的影响　　表10-10

锤头下落部分公称质量（t）	屋盖结构附加竖向动荷为静荷的百分数	附加动载影响半径（m）
≤1	3～5	15～25
2～5	5～10	30～40
10～16	10～15	45～55

$$\alpha_f=\frac{1}{1+\beta_F\dfrac{a}{g}} \tag{10-58}$$

式中　β_F——柱基下土的振动衰减系数，可取0.3～0.4。

在同一厂房中有几台大于或等于10t的锻锤时，各锻锤基础的中心线间距离宜等于或大于30m。

除了上述措施外，减少锻锤基础振幅的一般方法还有：扩大基底面积（此法常用于1t以下的锻锤基础），将锻锤基础做成扁平的；采用桩基础，提高抗压刚度 K_z；利用专用的减振器降低锻锤基础的振幅。减少锻锤基础邻近的建筑物振动的方法有：在可能条件下，将某些易受振动影响的试验室、精密仪表车间等建造在离锤基较远的地点；采用桩基础减少建筑物的沉降和振幅。

选择减少动力机器基础振动影响的措施是一项仔细的工作，需要根据具体情况认真分析比较，抓住主要矛盾，从一个或几个方面采取措施，以达到良好的效果。

10.8 地基基础抗震

10.8.1 地基的震害现象

地基的震害包括振动液化、滑坡、地裂及震陷等方面。这些现象的宏观特征各不相同，但产生的条件是互相依存的，某些防治措施亦可通用。

1. 饱和砂土和粉土的振动液化

饱和砂土受到振动后趋于密实，导致孔隙水压力骤然上升，相应地减小了土粒间的有效应力，从而降低了土体的抗剪强度。在周期性的地震荷载作用下，孔隙水压力逐渐累积，甚至可以完全抵消有效应力，使土粒处于悬浮状态，而接近液体的特性。这种现象称为液化。当某一深度处砂层产生液化，则液化区的超静水压力将迫使水流涌向地表，使上层土体受到自下而上的动水力。若水头梯度达到了临界值 i_{cr}，则上层土体的颗粒间的有效应力也将等于零，构成“间接液化”。i_{cr} 仅与土粒相对密度 d_s 及天然孔隙比 e 有关，故任何土体在一定的水头梯度作用下均可能液化。然而，实际液化现象多发生在饱和粉、细砂及塑性指数小于 7 的粉土中，原因在于此类土既缺乏黏聚力又排水不畅，所以较易液化。

砂土液化的宏观标志是：在地表裂缝中喷水冒砂，地面下陷，建筑物产生巨大沉降和严重倾斜，甚至失稳。例如唐山地震时，液化区喷水高度可达 8m，厂房沉降达 1m。

《建筑抗震设计规范》GB 50011 规定：饱和砂土和饱和粉土（不含黄土）的液化判别和地基处理，6 度时，一般情况下可不进行判别和处理，但对液化沉陷敏感的乙类建筑可按 7 度的要求进行判别和处理；7～9 度时，乙类建筑可按本地区抗震设防烈度的要求进行判别和处理。

存在饱和砂土和饱和粉土（不含黄土）的地基，除 6 度设防外，应进行液化判别；存在液化土层的地基，应根据建筑的抗震设防类别、地基的液化等级，结合具体情况采取相应的措施。

饱和的砂土或粉土（不含黄土），当符合下列条件之一时，可初步判别为不液化或可不考虑液化影响：

(1) 地质年代为第四纪晚更新世（Q_3）及其以前时，7、8 度时可判为不液化。

(2) 粉土的黏粒（粒径小于 0.005mm 的颗粒）含量百分率，7 度、8 度和 9 度分别不小于 10、13 和 16 时，可判为不液化土。

注：用于液化判别的黏粒含量系采用六偏磷酸钠作分散剂测定，采用其他方法时应按有关规定换算。

(3) 天然地基的建筑，当上覆非液化土层厚度和地下水位深度符合下列条件之一时，可不考虑液化影响：

$$d_u > d_0 + d_b - 2$$

$$d_w > d_0 + d_b - 3$$

$$d_u + d_w > 1.5d_0 + 2d_b - 4.5 \tag{10-59}$$

式中 d_u——上覆盖非液化土层厚度，计算时宜将淤泥和淤泥质土层扣除；

d_0——液化土特征深度，可按表10-11采用；

d_b——基础埋置深度，不超过2m时应采用2m；

d_w——地下水位深度，宜按设计基准期内年平均最高水位采用，也可按近期内年最高水位采用。

液化土特征深度（m）　表10-11

饱和土类别	7度	8度	9度
粉　土	6	7	8
砂　土	7	8	9

当初步判别认为需进一步进行液化判别时，应采用标准贯入试验判别法判别地面下20m深度范围内的液化；但对可不进行天然地基及基础的抗震承载力验算的各类建筑，可只判别地面以下15m范围内土的液化。当饱和土标准贯入锤击数（未经杆长修正）小于液化判别标准贯入锤击数临界值时，应判为液化土。当有成熟经验时，尚可采用其他判别方法。

在地面下20m深度范围内，液化判别标准贯入锤击数临界值可按下式计算：

$$N_{cr}=N_0\beta[\ln(0.6d_s+1.5)-0.1d_w]\sqrt{3/\rho_c} \tag{10-60}$$

式中　N_{cr}——液化判别标准贯入锤击数临界值；

N_0——液化判别标准贯入锤击数基准值，应按表10-12采用；

β——调整系数，设计地震第一组取0.80，第二组取0.95，第三组取1.05；

d_w——地下水位（m）；

d_s——饱和土标准贯入点深度（m）；

ρ_c——黏粒含量百分率，当小于3或为砂土时，应采用3。

液化判别标准贯入锤击数基准值 N_0　表10-12

设计基本地震加速度（g）	0.10	0.15	0.20	0.30	0.40
液化判别标准贯入锤击数基准值	7	10	12	16	19

存在液化土层的地基，还应进一步探明各液化土层的深度和厚度，并应按规范公式计算液化指数 I_{lE}，以便将地基划分为轻微、中等、严重三个液化等级，结合建筑物类别选择抗液化措施。

2. 地震滑坡和地裂

历史上几次最大的滑坡都是由地震引起的。公元前373年，古希腊的一次流滑将赫利斯城挟入大海。1920年，甘肃地震时，在黄土地带出现了连续流滑，摧毁了成百个城镇，近20万人丧生。地震导致滑坡的原因，一方面在于地震时边坡滑楔承受了附加惯性力，下滑力加大；另一方面，土体受震趋于密实，孔隙水压力增高，有效应力降低，从而减少阻止滑动的内摩擦力。这两方面因素对边坡稳定都是不利的。地质调查表明：凡发生过地震滑坡的地区，地层中几乎都有夹砂层。黄土中夹有砂层或砂透镜体时，由于砂层振动液化及水重新分布，抗剪强度将显著降低而引起流滑，在均质黏土内，尚未有过关于地震滑坡的实例。

此外，在地震后，地表往往出现大量裂缝，称为“地裂”。地裂可使铁轨移位、管道扭曲，甚至可拉裂房屋。地裂与地震滑坡引起的地层相对错动有密切关系。例如路堤的边坡滑动后，坡顶下陷将引起沿路线方向的纵向地裂（图 10-16）。因此，河流两岸、深坑边缘或其他有临空自由面的地带往往地裂较为发育。也有由于砂土液化等原因使地表沉降不均引起地裂的。

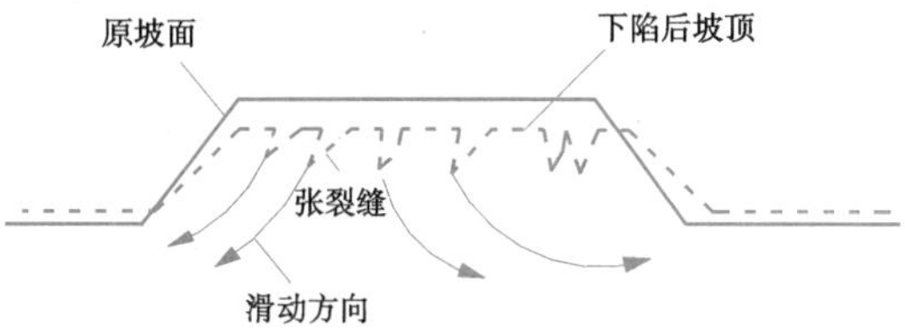

图 10-16 地裂与地震滑坡的关系

3. 土的震陷

地震时，地面的巨大沉陷称为“震陷”或“震沉”。此现象往往发生在砂性土或淤泥质土中。1960 年智利地震后，有一个岛因震陷而局部沉没。天津地震后也广泛出现地面变形现象，导致建筑物产生差异沉降而倾斜。

震陷是一种宏观现象，原因有多种：①松砂经震动后趋于密实而沉缩；②饱和砂土经振动液化后涌向四周洞穴中或从地表裂缝中逸出而引起地面变形；③淤泥质黏土经震动后，结构受到扰动而强度显著降低，产生附加沉降。振动三轴试验表明，振动加速度愈大则震陷量也愈大。为减轻震陷，只能针对不同土质采取相应的密实或加固措施。

10.8.2 地基基础抗震设计原则

1. 一般原则

抗震设计应贯彻以预防为主的方针。在建筑规划上应合理布局，防止次生灾害（如火灾、爆炸等）。上部结构设计应遵循“简、匀、轻、牢”的原则以提高结构的抗震性能。从地基基础的角度出发，尚可提出下述各项要求：

(1) 选择有利的建筑场地

参照地震烈度区划资料结合地质调查和勘测，查明场地土质条件、地质构造和地形特征，尽量选择有利地段，避开不利地段，而不得在危险地段进行建设。实践证明，在高烈度地区往往可以找到低烈度地点作为建筑场地，反之亦然，不可不慎。

从建筑物的地震反应考虑，建筑物的自振周期应远离地层的卓越周期，以避免共振。为此，除须查明地震烈度外，尚要了解地震波的频率特性。各种建筑物的自振周期可根据理论计算或经验公式确定。地层的卓越周期可根据当地的地震记录加以判断。如经核查有发生共振的可能时，可以改变建筑物与基础的连接方式，选择合适的建筑材料、结构类型和尺寸以调整建筑物的基本周期。

(2) 加强基础和上部结构的整体性

加强基础与上部结构的整体作用可采用的措施有：①对一般砖混结构的防潮层采用防水砂浆代替油毡；②在内外墙下室内地坪标高处加一道连续的闭合地梁；③上部结构采用组合柱时，柱的下端应与地梁牢固连接；④当地基土质较差时，还宜在基底配置构造钢筋。

(3) 加强基础的防震性能

基础在整个建筑物中一般是刚度比较大的组成部分，又因处于建筑物的最低部位，周围还有土层的限制，因而振幅较小，故基础本身受到的震害总是较轻的。一般认为，如果地基良好，在7～8度烈度下，基础本身强度可不加核算。加强基础的防震性能的目的主要是减轻上部结构的震害。措施如下：

1）合理加大基础的埋置深度：加大基础埋深可以增加基础侧面土体对振动的抑制作用，从而减少建筑物的振幅。在条件允许时，可结合建造地下室以加深基础。地下室内宜设置内横墙，并应切实做好基槽的回填夯实工作。唐山地震后，凡有地下室的房屋，上部结构破坏均较轻。开滦煤矿地下车库和地下水电系统在震后仍可照常使用，在救灾工作中发挥了巨大的作用。

2）正确选择基础类型：软土上的基础以整体性好的筏形基础、箱形基础和十字交叉条形基础较为理想，因其能减轻震陷引起的不均匀沉降，从而减轻上部建筑的损坏。例如，天津地震时，建在筏形基础上的五层砖混结构的上下部结构均保存完好，而相距30m建在条形基础上的四层砖混结构却发生严重裂损。对于内框架结构，柱下宜采用刚度较大的墙式条形基础。在平面布置上，应尽可能使基础连续而不间断，并力求取直以防扭断。即使上部建筑设置防震缝，基础也不必留缝。

至于地下结构物的抗震设计，原则上与上部结构相同。跨度较大时，应适当增加内隔墙以提高刚度。当穿越地质条件不同的地段，应采用柔性连接，并沿纵向每隔一定距离设置一道防震缝。高度不宜过大。衬砌材料最好用钢筋混凝土。

2. 天然地基的抗震验算

下列建筑可不进行天然地基及基础的抗震承载力验算：

(1) 规范规定可不进行上部结构抗震验算的建筑；

(2) 地基主要受力层范围内不存在软弱黏性土层的下列建筑；

1）一般的单层厂房和单层空旷房屋；

2）砌体房屋；

3）不超过8层且高度在24m以下的一般民用框架和框架-抗震墙房屋；

4）基础荷载与3）项相当的多层框架厂房和多层混凝土抗震墙房屋。

注：软弱黏性土层指7度、8度和9度时，地基承载力特征值分别小于80、100和120kPa的土层。

天然地基基础抗震验算时，应采用地震作用效应标准组合，且地基抗震承载力应取地基承载力特征值乘以地基抗震承载力调整系数计算。

地基抗震承载力应按下式计算：

$$f_{aE}=\zeta_a f_a \tag{10-61}$$

式中　f_{aE}——调整后的地基抗震承载力；

ζ_a——地基抗震承载力调整系数，应按表10-13采用；

f_a——深宽修正后的地基承载力特征值。

地基抗震承载力调整系数　　表10-13

岩土名称和性状	ζ_a
岩石，密实的碎石土，密实的砾、粗、中砂，$f_{ak}\geqslant300$kPa的黏性土和粉土	1.5
中密、稍密的碎石土，中密和稍密的砾、粗、中砂，密实和中密的细、粉砂，150kPa$\leqslant f_{ak}<300$kPa的黏性土和粉土，坚硬黄土	1.3
稍密的细、粉砂，100kPa$\leqslant f_{ak}<150$kPa的黏性土和粉土，可塑黄土	1.1
淤泥，淤泥质土，松散的砂，杂填土，新近堆积黄土及流塑黄土	1.0

验算地震作用下天然地基的竖向承载力时，按地震作用效应标准组合的基础底面平均压力和边缘最大压力应符合下列各式要求：

$$p \leqslant f_{aE} \tag{10-62}$$

$$p_{max} \leqslant 1.2 f_{aE} \tag{10-63}$$

式中 p——地震作用效应标准组合的基础底面平均压力；

p_{max}——地震作用效应标准组合的基础边缘最大压力。

高宽比大于 4 的高层建筑，在地震作用下基础底面不宜出现拉应力；其他建筑，基础底面与地基土之间零应力区面积不应超过基础底面面积的 15%。

3. 地基基础抗震措施

（1）地基为软弱黏性土：软黏土的承载力较低，地震引起的附加荷载与其经常承受的静荷载相比占有很大比例，往往超过了承载力的安全储备。此外，软黏土的特点是：在反复荷载作用下，沉降量持续增加；当基底压力达到临塑荷载后，急速增加荷载将引起严重下沉和倾斜。地震对土的作用，正是快速而频繁的加荷过程，因而非常不利。因此，对软黏土地基要合理选择地基的承载力值，基底压力不宜过大，以保证留有足够的安全储备。地基的主要受力层范围内如有软弱黏性土层，应结合具体情况综合考虑；采用桩基础或各种地基处理方法、扩大基础底面积和加设地基梁、加深基础、减轻荷载、增大结构整体性和均衡对称性等。桩基础是抗震的良好基础形式，但应补充说明的是，一般竖直桩抵抗地震水平荷载的能力较差，如承载力不够，可加斜桩或加深承台埋深并紧密回填；当地基为成层土时，松、密土层交界面上易于出现错动，为防止钻孔灌注桩开裂，在该处应配置构造钢筋。

（2）地基不均匀：不均匀地基包括土质明显不均、有古河道或暗沟通过及半挖半填地带。土质偏弱部分可参照上述软黏土处理原则采取抗震措施。可能出现地震滑坡及地裂部位也可参照本章滑坡防治一节采取措施。鉴于大部分地裂来源于地层错动，单靠加强基础或上部结构是难以奏效的。地裂发生与否的关键是场地四周是否存在临空面。要尽量填平不必要的残存沟渠，在明渠两侧适当设置支挡，或代以排水暗渠；尽量避免在建筑物四周开沟挖坑，以防患于未然。

（3）可液化地基：对可液化地基采取的抗液化措施应根据建筑的重要性、地基的液化等级，结合具体情况综合确定，选择全部或部分消除液化沉陷、基础和上部结构处理等措施，或不采取措施等。

全部消除地基液化沉陷的措施有：采用底端深入液化深度以下稳定土层的桩基础或深基础，以振冲、振动加密、砂桩挤密、强夯等加密法加固（处理至液化深度下界）以及挖除全部液化土层等。

部分消除地基液化沉陷的措施应使处理后的地基液化指数减少，其值不宜大于 5；大面积筏形基础、箱形基础的中心区域（指位于基础外边界以内沿长宽方向距外边界大于相应方向 1/4 长度的区域），处理后的液化指数可比上述规定降低 1；对独立基础与条形基础，处理深度尚不应小于基础底面下液化土特征深度和基础宽度的较大值。

减轻液化影响的基础和上部结构处理，可以综合考虑埋深选择、调整基底尺寸、减小基础偏心、加强基础的整体性和刚度（如采用连系梁、加圈梁、交叉条形基础，筏形或箱形基础等），以及减轻荷载、增强上部结构刚度和均匀对称性、合理设置沉降缝等。

习　　题

10-1　阐述动力机器基础设计的一般步骤及振动作用下地基承载力核算式的物理意义。

10-2　已知实体式基础基底尺寸为 4m×3.5m，地基为黏土，承载力特征值 f_{ak}＝300kPa，试确定地基抗压、抗剪、抗弯及抗扭的刚度系数和刚度（不考虑基底埋置深度）。

（答案：$C_z=6.87\times10^4$kN/m³，$C_x=C_y=4.809\times10^4$kN/m³
$C_\varphi=1.477\times10^5$kN/m³，$C_\psi=7.214\times10^4$kN/m³
$K_z=9.618\times10^5$kN/m，$K_x=K_y=6.733\times10^5$kN/m
$K_{\varphi z}=2.757\times10^6$kN·m，$K_{\varphi y}=2.111\times10^6$kN·m
$K_\psi=2.378\times10^6$kN·m）

10-3　已知实体式基础及基础台阶回填土的重量为 10850kN，机器及附属设备重 850kN，地基土为碎石土，f_{ak}＝400kPa，基底尺寸为 7.5m×12.4m，不考虑基底埋深效应，试确定基组无阻尼竖向固有圆频率。

（答案：$\lambda_z=76.47$rad/s）

10-4　核算 5t 两用自由锻锤（双动锤）基础的竖向振幅、竖向加速度以及基底压应力是否在许可范围之内。已知资料如下：(1) 锤下落部分的实际重 W_0＝50kN；(2) 机器和基础填土总重 W＝12620kN；(3) 地基抗压刚度系数 C_z＝36000kN/m³；(4) 基底面积 A＝84.4m²；(5) 锤头最大打击速度 v＝9.7m/s；(6) 冲击回弹影响系数 $\psi_e=0.4\text{s/m}^{1/2}$；(7) 振幅调整系数 k_A＝0.63；(8) 频率调整系数 k_λ＝1.41；(9) 土的动沉陷影响系数 β_b＝1.3；(10) 允许振幅 $[A_z]$＝0.8mm；(11) 允许加速度 $[a]$＝0.85g；(12) 地基承载力特征值 f_{ak}＝353kPa。

（答案：基础竖向振幅 $A_z=0.624\text{mm}<[A_z]=0.8\text{mm}$；
基础竖向加速度幅值 $a=0.299g<[a]=0.85g$；
基底压应力 $p=149.5\text{kPa}<\alpha_f f=254.2\text{kPa}$）

10-5　减少动力基础振动影响主要有哪些措施？

参 考 文 献

[1] 华南理工大学，东南大学，浙江大学，湖南大学编（杨位洸主编）．地基及基础．第一版，第二版，第三版．北京：中国建筑工业出版社，1981，1991，1998.

[2] 水利部水利水电规划设计总院．岩土工程基本术语标准 GB/T 50279—2014．北京：中国计划出版社，2014.

[3] 中国建筑科学研究院．建筑地基基础设计规范 GB 50007—2011．北京：中国建筑工业出版社，2012.

[4] 建设部综合勘察研究设计院．岩土工程勘察规范（2009 年版）GB 50021—2001．北京：中国建筑工业出版社，2002.

[5] 行业标准．高层建筑筏形与箱形基础技术规范 JGJ 6—2011．北京：中国建筑工业出版社，2011.

[6] 吴湘兴主编．建筑地基基础．广州：华南理工大学出版社，2002.

[7] [美] J．E．波勒斯编著，唐念慈等译．基础工程分析与设计．北京：中国建筑工业出版社，1987.

[8] 高大钊主编．土力学与基础工程．北京：中国建筑工业出版社，1999.

[9] 沈杰编．地基基础设计手册．上海：上海科学技术出版社，1988.

[10] 董建国，赵锡宏著．高层建筑地基基础——共同作用理论与实践．上海：同济大学出版社，1997.

[11] 中国建筑科学研究院．混凝土结构设计规范 GB 50010—2010．北京：中国建筑工业出版社，2011.

[12] 中国建筑科学研究院．建筑结构荷载规范 GB 50009—2012．北京：中国建筑工业出版社，2012.

[13] 龚晓南主编．桩基工程手册（第二版）．北京：中国建筑工业出版社，2016.

[14] 孙更生，郑大同主编．软土地基与地下工程．北京：中国建筑工业出版社，1984.

[15] 陈仲颐，叶书麟主编．基础工程学．北京：中国建筑工业出版社，1990.

[16] H．F．温特科恩，方晓阳主编．基础工程手册．北京：中国建筑工业出版社，1989.

[17] 宰金珉，宰金璋主编．高层建筑基础分析与设计．北京：中国建筑工业出版社，1994.

[18] 《地基处理手册》编委会．地基处理手册．第三版．北京：中国建筑工业出版社，2008.

[19] 屈智炯，王铁儒，俞仲谷．基础工程手册．北京：中国水利出版社，1997.

[20] Koerner R．M．，Designing with Geosynthetics，4th edition，Prentice Hall．Inc．USA，1998.

[21] 欧阳仲春．现代土工加筋技术．北京：人民交通出版社，1990.

[22] Rowe R．K．，Geosynthetics-Reinforced over soft foundation，the 7th Int．on Geosynthetics Conf．，Nice，France Geosynthetics Committee，2002.

[23] 《土工合成材料工程应用手册》编委会．土工合成材料工程应用手册．第二版．北京：中国建筑工业出版社，2002.

[24] 华南理工大学建筑结构教研组编．钢筋混凝土与特种结构．广州：华南理工大学出版社，1990.

[25] 龚晓南主编．深基坑工程设计施工手册．北京：中国建筑工业出版社，1998.

[26] 刘国彬，王卫东主编．基坑工程手册．第二版．北京：中国建筑工业出版社，2009.

[27] 郑刚主编．基础工程．北京：中国建材工业出版社，2000.

高校土木工程专业指导委员会规划推荐教材（经典精品系列教材）

征订号	书　名	定价	作　者	备　注
V28007	土木工程施工（第三版）（赠送课件）	78.00	重庆大学　同济大学　哈尔滨工业大学	教育部普通高等教育精品教材
V28456	岩土工程测试与监测技术（第二版）	36.00	宰金珉　王旭东 等	
V25576	建筑结构抗震设计（第四版）（赠送课件）	34.00	李国强　等	
V30817	土木工程制图（第五版）（含教学资源光盘）	58.00	卢传贤　等	
V30818	土木工程制图习题集（第五版）	20.00	卢传贤　等	
V27251	岩石力学（第三版）（赠送课件）	32.00	张永兴　许　明	
V32626	钢结构基本原理（第三版）（赠送课件）	49.00	沈祖炎　等	
V16338	房屋钢结构设计（赠送课件）	55.00	沈祖炎　陈以一　等	教育部普通高等教育精品教材
V24535	路基工程(第二版)(赠送课件)	38.00	刘建坤　曾巧玲　等	
V31992	建筑工程事故分析与处理（第四版）	60.00	王元清　江见鲸　等	教育部普通高等教育精品教材
V13522	特种基础工程	19.00	谢新宇　俞建霖	
V28723	工程结构荷载与可靠度设计原理（第四版）（赠送课件）	37.00	李国强　等	
V28556	地下建筑结构（第三版）（赠送课件）	55.00	朱合华　等	教育部普通高等教育精品教材
V28269	房屋建筑学（第五版）（含光盘）	59.00	同济大学　西安建筑科技大学　东南大学　重庆大学	教育部普通高等教育精品教材
V28115	流体力学（第三版）	39.00	刘鹤年	
V30846	桥梁施工（第二版）（赠送课件）	37.00	卢文良　季文玉　许克宾	
V31115	工程结构抗震设计（第三版）（赠送课件）	36.00	李爱群　等	
V27912	建筑结构试验（第四版）（赠送课件）	35.00	易伟建　张望喜	
V29558	地基处理（第二版）（赠送课件）	30.00	龚晓南　陶燕丽	
V29713	轨道工程（第二版）（赠送课件）	53.00	陈秀方　娄　平	
V28200	爆破工程（第二版）（赠送课件）	36.00	东兆星　等	
V28197	岩土工程勘察（第二版）	38.00	王奎华	
V20764	钢-混凝土组合结构	33.00	聂建国　等	
V29415	土力学（第四版）（赠送课件）	42.00	东南大学　浙江大学　湖南大学　苏州大学	

注：本套教材均被评为《“十二五”普通高等教育本科国家级规划教材》和《住房城乡建设部土建类学科专业“十三五”规划教材》。

高校土木工程专业指导委员会规划推荐教材（经典精品系列教材）

征订号	书　名	定价	作　者	备　注
V33980	基础工程（第四版）（赠送课件）	49.00	华南理工大学　等	
V28155	混凝土结构（上册）——混凝土结构设计原理（第六版）（赠送课件）	42.00	东南大学　天津大学　同济大学	教育部普通高等教育精品教材
V28156	混凝土结构（中册）——混凝土结构与砌体结构设计（第六版）（赠送课件）	58.00	东南大学　同济大学　天津大学	教育部普通高等教育精品教材
V28157	混凝土结构（下册）——混凝土桥梁设计（第六版）	52.00	东南大学　同济大学　天津大学	教育部普通高等教育精品教材
V25453	混凝土结构（上册）（第二版）（含光盘）	58.00	叶列平	
V23080	混凝土结构（下册）	48.00	叶列平	
V11404	混凝土结构及砌体结构（上）	42.00	滕智明　等	
V11439	混凝土结构及砌体结构（下）	39.00	罗福午　等	
V32846	钢结构（上册）——钢结构基础（第四版）（赠送课件）	52.00	陈绍蕃　顾　强	
V32847	钢结构（下册）——房屋建筑钢结构设计（第四版）（赠送课件）	32.00	陈绍蕃　郭成喜	
V22020	混凝土结构基本原理（第二版）	48.00	张　誉　等	
V25093	混凝土及砌体结构（上册）（第二版）	45.00	哈尔滨工业大学　大连理工大学等	
V26027	混凝土及砌体结构（下册）（第二版）	29.00	哈尔滨工业大学　大连理工大学等	
V20495	土木工程材料（第二版）	38.00	湖南大学　天津大学　同济大学　东南大学	
V29372	土木工程概论（第二版）	28.00	沈祖炎	
V19590	土木工程概论（第二版）（赠送课件）	42.00	丁大钧　等	教育部普通高等教育精品教材
V30759	工程地质学（第三版）（赠送课件）	45.00	石振明　黄　雨	
V20916	水文学	25.00	雒文生	
V31530	高层建筑结构设计（第三版）（赠送课件）	54.00	钱稼茹　赵作周　纪晓东　叶列平	
V32969	桥梁工程（第三版）（赠送课件）	49.00	房贞政　陈宝春　上官萍	
V32032	砌体结构（第四版）（赠送课件）	32.00	东南大学　同济大学　郑州大学	教育部普通高等教育精品教材

注：本套教材均被评为《“十二五”普通高等教育本科国家级规划教材》和《住房城乡建设部土建类学科专业“十三五”规划教材》。